水力耦合模拟

——数值流形法与多尺度分析

武文安　郑　宏　焦玉勇　杨永涛　著

科 学 出 版 社

北　京

内 容 简 介

水力耦合分析一直是岩土工程中的热点问题，其在水利工程建设、油气开采及废料处置等常见工程中均有涉及。本书重点关注岩土体水力耦合分析面临的多相多场耦合分析、非连续表征及复杂非均质特性模拟三个主要难点，主要讨论数值流形法(NMM)和多尺度理论在水力耦合问题中的应用。对于多相多场耦合分析与非连续表征，本书论述了线弹性不可压缩变形、连续与非连续饱和 Biot 模型以及非饱和广义 Biot 的混合 NMM 解法。同时给出了水力耦合分析高阶 NMM 的构造以及骨架非线性滞回变形的模拟方法。对于复杂非均质特性模拟，本书展示了非均质孔隙介质水力耦合一阶多尺度模型的构建方式，并推导了宏观尺度切向算子的显示理论解。此外，本书还率先建立了水力耦合多尺度分析整体求解算法。作为水力耦合多尺度分析的实际应用，本书最后还研究了非均质工程材料等效水力特性评估以及非连续非均质孔隙介质动态水力特性模拟。

本书适合对多场耦合、先进数值分析以及多尺度理论有学习和研究兴趣的读者阅读。

图书在版编目（CIP）数据

水力耦合模拟 ： 数值流形法与多尺度分析 / 武文安等著. -- 北京 ： 科学出版社，2025. 3. -- ISBN 978-7-03-079802-2

Ⅰ. TU4

中国国家版本馆 CIP 数据核字第 2024B3X889 号

责任编辑：赵敬伟　赵　颖 / 责任校对：彭珍珍

责任印制：张　伟 / 封面设计：无极书装

科学出版社 出版

北京东黄城根北街 16 号

邮政编码：100717

http://www.sciencep.com

北京九州迅驰传媒文化有限公司印刷

科学出版社发行　各地新华书店经销

*

2025 年 3 月第　一　版　开本：720×1000　1/16

2025 年 3 月第一次印刷　印张：23 1/2

字数：450 000

定价：168.00 元

（如有印装质量问题，我社负责调换）

前　言

由于大型水利水电、油气开采、废料处置、CO_2地质封存等工程发展的需求，复杂赋存条件下岩土体的多相多场耦合和渗流变形分析一直是岩土力学领域的热点问题。而多相多场耦合描述、非连续特性表征以及复杂非均质特性模拟一直是精确高效开展岩土体水力耦合分析的难点。幸运的是，石根华先生基于拓扑流形概念提出的数值流形法(NMM)既具备广义有限单元方法的“升阶”优势，又具备统一描述连续和非连续变形的优势，适于完成多相多场耦合的精确描述以及非连续变形的精确表征。而基于跨尺度能量变分一致条件建立的水力耦合多尺度理论既能实现对复杂细小尺度非均质特性的精确描述，又将水力耦合分析的计算消耗控制在合适的范围内。

在恩师郑宏教授的指导下，作者以“水力耦合问题的数值流形法研究”为博士阶段研究课题，并走上学术道路。此后，作者又以水力耦合问题的多尺度数值流形算法为研究课题完成了博士后研究。在研究过程中，作者深感研究愈深，难度愈大，愈发迫切希望更多的青年同行能够从事水力耦合问题精确高效分析方面的研究，尤其希望能在多相多场耦合精确模型建立、非连续和非均质特性高效表征等方面取得进展与突破。因此，将作者的研究成果加以整理形成著作，对水力耦合分析研究内容进行介绍不失为一个好方法，故有此拙著。

全书大致可分为两部分，其中第 2～7 章为第一部分，主要介绍水力耦合问题的单一尺度 NMM 求解模型，具体包括线弹性不可压缩问题、连续与非连续骨架变形-流体流速-孔隙压力(u-w-p)格式饱和 Biot 模型、连续与非连续骨架变形-液体压力-气体压力(u-p_w-p_a)非饱和 Biot 模型的 NMM 求解。此外，第一部分还给出了水力耦合分析的高阶 NMM 构建以及非线性滞回骨架变形的本构表征方法；第 8～12 章为第二部分，主要介绍水力耦合问题的一阶多尺度(宏观和细观)NMM 求解模型，其中理论方面包括基于跨尺度能力变分一致条件的细观和宏观初边值问题的推导与建立、宏观尺度一致切向算子显示理论解的建立以及水力耦合多尺度分析整体求解算法的首次提出，计算方面包括非均质工程材料等效动态水力特性评估多尺度技术以及非连续非均质孔隙介质动态水力特性分析。

本书的写作遵循以下原则：

(1) 理论严谨，本书的推导以连续介质力学和伽辽金(Galerkin)变分法为理论基础，以张量和矩阵为具体工具，力求严谨简洁。

(2) 框架统一，本书中计算模型的建立均在 Galerkin 变分与离散的框架内进行，在同一理论框架下对连续与非连续、饱和与非饱和、均质与非均质孔隙介质的动态水力特性开展数值研究。

(3) 注重实践，本书中的数值实现均以 NMM 为具体工具，对 NMM 空间解构造、时间积分与求解过程设计、高效精确求解方法建立等进行着重介绍，力求读者阅读本书后能方便地完成程序实现。

本书中的研究成果得到以下基金项目的资助：国家自然科学基金青年项目(2023～2025 年，项目编号：12202024)、中央高校基本科研业务费专项资金资助项目(项目编号：CUG250635)、“地大学者”人才岗位科研启动经费资助(项目编号：2023098)、国家自然科学基金国际(地区)合作与交流项目(2020～2024 年，项目编号：41920104007)、国家自然科学基金重点项目(2022～2026 年，项目编号：52130905)、国家自然科学基金面上项目(2021～2024 年，项目编号：12072357；2023～2026 年，项目编号：12272393)。此外，德国汉诺威大学庄晓莹教授、澳大利亚纽卡斯尔大学王善勇教授、中国科学院武汉岩土力学研究所李春光副研究员以及武汉大学胡冉教授均给予了作者研究上的指导。北京工业大学博士生万涛和硕士生孙明锴参与了本书的校稿工作。中国地质大学(武汉)博士生安雪锋和邓庆龙参与了本书图片的绘制。科学出版社赵敬伟编辑在本书的成稿与出版过程中给予了细致的指导与帮助。作者在此一并表示衷心的感谢。最后，特别要感谢我的家人在生活和工作上给予的关心、理解和支持。

水力耦合分析是一门理论性、实践性极强，研究内容极为丰富的学科，限于作者的学识和水平，书中难免存在疏漏之处，恳请读者和学界同行不吝指正。

书中彩图可通过扫描封底二维码查看。

目　　录

第1章　绪　　论

土体是人类工程生活中常见的一种材料。由于产生过程中经过物理、化学和生物等风化作用，土体是由固体颗粒和颗粒间的流体、空气等组成的多孔介质，可以看作由固体骨架组成的固相和在骨架孔隙间流动的流体和空气组成的液相所构成的多相介质(Terzaghi, 1943; 李广信, 2004)，因此土体在外力作用下表现出明显的多相多场耦合力学特性。非饱和土的孔隙中含有多种流体，如水、油和空气等，饱和土的孔隙则被单一的流体充满。土体可以是连续的，也可以是非连续的，非连续土体中一般含有剪切带和夹层等非连续面。在外部载荷作用下，土体内部会同时产生骨架变形(M)和液体迁移(H)。液体的迁移会通过孔隙压力、液体黏滞力等影响骨架的变形，而骨架变形会使渗流特性、土水特性等发生改变，从而反过来影响液相的迁移。这种骨架变形和液体迁移间的相互影响、相互作用称为水力耦合或者 HM 耦合问题。在大型水利水电、交通、深部油气开采、废料处置(王驹等, 2004; Cowin, 1999; Jha and Juanes, 2007; Moeendarbary, 2013; Prevost and Sukumar, 2016; Chan et al., 2022)等工程活动中普遍涉及复杂地质环境、水环境、化学环境下岩土体的固结变形和稳定控制问题。例如，石油工程中，土石颗粒、水、油和气体构成了一个复杂的耦合系统。土石颗粒的变形、破裂和水、油、气体在土石颗粒间及裂纹内的渗流直接影响了钻井孔的稳定性和石油产量。再如，在水力压裂和二氧化碳封存工程中，岩土体力学变形和液、气渗流间的耦合作用不仅会影响已有裂纹的稳定性，还会影响岩土层的孔渗特性，最终影响油气开采及二氧化碳封存效率。此外，地震、降雨引起的边坡失稳和滑坡等灾害中，水和气体的入渗和迁移会直接引起土体有效应力和力学性质的改变，从而诱发边坡变形和破坏，而边坡的变形也会改变土体的渗透特性以及水和气体的渗透路径，即地震、降雨作用下的边坡中形成了骨架变形、气相和液相迁移的水力耦合系统。综上可见，岩土体的水力耦合、变形模拟和稳定控制是水利水电和能源等重大工程中的核心技术问题。

建立描述岩土体水力耦合过程的数学模型时，一般将岩土体视作多相孔隙材料，赋予每个相独立的位移场、速度场和应力场。一般视 Terzaghi 建立的一维固结理论为最早的饱和土水力耦合模型(Terzaghi, 1943)。此后，基于一维固结理论，毕奥(Biot)建立了三维饱和土体水力耦合微分控制方程(Biot, 1941)(即 Biot 模型)。随着混合理论(mixture theory)(Green and Naghdi, 1969)和平均理论(average theory)

(Morland, 1972)的建立与发展，Fredlund 和 Morgenstern(1977)、Chang 和 Duncan(1983)以及 Schrefler 和 Scotta(2001)通过将气体作为独立的相进行考虑，将 Biot 模型推广至非饱和情形，建立了非饱和岩土体固、液、气全耦合模型。在非饱和岩土体全耦合模型的基础上，Bolzon 和 Schrefler(2005)进一步考虑了热耦合作用。Zienkiewicz 等(1990a, 1990b)进行水力耦合分析时考虑了岩土体骨架的材料非线性和大变形问题。

另一方面，常用的水力耦合数值求解格式主要有三种，即骨架位移-流体速度-孔隙压力(u-w-p)格式、骨架位移-孔隙压力(u-p)格式和骨架位移-流体速度(u-w)格式(Chan et al., 2022)。其中，u-w-p 格式同时考虑了固相和液相的加速度，是一种完全动态格式，特别适用于分析高频载荷和冲力载荷作用下岩土体的动态水力响应，如人体软组织在冲击荷载作用下的响应(Cowin, 1999; Moeendarbary, 2013; Lotfian and Sivaselvan, 2018)、地震引起的土体液化(Chan et al., 2022)、冲击载荷引起的饱和土体内的波传播(Komijani and Gracie, 2019)模拟等。当施加载荷的速度足够缓慢，流相相对于固相的加速度较小时，可忽略流相的惯性作用得到 u-p 格式。由于形式简单、数值实现方便且容易进行理论分析(Murad and Loula, 1994; 朱伯芳, 1998)，u-p 格式在岩土体水力耦合模拟中得到了广泛应用，尤其是内部含非连续面岩土体的水力耦合问题，如水力压裂和油气开采工程中已有裂纹的稳定性评价等(Khoei et al., 2015)。最后，对于液相可压缩情形，可将孔隙压力 p 消去，得到 u-w 格式。该格式主要用于分析砂土的地震液化问题。由于 u-w 格式未对孔隙压力场进行直接插值离散，该格式不适用于求解对孔隙压力精度要求较高的问题(Simon et al., 1986; Gajo et al., 1994; Chan et al., 2022)。

考虑到固、液、气全耦合分析的数学模型较为复杂，实际问题又涉及复杂的边界条件、材料非线性、几何非线性以及多场间的耦合等，使用解析方式求解岩土体的全水力耦合问题非常困难。实际上，对于简单的一维问题才可能存在解析解。模型试验不仅成本高、耗时长、结果受现场勘测精度、试验制样以及结果测量精度的影响，而且仅适用于边界条件及试验过程相对简单的问题(Liakopoulos, 1964; 胡冉, 2016)。数值方法则能够较好地解决解析方法和模型试验所遇到的难题。近年来，随着计算软硬件技术的发展，数值方法的计算效率、精度和尺度均有了质的提升。常用的求解孔隙介质水力耦合问题的数值方法包括有限单元法(finite element method，FEM)、广义有限单元法(generalized finite element method，GFEM)、无网格法(meshfree method，MM)、扩展有限单元法(extended finite element method，XFEM)、边界元法(boundary element method，BEM)、相场法(phase field method)、等几何分析(isogeometric analysis)和数值流形法(numerical manifold method，NMM)等。

1.1 水力耦合分析数值方法

本节简要叙述用于多场多相水力耦合模拟的常用数值方法，阐述各种方法的优缺点，并对各种数值方法进行对比，阐明采用 NMM 进行饱和、非饱和岩土体固结分析和全耦合水力模拟的优势。

1. 有限单元法

有限单元法(FEM)的基本思想最早由 Courant 于 1943 年提出，随后从 20 世纪 50 年代至 20 世纪 70 年代经过工程师和数学家的进一步研究和发展已成为目前应用最广泛的偏微分方程求解方法(Courant, 1994; Hughes, 1987; 王勖成, 2003)。随着计算机软件和硬件的快速发展，如今 FEM 已拥有大量的开源程序和成熟的商业软件，如 ABAQUS 和 ANSYS 等。FEM 最主要的优点是能适应复杂的边界条件和几何形状，方便地模拟材料非线性和几何非线性。需要指出的是，求解某些问题时，如弹性不可压缩问题、板壳弯曲问题以及本书讨论的水力耦合问题，需要使用基于广义变分原理建立的混合有限单元法(mixed finite element method)。为了得到稳定收敛的计算结果，混合 FEM 对各个基本变量的插值离散格式有严格的阶数要求(Hughes, 1987; Chen, 2005; Boffi et al., 2013; Bathe, 2014)。

标准 FEM 的主要困难表现在对非连续问题的处理上。对于裂纹扩展问题，标准 FEM 要求单元的边界必须与不连续面重合。因此，求解裂纹扩展问题时，标准 FEM 会在网格更新或重新划分上产生大量时间消耗。对于标准 FEM，虽然可以使用单元删除法(element deletion method)或内部单元裂纹法(interelement crack method)(Song et al., 2008)等减少网格划分的时间消耗，但使用这些方法会引起裂纹扩展的网格依赖性。其次，由于使用多项式函数进行离散插值，标准 FEM 对于某些问题的模拟精度较差，如裂纹尖端应力场的奇异性以及材料界面应变场的高梯度变化等。最后，标准 FEM 通常采用界面单元(interface element)或无厚度节理单元模拟不连续面，但这些单元一般仅适用于含有简单不连续面的小变形问题。此外，如果在水力耦合分析中采用界面单元或无厚度节理单元模拟不连续面，应同时在界面单元或节理单元上进行变形和孔压场的离散插值，这在标准 FEM 中较难实现(de Borst, 2017)。

2. 广义有限单元法

广义有限单元法(GFEM)的概念于 2000 年由 Strouboulis 及其合作者基于标准 FEM 和单位分解方法(partition of unity method，PUM)最先提出(Melenk and Babuška, 1996; Strouboulis et al., 2000a, 2000b)。相比于标准 FEM，GFEM 将一些

特殊形函数引入多项式函数空间或者取代多项式函数空间中的某些形函数，从而获得对非光滑现象，如奇异性、位移高梯度变化、交界面等(Fries and Belytschko, 2010)，更高的模拟精度。引入形函数时可以是整体上引入也可以是局部上引入，可以与网格相关也可以与网格无关，这些都取决于具体问题。比如对于裂纹扩展问题，引入与网格无关但能反映不连续性和应力奇异性的形函数，既可以显著提高模拟精度又能避免网格的重新划分。GFEM 主要的缺点在于，特殊形函数的引入会增加未知数的数量，尤其是当奇异性、高梯度变化区域增大时引入形函数的数量会越来越多，导致最终方程难以求解；其次，特殊函数的引入有可能导致最终方程组线性相关(linear dependence, LD)(Tian et al., 2006; Cai et al., 2010; 郭朝旭和郑宏, 2012; 杨永涛, 2015)；此外，引入特殊形函数后，最终的形函数一般不再具有 Delta 属性，需要使用罚函数法或拉格朗日乘子法施加边界条件；最后，由于引入了特殊形函数，最终插值格式的阶次一般会升高，所以使用 GFEM 时需要特别注意数值积分阶次的选择。GFEM 常和其他数值方法，如扩展有限元法(XFEM)等，结合求解不连续岩土体的水力耦合问题。值得说明的是，求解连续问题时，GFEM、NMM 和 XFEM 本质上可认为是相同的方法，但求解不连续问题时，它们之间具有明显的差异(杨永涛, 2015)。

3. 扩展有限单元法

基于 PUM 和标准 FEM，Belytschko 于 1999 年针对裂纹扩展问题建立了 XFEM(Belytschko and Black, 1999; Dolbow and Belytschko, 1999)。XFEM 通过向标准 FEM 函数空间中引入非连续函数来模拟非连续变形，如引入 Heaviside 函数模拟裂纹两侧的位移阶跃。XFEM 只在裂纹、材料面附近进行函数扩展，在远离裂纹、材料面的连续区域仍然采用标准 FEM 进行离散。XFEM 一般在被裂纹贯穿单元所属节点的形函数中引入广义 Heaviside 函数模拟被贯穿单元中的位移不连续，而在含裂纹尖端单元所属节点的形函数中引入渐进扩展函数(asymptotic function)模拟含裂纹尖端单元上的位移不连续和应力奇异性。由于 XFEM 中引入的非连续函数和渐进函数不受网格影响，所以 XFEM 不需要标准 FEM 所需的网格重新划分，而且也不会引起裂纹扩展的网格依赖性(Mohammadi, 2008)。此外，引入非连续函数不会使 XFEM 出现线性相关问题。目前，XFEM 已经成功用于求解二维和三维饱和孔隙介质水力压裂问题(Khoei et al., 2015; de Borst, 2017)。XFEM 的主要缺点是，随着裂纹贯穿的单元越来越多，所引入的未知数也越来越多，最终求解的方程越来越复杂，而且当裂纹尖端进入新的单元时，需要删除旧的位移渐进扩展函数并引入新的扩展函数。此外，对于多裂纹、复杂形状裂纹以及多个裂纹尖端距离较近的情形，需要构造形式复杂的非连续函数并考虑扩展函数影响域的叠加问题。

4. 无网格法

在求解高速冲击、金属冲压、岩土体局部变形等涉及大变形的问题时(Gingold and Monaghan, 1977; Calvo et al., 2005; Zheng et al., 2008; Ren and Li, 2010)，有限元网格可能会出现严重扭曲，导致计算精度迅速下降。当使用显示时间积分方法求解动态问题时，网格扭曲也会导致许用时间步长不断减小，从而大幅增加计算消耗和计算难度(张雄等, 2007)。为了避免网格扭曲带来的计算困难，近几十年来无网格法(MM)得到快速发展(Belytschko, 1994, 1996; Liu, 2002; 张雄和刘岩, 2004, 2009; Tang et al., 2018)。基于所采用试探函数的类型和建立控制方程等效形式的方法，目前已经提出了三十多种无网格方法。常用的试探函数主要有点插值法(point interpolation method)(Liu and Gu, 2001)、重构核粒子法(reproducing kernel particle method)(Liu et al., 1995)、径向基点插值法(radial point interpolation method)(Liu et al., 2001, 2002, 2005)、移动最小二乘法(moving least square method)(Nayroles, 1992; Liu, 1997; 李伟等, 2018)以及单位分解法。MM 主要采用伽辽金法(Galerkin method)(Bathe, 2014)、Petrov-Galerkin 法(Hughes et al., 1986, 1987; Atluri and Zhu, 1998)、最小二乘法和配点法(王勖成, 2003)等建立微分控制方程的等效形式。MM 最显著的优点是其插值函数没有网格依赖性，可以避免网格畸形带来的计算困难。一些反映待求解特征的特殊函数也可以引入 MM 的插值函数空间以提高计算效率和计算精度，但是由于 MM 的试探函数形式较为复杂，为保证计算精度，在背景网格上进行数值积分时需要使用高阶数值积分，计算消耗较大。此外，MM 中的形函数一般不具有 Delta 属性，这给边界条件的施加带来一定的麻烦。

5. 边界元法

边界元法(BEM)是继 FEM 之后提出的另一种求解偏微分方程的数值方法。经过几十年的发展，BEM 已相当成熟，并已成功应用于求解多种问题(Beskos, 1987, 1997)。BEM 的基本思想为将偏微分方程转换为边界积分方程(boundary integral equation)，然后通过一系列系统的数值方法求解这些边界积分方程(Sauter et al., 2011)。由于最终求解的是边界积分方程，因此 BEM 降低了所求解问题的维度，即将三维问题降为二维问题、二维问题降为一维问题。求解边界积分方程时，BEM 仅需要沿问题域边界进行离散，因此与 FEM 相比，其离散过程较为简单。同时 BEM 在求解过程时可以引入部分解析解，提高了计算精度，但是当所求解的问题涉及材料非线性和几何非线性时，BEM 表现得不再像 FEM 那样有效。其次，BEM 涉及两步操作，即边界积分方程的转换和求解，这两步涉及的均是非稀疏矩阵，给求解带来一定的困难，求解过程中涉及的奇异性和数值不稳定性也需要特殊处理。最后，BEM 需要所求解的偏微分方程具有格林函数，而且要求偏微分方程的格林函数易知,这无疑大大限制了 BEM 的应用范围(姚振汉和王海涛, 2010; Sauter et al., 2011)。

6. 等几何分析法

等几何分析(isogeometric analysis)由 Hughes 于 2005 提出(Hughes, 2005)，是一种相对较新的求解偏微分方程的数值方法。它与 FEM 和 MM 具有一定的相似性，但在几何近似上更加依赖于计算机辅助设计(computer aided design, CAD)(Cottrell et al., 2009; Provatidis, 2019)。等几何分析的主要思想是将 CAD 所获取的几何表示直接用于 FEM、MM 等数值方法，将几何表示、设计、分析、优化等统一在一起。等几何分析的主要优点包括：①由于几何表示是精确的，因此无论采用多么稀疏的网格，也不会产生几何模型误差；②网格的精细化操作更加简单，只要初始网格确定，网格的精细化便不再需要人工干预；③能够精确表示一些常见工业产品的形状，如圆柱体、球体等，其基函数具有高阶连续性，同时也能避免使用高阶多项式引起的吉布斯现象(Gibbs phenomenon)(许金兰, 2015)。Hughes 最早提出的等几何分析方法使用 NURBS 基函数进行几何表示，该基函数具有单位分解、局部紧支、线性无关等优良性质，但是非均匀有理 B 样条(NURBS)基函数必须定义在张量积网格上，因此网格加密时必须保证加密后的网格仍然为张量积网格，这使得网格加密时自由度数目增加得过快。后来相继提出了 T 样条和 B 样条以及基于这两类样条的其他基函数(Hughes, 2005)。除了应用于结构、固体和流体分析外，等几何分析也已成功应用到饱和岩土材料的水力耦合分析中(de Borst, 2017)。

7. 相场法

相场法(phase field method)基于扩散界面模型建立，除基本变量场外该方法额外引入一个连续的场，即相场。相场法通过引入一个连续的场变量，即序参数(order parameter)，来模拟包含明显界面(sharp interfaces)的系统。序参数在各个物理场中为常数，但在不同物理场之间依据提前定义的各种过渡方式平滑过渡(Provatas and Elder, 2011; Emmerich et al., 2012)。相场法起初用于材料科学和材料工程，随后有学者使用相场法求解裂纹扩展问题(Miehe, 2010a, 2010b; Borden et al., 2012)。进行裂纹扩展分析时，序参数用于描述完整材料向完全破坏材料(即断裂材料)的光滑过渡，此时的序参数也可称为裂纹场。裂纹场的变化就代表了裂纹的扩展过程。采用相场法进行裂纹扩展模拟时，其控制方程包括一组非线性平衡方程和梯度类型的裂纹场演变方程(gradient-type discontinuity evolution equation)。因此，与 FEM 和 XFEM 相比，相场法模拟裂纹扩展时仅需计算裂纹场，而无需对网格进行不断更新。此外，相场法模拟裂纹扩展时也不需要使用起裂准则来判断裂纹是否扩展，可以方便地模拟裂纹的起裂、扩展、合并和分叉等，而且容易推广到三维情形。

目前，已有学者通过将弹性孔隙介质的各项能量包含进能量泛函，建立了适于求解孔隙介质裂纹扩展问题的相场法格式(Mikelić et al., 2015a, 2015b; Yoshioka and Bourdin, 2016; Zhou et al., 2018)。但是，相场法的计算量很大，难以用于求解实际工程问题，而且相场法的计算参数与实际物理力学参数的对应关系也难以确定。

8. 数值流形法

数值流形法(numerical manifold method，NMM)由石根华根据拓扑流形的概念建立(Shi, 1991; 石根华, 1997)。NMM 综合了有限单元法(FEM)和非连续变形分析(discontinuous deformation analysis, DDA)，将连续变形和非连续变形分析统一到一个框架。NMM 本质上也是一种单位分解方法，因此，NMM 的应用需要选择合理的局部近似和单位分解函数。NMM 采用两套覆盖系统，其中数学覆盖用于定义单位分解函数，物理覆盖通过使用问题域边界和不连续面等对数学覆盖进行切割形成，用于形成局部近似和流形单元，流形单元则作为数值积分区域(Ma et al., 2010; Zheng et al., 2014a)。理论上，在完全覆盖问题域的前提下数学覆盖的选择是非常自由的，但考虑到有限元方法网格划分技术已非常成熟，NMM 常采用有限元网格形成数学覆盖，并将有限单元的形函数作为单位分解函数。石根华最初采用三角形有限单元网格作为数学覆盖。Shyu 和 Salami(1995)、王水林和葛修润(1999)、蔡永昌等(2001)及魏高峰和冯伟(2006)等进一步采用四边形有限元网格作为数学覆盖。由于单位分解函数阶次的提高，相较于三角形网格，使用四边形网格作为数学覆盖时计算精度更高。此后也有学者采用正六边形网格作为数学覆盖(张慧华和严家祥, 2011)。根据单位分解理论，Li 等(2004)和 Zheng 等(2015)建立了无网格 NMM，该方法特别适用于求解大变形问题，并已成功用于求解渗流、板壳变形和断裂力学问题中。Luo 等(2005)和 Jiang 等(2009)初次使用四面体网格建立数学覆盖求解了三维问题。He 和 Ma(2010)给出了适用于任意形状的三维切割算法，为三维 NMM 的进一步发展奠定了基础。

NMM 的主要问题与其他单位分解法相同，即当采用一阶或高于一阶的多项式建立局部近似时，最终的刚度矩阵是奇异的，也就是出现线性相关问题(徐栋栋等, 2014a, 2014b; Yang et al., 2014; Zheng and Xu, 2014b; Yang et al., 2018)。其次，当求解三维问题时，需要对问题域进行复杂的三维切割。最后，NMM 的整体近似形函数一般不具有 Delta 属性，需要采用罚函数法或拉格朗日乘子法施加边界条件。

虽然 NMM 是本书的主要研究内容，但由于目前已存在相当多的文献资料阐述 NMM 的基本概念和数值实现(Shi, 1991; 石根华, 1997; Ma et al., 2010; 徐栋栋等, 2014a, 2014b; Yang et al., 2014; Zheng and Xu, 2014b; 杨永涛, 2015; Yang et al., 2018; 郑宏, 2022)，本书不再对 NMM 本身进行过多的叙述，仅在需要时对使用到的 NMM 概念进行简要介绍。

1.2 水力耦合数值分析研究进展

孔隙介质的水力耦合数值分析以水力耦合数学模型和采用的具体数值方法为基础，涉及的过程包括骨架变形、液相迁移、气相迁移和毛细滞回等。水力耦合数学模型的建立一方面受连续介质力学框架下的动量和质量守恒条件控制，另一方面其本构关系必须遵守热力学第二定律。由此衍生出基于 Biot 广义固结理论的宏观方式(Biot, 1941, 1956; Green and Naghdi, 1969; de Boer, 1998)以及基于混合体理论的均匀化微观方法(Green and Naghdi, 1969; Morland, 1972; Bowen, 1982; Hassanizadeh and Gray, 1990; Achanta et al., 1994)。由于研究对象和研究侧重的不同，现有的孔隙介质数学模型尽管在假设条件、本构关系、基本变量和影响因素等方面存在差异，但是各种数学模型的基础理论、推导过程乃至最终的微分控制方程的形式基本是相同的。

1.2.1 连续饱和水力耦合

早期关于水力耦合的研究主要针对连续饱和孔隙介质的动力固结问题，研究的重点为针对实际工程问题构建合适的 Biot 模型简化形式并进行数值求解。针对不同的岩土力学工况，Zienkiewicz 等(1980, 1984, 1990a, 1990b)基于 Biot 理论建立了三种求解动力固结问题的数值模型，即骨架位移-流体位移-孔隙压力(u-U-p)三场模型、骨架位移-流体位移(u-U)二场模型和骨架位移-孔隙压力(u-p)二场模型，并且采用 FEM 对各个模型的适用性和有效性进行了分析。Simon(1986a, 1986b)运用高阶 FEM 和骨架位移-流体流速(u-w)以及 u-p 模型求解了饱和土动力固结问题。Gajo 等(1994)在 FEM 框架下更为详细地对比研究了各种形式的三场和二场模型。Akiyoshi 等(1994, 1998)给出了二场 Biot 模型 u-w、u-U 和 u-p 格式时间离散时吸收边界条件(absorbing boundary condition)的施加方法。Zienkiewicz 等(1978)和 Prevost(1982)首先对饱和土的动力非线性问题，如砂土液化，进行了模拟。Oka 等(1994)基于 u-p 格式，采用有限差分法(finite differences method, FDM)离散流体连续性方程、FEM 离散平衡方程、非线性动态硬化模型模拟骨架颗粒循环加载下的硬化现象，对饱和砂土进行了液化分析。基于 Terzaghi 一维固结模型，刘洋等(2013)采用 FDM 分析了试样尺寸、渗透系数、初始固结应力等因素对固结试验结果的影响。采用扩展 Drucker-Prager 模型，金亮星等(2014)对塑料排水板堆载预压法处理软土地基过程中的固结沉降进行了 FEM 分析。Jeremić 等(2008)基于 u-U-p 模型和 Dafalias-Manzari 骨架变形本构关系模拟了具有不同刚度的土体、基础和结构间的相互作用。Zhang 和 Zhou(2006)利用 NMM 和 u-p 格式对外力作用下饱和黏土的动态响应进行了模拟并对饱和黏土边坡稳定性进行了评估，计算中骨架的变形分析采用了 Mohr-Coulomb 屈服条件，所使用的 NMM 模型满足 LBB(Ladyzenskaja-Babuska-Brezzi)稳定条件(或 inf-sup 条件)(Barbosa and Hughes, 1991; Chapelle and Bathe, 1993; Babuška and Narasimhan, 1997, Bathe, 2001)。Ehlers 和 kubik(1994)以及 Li 等(2004)则基于 u-p 格式，使用 FEM 模拟了大变形条件下饱和孔隙介质的动态响应。此外，有学者基于 Biot 理论对含水生物组织在外力作用下的动态响应进行了分析(Simon et al., 1985; Suh et al., 1991; Cowin, 1999)。Menéndez 等(2010)采用 u-p 格式和非线性本构关系研究了含不可压缩液相饱和土的动态固结过程，模拟时考虑了骨架变形对渗透系数的影响。文献(Lewis and Schrefler, 1998; Chan, 2022)对基于 Biot 理论的各种数值求解格式给出了更加详细的讨论。

由于涉及多场多相间的相互作用，水力耦合分析时需要同时求解并更新多个基本场变量，包括骨架位移、流体位移或流速、流体压力、气体压力、流体饱和度、气体饱和度等，因此耦合方程求解方式的选取对求解效率及求解精度具有重要的影响。目前耦合方程的求解主要采用三种方法，即完全隐式方法(fully implicit schemes)、半耦合或显式耦合方法(loose or explicit coupling schemes)以及迭代耦合方法(iterative coupling schemes)(Mikelić and Wheeler, 2013)。完全隐式方法需要同时求解所有的耦合方程，精度最高，但计算消耗最大，尤其当涉及的场变量较多或进行非连续水力耦合模拟时，完全隐式法的计算消耗远大于另外两种求解方法。Saetta 和 Vitaliani(1992)及 Zienkiewicz 等(1988)针对 u-p 格式给出了两种无条件稳定收敛的完全隐式方程解法。此外，文献(Lotfian et al., 2018; Wu et al., 2019a)在使用骨架位移-流体流速-孔隙压力格式(即 u-w-p 格式)模拟饱和固结问题时也采用了完全隐式的方程求解方法。与完全隐式法相比，半耦合或显式耦合方法的精度稍低，并且在更新骨架变形时需要进行一定程度的数值估计，是三种方法中较少使用的一种(Mikelić and Wheeler, 2013)。迭代耦合方法可分为两类：第一类首先求解变形方程，包括固定孔隙压力(fixed pore pressure)和固定质量(fixed mass)方案；另一类首先求解渗流方程，包括固定应变率(fixed rate of strain)和固定应力率(fixed rate of stress)方案(Kim et al., 2009; Mikelić and Wheeler, 2013; Both et al., 2017)。文献(Kim et al., 2009; Mikelić wheeler, 2013; Both et al., 2017)对两类迭代耦合方法的稳定性和收敛性进行了详细的论述。Borregales 等(2018)将迭代耦合法进行推广，求解时考虑了非线性渗流和非线性本构 Biot 模型。Bause 等(2017a)则将迭代耦合方法，尤其是固定应力法，与空间-时间单元(space-time elements)进行结合求解 Biot 模型(Hughes and Hulbert, 1988; Bause et al., 2017b)。

对于渗透系数很小的饱和孔隙介质，由于水和骨架颗粒的体积压缩性很小，建立求解水力耦合问题的离散插值格式时可能会出现饱和孔隙介质的闭锁现象

(locking problem)(Hughes, 1987; Chen, 2005; Bathe, 2014)，该现象主要表现为孔隙压力场无物理意义的数值震荡。Murad 和 Loula(1994)首先对 Biot 模型的 u-p 求解格式进行了稳定性和收敛性分析。Phillips(2007a, 2007b)则更为系统地讨论了采用 FEM 和连续、非连续时间域离散进行饱和水力耦合模拟时的闭锁问题，并得出如下结论：低渗透系数、过小的时间步长和过高的骨架刚度等均可能引起饱和孔隙介质水力耦合模拟出现闭锁。实际上，对岩土材料进行水力耦合分析时，仅需要考虑两种极端情况下的闭锁现象，即低渗透系数和高骨架刚度引起的闭锁。这两种情况下的闭锁问题等同于线弹性不可压缩变形分析中的闭锁问题。因此，如果一种混合插值格式能克服线弹性不可压缩变形分析中的闭锁问题，这种插值格式也能克服水力耦合分析中的闭锁现象。离散形式的 inf-sup 条件为判断某种混合插值格式能否克服闭锁问题提供了理论依据。

为了避免闭锁现象并得到稳定收敛的结果，学者们提出了多种有效数值方法，包括稳定性方法(stabilized method)、非连续 Galerkin 法、混合有限元法(mixed FEM)和特殊单元等。稳定性方法(Hughes et al., 1986, 1989, 2006; Zienkiewicz and Wu, 1991; Wan, 2003; White and Borja, 2008; Wu and Zheng, 2019c)主要通过向位移插值中引入稳定项得到稳定非震荡的孔隙压力结果。各种稳定性方法的区别在于所引入稳定项的类型和稳定项引入的方式。非连续 Galerkin 法或非连续 FEM 最早由 Oden 和 Wellford(1975)为模拟不连续冲击波的传播而建立。由于插值函数在单元边界上不连续，非连续 Galerkin 法能在每个单元上独立地满足不可压缩条件(或质量守恒条件)，而且对于四边形单元时非连续 Galerkin 法能使用完整的二阶多项式近似，所以非连续 Galerkin 法非常适合解决由于采用连续 Galerkin 插值引起的闭锁问题(Riviè et al., 2000; Liu, 2004)。目前非连续 Galerkin 法已被用于模拟岩土体水力耦合分析和不可压缩流体(Baumann, 1997; Chen and Diebels, 2008; Scovazzi et al., 2013)。混合有限元法是求解多场多相耦合问题最常用的方法，一般要求混合有限单元直接满足 inf-sup 条件从而避免闭锁现象(Nédélec, 1980; Zienkiewicz et al., 2005; Boffi et al., 2013)。常用的满足 inf-sup 条件的 u-p 格式混合单元包括 T6T3(采用 6 结点三角形单元进行位移场的离散，3 结点三角形单元进行压力场的离散)和 Q9Q4(采用 9 结点四边形单元对骨架位移场进行离散，4 结点四边形单元对孔隙压力场进行离散)。Lotfian 和 Sivaselvan(2018)基于 u-w-p 格式，使用 6 结点三角形单元以及 0 阶和 1 阶 Raviart-Thomas 单元建立了饱和土动力固结问题的混合求解格式。本书中基于 u-w-p 和 u-p 格式建立的水力耦合分析混合 NMM 模型(Wu et al., 2019a, 2020b)也属于混合插值方法的范畴。特殊单元指具有特殊适用性的单元，如用于求解流体力学问题的 Raviart-Thomas 单元和 Crouzeix-Raviart 单元、求解电磁学问题的 Nédélec 单元(Ern and Guermond, 2021b)。其中 Raviart-Thomas 单元具有相邻单元边界上流量连续的特点，同样适用于求解水力耦合问题。

1.2.2　非连续饱和水力耦合

上述研究主要针对连续孔隙介质的水力耦合问题，侧重于 Biot 模型的求解效率和求解精度。实际工程中经常涉及非连续岩土体的水力耦合问题，比如含剪切带饱和土体的动力固结和含自然裂纹岩体的水力压裂等。近年来，学者们提出了多种非连续饱和孔隙介质水力耦合数值方法，主要包括基于自适应有限单元法(adaptive FEM)、XFEM、相场法、等几何分析法和 NMM 等。

自适应 FEM 最先应用于求解线弹性断裂力学问题(Hillerborg et al., 1976; Zhou and Molinari, 2004; Zienkiewicz et al., 2005)。此后 Boone 和 Ingraffea(1990)使用自适应技术模拟了饱和孔隙介质中的裂纹扩展问题，求解时采用 FEM 离散整体平衡方程和介质渗流方程，以及 FDM 离散裂纹渗流方程。裂纹间的渗流采用润滑原理(lubrication theory)(Batchelor, 1967)描述，裂纹间渗透系数采用三次方定理确定(cubic law)(Witherspoon et al., 1980)。Simoni 和 Secchi(2003)及 Secchi 等(2004)使用自适应技术进行裂纹追踪和网格更新，使用自适应 FEM 模拟了热-水-力耦合条件下非均值饱和岩体中的裂纹扩展。Schrefler 等(2006)使用自适应 FEM 在热-水-力耦合条件下模拟了外部载荷引起的饱和岩体裂纹扩展，重点研究了时间效应的影响。Schrefler 的结果显示，饱和岩体中裂纹的扩展是逐步阶跃进行的(stepwise crack advancement)，裂纹扩展过程中伴随着裂纹尖端孔隙压力震荡。Secchi 和 Schrefler(2012)使用自适应 FEM 模拟了三维条件下饱和孔隙介质的裂纹扩展问题。Kim 和 Moridis(2015)使用自适应 FEM 对固、液、气三相耦合及页岩水力压裂过程进行了模拟，研究了渗透系数的变化对水力压裂控制参数的影响。Kim 的计算结果显示水力压裂引起的张拉裂纹扩展是非连续的，裂纹扩展过程中裂纹尖端的孔隙压力呈锯齿状分布，这一结果与 Schrefler 的结果一致。Feng 和 Gray(2017)使用自适应FEM研究了水力压裂工程中注水压力对裂纹扩展控制参数的影响。Cao 等(2018)和 Peruzzo 等(2019)基于自适应 FEM 研究了孔隙介质裂纹非连续扩展和裂纹尖端孔隙压力震荡出现的力学机理和具体条件。

XFEM 是另一种常用的非连续岩土体水力耦合分析数值方法。由于通过引入非连续函数捕捉非连续面，XFEM 的网格不必与非连续面一致。de Borst 等(2006, 2017)和 Réthoré 等(2007)使用 XFEM 和 u-p 格式模拟了反向拉力作用下饱和孔隙介质内部剪切带的扩展。针对饱和孔隙介质非连续面的扩展分析，Mohammadnejad 和 Khoei(2012, 2013)使用 XFEM 研究了引入裂纹尖端渐进函数对分析结果收敛性的影响。Irzal 等(2013)在大变形条件下使用 XFEM 对孔隙介质裂纹扩展时的裂隙流进行研究。Remij 等(2015)通过引入额外的孔隙压力自由度反映不连续面两侧孔隙压力与流体流量的不连续性，使用 XFEM 模拟了水力作用下饱和岩体的裂纹扩展。Mobasher 等(2017)在弹性孔隙介质材料框架下，通过引入非局部梯度渗透系数(non-local gradient permeability)建立了饱和岩体的损伤模型，并使用 XFEM 模拟了饱和岩体损伤过程中不连续面的发展。Khoei 等(2012, 2014, 2015, 2018a)使用 XFEM 对非连续饱和孔隙介质进行了大量的研究，包括热传递、渗流、变形耦合、岩土体非连续面的接触、水力载荷驱动下的裂纹扩展、裂纹扩展过程中裂纹间的相互作用等。Komijani 和 Gracie(2019)使用 u-p 格式以及 XFEM 和 PNM(phantom node method)研究了冲击载荷作用下非连续饱和孔隙介质中的波传递问题，并且在分析中通过向标准 FEM 函数空间中引入三角基函数抑制数值震荡。Vahab 等(2018, 2020)使用 XFEM 对层状非均质饱和岩体的水压驱动裂纹扩展进行了模拟，研究了裂隙流与周围介质的质量交换对裂纹扩展的影响。

近年来，不少学者使用相场法对饱和孔隙介质裂纹扩展问题进行研究。Wheeler 等(2014)使用增广拉格朗日乘子法对相场函数的时间导数施加不等式约束，基于相场法模拟了弹性体中压力驱动裂纹扩展。Miehet 和 Mauthe(2016)使用一套严格的几何算法对裂纹进行描述，建立了饱和孔隙介质裂纹扩展问题的连续相场法求解框架。Lee 等(2016)等通过将支撑剂浓度(proppant concentration)作为独立的未知量，采用固定应力迭代法(fixed-stress iterative scheme)将渗流方程与平衡方程进行耦合，基于相场法对饱和岩体中支撑剂填充引起的裂纹扩展进行了研究。Ehlers 和 Luo(2017, 2018)使用相场法模拟了饱和岩体水力压裂，并给出了使用相场法模拟裂纹开闭的方法。Zhou 等(2018, 2019)通过将完整介质的属性由过渡函数转变为断裂介质的属性，模拟了弹性能变化引起的饱和孔隙介质裂纹扩展。与 XFEM、FEM、PNM 和 NMM 等方法相比，相场法不需要对裂纹进行几何描述和更新，仅需计算相场函数的值即可得到裂纹的几何信息，但是相场法的计算消耗很大、计算参数与实际岩土体材料参数并不一致，目前尚无法使用相场法计算实际岩土工程水力耦合问题。除相场法外，也有学者使用等几何分析法对以岩土体为代表的孔隙介质材料的非连续水力响应进行模拟。例如，Vignollet 等(2016)使用等几何分析法模拟了饱和岩体裂纹间液相的迁移；Chen 和 Zheng(2018)使用等几何分析法中的 T 样条对离散分布的裂纹进行几何描述。

由于将连续和非连续变形分析统一至一个框架，NMM 非常适合用于求解非连续孔隙介质水力耦合问题。针对自由渗流问题，Zheng 等(2015)在 NMM 的框架下使用移动最小二乘法建立离散格式，给出了自由面求解的精确算法。Tang 等(2018)使用光滑粒子流体动力学(smoothed particle hydrodynamics，SPH)和离散单元法(discrete element method，DEM)模拟了自由渗流条件下的流固耦合问题。Wu 和 Wong(2014)通过引入适当的裂纹起裂和扩展准则，使用 NMM 模拟了降雨作用下岩石边坡的破坏过程。Hu 等(2017)将水头高度和骨架位移作为基本未知量，使用 NMM 并采用直接和间接耦合方式模拟了含裂纹饱和岩体的渗流问题。Yang 等(2018b)向含裂纹尖端物理片的局部位移近似中引入 Williams 级数捕捉应力场的奇异性，使用 NMM 模拟了水力压裂问题。Wu 等(2019b, 2020a)基于 u-w-p 三场格式和 NMM 模拟了外部载荷作用下非连续饱和岩土体的动态水力响应，重点研究了冲击载荷作用下非连续饱和岩土体中的波传递问题，并详细讨论了 u-p 和 u-w-p 格式在模拟非连续饱和岩土体动态水力响应时的优缺点。

1.2.3 非饱和岩土体水力耦合

对于非饱和岩土体水力耦合问题，在忽略气相的条件下，Zienkiewicz 等(1990b)首先使用广义 Biot 理论对非饱和渗流与骨架变形耦合进行数值分析。以此为基础，Li 和 Zienkiewicz(1992)进一步考虑了气相迁移对液体渗流与骨架变形耦合的影响，并考虑了骨架的材料非线性。此后基于各类工程需求，研究人员对非饱和岩土体固、液、气全耦合模拟进行了多种简化假设，包括刚性骨架(Wu and Forsyth, 2001)、无气相作用(Callari and Abati, 2009)、准静态平衡(Laloui et al., 2003; Oettl et al., 2004)、无相间质量转换(Schrefler et al., 1993)等。Schrefler 和 Zhan(1993)详细研究了气相流动在非饱和岩土体水力耦合过程中的作用。此外，Schrefler 等(2001)以骨架位移、气相压力和液相压力(u-p_w-p_a)为基本未知量建立了二相流体与可变形骨架的全耦合模型。Gawin 等(1996)在固、液、气全耦合模拟中考虑了热传导，研究了温度变化对液体、气体迁移和骨架变形的影响。Wu 和 Forsyth(2001)对非饱和水力耦合模拟基本未知量选取进行了详细讨论。Callari 和 Abati(2009)考虑气相和液相流动并使用超弹性本构模型，采用 FEM 在水位突降条件下非饱和坝体进行了固、液、气水力耦合模拟。Khoei 和 Mohammadnejad(2011)将毛细压力作为基本未知量并采用 Pastor-Zienkiewicz 塑性模型模拟骨架变形，研究了气相迁移对地震作用下非饱和坝体变形的影响。Abati 和 Callari(2014)则在单侧边界条件下建立了非饱和土体固、液、气三场耦合问题的 FEM 求解格式。Hu 等(2016)使用 u-p_w-p_a 格式研究了与骨架变形有关的退水曲线(water retention curve)、土颗粒黏结力(bonding stress)和气体流动在非饱和土水力耦合过程中的作用。

对于非连续非饱和岩土体的水力耦合问题现有的数值研究较少。Réthoré 等(2008)在忽略气体流动并将气体压力设为大气压力的条件下，使用 XFEM 模拟了非饱和岩板在 I 型载荷作用下的裂纹扩展问题。Callari 等(2010)同样忽略了气体流动，模拟了非饱和岩土体局部损伤至不连续面出现的过程。Mohammadnejad 和 Khoei(2012, 2013)则基于 u-p_w-p_a 耦合模型，使用 XFEM 对非饱和岩土材料弱不连续和强不连续面进行描述，模拟了非饱和岩土材料不连续面的扩展。

1.3　本书的主要内容

随着研究的深入，水力耦合分析的研究对象逐渐从饱和、连续、均质、线性孔隙介质理想模型转向复杂的非饱和、非连续、非均质、非线性孔隙介质工程材料，具体的研究内容也从初始的固结模拟转向孔隙介质材料的多场多相耦合、稳定性评估、裂纹扩展、波传递、跨尺度计算等。本书以非连续非均质孔隙介质水力特性为主要研究对象，介绍近年来基于连续介质力学框架、数值流形法(NMM)和多尺度理论建立的新水力耦合分析数值技术，重点关注水力耦合数值模型的建立和实现，涉及力学模型推导、数值模型建立和求解方法设计等。第 2～12 章是本书的主体部分，各章节主要内容如下。

(1) 第 2～7 章介绍水力耦合分析单一尺度数值方法。由于 NMM 既具有 GFEM 的全部优点，在处理非连续问题时又具有独特的优势，NMM 特别适用于求解复杂非连续孔隙介质水力耦合问题。鉴于水力耦合分析和不可压缩弹性变形分析的数值闭锁具有相同的数学背景，第 2 章建立了稳定的不可压缩弹性体变形分析混合 NMM 模型，该混合模型也能克服水力耦合分析中的数值闭锁，以此不可压缩变形分析混合 NMM 模型为基础。第 3 章建立了三变量 u-w-p 格式 Biot 模型的 NMM 求解格式，该格式能精确模拟冲击载荷作用下孔隙介质的动态水力响应。第 4 章通过引入接触模型，进一步建立了非连续孔隙介质 u-w-p 格式 Biot 模型 NMM 求解格式，并使用限制正交单位最小二乘法建立骨架位移(u)和流体流速(w)局部插值。第 5 章建立了孔隙介质水力耦合分析高阶 NMM 插值格式，该格式的整体插值满足 Delta 属性而且能给出更为光滑的有效应力解。循环载荷作用下，孔隙介质材料(如饱和黏土)的变形具有非线性和滞回效应，针对该现象第 6 章融合修正剑桥本构模型和界面弹塑性理论，建立了三维非线性孔隙介质 u-w-p 格式的高阶 NMM 求解格式。基于骨架位移-气相压力-液相压力格式(u-p_w-p_a 格式)广义 Biot 模型并引入接触模拟，第 7 章建立了非连续非饱和孔隙介质水力耦合分析 NMM 模型。

(2) 第 8～12 章介绍非均质孔隙介质水力耦合分析多尺度 NMM 模型。很多非均质孔隙介质材料的水力性质取决于尺度远小于其本身尺度的细小结构的水力响应。多尺度理论提供了一种可行的非均质孔隙介质水力耦合分析方法，使得既能精确考虑细小结构的几何和水力特性，又保证存储和计算消耗处于可接受范围。第 8 章介绍水力耦合一阶多尺度分析基本理论，包括细观尺度主变量分解、平均梯度关系和跨尺度变分一致性条件等，并基于 u-p 格式 Biot 模型建立水力耦合分析多尺度模型宏观和细观初边值问题。除了进行空间离散和时间离散建立水力耦合分析多尺度 NMM 求解模型外，第 9 章还推导了水力耦合多尺度分析宏观切向算子显式理论解，使得宏观切向算子可根据收敛的细观解直接得到，大幅提高了水力耦合多尺度分析的效率。第 10 章建立了水力耦合多尺度分析整体求解算法，相比于传统的交错求解算法，避免了多余的细观尺度迭代，节约了计算消耗。作为实际工程应用,第 11 章利用水力耦合多尺度 NMM 模型评估了常见岩土工程材料土石混合体的等效水力特性，解决了传统评估方法缺乏理论依据和结果提取困难的问题。第 12 章则考虑宏观尺度存在不连续面，建立了非均质非连续孔隙介质水力响应多尺度分析 NMM 模型。

第 2 章　弹性不可压缩问题

基于 Biot 固结理论进行岩土体水力耦合模拟时，需要采用混合格式(mixed form)对多个场变量进行离散插值(Hughes, 1987; Chen, 2005; Boffi et al., 2013; Bathe, 2014)，并同时进行求解和更新。数值求解固体和结构力学问题时，基于最小势能原理建立的以位移为基本未知量的数值求解格式表现出理论最优的收敛性和精度，但对于两类问题，即板壳弯曲问题和弹性不可压缩问题，仅以位移为未知量的求解格式不再有效。此时为了保证数值模拟应有的精度和收敛性，基于各种形式广义变分原理建立的混合求解格式便派上了用场。实际上弹性不可压缩问题可看作水力耦合分析的特殊形式，这是由于一方面饱和及非饱和岩土水力耦合模拟(u-w-p、u-p 和 u-w 格式)与线弹性不可压缩问题(u-p 格式)均需使用混合格式；另一方面，透水性很小且具有不可压缩骨架颗粒及流体的饱和岩土材料本身可视作不可压缩弹性材料，例如，饱和黏土由于其渗透系数非常小，进行瞬态动力分析时可视为不可压缩弹性体(Sheng et al., 2003)。实际上求解瞬态载荷作用下饱和岩土体的动力固结问题时，由于瞬态载荷施加的初始时刻岩土体未产生任何固结，此时可以将饱和岩土体视作不可压缩弹性材料获得动力固结问题的初始条件。此外，数值模拟水力耦合问题时，也存在由于对多个场变量同时进行离散插值引起的数值不稳定现象，该现象与弹性不可压缩问题中的闭锁现象(locking problem)具有完全相同的数学基础。综上可见，求解弹性不可压缩问题对岩土动力固结及水力全耦合模拟具有重要的指导意义。若建立了有效的不可压缩弹性问题的 NMM 求解格式，便可直接推广求解饱和及非饱和岩土材料的水力耦合问题及固结问题。

本章 2.1 节概述弹性不可压缩问题的控制方程并给出对应的弱形式。2.2 节简要介绍 NMM 的基本概念和主要特点。2.3 节给出两种求解弹性不可压缩问题的 NMM 混合格式。2.4 节通过计算弹性不可压缩问题的经典算例，并与混合有限元结果进行对比，对所建立的 NMM 混合模型的收敛性、有效性和精度进行验证。2.5 节通过上下限数值测试验证所建立的 NMM 混合模型的稳定性。2.6 节给出本章的主要结论。

2.1　弹性不可压缩基本方程

许多材料变形时表现出了无体积变化(volume-preserving)的特征，最典型的例子包括橡胶、不可压缩流体和饱和黏土等。这些材料最明显的特征是泊松比 ν 非常接近 $1/2$，体积模量 $\kappa=\dfrac{E}{3(1-2\nu)}$ 趋近于无穷大(体积变形 ε_v 趋近于 0)而剪切模量 $G=\dfrac{E}{2(1+\nu)}$ 仍为有限的值。进行数值计算时无法采用公式 $p=\kappa\varepsilon_v$ 计算平均压力 p。因为只要应变的数值解出现少许误差(这是不可避免的)，使得 ε_v 不精确为 0，平均压力 p 便是一个无穷大的值，而实际上平均压力也是一有限值。此时将位移作为单一基本变量的数值求解格式不再有效，混合求解格式的做法是除位移场 $\boldsymbol{u}$ 外，将平均压力场 p 也作为基本变量。此时描述不可压缩变形的基本方程为

$$\nabla\cdot\boldsymbol{\sigma}+\boldsymbol{b}=\boldsymbol{0} \tag{2.1}$$

$$\varepsilon_v-\frac{p}{\kappa}=\mathrm{tr}(\boldsymbol{\varepsilon})-\frac{p}{\kappa}=0 \tag{2.2}$$

式(2.1)为平衡方程，式(2.2)为不可压缩条件。式中 $\boldsymbol{\sigma}$、$\boldsymbol{\varepsilon}$、$\boldsymbol{b}$ 和 ε_v 依次为应力张量、应变张量、体积力和体积应变；∇ 和 tr 分别是张量散度算子和张量迹算子。为了建立混合格式(2.1)和(2.2)的弱形式，我们考虑一个二维平面应变问题，其问题域记为 Ω，具有足够光滑的边界 Γ。对于符合本质边界条件的任意位移变分 $\delta\boldsymbol{u}$ 和压力变分 δp，有

$$\int_\Omega \delta\boldsymbol{u}\cdot(\nabla\cdot\boldsymbol{\sigma}+\boldsymbol{b})=0 \tag{2.3}$$

$$\int_\Omega \delta p\left(\mathrm{tr}(\boldsymbol{\varepsilon})-\frac{p}{\kappa}\right)=0 \tag{2.4}$$

对式(2.3)采用分部积分，可以得到

$$\int_\Omega \delta\boldsymbol{\varepsilon}:\boldsymbol{\sigma}\mathrm{d}\Omega=\int_{\Gamma_t}\delta\boldsymbol{u}\cdot\bar{\boldsymbol{t}}\mathrm{d}\Omega+\int_\Omega \delta\boldsymbol{u}\cdot\boldsymbol{b}\mathrm{d}\Omega \tag{2.5}$$

式中 $\bar{\boldsymbol{t}}$ 为作用在边界部分 Γ_t 上的已知外力载荷。考虑到

$$\boldsymbol{\sigma}=p\mathbf{1}+\boldsymbol{s}=p\mathbf{1}+\boldsymbol{D}':\boldsymbol{\varepsilon} \tag{2.6}$$

式中 $\mathbf{1}$ 为二阶单位向量，其分量为 δ_{ij}；$\boldsymbol{s}$ 为偏应力张量；$\boldsymbol{D}'$ 为反映应变张量和偏应力张量关系的四阶张量，其分量可表示为

$$D'_{ijkl}=2G\left[\left(\frac{1}{2}(\delta_{ik}\delta_{jl}+\delta_{il}\delta_{jk})\right)-\frac{1}{3}\delta_{ij}\delta_{kl}\right]$$

式(2.5)可写成包含平均压力 p 的形式

$$\int_\Omega \delta\boldsymbol{\varepsilon}:\mathbf{1}p\mathrm{d}\Omega+\int_\Omega \delta\boldsymbol{\varepsilon}:\boldsymbol{D}':\boldsymbol{\varepsilon}\mathrm{d}\Omega=\int_{\Gamma_t}\delta\boldsymbol{u}\cdot\bar{\boldsymbol{t}}\mathrm{d}\Omega+\int_\Omega \delta\boldsymbol{u}\cdot\boldsymbol{b}\mathrm{d}\Omega \tag{2.7}$$

为了便于数值实现，我们也给出式(2.7)和(2.4)所对应的矩阵形式

$$\int_{\Omega}\delta\boldsymbol{\varepsilon}^{\mathrm{T}}\boldsymbol{m}p\mathrm{d}\Omega+\int_{\Omega}\delta\boldsymbol{\varepsilon}^{\mathrm{T}}\boldsymbol{D}_0\boldsymbol{\varepsilon}\mathrm{d}\Omega=\int_{\Gamma_t}\delta\boldsymbol{u}^{\mathrm{T}}\bar{\boldsymbol{t}}\mathrm{d}\Omega+\int_{\Omega}\delta\boldsymbol{u}^{\mathrm{T}}\boldsymbol{b}\mathrm{d}\Omega \tag{2.8}$$

$$\int_{\Omega}\delta p\boldsymbol{m}^{\mathrm{T}}\boldsymbol{\varepsilon}\mathrm{d}\Omega-\int_{\Omega}\frac{1}{K}\delta pp\mathrm{d}\Omega=0 \tag{2.9}$$

式中

$$\boldsymbol{m}=\begin{bmatrix}1 & 1 & 0\end{bmatrix}^{\mathrm{T}}$$

$$\boldsymbol{\varepsilon}=\begin{bmatrix}\varepsilon_x & \varepsilon_y & \varepsilon_{xy}+\varepsilon_{yx}\end{bmatrix}^{\mathrm{T}}$$

$$\boldsymbol{D}_0=2G\begin{bmatrix}\dfrac{2}{3} & -\dfrac{1}{3} & 0\\ -\dfrac{1}{3} & \dfrac{2}{3} & 0\\ 0 & 0 & \dfrac{1}{2}\end{bmatrix}$$

将位移场$\boldsymbol{u}(\boldsymbol{x})$和平均压力场$p(\boldsymbol{x})$的数值离散记为

$$\boldsymbol{u}(\boldsymbol{x})=\boldsymbol{N}_u(\boldsymbol{x})\boldsymbol{U} \tag{2.10}$$

$$p(\boldsymbol{x})=\boldsymbol{N}_p(\boldsymbol{x})\boldsymbol{P} \tag{2.11}$$

其中$\boldsymbol{N}_u(\boldsymbol{x})$和$\boldsymbol{N}_p(\boldsymbol{x})$分别为位移场和平均压力场的形函数矩阵，而$\boldsymbol{U}$和$\boldsymbol{P}$分别为位移场和压力场的未知数向量或自由度向量。将式(2.10)和(2.11)代入式(2.8)和(2.9)可得到弹性不可压缩问题混合求解格式的矩阵形式

$$\begin{bmatrix}\boldsymbol{K}_{uu} & \boldsymbol{K}_{up}\\ \boldsymbol{K}_{pu} & \boldsymbol{K}_{pp}\end{bmatrix}\begin{bmatrix}\boldsymbol{U}\\ \boldsymbol{P}\end{bmatrix}=\begin{bmatrix}\boldsymbol{F}_u\\ \boldsymbol{F}_p\end{bmatrix} \tag{2.12}$$

其中

$$\boldsymbol{K}_{uu}=\int_{\Omega}\boldsymbol{B}^{\mathrm{T}}\boldsymbol{D}_0\boldsymbol{B}\mathrm{d}\Omega,\qquad \boldsymbol{K}_{up}=\boldsymbol{B}^{\mathrm{T}}\boldsymbol{m}\boldsymbol{N}_p\mathrm{d}\Omega$$

$$\boldsymbol{K}_{pu}=\boldsymbol{K}_{up}^{\mathrm{T}},\qquad \boldsymbol{K}_{pp}=\int_{\Omega}\frac{1}{K}\boldsymbol{N}_p^{\mathrm{T}}\boldsymbol{N}_p\mathrm{d}\Omega$$

并且有

$$\boldsymbol{B}=\boldsymbol{L}^{\mathrm{T}}\boldsymbol{N}_u(\boldsymbol{x}),\qquad \boldsymbol{L}^{\mathrm{T}}=\begin{bmatrix}\dfrac{\partial}{\partial x} & 0 & \dfrac{\partial}{\partial y}\\ 0 & \dfrac{\partial}{\partial y} & \dfrac{\partial}{\partial x}\end{bmatrix}$$

为了求解方程组(2.12)，需要分别对位移场和平均压力场进行离散，同时为了得到稳定的平均压力场，位移场和平均压力场的插值离散之间需要满足上下限条件(the inf-sup condition)。

2.2　NMM 基本概念

NMM 引入了两套覆盖和两类近似，两套覆盖即数学覆盖(mathematical cover，MC)和物理覆盖(physical cover，PC)，两类近似指局部近似(local approximation)和整体近似(global approximation)。这些概念的引入，使 NMM 成功地将连续分析(continuum analysis)和非连续分析(discontinuum analysis)统一到一个框架下。

2.2.1　覆盖系统

数学覆盖由一组数学片(mathematical patch，MP)，$M_i, i=1,2,\cdots,n^m$ 构成，这里 n^m 指数学片的数量。数学片一般只要求是单连通的，而对形状没有要求，只要所有数学片的并集能够完全覆盖问题域即可，即

$$\bigcup_{i=1}^{n^m} M_i = \Omega \tag{2.13}$$

但是，实际计算时为了保证精度和数值实现的方便，一般采用均匀的有限元网格构造数学覆盖。为了形成物理片和物理覆盖，使用问题域边界、强不连续面、弱不连续面等对数学片进行逐个切割。若一个数学片 M_i 被切穿成 k_i 个不相连的部分，则称数学片 M_i 形成了 k_i 个物理片，记为 $P_{i-j}, j=1,2,\cdots,k_i$，$P_{i-j}$ 指由数学片 M_i 切割而来的第 j 个物理片。需要注意的是，根据实际问题域边界和不连续面的形状可能切出非单连通的物理片。此外，将被问题域边界切穿且位于问题域之外的部分直接舍弃，不视作物理片，也不参与后续的 NMM 的处理和计算。为了指标的简洁，将所得的所有物理片进行重新排序，用单个下标进行指代，即 $P_i, i=1,2,\cdots,n^p$，n^p 为所有物理片的数量，且

$$\sum_{i=1}^{n^m} k_i = n^p \tag{2.14}$$

自然地，所有物理片的并集恰好完全覆盖住问题域

$$\sum_{i=1}^{n^p} P_i = \Omega \tag{2.15}$$

而物理片的公共部分则成为 NMM 弱形式的积分区域，称为流形单元(manifold element, ME)。由于流形单元一般为多边形，积分时可以采用单纯形积分(simplex integration)(Hammer and Stroud, 1956; 陈景良和陈向辉, 2003; 林绍忠, 2005; 徐栋栋和郑宏, 2014；徐栋栋等，2015)或者细分为三角形采用高斯积分。

图 2.1 展示了一个内部含折线不连续面的正方形问题域(粗线表示问题域边界和不连续面)。整个问题域被三角形网格覆盖(数学覆盖)。网格中每个由 6 个三角形组成的六边形，例如 M_1、M_2、M_3、M_4、M_5 和 M_6，就是一个数学片。图 2.2 展示了通过切割数学片形成物理片和流形单元的过程。数学片 M_1 和 M_2 均被裂纹切穿，分别形成物理片 P_{1-1} 和 P_{1-2}、P_{2-1} 和 P_{2-2}。数学片 M_3 未被问题域边界或不连续面切穿，只形成一个物理片 P_{3-1}。数学片 M_4 和 M_5 均被问题域边界和不连续面切穿，舍去问题域外部分后分别得到物理片 P_{4-1} 和 P_{4-2}、P_{5-1} 和 P_{5-2}。数学片 M_6 仅被问题域边界切穿，舍去问题域以外部分，仅得到一个物理片 P_{6-1}。如果一个物理片内含有裂纹尖端，则称为奇异物理片(singular physical patch)，如 P_{3-1}，反之则称为非奇异物理片(nonsingular physical patch)，如 P_{1-1}、P_{2-2} 以及 P_{6-1} 等。最后，由所有物理片的公共区域形成流形单元，如物理片 P_{1-1}、P_{2-1} 和 P_{3-1} 的共同区域构成流形单元 E_1，而物理片 P_{1-2}、P_{2-2} 和 P_{3-2} 的共同区域则为流形单元 E_2。

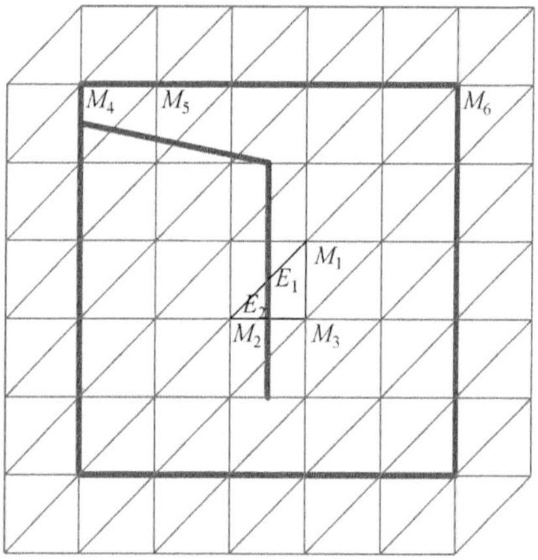

图 2.1　数学片、数学覆盖、物理片、物理覆盖和流形单元

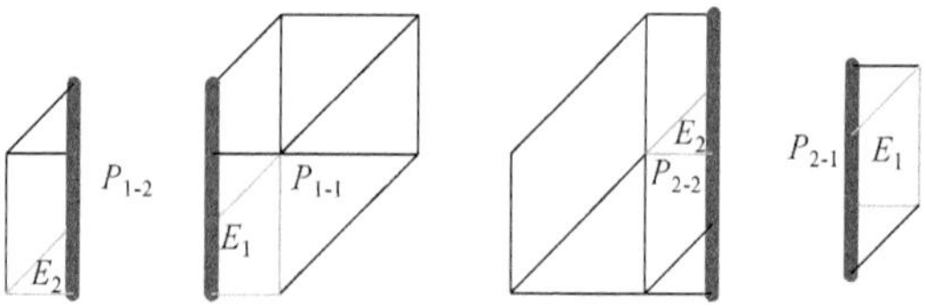

(a) 数学片 M_1 的切割　　(b) 数学片 M_2 的切割

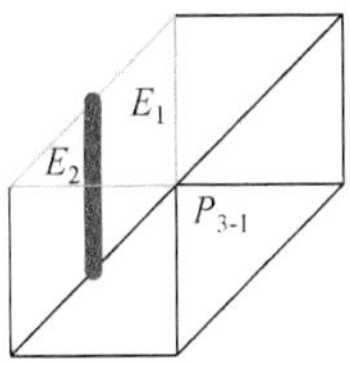

(c) 数学片 M_3 的切割

(d) 数学片 M_4 的切割

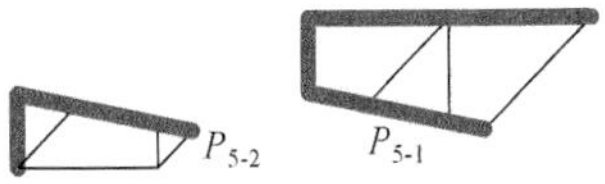

(e) 数学片 M_5 的切割

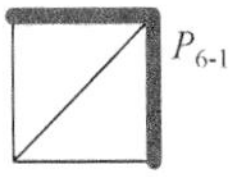

(f) 数学片 M_6 的切割

图 2.2　物理片和流形单元的生成

2.2.2　NMM 函数空间

为了建立 NMM 的整体近似函数(或函数空间)，首先需要建立单位分解函数(partition of unity function)和局部近似函数。本质上，NMM 也是一种单位分解方法，因此对于每个数学片 M_i，NMM 引入了一个单位分解函数或权函数 $f_i(\boldsymbol{x})$,形成了一个单位分解函数集合 $f_i(\boldsymbol{x}), i=1,2,\cdots,n^m$，满足如下条件：

$$f_i(\boldsymbol{x})=0, \quad \boldsymbol{x}\notin M_i \tag{2.16}$$

$$0\leqslant f_i(\boldsymbol{x})\leqslant 1, \quad \boldsymbol{x}\in M_i \tag{2.17}$$

$$\sum_{i=1}^{n^m} f_i(\boldsymbol{x})=1, \quad \boldsymbol{x}\in \Omega \tag{2.18}$$

可见权函数 $f_i(\boldsymbol{x})$ 除了满足单位分解性质外，也是仅定义在数学片 M_i 上的紧支撑函数。图 2.3 为采用三角形有限元网格作数学覆盖时 NMM 的权函数。该函数在组成数学片的 6 个三角形的公共顶点处取值为 1，在数学片的边界上取值为 0，在组成数学片的每个三角形内线性变化。本质上可认为权函数由具有公共点的 6 个三角形在公共点处的形函数拼接而成。值得指出的是，在标准单位分解法中并未要求单位分解函数 $f_i(\boldsymbol{x})\geqslant 0$ (Melenk and Babuška, 1996)。当数学片 M_i 被问题域边界和不连续面切割成 k_i 个物理片时，将与 M_i 对应的权函数 $f_i(\boldsymbol{x})$ 的定义域对应到这些物理片上，可得到与这些物理片一一对应的一组权函数 $f_{i\text{-}j}(\boldsymbol{x}), j=1,2,\cdots,k_i$。显然地，这组权函数具有相同的表达式，只是定义域不同。所有物理片的权函数仍然满足式(2.16) ~ (2.18)，且物理片与权函数之间一一对应。为了指标记法的简洁，权函数也采用一个下标指代，即 $f_i(\boldsymbol{x}), i=1,2,\cdots,n^p$，对应的定义域为 $P_i, i=1,2,\cdots,n^p$。

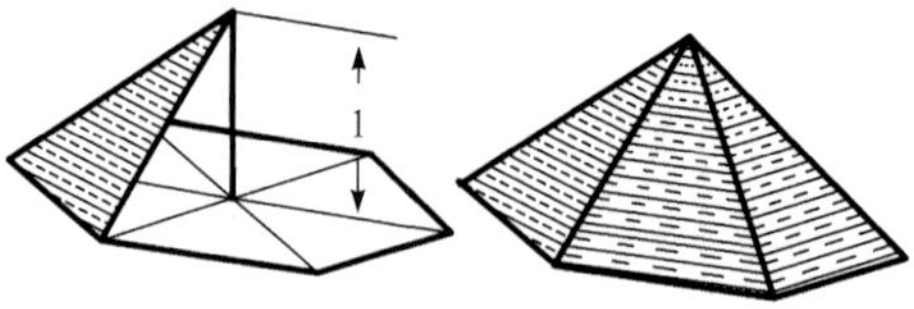

图 2.3　三角形网格形成的数学片的权函数

与标准 FEM 将自由度置于结点上并使用结点的形函数在单元内形成有限元近似不同，NMM 的自由度置于每个物理片上，并在每个物理片上独立地建立局部近似。假定需要数值求解的未知向量场为 $\boldsymbol{a}(\boldsymbol{x},t)$，物理片 P_k ,$k=1,2,\cdots,n^p$ 上的局部近似记为 $\boldsymbol{a}_k^h(\boldsymbol{x},t)$，而整个问题域上的整体近似记为 $\boldsymbol{a}^h(\boldsymbol{x},t)$。下面针对非奇异物理片和奇异物理片分别建立局部近似 $\boldsymbol{a}_k^h(\boldsymbol{x},t)$。

当物理片 P_k 为非奇异物理片时，局部近似 $\boldsymbol{a}_k(\boldsymbol{x},t)$ 可一般性地写作

$$
\begin{aligned}
\boldsymbol{a}_k^h(\boldsymbol{x},t)&=\sum_{j=1}^{b^k}w_j(\boldsymbol{x})\boldsymbol{h}_j^k(t)=\boldsymbol{G}^k(\boldsymbol{x})\boldsymbol{h}^k(t)\\
\boldsymbol{G}^k(\boldsymbol{x})&=\begin{bmatrix}w_1(\boldsymbol{x})\boldsymbol{I}_2 & w_2(\boldsymbol{x})\boldsymbol{I}_2 & \cdots & w_{b^k}(\boldsymbol{x})\boldsymbol{I}_2\end{bmatrix}\\
\boldsymbol{h}^k(t)&=\begin{bmatrix}\boldsymbol{h}_1^k(t)^{\mathrm{T}} & \boldsymbol{h}_2^k(t)^{\mathrm{T}} & \cdots & \boldsymbol{h}_{b^k}^k(t)^{\mathrm{T}}\end{bmatrix}^{\mathrm{T}}
\end{aligned}
\tag{2.19}
$$

其中 $\boldsymbol{G}^k(\boldsymbol{x})$ 为物理片 P_k 上局部近似的形函数矩阵，维度为 $2\times 2b^k$；$\boldsymbol{h}^k(t)$ 为对应于 P_k 的未知数或自由度(degrees of freedom，DOF)向量，维度为 $2b^k\times 1$；$\boldsymbol{I}_2$ 是维度为 2×2 的单位矩阵；标量函数 $w_1(\boldsymbol{x}),w_2(\boldsymbol{x}),\cdots,w_{b^k}(\boldsymbol{x})$ 为用于张成 P_k 上局部近似的基函数。在 NMM 中，基函数 $w_1(\boldsymbol{x}),w_2(\boldsymbol{x}),\cdots,w_{b^k}(\boldsymbol{x})$ 一般选择多项式，且其取法也较为自由。比如，基函数取 0 阶多项式时，我们有 $w_1(\boldsymbol{x})=1$以及$b^k=1$。此时 P_k 的局部近似为

$$
\boldsymbol{a}_k^h(\boldsymbol{x},t)=\boldsymbol{h}_1^k(t)
\tag{2.20}
$$

即 P_k 上的局部近似此时为常数。再如，当基函数取完整 1 阶多项式时，有 $w_1(\boldsymbol{x})=1,w_2(\boldsymbol{x})=\dfrac{x-x_k}{h_k},w_3(\boldsymbol{x})=\dfrac{y-y_k}{h_k}$以及 $b^k=3$，此时 P_k 上的局部近似为

$$
\boldsymbol{a}_k^h(\boldsymbol{x},t)=\boldsymbol{G}^k(\boldsymbol{x})\boldsymbol{h}^k(t)
$$

$$
\boldsymbol{G}^k(\boldsymbol{x})=\begin{bmatrix}1 & 0 & \dfrac{x-x_k}{h_k} & 0 & \dfrac{y-y_k}{h_k} & 0\\ 0 & 1 & 0 & \dfrac{x-x_k}{h_k} & 0 & \dfrac{y-y_k}{h_k}\end{bmatrix}
$$

$$\boldsymbol{h}^k(t)=\left[\boldsymbol{h}_1^k(t)^{\mathrm{T}} \quad \boldsymbol{h}_2^k(t)^{\mathrm{T}} \quad \boldsymbol{h}_3^k(t)^{\mathrm{T}}\right]^{\mathrm{T}} \tag{2.21}$$

其中(x_k, y_k)为物理片P_k的中心点坐标；h_k是P_k的外接圆的直径。值得注意的是，当建立局部近似所使用的多项式基函数阶数高于或等于 1 阶时，通常会引起 NMM 的最终刚度亏秩或严重病态，即出现 NMM 的线性相关问题。由于本质上 NMM 的线性相关问题与 GFEM 中的线性相关问题相同，所以 NMM 可以借鉴用于解决 GFEM 线性相关问题的方法(Cai et al., 2010; Tian et al., 2006; Yang et al., 2014, 2016; Zheng et al., 2014b, 2015)，如采用特殊的方程求解器、边界上结点处采用低阶近似、调整网格几何形状、高阶单元周围使用低阶单元等。此外，当使用完整 1 阶多项式作为基函数建立局部近似时，文献(郭朝旭和郑宏, 2012; He and Ma, 2010; 徐栋栋等, 2014a; Zheng and Xu, 2014b)给出了另一种局部近似的表达方式以改善矩阵病态和减少亏秩数目。

当物理片P_k为奇异物理片并含有n_k^{tip}个裂纹尖端或受n_k^{tip}个裂纹尖端所引起的应力奇异性影响时，一般对每个裂纹尖端引入 4 个渐进裂纹尖端函数(asymptotic crack tip functions)，即 Williams 级数的前 4 项，来提高对裂纹尖端应力场奇异性的模拟精度。此时P_k上的局部近似可写为

$$\boldsymbol{a}_k^h(\boldsymbol{x},t)=\sum_{j=1}^{b^k} w_j(\boldsymbol{x})\boldsymbol{h}_j^k(t)+\sum_{j=1}^{n_k^{\mathrm{tip}}}\boldsymbol{A}_j^k\left(r_j^k,\theta_j^k\right)\boldsymbol{b}_j^k(t)=\boldsymbol{G}^k(\boldsymbol{x})\boldsymbol{h}^k(t) \tag{2.22}$$

这里$\boldsymbol{A}_j^k\left(r_j^k,\theta_j^k\right)$表示$P_k$所含的第$j$个裂纹尖端的尖端渐进函数对应的形函数矩阵，维度为 2×8，可表示为

$$\boldsymbol{A}_j^k\left(r_j^k,\theta_j^k\right)=\left[\sqrt{r_j^k}\cos\frac{\theta_j^k}{2}\boldsymbol{I}_2 \quad \sqrt{r_j^k}\sin\frac{\theta_j^k}{2}\boldsymbol{I}_2 \quad \sqrt{r_j^k}\cos\frac{3\theta_j^k}{2}\boldsymbol{I}_2 \quad \sqrt{r_j^k}\sin\frac{3\theta_j^k}{2}\boldsymbol{I}_2\right] \tag{2.23}$$

$\left(r_j^k,\theta_j^k\right)$表示坐标$\boldsymbol{x}$在以第$j$个裂纹尖端为原点的局部极坐标系中的极坐标。物理片中以裂纹尖端为原点，局部极坐标系的建立如图 2.4 所示。$\boldsymbol{b}_j^k(t)$是与$\boldsymbol{A}_j^k\left(r_j^k,\theta_j^k\right)$对应的尖端渐进函数的自由度向量，维度为 8×1。

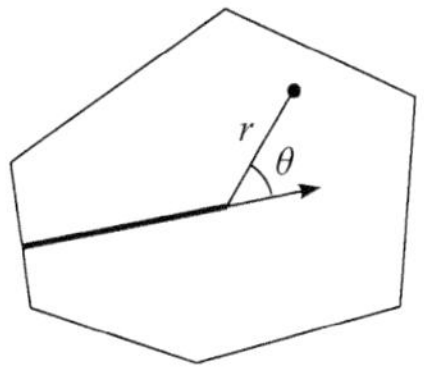

图 2.4　物理片中裂纹尖端局部极坐标系的建立

与一般的单位分解法相同，NMM 通过使用每个物理片上的权函数加权平均每个物理片上的局部近似得到整体近似，即

$$
\begin{gathered}
\boldsymbol{a}^h(\boldsymbol{x},t)=\sum_{i=1}^{n^p} f_i(\boldsymbol{x})\boldsymbol{a}_k^h(\boldsymbol{x},t)=\boldsymbol{G}(\boldsymbol{x})\boldsymbol{h}(t) \\
\boldsymbol{G}(\boldsymbol{x})=\left[f_1(\boldsymbol{x})\boldsymbol{G}^1(\boldsymbol{x}) \quad f_1(\boldsymbol{x})\boldsymbol{G}^1(\boldsymbol{x}) \quad \cdots \quad f_{n^p}(\boldsymbol{x})\boldsymbol{G}^{n^p}(\boldsymbol{x})\right] \\
\boldsymbol{h}(t)=\left[\boldsymbol{h}^1(t)^{\mathrm{T}} \quad \boldsymbol{h}^2(t)^{\mathrm{T}} \quad \cdots \quad \boldsymbol{h}^{n^p}(t)^{\mathrm{T}}\right]^{\mathrm{T}}
\end{gathered} \tag{2.24}
$$

式中 $\boldsymbol{G}(\boldsymbol{x})$ 为整体近似 $\boldsymbol{a}^h(\boldsymbol{x},t)$ 的形函数矩阵；$\boldsymbol{h}(t)$ 为对应于该整体近似的自由度向量。

2.3　弹性不可压缩问题的 NMM 求解格式

为了求解本节所述的弹性不可压缩问题，我们采用均匀的三角形有限元网格(见图 2.1)作为数学覆盖，并使用三角形有限元的形函数作为权函数(见图 2.3)。首先采用完全 1 阶多项式来建立位移场 $\boldsymbol{u}(\boldsymbol{x})$ 在物理片 P_k 上的局部位移近似

$$
\begin{gathered}
\tilde{\boldsymbol{u}}_k^h(\boldsymbol{x})=\tilde{\boldsymbol{N}}_u^k(\boldsymbol{x})\tilde{\boldsymbol{U}}^k \\
\tilde{\boldsymbol{N}}_u^k(\boldsymbol{x})=\begin{bmatrix} 1 & 0 & \dfrac{x-x_k}{h_k} & 0 & \dfrac{y-y_k}{h_k} & 0 \\ 0 & 1 & 0 & \dfrac{x-x_k}{h_k} & 0 & \dfrac{y-y_k}{h_k} \end{bmatrix} \\
\tilde{\boldsymbol{U}}^k=\left[U_1^k \quad U_2^k \quad U_3^k \quad U_4^k \quad U_5^k \quad U_6^k\right]^{\mathrm{T}}
\end{gathered} \tag{2.25}
$$

则对应的整体近似为

$$
\begin{gathered}
\tilde{\boldsymbol{u}}^h(\boldsymbol{x})=\sum_{k=1}^{n^p} f_k(\boldsymbol{x})\tilde{\boldsymbol{u}}_k^h(\boldsymbol{x})=\tilde{\boldsymbol{N}}_u(\boldsymbol{x})\tilde{\boldsymbol{U}} \\
\tilde{\boldsymbol{N}}_u(\boldsymbol{x})=\left[f_1(\boldsymbol{x})\tilde{\boldsymbol{N}}_u^1(\boldsymbol{x}) \quad f_2(\boldsymbol{x})\tilde{\boldsymbol{N}}_u^2(\boldsymbol{x}) \quad \cdots \quad f_{n^p}(\boldsymbol{x})\tilde{\boldsymbol{N}}_u^{n^p}(\boldsymbol{x})\right] \\
\tilde{\boldsymbol{U}}=\left[\tilde{\boldsymbol{U}}^{1\mathrm{T}} \quad \tilde{\boldsymbol{U}}^{2\mathrm{T}} \quad \cdots \quad \tilde{\boldsymbol{U}}^{n^p\mathrm{T}}\right]^{\mathrm{T}}
\end{gathered} \tag{2.26}
$$

不可压缩的条件可表示为

$$
\nabla^{\mathrm{T}}\cdot\tilde{\boldsymbol{u}}(\boldsymbol{x})=0 \tag{2.27}
$$

式中 ∇ 为梯度算子，即 $\nabla = \begin{bmatrix} \dfrac{\partial}{\partial x} & \dfrac{\partial}{\partial y} \end{bmatrix}^{\mathrm{T}}$。为了更精确地模拟不可压缩条件，需要使位移近似 $\tilde{\boldsymbol{u}}^h(\boldsymbol{x})$ 尽可能地满足式(2.27)，因此应使 $\tilde{\boldsymbol{u}}^h(\boldsymbol{x})$ 的散度，即

$$\nabla^{\mathrm{T}} \cdot \tilde{\boldsymbol{u}}^h(\boldsymbol{x}) = \sum_{k=1}^{n^p} \left[(\nabla f_k)^{\mathrm{T}} \tilde{\boldsymbol{u}}_k^h(\boldsymbol{x}) + f_k \nabla^{\mathrm{T}} \cdot \tilde{\boldsymbol{u}}_k^h(\boldsymbol{x}) \right] \tag{2.28}$$

尽可能为 0。由于 $(\nabla f_k)^{\mathrm{T}} \tilde{\boldsymbol{u}}_k^h(\boldsymbol{x}), k=1,2,\cdots,n^p$ 一般不等于 0，我们考虑使局部近似 $\tilde{\boldsymbol{N}}_u^k \tilde{\boldsymbol{U}}^k, k=1,2,\cdots,n^p$ 的散度为 0，即

$$\nabla^{\mathrm{T}} \cdot \tilde{\boldsymbol{N}}_u^k \tilde{\boldsymbol{U}}^k = 0, \quad k=1,2,\cdots,n^p \tag{2.29}$$

将式(2.25)代入式(2.29)可得在任意的物理片 P_k 上有

$$U_6^k = -U_3^k \tag{2.30}$$

这意味着在模拟弹性不可压缩问题时，采用完全 1 阶多项式张成局部近似 $\tilde{\boldsymbol{u}}_k^h(\boldsymbol{x},t), k=1,2,\cdots,n^p$ 时的 6 个自由度不是完全相互独立的。

把式(2.30)代入式(2.25)，可得到最终的位移局部近似

$$\boldsymbol{u}_k^h(\boldsymbol{x}) = \boldsymbol{N}_u^k(\boldsymbol{x}) \boldsymbol{U}^k, \quad k=1,2,\cdots,n^p$$

$$\boldsymbol{N}_u^k(\boldsymbol{x}) = \begin{bmatrix} 1 & 0 & \dfrac{x-x_k}{h_k} & 0 & \dfrac{y-y_k}{h_k} \\ 0 & 1 & -\dfrac{y-y_k}{h_k} & \dfrac{x-x_k}{h_k} & 0 \end{bmatrix}$$

$$\boldsymbol{U}^k = \begin{bmatrix} U_1^k & U_2^k & U_3^k & U_4^k & U_5^k \end{bmatrix}^{\mathrm{T}} \tag{2.31}$$

把式(2.31)代入式(2.26)可得到最终的整体位移近似 $\boldsymbol{u}^h(\boldsymbol{x})$

$$\boldsymbol{u}^h(\boldsymbol{x}) = \sum_{k=1}^{n^p} f_k(\boldsymbol{x}) \boldsymbol{u}_k^h(\boldsymbol{x}) = \boldsymbol{N}_u(\boldsymbol{x}) \boldsymbol{U}$$

$$\boldsymbol{N}_u(\boldsymbol{x}) = \begin{bmatrix} f_1(\boldsymbol{x}) \boldsymbol{u}_1^h(\boldsymbol{x}) & f_2(\boldsymbol{x}) \boldsymbol{u}_2^h(\boldsymbol{x}) & \cdots & f_{n^p}(\boldsymbol{x}) \boldsymbol{u}_{n^p}^h(\boldsymbol{x}) \end{bmatrix}$$

$$\boldsymbol{U} = \begin{bmatrix} \boldsymbol{U}^{1\mathrm{T}} & \boldsymbol{U}^{2\mathrm{T}} & \cdots & \boldsymbol{U}^{n^p \mathrm{T}} \end{bmatrix}^{\mathrm{T}} \tag{2.32}$$

此时整体位移近似 $\boldsymbol{u}^h(\boldsymbol{x})$ 的散度为

$$\nabla^{\mathrm{T}} \cdot \boldsymbol{u}^h(\boldsymbol{x}) = \sum_{k=1}^{n^p} (\nabla f_k)^{\mathrm{T}} \boldsymbol{N}_u^k \boldsymbol{U}^k \neq 0 \tag{2.33}$$

因此由局部近似(2.31)得到的位移场 $\boldsymbol{u}^h(\boldsymbol{x})$ 散度并不为 0。这表明由局部近似(2.31)建立的整体近似仍然能模拟体积变形。

对于平均压力场 p，第一种近似直接采用分片连续线性插值，即在物理片 P_k 上平均压力为常量

$$p_k^h(\boldsymbol{x}) = p_k \tag{2.34}$$

则平均压力场的整体近似为

$$\begin{gathered} p^h(\boldsymbol{x}) = \sum_{k=1}^{n^p} f_k(\boldsymbol{x}) p_k^h(\boldsymbol{x}) = \boldsymbol{N}_p(\boldsymbol{x})\boldsymbol{P} \\ \boldsymbol{N}_p(\boldsymbol{x}) = \begin{bmatrix} f_1(\boldsymbol{x}) & f_1(\boldsymbol{x}) & \cdots & f_{n^p}(\boldsymbol{x}) \end{bmatrix}^{\mathrm{T}} \\ \boldsymbol{P} = \begin{bmatrix} p_1 & p_2 & \cdots & p_{n^p} \end{bmatrix}^{\mathrm{T}} \end{gathered} \tag{2.35}$$

本质上，对于连续的问题域，这里的平均压力场近似与 3 结点三角形有限元插值近似完全相同。第二种平均压力近似通过假设在任一个流形单元上平均压力为常量得到，即

$$\begin{gathered} p^h(\boldsymbol{x}) = \boldsymbol{N}_p(\boldsymbol{x})\boldsymbol{P} \\ \boldsymbol{N}_p(\boldsymbol{x}) = \begin{bmatrix} H_1(\boldsymbol{x}) & H_2(\boldsymbol{x}) & \cdots & H_{n^{\mathrm{el}}}(\boldsymbol{x}) \end{bmatrix}^{\mathrm{T}} \\ \boldsymbol{P} = \begin{bmatrix} p_1 & p_2 & \cdots & p_{n^{\mathrm{el}}} \end{bmatrix}^{\mathrm{T}} \end{gathered} \tag{2.36}$$

式中 n^{el} 表示流形单元的数量；$H_k(\boldsymbol{x})$ 是定义在第 k 个流形单元上的阶跃函数(step function)

$$H_k(\boldsymbol{x}) = \begin{cases} 1, & \boldsymbol{x} \in \Omega_e^k \\ 0, & \boldsymbol{x} \notin \Omega_e^k \end{cases} \tag{2.37}$$

Ω_e^k 表示第 k 个流形单元；p_k 为流形单元 Ω_e^k 上的平均压力未知数。

我们称由位移近似(2.32)和压力近似(2.35)所组成的混合格式为 ND5P1，表示每个物理片上具有 5 个位移自由度和 1 个平均压力自由度。而由位移近似(2.32)和压力近似(2.36)所组成的混合格式为 ND5E1，表示每个物理片上具有 5 个位移自由度而每个流形单元上有 1 个平均压力自由度。

2.4　数 值 算 例

本节通过对弹性不可压缩问题的经典算例(Brink and Stein, 1996; Canga and

Becker, 1999; Liu et al., 2007; Nakshatrala et al., 2008; Timoshenko and Goodier , 1970; Wu et al., 2012; Zhang et al., 2014)进行计算并与混合有限单元结果进行对比，对 ND5P1 和 ND5E1 的精度、收敛性和稳定性等进行测试。首先定义基于 L_2 范数的位移误差范数、应变能误差范数和平均压力误差范数

$$
\begin{aligned}
e_d &= \sqrt{\frac{\int_\Omega \left(\boldsymbol{u}^{\mathrm{ex}} - \boldsymbol{u}^{\mathrm{num}}\right)^{\mathrm{T}} \left(\boldsymbol{u}^{\mathrm{ex}} - \boldsymbol{u}^{\mathrm{num}}\right) \mathrm{d}\Omega}{\int_\Omega \left(\boldsymbol{u}^{\mathrm{ex}}\right)^{\mathrm{T}} \left(\boldsymbol{u}^{\mathrm{ex}}\right) \mathrm{d}\Omega}} \\
e_e &= \sqrt{\frac{\int_\Omega \left(\boldsymbol{\varepsilon}^{\mathrm{ex}} - \boldsymbol{\varepsilon}^{\mathrm{num}}\right)^{\mathrm{T}} \boldsymbol{D}_0 \left(\boldsymbol{\varepsilon}^{\mathrm{ex}} - \boldsymbol{\varepsilon}^{\mathrm{num}}\right) \mathrm{d}\Omega}{\int_\Omega \left(\boldsymbol{\varepsilon}^{\mathrm{ex}}\right)^{\mathrm{T}} \boldsymbol{D}_0 \left(\boldsymbol{\varepsilon}^{\mathrm{ex}}\right) \mathrm{d}\Omega}} \\
e_p &= \sqrt{\frac{\int_\Omega \left(p^{\mathrm{ex}} - p^{\mathrm{num}}\right)^2 \mathrm{d}\Omega}{\int_\Omega \left(p^{\mathrm{ex}}\right)^2 \mathrm{d}\Omega}}
\end{aligned}
\tag{2.38}
$$

式中上标 ex 表示精确解或参考解；上标 num 表示数值解。

2.4.1 自由端受剪切力作用的悬臂梁

图 2.5 为长 L、宽 D、单位厚度的悬臂梁，悬臂梁处于平面应变状态，其右端受抛物线分布的剪切力，剪切力的最大值为 P。悬臂梁左端受固定约束，其位移场的理论解为(Timoshenko and Goodier, 1970)

$$
\begin{aligned}
u_x &= \frac{Py}{6\bar{E}I}\left[(6L-3x)x + (2+\bar{\nu})\left(y^2 - \frac{D^2}{4}\right)\right] \\
u_y &= -\frac{P}{6\bar{E}I}\left[3\bar{\nu}y^2(L-x) + (4+\bar{\nu})\frac{D^2 x}{4} + (3L-x)x^2\right]
\end{aligned}
\tag{2.39}
$$

对于平面应变问题，$\bar{E} = E/\left(1-\nu^2\right)$ 且 $\bar{\nu} = \nu/(1-\nu)$。对于平面应力问题，$\bar{E} = E$ 且 $\bar{\nu} = \nu$。I 为梁截面的惯性矩，$I = D^3/12$。对应的理论应力解为

$$
\sigma_x = \frac{P(L-x)y}{I}, \quad \sigma_y = 0, \quad \sigma_{xy} = -\frac{P}{2I}\left(\frac{D^2}{4} - y^2\right) \tag{2.40}
$$

数值计算时悬臂梁的几何和材料参数为 $P=1, L=10, D=2, E=1000$。为了展示 ND5P1 和 ND5E1 在不可压缩、近似不可压缩以及可压缩条件下的数值表现，计算时取不同的泊松比 $\nu = 0.5, 0.48, 0.45, 0.4, 0.35$。此外，数值计算时悬臂梁左侧的位移边界条件按照式(2.39)精确施加。NMM 的计算结果与混合有限单元 T6T3 进行了对比。这里 T6T3 指采用 6 结点三角形单元进行位移场离散插值，3 结点三角形单元进行平均压力场离散插值的混合有限单元。

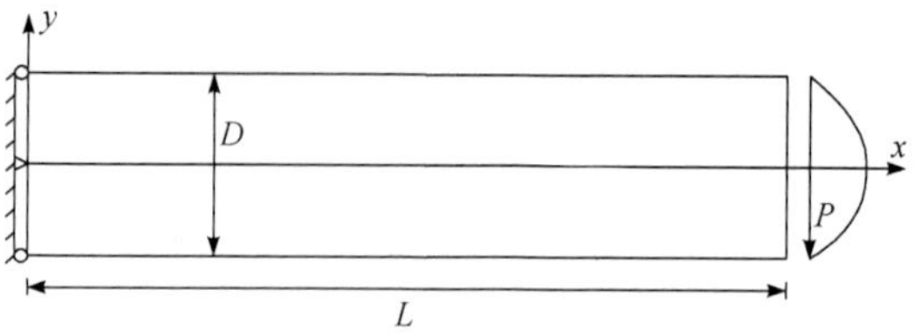

图 2.5　自由端受抛物线分布剪切力作用的悬臂梁

图 2.6 展示了 $\nu = 0.5$ 和 $\nu = 0.35$ 时采用 40×8 三角形网格得到的 σ_x 分布云图。此时 ND5P1、ND5E1 和 T6T3 的自由度数量分别为 2214、2485 和 3123。可见，在完全不可压缩和可压缩条件下 ND5P1 和 ND5E1 均能给出精确的应力解。由于 σ_x 根据 $\boldsymbol{\sigma} = \boldsymbol{m}p + \boldsymbol{BU}$ 计算，平均压力场的精度会直接影响应力场的精度。由于 ND5E1 的平均压力场为 0 阶插值，与另外两种方法相比，其平均压力场的精度较低。

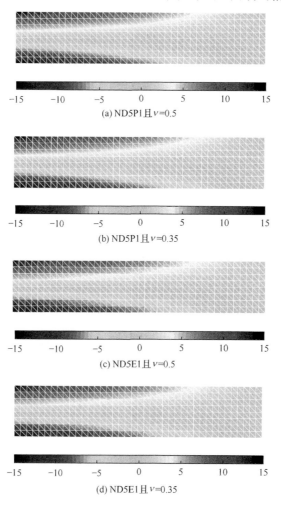

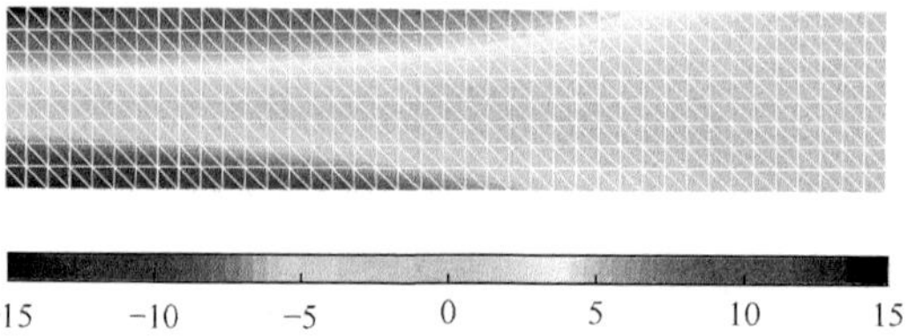

(a) ND5P1 且 ν=0.5

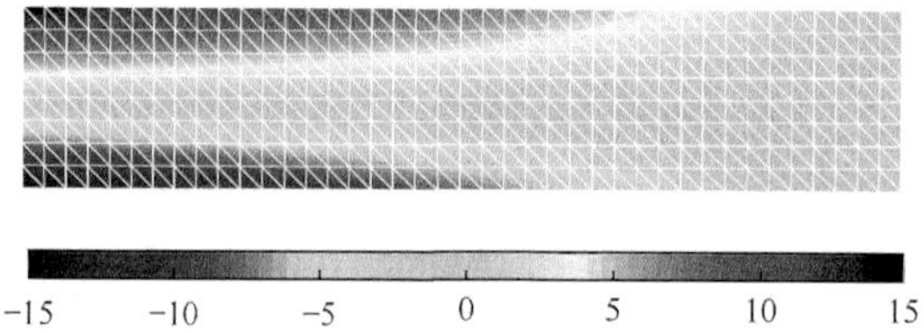

(b) ND5P1 且 ν=0.35

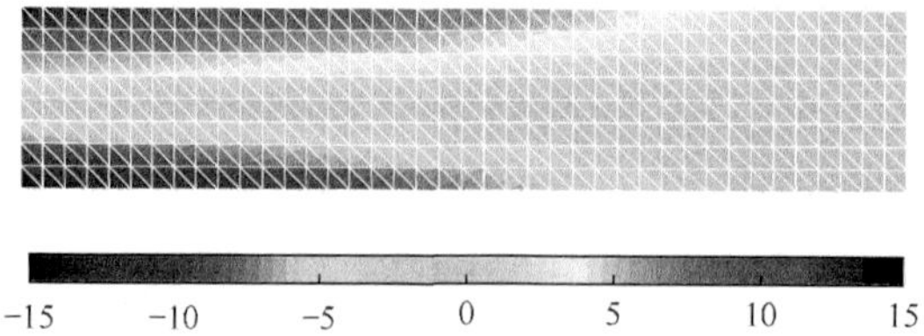

(c) ND5E1 且 ν=0.5

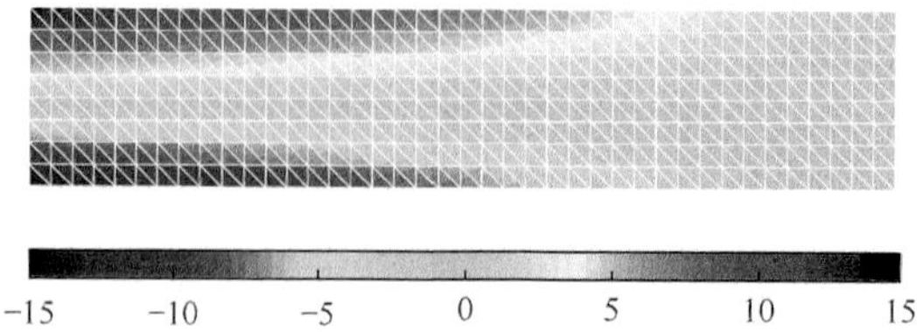

(d) ND5E1 且 ν=0.35

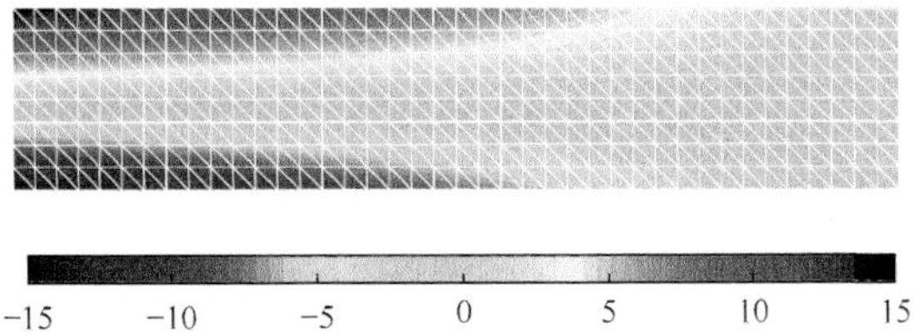

(e) T6T3且 ν=0.5

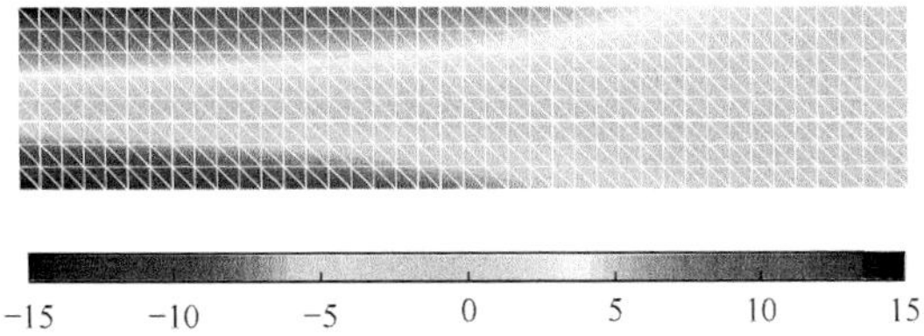

(f) T6T3且 ν=0.35

图 2.6　悬臂梁水平应力 σ_x 分布云图

图 2.7 展示了 ND5P1、ND5E1 和 T6T3 的收敛性测试结果。结果表明，对于可压缩及不可压缩问题，ND5P1 和 ND5E1 的位移误差范数、应变能误差范数和平均压力误差范数随着网格的加密(或自由度的增加)均单调减小，即 ND5P1 和 ND5E1 的结果随着网格的加密收敛于精确解。对于单元 ND5P1，当泊松比减小时，其位移和应变能的精度和收敛速率有所下降，但仍然保持为理论收敛速率。这是由于 ND5P1 的位移近似是以尽量满足不可压缩条件推导得来的，因此，当 $\nu=0.5$ 时(完全不可压缩)，ND5P1 的位移和应变能收敛速率均优于 T6T3，但是对可压缩和不可压缩条件情形，ND5P1 的平均压力结果的精度和收敛速率均优于 T6T3。由于 ND5E1 的压力近似比 ND5P1 和 T6T3 低 1 阶，相比于 ND5P1 和 T6T3，ND5E1 的位移、应变能和平均压力结果的精度和收敛速率均较低。

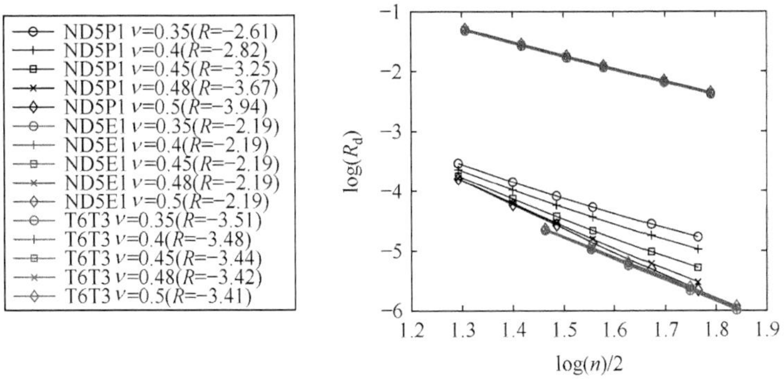

(a) 位移误差范数随网格加密单调减小

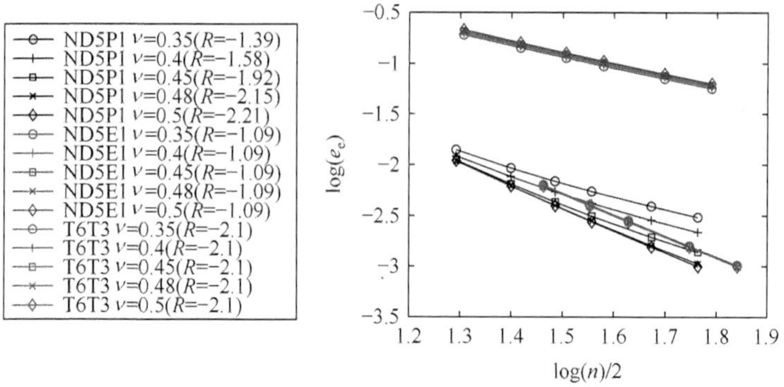

(b) 应变能误差范数随网格加密单调减小

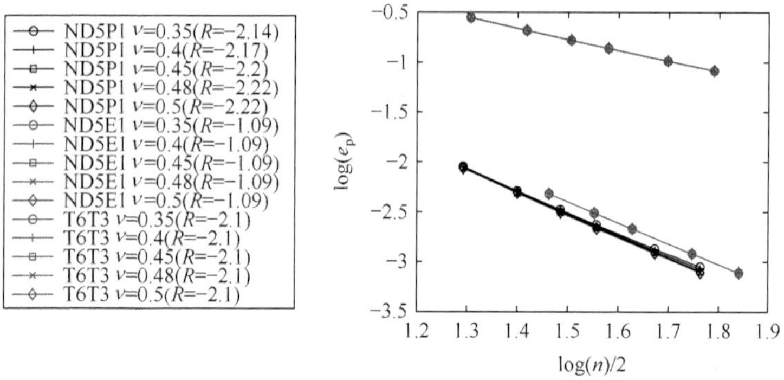

(c) 平均压力误差范数随网格加密单调减小

图 2.7 ND5P1、ND5E1 和 T6T3 关于悬臂梁问题的收敛性测试

2.4.2 带圆孔的无限大板

如图 2.8 所示，考虑中心处具有圆孔的无穷大板，板的两侧受 $P = 1$ 的均布拉力。考虑对称性，仅板的右上四分之一部分用于数值计算。板处于平面应变状态且 $E = 1000$、$\nu = 0.35$ 或 0.5，其左侧和下侧边界受法向位移约束。上侧和右侧边界受外力作用而其内部圆孔边界为自由边界。计算时取 $a = 1$ 和 $b = 5$，其位移理论解为(Timoshenko and Goodier, 1970)

$$\begin{aligned} u_x &= \frac{a}{8G}\left\{\frac{r}{a}(k+1)\cos\theta + 2\frac{a}{r}\left[(k+1)\cos\theta + \cos 3\theta\right] - 2\frac{a^3}{r^3}\cos 3\theta\right\} \\ u_y &= \frac{a}{8G}\left\{\frac{r}{a}(k-3)\sin\theta + 2\frac{a}{r}\left[(1-k)\sin\theta + \sin 3\theta\right] - 2\frac{a^3}{r^3}\sin 3\theta\right\} \end{aligned} \tag{2.41}$$

对应的应力理论解为

$$\sigma_x = 1 - \frac{a^2}{r^2}\left(\frac{3}{2}\cos 2\theta + \cos 4\theta\right) + \frac{3a^4}{2r^4}\cos 4\theta$$

$$\sigma_y = -\frac{a^2}{r^2}\left(\frac{1}{2}\cos 2\theta - \cos 4\theta\right) - \frac{3a^4}{2r^4}\cos 4\theta \tag{2.42}$$

$$\tau_{xy} = \tau_{yx} = -\frac{a^2}{r^2}\left(\frac{1}{2}\sin 2\theta + \sin 4\theta\right) + \frac{3a^4}{2r^4}\sin 4\theta$$

式中(r,θ)为极坐标，且对于平面应变问题$k=3-4\nu$。数值计算时，右侧和下侧边界上的位移约束按照式(2.41)施加，而上侧和右侧边界上外力的施加按照式 (2.42)进行。

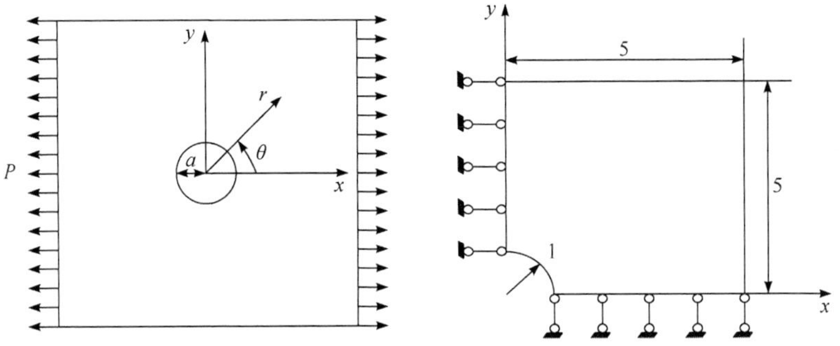

(a) 带有圆孔的无穷大板　　(b) 数值计算模型

图 2.8　带有圆孔的无穷大板

图 2.9 为水平方向正应力分布云图。可见对于可压缩与不可压缩情形，ND5P1 和 ND5E1 均能得到满意的应力结果。图 2.10 为沿下侧边界的位移解和沿左侧边界的应力解，可见 ND5P1 和 ND5E1 能得到精确的位移和应力结果。图 2.11 所示为收敛性测试结果，可见随着网格的加密，ND5P1 和 ND5E1 给出的结果收敛于理论解。

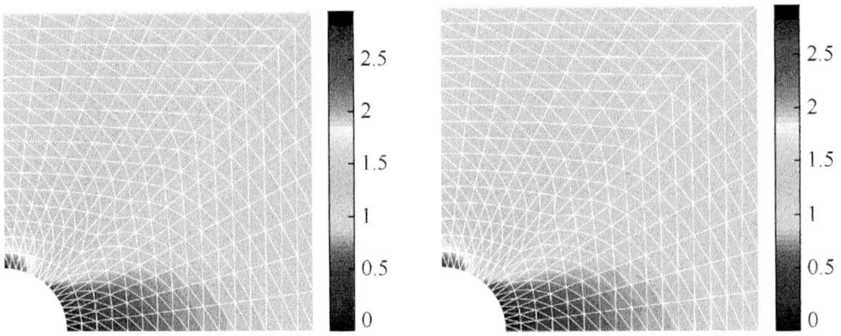

(a) ND5P1 且ν=0.35　　(b) ND5P1 且ν=0.5

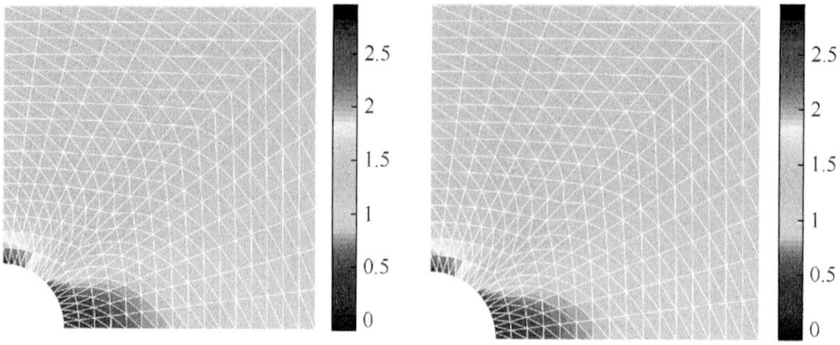

(c) ND5E1 且ν=0.35　　(d) ND5E1 且ν=0.5

图 2.9　带圆孔无穷大板 σ_x 分布云图

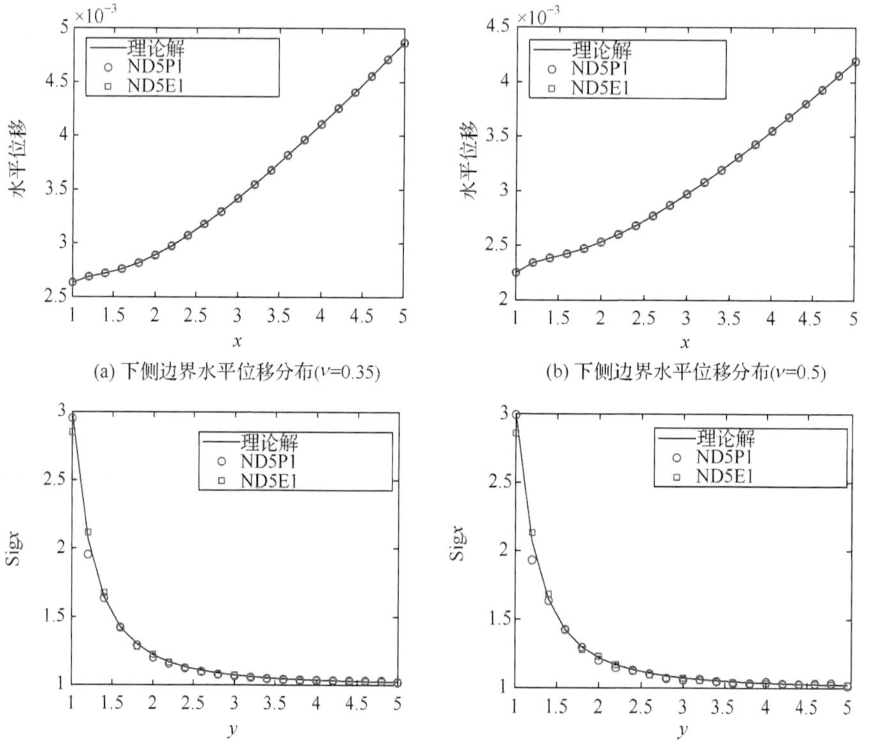

(a) 下侧边界水平位移分布(ν=0.35)　　(b) 下侧边界水平位移分布(ν=0.5)

(c) 左侧边界σ_x分布(ν=0.35)　　(d) 左侧边界σ_x分布(ν=0.5)

图 2.10　侧面的位移和应力结果

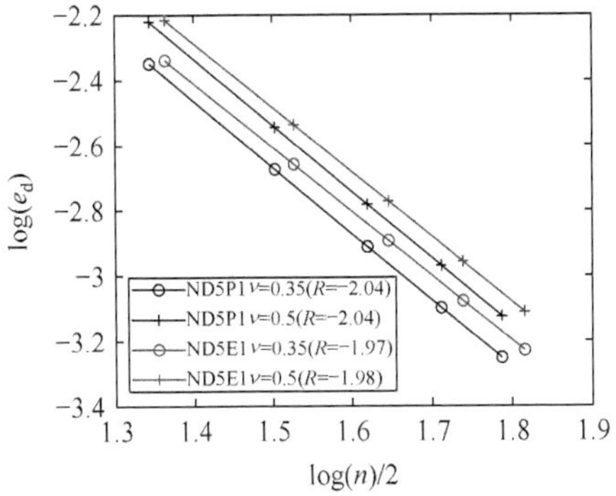

(a) 位移误差范数随网格加密单调减小

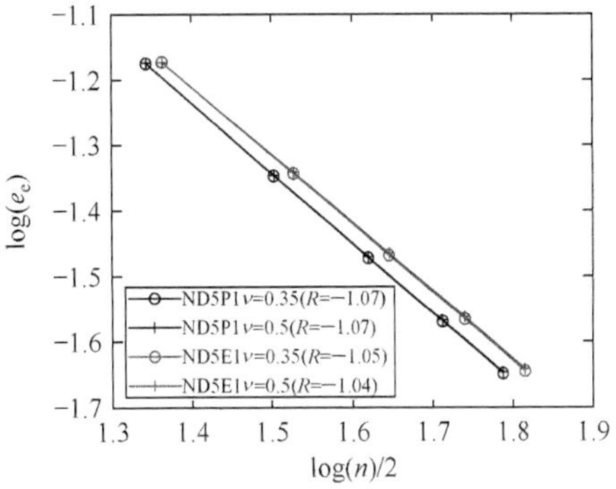

(b) 应变能误差范数随网格加密单调减小

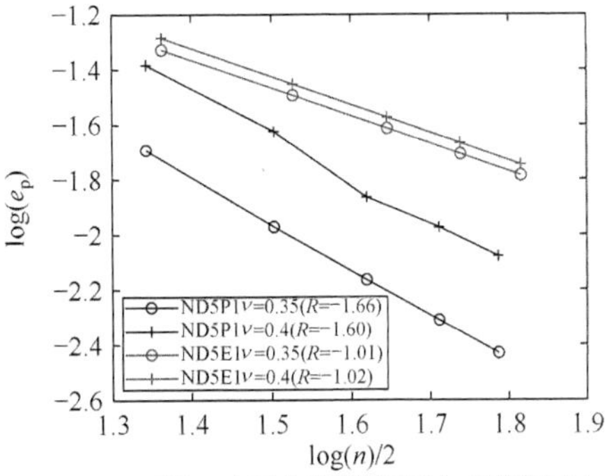

(c) 平均压力误差范数随网格加密单调减小

图 2.11　ND5P1、ND5E1 和 T6T3 关于含圆孔无穷大板问题的收敛性测试

2.4.3　Cook 梁

图 2.12 为柯克(Cook)梁问题。梁处于平面应变状态，左侧边位移完全固定，右侧受均匀分布的剪应力作用，剪应力的合力为 100。梁的几何参数如图 2.12 所示，材料参数为 $E=1000$、$\nu=0.5$。Cook 梁问题常用来测试网格扭曲时数值方法的稳定性和精度。图 2.13 为梁右上端点 C 处的竖向位移随网格加密的收敛结果。可见对于 Cook 梁问题，随着网格的加密，ND5P1 和 ND5E1 的位移结果均收敛至同一值，但 ND5P1 的位移结果由下侧，而 ND5E1 的位移结果由上侧收敛至参考解。图 2.14 为不可压缩 Cook 梁的竖向位移和水平应力分布云图。结果显示 ND5P1 和 ND5E1 均给出非常精确的位移结果，但 ND5P1 的压力结果中出现了震荡现象(图 2.14(b))，而 ND5E1 的压力结果中无震荡现象，这是因为 ND5P1 不满足上下限条件，不能完全避免闭锁现象，而 ND5E1 满足上下限条件，能完全克服闭锁现象。两种方法的数值上下限测试结果将在 2.5 节给出。

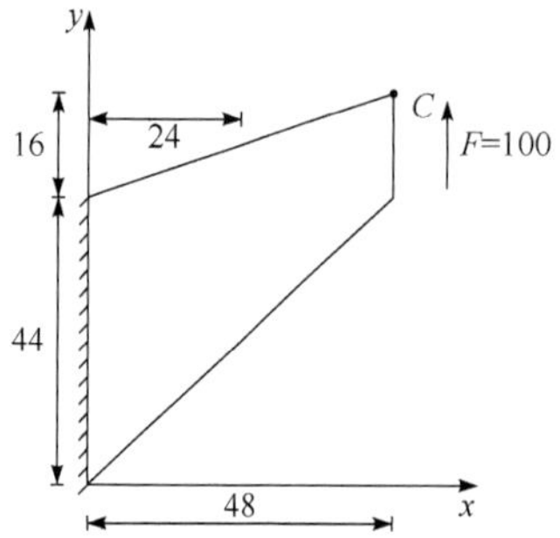

图 2.12　Cook 梁问题定义

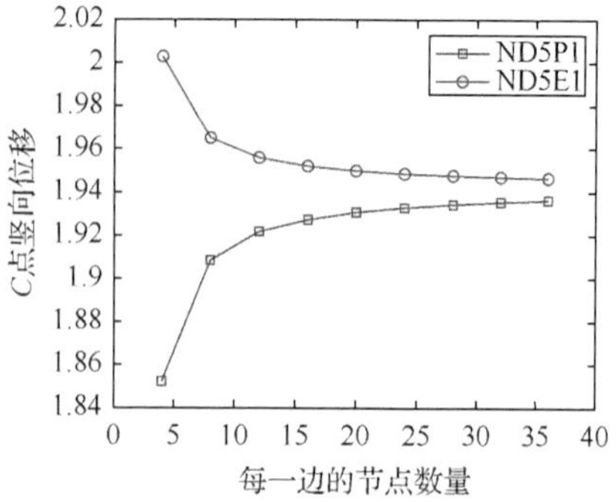

图 2.13　C 点竖向位移收敛性结果

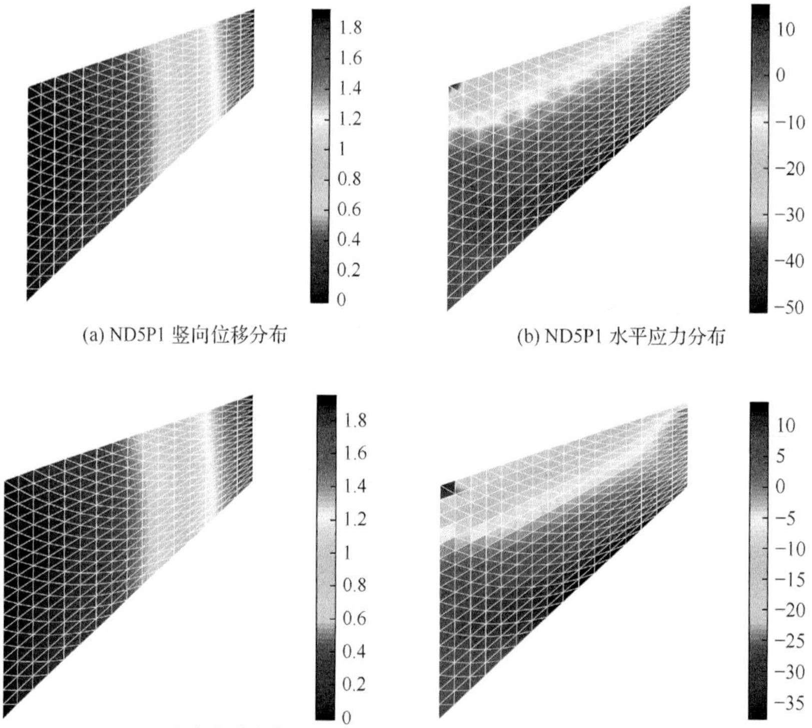

(a) ND5P1 竖向位移分布　　(b) ND5P1 水平应力分布

(c) ND5E1 竖向位移分布　　(d) ND5E1 水平应力分布

图 2.14　不可压缩 Cook 梁的竖向位移和水平应力分布云图

2.4.4　顶壁驱动腔体问题

顶壁驱动腔体问题是测试数值方法在不可压缩条件下数值表现的另一个经典算例，它也是关于稳态 Stokes 流体的一个经典算例。图 2.15 是一个处于平面应变状态的方形板，其边长为 1。板的左侧、右侧和下侧边界受固定约束，位移为 0，上侧边界水平位移为 1，竖向位移为 0。该问题的位移边界条件与不可压缩条件相容，即满足

$$\int_{\Omega}\varepsilon_{ii}\mathrm{d}\Omega=\int_{\Omega}u_{i,i}\mathrm{d}\Omega=\int_{\Gamma}u_i n_i\mathrm{d}\Omega=0 \tag{2.43}$$

方形板的力学参数为 $E = 1000$、$\nu = 0.5$。数值计算时，采用了 8×8、16×16 和 24×24 三角形网格。

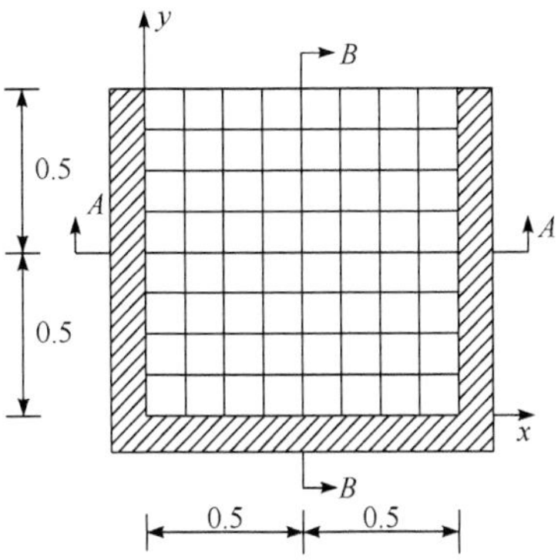

图 2.15　驱动腔体问题定义

图 2.16 给出了由 ND5P1 和 ND5E1 所得的沿 *AA* 截面的平均压力和竖向位移分布与沿 *BB* 截面的水平位移分布。可见 ND5P1 和 ND5E1 依然能给出精确的位移分布。但是，ND5E1 的压力结果中无数值跳跃，且随着网格的加密压力结果收敛于正确解，而 ND5P1 的压力结果中存在加密网格也不能消除的数值震荡。

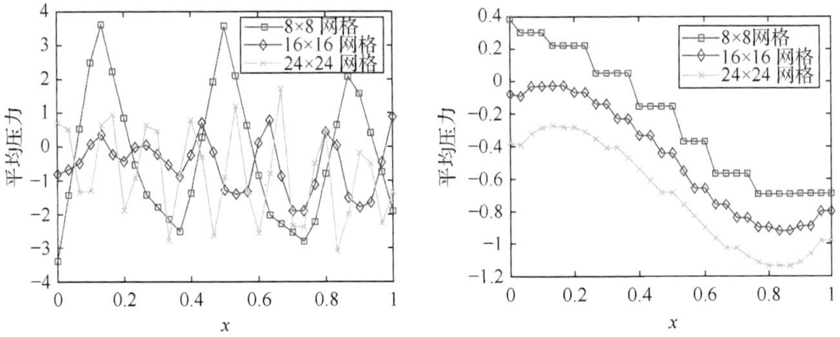

(a) *AA*截面上平均压力分布(ND5P1)　(b) *AA*截面上平均压力分布(ND5E1)

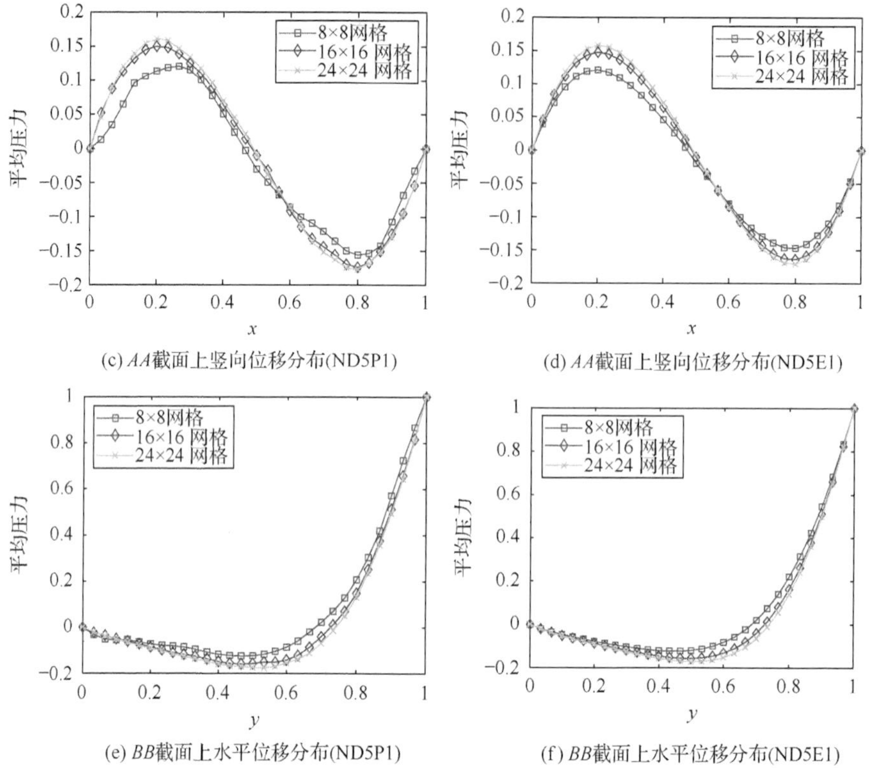

(c) *AA*截面上竖向位移分布(ND5P1)　　(d) *AA*截面上竖向位移分布(ND5E1)

(e) *BB*截面上水平位移分布(ND5P1)　　(f) *BB*截面上水平位移分布(ND5E1)

图 2.16　驱动腔体问题计算结果

2.5　上下限数值测试

关于二相场混合求解格式(u-p 格式)的上下限条件(the inf-sup condition)或LBB(Ladyzenskaja-Babuska-Brezzi)条件，已有非常完整的数学理论(Hughes, 1987; Chen, 2005; Bathe, 2014; Boffi et al., 2013; Larson and Begzon, 2013)。但对于一种具体的混合插值格式，如 ND5P1 和 ND5E1，通过严格的数学证明来判断它是否满足上下限条件是非常困难和麻烦的。所幸的是，Bathe 和 Chapelle 给出了一种判断某种混合插值格式是否满足上下限条件的数值方法。这里我们采用这种方法对 ND5P1 和 ND5E1 进行上下限数值测试，关于其理论推导和具体的实现过程可参考文献(Chapelle and Bathe, 1993; Babuška and Narasimhan, 1997; Bathe, 2001)。

在完全不可压缩条件下，$\boldsymbol{K}_{pp}=\boldsymbol{0}$ 且 $\boldsymbol{F}_p=\boldsymbol{0}$，又因为 $\boldsymbol{K}_{pu}=\boldsymbol{K}_{up}^{\mathrm{T}}$，式(2.12)可以写作

$$\begin{bmatrix}\boldsymbol{K}_{uu} & \boldsymbol{K}_{up}\\ \boldsymbol{K}_{up}^{\mathrm{T}} & \boldsymbol{0}\end{bmatrix}\begin{bmatrix}\boldsymbol{U}\\ \boldsymbol{P}\end{bmatrix}=\begin{bmatrix}\boldsymbol{F}_u\\ \boldsymbol{0}\end{bmatrix} \tag{2.44}$$

在进行上下限数值测试时需要首先判断单元 ND5P1 和 ND5E1 是否具有虚压力模式(spurious pressure mode)。如果存在一个不为 0 的压力解 $\boldsymbol{P}_s$ 满足

$$\boldsymbol{K}_{up}\boldsymbol{P}_s = \boldsymbol{0} \tag{2.45}$$

便称由压力解 $\boldsymbol{P}_s$ 确定的压力场为一个虚压力模式。一方面，虚压力模式可能单纯地由于采用某种网格模式产生的多余约束或者不恰当的位移和压力插值格式引起，此时称为局部虚压力模式或者单元虚压力模式，这种虚压力模式与边界条件没有关系。另一种虚压力模式是由于特定的本质边界条件引起的，称为整体虚压力模式。为了测试单元 ND5P1 和 ND5E1 是否具有虚压力模式，考虑如图 2.17 所示的三种网格模式(mesh pattern)。图 2.18 给出了上下限数值测试问题定义。考虑一个具有单位边长的方形问题域，其左侧边界受完全约束，位移为 0。某个单元通过上下限测试的标志为随着网格的加密，由该单元计算得到的上下限值(the inf-sup value)趋近于一个大于 0 的正数；反之，如果随着网格的加密所得的上下限值不断减小，则该单元不能通过测试。为此采用 2×2、4×4、8×8 和 16×16 的三角形网格进行上下限数值测试，同时也采用相应的扭曲网格进行测试。图 2.18 给出了使用网格模式 A 对问题域进行划分所得的均匀和非均匀 8×8 三角形网格。

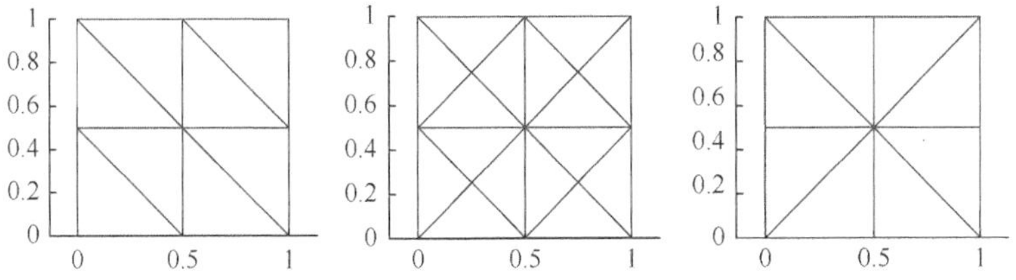

(a) 网格模式 A　(b) 网格模式 B　(c) 网格模式 C

图 2.17　用于上下限数值测试的三种网格模式

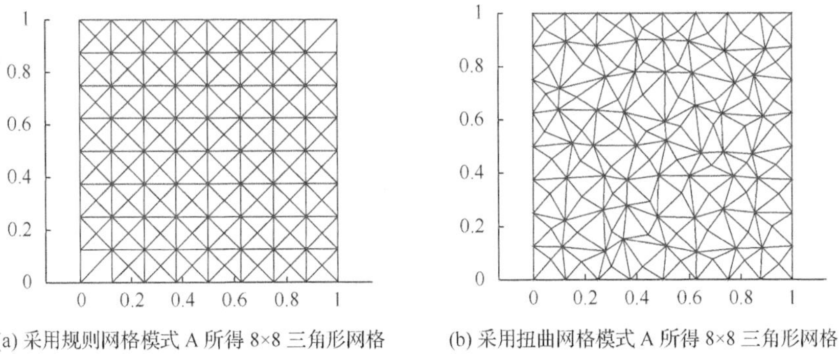

(a) 采用规则网格模式 A 所得 8×8 三角形网格　(b) 采用扭曲网格模式 A 所得 8×8 三角形网格

图 2.18　上下限数值测试问题定义

图 2.19、表 2.1 和表 2.2 给出了数值流形模型 ND5P1 和 ND5E1 的上下限数值测试结果。结果显示 ND5P1 和 ND5E1 均不含虚压力模式。对于均匀网格和扭

曲网格，随着网格的加密由 ND5E1 所得的上下限值收敛于一个大于 0 的正数，这表明对于均匀网格和扭曲网格，ND5E1 均能通过上下限测试，满足上下限条件。而对于均匀网格和非均匀网格，随着网格的加密，ND5P1 的上下限值不断减小，表明 ND5P1 不满足上下限条件。这也解释了对于 2.4.3 节和 2.4.4 节的算例，ND5E1 给出了稳定的压力解，而 ND5P1 的压力解中出现了数值震荡的原因。

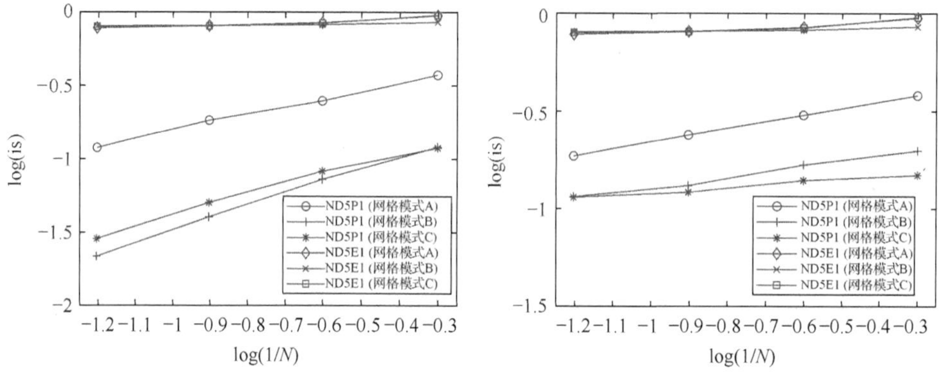

(a) 均匀网格上下限测试结果　　(b) 非均匀网格上下限测试结果

图 2.19　上下限值随网格加密的变化

表 2.1　采用均匀网格的上下限数值测试结果

单元	网格模式	局部虚压力模式	整体虚压力模式	是否通过测试
ND5E1	A	无	无	是
	B	无	无	是
	C	无	无	是
ND5P1	A	无	无	否
	B	无	无	否
	C	无	无	否

表 2.2　采用扭曲网格的上下限数值测试结果

单元	网格模式	局部虚压力模式	整体虚压力模式	是否通过测试
ND5E1	A	无	无	是
	B	无	无	是
	C	无	无	是
ND5P1	A	无	无	否
	B	无	无	否
	C	无	无	否

2.6 本章小结

饱和岩土材料的水力耦合模拟需要采用混合求解格式进行，如第 1 章所述，最常用的水力耦合混合求解格式为三相场的 u-w-p 格式和二相场的 u-p 格式。对于 u-w-p 格式，存在两类可能引起饱和岩土体水力闭锁问题的情况，即刚性骨架和极小渗透率。对于二项场的 u-p 格式，仅渗透率很小时会产生饱和岩土体的水力闭锁问题。上述三种水力闭锁问题和不可压缩弹性体的变形闭锁现象具有相同的数学基础。此外，某些情形下饱和岩土材料可看作不可压缩弹性体，比如不固结不排水工况下的饱和黏土。实际上弹性不可压缩问题等效于具有不可压缩骨架颗粒、不可压缩流体、极小渗透系数的水力耦合问题。因此，能有效求解弹性不可压缩问题的 NMM 混合插值格式，可直接推广应用于饱和及非饱和岩土材料的水力耦合问题的求解。为此，本章基于 u-p 格式，使用 NMM 求解弹性不可压缩问题。

本章给出了两种弹性不可压缩问题的 NMM 混合求解格式，即 ND5P1 和 ND5E1。两种模型的局部近似均满足散度为 0 的特点，可以更精确地模拟不可压缩现象并消除线性相关问题。对于平均压力场的近似格式，ND5P1 采用分片连续线性插值，而 ND5E1 假定每个流形单元上的平均压力为常数，得到不连续的平均压力场近似。弹性不可压缩经典算例的计算和上下限数值测试表明，ND5P1 不能满足上下限条件而 ND5E1 满足上下限条件。因此，弹性对于不可压缩弹性问题，ND5P1 所得的压力场会显示出无物理意义的震荡，而 ND5E1 则给出光滑无震荡的压力场。第 3 章将求解格式 ND5P1 和 ND5E1 进行推广，建立基于 u-w-p 格式的 NMM 模型，对连续饱和岩土体动力固结问题进行求解。可以预见，当孔隙介质具有极小的渗透系数时，ND5P1 的扩展形式将给出具有数值震荡的孔隙压力场，而 ND5E1 的扩展形式给出的孔隙压力场则不会出现数值震荡。但是，相比于 ND5E1，对于具有典型材料参数的水力耦合问题，ND5P1 的扩展形式能给出更加精确的求解结果。

第 3 章　饱和连续岩土体水力耦合问题

本章先将第 2 章建立的 ND5P1 和 ND5E1 二相混合格式进行推广，建立三相场 u-w-p 格式，求解饱和连续岩土体水力耦合问题；然后，提出动力固结问题的数值流形法，并通过经典动态固结算例的计算，对所提方法的适用性、精确性和收敛性等进行验证和测试。3.1 节给出饱和岩土体动力固结问题的微分控制方程和对应的变分格式；3.2 节基于 u-w-p 格式建立动力固结问题的 NMM 插值格式，即 ND5W5P1 和 ND5W5E1；3.3 节基于 Newmark 时间积分法进行时间域离散，建立动力固结问题 ND5W5P1 和 ND5W5E1 模型完全离散迭代格式；3.4 节和 3.5 节分别给出动力固结问题数值算例和收敛性测试；3.6 节讨论了 u-w-p 插值格式下，求解饱和土动力固结介质问题时的水力闭锁现象；3.7 节给出本章的主要结论。

3.1　动力固结基本控制方程

考虑二维问题域 Ω，其边界 Γ 至少分片光滑。给出饱和岩土体动力固结问题的基本控制方程(即 Biot 固结理论)之前，作如下假设(Murad and Loula, 1994; Wu et al., 2019a)：①忽略流体相对于骨架流动产生的对流项；②固体骨架为各向同性线弹性材料而且流体和骨架颗粒均不可压缩；③仅考虑饱和岩土材料，即孔隙中仅有一种流体；④不考虑岩土体变形过程中孔隙率的变化；⑤流体的流动遵守各向同性的线性达西定理；⑥忽略体积力和重力的影响，仅关注数值方法本身的有效性测试。

根据以上假设，饱和岩土体动力固结时的整体平衡方程可表述为

$$\rho\ddot{\boldsymbol{u}}+\rho_{\mathrm{f}}\dot{\boldsymbol{w}}-\nabla\cdot\boldsymbol{\sigma}^{\mathrm{t}}=\boldsymbol{0} \tag{3.1}$$

式中 $\ddot{\boldsymbol{u}}$ 和 $\dot{\boldsymbol{w}}$ 分别为固体骨架和流体的加速度；ρ_{f} 为流体密度；ρ 为饱和岩土体的平均密度，可表示为

$$\rho=n\rho_{\mathrm{f}}+(1-n)\rho_{\mathrm{s}} \tag{3.2}$$

其中 n 为孔隙率；ρ_{s} 为骨架颗粒密度；$\boldsymbol{\sigma}^{\mathrm{t}}$ 为总应力张量。根据有效应力原理，总应力张量和有效应力张量之间由孔隙压力联系

$$\boldsymbol{\sigma}^{\mathrm{t}}=\boldsymbol{\sigma}-\alpha p\mathbf{1} \tag{3.3}$$

其中 $\boldsymbol{\sigma}$ 为骨架所承受的有效应力张量，**1** 为二阶单位张量，其分量为 Kronecker 分量 δ_{ij}；p 为孔隙水压力；α 为 Biot 系数，其反映了体积变形对应力的影响，定义为

$$\alpha = 1 - \frac{K_{\mathrm{T}}}{K_{\mathrm{s}}} \tag{3.4}$$

式中 K_{T} 是固体骨架的切向体积模量，而 K_{s} 是骨架颗粒的体积模量。对于大多数土而言，$\frac{K_{\mathrm{T}}}{K_{\mathrm{s}}}$ 非常接近于 0，计算中一般取 $\alpha = 1$，但对于一些岩石和混凝土，$\frac{K_{\mathrm{T}}}{K_{\mathrm{s}}}$ 的值可达 $\frac{1}{3}$，计算中取 $\alpha = 1$ 会引起很大的误差。鉴于本章数值计算算例与土力学问题更为接近，故取 $\alpha = 1$。骨架的变形由有效应力决定，即

$$\boldsymbol{\sigma} = \boldsymbol{D} : \boldsymbol{\varepsilon} \tag{3.5}$$

其中 $\boldsymbol{\varepsilon}$ 是骨架应变张量，$\boldsymbol{D}$ 是反映固体骨架力学性质的四阶材料张量，其分量可表示为

$$D_{ijkl} = \mu\left(\delta_{ik}\delta_{jl} + \delta_{il}\delta_{jk}\right) + \lambda\left(\delta_{ij}\delta_{kl}\right) \tag{3.6}$$

其中 μ 和 λ 是 Lamé 常数，它们与弹性模量 E 和泊松比 ν 的关系为

$$\mu = \frac{\nu E}{(1+\nu)(1-2\nu)}$$

$$\lambda = G = \frac{E}{2(1+\nu)}$$

在小应变条件下，骨架应变张量 $\boldsymbol{\varepsilon}$ 与骨架位移 $\boldsymbol{u}$ 之间的关系为

$$\boldsymbol{\varepsilon} = \frac{1}{2}\left[\nabla \boldsymbol{u} + (\nabla \boldsymbol{u})^{\mathrm{T}}\right] \tag{3.7}$$

流体的平衡方程(达西方程)可表述为

$$\rho_{\mathrm{f}}\ddot{\boldsymbol{u}} + \frac{\rho_{\mathrm{f}}}{n}\dot{\boldsymbol{w}} + \nabla p - \boldsymbol{R} = \boldsymbol{0} \tag{3.8}$$

式中 $\boldsymbol{R}$ 为流体在骨架间迁移时所受到的阻力，定义为

$$\boldsymbol{R} = -\frac{\rho_{\mathrm{f}} g}{k_h}\boldsymbol{w} \tag{3.9}$$

其中 $\boldsymbol{w}$ 为流体流速；g 为重力加速度；k_h 为孔隙介质的渗透系数。

最后，流体的连续性方程为

$$\nabla \cdot \dot{\boldsymbol{u}} + \nabla \cdot \boldsymbol{w} = 0 \tag{3.10}$$

式中 $\dot{\boldsymbol{u}}$ 为骨架速度。值得注意的是，由于流体和固体颗粒均为不可压缩材料，连续性方程(3.10)中不涉及由于孔隙压力变化引起的流体和骨架颗粒的体积变形。此外，在数值计算中选取骨架位移 $\boldsymbol{u}$ 、液体流速 $\boldsymbol{w}$ 和孔隙压力 p 为控制方程(3.1)、(3.8)和(3.10)的基本未知场。

液相和固相的边界条件相互独立。对于固相，边界条件可表述为

$$\begin{aligned} &\boldsymbol{u}(\boldsymbol{x})=\bar{\boldsymbol{u}}(\boldsymbol{x}), \quad \boldsymbol{x}\in\Gamma_u \\ &\boldsymbol{\sigma}^t(\boldsymbol{x})\cdot\boldsymbol{n}_t(\boldsymbol{x})=\bar{\boldsymbol{t}}(\boldsymbol{x}), \quad \boldsymbol{x}\in\Gamma_t \end{aligned} \tag{3.11}$$

其中 $\bar{\boldsymbol{u}}(\boldsymbol{x})$ 为位于边界 Γ_u 上的已知位移场； $\bar{\boldsymbol{t}}(\boldsymbol{x})$ 为施加在边界 Γ_t 的外力载荷； $\boldsymbol{n}_t(\boldsymbol{x})$ 为边界 Γ_t 上的单位外法向向量。 Γ_u 和 Γ_t 满足

$$\Gamma_u\cap\Gamma_t=\varnothing, \quad \overline{\Gamma_u\cup\Gamma_t}=\Gamma \tag{3.12}$$

对于液相，边界条件表述为

$$\begin{aligned} &p(\boldsymbol{x})=\bar{p}(\boldsymbol{x}), \quad \boldsymbol{x}\in\Gamma_p \\ &\boldsymbol{w}(\boldsymbol{x})\cdot\boldsymbol{n}_q(\boldsymbol{x})=q(\boldsymbol{x}), \quad \boldsymbol{x}\in\Gamma_q \end{aligned} \tag{3.13}$$

式中 $\bar{p}(\boldsymbol{x})$ 为边界 Γ_p 上已知的孔隙压力场； $q(\boldsymbol{x})$ 为边界 Γ_q 上已知的法向流量； $\boldsymbol{n}_q(\boldsymbol{x})$ 为边界 Γ_q 上的单位法向向量。类似地， Γ_p 和 Γ_q 满足

$$\Gamma_p\cap\Gamma_q=\varnothing, \quad \overline{\Gamma_p\cup\Gamma_q}=\Gamma \tag{3.14}$$

采用 u-w-p 格式求解动力固结问题时，由初始条件确定初始时刻 $t=t_0$ 时骨架位移、骨架速度和流体速度，即

$$\begin{aligned} &\boldsymbol{u}(\boldsymbol{x},t_0)=\boldsymbol{u}_0(\boldsymbol{x}) \\ &\dot{\boldsymbol{u}}(\boldsymbol{x},t_0)=\dot{\boldsymbol{u}}_0(\boldsymbol{x}) \\ &\boldsymbol{w}(\boldsymbol{x},t_0)=\boldsymbol{w}_0(\boldsymbol{x}) \end{aligned} \tag{3.15}$$

式中 $\boldsymbol{u}_0(\boldsymbol{x})$ 、 $\dot{\boldsymbol{u}}_0(\boldsymbol{x})$ 和 $\boldsymbol{w}_0(\boldsymbol{x})$ 为初始时刻 $t=t_0$ 已知的骨架位移、骨架加速度和流体速度。对于多数动力固结问题，可认为初始时刻整个问题域处于静态平衡，即骨架位移、骨架加速度和流体速度场均为 0。将式(3.15)中的初始条件代入方程(3.1)、(3.8)和(3.10)，可得到初始时刻的骨架加速度 $\ddot{\boldsymbol{u}}_0(\boldsymbol{x},t_0)$ 、流体加速度 $\dot{\boldsymbol{w}}_0(\boldsymbol{x},t_0)$ 和孔隙压力 $p_0(\boldsymbol{x},t_0)$ 。至此便完全确定了使用 u-w-p 格式求解饱和岩土体动力固结问题时的初始条件。

为了建立控制方程(3.1)、(3.8)和(3.10)所对应的弱形式，首先引入如下函数空间

$$U=\{\boldsymbol{u}(\boldsymbol{x})\,|\,\boldsymbol{u}(\boldsymbol{x})\in H^1(\Omega)\times H^1(\Omega),\boldsymbol{u}(\boldsymbol{x})=\bar{\boldsymbol{u}}(\boldsymbol{x}),\boldsymbol{x}\in\Gamma_u\}$$

$$
\begin{aligned}
U_0 &= \{\boldsymbol{u}(\boldsymbol{x}) \mid \boldsymbol{u}(\boldsymbol{x}) \in H^1(\Omega)\times H^1(\Omega), \boldsymbol{u}(\boldsymbol{x}) = \boldsymbol{0}, \boldsymbol{x}\in \Gamma_u\} \\
W &= \{\boldsymbol{w}(\boldsymbol{x}) \mid \boldsymbol{w}(\boldsymbol{x}) \in H(\mathrm{div};\Omega), \boldsymbol{w}(\boldsymbol{x})\cdot \boldsymbol{n}_q(\boldsymbol{x}) = q(\boldsymbol{x}), \boldsymbol{x}\in \Gamma_q\} \\
W_0 &= \{\boldsymbol{w}(\boldsymbol{x}) \mid \boldsymbol{w}(\boldsymbol{x}) \in H(\mathrm{div};\Omega), \boldsymbol{w}(\boldsymbol{x})\cdot \boldsymbol{n}_q(\boldsymbol{x}) = 0, \boldsymbol{x}\in \Gamma_q\} \\
P &= \left\{p(\boldsymbol{x}) \mid p\in L^2(\Omega)\right\}
\end{aligned}
\tag{3.16}
$$

式中U和W分别为骨架位移和液体流速的函数空间；U_0和W_0分别是骨架位移和液体流速的函数变分空间；P既是孔隙压力函数空间，也是孔隙压力函数变分空间；$H^1(\Omega)$和$L^2(\Omega)$是标准的 Sobolev 空间；$H(\mathrm{div};\Omega)$表示本身和其散度均属于$L^2(\Omega)$的向量函数空间，即

$$
L^2(\Omega) = H^0(\Omega) = \left\{v:\Omega\to\mathbb{R}, \int_\Omega |v|^2\,\mathrm{d}\Omega < +\infty\right\}
$$

$$
H^1(\Omega) = \left\{v:\Omega\to\mathbb{R}, v\in L^2(\Omega), \partial v/\partial x_i \in L^2(\Omega), i=1,2\right\}
$$

$$
H(\mathrm{div};\Omega) = \left\{\boldsymbol{v}:\Omega\to\mathbb{R}^2, v_i\in L^2(\Omega), \mathrm{div}\boldsymbol{v}\in L^2(\Omega), i=1,2\right\}
$$

采用式(3.16)中的函数空间，基于三相场 u-w-p 的饱和连续岩土体动力固结方程的弱形式定义为：求解$\boldsymbol{u}\times\boldsymbol{w}\times p\in U\times W\times P$，使得对于任意的$\delta\boldsymbol{u}\times\delta\boldsymbol{w}\times\delta p\in U_0\times W_0\times P$，下列式子成立

$$
\int_\Omega \rho\delta\boldsymbol{u}\cdot\ddot{\boldsymbol{u}}\mathrm{d}\Omega + \int_\Omega \rho_{\mathrm{f}}\delta\boldsymbol{u}\cdot\dot{\boldsymbol{w}}\mathrm{d}\Omega + \int_\Omega \delta\boldsymbol{\varepsilon}:\boldsymbol{D}:\boldsymbol{\varepsilon}\mathrm{d}\Omega - \alpha\int_\Omega \delta\boldsymbol{\varepsilon}:\boldsymbol{1}p\mathrm{d}\Omega - \int_{\Gamma_t}\delta\boldsymbol{u}\cdot\bar{\boldsymbol{t}}\mathrm{d}\Gamma = 0 \tag{3.17}
$$

$$
\begin{aligned}
&\int_\Omega \rho_{\mathrm{f}}\delta\boldsymbol{w}\cdot\ddot{\boldsymbol{u}}\mathrm{d}\Omega + \int_\Omega \frac{\rho_{\mathrm{f}}}{n}\delta\boldsymbol{w}\cdot\dot{\boldsymbol{w}}\mathrm{d}\Omega + \int_\Omega \frac{\rho_{\mathrm{f}} g}{k_h}\delta\boldsymbol{w}\cdot\boldsymbol{w}\mathrm{d}\Omega \\
&-\int_\Omega (\nabla\cdot\boldsymbol{w})p\mathrm{d}\Omega + \int_{\Gamma_p}\delta\boldsymbol{w}\cdot\boldsymbol{n}\bar{p}\mathrm{d}\Gamma = 0
\end{aligned}
\tag{3.18}
$$

$$
\int_\Omega \delta p\boldsymbol{1}:\dot{\boldsymbol{\varepsilon}}\mathrm{d}\Omega + \int_\Omega \delta p(\nabla\cdot\boldsymbol{w})\mathrm{d}\Omega = 0 \tag{3.19}
$$

式中$\delta\boldsymbol{\varepsilon}$是与虚位移$\delta\boldsymbol{u}$对应的虚应变张量，可写作

$$
\delta\boldsymbol{\varepsilon} = \frac{1}{2}\left[\nabla\delta\boldsymbol{u} + (\nabla\delta\boldsymbol{u})^{\mathrm{T}}\right]
$$

3.2　u-w-p 格式水力耦合分析空间域 NMM 离散

考虑到第 2 章所建立的位移近似(2.32)既能模拟可压缩和不可压缩变形，又能避免使用 1 阶和 1 阶以上多项式作为局部近似时产生的线性相关问题，这里仍

使用式(2.32)作为采用u-w-p格式Biot模型求解饱和岩土动力固结问题时的NMM模型的骨架位移近似，即在物理片 P_k 上骨架的局部位移近似为

$$\boldsymbol{u}_k^h(\boldsymbol{x},t)=\boldsymbol{N}_u^k(\boldsymbol{x})\boldsymbol{U}^k(t)$$

$$\boldsymbol{N}_u^k(\boldsymbol{x})=\begin{bmatrix}1 & 0 & \dfrac{x-x_k}{h_k} & 0 & \dfrac{y-y_k}{h_k}\\ 0 & 1 & -\dfrac{y-y_k}{h_k} & \dfrac{x-x_k}{h_k} & 0\end{bmatrix} \tag{3.20}$$

$$\boldsymbol{U}^k(t)=\begin{bmatrix}U_1^k & U_2^k & U_3^k & U_4^k & U_5^k\end{bmatrix}^{\mathrm{T}}$$

则整个问题域 Ω 上的骨架位移整体近似为

$$\boldsymbol{u}^h(\boldsymbol{x},t)=\sum_{k=1}^{n^p}f_k(\boldsymbol{x})\boldsymbol{u}_k^h(\boldsymbol{x})=\boldsymbol{N}_u(\boldsymbol{x})\boldsymbol{U}(t)$$

$$\boldsymbol{N}_u(\boldsymbol{x})=\begin{bmatrix}f_1(\boldsymbol{x})\boldsymbol{u}_1^h(\boldsymbol{x}) & f_2(\boldsymbol{x})\boldsymbol{u}_2^h(\boldsymbol{x}) & \cdots & f_{n^p}(\boldsymbol{x})\boldsymbol{u}_{n^p}^h(\boldsymbol{x})\end{bmatrix}$$

$$\boldsymbol{U}(t)=\begin{bmatrix}\boldsymbol{U}^{1\mathrm{T}} & \boldsymbol{U}^{2\mathrm{T}} & \cdots & \boldsymbol{U}^{n^p\mathrm{T}}\end{bmatrix}^{\mathrm{T}} \tag{3.21}$$

其中 n^p 是问题域 Ω 离散所得的物理片数量；$f_k(\boldsymbol{x}),k=1,2,\cdots,n^p$ 为与问题域 Ω 离散所得物理片一一对应的权函数。

由于在三相场u-w-p格式中，位移 $\boldsymbol{u}$ 和流速 $\boldsymbol{w}$ 在数值离散时具有相同的阶数(及相同导数阶数)，二者的插值阶数均应比孔隙压力插值阶数至少高 1 阶。为便于数值实现及开展上下限测试，对骨架位移和液相流速采用相同的数值近似。在物理片 P_k 上，液体流速的局部近似为

$$\boldsymbol{w}_k^h(\boldsymbol{x},t)=\boldsymbol{N}_w^k(\boldsymbol{x})\boldsymbol{W}^k(t)$$

$$\boldsymbol{N}_w^k(\boldsymbol{x})=\begin{bmatrix}1 & 0 & \dfrac{x-x_k}{h_k} & 0 & \dfrac{y-y_k}{h_k}\\ 0 & 1 & -\dfrac{y-y_k}{h_k} & \dfrac{x-x_k}{h_k} & 0\end{bmatrix}$$

$$\boldsymbol{W}^k(t)=\begin{bmatrix}W_1^k & W_2^k & W_3^k & W_4^k & W_5^k\end{bmatrix}^{\mathrm{T}} \tag{3.22}$$

在问题域 Ω 上，液体流速的整体近似为

$$\boldsymbol{w}^h(\boldsymbol{x},t)=\sum_{k=1}^{n^p}f_k(\boldsymbol{x})\boldsymbol{w}_k^h(\boldsymbol{x})=\boldsymbol{N}_w(\boldsymbol{x})\boldsymbol{W}(t)$$

$$\boldsymbol{N}_w(\boldsymbol{x})=\begin{bmatrix}f_1(\boldsymbol{x})\boldsymbol{w}_1^h(\boldsymbol{x}) & f_2(\boldsymbol{x})\boldsymbol{w}_2^h(\boldsymbol{x}) & \cdots & f_{n^p}(\boldsymbol{x})\boldsymbol{w}_{n^p}^h(\boldsymbol{x})\end{bmatrix}$$

$$\boldsymbol{W}(t)=\left[\boldsymbol{W}^{1\mathrm{T}}\quad \boldsymbol{W}^{2\mathrm{T}}\quad \cdots\quad \boldsymbol{W}^{n^p\mathrm{T}}\right]^{\mathrm{T}} \tag{3.23}$$

类似于弹性不可压缩问题中的平均压力场离散，对孔隙压力的离散也采用两种方式。第一种方式假设每个物理片上孔隙压力为常数，最终所得到的孔隙压力整体近似为

$$\begin{gathered}p^h(\boldsymbol{x},t)=\sum_{k=1}^{n^p} f_k(\boldsymbol{x})\boldsymbol{p}_k^h(\boldsymbol{x})=\boldsymbol{N}_p(\boldsymbol{x})\boldsymbol{P}(t)\\ \boldsymbol{N}_p(\boldsymbol{x})=\left[f_1(\boldsymbol{x})\quad f_1(\boldsymbol{x})\quad \cdots\quad f_{n^p}(\boldsymbol{x})\right]^{\mathrm{T}}\\ \boldsymbol{P}(t)=\left[p_1\quad p_2\quad \cdots\quad p_{n^p}\right]^{\mathrm{T}}\end{gathered} \tag{3.24}$$

第二种方式假定在每个流形单元上孔隙压力为常数，最终所得到的孔隙压力整体近似为

$$\begin{gathered}p^h(\boldsymbol{x})=\boldsymbol{N}_p(\boldsymbol{x})\boldsymbol{P}(t)\\ \boldsymbol{N}_p(\boldsymbol{x})=\left[H_1(\boldsymbol{x})\quad H_2(\boldsymbol{x})\quad \cdots\quad H_{n^{\mathrm{el}}}(\boldsymbol{x})\right]^{\mathrm{T}}\\ \boldsymbol{P}(t)=\left[p_1\quad p_2\quad \cdots\quad p_{n^{\mathrm{el}}}\right]^{\mathrm{T}}\end{gathered} \tag{3.25}$$

其中 n^{el} 表示问题域 Ω 离散所得的流形单元数目；阶梯函数 $H_k(\boldsymbol{x}), k=1,2,\cdots,n^{\mathrm{el}}$ 的定义见式(2.37)。

由骨架位移近似(3.20)、流体流速近似(3.22)和孔隙压力近似(3.23)构成的三相场近似格式称为 ND5W5P1，即表示每个物理片具有 5 个位移自由度、5 个流速自由度和 1 个孔隙压力自由度。由骨架位移近似(3.20)、流体流速近似(3.22)和孔隙压力近似(3.24)构成的三相场近似格式称为 ND5W5E1，表示每个物理片具有 5 个位移自由度、5 个流速自由度，而每个流形单元具有 1 个孔隙压力自由度。可见，ND5W5P1 和 ND5W5E1 分别是 ND5P1 和 ND5E1 对应的扩展形式。以下将通过对动力固结问题经典算例进行计算来验证 ND5W5P1 和 ND5W5E1 的精度、收敛性和稳定性。

3.3　时间离散时间域 Newmark 离散

本节首先给出变分形式(3.17)、(3.18)和(3.19)的矩阵形式和半离散格式；再采用 Newmark(Bathe, 2014)时间积分法对时间域进行离散得到完全离散形式；然后，简要介绍 NMM 框架下特有的质量矩阵集中化方法，该方法可以显著提高动力固

结问题计算的计算效率和改善计算结果中无物理意义的数值震荡现象；最后，给出能量平衡条件，该条件用于监测饱和岩土材料动力固结模拟时的时间积分的精度和稳定性。

3.3.1 离散格式

将骨架位移近似(3.21)、流体流速近似(3.23)和孔隙压力近似(3.24)或(3.25)代入弱形式(3.17)～(3.19)，得到时刻 t_{n+1} 的半离散方程为

$$\begin{gathered}\boldsymbol{M}_{uu}\ddot{\boldsymbol{U}}_{n+1}+\boldsymbol{M}_{uw}\dot{\boldsymbol{W}}_{n+1}+\boldsymbol{K}_{uu}\boldsymbol{U}_{n+1}-\boldsymbol{K}_{up}\boldsymbol{P}_{n+1}=\boldsymbol{F}_{n+1}\\ \boldsymbol{M}_{wu}\ddot{\boldsymbol{U}}_{n+1}+\boldsymbol{M}_{ww}\dot{\boldsymbol{W}}_{n+1}+\frac{ng}{k_h}\boldsymbol{M}_{ww}\boldsymbol{W}_{n+1}-\boldsymbol{K}_{wp}\boldsymbol{P}_{n+1}=\boldsymbol{T}_{n+1}\\ -\boldsymbol{K}_{pu}\dot{\boldsymbol{U}}_{n+1}-\boldsymbol{K}_{pw}\boldsymbol{W}_{n+1}=\boldsymbol{0}\end{gathered}\tag{3.26}$$

其中下标 $n+1$ 表示时刻 t_{n+1} 的值，即 $f_{n+1}=f\left(t=t_{n+1}\right)$。方程(3.26)中的相关矩阵定义如下

$$\begin{gathered}\boldsymbol{M}_{uu}=\rho\int_{\Omega}\boldsymbol{N}_u^{\mathrm{T}}\boldsymbol{N}_u\mathrm{d}\Omega,\quad \boldsymbol{M}_{uw}=\boldsymbol{M}_{wu}^{\mathrm{T}}=\rho_{\mathrm{f}}\int_{\Omega}\boldsymbol{N}_u^{\mathrm{T}}\boldsymbol{N}_w\mathrm{d}\Omega\\ \boldsymbol{K}_{uu}=\int_{\Omega}\boldsymbol{B}^{\mathrm{T}}\boldsymbol{D}\boldsymbol{B}\,\mathrm{d}\Omega,\quad \boldsymbol{K}_{up}=\boldsymbol{K}_{pu}^{\mathrm{T}}=\int_{\Omega}\boldsymbol{B}^{\mathrm{T}}\boldsymbol{m}\boldsymbol{N}_p\mathrm{d}\Omega\\ \boldsymbol{M}_{ww}=\frac{\rho_{\mathrm{f}}}{n}\int_{\Omega}\boldsymbol{N}_w^{\mathrm{T}}\boldsymbol{N}_w\mathrm{d}\Omega,\quad \boldsymbol{K}_{wp}=\boldsymbol{K}_{pw}^{\mathrm{T}}=\int_{\Omega}\left(\nabla^{\mathrm{T}}\boldsymbol{N}_w\right)^{\mathrm{T}}\boldsymbol{N}_p\mathrm{d}\Omega\\ \boldsymbol{F}=\int_{\Gamma_t}\boldsymbol{N}_u^{\mathrm{T}}\bar{\boldsymbol{t}}\mathrm{d}\Gamma,\quad \boldsymbol{T}=-\int_{\Gamma_p}\boldsymbol{N}_w^{\mathrm{T}}\boldsymbol{n}_p\bar{p}\mathrm{d}\Gamma\end{gathered}\tag{3.27}$$

其中 $\boldsymbol{D}$ 为骨架的应变-应力矩阵，可表示为

$$\boldsymbol{D}=\begin{bmatrix}\lambda+2G & \lambda & 0\\ \lambda & \lambda+2G & 0\\ 0 & 0 & G\end{bmatrix}\tag{3.28}$$

其中 λ 和 G 为 Lamé 常数；$\boldsymbol{m}=\begin{bmatrix}1 & 1 & 0\end{bmatrix}^{\mathrm{T}}$；$\boldsymbol{n}_p$ 是边界 Γ_p 的单位外法向向量。

接下来采用 Newmark 时间积分方法对式(3.26)进行时间离散。采用 G22 方式对位移场进行离散，采用 G11 方式对流速场进行离散(Bathe, 2014)，可得 t_{n+1} 时刻的骨架位移、骨架加速度和流体加速度的预测值

$$\begin{gathered}\tilde{\boldsymbol{U}}_{n+1}=\boldsymbol{U}_n+\Delta t\left(1-\frac{\beta}{\gamma}\right)\dot{\boldsymbol{U}}_n+\Delta t^2\left(\frac{1}{2}-\frac{\beta}{\gamma}\right)\ddot{\boldsymbol{U}}_n\\ \tilde{\ddot{\boldsymbol{U}}}_{n+1}=-\frac{1}{\gamma\cdot t}\dot{\boldsymbol{U}}_n+\left(1-\frac{1}{\gamma}\right)\ddot{\boldsymbol{U}}_n\end{gathered}\tag{3.29}$$

$$\tilde{\ddot{\boldsymbol{W}}}_{n+1} = -\frac{1}{\theta \cdot \Delta t}\boldsymbol{W}_n + \left(1 - \frac{1}{\theta}\right)\dot{\boldsymbol{W}}_n$$

在式(3.29)的基础上，骨架位移、骨架加速度和流体加速度的修正值为

$$\begin{aligned}
\boldsymbol{U}_{n+1} &= \frac{\beta}{\gamma} \cdot t\dot{\boldsymbol{U}}_{n+1} + \tilde{\boldsymbol{U}}_{n+1} \\
\ddot{\boldsymbol{U}}_{n+1} &= \frac{1}{\gamma \Delta t}\dot{\boldsymbol{U}}_{n+1} + \tilde{\ddot{\boldsymbol{U}}}_{n+1} \\
\ddot{\boldsymbol{W}}_{n+1} &= \frac{1}{\gamma \Delta t}\dot{\boldsymbol{W}}_{n+1} + \tilde{\ddot{\boldsymbol{W}}}_{n+1}
\end{aligned} \tag{3.30}$$

式(3.29)和(3.30)中的β、γ和θ为 Newmark 方法的时间积分参数，其值均在区间$[0\ \ 1]$中。为了使 Newmark 时间积分无条件稳定，需要满足$\gamma \geqslant 0.5$、$\theta \geqslant 0.5$和$\beta \geqslant 0.25(0.5+\gamma)^2$。本章的数值算例中，除另有说明外，三个积分常数均取为 0.7。以骨架速度、流体速度和孔隙压力为基本的求解量，将式(3.30)代入式(3.26)，即可得到饱和连续动力固结问题的完全离散格式

$$\begin{bmatrix} \bar{\boldsymbol{M}}_{uu} & \bar{\boldsymbol{M}}_{uw} & \bar{\boldsymbol{K}}_{up} \\ \bar{\boldsymbol{M}}_{wu} & \bar{\boldsymbol{M}}_{ww} & \bar{\boldsymbol{K}}_{wp} \\ \bar{\boldsymbol{K}}_{pu} & \bar{\boldsymbol{K}}_{pw} & 0 \end{bmatrix} \begin{bmatrix} \dot{\boldsymbol{U}}_{n+1} \\ \boldsymbol{W}_{n+1} \\ \boldsymbol{P}_{n+1} \end{bmatrix} = \begin{bmatrix} \bar{\boldsymbol{F}}_{n+1} \\ \bar{\boldsymbol{T}}_{n+1} \\ 0 \end{bmatrix} \tag{3.31}$$

式(3.31)中的相关矩阵具体定义如下

$$\begin{gathered}
\bar{\boldsymbol{M}}_{uu} = \boldsymbol{M}_{uu} + \beta(\Delta t)^2 \boldsymbol{K}_{uu},\quad \bar{\boldsymbol{M}}_{uw} = \frac{\gamma}{\theta}\boldsymbol{M}_{uw},\quad \bar{\boldsymbol{K}}_{up} = -\gamma\Delta t \boldsymbol{K}_{up} \\
\bar{\boldsymbol{M}}_{wu} = \frac{\theta}{\gamma}\boldsymbol{M}_{wu},\quad \bar{\boldsymbol{M}}_{ww} = \left(1 + \theta\Delta t\frac{ng}{k_h}\right)\boldsymbol{M}_{ww},\quad \bar{\boldsymbol{K}}_{wp} = -\theta\Delta t \boldsymbol{K}_{wp} \\
\bar{\boldsymbol{K}}_{pu} = -\theta\Delta t \boldsymbol{K}_{pu},\quad \bar{\boldsymbol{K}}_{pw} = -\theta\Delta t \boldsymbol{K}_{pw} \\
\bar{\boldsymbol{F}}_{n+1} = \gamma\Delta t\left(\boldsymbol{F}_{n+1} - \boldsymbol{M}_{uu}\tilde{\ddot{\boldsymbol{U}}}_{n+1} - \boldsymbol{M}_{uw}\tilde{\ddot{\boldsymbol{W}}}_{n+1} - \boldsymbol{K}_{uu}\boldsymbol{U}_{n+1}\right) \\
\bar{\boldsymbol{T}}_{n+1} = \theta\Delta t\left(\boldsymbol{T}_{n+1} - \boldsymbol{M}_{wu}\tilde{\ddot{\boldsymbol{U}}}_{n+1} - \boldsymbol{M}_{ww}\tilde{\ddot{\boldsymbol{W}}}_{n+1}\right)
\end{gathered} \tag{3.32}$$

由式(3.31)可见，选取骨架速度、流体速度和孔隙压力为基本的求解量，使式(3.31)中的系数矩阵具有优良的数值性质：系数矩阵本身是对称的，对角块状矩阵$\bar{\boldsymbol{M}}_{uu}$和$\bar{\boldsymbol{M}}_{ww}$是对称正定的。

3.3.2 NMM 框架下的质量矩阵集中化

对于动力计算，尤其是使用显式时间积分方法时，采用集中化质量矩阵可以显著提高计算效率。对于某些特殊问题，也可以采用集中化质量矩阵使计算中的误差相互抵消，从而提高计算精度(Hughes, 1987; 张雄等, 2007)。但是对于很多单位分解方法，包括广义有限元、NMM 等，由于采用的局部近似形式可能非常复杂，标准有限元框架下的质量矩阵集中化方案不再有效。本节简要介绍郑宏、杨永涛等(Zheng and Yang, 2017; Yang et al., 2017)给出的 NMM 框架下的质量矩阵集中化方法，并在本章后续数值算例中验证该质量矩阵集中化方法在饱和连续动力固结模拟中的有效性。这里以式(3.27)中的质量矩阵 $\boldsymbol{M}_{uu}$ 为例说明质量矩阵集中化过程。

利用权函数的单位分解性质 $\sum_{i=1}^{n^m} f_i(\boldsymbol{x}) = 1$，固体骨架动能(kinetic energy)的变分可表示为

$$\delta E_{\mathrm{ks}} = \int_{\Omega} \rho \delta \boldsymbol{u}^{h\mathrm{T}} \ddot{\boldsymbol{u}}^h \mathrm{d}\Omega = \int_{\Omega} \rho \delta \boldsymbol{u}^{h\mathrm{T}} \ddot{\boldsymbol{u}}^h \sum_i f_i \mathrm{d}\Omega = \sum_i \int_{\Omega} \rho f_i \delta \boldsymbol{u}^{h\mathrm{T}} \ddot{\boldsymbol{u}}^h \mathrm{d}\Omega \tag{3.33}$$

因为权函数 $f_i(\boldsymbol{x})$ 在物理片 P_i 上的紧支性，上式可以进一步写成

$$\delta E_{\mathrm{ks}} = \sum_i \int_{P_i} \rho f_i \delta \boldsymbol{u}^{h\mathrm{T}} \ddot{\boldsymbol{u}}^h \mathrm{d}\Omega \tag{3.34}$$

在 2.2.2 小节中应用了“局部到整体”的思路，由局部近似得到了整体近似。这里应用由“整体到局部”的思路。随着网格的加密，物理片 P_i 的尺寸会不断减小，物理片 P_i 上的局部近似逐渐逼近物理片 P_i 上的整体近似，所以考虑在 P_i 上采用局部近似 $\boldsymbol{u}_i^h$ 替代整体近似 $\boldsymbol{u}^h$。式(3.34)可进一步写作

$$\delta E_{\mathrm{ks}} = \sum_i \int_{P_i} \rho f_i \delta \boldsymbol{u}_i^{h\mathrm{T}} \ddot{\boldsymbol{u}}_i^h \mathrm{d}\Omega \tag{3.35}$$

将骨架位移局部近似(3.20)代入式(3.35)可得到

$$\delta E_{\mathrm{ks}} = \sum_i \left(\delta \boldsymbol{U}^i\right)^{\mathrm{T}} \int_{P_i} \rho f_i \left(\boldsymbol{N}_u^i\right)^{\mathrm{T}} \boldsymbol{N}_u^i \mathrm{d}\Omega \ddot{\boldsymbol{U}}^i = \sum_i \left(\delta \boldsymbol{U}^i\right)^{\mathrm{T}} \boldsymbol{M}_{uu}^i \ddot{\boldsymbol{U}}^i \tag{3.36}$$

式中对应于物理片 P_i 的质量矩阵 $\boldsymbol{M}_{uu}^i$ 定义为

$$\boldsymbol{M}_{uu}^i = \int_{P_i} \rho f_i \left(\boldsymbol{N}_u^i\right)^{\mathrm{T}} \boldsymbol{N}_u^i \mathrm{d}\Omega \tag{3.37}$$

可见，集中化后的质量矩阵 $\boldsymbol{M}_{uu}^i$ 是对称正定的。上述的质量矩阵集中化过程本质上是一种对整体位移近似对应的质量矩阵的解耦，从而得到局部位移近似对应的

质量矩阵的过程，即使用每个局部位移近似对质量矩阵的贡献来替代整体位移近似对质量矩阵的贡献。采用同样的方法，质量矩阵 $\boldsymbol{M}_{ww}$ 也可以进行集中化处理。

3.3.3　能量平衡条件

能量平衡条件(energy balance condition)是验证时间积分方案精确、稳定和收敛的有效方法。如果一种时间积分方案是稳定收敛的，则在动力计算的每一个时间步内，整个系统所获得的能量与耗散能量之和应等于外力所做的功。考虑到骨架颗粒和流体的不可压缩性，饱和连续孔隙介质各能量组分有如下关系

$$\Delta E_{\mathrm{ss}}+\Delta E_{\mathrm{ks}}+\Delta E_{\mathrm{kf}}+\Delta E_{\mathrm{d}}=\Delta E_{\mathrm{in}} \tag{3.38}$$

其中 ΔE_{ss}、ΔE_{ks}、ΔE_{kf}、ΔE_{d} 和 ΔE_{in} 分别是时间步 $[t_n \quad t_{n+1}]$ 内骨架应变能、骨架动能、流体动能、阻尼耗能和外力做功的增量。根据式(3.26)和式(3.27)，上述各项能量增量可表示为

$$\begin{gathered}
\Delta E_{\mathrm{ks}}=\frac{1}{2}\left(\dot{\boldsymbol{U}}_{n+1}^{\mathrm{T}}\boldsymbol{M}_{uu}\dot{\boldsymbol{U}}_{n+1}-\dot{\boldsymbol{U}}_{n}^{\mathrm{T}}\boldsymbol{M}_{uu}\dot{\boldsymbol{U}}_{n}\right)\\
\Delta E_{\mathrm{kf}}=\left(\dot{\boldsymbol{U}}_{n+1}^{\mathrm{T}}\boldsymbol{M}_{uw}\boldsymbol{W}_{n+1}-\dot{\boldsymbol{U}}_{n}^{\mathrm{T}}\boldsymbol{M}_{uw}\boldsymbol{W}_{n}\right)+\frac{1}{2}\left(\boldsymbol{W}_{n+1}^{\mathrm{T}}\boldsymbol{M}_{ww}\boldsymbol{W}_{n+1}-\boldsymbol{W}_{n}^{\mathrm{T}}\boldsymbol{M}_{ww}\boldsymbol{W}_{n}\right)\\
\Delta E_{\mathrm{ss}}=\frac{1}{2}\left(\boldsymbol{U}_{n+1}^{\mathrm{T}}\boldsymbol{K}_{uu}\boldsymbol{U}_{n+1}-\boldsymbol{U}_{n}^{\mathrm{T}}\boldsymbol{K}_{uu}\boldsymbol{U}_{n}\right)\\
\Delta E_{\mathrm{d}}=\frac{ng\Delta t}{4k_h}\left(\boldsymbol{W}_{n+1}+\boldsymbol{W}_{n}\right)^{\mathrm{T}}\boldsymbol{M}_{ww}\left(\boldsymbol{W}_{n+1}+\boldsymbol{W}_{n}\right)\\
\Delta E_{\mathrm{in}}=\frac{\Delta t}{4}\left[\left(\dot{\boldsymbol{U}}_{n+1}+\dot{\boldsymbol{U}}_{n}\right)^{\mathrm{T}}\left(\boldsymbol{F}_{n+1}+\boldsymbol{F}_{n}\right)+\left(\boldsymbol{W}_{n+1}+\boldsymbol{W}_{n}\right)^{\mathrm{T}}\left(\boldsymbol{T}_{n+1}+\boldsymbol{T}_{n}\right)\right]
\end{gathered} \tag{3.39}$$

实际动力计算时，每个时间步都进行式(3.39)的检测很不方便，因此一般的做法是在每个时间步结束时进行能量平衡条件的检测，即在时刻 t_{n+1} 检测如下能量平衡条件

$$\begin{gathered}
E_{\mathrm{ks}}^{n+1}=\frac{1}{2}\dot{\boldsymbol{U}}_{n+1}^{\mathrm{T}}\boldsymbol{M}_{uu}\dot{\boldsymbol{U}}_{n+1}\\
E_{\mathrm{kf}}^{n+1}=\dot{\boldsymbol{U}}_{n+1}^{\mathrm{T}}\boldsymbol{M}_{uw}\boldsymbol{W}_{n+1}+\frac{1}{2}\boldsymbol{W}_{n+1}^{\mathrm{T}}\boldsymbol{M}_{ww}\boldsymbol{W}_{n+1}\\
E_{\mathrm{ss}}^{n+1}=\frac{1}{2}\boldsymbol{U}_{n+1}^{\mathrm{T}}\boldsymbol{K}_{uu}\boldsymbol{U}_{n+1}\\
E_{\mathrm{d}}^{n+1}=E_{\mathrm{d}}^{n}+\Delta E_{\mathrm{d}}\\
E_{\mathrm{in}}^{n+1}=E_{\mathrm{in}}^{n}+\Delta E_{\mathrm{in}}
\end{gathered} \tag{3.40}$$

为了满足能量平衡条件，式(3.40)中的各能量项应满足：

$$
\begin{aligned}
&E_{\mathrm{ks}}^{n+1}+E_{\mathrm{kf}}^{n+1}+E_{\mathrm{ss}}^{n+1}+E_{\mathrm{d}}^{n+1}=E_{\mathrm{in}}^{n+1} \\
&\mathrm{LHS}:=E_{\mathrm{ks}}^{n+1}+E_{\mathrm{kf}}^{n+1}+E_{\mathrm{ss}}^{n+1}+E_{\mathrm{d}}^{n+1}
\end{aligned}
\tag{3.41}
$$

因此，在计算时只需在每个时间步结束时对式(3.41)进行检测，即可对时间积分方案的精度和收敛性进行评价。

3.4 数值算例

本节通过对饱和土动力固结的两个经典算例进行计算，测试 ND5W5P1 和 ND5W5E1 求解饱和连续岩土体水力耦合问题时的数值表现。所有的数值计算均在平面应变条件下进行。除另有说明外，本节算例的水力材料参数见表 3.1。

表 3.1　算例 1 和算例 2 物理力学参数

	E/Pa	υ	ρ_s /(kg/m³)	ρ_w /(kg/m³)	n	k_h /(m/s)
算例 1	1.4516×10^7	0.3	2000	1000	0.33	0.01
算例 2	1.4516×10^7	0.3	2700	1000	0.42	0.1 或 1×10^{-4}

3.4.1 受均布压力作用的半无限大饱和土

考虑表面受均布压力作用的半无限大饱和土，其骨架为各向同性的线弹性材料。由于对称性，该问题可简化为如图 3.1 所示的宽度很小、高度很大的细长土柱。土柱的上表面为理想排水边界，满足孔隙水压力为 0 的本质边界条件($p=0$)。上表面施加的外部均匀压力大小为 3kPa。为了展示 u-w-p 格式在模拟动力固结问题时的优势，在计算时该外部压力为瞬时施加，即在初始时刻就将压力全部进行施加。两侧边界和底侧边界均不透水且受法向位移约束。土柱的高和宽分别为 10m 和 0.1m。计算中使用 200 个流形单元进行离散，时间步长取为 5×10^{-4}s。作为对比，本算例同样给出了混合有限单元 T6T6T3 的计算结果。这里 T6T6T3 指采用 6 结点三角形单元对骨架位移和流体流速场进行插值离散，采用 3 结点三角形单元对孔隙压力场进行插值离散的混合有限元。对于图 3.1 中所示三角形网格，ND5W5P1 具有 2222 个自由度，而 T6T6T3 具有 2614 个自由度。

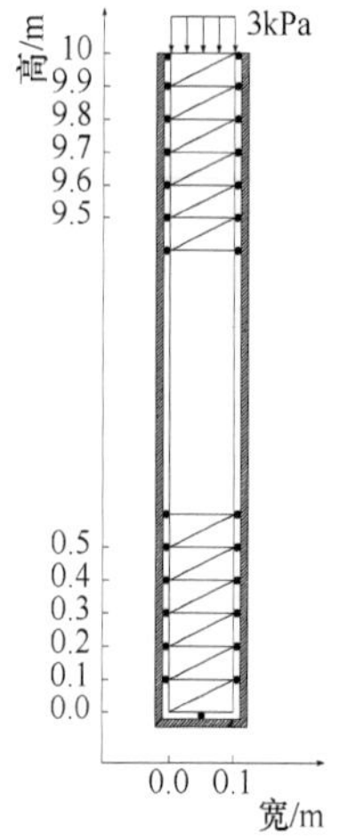

图 3.1　受均布压力作用的半无限大饱和土的计算模型

图 3.2 展示了由 ND5W5P1 给出的土柱顶部沉降值随时间的变化过程，以及 Lotfian 和 Sivaselvan(2018)的沉降结果和 Terzaghi(1943)

的一维固结理论结果。根据 Terzaghi 的一维固结理论可得土柱在均布压力 p 作用下顶端的沉降值为

$$s = H\frac{p}{\lambda + 2G} \tag{3.42}$$

其中 p 是土柱顶端所受的外部压力；H 是土柱的高度；λ 和 G 为 Lamé 常数。图 3.2 中的结果显示 NMM 模型 ND5W5P1、混合有限元 T6T6T3、Lotfian 和 Sivaselvan(2018)以及 Terzaghi(1943)一维固结理论所得结果一致。

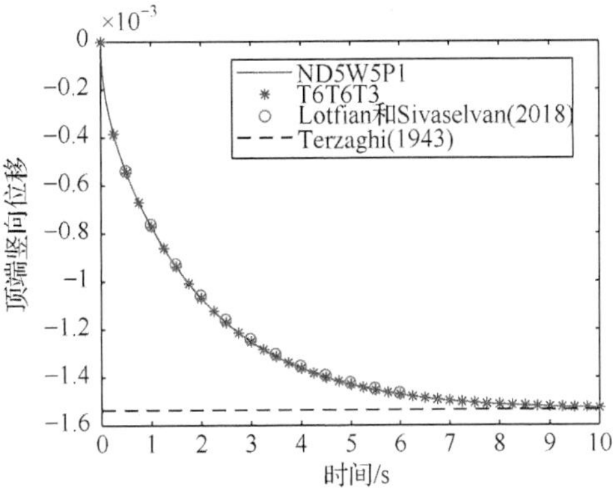

图 3.2　土柱顶端沉降随时间的变化过程

依据 de Boer(1993, 1998)的理论结果，饱和连续孔隙介质中慢膨胀波(slow dilatational wave)的传递速度为

$$v_0 = \sqrt{\frac{\lambda + 2G}{\rho - \rho_{\mathrm{f}}\left(2 - \dfrac{1}{n}\right)}} \tag{3.43}$$

式中 n 为孔隙介质的孔隙率。将土柱的水力材料参数代入式(3.43)可得本算例的饱和土柱中慢膨胀波的理论波速为 $v_0 = 85.07\text{m/s}$。为了从 NMM 模型 ND5W5P1 所得的沉降结果中计算出由于瞬时施加的外部载荷产生的慢膨胀波在饱和连续孔隙介质中的传播速度，图 3.3 给出了 ND5W5P1 所得不同时刻沿土柱的沉降分布。当高度 h 以上的土体在时刻 t 被扰动时(即膨胀波已传递过高度 h 以上的土柱)，则该时刻的波速为

$$v_t = \frac{H - h}{t} \tag{3.44}$$

这里 $H = 10\text{m}$ 是土柱的高度。根据式(3.44)和图 3.3 可得

$$v_{0.025} = \frac{10-7.8}{0.025} = 88\text{m/s}$$
$$v_{0.075} = \frac{10-5.1}{0.075} = 65.33\text{m/s}$$
$$v_{0.15} = \frac{10-2.3}{0.15} = 51.33\text{m/s} \qquad (3.45)$$
$$v_{0.3} = \frac{10-0.3}{0.3} = 32.33\text{m/s}$$

需要注意的是，为了防止土柱底部反射波的干涉，这里选取了较短的时间段(即0.3s)进行膨胀波传递速度的数值求解。式(3.45)中的结果显示在 t=0.025s 时ND5W5P1 所得的波速与理论波速非常接近，这说明 NMM 给出了非常精度的沉降结果。式(3.45)还显示，随着时间的增长，膨胀波的传递速度逐渐减小。这是由于数值计算时采用了有限长度的土柱，而 de Boer 的理论结果是根据半无限空间大的饱和孔隙介质得到的。ND5W5P1 所得的这一结果与 Schanz 和 Pryl(2004)的数值结果一致。

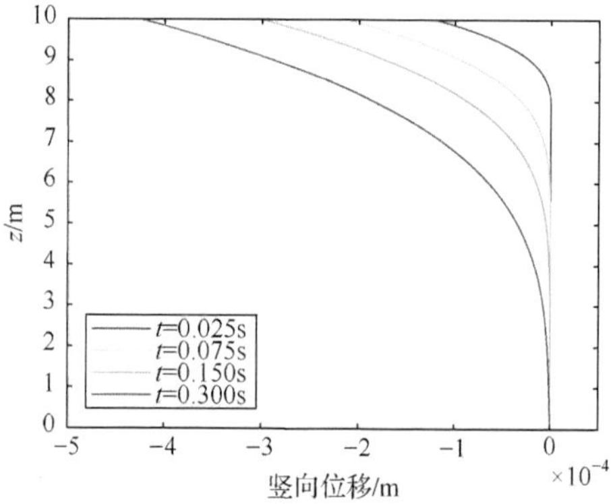

图 3.3 ND5W5P1 所得不同时刻沿土柱的沉降分布(彩图请扫封底二维码)

图 3.4 为土柱固结过程中不同深度测点的骨架速度随时间的变化过程，该结果更清晰地展示了瞬时外载荷引起的慢膨胀波在饱和孔隙介质中的传播过程。由图 3.4(a)和(b)可见，慢膨胀波传递到测点时，测点处会观测到非零骨架速度。该速度的大小与深度有关，深度越小，速度越大。膨胀波远去后，测点的骨架速度迅速衰减到 0。图 3.4(d)显示对质量矩阵进行集中化处理能有效减少骨架速度结果中的数值震荡，尤其在外力施加后动力固结的初始阶段。图 3.4(e)和(f)显示了无数值阻尼的情况下，即时间积分参数取值为 $\gamma=\theta=0.5$、$\beta=0.25$ 时，T6T6T3 和 ND5W5P1 所得的骨架速度结果。对比可见，尽管 NMM 模型 ND5W5P1 的自由度数目更少，但结果却更为准确，具有更少的数值震荡。该结果体现了数值流形法相对于有限单元法的优势。

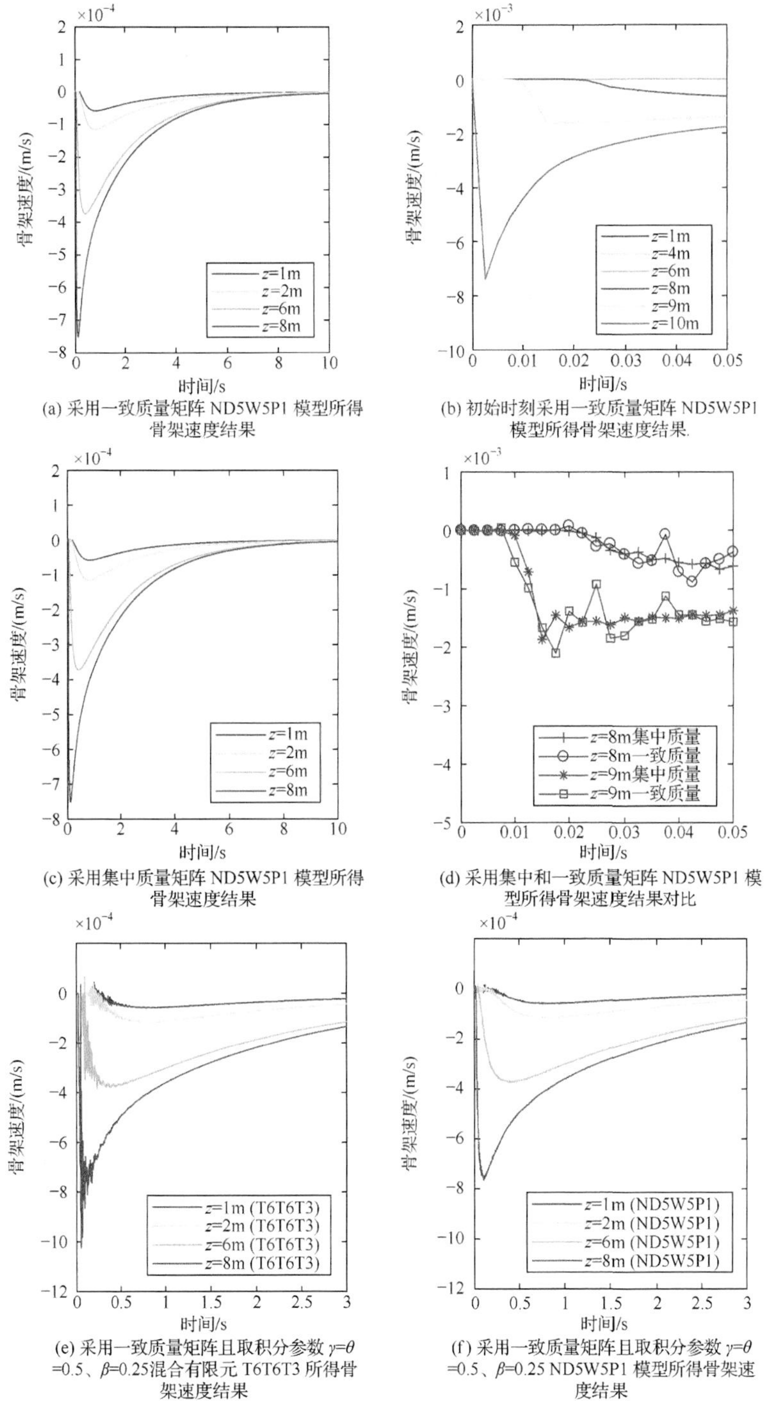

(a) 采用一致质量矩阵 ND5W5P1 模型所得骨架速度结果

(b) 初始时刻采用一致质量矩阵 ND5W5P1 模型所得骨架速度结果.

(c) 采用集中质量矩阵 ND5W5P1 模型所得骨架速度结果

(d) 采用集中和一致质量矩阵 ND5W5P1 模型所得骨架速度结果对比

(e) 采用一致质量矩阵且取积分参数 $\gamma=\theta=0.5$、$\beta=0.25$混合有限元 T6T6T3 所得骨架速度结果

(f) 采用一致质量矩阵且取积分参数 $\gamma=\theta=0.5$、$\beta=0.25$ ND5W5P1 模型所得骨架速度结果

图 3.4　不同深度监测点处 NMM 和混合有限元所得骨架速度结果对比(彩图请扫封底二维码)

图 3.5 给出了土柱不同监测点处孔隙水压力的增长和消散过程。结果显示，外力瞬时施加后整个土柱的孔隙压力快速增加到所施加的外力值，这表明孔隙压力在饱和孔隙介质中的传递速度接近无穷大。当孔隙压力变化传递到土柱底部后，随着液相从土柱上表面排出，整个土柱的孔隙压力逐渐消散至 0。由图 3.5(a)可知，ND5W5P 所得的孔隙压力结果与文献(Lotfian and Sivaselvan, 2018)中的结果相吻合。图 3.5(c)和(d)是 ND5W5P1 模型采用集中化后的质量矩阵所得的孔隙水压随时间的变化结果，可见该结果与采用协调质量矩阵所得结果相一致。图 3.5(e)是混合有限单元 T6T6T3 所得的孔隙压力结果，该结果与 ND5W5P1 结果吻合良好，再次证明了 ND5W5P1 求解动力固结问题时的精度和有效性。

图 3.6 为 ND5W5P1 模型所得不同深度测点处的骨架加速度和流体加速度的结果。可见瞬时施加的外力引起了大小相同、方向相反的骨架加速度和流体加速度。同样地，膨胀波通过后，测点处的骨架加速度和流体加速度迅速衰减至 0。

图 3.7 展示了计算过程中能量平衡条件的监测结果。图 3.7(a)中的“LHS”定义为式(3.41)左侧各能量项的求和结果。相对误差定义为 LHS 和由于外力做功所

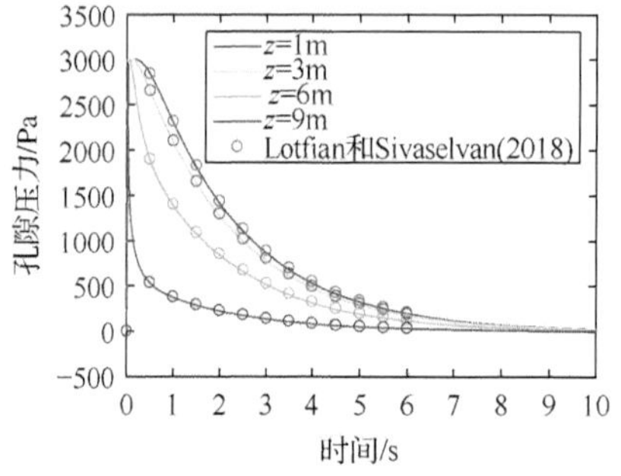

(a) 采用一致质量矩阵 ND5W5P1 模型所得孔隙压力结果

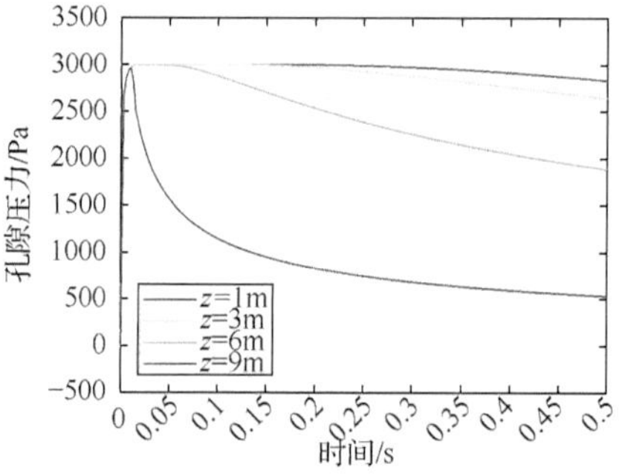

(b) 初始时刻采用一致质量矩阵 ND5W5P1 模型所得孔隙压力结果

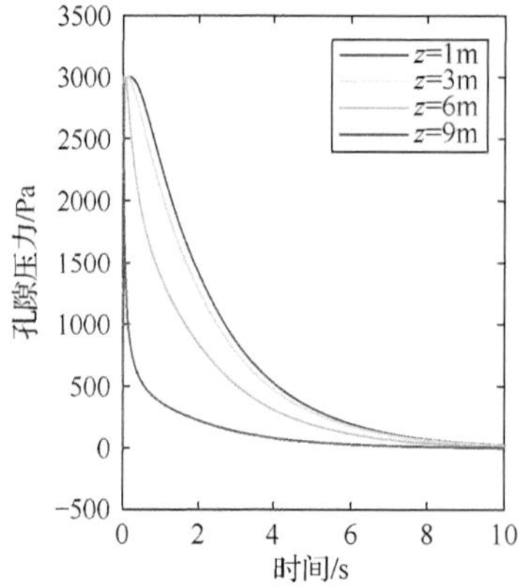

(c) 采用集中质量 ND5W5P1 模型矩阵所得孔隙压力结果

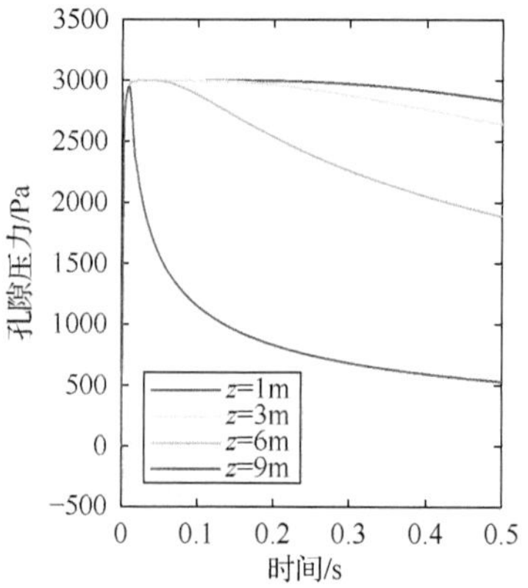

(d) 初始时刻 ND5W5P1 使用集中质量矩阵所得孔隙压力结果

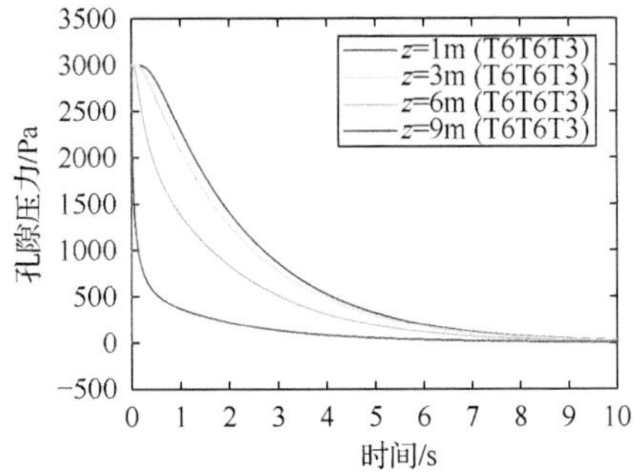

(e) 采用一致质量矩阵混合有限元 T6T6T3 所得孔隙压力结果

图 3.5　ND5W5P1 和 T6T6T3 所得孔隙压力结果对比(彩图请扫封底二维码)

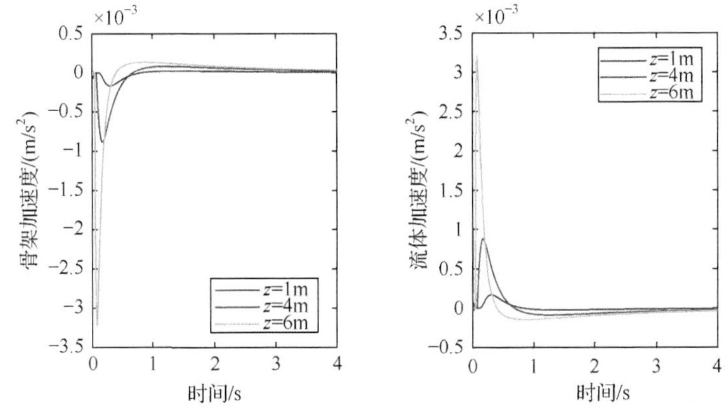

(a) 骨架加速度随时间变化规律　　(b) 流体加速度随时间变化规律

图 3.6　骨架加速度和流体加速度结果(彩图请扫封底二维码)

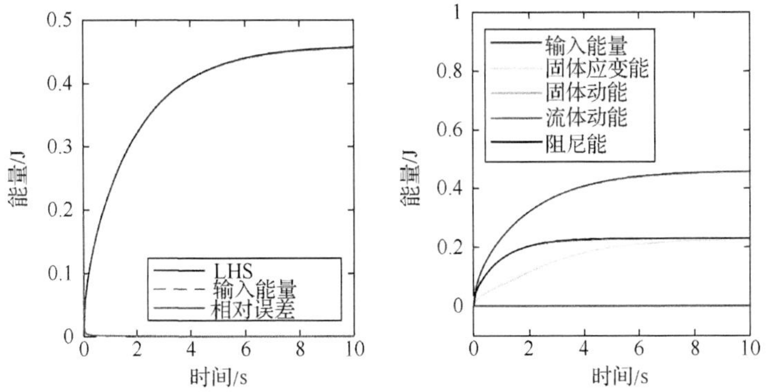

(a) 能量平衡条件　　(b) 各项能量随时间的变化

图 3.7　计算过程中能量平衡条件的监测结果(彩图请扫封底二维码)

输入能量之差的绝对值和输入能量的比值。结果显示动力固结模拟开始后相对误差迅速减小为 0，而 LHS 和输入能量在整个计算过程中吻合良好。能量监测的结果验证了所采用时间积分方案的精确性和收敛性。图 3.7(b)给出了土柱动力固结过程中各能量项的具体变化。

3.4.2 受偏斜载荷作用的饱和土基础

如图 3.8 所示，采用 NMM 模型 ND5W5P1 分析受偏斜压力作用的饱和土基础的固结过程。土基础的两侧和底部边界均不透水且受法向位移约束。上侧边界的右半部分不透水且受大小为 15kPa 的均布压力作用，左半部分为理想透水边界。饱和土基础的几何参数和边界条件见图 3.8 所示。为了展示渗透系数对外力作用下饱和土基础动态响应的影响，固结模拟中采用了两个相差很大的渗透系数，即 0.1m/s 和 0.0001m/s。时间步长仍取为 $\Delta t = 0.0005\text{s}$。

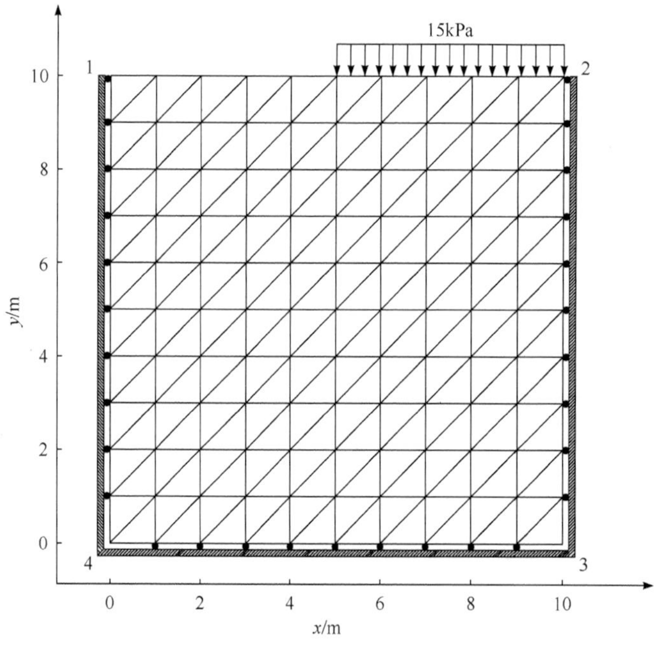

图 3.8　受偏斜载荷作用的饱和土基础

图 3.9 展示了测点 1 和 2(位置见图 3.8)处骨架竖向位移随时间的变化过程。结果显示，对于渗透系数较大的情形，由于具有更快的排水和孔隙水压消散速度，测点的位移反应更快地到达稳定值。这也表明更大的渗透系数会产生更快的能量耗散速度，使得固结过程更快到达稳定状态。相对地，当渗透系数较小时，孔隙水压需要更长的时间完成消散，整个固结过程也需要更长时间到达稳定状态。图 3.9 还显示，对于不同的渗透系数，土基础的位移响应频率在整个固结过程中

几乎保持不变，这表明饱和孔隙位移响应的频率不受渗透系数的影响。图 3.10 给出了土基础固结过程中测点 1、2、3 和 4 处孔隙压力随时间的变化过程，该结果进一步验证了上述论述：渗透系数影响孔隙压力的消散速度，进一步影响整个饱和孔隙介质系统的动力响应。

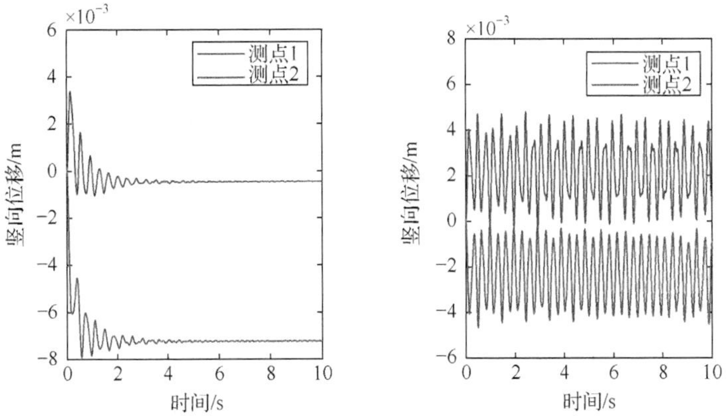

(a) k_h=0.1m/s　　(b) k_h=0.0001m/s

图 3.9　测点 1 和测点 2 的竖向位移时间历史(彩图请扫封底二维码)

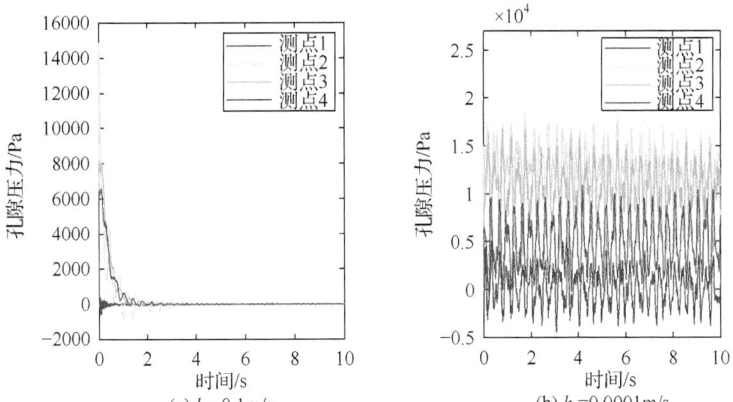

(a) k_h=0.1m/s　　(b) h_k=0.0001m/s

图 3.10　测点 1、2、3 和 4 的孔隙压力时间历史(彩图请扫封底二维码)

图 3.11 给出了基础固结过程中测点 1 处的骨架速度和流体速度时间历史。当渗透系数较大时(k_h = 0.1m/s)，测点的骨架速度和流体速度迅速减小至 0。当渗透系数较小时(k_h = 0.0001m/s)，测点的流体速度很小而骨架速度则长时间保持较大值。图 3.12 给出了不同渗透系数下饱和土基础动力固结过程中的能量平衡条件监测结果。结果显示，对于 k_h = 0.1m/s 和 k_h = 0.0001m/s 两种情形，LHS 和外力所做功均完全吻合，证明使用 NMM 模型 ND5W5P1 计算土基础固结过程中所采用的时间积分方案是精确、稳定、收敛的。

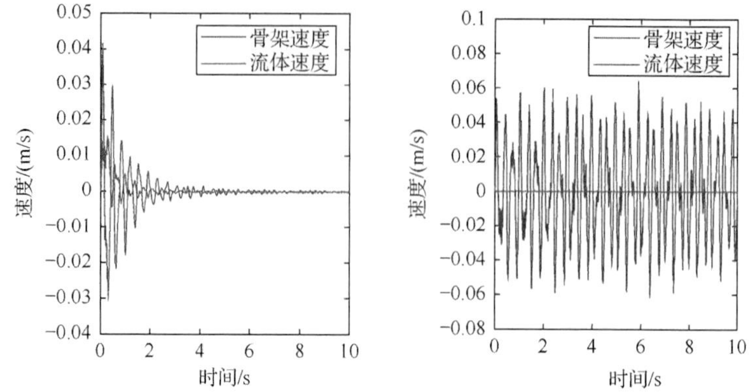

(a) k_h=0.1m/s　　(b) k_h=0.0001m/s

图 3.11　测点 1 的骨架速度和流体速度时间历史(彩图请扫封底二维码)

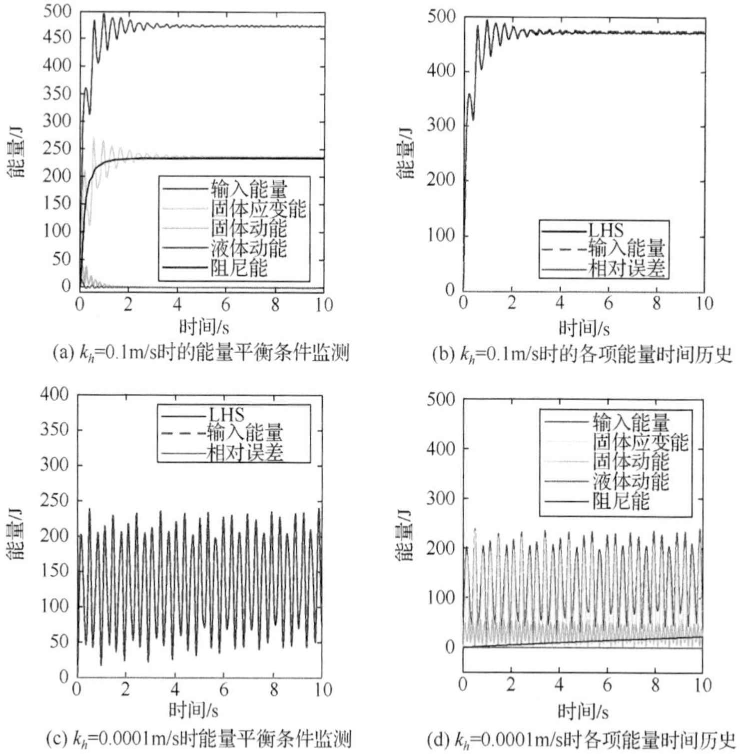

(a) k_h=0.1m/s时的能量平衡条件监测　　(b) k_h=0.1m/s时的各项能量时间历史

(c) k_h=0.0001m/s时能量平衡条件监测　　(d) k_h=0.0001m/s时各项能量时间历史

图 3.12　侧向受压饱和土基础固结过程中的能量监测结果(彩图请扫封底二维码)

图 3.13 和图 3.14 展示了饱和土基础 t = 0.1s 和 t = 1s 时刻的孔隙水压力云图和液相流速矢量图。可见当 k_h = 0.1m/s 时，孔隙水压力和液体流速在 t = 1s 时已经完全消散，而 k_h = 0.0001m/s 时，在 t = 1s 时的孔隙压力和液体流速仍保持为较大值。

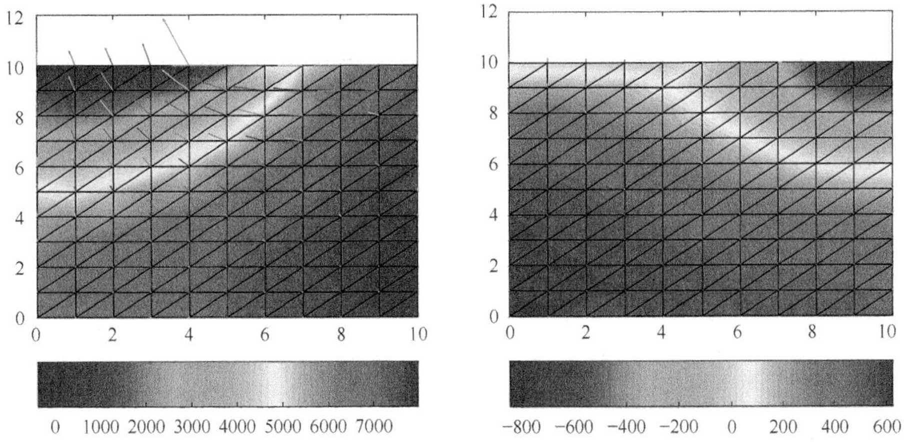

(a) t=0.1s　(b) t=1s

图 3.13　$k_h = 0.1\text{m/s}$ 时孔隙水压云图和液相流速矢量图，作图时将流速大小放大 50 倍(彩图请扫封底二维码)

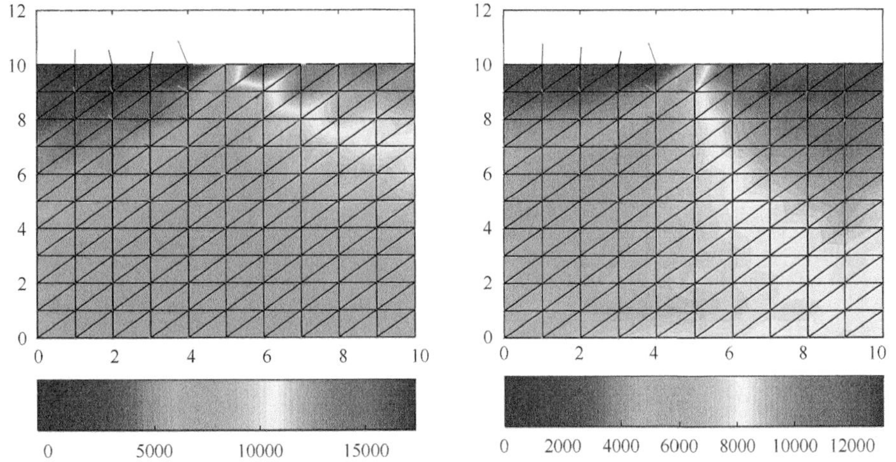

(a) t=0.1s　(b) t=1s

图 3.14　$k_h =$ 0.0001m/s 时孔隙水压云图和液相流速矢量图，作图时将流速大小放大 10000 倍(彩图请扫封底二维码)

3.5　收敛性测试

为了验证 NMM 模型 ND5W5P1 求解饱和岩土动力固结问题时，随网格加密以及时间步减小时的收敛性，本节以 3.4.2 节算例(取 $k_h = 0.1\text{m/s}$)为例进行收敛性测试。考虑到此算例无理论解，这里采用混合有限元 T6T6T3 和较细的 50×50 的三角形网格对该算例进行计算，并将其结果作为参考解。同时考虑到动力固结问题孔隙水压力的消散特性，选择在 t = 0.1s 进行收敛性测试。如果选取的测试时间过长，流体速度和孔隙压力均很快消散至 0，无法进行精确的收敛性分析。为了测试当网格尺寸减小时 ND5W5P1 模型的收敛性，采用 4 × 4、8 × 8、10 × 10、16 × 16 和 20 × 20 的三角形网格在 t = 0.1s 时刻计算骨架位移、应变能、孔隙压力和流体流速的误差范数。其中位移、应变能和孔隙压力的误差范数如式(2.38)所示，流体流速的误差范数定义为

$$e_w = \sqrt{\frac{\int_\Omega \left(\boldsymbol{w}^{\text{ex}} - \boldsymbol{w}^{\text{num}}\right)^{\text{T}} \left(\boldsymbol{w}^{\text{ex}} - \boldsymbol{w}^{\text{num}}\right) \text{d}\Omega}{\int_\Omega \left(\boldsymbol{w}^{\text{ex}}\right)^{\text{T}} \left(\boldsymbol{w}^{\text{ex}}\right) \text{d}\Omega}} \tag{3.46}$$

图 3.15(a)给出了 ND5W5P1 和 T6T6T3 随网格加密(自由度 n 逐渐变大)时的骨架位移、应变能、孔隙压力和流体流速的收敛性结果。可见随着网格的细化，骨架位移、应变能、孔隙压力和流体流速的误差范数单调减小，这表明对于饱和土动力固结问题，ND5W5P1 能给出收敛的结果。

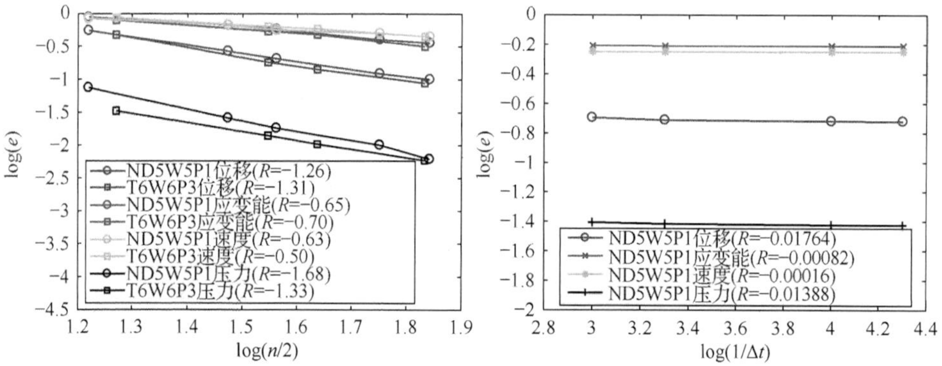

(a) 随网格加密的收敛性结果　　(b) 随时间步长缩小的收敛性结果

图 3.15　ND5W5P1 和 T6T6T3 对动力固结问题的收敛性测试结果

为了验证当时间步减小时 ND5W5P1 的收敛性，采用混合单元 T6T6T3 以及 10 × 10 的三角形网格和较小的时间步长 $\Delta t = 1\times10^{-6}$s 在 t = 0.1s 时刻得到参考解，然后使用 ND5W5P1 模型和逐渐减小的时间步长 1×10^{-3}s、0.5×10^{-3}s、1×10^{-4}s、0.5×10^{-4}s 和 10 × 10 三角形网格在 t = 0.1s 时刻计算相应的误差范数。图 3.15(b)给出了模型 ND5W5P1 随时间步长减小时的收敛性结果。可见当时间步长逐渐减小时，ND5W5P1 所得的误差范数单调减小，验证了当时间步长减小时，ND5W5P1 的收敛性。应该指出的是，时间步长 0.5×10^{-3}s 是相对较优的时间步长，从图 3.15(b)中可见，使用更小的时间步长对提高精度的效果不大，反而会显著增加计算消耗。

3.6　水力耦合模拟中的闭锁问题

从图 3.9 的测点骨架位移结果可见，当外载荷瞬时施加时，测点 1 和 2 表现出反对称的骨架变形模式，而且渗透系数越小，这种现象越明显，这本质上是不可压缩弹性体受力后的变形模式。可以预见，当孔隙介质的渗透率、骨架颗粒的可压缩性、流体的可压缩性均非常小时，饱和岩土材料在外力作用下会表现出不可压缩弹性体的变形特点。如文献 Phillips(2007a, 2007b, 2009)所述，当饱和孔隙介质具有很小的渗透系数或动力计算的时间步长很短时，传统的基于有限值材料力学特性(Bathe，2014)误差估计不再有效，此时即认为水力耦合模拟中产生了闭锁。

这里考虑两种引起动力固结分析产生闭锁的情况，即固体骨架的整体刚度趋向无穷大和渗透系数趋向无穷小(Lotfian and Sivaselvan, 2018; Wu et al., 2019a)。当骨架刚度接近无穷大时，骨架位移 $\boldsymbol{U}$ (包括 $\dot{\boldsymbol{U}}$ 和 $\ddot{\boldsymbol{U}}$)为零，此时方程组(3.31)退化为

$$\begin{bmatrix} \bar{\boldsymbol{M}}_{ww} & \bar{\boldsymbol{K}}_{wp} \\ \bar{\boldsymbol{K}}_{pw} & \boldsymbol{0} \end{bmatrix} \begin{bmatrix} \boldsymbol{W}_{n+1} \\ \boldsymbol{P}_{n+1} \end{bmatrix} = \begin{bmatrix} \bar{\boldsymbol{T}}_{n+1} \\ \boldsymbol{0} \end{bmatrix} \tag{3.47}$$

此方程在数学求解上与方程(2.44)完全相同。因此，为了避免出现闭锁现象，此时要求液相流速场和孔隙压力场插值格式满足上下限条件(Bathe，2014)。当渗透系数接近无穷小时，液体流速 $\boldsymbol{W}$ (包括 $\dot{\boldsymbol{W}}$)为零，方程组(3.31)退化为

$$\begin{bmatrix} \bar{\boldsymbol{M}}_{uu} & \bar{\boldsymbol{K}}_{up} \\ \bar{\boldsymbol{K}}_{pu} & \boldsymbol{0} \end{bmatrix} \begin{bmatrix} \dot{\boldsymbol{U}}_{n+1} \\ \boldsymbol{P}_{n+1} \end{bmatrix} = \begin{bmatrix} \bar{\boldsymbol{F}}_{n+1} \\ \boldsymbol{0} \end{bmatrix} \tag{3.48}$$

此方程在数学求解上也与方程(2.44)完全相同。此时为了避免出现闭锁现象，则要求骨架位移场和孔隙压力场的插值格式满足上下限条件。考虑到 ND5W5P1 和 ND5W5E1 模型采用相同的骨架位移近似和流体流速近似，式(3.47)和式(3.48)是相同的上下限测试问题。由 2.5 节中的测试结果可知，ND5W5E1 在求解饱和孔隙介质水力耦合问题时不会出现闭锁问题，而 ND5W5P1 在上述两种极限状况下会出现闭锁现象。由于实际工程中常出现的是式(3.48)所示的闭锁状况，以下通过两个算例来展示当低渗透率引起饱和孔隙介质产生闭锁时 ND5W5P1 和 ND5W5E1 的数值表现。

3.6.1　渗透性极小的方形悬臂梁

图 3.16 是边长为 1 的正方形悬臂梁，其上表面受均匀分布大小为 1kPa 的平

均压力。悬臂梁的所有边界均不透水且左侧边界受完全位移约束。悬臂梁的材料力学参数见表 3.2 所示。计算中时间步长取 $\Delta t = 0.0005\text{s}$。图 3.17 给出了不同时刻沿竖向截面 $x = 0.25$ 的孔隙压力分布。图 3.18 为 $t = 2.5\text{s}$ 时刻沿各竖向截面的孔隙压力分布。图中的结果显示，ND5W5P1 所得的孔隙压力结果中出现了数值震荡，即渗透系数很小时，ND5W5P1 模型出现了水力耦合闭锁现象。而 ND5W5E1 模型能克服水力耦合闭锁问题，并给出光滑的孔隙压力结果。

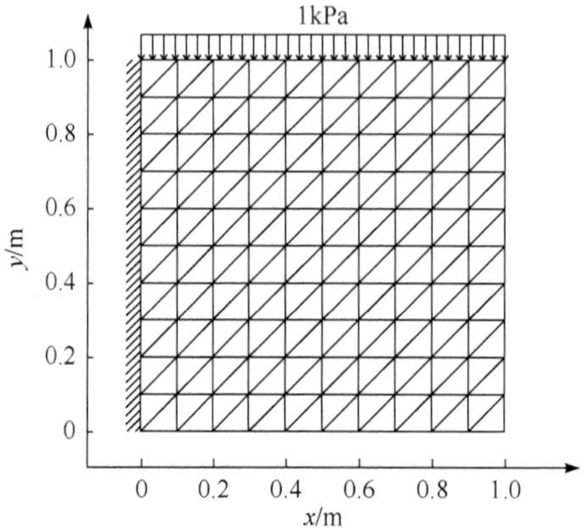

图 3.16　具有很小渗透系数的方形悬臂梁

表 3.2　方形悬臂梁的物理力学参数

E/Pa	ν	ρ_s /(kg/m^3)	ρ_w /(kg/m^3)	n'	k_h /(m/s)
1×10^4	0.4	2666.67	1000	0.4	1×10^{-7}

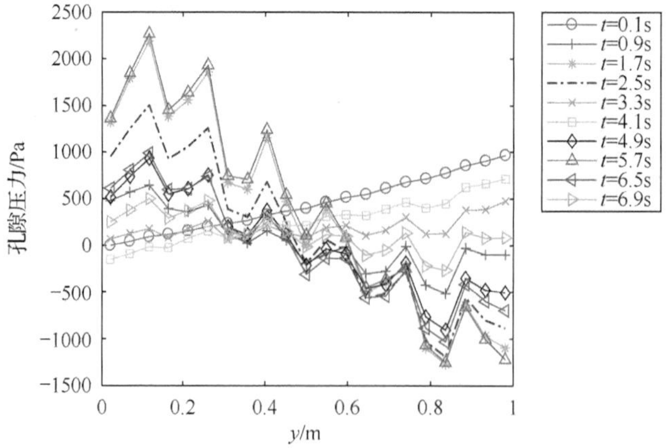

(a) ND5W5P1孔隙压力结果

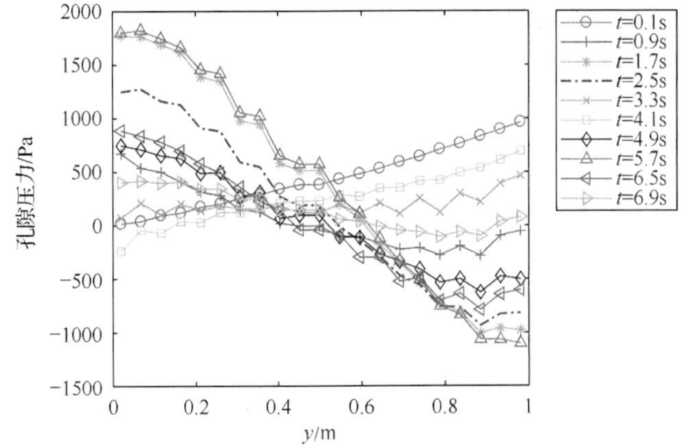

(b) ND5W5E1孔隙压力结果

图 3.17 不同时刻沿竖向截面 $x=0.25$ 的孔隙压力分布

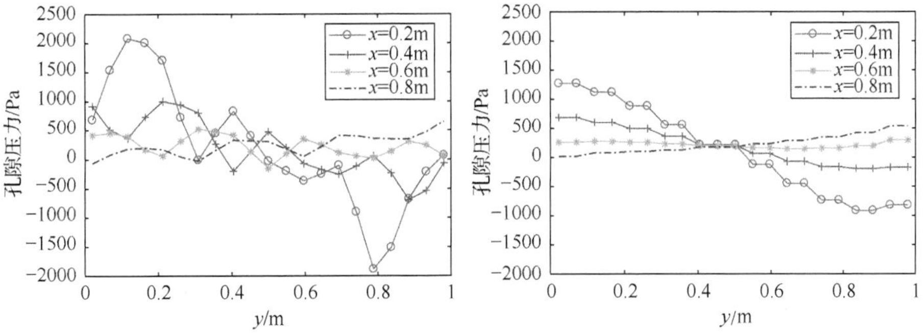

(a) ND5W5P1孔隙压力结果 (b) ND5W5E1孔隙压力结果

图 3.18 $t=2.5\mathrm{s}$ 时刻沿各竖向截面的孔隙压力分布

为了进一步展示极小渗透系数及扭曲网格对 NMM 模型 ND5W5P1 和 ND5W5E1 模拟饱和连续孔隙介质动力固结问题时精度的影响，图 3.19 和图 3.20 展示了模型 ND5W5P1 和 ND5W5E1 使用均匀网格和扭曲网格所得不同时刻的孔隙压力云图。图中的结果验证了上述的结论，模型 ND5W5P1 所得的孔隙压力云图中产生了无物理意义的数值震荡，而 ND5W5E1 则给出光滑的孔隙压力结果。此外，使用扭曲网格时，模型 ND5W5P1 和 ND5W5E1 的计算精度并未有所降低，表明二者对网格扭曲有一定适应性。

值得注意的是，图 3.19(a)显示在 $t=0.1\mathrm{s}$ 时刻，ND5W5P1 的孔隙压力云图中并无数值震荡。实际上，当固体骨架的动能大于式(3.41)左侧的其他能量项时，ND5W5P1 也能给出光滑稳定的孔隙压力(Lotfian and Sivaselvan，2018)。图 3.21 是计算过程中使用 ND5W5P1 模型和均匀网格所得的各能量项随时间的变化过程。可见在 $t=0.1\mathrm{s}$ 时固体骨架的动能确实大于其他能量项。

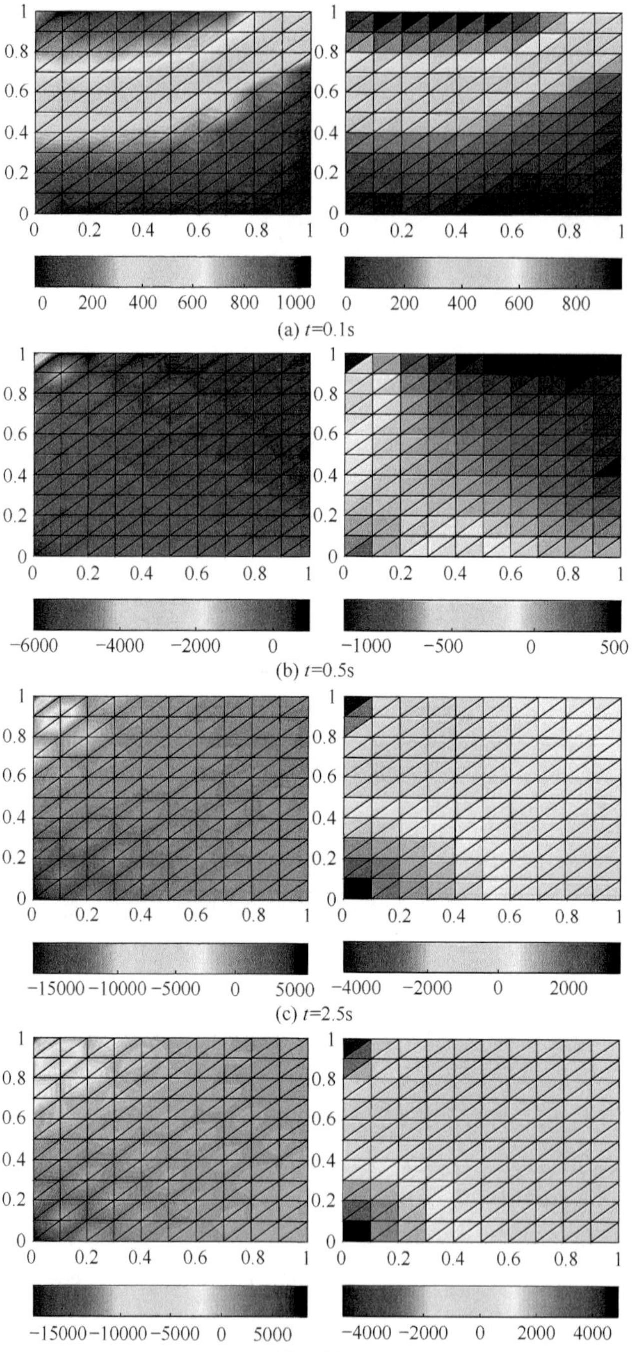

(a) t=0.1s

(b) t=0.5s

(c) t=2.5s

(d) t=6.0s

图 3.19　使用均匀网格得到的不同时刻孔隙压力分布：ND5W5P1(左侧)和 ND5W5E1(右侧)

(彩图请扫封底二维码)

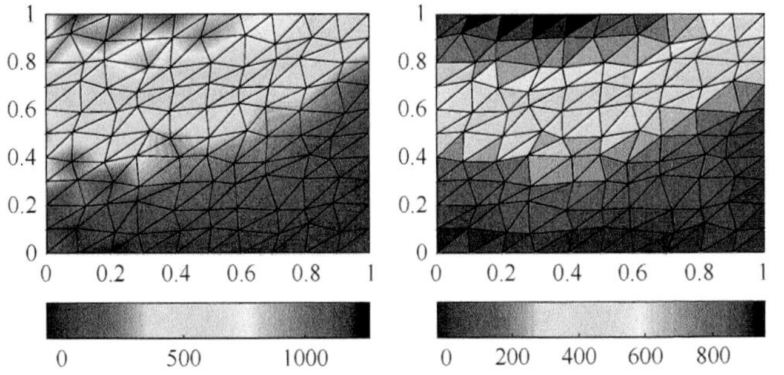

(a) t=0.1s

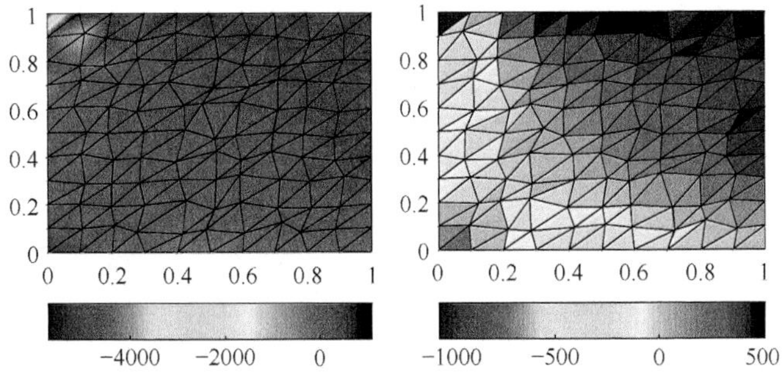

(b) t=0.5s

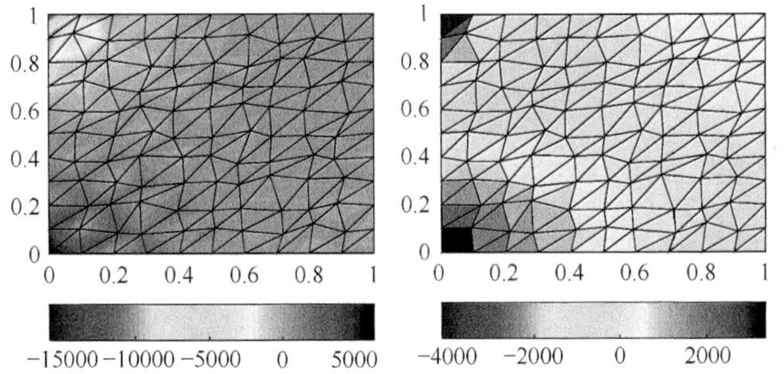

(c) t=2.5s

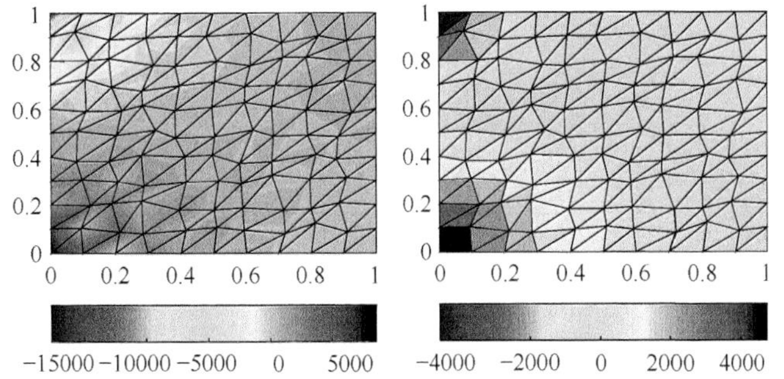

(d) t=6.0s

图 3.20　使用扭曲网格得到的不同时刻孔隙压力分布：ND5W5P1(左侧)和 ND5W5E1(右侧)
(彩图请扫封底二维码)

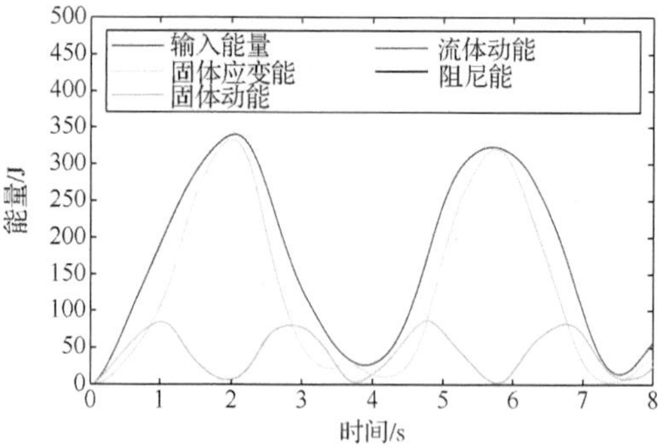

图 3.21 基于模型 ND5W5P1 和均匀网格所得各能量项的时间变化历史(彩图请扫封底二维码)

3.6.2 顶部受压的饱和黏土边坡

考虑如图 3.22 所示的顶部受压的饱和黏土边坡。边坡的几何参数如图 3.22(a)所示，材料参数见表 3.3。图 3.22(b)为计算中使用的数学覆盖和物理覆盖。边坡顶部所施加的外部压力大小为 3MPa。边坡的底、左、右边为不透水边界，其余边界为理想透水边界。边坡左、右侧边界受法向位移约束，而底侧边界受完全位移约束。数值计算的时间步长取 $\Delta t = 0.0005\text{s}$。

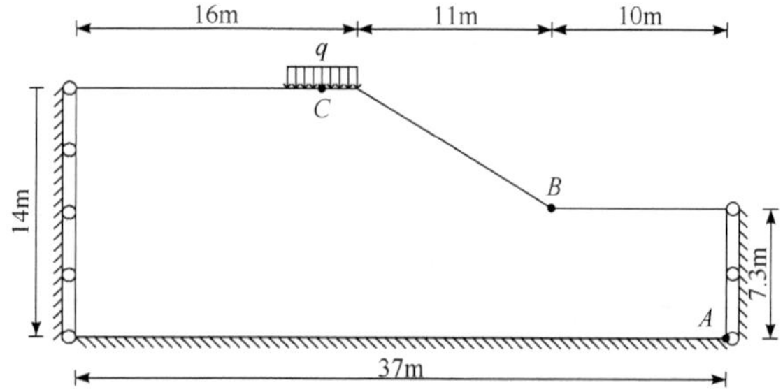

(a) 饱和黏土边坡的几何参数

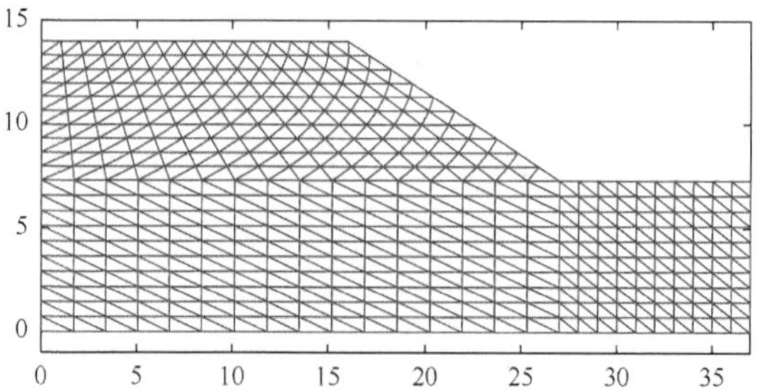

(b) 计算所用数学覆盖及物理覆盖

图 3.22 顶部受压的饱和黏土边坡

表 3.3 饱和黏土边坡物理力学参数

E/Pa	ν	ρ_s /(kg/m³)	ρ_w /(kg/m³)	n'	k_h /(m/s)
6×10^7	0.4	2000	1000	0.2	4×10^{-10}

图 3.23 为 $t=2s$ 时 ND5W5P1 模型所得骨架位移矢量图。图 3.24 为 $t=2s$ 时刻 ND5W5E1 所得孔隙压力等值线。将结果与文献(Chen, 1975; Zhang and Zhou, 2006)对比可见，ND5W5P1 模型虽能给出正确的骨架位移结果，但所得孔隙压力结果显示出一定的震荡现象，而 ND5W5E1 的孔隙压力结果无数值震荡。图 3.25 是监测点(见图 3.22(a))处的位移和孔隙压力随时间的变化结果。与文献(Chen, 1975; Zhang and Zhou, 2006)对比可见，ND5W5P1 和 ND5W5E1 模型均得到了非常精确的骨架位移和孔隙压力结果，而且所得结果的震荡性明显小于文献(Zhang and Zhou, 2006)中的结果。需要指出的是，对于该算例，只有满足上下限条件的混合有限单元才能给出稳定的结果。

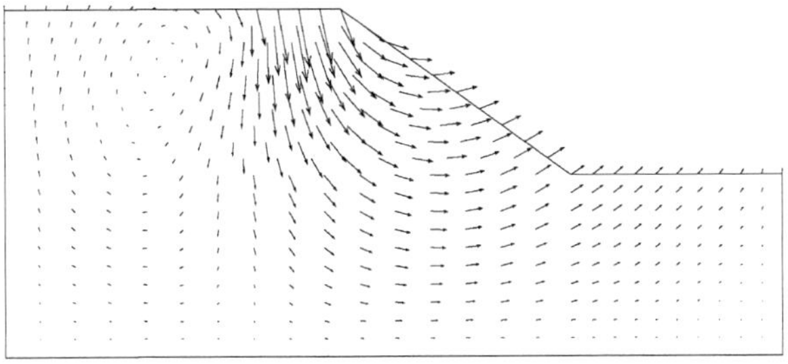

图 3.23　由 ND5W5P1 所得 $t=2s$ 时的骨架位移矢量图

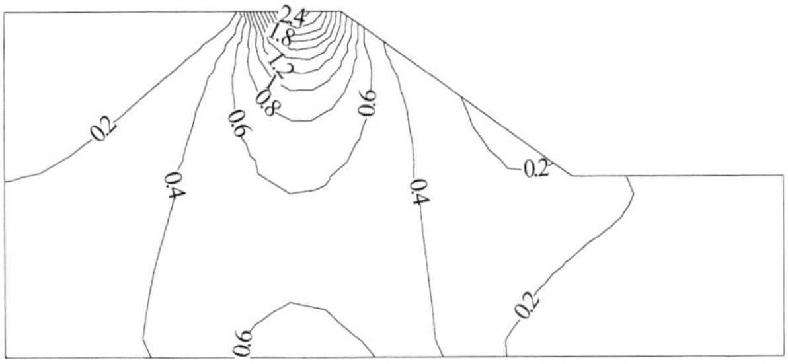

图 3.24　由 ND5W5E1 所得的 $t=2s$ 时的孔隙压力等值线结果(单位：MPa)

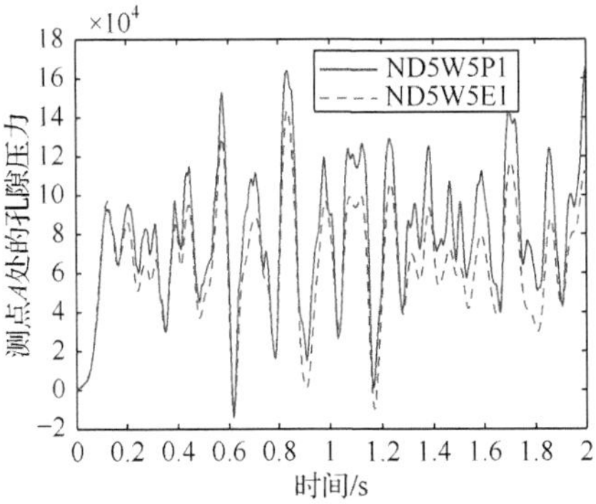

(a) 监测点A处的孔隙压力变化过程

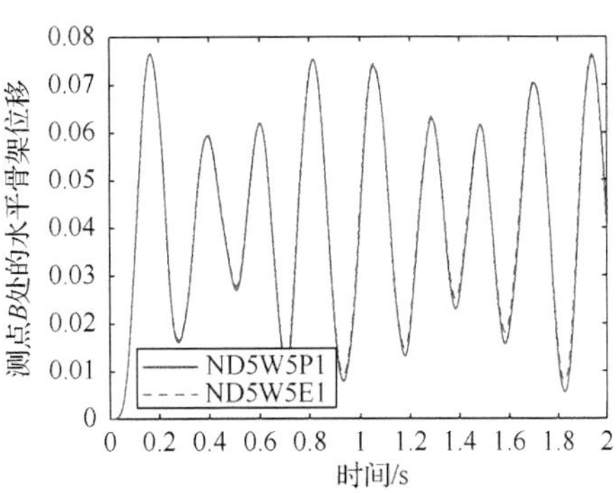

(b) 监测点B处的水平骨架位移变化过程

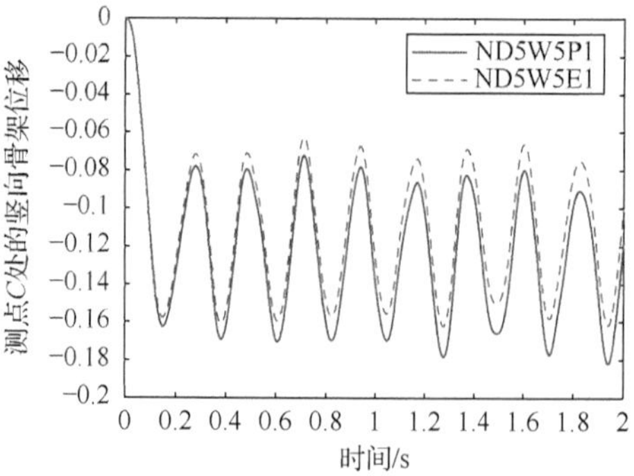

(c) 监测点C处的竖向骨架位移变化过程

图 3.25　黏土边坡监测点处位移和孔隙压力变化过程

3.7 本 章 小 结

本章首先针对饱和连续岩土体动力固结问题，将第 2 章建立的求解线弹性不可压缩问题的 NMM 单元 ND5P1 和 ND5E1 进行推广，基于 u-w-p 三相场格式得到 NMM 模型 ND5W5P1 和 ND5W5E1。然后，基于 Newmark 时间积分方法得到动力固结问题完全离散格式。最后，通过对饱和岩土体动力固结经典算例进行求解验证了所提出 NMM 模型的有效性、精确性和收敛性。

由于 ND5W5P1 和 ND5W5E1 模型中骨架位移场和液体流速场采用相同的插值格式，因此在刚性骨架和小渗透系数两种极限状况下，孔隙介质水力耦合的闭锁现象归为同一个问题。依据 2.5 节单元 ND5P1 和 ND5E1 数值上下限测试可知，扩展模型 ND5W5P1 会出现闭锁现象，具体表现为孔隙压力场中的无物理意义的数值震荡，而扩展 ND5W5E1 满足上下限条件，不会出现孔隙介质的闭锁问题。算例 3.6.1 和算例 3.6.2 验证了该结论。需要指出的是，当闭锁现象来发生时，ND5W5P1 的精度明显高于 ND5W5E1。由于一般的岩土体水力耦合分析不涉及刚性骨架和小渗透系数两种极端状况，ND5W5P1 模型具有非常广阔的应用范围，如算例 3.4.1 和算例 3.4.2。接下来的第 4 章和第 6 章，会对 NMM 单元 ND5P1 进行进一步推广，求解饱和非连续岩土体水力耦合问题和非饱和非连续土石混合体水力耦合问题等。

第 4 章　饱和非连续岩土体水力耦合问题

实际工程中，经常要对内部含不连续面的饱和岩土体(如含有剪切带的饱和土，含有裂纹、裂隙的饱和岩体等)进行水力耦合分析。岩土体内部不连续面上接触力的计算和接触状态(张开、闭合、黏结或滑移)的判断对动力固结分析和水力耦合模拟的结果具有重要影响。目前，常用的饱和非连续孔隙介质水力耦合分析包括自适应有限元(Schrefler, et al., 2006; Secchi and Schrefler, 2012)、扩展有限元(XFEM)(Khoei et al., 2014, 2015, 2018; de Borst, 2017; Komijani and Gracie, 2019)及相场法(Mikelić et al., 2015; Zhou et al., 2018)。与这些方法相比，NMM 具有非连续面表征高效、自然，计算消耗低的优势(Shi, 1991; 石根华，1997; Ma et al., 2010; Zheng et al. , 2014; 杨永涛，2015)。本章在第 3 章的基础上，引入摩擦接触模型模拟饱和岩土体内部不连续面上的摩擦接触现象，建立饱和非连续孔隙介质水力耦合分析 NMM 模型，研究饱和非连续岩土体的动态水力响应规律。

本章的主要内容包括：基于 u-w-p 三相场格式，4.1 节在考虑内部非连续面的情形下，建立 Biot 理论控制方程对应的弱形式；4.2 节建立骨架位移场、流体流速场和孔隙压力场的 NMM 近似函数，这些近似函数在非连续面两侧产生跳跃，此外，基于 Williams 解(Khoei, 2015; Gdoutos, 2020)向骨架位移场中引入裂纹尖端扩展函数(asymptotic enrichment function)，以更精确地模拟裂纹尖端的应力奇异性；4.3 节向弱形式中引入摩擦接触模型，并使用 Uzawa 型增广拉格朗日乘子法建立饱和非连续水力耦合问题求解格式；4.4 节使用 Newmark 时间积分法给出饱和非连续岩土水力耦合时所需求解的非线性方程的迭代格式；4.5 节和 4.6 节通过对饱和连续及非连续水力耦合经典算例的计算验证所建立 NMM 模型的精度和效率；4.7 节给出本章的主要结论。

4.1　饱和非连续水力耦合变分形式

如图 4.1 所示，考虑内部含非连续面 $\varGamma_\mathrm{d}$ 的二维饱和孔隙介质问题域 $\varOmega$，其充分光滑的外边界记作 $\varGamma$。外边界 $\varGamma$ 由 $\varGamma_u$、$\varGamma_t$、$\varGamma_p$ 和 $\varGamma_q$ 组成，对应的固相、液相边界条件如式(3.11)～式(3.14)所示。孔隙介质问题域 $\varOmega$ 的水力行为仍由 Biot 固结方程描述，但建立变分格式时必须考虑内部连续面 $\varGamma_\mathrm{d}$ 的饱和孔隙介质整体平衡和液相迁移的影响。

首先考虑孔隙介质的整体平衡方程(3.1)，对式中 $\nabla\cdot\boldsymbol{\sigma}^t$ 项进行变分时涉及边界积分。应用散度定理并考虑内部非连续面 $\varGamma_\mathrm{d}$ 的影响(Wu et al., 2019, 2020)，有

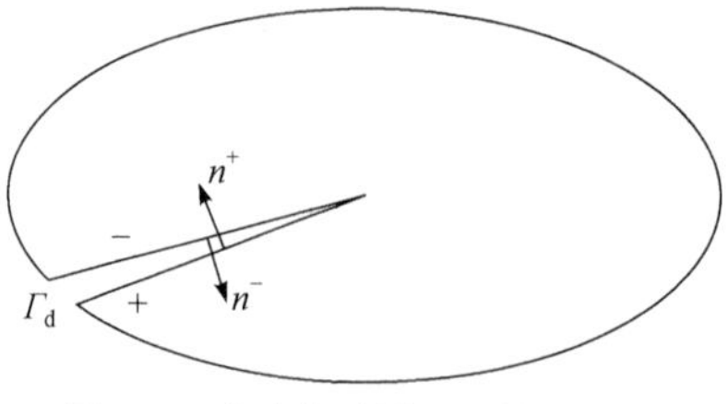

图 4.1　含内部裂纹 Γ_d 的问题域

$$\int_\Omega \delta\boldsymbol{u}\cdot\left(\nabla\cdot\boldsymbol{\sigma}^t\right)\mathrm{d}\Omega = -\int_\Omega \nabla^s\boldsymbol{u}:\boldsymbol{\sigma}^t\mathrm{d}\Omega + \int_{\Gamma_t}\delta\boldsymbol{u}\cdot\overline{\boldsymbol{t}}\mathrm{d}\Gamma + \int_{\Gamma_\mathrm{d}^+}\delta\boldsymbol{u}^+\cdot\left(\boldsymbol{\sigma}^{t+}\cdot\boldsymbol{n}_{\Gamma_\mathrm{d}}^+\right)\mathrm{d}\Gamma + \int_{\Gamma_\mathrm{d}^-}\delta\boldsymbol{u}^-\cdot\left(\boldsymbol{\sigma}^{t-}\cdot\boldsymbol{n}_{\Gamma_\mathrm{d}}^-\right)\mathrm{d}\Gamma \tag{4.1}$$

其中 $\boldsymbol{\sigma}^{t+}$、$\boldsymbol{u}^+$、$\boldsymbol{n}_{\Gamma_\mathrm{d}}^+$ 和 $\boldsymbol{\sigma}^{t-}$、$\boldsymbol{u}^-$、$\boldsymbol{n}_{\Gamma_\mathrm{d}}^-$ 分别表示非连续面 Γ_d 两侧的有效应力、骨架位移和外法向单位向量。可见，当裂纹闭合时，$\boldsymbol{\sigma}^{t+}=\boldsymbol{\sigma}^{t-}=\boldsymbol{\sigma}_{\Gamma_\mathrm{d}}^t$ 且 $-\boldsymbol{n}_{\Gamma_\mathrm{d}}^+=\boldsymbol{n}_{\Gamma_\mathrm{d}}^-=\boldsymbol{n}_{\Gamma_\mathrm{d}}$；而当裂纹张开时则有 $\boldsymbol{\sigma}^{t+}=\boldsymbol{\sigma}^{t-}=\boldsymbol{\sigma}_{\Gamma_\mathrm{d}}^t=\boldsymbol{0}$ 和 $-\boldsymbol{n}_{\Gamma_\mathrm{d}}^+=\boldsymbol{n}_{\Gamma_\mathrm{d}}^-=\boldsymbol{n}_{\Gamma_\mathrm{d}}$。因此，式(4.1)可以进一步写为

$$\int_\Omega \delta\boldsymbol{u}\cdot\left(\nabla\cdot\boldsymbol{\sigma}^t\right)\mathrm{d}\Omega = -\int_\Omega \nabla^s\boldsymbol{u}:\boldsymbol{\sigma}^t\mathrm{d}\Omega + \int_{\Gamma_t}\delta\boldsymbol{u}\cdot\overline{\boldsymbol{t}}\mathrm{d}\Gamma + \int_{\Gamma_\mathrm{d}}[\![\delta\boldsymbol{u}]\!]\cdot\boldsymbol{t}_\mathrm{d}\mathrm{d}\Gamma \tag{4.2}$$

式中

$$\boldsymbol{t}_\mathrm{d}=\boldsymbol{\sigma}_{\Gamma_\mathrm{d}}^t\cdot\boldsymbol{n}_{\Gamma_\mathrm{d}} \tag{4.3}$$

是非连续面 Γ_d 上的法向接应力，在接触模拟过程中总保持连续；$[\![\delta\boldsymbol{u}]\!]=\delta\boldsymbol{u}^+-\delta\boldsymbol{u}^-$ 为非连续面 Γ_d 两侧的位移差值。小变形情形下，应变变分与骨架位移变分间的关系为

$$\nabla^s\boldsymbol{u}=\frac{1}{2}\left[\nabla\boldsymbol{u}+\left(\nabla\boldsymbol{u}\right)^\mathrm{T}\right]$$

需要说明的是，自适应有限元法在裂纹扩展时通过重新划分网格使裂纹与单元边界重合而模拟 $[\![\delta\boldsymbol{u}]\!]$ (Schrefler et al., 2006);XFEM 通过引入在裂纹处非连续的基函数和相应未知数模拟 $[\![\delta\boldsymbol{u}]\!]$ (Belytschko and Black, 1999; Fries and Belytschko, 2010)；相场法则通过相场的计算隐式地表征 $[\![\delta\boldsymbol{u}]\!]$ (Zhou et al., 2018)。NMM 则与上述方式不同，通过将裂纹与物理片相互切割产生新的物理片和自由度自动完成 $[\![\delta\boldsymbol{u}]\!]$ 的表征与捕捉。

对流体平衡方程进行变分时，式(3.8)中的 ∇p 涉及边界积分。采用散度定理有

$$\int_\Omega \delta\boldsymbol{w}\cdot\nabla p\mathrm{d}\Omega = -\int_\Omega \nabla\cdot\delta\boldsymbol{w}\mathrm{d}\Omega + \int_{\Gamma_p}\delta\boldsymbol{w}\cdot\boldsymbol{n}\overline{p}\mathrm{d}\Gamma + \int_{\Gamma_\mathrm{d}^+}\delta\boldsymbol{w}^+\cdot\boldsymbol{n}_{\Gamma_\mathrm{d}}^+\overline{p}_\mathrm{d}^+\mathrm{d}\Gamma + \int_{\Gamma_\mathrm{d}^-}\delta\boldsymbol{w}^-\cdot\boldsymbol{n}_{\Gamma_\mathrm{d}}^-\overline{p}_\mathrm{d}^-\mathrm{d}\Gamma \tag{4.4}$$

式中 $\overline{p}_{\mathrm{d}}^{+}$、$\boldsymbol{n}_{\Gamma_{\mathrm{d}}}^{+}$ 和 $\overline{p}_{\mathrm{d}}^{-}$、$\boldsymbol{n}_{\Gamma_{\mathrm{d}}}^{-}$ 分别表示非连续面 Γ_{d} 两侧的孔隙水压和法向单位向量。注意到孔隙水压在非连续面 Γ_{d} 两侧总是连续的，即 $\overline{p}_{\mathrm{d}}^{+}=\overline{p}_{\mathrm{d}}^{-}=\overline{p}_{\mathrm{d}}$ 和 $-\boldsymbol{n}_{\Gamma_{\mathrm{d}}}^{+}=\boldsymbol{n}_{\Gamma_{\mathrm{d}}}^{-}=\boldsymbol{n}_{\Gamma_{\mathrm{d}}}$，式(4.4)可以写为

$$\int_{\Omega}\delta\boldsymbol{w}\cdot\nabla p\mathrm{d}\Omega=-\int_{\Omega}\nabla\cdot\delta\boldsymbol{w}\mathrm{d}\Omega+\int_{\Gamma_p}\delta\boldsymbol{w}\cdot\boldsymbol{n}\overline{p}\mathrm{d}\Gamma+\int_{\Gamma_{\mathrm{d}}}[\![\delta\boldsymbol{w}]\!]\cdot\boldsymbol{n}_{\Gamma_{\mathrm{d}}}\overline{p}_{\mathrm{d}}\mathrm{d}\Gamma \tag{4.5}$$

其中 $[\![\delta\boldsymbol{w}]\!]=\delta\boldsymbol{w}^{+}-\delta\boldsymbol{w}^{-}$ 为非连续面 Γ_{d} 两侧的流速差值。

最后，内部非连续面 Γ_{d} 的存在不会对流体的连续性条件产生影响，故流体连续性方程(3.10)的变分格式保持不变。

为了得到考虑内部不连续面 Γ_{d} 的水力耦合方程变分格式，引入骨架位移、流体流速和孔隙压力插值的函数空间

$$U=\{\boldsymbol{u}(\boldsymbol{x},t)\,|\,\boldsymbol{u}(\boldsymbol{x},t)\in H^1(\Omega)\times H^1(\Omega),\ \boldsymbol{u}(\boldsymbol{x},t)=\overline{\boldsymbol{u}}(t),\ \boldsymbol{x}\in\Gamma_u,\ \boldsymbol{u}\text{ 在 }\Gamma_{\mathrm{d}}\text{ 两侧可以是不连续的}\}$$

$$U_0=\{\delta\boldsymbol{u}(\boldsymbol{x},t)\,|\,\delta\boldsymbol{u}(\boldsymbol{x},t)\in H^1(\Omega)\times H^1(\Omega),\ \delta\boldsymbol{u}(\boldsymbol{x},t)=0,\ \boldsymbol{x}\in\Gamma_u,\delta\boldsymbol{u}\text{ 在 }\Gamma_{\mathrm{d}}\text{ 两侧可以是不连续的}\}$$

$$W=\{\boldsymbol{w}(\boldsymbol{x},t)\,|\,\boldsymbol{w}(\boldsymbol{x},t)\in H(\mathrm{div};\Omega),\ \boldsymbol{n}^{\mathrm{T}}\boldsymbol{w}(\boldsymbol{x},t)=\overline{w}(t),\ \boldsymbol{x}\in\Gamma_w,\ \boldsymbol{w}\text{ 在 }\Gamma_{\mathrm{d}}\text{ 两侧可以是不连续的}\}$$

$$W=\{\delta\boldsymbol{w}(\boldsymbol{x},t)\,|\,\delta\boldsymbol{w}(\boldsymbol{x},t)\in H(\mathrm{div};\Omega),\ \boldsymbol{n}^{\mathrm{T}}\delta\boldsymbol{w}(\boldsymbol{x},t)=0,\ \boldsymbol{x}\in\Gamma_w,\delta\boldsymbol{w}\text{ 在 }\Gamma_{\mathrm{d}}\text{ 两侧可以是不连续的}\}$$

$$P=\{p(\boldsymbol{x},t)\,|\,p(\boldsymbol{x},t)\in L^2(\Omega),p\text{ 在 }\Gamma_{\mathrm{d}}\text{ 两侧可以是不连续的}\} \tag{4.6}$$

函数空间 $L^2(\Omega)$、$H^1(\Omega)$ 和 $H(\mathrm{div};\Omega)$ 的具体定义参考 3.1 节。使用式(4.2)和式 (4.5)，考虑内部不连续面的 Biot 固结方程对应的变分形式可以陈述为：寻找解 $(\boldsymbol{u}\times\boldsymbol{w}\times p)\in U\times W\times P$，使得对于任意的 $(\delta\boldsymbol{u}\times\delta\boldsymbol{w}\times\delta p)\in U_0\times W_0\times P$，下列式子成立

$$\begin{aligned}&\int_{\Omega}\rho\delta\boldsymbol{u}\cdot\ddot{\boldsymbol{u}}\mathrm{d}\Omega+\int_{\Omega}\rho_{\mathrm{f}}\delta\boldsymbol{u}\cdot\dot{\boldsymbol{w}}\mathrm{d}\Omega+\int_{\Omega}\delta\boldsymbol{\varepsilon}:\boldsymbol{D}:\boldsymbol{\varepsilon}\mathrm{d}\Omega-\alpha\int_{\Omega}\delta\boldsymbol{\varepsilon}:\mathbf{1}p\mathrm{d}\Omega\\&-\int_{\Gamma_t}\delta\boldsymbol{u}\cdot\overline{\boldsymbol{t}}\mathrm{d}\Gamma+\int_{\Gamma_{\mathrm{d}}}[\![\delta\boldsymbol{u}]\!]\cdot\boldsymbol{t}_{\mathrm{d}}\mathrm{d}\Gamma=0\end{aligned} \tag{4.7}$$

$$\begin{aligned}&\int_{\Omega}\rho_{\mathrm{f}}\delta\boldsymbol{w}\cdot\ddot{\boldsymbol{u}}\mathrm{d}\Omega+\int_{\Omega}\frac{\rho_{\mathrm{f}}}{n}\delta\boldsymbol{w}\cdot\dot{\boldsymbol{w}}\mathrm{d}\Omega+\int_{\Omega}\frac{\rho_{\mathrm{f}}g}{k_h}\delta\boldsymbol{w}\cdot\boldsymbol{w}\mathrm{d}\Omega-\int_{\Omega}(\nabla\cdot\boldsymbol{w})p\mathrm{d}\Omega\\&+\int_{\Gamma_p}\delta\boldsymbol{w}\cdot\boldsymbol{n}\overline{p}\mathrm{d}\Gamma-\int_{\Gamma_{\mathrm{d}}}[\![\delta\boldsymbol{w}]\!]\cdot\boldsymbol{n}_{\Gamma_{\mathrm{d}}}\overline{p}_{\mathrm{d}}\mathrm{d}\Gamma=0\end{aligned} \tag{4.8}$$

$$\int_{\Omega} \delta p \mathbf{1} : \dot{\boldsymbol{\varepsilon}} \mathrm{d}\Omega + \int_{\Omega} \delta p \left(\nabla \cdot \boldsymbol{w} \right) \mathrm{d}\Omega = 0 \tag{4.9}$$

式中各项的含义与式(3.17)～式(3.19)相同。在力学模拟方面，将不连续面 Γ_{d} 视作力边界，即当不连续面接触时满足互不嵌入条件，接触力通过接触模型计算；当不连续面张开时，接触力为 0。在渗流模拟方面，将不连续面 Γ_{d} 视为不透水面，即 $[\![\delta \boldsymbol{w}]\!] = 0$。需要指出的是，对于饱和非连续岩土水力耦合问题，当无初始应力时，其初始条件的施加方式和连续饱和岩土水力耦合问题是相同的。对于存在初始应力的情况，初始时刻饱和岩土体内部不连续面上的接触应力和接触状态需要通过迭代格式计算。

4.2 饱和非连续岩体水力耦合分析 u-w-p 格式 NMM 离散

本节首先给出非连续饱和岩土水力耦合模拟时骨架位移场、液体流速场和孔隙压力场的 NMM 插值函数。然后简述一种用于冲击载荷作用下非连续饱和岩土水力耦合分析的 u-p 格式。在分析冲击载荷引起的非连续饱和岩土材料中的波传递问题时，该 u-p 格式用于与 NMM 模型 ND5W5P1 和 ND5W5E1 所得结果进行对比。

4.2.1 骨架位移、流体流速和孔隙压力场的 NMM 插值函数

当裂纹尖端落入物理片 P 中时，由于裂纹尖端会产生应力奇异性，故称物理片 P 为奇异物理片，而不含裂纹尖端的物理片则称作非奇异物理片。

对于非奇异物理片 P_i，其局部位移近似直接取为式(3.20)所示局部近似，即

$$\boldsymbol{u}_i^h(\boldsymbol{x}, t) = \boldsymbol{N}_u^i(\boldsymbol{x}) \boldsymbol{U}^i(t)$$

$$\boldsymbol{N}_u^i(\boldsymbol{x}) = \boldsymbol{G}_u^i(\boldsymbol{x}) = \begin{bmatrix} 1 & 0 & \dfrac{x - x_i}{h_i} & 0 & \dfrac{y - y_i}{h_i} \\ 0 & 1 & -\dfrac{y - y_i}{h_i} & \dfrac{x - x_i}{h_i} & 0 \end{bmatrix} \tag{4.10}$$

$$\boldsymbol{U}^i(t) = \begin{bmatrix} U_1^i & U_2^i & U_3^i & U_4^i & U_5^i \end{bmatrix}^{\mathrm{T}}$$

式中 h_i 为物理片 P_i 的外接圆直径；(x_i, y_i) 为物理片 P_i 的形心坐标。对于受 k 个裂纹尖端影响的奇异物理片 P_i，其局部位移近似可表示为

$$\boldsymbol{u}_i^h(\boldsymbol{x}, t) = \boldsymbol{N}_u^i(\boldsymbol{x}) \boldsymbol{U}^i(t)$$

$$\boldsymbol{N}_u^i(\boldsymbol{x}) = \begin{bmatrix} \boldsymbol{G}^i(x, y) & \boldsymbol{A}_1^i & \cdots & \boldsymbol{A}_k^i \end{bmatrix}$$

$$\boldsymbol{A}_j^i=\left[\sqrt{r_j^k}\cos\frac{\theta_j^k}{2}\boldsymbol{I}_2\quad\sqrt{r_j^k}\sin\frac{\theta_j^k}{2}\boldsymbol{I}_2\quad\sqrt{r_j^k}\cos\frac{3\theta_j^k}{2}\boldsymbol{I}_2\quad\sqrt{r_j^k}\sin\frac{3\theta_j^k}{2}\boldsymbol{I}_2\right]\tag{4.11}$$

$$j=1,2,\cdots,k$$

$$\boldsymbol{U}^i(t)=\left[U_1^i\quad U_2^i\quad U_3^i\quad U_4^i\quad U_5^i\quad \boldsymbol{U}_1^i\quad\cdots\quad\boldsymbol{U}_k^i\right]^{\mathrm{T}}$$

其中 $\boldsymbol{A}_j^i$ 是为了反映第 j 个裂纹尖端引起的应力奇异性而引入的渐进函数矩阵(Khoei，2015)；$\boldsymbol{U}_j^i$ 是与渐进函数矩阵对应的自由度向量。由式(4.10)和式(4.11)可得骨架位移的整体近似为

$$\begin{gathered}\boldsymbol{u}^h(\boldsymbol{x},t)=\boldsymbol{N}_u(\boldsymbol{x})\boldsymbol{U}(t)\\ \boldsymbol{N}_u(\boldsymbol{x})=\left[f_1(\boldsymbol{x})\boldsymbol{N}_u^1(\boldsymbol{x})\quad\cdots\quad f_{n^p}(\boldsymbol{x})\boldsymbol{N}_u^{n^p}(\boldsymbol{x})\right]\\ \boldsymbol{U}(t)=\left[\boldsymbol{U}^{1\mathrm{T}}\quad\boldsymbol{U}^{2\mathrm{T}}\quad\cdots\quad\boldsymbol{U}^{n^p\mathrm{T}}\right]^{\mathrm{T}}\end{gathered}\tag{4.12}$$

假定裂纹尖端不会在流体流速场中引起奇异性，则流速场的局部近似和整体近似与连续情形的流速场局部近似和整体近似相同，即物理片 P_i 上流速场的局部近似为

$$\begin{gathered}\boldsymbol{w}_i^h(\boldsymbol{x},t)=\boldsymbol{N}_w^i(\boldsymbol{x})\boldsymbol{W}^i(t)\\ \boldsymbol{N}_w^i(\boldsymbol{x})=\begin{bmatrix}1&0&\dfrac{x-x_i}{h_i}&0&\dfrac{y-y_i}{h_i}\\ 0&1&-\dfrac{y-y_i}{h_i}&\dfrac{x-x_i}{h_i}&0\end{bmatrix}\\ \boldsymbol{W}^i(t)=\left[W_1^i\quad W_2^i\quad W_3^i\quad W_4^i\quad W_5^i\right]^{\mathrm{T}}\end{gathered}\tag{4.13}$$

而流速场的整体近似为

$$\begin{gathered}\boldsymbol{w}^h(\boldsymbol{x},t)=\boldsymbol{N}_w(\boldsymbol{x})\boldsymbol{W}(t)\\ \boldsymbol{N}_w(\boldsymbol{x})=\left[f_1(\boldsymbol{x})\boldsymbol{w}_1^h(\boldsymbol{x})\quad f_2(\boldsymbol{x})\boldsymbol{w}_2^h(\boldsymbol{x})\quad\cdots\quad f_{n^p}(\boldsymbol{x})\boldsymbol{w}_{n^p}^h(\boldsymbol{x})\right]\\ \boldsymbol{W}(t)=\left[\boldsymbol{W}^{1\mathrm{T}}\quad\boldsymbol{W}^{2\mathrm{T}}\quad\cdots\quad\boldsymbol{W}^{n^p\mathrm{T}}\right]^{\mathrm{T}}\end{gathered}\tag{4.14}$$

同样地，孔隙压力场的近似与连续情形的孔隙压力场近似相同。第一种近似格式假设每个物理片上的孔隙压力为常数，则孔隙压力场的整体近似为

$$\begin{gathered}p^h(\boldsymbol{x},t)=\sum_{k=1}^{n^p}f_k(\boldsymbol{x})\boldsymbol{p}_k^h(\boldsymbol{x})=\boldsymbol{N}_p(\boldsymbol{x})\boldsymbol{P}(t)\\ \boldsymbol{N}_p(\boldsymbol{x})=\left[f_1(\boldsymbol{x})\quad f_1(\boldsymbol{x})\quad\cdots\quad f_{n^p}(\boldsymbol{x})\right]^{\mathrm{T}}\end{gathered}\tag{4.15}$$

$$\boldsymbol{P}(t)=\begin{bmatrix} p_1 & p_2 & \cdots & p_{n^p} \end{bmatrix}^{\mathrm{T}}$$

第二种近似格式假设每个单元上孔隙压力为常数，所对应的孔隙压力场的整体近似为

$$p^h(\boldsymbol{x})=\boldsymbol{N}_p(\boldsymbol{x})\boldsymbol{P}(t)$$

$$\boldsymbol{N}_p(\boldsymbol{x})=\begin{bmatrix} H_1(\boldsymbol{x}) & H_2(\boldsymbol{x}) & \cdots & H_{n^{\mathrm{el}}}(\boldsymbol{x}) \end{bmatrix}^{\mathrm{T}} \tag{4.16}$$

$$\boldsymbol{P}(t)=\begin{bmatrix} p_1 & p_2 & \cdots & p_{n^{\mathrm{el}}} \end{bmatrix}^{\mathrm{T}}$$

其中 n^{el} 表示问题域离散后所得的流形单元数目，阶梯函数 $H(\boldsymbol{x})$ 的定义见式 (2.31)。在本章后续的计算中，我们仍称由式(4.12)、式(4.14)和式(4.15)构成的三相场近似求解格式为 ND5W5P1 模型，称由式(4.12)、式(4.14)和式(4.16)构成的三相场近似求解格式为 ND5W5E1 模型。

4.2.2 位移扩展格式的 ND5W5P1 模型

由于波传递问题的理论解可写作三角函数的级数表达，Ham 和 Bathe(2012) 在 XFEM 框架下向位移近似的基函数空间中引入三角函数以改善数值解中无物理意义的数值震荡现象，并提高求解精度和效率，取得了良好的效果。基于同样的理由，可以向 NMM 模型 ND5W5P1 的骨架位移近似函数空间中引入三角函数，形成位移扩展格式的 ND5W5P1 模型，以提高该模型分析饱和孔隙介质中波传递问题的精度和效率。在进行冲击载荷作用下非连续饱和岩土水力耦合模拟时，将位移扩展格式的 ND5W5P1 模型和未进行位移扩展的 ND5W5P1 模型进行结果对比，验证 ND5W5P1 的求解精度。

对于位移扩展格式的 ND5W5P1 方法，在物理片 P_i(奇异或非奇异)上，局部位移近似扩展为

$$\boldsymbol{u}_i^{h,\mathrm{enr}}(\boldsymbol{x},t)=\boldsymbol{N}_{u,\mathrm{enr}}^i(\boldsymbol{x})\boldsymbol{U}_{\mathrm{enr}}^i(t)$$

$$\boldsymbol{N}_{u,\mathrm{enr}}^i(\boldsymbol{x})=\begin{bmatrix} \boldsymbol{N}_u^i(\boldsymbol{x}) & \phi_1(x,y)\boldsymbol{I}_2 & \phi_2(x,y)\boldsymbol{I}_2 & \cdots & \phi_8(x,y)\boldsymbol{I}_2 \end{bmatrix} \tag{4.17}$$

其中 $\phi_1(x,y),\phi_2(x,y),\cdots,\phi_8(x,y)$ 定义为

$$\begin{gathered}
\phi_1(x,y)=\sin\left(2\pi\frac{x-x_i}{h_i}\right),\quad \phi_2(x,y)=\cos\left(2\pi\frac{x-x_i}{h_i}\right)\\
\phi_3(x,y)=\sin\left(2\pi\frac{y-y_i}{h_i}\right),\quad \phi_4(x,y)=\cos\left(2\pi\frac{y-y_i}{h_i}\right)\\
\phi_5(x,y)=\sin\left(2\pi\frac{x-y}{h_i}\right),\quad \phi_6(x,y)=\cos\left(2\pi\frac{x-y}{h_i}\right)
\end{gathered} \tag{4.18}$$

$$\phi_7(x,y)=\sin\left(2\pi\frac{x+y}{h_i}\right),\quad \phi_8(x,y)=\cos\left(2\pi\frac{x+y}{h_i}\right)$$

而$\boldsymbol{U}_{\mathrm{enr}}^i(t)$通过适当引入与新扩展的三角基函数对应的自由度得到。事实上，使用二相场 u-p 格式求解饱和孔隙介质水力耦合问题时向基函数中引入三角函数的做法更为常见。通过后面算例可以看到，由于三相场 u-w-p 格式本身已可以完全精确模拟孔隙介质的动力响应，引入三角函数对基函数进行补充所提高的精度并不显著(Wu et al., 2019)。

4.3　摩擦接触模型的数值实现

在外部载荷、地层应力和重力作用下，实际的地质材料一般处于很高的应力场中，地质材料中的剪切带、断层、裂纹和裂隙等内部非连续面上具有很高的接触力。于是，能否精确计算内部非连续面上的接触力直接决定了非连续饱和岩土材料水力耦合模拟的精度。目前存在多种可对不连续面进行有效空间离散和数值插值，并精确计算接触力的接触模拟数值模型，如拉格朗日乘子法、稳定性方法和 Nitsche 法(Liu and Borja, 2010; Hautefeuille et al., 2012; Hirmand et al., 2015)。对于基本的接触理论和常用的接触数值模型，可参见(Wriggers and Zavarise, 2006)。

本章采用黏结滑移(stick-slip)摩擦接触模型模拟饱和岩土体内部不连续面上的摩擦接触现象。数值模拟时，采用 Uzawa 型(Wriggers and Zavarise, 2006)增广拉格朗日乘子法迭代完成接触模型的构建。下面简述数值实现过程。

非连续面$\varGamma_{\mathrm{d}}$上的接触应力$\boldsymbol{t}_{\mathrm{d}}$和$\varGamma_{\mathrm{d}}$两侧的位移跳跃$[\![\boldsymbol{u}]\!]$均可沿着非连续面进行法向和切向分解

$$\boldsymbol{t}_{\mathrm{d}}=\boldsymbol{\sigma}_{\varGamma_{\mathrm{d}}}^{t}\cdot\boldsymbol{n}_{\varGamma_{\mathrm{d}}}=\boldsymbol{n}_{\mathrm{N}}\lambda_{\mathrm{N}}+\boldsymbol{n}_{\mathrm{T}}\lambda_{\mathrm{T}} \tag{4.19}$$

$$[\![\boldsymbol{u}]\!]=g_{\mathrm{N}}\cdot\boldsymbol{n}_{\mathrm{N}}+g_{\mathrm{T}}\cdot\boldsymbol{n}_{\mathrm{T}} \tag{4.20}$$

式中$\boldsymbol{n}_{\mathrm{N}}$和$\boldsymbol{n}_{\mathrm{T}}$分别为沿非连续面$\varGamma_{\mathrm{d}}$的法向和切向单位向量；$\lambda_{\mathrm{N}}=\boldsymbol{t}_{\mathrm{d}}\cdot\boldsymbol{n}_{\mathrm{N}}$和$\lambda_{\mathrm{T}}=\boldsymbol{t}_{\mathrm{d}}\cdot\boldsymbol{n}_{\mathrm{T}}$为非连续面上的法向接触力和切向摩擦力；$g_{\mathrm{N}}=[\![\boldsymbol{u}]\!]\cdot\boldsymbol{n}_{\mathrm{N}}$和$g_{\mathrm{T}}=[\![\boldsymbol{u}]\!]\cdot\boldsymbol{n}_{\mathrm{T}}$为非连续面两侧的法向嵌入和切向滑动。将式(4.19)和(4.20)代入式(4.7)可得

$$\begin{aligned}&\int_{\varOmega}\rho\delta\boldsymbol{u}\cdot\ddot{\boldsymbol{u}}\mathrm{d}\varOmega+\int_{\varOmega}\rho_{\mathrm{f}}\delta\boldsymbol{u}\cdot\dot{\boldsymbol{w}}\mathrm{d}\varOmega+\int_{\varOmega}\delta\boldsymbol{\varepsilon}:\boldsymbol{D}:\boldsymbol{\varepsilon}\mathrm{d}\varOmega-\alpha\int_{\varOmega}\delta\boldsymbol{\varepsilon}:\mathbf{1}p\mathrm{d}\varOmega-\int_{\varGamma_t}\delta\boldsymbol{u}\cdot\bar{\boldsymbol{t}}\mathrm{d}\varGamma\\&-\int_{\varGamma_{\mathrm{d}}}\delta g_{\mathrm{N}}\lambda_{\mathrm{N}}\mathrm{d}\varGamma-\int_{\varGamma_{\mathrm{d}}}\delta g_{\mathrm{T}}\lambda_{\mathrm{T}}\mathrm{d}\varGamma=0\end{aligned} \tag{4.21}$$

将法向接触力和切向摩擦力沿非连续面与背景网格的交点采用一维有限单元进行离散

$$\lambda_{\mathrm{N}}=\hat{\boldsymbol{N}}^{\lambda}(\boldsymbol{x})\hat{\boldsymbol{\lambda}}_{\mathrm{N}}(t)$$

$$\lambda_{\mathrm{T}} = \hat{\boldsymbol{N}}^{\lambda}(\boldsymbol{x})\hat{\boldsymbol{\lambda}}_{\mathrm{T}}(t) \tag{4.22}$$

式中 $\hat{\boldsymbol{N}}^{\lambda}(\boldsymbol{x})$ 是一维有限元形函数矩阵；$\hat{\boldsymbol{\lambda}}_{\mathrm{N}}(t)$ 和 $\hat{\boldsymbol{\lambda}}_{\mathrm{T}}(t)$ 为法向接触力 λ_{N} 和切向摩擦力 λ_{T} 沿非连续面一维插值点的自由度向量，即法向接触力 λ_{N} 和切向摩擦力 λ_{T} 拉格朗日乘子。数值求解时，为了保证接触力计算的稳定性和收敛性，对拉格朗日乘子的一维插值和骨架位移的插值也应满足上下限条件(Liu and Borja, 2010)。本章使用关键结点法(vital vertex algorithm)(Hautefeuille et al., 2012)，从非连续面 Γ_{d} 和背景网格的交点中选取接触力一维离散的有限元插值结点。

在时间步 $[t_i,t_{i+1}]$ 内，我们的目的是基于 t_i 时刻已知的拉格朗日乘子 $\left(\hat{\boldsymbol{\lambda}}_{\mathrm{N}}(t),\hat{\boldsymbol{\lambda}}_{\mathrm{T}}(t)\right)_i$ 和基本变量 $(\boldsymbol{U},\boldsymbol{W},\boldsymbol{P})_i$ 进行局部迭代(迭代步数用 k 表示)，计算 t_{i+1} 时刻，即时间步结束时的拉格朗日乘子 $\left(\hat{\boldsymbol{\lambda}}_{\mathrm{N}}(t),\hat{\boldsymbol{\lambda}}_{\mathrm{T}}(t)\right)_{i+1}$ 和基本变量 $(\boldsymbol{U},\boldsymbol{W},\boldsymbol{P})_{i+1}$。局部迭代的起始值取为 $\left(\hat{\boldsymbol{\lambda}}_{\mathrm{N}}(t),\hat{\boldsymbol{\lambda}}_{\mathrm{T}}(t)\right)_{i+1}^{k=0}=\left(\hat{\boldsymbol{\lambda}}_{\mathrm{N}}(t),\hat{\boldsymbol{\lambda}}_{\mathrm{T}}(t)\right)_i$ 以及 $(\boldsymbol{U},\boldsymbol{W},\boldsymbol{P})_{i+1}^{k=0}=(\boldsymbol{U},\boldsymbol{W},\boldsymbol{P})_i$。需要注意的是，在时间步 $[t_0,t_1]$ 内，$(\boldsymbol{U},\boldsymbol{W},\boldsymbol{P})_1^{k=0}$ 依据问题的初始条件确定(见 3.1 节论述)，而拉格朗日乘子则直接设置为 0，即 $\left(\hat{\boldsymbol{\lambda}}_{\mathrm{N}}(t),\hat{\boldsymbol{\lambda}}_{\mathrm{T}}(t)\right)_1^{k=0}=(\boldsymbol{0},\boldsymbol{0})$。

拉格朗日乘子更新过程中，应满足库仑摩擦条件。在进行第 k 步局部迭代时，将 $(\boldsymbol{U},\boldsymbol{W},\boldsymbol{P})_{i+1}^{k}$ 和 $\left(\hat{\boldsymbol{\lambda}}_{\mathrm{N}}(t),\hat{\boldsymbol{\lambda}}_{\mathrm{T}}(t)\right)_{i+1}^{k}$ 代入弱形式(4.7)～(4.9)中，可得到更新后的基本变量 $(\boldsymbol{U},\boldsymbol{W},\boldsymbol{P})_{i+1}^{k+1}$。弱形式(4.7)～(4.9)的完全离散形式将在后续的 4.4 节中给出。在得到 $(\boldsymbol{U},\boldsymbol{W},\boldsymbol{P})_{i+1}^{k+1}$ 后，可根据下述步骤得到 $\left(\hat{\boldsymbol{\lambda}}_{\mathrm{N}}(t),\hat{\boldsymbol{\lambda}}_{\mathrm{T}}(t)\right)_{i+1}^{k+1}$。

首先，利用位移场 $(\boldsymbol{U})_{i+1}^{k+1}$ 得到每个拉格朗日乘子一维有限元插值结点处的法向嵌入值和切向滑移值。然后，逐个结点地更新法向应力和摩擦力。记第 j 个拉格朗日乘子插值结点的法向嵌入值为 $g_{\mathrm{N}}^{k+1,j}$，如果 $g_{\mathrm{N}}^{k+1,j}\leqslant 0$，即不连续面在第 j 个拉格朗日乘子插值结点处张开，则该结点处的法向接触力 $\lambda_{\mathrm{N}}^{k+1,j}=0$；如果 $0<g_{\mathrm{N}}^{k+1,j}\leqslant\eta_{\mathrm{N}}$，其中 η_{N} 为一事先确定的大于 0 的容许误差(prescribed tolerance)，此时不对该结点的法向接触力进行更新，即 $\lambda_{\mathrm{N}}^{k+1,j}=\lambda_{\mathrm{N}}^{k,j}$；如果 $\eta_{\mathrm{N}}<g_{\mathrm{N}}^{k+1,j}$，则该结点处的法向接触力更新为 $\lambda_{\mathrm{N}}^{k+1,j}=\lambda_{\mathrm{N}}^{k,j}+\epsilon_{\mathrm{N}}g_{\mathrm{N}}^{k+1,j}$，其中 ϵ_{N} 为法向罚参数且 $\epsilon_{\mathrm{N}}\gg 0$。

得到 $\lambda_{\mathrm{N}}^{k+1,j}$ 后即可根据库仑定律得到第 j 个拉格朗日乘子插值结点处的摩擦力 $\lambda_{\mathrm{T}}^{k+1,j}$。记该结点处的切向滑移为 $g_{\mathrm{N}}^{k+1,j}$，如果 $\left|g_{\mathrm{N}}^{k+1,j}\right|<\eta_{\mathrm{T}}$，$\eta_{\mathrm{T}}$ 也是一事先确定的大于 0 的容许值，则不对摩擦力进行更新，即 $\lambda_{\mathrm{T}}^{k+1,j}=\lambda_{\mathrm{T}}^{k,j}$；如果 $\left|g_{\mathrm{N}}^{k+1,j}\right|>\eta_{\mathrm{T}}$ 且 $\left|\lambda_{\mathrm{N}}^{k+1,j}\right|\mu\leqslant\left|\lambda_{\mathrm{T}}^{k,j}+\epsilon_{\mathrm{T}}g_{\mathrm{N}}^{k+1,j}\right|$，其中 ϵ_{T} 是切向罚参数且 $\epsilon_{\mathrm{T}}\gg 0$，则认为发生滑动，摩擦

力更新为 $\lambda_{\mathrm{T}}^{k+1,j}=\left|\lambda_{\mathrm{N}}^{k+1,j}\right|\mu$；如果 $\left|g_{\mathrm{N}}^{k+1,j}\right|>\eta_{\mathrm{T}}$ 且 $\left|\lambda_{\mathrm{N}}^{k+1,j}\right|\mu>\left|\lambda_{\mathrm{T}}^{k,j}+\epsilon_{\mathrm{T}}g_{\mathrm{N}}^{k+1,j}\right|$，则不发生滑动，摩擦力更新为 $\lambda_{\mathrm{T}}^{k+1,j}=\lambda_{\mathrm{T}}^{k,j}+\epsilon_{\mathrm{T}}g_{\mathrm{N}}^{k+1,j}$。至此，就得到了第 k 次局部迭代结束时或第 $k+1$ 次局部迭代步开始时所需的基本变量 $(\boldsymbol{U},\boldsymbol{W},\boldsymbol{P})_{i+1}^{k+1}$ 和拉格朗日乘子自由度向量 $\left(\hat{\boldsymbol{\lambda}}_{\mathrm{N}}(t),\hat{\boldsymbol{\lambda}}_{\mathrm{T}}(t)\right)_{i+1}^{k+1}$。

可以预见的是，随着局部迭代的进行，不平衡力和沿不连续面的嵌入值均快速地收敛于 0。同时，相对滑移也逐渐接近于真实值，使得库仑摩擦定律得到满足。此时所得的未知量便可作为初值进行下一次整体迭代。

4.4　变分方程的完全离散格式

将骨架位移近似(4.12)、液体流速近似(4.14)和孔隙压力近似(4.15)或(4.16)，以及不连续面上的接触力分解(4.19)、相对位移分解(4.20)代入变分方程(4.8)、(4.9)和(4.21)，得到对应于时间步 $[t_i,t_{i+1}]$ 及局部迭代步 $k+1$ 的半离散残差方程

$$\begin{aligned}\boldsymbol{\Psi}_u^{i+1,k+1}=&\boldsymbol{M}_{uu}\ddot{\boldsymbol{U}}^{i+1,k+1}+\boldsymbol{M}_{uw}\dot{\boldsymbol{W}}^{i+1,k+1}+\boldsymbol{K}_{uu}\boldsymbol{U}^{i+1,k+1}+\boldsymbol{K}_{\mathrm{con}}^{i+1,k+1}\boldsymbol{U}^{i+1,k+1}\\&-\boldsymbol{K}_{up}\boldsymbol{P}^{i+1,k+1}-\boldsymbol{F}_u^{k+1}+\boldsymbol{F}_{\mathrm{con}}^{i+1,k+1}=\boldsymbol{0}\end{aligned}\tag{4.23}$$

$$\begin{aligned}\boldsymbol{\Psi}_w^{i+1,k+1}=&\boldsymbol{M}_{uw}^T\ddot{\boldsymbol{U}}^{i+1,k+1}+\boldsymbol{M}_{ww}\dot{\boldsymbol{W}}^{i+1,k+1}+\frac{ng}{k_h}\boldsymbol{M}_{ww}\boldsymbol{W}^{i+1,k+1}\\&-\boldsymbol{K}_{wp}\boldsymbol{P}^{i+1,k+1}+\boldsymbol{F}_w^{k+1}=\boldsymbol{0}\end{aligned}\tag{4.24}$$

$$\boldsymbol{\Psi}_p^{i+1,k+1}=-\boldsymbol{K}_{up}^T\dot{\boldsymbol{U}}^{i+1,k+1}-\boldsymbol{K}_{wp}^T\boldsymbol{W}^{i+1,k+1}=\boldsymbol{0}\tag{4.25}$$

式中新引入的矩阵 $\boldsymbol{K}_{\mathrm{con}}$ 和 $\boldsymbol{F}_{\mathrm{con}}$ 分别为接触刚度矩阵和内部非连续面 Γ_{d} 上不平衡力向量，具体定义为

$$\boldsymbol{K}_{\mathrm{con}}^{i+1,k+1}=\int_{\Gamma_{\mathrm{d}}}\bar{\boldsymbol{N}}_u^{\mathrm{T}}\left(\varepsilon_{\mathrm{N}}\boldsymbol{n}_{\mathrm{N}}^{\mathrm{T}}\boldsymbol{n}_{\mathrm{N}}+\varepsilon_{\mathrm{T}}^{i+1,k+1}\boldsymbol{n}_{\mathrm{T}}^{\mathrm{T}}\boldsymbol{n}_{\mathrm{T}}\right)\bar{\boldsymbol{N}}_u\mathrm{d}\Gamma\tag{4.26}$$

$$\boldsymbol{F}_{\mathrm{con}}^{i+1,k+1}=\int_{\Gamma_{\mathrm{d}}}\bar{\boldsymbol{N}}_u^{\mathrm{T}}\left(\boldsymbol{n}_{\mathrm{N}}\lambda_{\mathrm{N}}^{i+1,k}+\boldsymbol{n}_{\mathrm{T}}\lambda_{\mathrm{T}}^{i+1,k}\right)\mathrm{d}\Gamma\tag{4.27}$$

其中位移阶跃形函数 $\bar{\boldsymbol{N}}_u$ 隐式定义为

$$[\![\boldsymbol{u}]\!]=\bar{\boldsymbol{N}}_u\boldsymbol{U}$$

ε_{N} 和 ε_{T} 为法向和切向罚参数，对于本章算例取值为 $\varepsilon_{\mathrm{N}}=\varepsilon_{\mathrm{T}}=1\times10^{10}\,\mathrm{Pa}$。此外，$\varepsilon_{\mathrm{T}}$ 须根据接触状态不断进行更新。如果在第 k 次局部迭代结束时裂纹滑动则 $\varepsilon_{\mathrm{T}}^{i+1,k+1}=0$；否则，$\varepsilon_{\mathrm{T}}^{i+1,k+1}=\varepsilon_{\mathrm{T}}\gg0$。

选取骨架速度 $\dot{\boldsymbol{U}}$、液体流速 $\boldsymbol{W}$ 和孔隙压力 $\boldsymbol{P}$ 为基本求解量，根据 Newmark 时间离散方法，骨架位移 $\boldsymbol{U}$、骨架加速度 $\ddot{\boldsymbol{U}}$、液体加速度 $\dot{\boldsymbol{W}}$ 由下列关系确定

$$\boldsymbol{U}_{n+1}=\frac{\beta}{\gamma}\Delta t\dot{\boldsymbol{U}}_{n+1}+\boldsymbol{U}_n+\Delta t\left(1-\frac{\beta}{\gamma}\right)\dot{\boldsymbol{U}}_n+\Delta t^2\left(\frac{1}{2}-\frac{\beta}{\gamma}\right)\ddot{\boldsymbol{U}}_n$$

$$\ddot{\boldsymbol{U}}_{n+1}=\frac{1}{\gamma\Delta t}\dot{\boldsymbol{U}}_{n+1}-\frac{1}{\gamma\Delta t}\dot{\boldsymbol{U}}_n-\left(\frac{1}{\gamma}-1\right)\ddot{\boldsymbol{U}}_n \tag{4.28}$$

$$\dot{\boldsymbol{W}}_{n+1}=\frac{1}{\theta\Delta t}\boldsymbol{W}_{n+1}-\frac{1}{\theta\Delta t}\boldsymbol{W}_n-\left(\frac{1}{\theta}-1\right)\dot{\boldsymbol{W}}_n$$

这里时间积分常数β、γ和θ仍取为$\beta=\gamma=\theta=0.7$。

将式(4.28)代入半离散残差方程(4.23)～(4.25)可得到完全离散格式的残差方程。采用一阶泰勒(Taylor)级数展开得到饱和非连续孔隙介质水力耦合分析Newton-Rapson迭代格式

$$\begin{bmatrix}\bar{\boldsymbol{M}}_{uu}^{i+1,k} & \bar{\boldsymbol{M}}_{\mathrm{f}} & \bar{\boldsymbol{B}}\\ \bar{\boldsymbol{M}}_{\mathrm{f}}^{\mathrm{T}} & \bar{\boldsymbol{A}} & \bar{\boldsymbol{Q}}\\ \bar{\boldsymbol{B}}^{\mathrm{T}} & \bar{\boldsymbol{Q}}^{\mathrm{T}} & 0\end{bmatrix}\begin{bmatrix}\Delta\dot{\boldsymbol{U}}^{i+1,k+1}\\ \Delta\boldsymbol{W}^{i+1,k+1}\\ \Delta\boldsymbol{P}^{i+1,k+1}\end{bmatrix}=-\beta\Delta t\begin{bmatrix}\boldsymbol{\Psi}_u^{i+1,k}\\ \boldsymbol{\Psi}_w^{i+1,k}\\ \boldsymbol{\Psi}_p^{i+1,k}\end{bmatrix} \tag{4.29}$$

考虑到$\beta=\gamma=\theta$，式(4.29)中的各分块矩阵为

$$\bar{\boldsymbol{M}}_{uu}^{i+1,k}=\boldsymbol{M}_{uu}+\beta\Delta t^2\left(\boldsymbol{K}_{uu}+\boldsymbol{K}_{\mathrm{con}}^{i+1,k}\right),\quad \bar{\boldsymbol{M}}_{\mathrm{f}}=\boldsymbol{M}_{uw}$$

$$\bar{\boldsymbol{B}}=-\beta\Delta t\boldsymbol{K}_{up},\quad \bar{\boldsymbol{Q}}=-\beta\Delta t\boldsymbol{K}_{wp} \tag{4.30}$$

$$\bar{\boldsymbol{A}}=\left(1+\beta\Delta t\frac{ng}{k}\right)\boldsymbol{M}_{ww}$$

其中$\boldsymbol{M}_{uu}$、$\boldsymbol{K}_{uu}$、$\boldsymbol{M}_{uw}$、$\boldsymbol{K}_{up}$、$\boldsymbol{K}_{wp}$、$\boldsymbol{M}_{ww}$、$\boldsymbol{F}_u$和$\boldsymbol{F}_w$的具体表达见式(3.27)。

尽管引入了摩擦接触模型，在整个求解过程中方程(4.29)中的系数矩阵仍然是对称的，而且分块矩阵$\bar{\boldsymbol{M}}_{uu}^{i+1,k}$和$\bar{\boldsymbol{A}}$在计算过程中保持对称正定。当方程(4.29)求解完成后即可对基本未知量进行更新

$$\begin{bmatrix}\boldsymbol{\Psi}_u^{i+1,k+1}\\ \boldsymbol{\Psi}_w^{i+1,k+1}\\ \boldsymbol{\Psi}_p^{i+1,k+1}\end{bmatrix}=\begin{bmatrix}\boldsymbol{\Psi}_u^{i+1,k}\\ \boldsymbol{\Psi}_w^{i+1,k}\\ \boldsymbol{\Psi}_p^{i+1,k}\end{bmatrix}+\begin{bmatrix}\Delta\dot{\boldsymbol{U}}^{i+1,k+1}\\ \Delta\boldsymbol{W}^{i+1,k+1}\\ \Delta\boldsymbol{P}^{i+1,k+1}\end{bmatrix} \tag{4.31}$$

同时，可利用4.3节的步骤得到此时的接触力$\left(\hat{\boldsymbol{\lambda}}_{\mathrm{N}}(t),\hat{\boldsymbol{\lambda}}_{\mathrm{T}}(t)\right)_{i+1}^{k+1}$。

4.5 数 值 算 例

本节通过对一系列饱和非连续孔隙介质水力耦合分析精度算例的计算，验证4.2节～4.4节所建立NMM模型ND5W5P1和ND5W5E1求解非连续饱和岩土体

水力耦合问题时的有效性、鲁棒性和精度。假设所有算例均处于平面应变条件下，除另有说明外，其水力材料参数如表 4.1 所示。

表 4.1　4.5 节算例水力材料参数

E/Pa	ν	ρ_s/(kg/m^3)	ρ_f/(kg/m^3)	n	k_h/(m/s)
1.4516×10^7	0.3	2000	1000	0.3	0.01

4.5.1　非连续饱和岩土体动力固结分析

如图 4.2 所示，为了展示内部含非连续面的饱和岩土体在外力作用下的动力固结过程，考虑尺寸为 1m×0.1m 的长方形的饱和孔隙介质，孔隙介质的中间位置含有长度为 0.06m 的竖向不透水不连续面。不连续面的端点分别为(0.5，0.02)和(0.5，0.06)。孔隙介质的上边界、下边界和右边界均不透水且受法向位移约束。孔隙介质左侧的透水边界上施加有随时间变化的均布压力

$$q(t)=\begin{cases}3000\times\dfrac{t}{0.1}, & t<0.1\text{s}\\ 3000, & t\geqslant 0.1\text{s}\end{cases} \tag{4.32}$$

数值计算时采用 50×5 的三角形网格对问题域进行离散，时间步长取为 5×10^{-4}s。为了展示接触模型的作用，本算例同样给出忽略了不连续面上接触应力所得的结果。

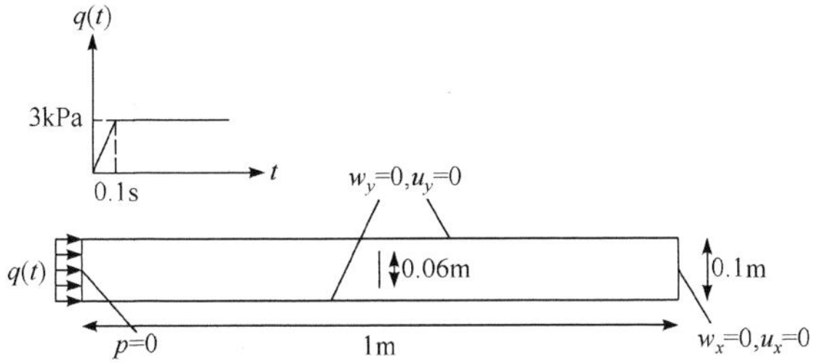

图 4.2　受均匀分布压力的非连续饱和岩土体动力固结分析

图 4.3(a)和(b)给出了 t = 0.16s 时考虑不连续面上接触应力和未考虑不连续面上接触应力所得的骨架水平位移分布。可见，当施加接触模型时，不连续面两侧无相互嵌入，所得骨架水平位移场是连续的。当忽略不连续面上的接触力时，由于不连续面上不再满足接触条件，在不连续面两侧出现明显的相互嵌入。图 4.3(c)给出了两种情况下沿中性线 y = 0.05m 的骨架水平位移分布。可见忽略接触力将引起不连续面两侧骨架位移场的跳跃，而施加接触模型则保证了位移场的连续性。图 4.4 展示了 t = 0.08s 时刻水平流体流速结果。结果显示，由于不连续面的不透水性，垂直于不连续面的渗流速度为 0，而且由于流体绕过不连续面向左侧流动，流体在不连续面端点处的流速显著大于在其他位置的流速。

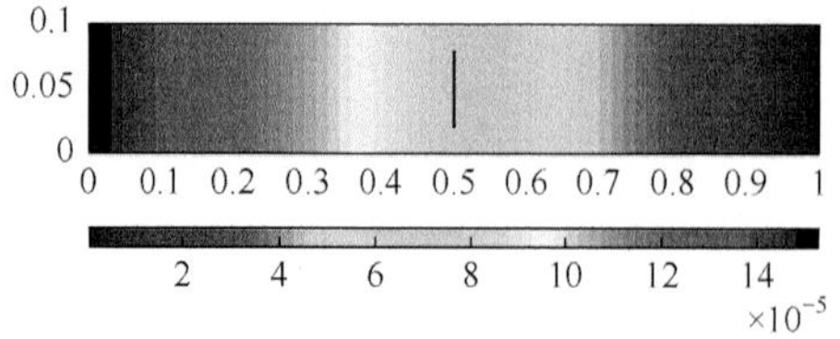

(a) 考虑接触应力(施加接触模型)的骨架水平位移分布

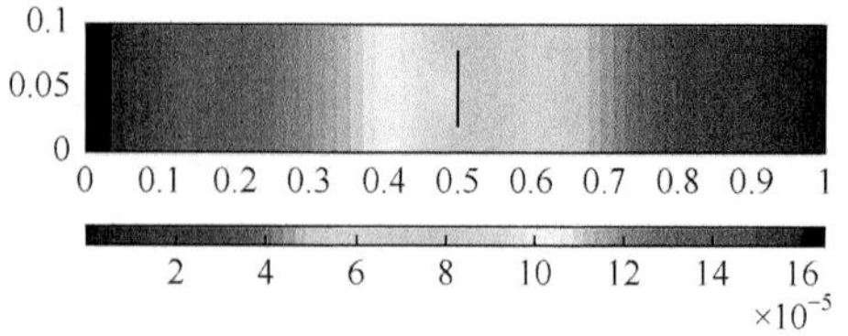

(b) 未考虑接触应力的骨架水平位移分布

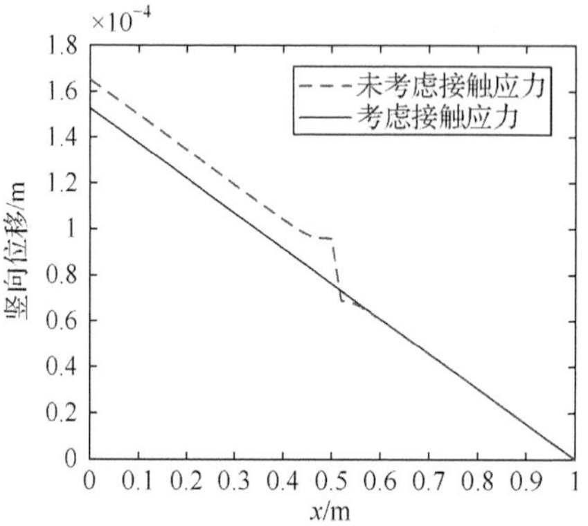

(c) 沿y=0.05m的骨架水平位移分布

图 4.3　$t = 0.16$ s 时刻考虑接触应力和未考虑接触应力的骨架水平位移结果(彩图请扫封底二维码)

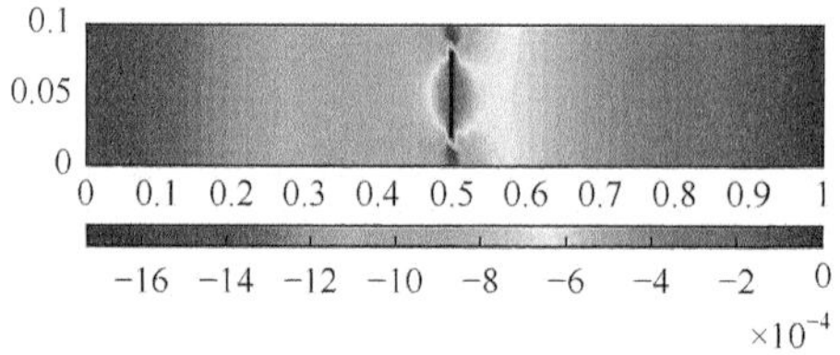

(a) 水平流速云图

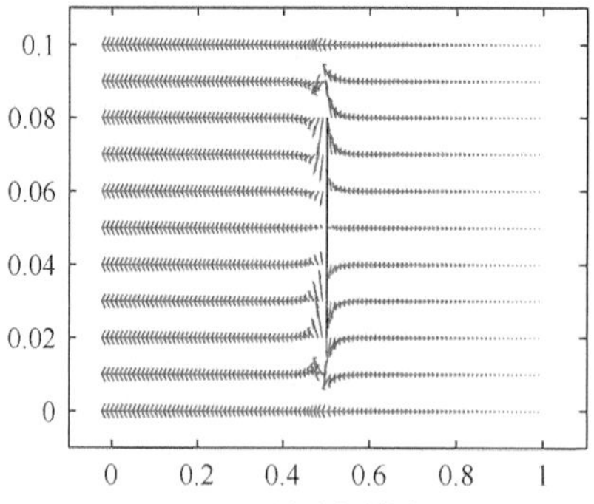

(b) 流速矢量图

图 4.4　$t = 0.08$ s 时刻水平流体流速结果(彩图请扫封底二维码)

为了展示不透水不连续面对动力固结过程的影响，图 4.5(a)和(b)为含不透水不连续面的饱和孔隙介质和不含不连续面的完整饱和孔隙介质中的孔隙压力分布。可见对于完整的问题域，孔隙压力分布是连续的，而由于不连续面的不透水性，含不连续面的饱和孔隙介质中的孔隙水压分布是不连续的。同时，由于不连续面的不透水性，垂直于不连续面方向的液相迁移受阻，因此与完整饱和孔隙介质相比，含有不透水不连续面的饱和孔隙介质的孔隙压力消散更慢。图 4.5(c)为测点(0.57,0.05)处孔隙压力的时间历史，可见含有不透水不连续面时，测点处能观测到更大的孔隙压力峰值。但是，对于完整饱和孔隙介质和含不连续面的饱和孔隙介质，整个固结过程中测点处孔隙水压的变化规律是一致的：随着外力的施加，孔隙压力首先不断增大，在外力最大时达到峰值，此后随着液相从左侧边界的不断排出，孔隙压力逐渐消散至 0，饱和孔隙介质的固结完成。

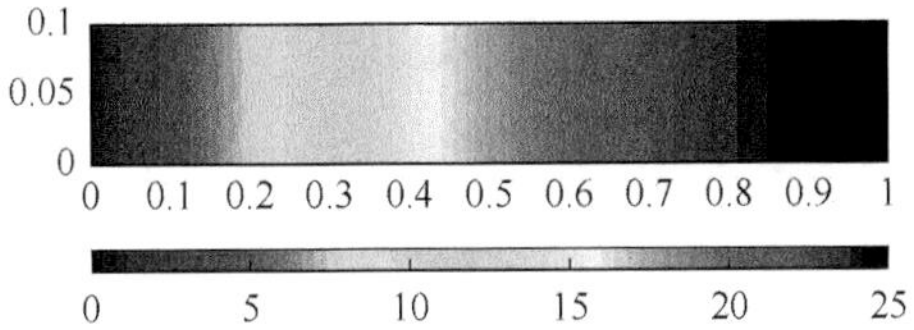

(a) 不含不连续面的完整饱和孔隙介质的孔隙水压力分布

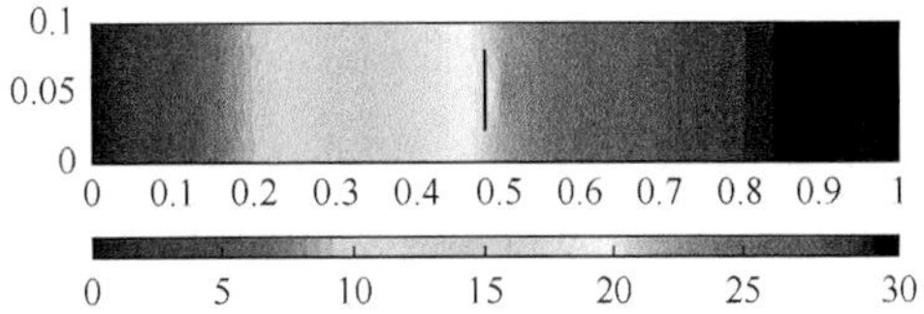

(b) 含不透水不连续面饱和孔隙介质的孔隙水压力分布

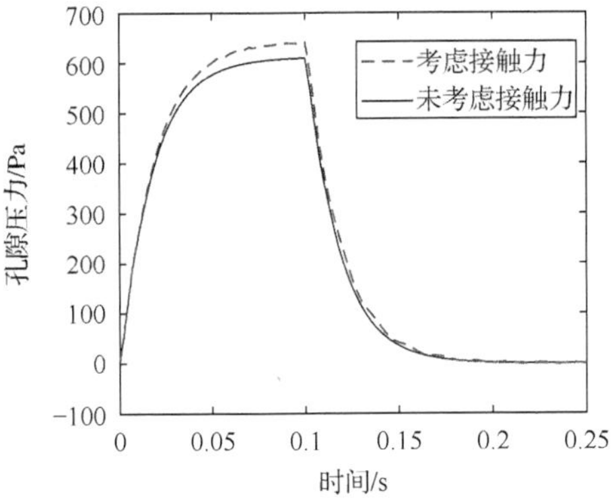

(c) 监测点(0.57,0.05)处孔隙压力时间历史

图 4.5 $t = 0.16$s 孔隙水压力结果(彩图请扫封底二维码)

图 4.6 给出了完整饱和孔隙介质和含不透水不连续面饱和孔隙介质动力固结过程中的能量监测结果，其中各个能量项的定义见 3.3.3 节。可见，对于完整孔隙介质和含不透水不连续面孔隙介质的情形，整个孔隙介质系统获取的功和耗散能量之和总是与输入功相吻合，这验证了时间积分方案的稳定性和精确性。需要指出的是，各能量项时间历史之间的相似性是由于动力固结过程的消散本质引起的。

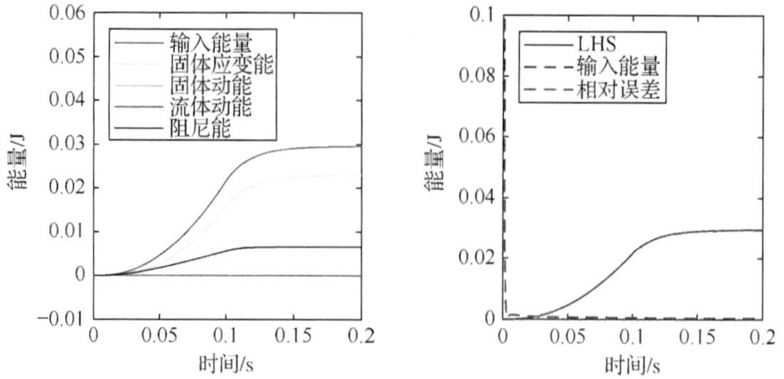

(a) 含不透水不连续面的饱和孔隙介质

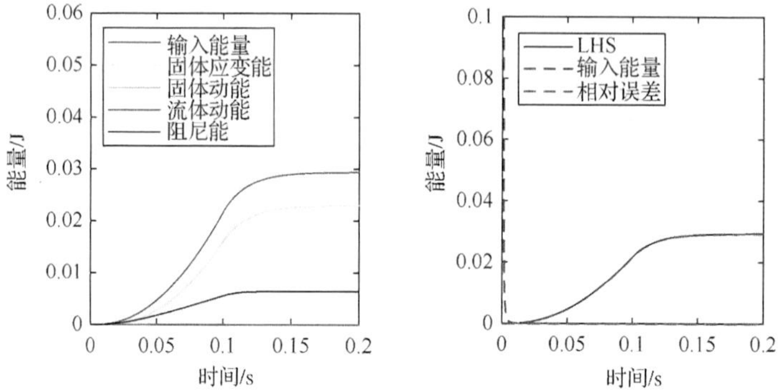

(b) 完整饱和连续孔隙介质

图 4.6　能量平衡条件监测结果(彩图请扫封底二维码)

4.5.2　摩擦接触模型的有效性

为了研究 4.3 节提出的基于 Uzawa 型增广拉格朗日乘子法的摩擦接触模型能否准确模拟饱和岩土体动力固结时内部不连续面上的摩擦接触现象，本算例考虑内部含倾斜不连续面，尺寸为 1 m × 0.1 m 的长方形饱和孔隙介质。如图 4.7 所示，理想透水的左侧边界受式(4.32)所示的均布压力作用。长方形饱和孔隙介质的上侧、下侧和右侧边界为不透水边界且受法向位移约束。不连续面的起始和终点坐标为(0.2,0.08)和(0.4,0.02)。为了展示摩擦系数变化时不连续面上摩擦状态的变化，计算中考虑不同的摩擦系数，即 $\mu_f = 0.0$、$\mu_f = 0.1$、$\mu_f = 0.2$ 和 $\mu_f = 0.4$。

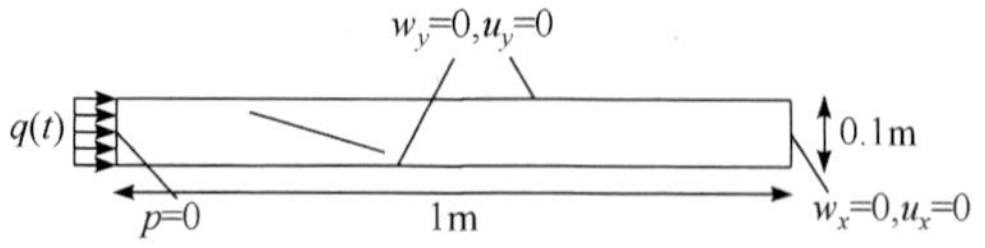

图 4.7　含倾斜不连续面的饱和孔隙介质

图 4.8 展示了 $t = 0.1$s 时不同摩擦系数所得骨架水平位移分布云图。可见，当摩擦系数从 0 增加到 0.4 时，不连续面上的接触状态由完全滑动变化至黏结滑动，

再变化至完全黏结状态，不连续面两侧的位移阶跃也逐渐减小至 0。图 4.9 展示了同一时刻沿中性线 $y = 0.05\text{m}$ 的骨架水平位移分布。可见随着摩擦系数的增加，不连续面两侧的位移跳跃逐渐减小至 0，对应的摩擦状态由完全滑动变为完全黏结。此外，随着摩擦系数的增加，骨架最大变形值(位于左侧边界上)也逐渐减小。

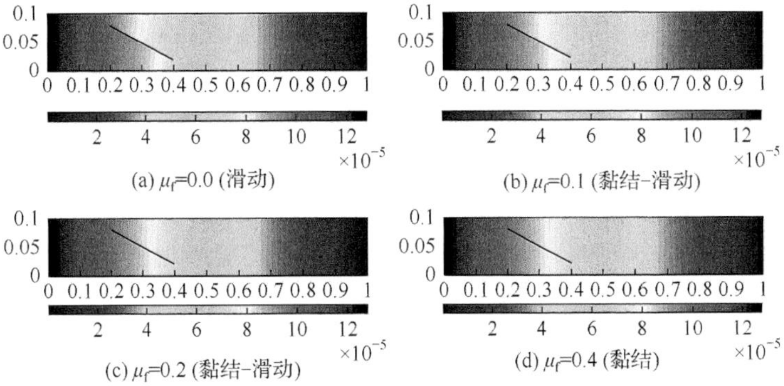

(a) μ_f=0.0 (滑动)　(b) μ_f=0.1 (黏结-滑动)　(c) μ_f=0.2 (黏结-滑动)　(d) μ_f=0.4 (黏结)

图 4.8　$t = 0.1\text{s}$ 时不同摩擦系数所得骨架水平位移分布云图(彩图请扫封底二维码)

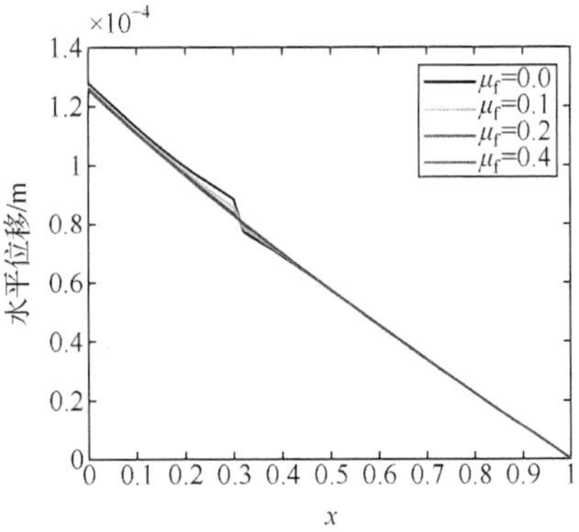

图 4.9　$t = 0.1\text{s}$ 时刻不同摩擦系数所得沿中性线 $y = 0.05\text{m}$ 的骨架水平位移分布(彩图请扫封底二维码)

4.5.3　水力载荷作用下饱和岩土体水力耦合分析

实际工程中经常要对水力载荷作用下非连续饱和岩土材料的动力响应进行数值分析，最典型的工程实例为饱和岩体的水力压裂。为了展示 ND5W5P1 模型模拟水力载荷作用下饱和岩土材料动态响应的精度，考虑如图 4.10 所示的含竖向不透水裂纹的正方形饱和岩体。正方形岩体的边长为 1。竖向裂纹的长度为 0.6m，位于 $x = 0.2\text{m}$ 竖向截面上，其起始和终止点坐标为(0.2,0.2)和(0.2,0.8)。正方形岩体的所有边界均受法向位移约束，且上边界、下边界和右边界理想透水。左侧边界的区间[0.45,0.55]上施加有式(4.33)所示随时间变化的均匀分布水压力 $p(t)$，模

拟注水压力

$$p(t)=\begin{cases}-8000\dfrac{t}{0.01}, & t<0.01\text{s}\\ -8000, & t\geqslant 0.01\text{s}\end{cases} \tag{4.33}$$

左侧边界除区间[0.45,0.55]外为不透水边界。计算时使用 40×40 的三角形网格形成数学覆盖，时间步长为 5×10^{-4}s。同时为了分析裂纹对岩体在注水作用下水力响应的影响，对于具有相同几何参数、材料参数和边界条件的完整正方形岩体和含有理想透水裂纹的正方形岩体本算例也给出了数值分析结果。

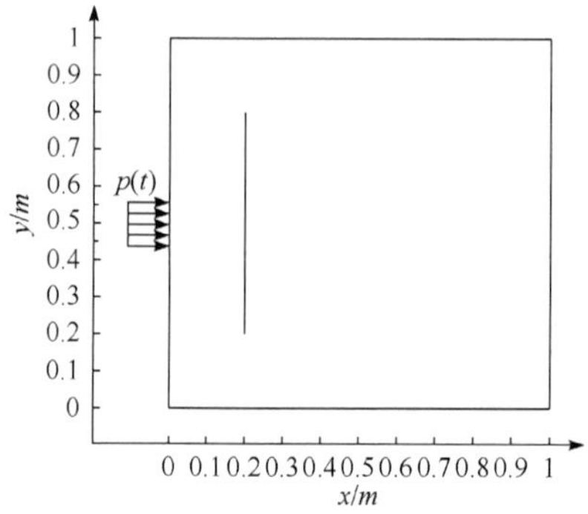

图 4.10　受水力载荷作用的含竖向不透水裂纹饱和岩体

图 4.11 为含不透水裂纹岩体在 t = 0.1s 时刻的孔隙压力和骨架水平位移分布云图。由于裂纹的不透水性，孔隙压力场在裂纹处具有非连续性，但是由于裂纹两侧满足无相互位移嵌入的接触条件，所得水平位移场在竖向裂纹两侧是连续的。由于裂纹的不透水性，液相迁移引起的骨架水平位移的最大值出现在裂纹的中间位置。图 4.12 和图 4.13 分别为完整正方形岩体和含透水裂纹正方形岩体的孔隙压力和骨架水平位移云图。由于裂纹是理想透水的，含透水裂纹情形的孔隙压力和水平位移结果与完整正方形岩体的孔隙压力和水平位移结果相一致，而且两种情形的骨架水平位移最大值均出现在裂纹的右侧位置，而非裂纹中间位置。

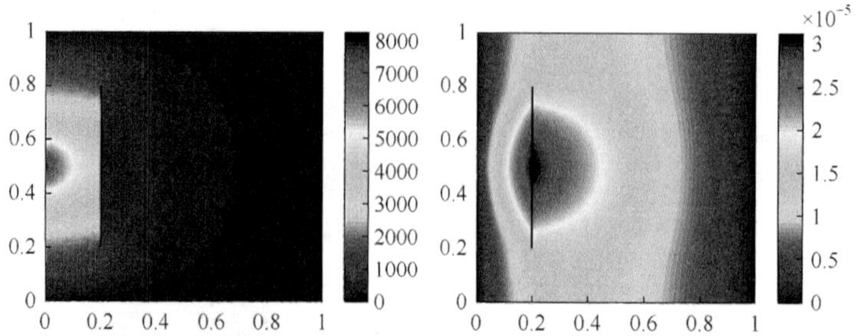

(a) 孔隙压力云图 (t=0.1s)　　(b) 骨架水平位移云图 (t=0.1s)

图 4.11　含不透水裂纹的正方形岩体的孔隙压力和骨架水平位移分布云图(彩图请扫封底二维码)

图 4.14 为测点(0.05,0.5)处水平流速随时间的变化过程。可见，完整岩体和含透水裂纹岩体的测点的流速时间历史基本相同。由于不透水裂纹降低了岩体的整体透水性，含不透水裂纹岩体的监测点处的流速最大值小于另外两种情况下测点处的流速最大值。

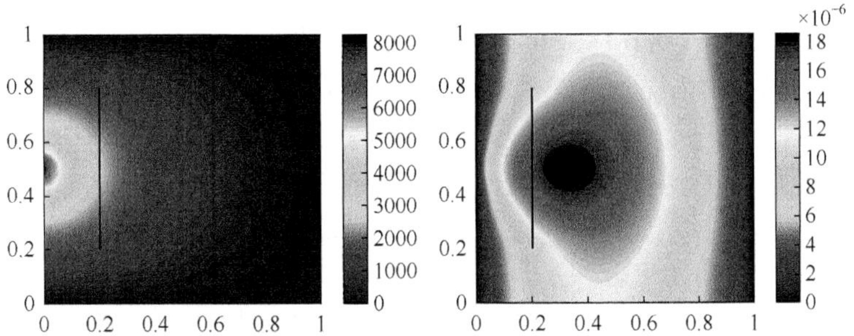

(a) 孔隙压力云图 (t=0.1s)　　(b) 骨架水平位移云图 (t=0.1s)

图 4.12　完整正方形岩体孔隙压力和骨架水平位移分布云图(彩图请扫封底二维码)

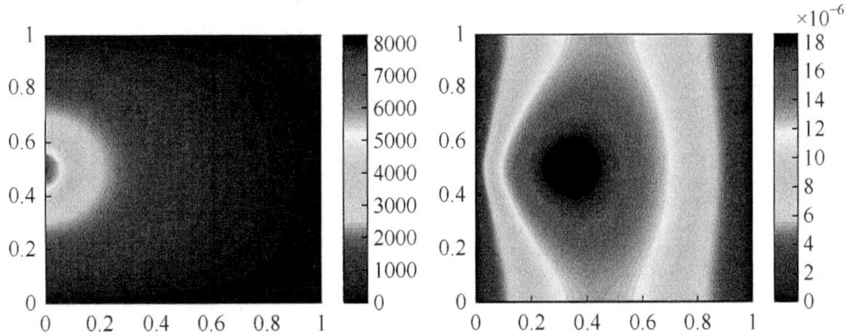

(a) 孔隙压力云图 (t=0.1s)　　(b) 骨架水平位移云图 (t=0.1s)

图 4.13　含透水裂纹正方形岩体的孔隙压力和骨架水平位移分布云图(彩图请扫封底二维码)

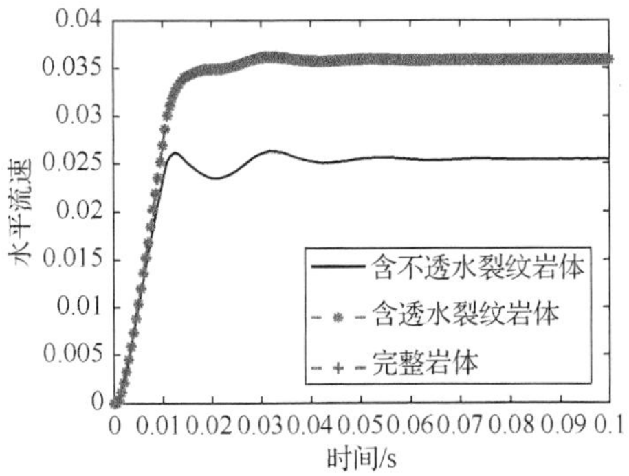

图 4.14　测点(0.05, 0.5)处水平流速随时间的变化过程

4.5.4　水力载荷作用下多裂纹饱和岩土的水力耦合模拟

为了展示 NMM 模型 ND5W5P1 模拟多裂纹饱和岩土材料水力荷载作用下的

动态响应的精度，本算例仍然考虑图 4.10 所示边长为 1 的正方形饱和岩体。饱和岩体的所有边界均受法向位移约束，且均为理想透水边界。岩体内含有 3 条不透水裂纹。第 1 条为竖向裂纹，其起始点和终点坐标为(0.3,0.2)和(0.3,0.8)；第 2 条为倾斜裂纹，起始点和终止点坐标为(0.5,0.1)和(0.7,0.4)；第 3 条也为倾斜裂纹，起始点和终止点坐标为(0.5,0.9)和(0.7,0.6)。式(4.33)所示的水力载荷施加在竖直截面 x = 0.5m 的区间[0.45,0.55]上。计算时数学覆盖仍采用 40×40 的三角形网格形成，时间步长为 5×10^{-4}s。裂纹面上的摩擦系数取为 0.25。

图 4.15 为 t = 0.1s 的孔隙压力和骨架水平位移云图。可见由于不透水裂纹的存在，所得孔隙压力场是不连续的。由于水力载荷的合力通过竖向裂纹中心且合力方向与竖向裂纹垂直，竖向裂纹的两侧未发生相对滑动，两侧的水平位移场是连续的。但第 2 条和第 3 条倾斜裂纹面上发生了相对滑动，其两侧的水平位移场是非连续的。此外最大骨架水平位移仍然出现在竖向裂纹的中间位置。

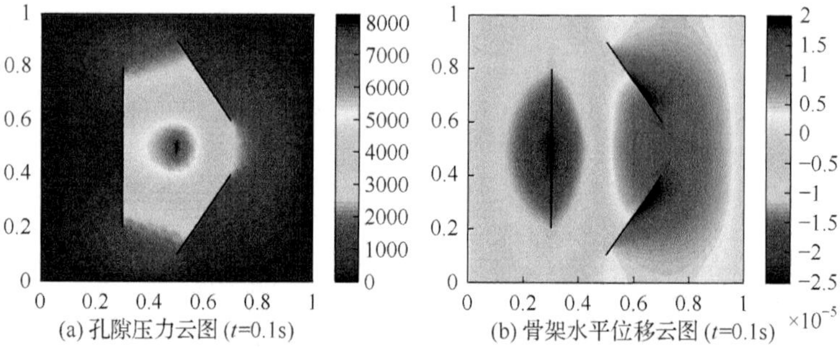

(a) 孔隙压力云图 (t=0.1s)　(b) 骨架水平位移云图 (t=0.1s)

图 4.15　水力载荷作用下含多条不透水裂纹岩体(彩图请扫封底二维码)

4.6　饱和岩土体中的波传递问题

工程中经常通过波传递的方式对非连续岩体进行损伤勘探，确定岩体中非连续面的位置和几何性质(何满潮和钱七虎，2010)。研究非连续饱和岩土体中的波传递现象具有类似的工程意义。本节基于所建立的 NMM 模型 ND5W5P1 和 ND5W5E1 研究冲击载荷引起的含裂纹饱和岩土材料中的波传递问题，重点研究波与裂纹的相互作用。为了验证模型 ND5W5P1 和 ND5W5E1 模拟冲击载荷作用下含裂纹饱和岩土材料动态响应的优势，本章将 NMM 模型的计算结果与基于 u-p 格式 Biot 模型的 XFEM 与虚拟结点法(PNM)求解结果进行了对比(Komijani and Gracie, 2019)。

迄今为止，关于孔隙介质水力耦合分析的研究工作多采用二相场 u-p 格式进行，而很少使用三相场 u-w-p 格式对高频载荷作用下饱和孔隙介质动力响应进行模拟。事实上，由于三相场格式考虑了液相的加速度，能够完全捕捉孔隙介质液相固相的动力响应，因此它非常适合于模拟受高频载荷作用的孔隙介质问题，如本算例考虑的冲击载荷引起的饱和非连续岩土体中波传递问题。此外，相比于 u-p 格式，由于方程中没有出现压力场 p 的导数，u-w-p 格式对压力场的连续性要求较低，在构造试函数空间时(trial function spaces)具有更多的选择。在 NMM 的框架下，三相场 u-w-p 格式可以采用特殊的局部近似函数以及不受局部近似格式限制的质量矩阵集中化方法，这大大提高了三相场格式的精度、适用性和计算效率。本节以冲击载荷引起的饱和岩土中的波传递问题为例，通过与文献(Komijani and Gracie, 2019)中采用 u-p 格式和 XFEM 及 PNM 所得结果进行对比，展示本章所建立的三相场 NMM 模型的上述优点。

4.6.1　连续饱和岩土体

如图 4.16 所示，考虑尺寸为 6m×0.1m 的长方形饱和岩体。长方形岩体的左侧边界上施加有形式为 $\dot{u}_x = 1\text{m/s}$ 的冲击载荷，这里的 $\dot{u}_x$ 为骨架水平速度。岩体上边界、下边界和右边界受法向位移约束，而且岩体的所有边界均理想透水。数学覆盖采用 60 × 10 的三角形网格形成。

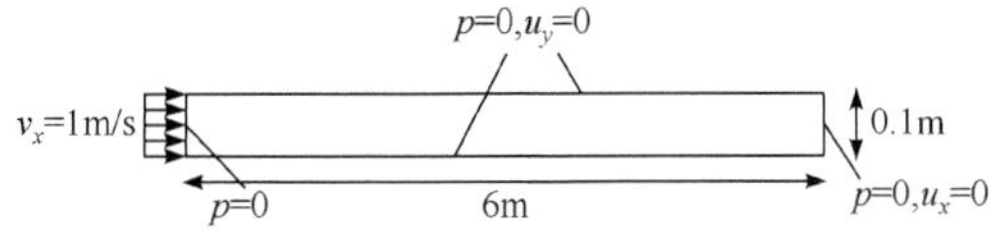

图 4.16　受冲击载荷作用下的饱和岩体

实际上，受速度形式冲击荷载作用的弹性体问题经常用于测试有限元模型在动力分析时的精度和稳定性。由于受冲击载荷作用的饱和孔隙介质问题目前尚无理论解，受冲击载荷作用的弹性体问题的理论解常用作类似的孔隙介质问题的参考解。与受冲击载荷作用的弹性体的动力响应类似，受冲击载荷作用时，饱和孔隙介质的骨架速度响应为具有较大但有限值斜率的阶梯函数，而由骨架速度场中的压缩波引起的孔隙压力响应为随压缩波向前传递的无震荡脉冲函数。由于能量耗散，阶梯函数和脉冲函数的振幅随波传递逐渐减小。由于基于二相场 u-p 格式的混合有限单元 Q9Q4 常用于饱和孔隙介质动力问题的求解(Komijani and Gracie, 2019)，对于本算例，Q9Q4 单元的结果将用于与 NMM 模型 ND5W5P1 和 ND5W5E1 的结果进行对比。这里，二相场 u-p 格式 Q9Q4 单元指使用 9 结点四边形单元(Q9)对骨架位移场进行离散插值而使用 4 结点四边形单元(Q4)对孔隙压力场进行离散插值的混合有限单元。

如图 4.17 所示为中间测点(3,0.05)处的骨架水平速度和孔隙水压力时间历史。可见，ND5W5P1 和 ND5W5E1 所得骨架速度-时间曲线类似于阶梯函数，且该阶梯函数具有较大但有限的斜率。该结果说明 NMM 模型 ND5W5P1 和 ND5W5E1 所得骨架速度结果与理论预测结果一致。此外，图 4.17 显示与基于 u-p 格式的混合有限单元 Q9Q4 相比，ND5W5P1 和 ND5W5E1 的结果更为合理精确，显示出更少的数值震荡。而且由图 4.17 可见，与单元 Q9Q4 相比，使用 NMM 模型 ND5W5P1 和 ND5W5E1 进行计算时，在测点(3,0.05)处可更快地观测到非 0 的骨架速度，即由冲击载荷引起的膨胀波(即 P 波)更快地传递到监测点。这是由于 u-w-p 格式考虑了液相的惯性作用，而 u-p 格式则忽略了该因素。最后，ND5W5P1 模型所得的骨架速度结果与采用三角函数所得的位移扩展格式 ND5W5P1 方法所得的骨架速度结果基本吻合，这表明基于三相场 u-w-p 格式的 ND5W5P1 单元本身已能精确地模拟冲击载荷作用下饱和岩土体的动力响应，而不像基于 u-p 格式的单元(如 Q9Q4)那样需要对位移场进行扩展来提高计算的精度。由于采用 u-p 和 u-w-p 格式所得的波传递速度不同，两种格式所得的孔隙压力达到最大值的时间也不同。图 4.18 展示了存在反射波情形下，测点(3,0.05)处骨架水平速度和孔隙压力的时间历史。相比于基于 u-p 格式的混合单元 Q9Q4，由于 NMM 三相场模型考虑了液相的惯性作用，在计算时会产生更大能量耗散和液相排出，其骨架速度和孔隙压力也更快衰减至 0。由图 4.18 还可见，在衰减过程中，孔隙压力的变化周期逐渐增大，而且相比于单元 Q9Q4 的计算结果，孔隙压力的这一现象在 ND5W5P1 和 ND5W5E1 的计算结果中更加明显。

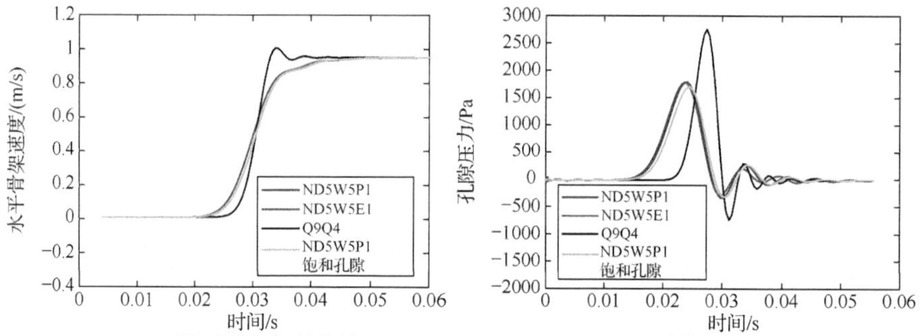

(a) 骨架水平速度时间历史　　(b) 孔隙压力时间历史

图 4.17　冲击载荷作用下测点(3,0.05)处的骨架水平速度和孔隙压力时间历史(彩图请扫封底二维码)

考虑到渗透系数对饱和岩土材料动态响应的重要影响，图 4.19 和图 4.20 给出了不同渗透系数下，测点(3,0.05)处的骨架水平速度和孔隙压力的时间历史。由图 4.19 可见较小的渗透系数会产生更大的波传递速度，这是由于渗透系数越小，饱和岩体的力学响应更接近于固体，而且减小渗透系数也会减小骨架速度的峰值。由图 4.20 可见，渗透系数减小时孔隙压力的峰值会变大，这是由于随着渗透系数的减小饱和岩体更接近于不排水状态。此外，渗透系数减小时，孔隙水压力的变化频率会变小。经过足够时间的固结后，具有较小渗透系数(如 $k_h = 0.0001$m/s)的岩土体的孔隙压力稳定为一个大于 0 的值，而具有较大渗透系数(如 $k_h = 0.001$m/s 或 $k_h = 0.01$m/s)的岩土体的孔隙压力仍做峰值单调递减的周期响应。此外，较小的渗透系数也会使呈周期变化的孔隙压力衰减得更快。

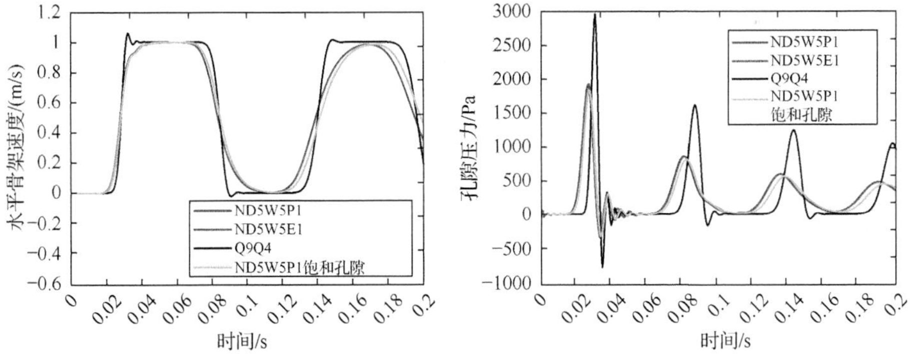

(a) 水平骨架速度时间历史　　(b) 孔隙压力时间历史

图 4.18　冲击载荷作用下存在反射波时测点(3,0.05)的骨架水平速度和孔隙压力时间历史(彩图请扫封底二维码)

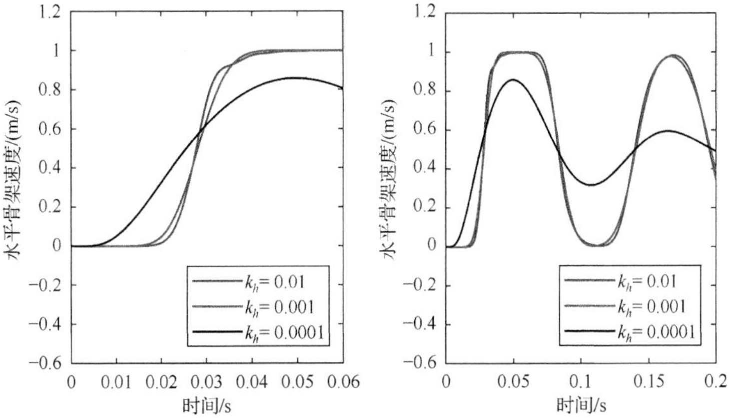

(a) 无波反射　　(b) 存在波反射

图 4.19　不同渗透系数下采用 ND5W5P1 所得测点(3,0.05)处骨架水平速度时间历史(彩图请扫封底二维码)

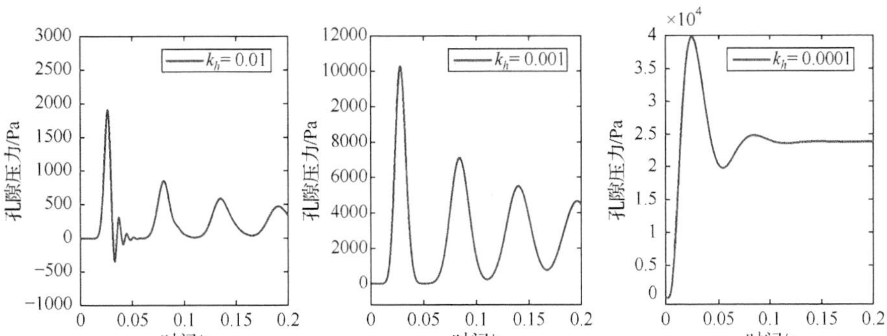

(a) k_h=0.01m/s　　(b) k_h=0.001m/s　　(c) k_h=0.0001m/s

图 4.20　不同渗透系数下采用 ND5W5P1 所得测点(3,0.05)处孔隙压力时间历史

4.6.2　非连续饱和岩土体

为了研究冲击荷载引起的含裂纹饱和岩土体中的波传递问题，考虑尺寸为 6m × 0.5m 的长方形饱和岩体。饱和岩体的上边界、下边界和右边界受法向位移约束，左边界受形式为 $\dot{u}_x = 0.5\text{m/s}$ 的冲击载荷作用。饱和岩体的所有边界均为理想透水边界。饱和岩体内含一条近似竖直的倾斜不透水裂纹，裂纹的起点和终点坐标分别为(3.095,0.4)和(3.105,0.1)。裂纹面上的摩擦系数为 0.25。数值计算使用的数学覆盖由 60 × 5 的三角形网格形成。孔隙介质的渗透系数为 $k_h = 0.005\text{m/s}$。图 4.21 展示了不同时刻饱和岩体的孔隙压力云图。由 Komijani 和 Gracie(2019)的结果可见，使用基于 u-p 格式的混合有限单元 Q9Q4 在 XFEM 框架下所得的孔隙压力场在裂纹附近表现出明显的震荡和非对称性。实际上，由于裂纹是近似竖直的，孔隙压力场应近似上下对称，并且没有数值震荡。换句话说，使用 u-p 格式的 XFEM 和 PNM 并不能精确地模拟波峰穿过不透水裂纹的现象，会产生明显的数值发散，而且少许倾斜的裂纹会导致明显不对称的孔隙压力结果。但是由图 4.21 可见，基于 u-w-p 格式的 NMM 模型 ND5W5P1 给出了精确合理的孔隙压力结果，而且少许倾斜的裂纹仅引起了孔隙压力场中微小的不对称性，这表明相比于常用的 u-p 格式，三相场 u-w-p 格式更适合于模拟冲击载荷作用下非连续饱和孔隙介质的动态响应。此外，由图 4.21(e)～(g)可见，当孔隙压力波峰穿过不透水裂纹时，孔隙压力波的峰值会增大。

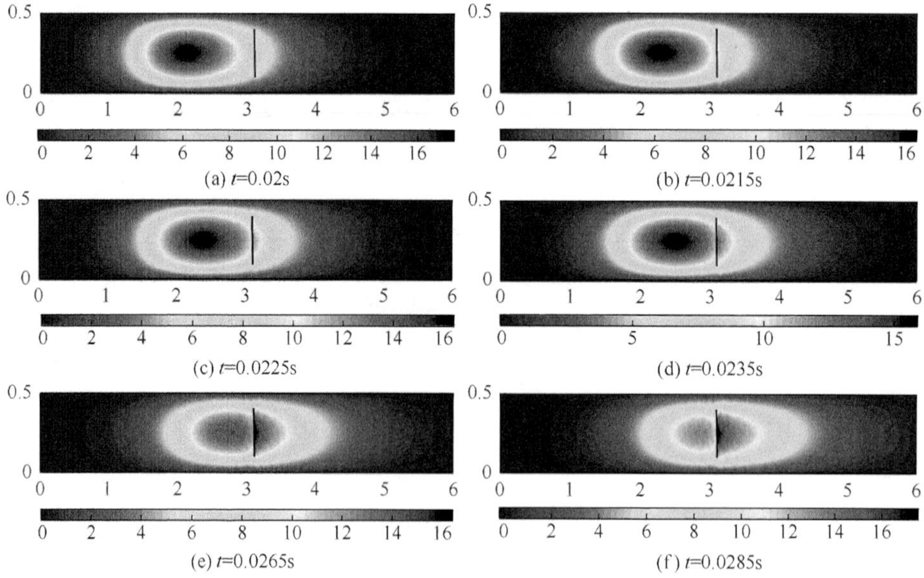

(a) t=0.02s　(b) t=0.0215s　(c) t=0.0225s　(d) t=0.0235s　(e) t=0.0265s　(f) t=0.0285s

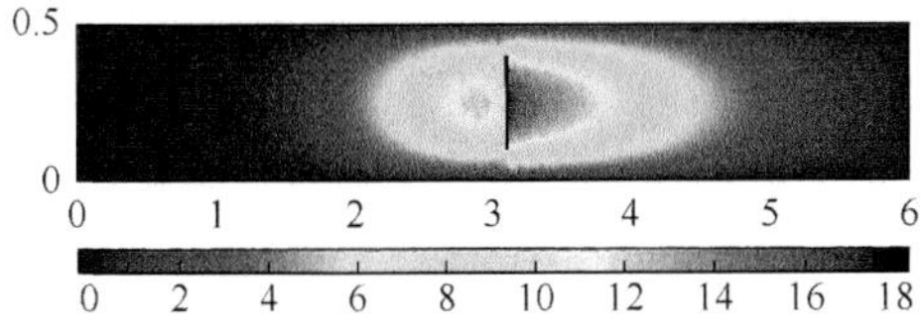

(g) t=0.03s

图 4.21　采用 ND5W5P1 所得不同时刻饱和岩体的孔隙压力云图(彩图请扫封底二维码)

图 4.22 为 $t=0.03$s 时刻的骨架水平位移云图。可见由于裂纹的微小倾斜，所得的骨架位移分布也存在微小的不对称性。由于裂纹面上未发生相对滑动，所得的位移场是连续的，但由于裂纹的不透水性，孔隙压力在裂纹两侧是不连续的。

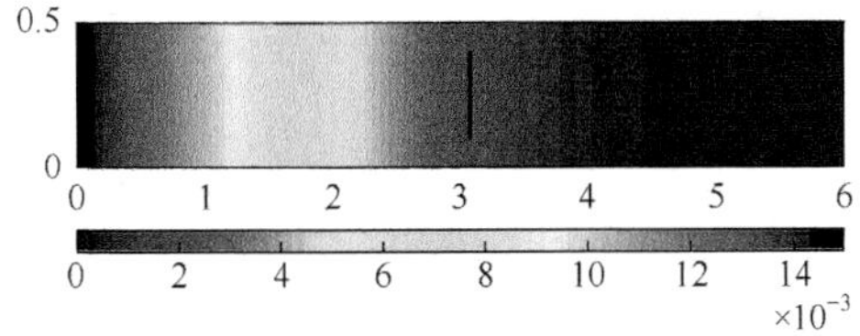

图 4.22　采用 ND5W5P1 所得 $t=0.03$s 时刻骨架水平位移云图(彩图请扫封底二维码)

图 4.23 为具有相同的几何坐标(3.1,0.25)但位于裂纹两侧的 2 个测点的骨架水平速度和孔隙压力时间历史。结果显示当波峰逐渐靠近裂纹时，裂纹两侧的孔隙压力趋向于不同的值，且随着波峰的靠近，裂纹两侧的孔隙压力的差值逐渐变大。波峰穿过裂纹后，裂纹两侧的孔隙压力值又逐渐趋向于同一值。当波峰到达裂纹处时，裂纹两侧的孔隙压力差值达到最大。此外，由于裂纹上未发生相对滑动，波传递的整个过程中裂纹两侧的骨架水平速度一直保持相同。

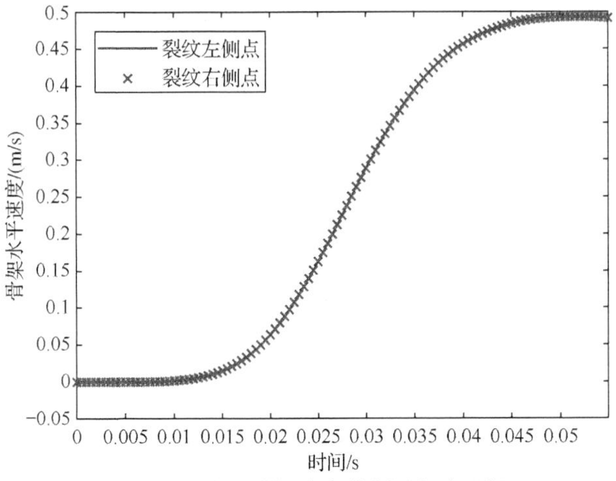

(a) 位于裂纹两侧但具有相同几何坐标
(3.1,0.25)的测点的骨架水平速度时间历史

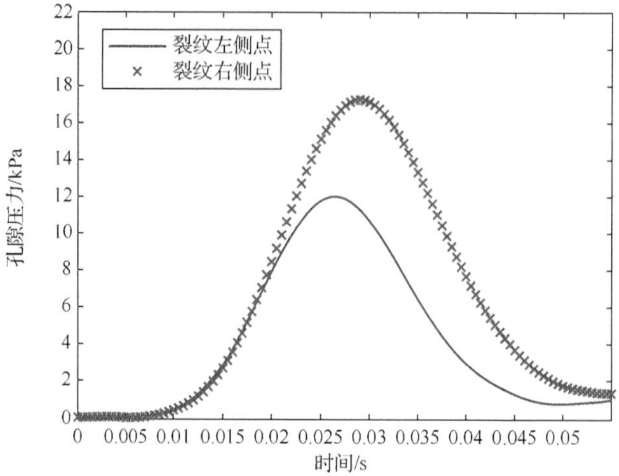

(b) 位于裂纹两侧但具有相同几何坐标(3.1,0.25)的测点的孔隙压力时间历史

图 4.23　位于裂纹两侧但具有相同几何坐标(3.1,0.25)的测点的骨架水平速度和孔隙压力结果

4.7　本 章 小 结

本章通过引入摩擦接触模型，使用 NMM 模型 ND5W5P1 和 ND5W5E1 模拟了非连续饱和岩土体在外力或水力作用下的动态响应，重点研究了冲击荷载作用下含裂纹饱和岩体中的波传递现象。不连续面上的摩擦接触模型通过 Uzawa 型增广拉格朗日乘子法数值实现。为了更精确地模拟不连续面端点处应力场的奇异性，在奇异物理片的骨架位移局部近似中引入了 Williams 级数的前四项。采用 Newmark 方法进行时间离散时以骨架速度、液体流速和孔隙压力为基本求解量，最终所得的考虑了接触模型的整体刚度矩阵在整个求解过程中保持对称，且具有对称正定的主对角块状矩阵。

对经典算例的数值计算结果表明，对于受外力载荷和水力载荷作用的饱和非连续岩土体，摩擦接触模型能精确地模拟内部不连续面上摩擦状态的变化。与基于 u-p 格式的 XFEM 和 PNM 相比，基于 u-w-p 格式的 NMM 模型 ND5W5P1 和 ND5W5E1 可以更精确有效地模拟冲击载荷作用下含裂纹饱和岩土体的动态响应，而不需要向骨架位移场插值函数空间中引入额外基函数(如三角函数)来提高精度。此外，对于连续饱和岩土体，由冲击载荷引起的骨架速度结果为具有很大但有限斜率的阶梯函数，孔隙压力结果为随时间单调衰减的脉冲函数。对于含裂纹的饱和岩土体，冲击载荷引起的骨架速度和孔隙压力结果与连续饱和岩土体情形类似，但波峰通过裂纹时会引起孔隙压力峰值的增加，使得孔隙压力脉冲函数不再保持单调递减。

第5章 饱和岩土体水力耦合分析高阶 NMM 方案

基于数值流形法(NMM)进行水力耦合分析时，有时会对计算精度提出更高的需求，除细化网格外，还可以使用高阶近似格式的 NMM 方案。作为一种典型的单位分解方法(PUM)(Melenk and Babuška, 1996)，NMM 可以在使用相同网格的基础上通过不断提高局部近似的阶数或不断向局部近似的函数空间中引入新的基函数来提高整体近似的精度和收敛速度。但是，当局部近似的阶数较高时，NMM 也会像其他单位分解方法(如广义有限单元法(GFEM))一样出现线性相关问题(Strouboulis et al., 2000a, 2000b; Tian et al., 2006; Cai et al., 2010; 郭朝旭和郑宏，2012)。以常用的多项式基函数为例，当局部近似阶数等于或高于 1 阶时，NMM 便会出现线性相关问题。线性相关问题是制约高阶 NMM 适用性的主要因素。

解决高阶 NMM 线性相关问题的方案主要有：①使用能求解线性相关方程组的特殊方程求解器；②构造特殊的局部近似格式，避免整体近似中的线性相关问题。此外，其他单位分解方法(如 GFEM)中常用的解决线性相关的方案，如在四边形单元周围使用三角形单元、调整单元的几何形状、在问题域的本质边界处使用 0 阶局部近似等，也可以直接用于解决 NMM 中的线性相关问题。在 NMM 框架下，Zheng 和 Xu(2014)给出了几种不同于上述方法的线性相关问题的有效解决方案。

本章针对饱和岩土体水力耦合问题，采用第二种方案建立无线性相关的高阶 NMM 水力耦合分析模型。实际上，前面章节在构造 ND5W5P1(ND5P1)和 ND5W5E1(ND5E1)单元的局部位移近似时，使用局部位移近似满足散度为 0 的条件，消除多余未知数从而避免了线性相关问题。因此，本质上 ND5W5P1(ND5P1)和 ND5W5E1(ND5E1)单元也相当于采用第二类方案解决了 NMM 线性相关问题。本章给出另一种适于饱和岩土水力耦合模拟的稳定 NMM 单元，T3-MINI-CNS，其局部近似采用完全 1 阶多项式和正交单位最小二乘法(constrained and orthonormalized least square method, CO-LS method)建立(Tang et al., 2009; Yang et al., 2014, 2016)，整体近似不存在线性相关问题，而且骨架位移和液体流速整体近似具有 Delta 属性，便于本质边界条件的施加。同时，其骨架位移的整体近似在 NMM 广义结点上具有连续的一阶导数，水力耦合分析时能给出更光滑精确的有效应力结果(Wu et al., 2020a, 2020b)。

本章 5.1 节详细给出 NMM 单元 T3-MINI-CNS 的构造过程；5.2 节使用单元 T3-MINI-CNS 的退化格式求解弹性不可压缩问题；5.3 节对单元 T3-MINI-CNS 进

行上下限数值测试；5.4 节和 5.5 节分别使用单元 T3-MINI-CNS 进行连续和非连续饱和岩土水力耦合分析，测试单元 T3-MINI-CNS 的收敛性和精度；5.6 节给出本章的主要结论。

5.1　单元 T3-MINI-CNS

考虑到单元 T3-MINI-CNS 是在三角形网格(T3)形成的数学覆盖上建立的，这里首先引入三角形有限单元网格作为数学覆盖时，结点的覆盖结点和单元的覆盖结点的定义。首先考虑连续问题域的情形。如图 5.1 所示，当采用 3 结点三角形有限单元网格作为数学覆盖时，有限单元结点和数学片之间存在一一对应关系。有限单元结点 i 对应的数学片 M_i 是以结点 i 作为顶点的所有三角形单元的并集。或者说，数学片 M_i 是有限单元结点 i 周围一圈三角形单元的并集。图 5.1(a)中的阴影区域即是与有限单元结点 e_1 对应的数学片。由于不存在不连续面，每个数学片也是一个物理片，有限元结点与物理片之间也存在一一对应关系。自然地，图 5.1(a)中的阴影区域也是与有限元结点 e_1 对应的物理片 P_i。在 NMM 中，每个物理片均对应一个广义结点(generalized node)。对于连续的问题域，每个物理片的广义结点即是与该物理片对应的有限元结点。广义结点 e_i 的覆盖结点定义为与广义结点 e_i 对应的物理片 P_i 具有交集的所有物理片对应的广义结点的集合。需要注意的是，广义结点 e_i 的覆盖结点也包括其本身。图 5.1(a)中所有以空心圆表示的结点即是广义结点 e_1 的覆盖结点。流形单元的覆盖结点定义为覆盖该流形单元的所有物理片对应的广义结点的覆盖结点的并集。图 5.1(b)中所有以空心圆表示的结点即是由广义结点 e_1、e_2 和 e_3 覆盖的流形单元 e 的覆盖结点。

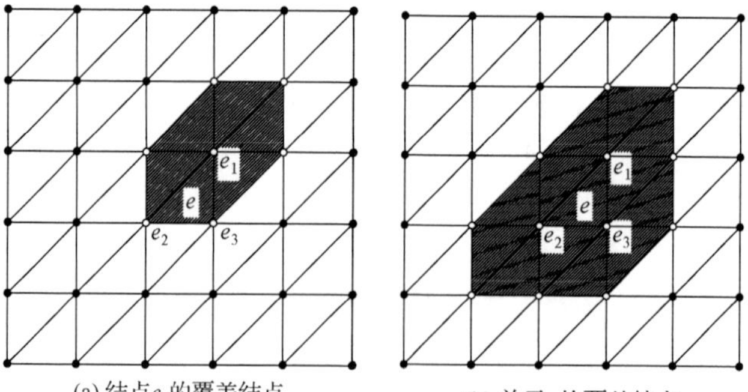

(a) 结点e_1的覆盖结点　　(b) 单元e的覆盖结点

图 5.1　三角形网格作为数学覆盖时结点和单元覆盖结点的定义

上述引入的结点的覆盖结点和单元的覆盖结点的概念很容易推广至内部含不连续面的问题域情形。首先，忽略掉内部非连续面，采用 3 结点三角形有限单元对问题域进行划分，所得网格作为数学覆盖。此时有限元结点与数学片之间仍具有一一对应关系，且有限元结点 e_i 对应的数学片 M_i 仍是所有以有限单元结点 e_i 作为顶点的三角形单元的并集。然后，使用内部不连续面对数学片进行逐个切分，当数学片 M_i 被切成完全分离的 m 部分时，称由数学片 M_i 切割到 m 个物理片，记为 $P_{i-j}, 1 \leqslant j \leqslant m$。对每个物理片均定义一个广义 NMM 结点，使得广义结点和物理片之间具有一一对应关系。例如，对于从数学片 M_i 得到的 m 个物理片，其对应的广义结点记为 $e_{i-j}, 1 \leqslant j \leqslant m$。这些广义结点虽然具有不同的编号，但却具有相同的几何坐标，即使用不连续面对数学片进行切分前，数学片 M_i 对应的有限单元结点 e_i 的坐标。由上述讨论可见，对数学片进行切分形成物理片后，之前连续问题域情形下结点覆盖结点和单元覆盖结点的定义仍然适用。

如前所述，当使用三结点三角形有限单元网格作数学覆盖时，无论是连续还是非连续的问题域，流形单元 e 总是被三个物理片 P_1、P_2 和 P_3 所覆盖。根据 NMM 基本理论，单元 e 上的整体近似 $\boldsymbol{u}^h(\boldsymbol{x})$ 为

$$\boldsymbol{u}^h(\boldsymbol{x}) = \sum_{i=1}^{3} l_i(\boldsymbol{x}) \boldsymbol{u}_i^h(\boldsymbol{x}, t) \tag{5.1}$$

其中 $l_i(\boldsymbol{x})$ 和 $\boldsymbol{u}_i^h(\boldsymbol{x}, t)$ 分别为物理片 P_i，$i = 1,2,3$ 的权函数和局部近似函数。下面首先介绍在结点处具有连续一阶位移导数(或连续应力和位移梯度)的 NMM 单元 T3-CNS(Yang et al., 2014, 2016)，然后在该单元的基础上建立稳定混合 NMM 单元 T3-MINI-CNS 的骨架位移、流体流速和孔隙压力近似格式。为了便于对比，本章所使用的符号与文献(Wu et al., 2020a, 2020b)相同。

5.1.1　单元 T3-CNS

第 2 章和第 3 章所使用的 NMM 单元 ND5W5P1 和 ND5W5E1，其权函数直接取为三结点三角形有限单元的形函数，即

$$l_i(\boldsymbol{x}) = L_i(\boldsymbol{x}), \quad i = 1,2,3 \tag{5.2}$$

为了提高整体近似的精度和在结点处的连续性，单元 T3-CNS 的权函数基于板单元的形函数(Bathe，2014)进行构造，即

$$l_1(\boldsymbol{x}) = L_1\left(1 + L_1 L_2 + L_1 L_3 - L_2^2 - L_3^2\right)$$

$$l_2(\boldsymbol{x}) = L_2\left(1 + L_1 L_2 + L_2 L_3 - L_1^2 - L_3^2\right)$$

$$l_3(\boldsymbol{x}) = L_3\left(1 + L_1 L_3 + L_2 L_3 - L_1^2 - L_2^2\right) \tag{5.3}$$

式中 $L_i(\boldsymbol{x})$，$i = 1,2,3$ 为三结点三角形有限单元的标准形函数(朱伯芳，1998)。

式 (5.3)中的权函数满足 NMM 权函数的所有基本要求，即

$$l_i(\boldsymbol{x})=0,\quad \boldsymbol{x}\notin M_i \tag{5.4}$$

$$0\leqslant l_i(\boldsymbol{x})\leqslant 1,\quad \boldsymbol{x}\in M_i \tag{5.5}$$

$$\sum_{i=1}^{m} l_i(\boldsymbol{x})=1,\quad \boldsymbol{x}\in \Omega \tag{5.6}$$

式中 m 为问题域离散后的数学片数目；$l_i(\boldsymbol{x})$ 为与数学片 M_i 对应的权函数。此外 $l_i(\boldsymbol{x})$，$i=1,2,3$ 在结点处具有连续的一阶导数(Yang et al., 2014, 2016)。

目前存在多种构造单位分解法局部近似的方案(Liu, 2001, 2002)，其中能构造满足 Delta 属性的方法主要有最小二乘点插值法(LSPIM)(Liu et al., 1995; Liu et al., 2005)、约束正交移动最小二乘法(CO-MLS)(Liu, 1997; 李伟等，2018)以及约束正交最小二乘法(CO-LS) (Xu et al., 2011, 2013)。NMM 单元 T3-CNS 的局部近似是根据 CO-LS 建立的，这里简要介绍其局部近似的构造过程。

使用标准最小二乘法(Liu, 2002)，以物理片 P_i 所对应的广义结点 e_i 的覆盖结点为拟合结点，对位移向量的一个分量 $u_i(\boldsymbol{x},t)$ 构造局部近似，则物理片 P_i 上的局部近似可表示为

$$u_i^h(\boldsymbol{x},t)=\boldsymbol{p}^{\mathrm{T}}(\boldsymbol{x})\boldsymbol{A}^{-1}\boldsymbol{B}\boldsymbol{d}^i(t)$$

$$\boldsymbol{d}^i(t)=\left[d_1^i(t)\ \ \cdots\ \ d_{n^i}^i(t)\right]^{\mathrm{T}}$$

$$\boldsymbol{p}(\boldsymbol{x})=\left[1\ \ x\ \ y\right]^{\mathrm{T}} \tag{5.7}$$

式中 n^i 表示广义结点 e_i 的覆盖结点的数量；$\boldsymbol{d}^i(t)$ 为广义结点 e_i 覆盖结点对应于拟合位移分量的自由度向量。为了使矩阵 $\boldsymbol{A}$ (moment matrix)的可逆性不受网格构型的影响，本章总是使用完整一次多项式，即 $\boldsymbol{p}(\boldsymbol{x})=\left[1\ \ x\ \ y\right]^{\mathrm{T}}$ 进行最小二乘拟合。矩阵 $\boldsymbol{A}$ 和 $\boldsymbol{B}$ (basis matrix)可表示为

$$\boldsymbol{A}=\sum_{j=1}^{n^i}\boldsymbol{p}(\boldsymbol{x}_j)\boldsymbol{p}^{\mathrm{T}}(\boldsymbol{x}_j),\quad \boldsymbol{B}=\left[\boldsymbol{p}(\boldsymbol{x}_1)\ \ \cdots\ \ \boldsymbol{p}(\boldsymbol{x}_{n^i})\right] \tag{5.8}$$

为了改善最小二乘法的数值特性并使最终的整体近似在NMM广义结点上具有 Delta 属性，需要对基函数 $\boldsymbol{p}(\boldsymbol{x})$ 进行正交化和单位化处理

$$\boldsymbol{r}(\boldsymbol{x})=\boldsymbol{H}\boldsymbol{p}(\boldsymbol{x})=\left[r_1(\boldsymbol{x})\ \ r_2(\boldsymbol{x})\ \ r_3(\boldsymbol{x})\right]^{\mathrm{T}} \tag{5.9}$$

式中 $\boldsymbol{H}$ 为 3×3 的正交单位化矩阵，该矩阵完全由广义结点 e_i 覆盖结点的坐标决定。本质上式(5.9)是克莱姆-施密特(Gram-Schmidt)单位正交法的应用。关于矩阵 $\boldsymbol{H}$ 的具体计算过程可参考文献(Zheng et al., 2008; Tang et al., 2009, Zheng et al.,

2014a)。然后使用拉格朗日乘子法使局部近似 $u_i^h(\boldsymbol{x},t)$ 在物理片 P_i 的广义结点 e_i 上具有 Delta 属性，局部近似可进一步表示为

$$
\begin{gathered}
u_i^h(\boldsymbol{x},t)=\boldsymbol{\psi}^i(\boldsymbol{x})\boldsymbol{d}^i(t)\\
\boldsymbol{\psi}^i(\boldsymbol{x})=\left[\psi_1^i(\boldsymbol{x})\ \ \cdots\ \ \psi_{n^i}^i(\boldsymbol{x})\right]=\boldsymbol{r}^{\mathrm{T}}(\boldsymbol{x})\boldsymbol{B}^i,\quad \boldsymbol{B}^i=\left[\boldsymbol{B}_1^i\ \ \cdots\ \ \boldsymbol{B}_{n^i}^i\right]\\
\boldsymbol{B}_k^i=\boldsymbol{r}(\boldsymbol{x}_k)-f_k^i\boldsymbol{r}(\boldsymbol{x}_i),\quad k=1,2,\cdots,n^i\\
f_k^i=\begin{cases}\sum\limits_{j=1}^{3}r_{ji}r_{jk}\Big/\sum\limits_{j=1}^{3}r_{ji}^2 & (k\neq i)\\ \left(\sum\limits_{j=1}^{3}r_{ji}r_{jk}-1\right)\Big/\sum\limits_{j=1}^{3}r_{ji}^2 & (k=i)\end{cases}\\
r_{\alpha\beta}=r_\alpha(\boldsymbol{x}_\beta),\quad \alpha=1,2,3,\quad \beta=1,2,\cdots,n^i
\end{gathered}
\tag{5.10}
$$

将式(5.3)中的权函数和式(5.10)中的局部近似代入式(5.1)可得由物理片 P_1、P_2 和 P_3 所覆盖的流形单元 e 上的整体近似为

$$
u^h(\boldsymbol{x},t)=\sum_{i=1}^{3}l_i(\boldsymbol{x})u_i^h(\boldsymbol{x},t)=\sum_{i=1}^{3}l_i(\boldsymbol{x})\sum_{k=1}^{n^i}\psi_k^i(\boldsymbol{x})d_k^i(t)
\tag{5.11}
$$

整体近似 $u^h(\boldsymbol{x},t)$ 可以表示为更一般的形式

$$
\begin{gathered}
u^h(\boldsymbol{x},t)=\tilde{\boldsymbol{L}}(\boldsymbol{x})\tilde{\boldsymbol{d}}(t)\\
\tilde{\boldsymbol{L}}(\boldsymbol{x})=\left[\varphi_1(\boldsymbol{x})\ \ \cdots\ \ \varphi_N(\boldsymbol{x})\right]\\
\tilde{\boldsymbol{d}}(t)=\left[d_1(t)\ \ \cdots\ \ d_N(t)\right]
\end{gathered}
\tag{5.12}
$$

式中 N 是流形单元 e 覆盖结点的数目。式(5.12)中的形函数定义为

$$
\varphi_k(\boldsymbol{x})=\sum_{i=1}^{3}l_i(\boldsymbol{x})\psi_k^i(\boldsymbol{x}),\quad k=1,2,\cdots,N
\tag{5.13}
$$

注意 $\psi_k^i(\boldsymbol{x})$ 为物理片 P_k 对应的广义结点在最小二乘法近似下对物理片 P_i 的局部近似的贡献，因此如果 P_k 所对应的广义结点 e_k 不是物理片 P_i 的广义结点 e_i 的覆盖结点，则有 $\psi_k^i(\boldsymbol{x})=0$。同时，式(5.13)中的形函数满足 Delta 特性，即

$$
\varphi_k(\boldsymbol{x}_j)=\delta_{kj}
\tag{5.14}
$$

这可以大大简化本质边界条件的施加过程。同样地，形函数 $\varphi_k(\boldsymbol{x})$ 的一阶导数在结点处仍然是连续的(Yang et al., 2014)。

5.1.2 单元 T3-MINI-CNS 及 u-w-p 三相场插值格式

对于不受裂纹尖端应力奇异性影响的常规物理片 P_i，根据式(5.10)和(5.13)中的形函数，其骨架位移局部近似可表示为

$$\boldsymbol{u}_i^h(\boldsymbol{x},t)=\sum_{k=1}^{n^i}\psi_i^k(\boldsymbol{x})\boldsymbol{d}_i^k(t) \tag{5.15}$$

其中 $\boldsymbol{d}_i^k(t)$ 为 2×1 的向量，包括了物理片 P_i 所对应的广义结点 e_i 的第 k 个覆盖结点所对应的物理片位移自由度。当物理片 P_i 为奇异物理片并受 K^i 个裂纹尖端的应力奇异性影响时，其骨架位移局部近似可表示为

$$\boldsymbol{u}_i^h(\boldsymbol{x},t)=\sum_{k=1}^{m^i}\psi_i^k(\boldsymbol{x})\boldsymbol{d}_i^k(t)+\sum_{k=1}^{K^i}\sum_{j=1}^{4}\left[l_j^k(\boldsymbol{x})-l_j^k(\boldsymbol{x}_i)\right]\boldsymbol{d}_j(t) \tag{5.16}$$

其中 $\boldsymbol{d}_j(t)$ 也是 2×1 的位移自由度向量；裂纹尖端扩展函数定义为

$$l_1^k(\boldsymbol{x})=\sqrt{r_k}\cos\frac{\theta_k}{2},\quad l_2^k(\boldsymbol{x})=\sqrt{r_k}\sin\frac{\theta_k}{2}$$

$$l_3^k(\boldsymbol{x})=\sqrt{r_k}\cos\frac{3\theta_k}{2},\quad l_3^k(\boldsymbol{x})=\sqrt{r_k}\sin\frac{3\theta_k}{2}$$

其中 (r_k,θ_k) 为直角坐标系位置向量 $\boldsymbol{x}$ 在第 k 个裂纹尖端的局部极坐标系中的极坐标。注意式(5.15)和(5.16)中的局部近似均有插值特性，在结点上该局部近似具有 Delta 性质。

单元 T3-MINI-CNS 在问题域上的整体位移近似可表示为

$$\boldsymbol{u}^h(\boldsymbol{x},t)=\sum_{i=1}^{m}f_i(\boldsymbol{x})\boldsymbol{u}_i^h(\boldsymbol{x},t)+\sum_{e=1}^{n_e}f^e(\boldsymbol{x})\boldsymbol{d}_e(t)=\boldsymbol{N}_u(\boldsymbol{x})\boldsymbol{d}(t) \tag{5.17}$$

式中 m 为问题域离散后物理片数目；n_e 为问题域离散后流形单元的数目，且 $f^e(\boldsymbol{x}),e=1,2,\cdots,n_e$ 定义为

$$f^e(\boldsymbol{x})=\begin{cases}l_1(\boldsymbol{x})l_2(\boldsymbol{x})l_3(\boldsymbol{x}), & \boldsymbol{x}\in\mathcal{B}_e\\ 0, & \boldsymbol{x}\notin\mathcal{B}_e\end{cases} \tag{5.18}$$

其中 $f^e(\boldsymbol{x})$ 为定义在流形单元 $\mathcal{B}_e$ 上的气泡函数(bubble function)(Bathe, 2014)。式(5.17)中 $\boldsymbol{N}_u(\boldsymbol{x})$ 是位移近似的形函数矩阵，而 $\boldsymbol{d}(t)$ 则包含了所有的骨架位移自由度。式(5.17)引入 $\boldsymbol{N}_u(\boldsymbol{x})$ 仅仅是为了表述方便，实际数值计算中并不需要显式计算 $\boldsymbol{N}_u(\boldsymbol{x})$。考虑到局部近似(5.15)、(5.16)和气泡函数在结点上的插值属性，整体位移近似(5.17)在结点上具有 Delta 属性，这给固相本质边界条件的施加带来巨大的方便。此外，考虑到气泡函数的一阶导数在结点上为 0，而且远离裂纹尖端后

裂纹尖端的扩展函数值及其一阶导数值快速趋近于 0 的特点，整体位移近似(5.17)在结点处仍具有 Delta 属性及连续的一阶导数。

假定裂纹尖端在流相流速场中不会引起奇异性，则对于奇异和非奇异物理片，局部流速近似均可表示为

$$\boldsymbol{w}_i^h(z,t)=\sum_{k=1}^{m^i}\psi_i^k(z)\boldsymbol{q}_i^k(t) \tag{5.19}$$

其中 $\boldsymbol{q}_i^k(t)$ 为 2×1 的向量，包含物理片 P_i 对应广义结点 e_i 的第 k 个覆盖结点对应的物理片的流速自由度。整个问题域上的流速整体近似为

$$\boldsymbol{w}^h(\boldsymbol{x},t)=\sum_{i=1}^{m}f_i(\boldsymbol{x})\boldsymbol{w}_i^h(\boldsymbol{x},t)+\sum_{e=1}^{n_e}f^e(\boldsymbol{x})\boldsymbol{q}_e(t)=\boldsymbol{N}_w(\boldsymbol{x})\boldsymbol{q}(t) \tag{5.20}$$

式(5.20)中 $\boldsymbol{N}_w(\boldsymbol{x})$ 是液相流速整体近似的形函数矩阵而 $\boldsymbol{q}(t)$ 则包含了所有的流速自由度。由于局部近似(5.19)和气泡函数在结点处的插值特性，整体流速近似(5.20)在结点处具有 Delta 属性，这同样大大简化了液相本质边界条件的施加。

孔隙压力整体近似直接采用分片线性连续插值建立，即

$$p^h(\boldsymbol{x},t)=\sum_{i=1}^{m}L_i(\boldsymbol{x})p_i(t)=\boldsymbol{N}_p(\boldsymbol{x})\boldsymbol{p}(t) \tag{5.21}$$

式中 $\boldsymbol{N}_p(\boldsymbol{x})$ 是孔隙压力整体近似的形函数矩阵，而 $\boldsymbol{p}(t)$ 则包含了所有的孔隙压力自由度。

需要注意的是，混合有限单元 4/3-c 与单元 T3-MINI-CNS 具有紧密的联系。这里混合单元 4/3-c 是指采用扩展了气泡函数的 3 结点三角形单元进行位移插值(即每个三角形单元含 4 个位移结点)、采用 3 结点三角形单元进行压力场插值(即每个单元具有 3 个压力结点)的混合单元，“c”指单元与单元之间的压力场是连续的。对 u-p 格式混合单元 4/3-c 进行扩展，使用扩展了气泡函数的 3 结点三角形单元对液体流速场进行离散，得到基于三相场 u-w-p 格式的混合单元 4/4/3-c。由图 5.2 所示，可见混合单元 4/4/3-c 与单元 T3-MINI-CNS 具有完全相同的插值结点分布。

此外，混合单元 4/4/3-c 中的气泡函数定义为

$$f^e(\boldsymbol{x})=L_1(\boldsymbol{x})L_2(\boldsymbol{x})L_3(\boldsymbol{x}) \tag{5.22}$$

即混合单元 4/4/3-c 中的气泡函数为 3 结点三角形单元的 3 个标准形函数的乘积，而单元 T3-MINI-CNS 中的气泡函数为式(5.3)中 3 个权函数的乘积。

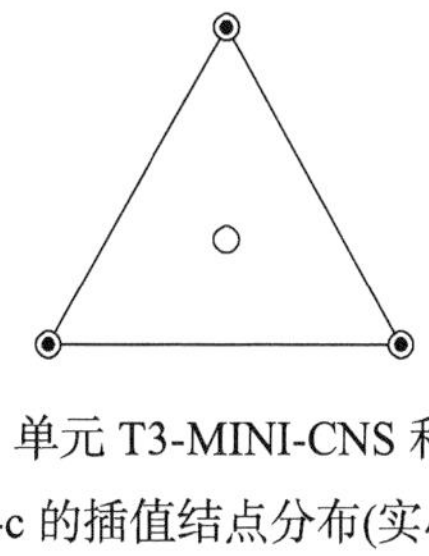

图 5.2　单元 T3-MINI-CNS 和混合单元 4/4/3-c 的插值结点分布(实心圆表示骨架位移、液相流速和孔隙压力自由度，空心圆表示骨架位移和液相流速自由度)

使用 T3-MINI-CNS 单元求解连续和非

连续饱和岩土体水力耦合问题时，时间离散和摩擦接触模型的数值实现与第 3 章和第 4 章所述完全相同。但与 NMM 单元 ND5W5P1 和 ND5W5E1 相比，由于使用 CO-LS 方法建立骨架位移和液体流速近似时将不同物理片的自由度耦合在一起，使得 3.3.2 节所述的 NMM 框架下的质量矩阵集中化方案对单元 T3-MINI-CNS 不再适用。

5.2 单元 T3-MINI-CNS 求解弹性不可压缩问题

在进行水力耦合分析前，首先使用本章所提出的单元 T3-MINI-CNS 对弹性不可压缩问题进行求解。一方面，通过与理论解和其他方法的数值解进行对比，分析单元 T3-MINI-CNS 的精度、收敛性和计算消耗；另一方面，由于弹性不可压缩问题等价于具有不可压缩骨架颗粒、不可压缩流体、渗透系数为 0 的饱和孔隙介质水力耦合问题，求解结果可为后续水力耦合分析提供参考。本算例将单元 T3-MINI-CNS 的收敛性、精度和计算消耗与常用的水力耦合分析混合单元 4/4/3-c、T6T6T3、ND5W5P1、ND5W5E1、P2-RT0 和 P2-RT1(Lotfian and Sivaselvan, 2018)进行对比。这里 P2-RT0 指采用 6 结点三角形单元进行骨架位移插值(P2)而采用 0 阶 Raviart-Thomas(Ern and Guermond, 2004, 2021)单元进行液相流速场和孔隙压力场插值(RT0)的混合单元。P2-RT1 指采用 6 结点三角形单元进行骨架位移插值(P2)而采用 1 阶 Raviart-Thomas 进行液相流速场和孔隙压力场插值(RT1)的混合单元。此外，进行弹性不可压缩问题数值计算时要使用二相场 u-p 格式，需要忽略上述单元的流速场插值。这里以 2.4.1 节自由端受抛物线分布剪应力作用的悬臂梁为例进行数值分析。为了展示单元 T3-MINI-CNS 模拟可压缩及近似不可压缩材料变形时的数值表现，计算时分别取泊松比 $\nu = 0.35$ 和 0.4999，其余的几何和材料力学参数与 2.4.1 节相同。

图 5.3 为采用 20×4 的交叉型三角形网格作为数学覆盖时 T3-MINI-CNS 和 4/4/3-c 所得水平应力 σ_x 的分布云图。对于该网格，T3-MINI-CNS 和 4/4/3-c 两种单元均具有 1195 个自由度。图 5.3 显示，相比于混合单元 4/4/3-c，由于在结点处具有连续的一阶导数，进行可压缩($\nu = 0.35$)和近似不可压缩($\nu = 0.4999$)悬臂梁受剪变形分析时单元 T3-MINI-CNS 均给出更为光滑和精确的应力解。图 5.4 为单 T3-MINI-CNS、4/4/3-c、T6T6T3、ND5W5P1、ND5W5E1、P2-RT0 和 P2-RT1 针对本算例的收敛性测试结果。结果显示，与 4/4/3-c、ND5W5E1、P2-RT0 和 P2-RT1 相比，T3-MINI-CNS 的位移、应变能和压力结果均表现出更高的精度和收敛速率。虽然 T3-MINI-CNS 具有更长的计算耗时，但随网格加密其计算耗时的增长速率与其他单元基本相同。由于具有更高阶的位移和压力近似，T6T6T3 和 ND5W5P1 的精度和收敛速率高于其他单元，但与单元 T3-MINI-CNS 相比，ND5W5P1 不能通过上下限测试，而 T6T6T3 尽管满足上下限条件但求解瞬时施加载荷作用下的动力固结问题时的精度明显低于 T3-MINI-CNS(见后续 5.5.1 节

算例)。本算例表明单元 T3-MINI-CNS 是一种有效的求解混合问题的 NMM 模型，相比于 4/4/3-c 等单元其多余的时间消耗是合算的。

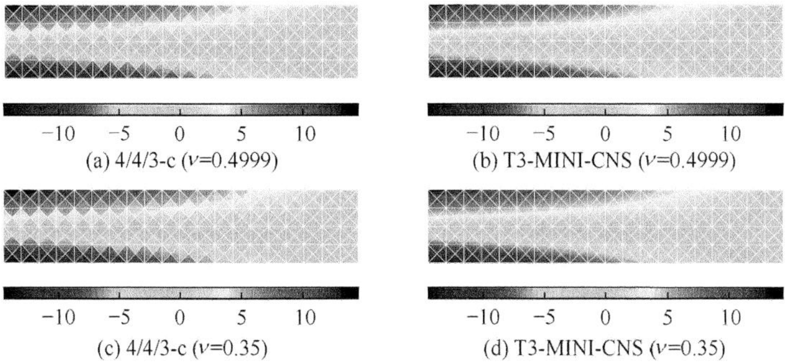

图 5.3　单元 T3-MINI-CNS 和混合单元 4/4/3-c 所得水平应力 σ_x 分布(均具有 1195 个自由度)

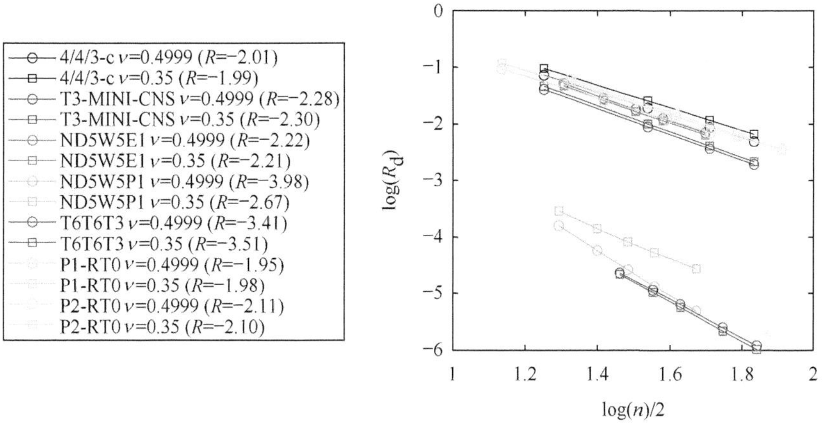

(a) 位移收敛结果

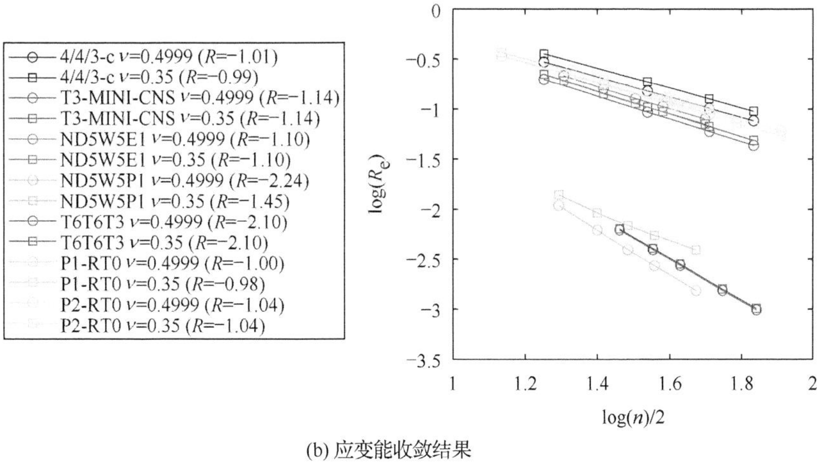

(b) 应变能收敛结果

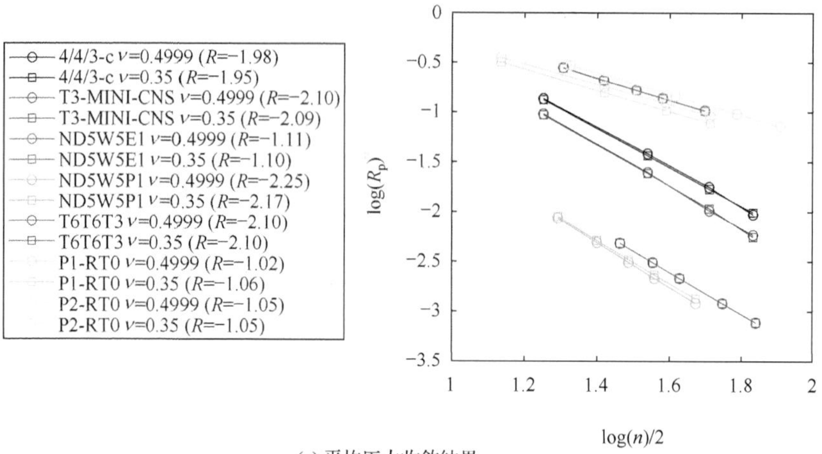

(c) 平均压力收敛结果

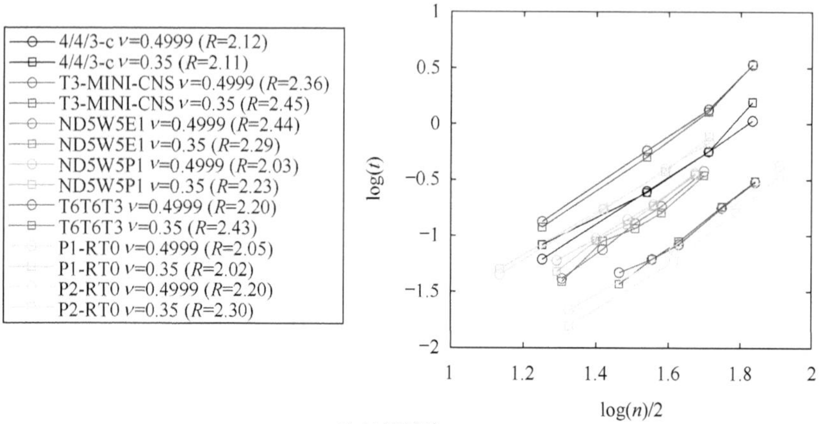

(d) 计算耗时

图 5.4　T3-MINI-CNS、混合单元 4/4/3-c、ND5W5P1、ND5W5E1、P2-RT1 和 P2-RT0(Lotfian and Sivaselvan, 2018)的收敛性对比(彩图请扫封底二维码)

5.3　单元 T3-MINI-CNS 上下限数值测试

如 3.6 节所述，当使用三相场 u-w-p 格式求解骨架颗粒及流体均不可压缩的饱和岩土体水力耦合问题时，近似场(u^h ，p^h)应满足上下限条件以避免低渗透率引起的水力耦合闭锁现象，而近似场(w^h ， p^h)也应满足上下限条件以避免骨架刚度很大时的水力耦合闭锁现象。本节对单元 T3-MINI-CNS 进行数值上下限测试(Chapelle and Bathe, 1993; Babuška and Narasimhan, 1997; Bathe, 2001)。由于单元 T3-MINI-CNS 采用相同的骨架位移插值u^h与液体流速插值 w^h，故仅需对一种情形进行上下限测试，这里选择对近似场(u^h，p^h)进行数值测试。本节首先给出单元 T3-MINI-CNS 的数值上下限测试结果，然后通过对经典算例的计算展示单元 T3-MINI-CNS 在低渗透率下引起水力耦合闭锁问题时的数值表现。

5.3.1　上下限测试

图 5.5 为上下限数值测试的问题定义(参考 2.5 节)。考虑边长为 1 且左侧边界受完全位移约束的方形板。测试时考虑三种网格模式以及扭曲网格的影响，如图 5.5(a)～(c)所示。图 5.6 和表 5.1 展示了单元 T3-MINI-CNS 的上下限测试结果。由测试结果可见，对于均匀网格和扭曲网格，随着网格的加密(方形板四边划分的网格数量 N 逐渐增大)，使用单元 T3-MINI-CNS 和三种网格模式所得的 inf-sup 值都趋近于一个大于 0 的正数，并且单元 T3-MINI-CNS 未显示出虚假压力模式(spurious pressure mode)(Bathe, 2014; Boffi et al., 2013)，这表明单元 T3-MINI-CNS 能通过上下限测试。需要指出的是，使用扭曲网格进行测试时，由于未保证加密后的网格完全“嵌入”加密前的网格，使得网格较稀疏时($N=2$ 和 $N=4$)，inf-sup 值并不是单调减小的。另外与单元 T3-MINI-CNS 具有相同插值结点分布的混合单元 4/4/3-c 也能通过上下限测试(Bathe, 2014; Boffi et al., 2013)。

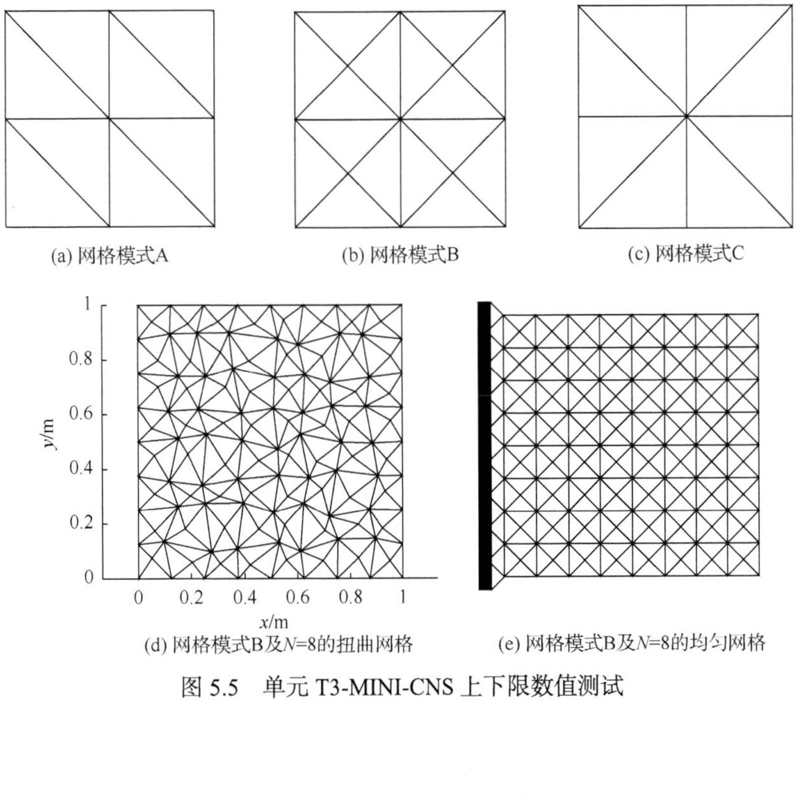

(a) 网格模式A　(b) 网格模式B　(c) 网格模式C

(d) 网格模式B及N=8的扭曲网格　(e) 网格模式B及N=8的均匀网格

图 5.5　单元 T3-MINI-CNS 上下限数值测试

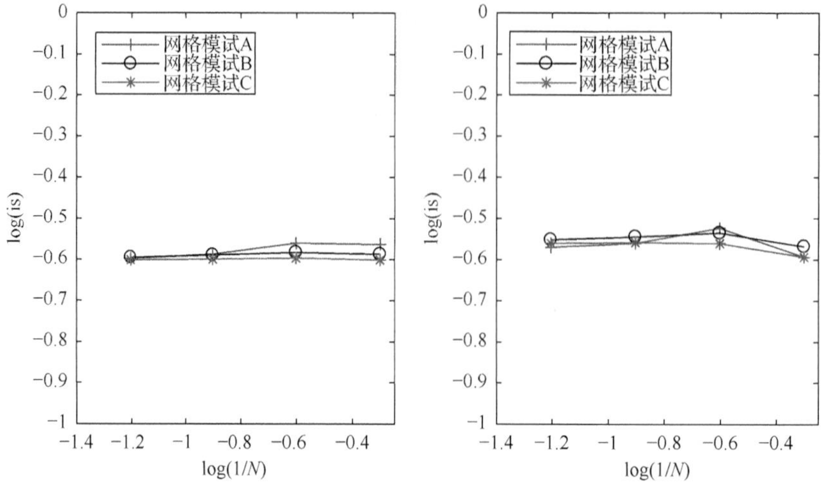

(a) 均匀网格上下限测试结果　　(b) 扭曲网格上下限测试结果

图 5.6　单元 T3-MINI-CNS 上下限测试结果

表 5.1　单元 T3-MINI-CNS 上下限测试结果

	网格模式	是否具有整体虚压力模式压力	是否具有局部虚压力模式压力	是否通过上下限测试
均匀网格	A	否	否	是
	B	否	否	是
	C	否	否	是
扭曲网格	A	否	否	是
	B	否	否	是
	C	否	否	是

5.3.2　低渗透性方形孔隙介质

低渗透性方形饱和孔隙介质受压问题是测试混合单元能否克服饱和孔隙介质闭锁问题的经典算例，其问题定义见图 5.7。边长为 1 的方形板所有边均为不透水边界。方形板左侧边受固定约束，上侧边受大小为 1kPa 的瞬时施加的均布压力载荷。孔隙介质的水力参数见表 5.2。图 5.8 为 $t = 2.5$s 时刻沿不同竖向截面和竖向截面 $x = 0.3$ 在不同时刻的孔隙压力分布。结果显示，单元 T3-MINI-CNS 的孔隙压力结果是光滑的，未显示出无物理意义的数值震荡，这表明 T3-MINI-CNS 能够克服饱和岩土材料水力耦合分析时的闭锁现象。图 5.9 为不同时刻整个方形板的孔隙压力分布云图，可见孔隙压力的分布是光滑的，并未出现棋盘格式(checkerboard pattern)(Bathe, 2014; Boffi et al., 2013)。需要指出的是，如果使用单元 ND5W5P1 和 P1-RT0 计算该问题，在孔隙压力结果中可观测到明显的震荡现象和棋盘格式。但是如前所述(Lotfian and Sivaselvan, 2018)，单元 ND5W5P1 和

P1-RT0 仍然具有广阔的应用空间。图 5.10 为使用单元 T3-MINI-CNS 进行方形饱和孔隙介质受压分析时各能量项随时间的变化曲线。能量项的周期性变化规律表明方形饱和孔隙介质在压力作用下的动力响应类似于不可压缩弹性体。

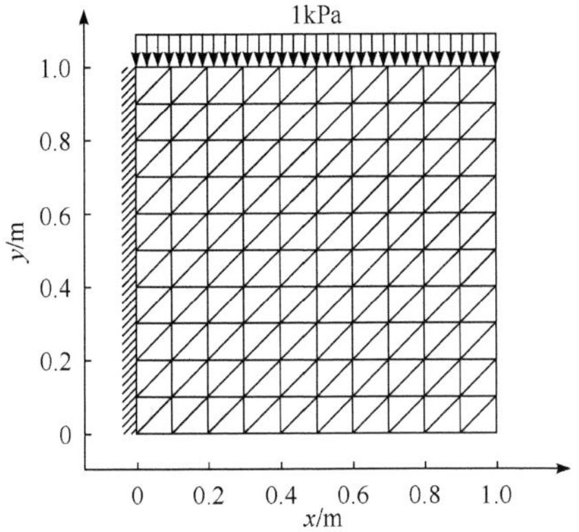

图 5.7　低渗透性方形饱和孔隙介质受压分析

表 5.2　低渗透性方形板材料力学参数

E/Pa	ν	ρ_s /(kg/m^3)	ρ_w /(kg/m^3)	n'	k_h /(m/s)
1×10^4	0.4	26667	1000	0.4	1×10^{-7}

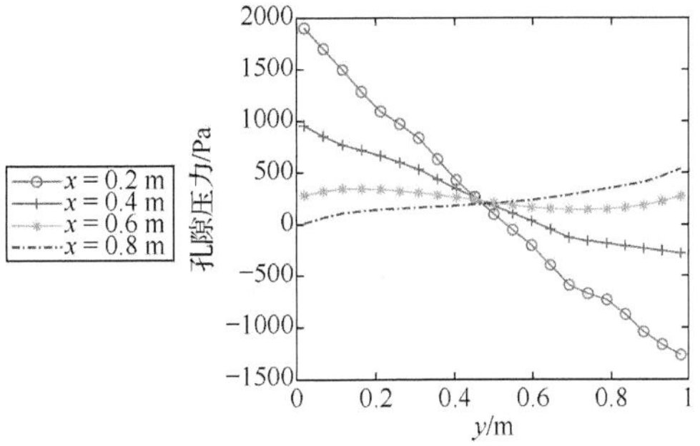

(a) t=2.5s沿不同竖向截面的孔隙压力分布

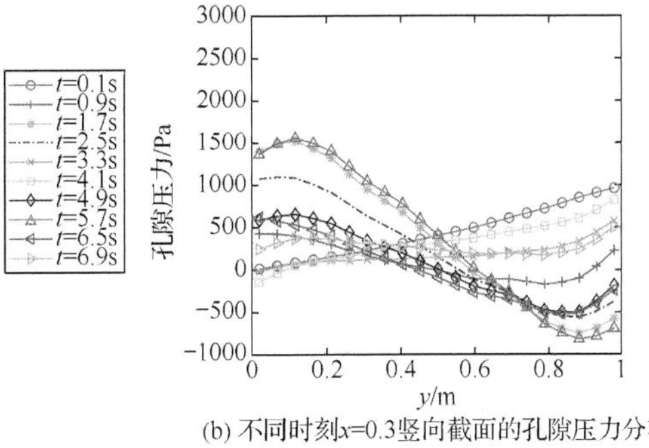

(b) 不同时刻x=0.3竖向截面的孔隙压力分布

图 5.8　单元 T3-MINI-CNS 的孔隙压力结果

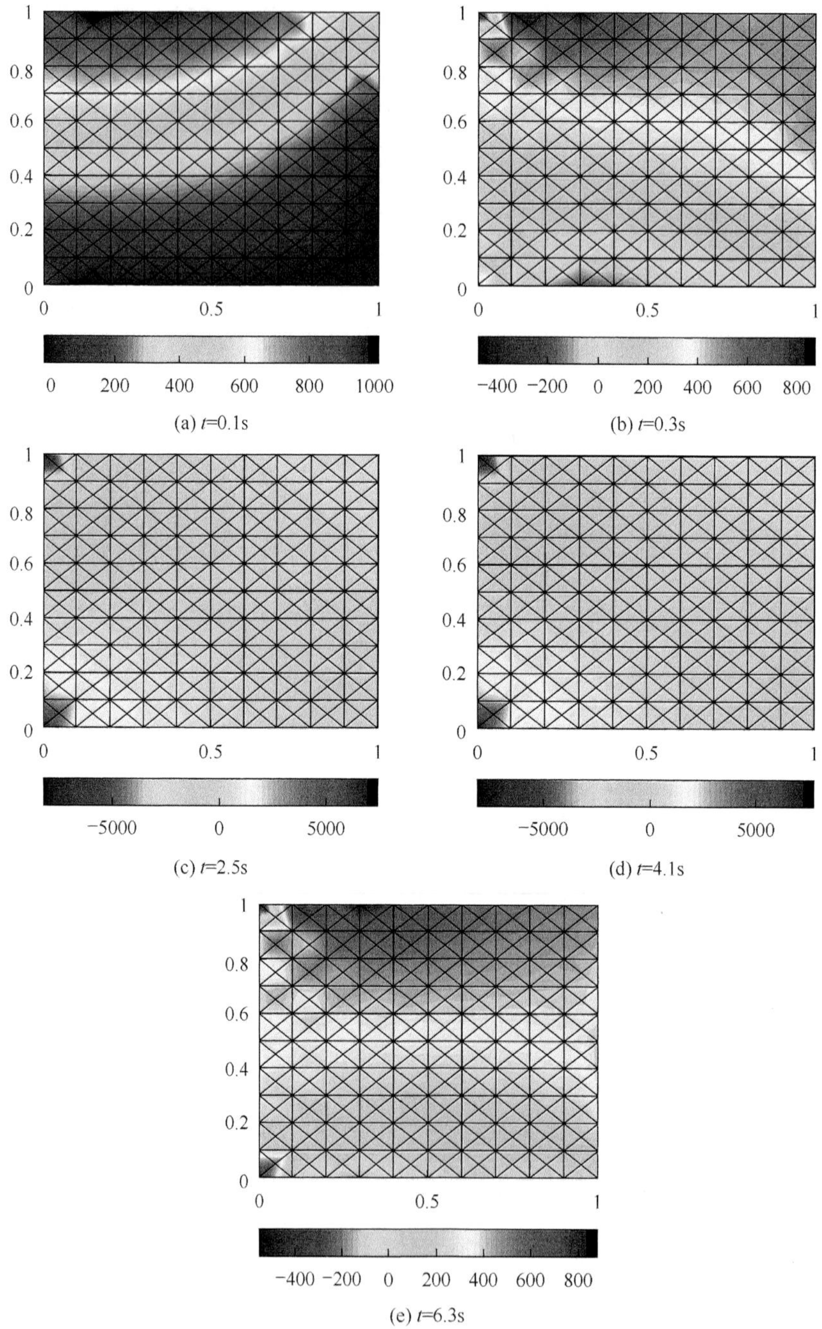

图 5.9　单元 T3-MINI-CNS 所得不同时刻的孔隙压力云图(彩图请扫封底二维码)

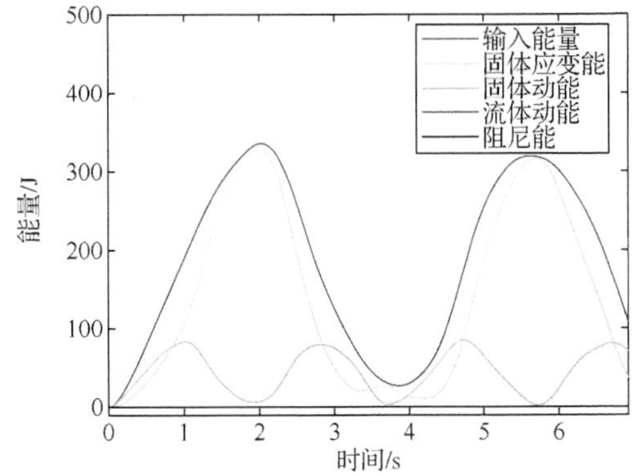

图 5.10　单元 T3-MINI-CNS 模拟低渗透性方形孔隙介质受压所得各能量项随时间变化的曲线(彩图请扫封底二维码)

5.3.3　顶部受压的黏土边坡

本算例考虑顶部受压且具有极小渗透系数的黏土边坡。如图 5.11 所示，边坡的左侧、右侧及底侧均为不透水边界，其余边界为理想透水边界。左侧和右侧边界受法向位移约束，底侧边界受完全位移约束。大小为 3MPa 的均匀压力作用在边坡顶部区间[12, 16]的区间上，该压力在 0.1s 内由 0 线性增加至 3MPa。黏土边坡的水力材料参数见表 5.3。为了验证单元 T3-MINI-CNS 求解因渗透性较小引起的饱和岩土材料水力耦合闭锁问题的能力，这里取相对较大的时间步长 $\Delta t = 2\times10^{-3}$s (Lotfian and Sivaselvan, 2018)，以避免因时间步较小加剧水力闭锁程度。图 5.11 中测点 A、B 和 C 的坐标依次为(27,7.3)、(14,14)和(14,0)。

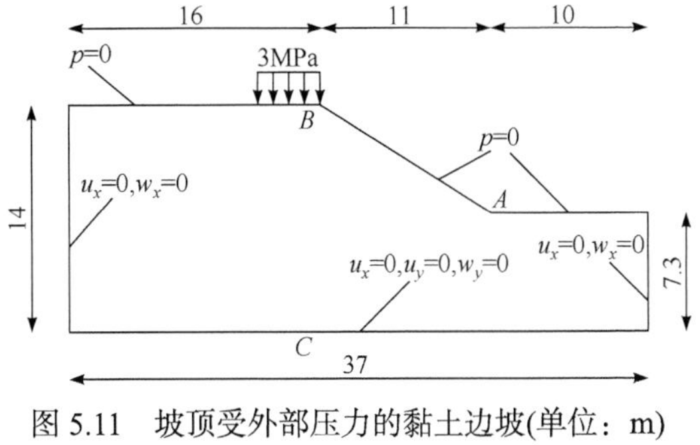

图 5.11　坡顶受外部压力的黏土边坡(单位：m)

表 5.3　黏土边坡的水力材料参数

E/Pa	ν	ρ_s /(kg/m³)	ρ_w /(kg/m³)	n'	k_h /(m/s)
6×10^7	0.4	2000	1000	0.2	4×10^{-7}

由单元 T3-MINI-CNS 所得的孔隙压力云图和骨架位移矢量图如图 5.12 所

示。由此可见，所得的孔隙压力场是光滑的，并无棋盘格式出现。图 5.13 为单元 T3-MINI-CNS、T6T6T3、P2-RT0、P1-RT0 和 ND5W5E1 所得沿截面 *BC* 的孔隙压力分布以及测点 *A* 的骨架水平位移和测点 *B* 的骨架竖向位移随时间变化历史。由图 5.13(a)可见，单元 T3-MINI-CNS、T6T6T3、P2-RT0 和 ND5W5E1 均给出光滑的孔隙压力分布，而 P1-RT0 因不满足上下限条件，其孔隙压力结果中出现了明显的数值震荡。需要指出的是，由于单元 P2-RT0、P1-RT0 和 ND5W5E1 均使用 0 阶孔隙压力插值，其孔隙压力精度明显低于 T3-MINI-CNS 和 T6T6T3 的孔隙压力精度。对于图 5.12(a)中的三角形网格，单元 T3-MINI-CNS、T6T6T3、P2-RT0 和 ND5W5E1 的自由度数量分别为 5695、7559、5226 和 5510。另一方面，图 5.13(a)和(b)显示，单元 T3-MINI-CNS、T6T6T3 和 P2-RT0 的骨架位移结果吻合良好。

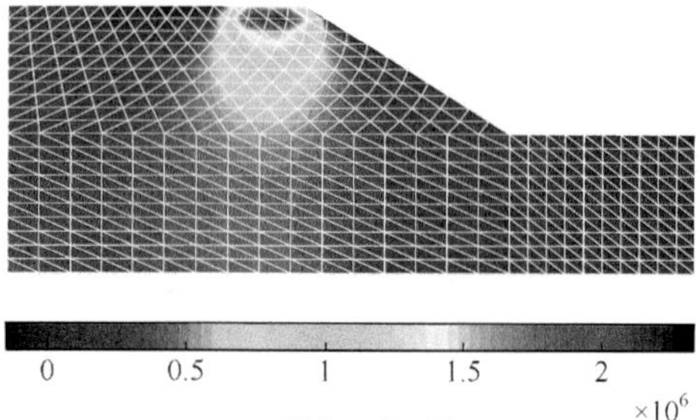

(a) 孔隙压力云图

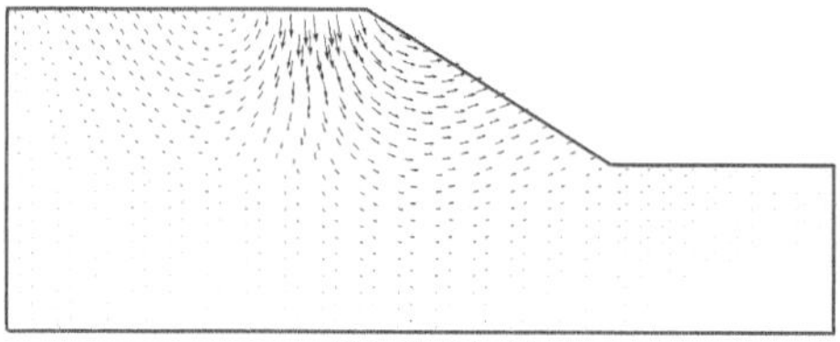

(b) 骨架位移矢量图

图 5.12　单元 T3-MINI-CNS 所得 $t = 2$s 的孔隙压力和骨架位移结果(彩图请扫封底二维码)

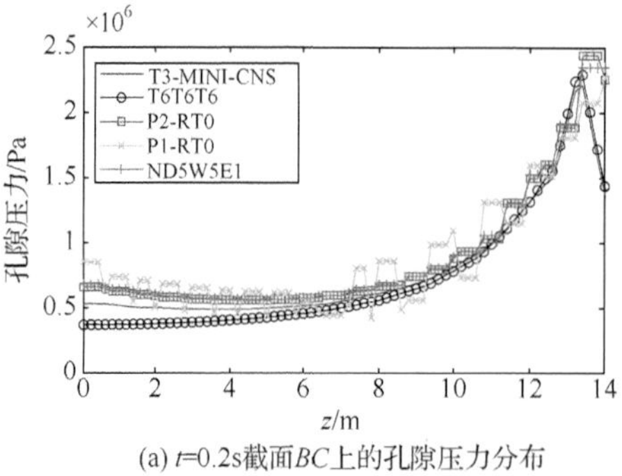

(a) t=0.2s截面*BC*上的孔隙压力分布

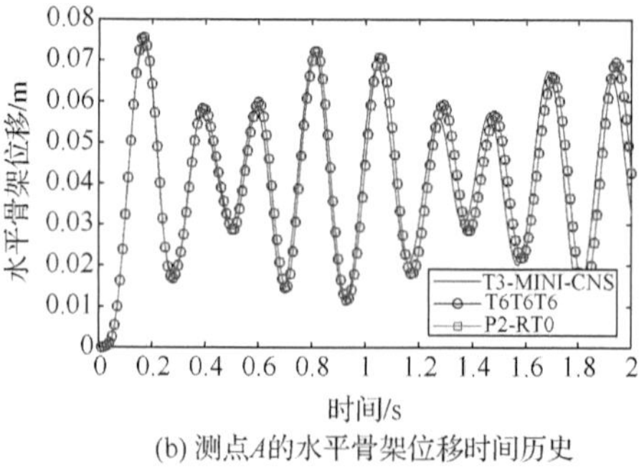

(b) 测点*A*的水平骨架位移时间历史

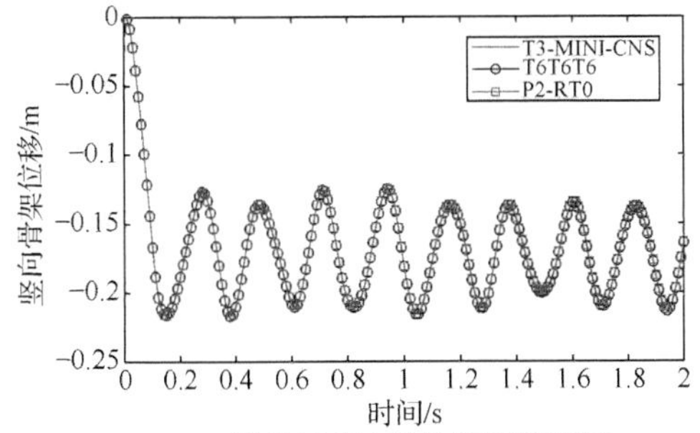

(c) 测点*B*的竖向骨架位移时间历史

图 5.13　测点处孔隙压力分布和骨架位移的时间历史

5.4　连续饱和岩土材料动力固结

本节通过对连续饱和岩土材料动力固结问题的经典算例进行计算，对单元 T3-MINI-CNS 求解饱和水力耦合问题的有效性、可靠性、精度、收敛性进行数值测试。

5.4.1　受均匀分布压力作用的半无限大饱和土

本算例考虑受均布载荷作用的半无限大饱和土的固结问题，半无限大饱和土的简化模型为图 5.14 所示的尺寸为 0.1m×10m 的长方形土柱。土柱的左侧、右侧和底侧边界受法向位移约束，顶部受瞬时施加的大小为 3kPa 的均布压力。饱和土的物理力学参数见表 5.4。计算时采用如图 5.14 所示的 400 个流形单元对问题域进行离散。基于该网格进行计算时，单元 T3-MINI-CNS、ND5W5P1、P2-RT0 和 T6T6T3 的自由度数目分别为 3110、3322、3107 和 4314。计算时间步长取为 5×10^{-4}s。

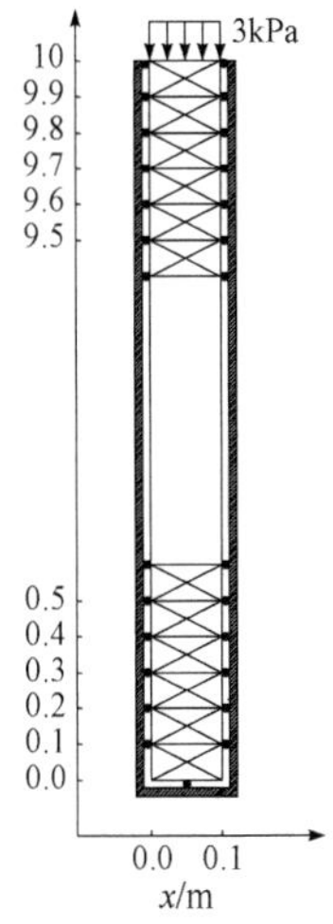

图 5.14　受均匀分布压力作用的半无限大饱和土

图 5.15 为土柱顶端沉降随时间的变化曲线，其中理论沉降值由太沙基一维固结理论式(3.42)得到。图 5.15 显示单元 T3-MINI-CNS 所得的沉降结果与其他混合单元的结果完全吻合。图 5.16 给出了不同时刻沿土柱的沉降分布，反映了慢膨胀波在饱和土中的传播过程。由式(3.44)及图 5.16 可得，单元 T3-MINI-CNS 所得的不同时刻慢膨胀波的传播速度近似为

表 5.4　饱和土的材料力学性质

E/Pa	ν	ρ_s /(kg/m³)	ρ_w /(kg/m³)	n'	k_h /(m/s)
1.4516×10^7	0.3	2000	1000	0.33	0.01

$$
\begin{aligned}
v_{0.025} &= \frac{10-7.8}{0.025} = 84.00\text{m/s} \\
v_{0.075} &= \frac{10-5.2}{0.075} = 64.00\text{m/s} \\
v_{0.15} &= \frac{10-2.5}{0.15} = 50.00\text{m/s} \\
v_{0.3} &= \frac{10-0.2}{0.3} = 32.67\text{m/s}
\end{aligned}
\tag{5.23}
$$

根据 de Boer 的理论公式所得的波传播速度为 85.07m/s(de Boer, 1998)，这一结果与单元 T3-MINI-CNS 在 $t=0.025$s 所得的波速 88.00m/s 十分接近。此外单元 ND5W5P1、P2-RT0 和 T6T6T3 在 $t=0.025$s 所得的波速分别为 88m/s、88m/s 和 84m/s，可见单元 T3-MINI-CNS 和 T6T6T3 所得的慢膨胀波速更为精确。式(5.23)中的结果同样显示出随着膨胀波向下传递，波速逐渐减小的规律，在其他单元的计算结果中也可观察到这一现象。

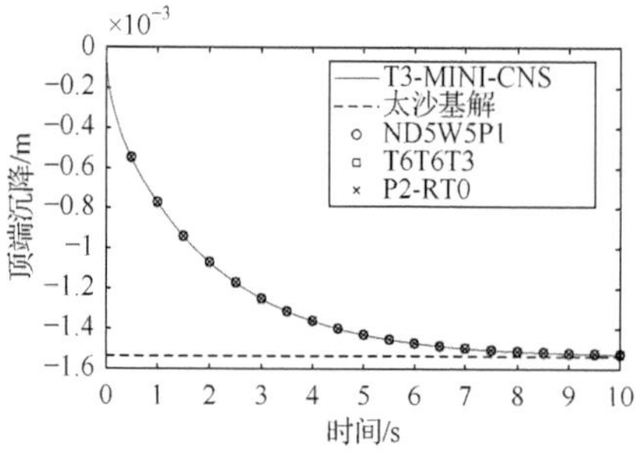

图 5.15　土柱顶端沉降随时间的变化曲线

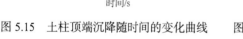

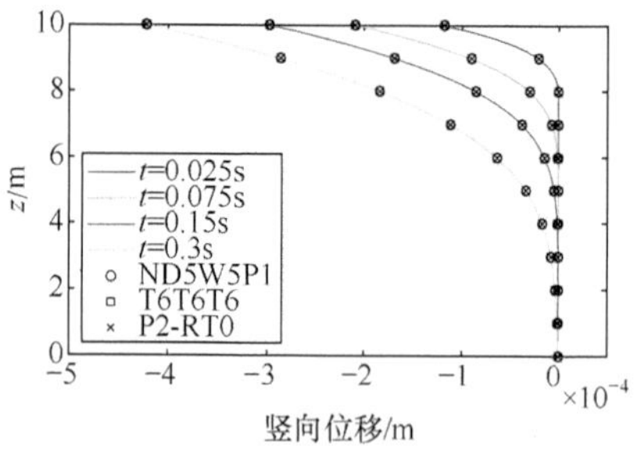

图 5.16　不同时刻沿土柱的沉降分布(彩图请扫封底二维码)

图 5.17 为不同深度测点孔隙压力的增长和消散过程。由于外部荷载的瞬时施加，整个土柱的孔隙压力迅速增大至外力大小，然后逐渐消散至 0。无论是饱和土柱的短期响应还是长期响应，单元 T3-MINI-CNS 所得的孔隙压力结果与单元 ND5W5P1、P2-RT0 及 T6T6T3 的孔隙压力结果均完全吻合。图 5.18 展示了不同深度测点骨架竖向速度的时间变化。结果显示，随着慢膨胀波从顶部向下传递，土柱从上至下逐点出现非零的骨架速度，且速度的大小随深度的增大而递减。单

元 T3-MINI-CNS、ND5W5P1 和 P2-RT0 所得骨架速度的长期响应完全一致，但是单元 T6T6T3 所得的骨架速度短期响应中存在明显的震荡，其精度也低于另外三种方法，这表明了混合有限单元在模拟瞬态动力固结问题时的不足(Hughes, 1987; Komijani 和 Gracie, 2019)。图 5.19 为不同深度测点的流体加速度和骨架加速度的结果。图 5.19(a)和(b)表明当慢膨胀波传递到某一深度时，该深度处会产生大小相同、方向相反的骨架和流体加速度。图 5.19(c)～(e)表明对于骨架的短期加速度响应，单元 T3-MINI-CNS、P2-RT0 及 ND5W5P1 的结果彼此吻合，但精度明显高于 T6T6T3 的结果。可见，尽管混合有限单元 T6T6T3 具有更高的骨架位移和流体速度插值阶数并使用了更多自由度，但 NMM 模型 T3-MINI-CNS 和 ND5W5P1 更适合于求解饱和孔隙介质的动力固结问题。

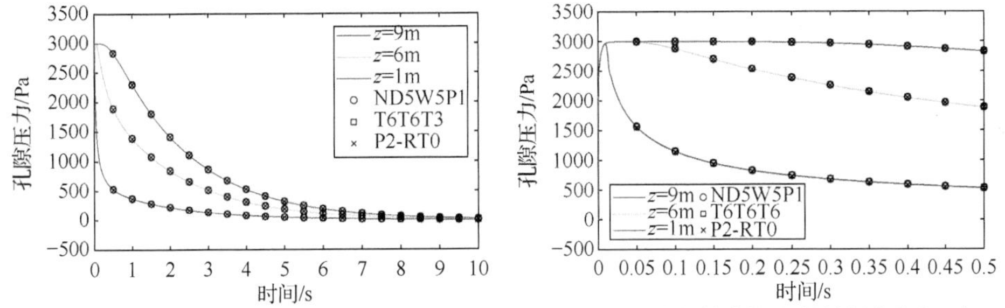

(a) 不同深度处孔隙压力的变化过程　(b) 计算初始阶段不同深度测点孔隙压力的变化过程

图 5.17　不同深度测点孔隙压力的时间历史：T3-MINI-CNS、ND5W5P1、T6T6T3 和 P2-RT0(彩图请扫封底二维码)

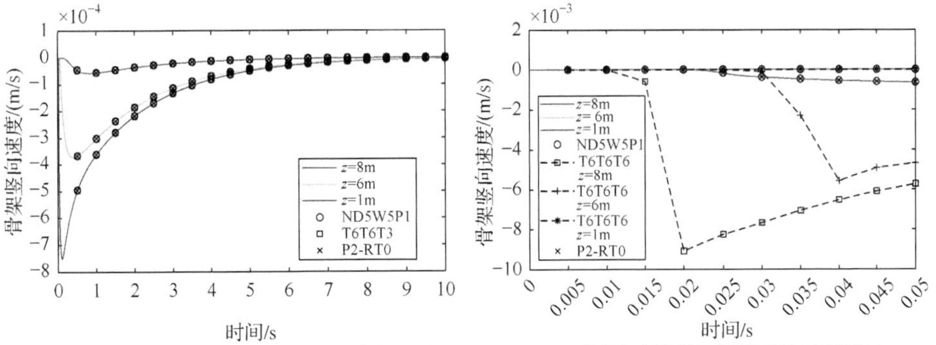

(a) 不同深度测点骨架竖向速度的变化过程　(b) 计算初始阶段不同深度测点骨架竖向速度的变化过程

图 5.18　不同深度测点骨架竖向速度的变化过程：T3-MINI-CNS、ND5W5P1、T6T6T3 和 P2-RT0(彩图请扫封底二维码)

图 5.20 为单元 T3-MINI-CNS 进行土柱动力固结分析时，土柱各能量项随时间的变化过程。各能量项的定义和求解公式见 3.3.3 节。图 5.20 显示，整个计算

过程中输入能量和系统所得到的能量与耗散能量之和完全吻合，这验证了计算过程中时间积分的精确性和稳定性。

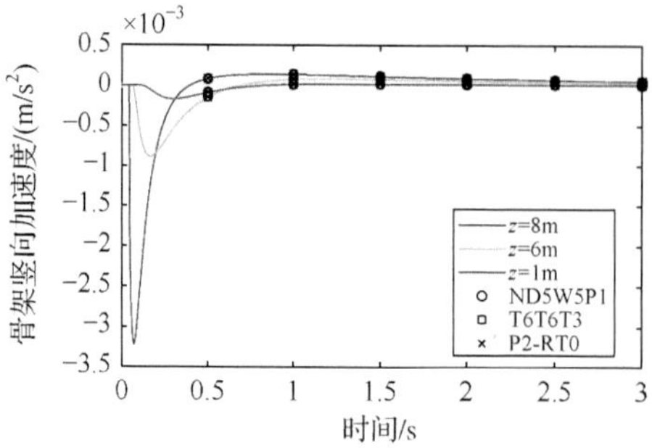

(a) 不同深度测点骨架竖向加速度的变化过程

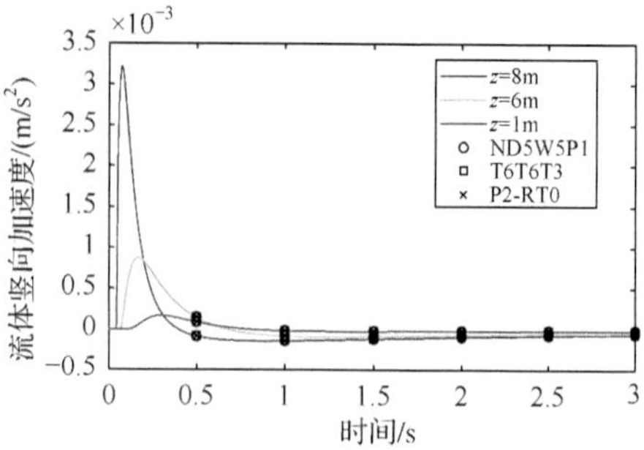

(b) 不同深度测点流体竖向加速度的变化过程

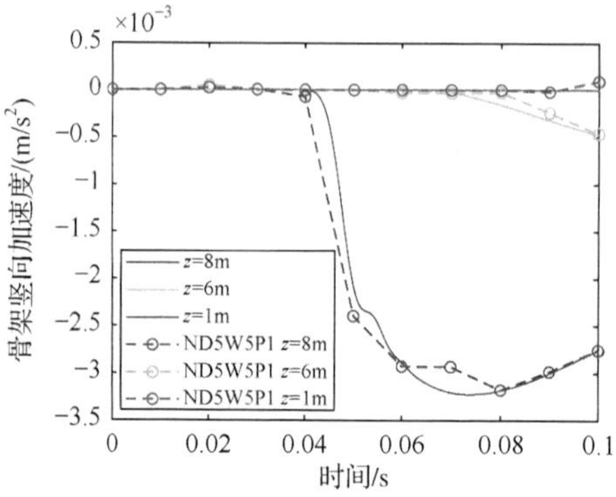

(c) 初始时刻不同深度测点骨架竖向加速度的变化过程：T3-MINI-CNS和ND5W5P1

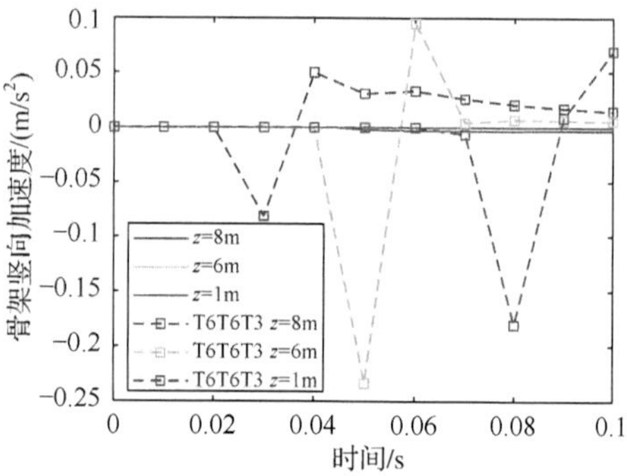

(d) 初始时刻不同深度测点骨架竖向加速度的变化过程：T3-MINI-CNS和T6T6T3

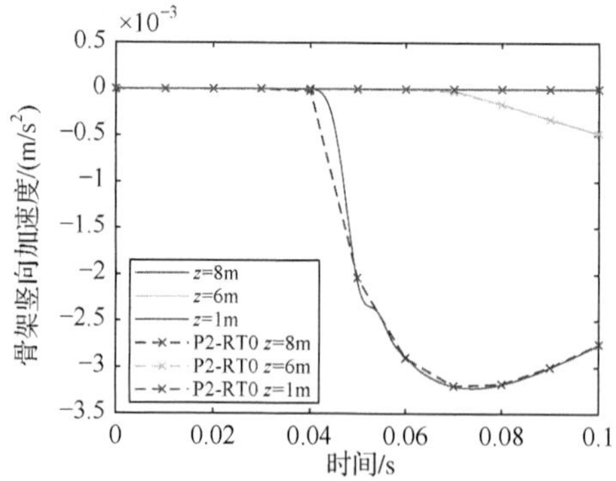

(e) 初始时刻不同深度处骨架竖向加速度的变化过程：T3-MINI-CNS和P2-RT0

图 5.19　不同深度测点的流体加速度和骨架加速度的变化过程：T3-MINI-CNS、ND5W5P1、T6T6T3 和 P2-RT0(彩图请扫封底二维码)

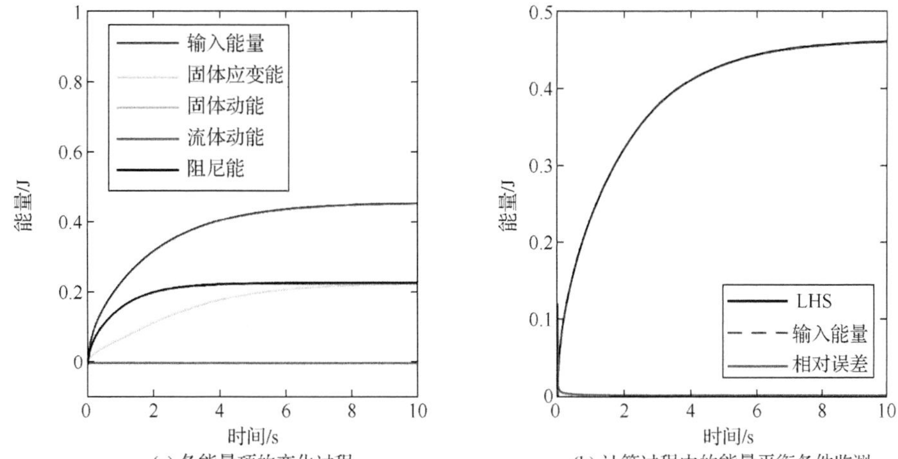

(a) 各能量项的变化过程　(b) 计算过程中的能量平衡条件监测

图 5.20　单元 T3-MINI-CNS 计算过程中的能量平衡监测(彩图请扫封底二维码)

5.4.2　收敛性测试：受均匀分布压力作用的半无限大饱和土

本节以 5.4.1 小节中受均匀压力作用的半无限大饱和土为例，证明单元 T3-MINI-CNS 求解连续饱和孔隙介质动力固结问题时，随着网格细化和时间步长减小的收敛性。对于该动力固结问题，由于不存在骨架和流体速度理论解，因此将基于混合有限单元 T6T6T3 和 1×100 的交叉型三角形网格(图 5.5(b))在 0.075s 和 0.3s 所得的数值解作为收敛性测试时的参考解。图 5.21 所示为单元 T3-MINI-CNS 采用 1×10、1×20 和 1×40 交叉型三角形网格的收敛性测试结果。结果显示，随着网格的细化，单元 T3-MINI-CNS 所得的流体速度趋向于参考解，骨架位移和孔隙压力结果的误差趋向于 0，这证明了网格细化时单元 T3-MINI-CNS 的收敛性。

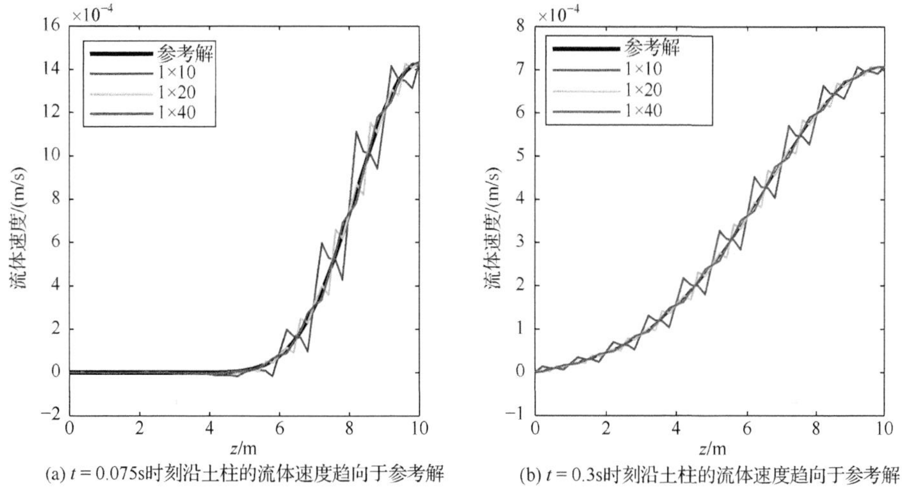

(a) $t = 0.075$s时刻沿土柱的流体速度趋向于参考解　(b) $t = 0.3$s时刻沿土柱的流体速度趋向于参考解

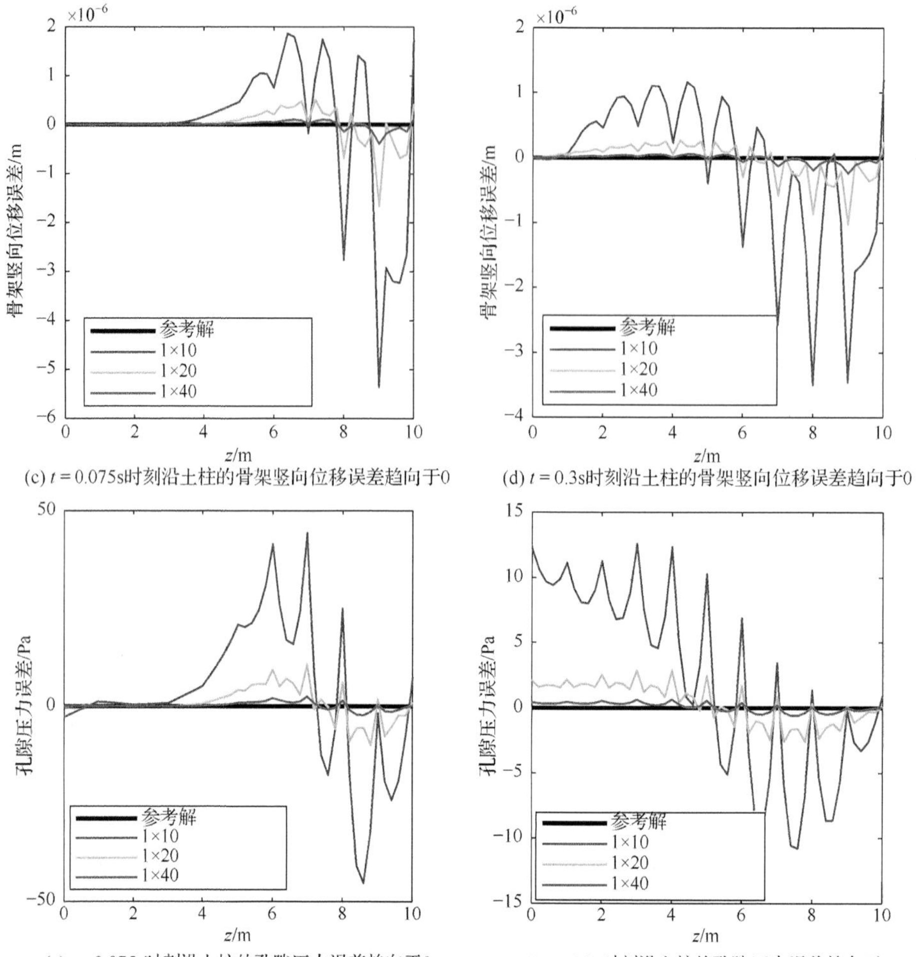

(c) $t=0.075$s时刻沿土柱的骨架竖向位移误差趋向于0　(d) $t=0.3$s时刻沿土柱的骨架竖向位移误差趋向于0

(e) $t=0.075$s时刻沿土柱的孔隙压力误差趋向于0　(f) $t=0.3$s时刻沿土柱的孔隙压力误差趋向于0

图 5.21　单元 T3-MINI-CNS 结果随网格加密的收敛性测试(彩图请扫封底二维码)

对于随时间步长减小时的收敛性测试，由混合有限单元 T6T6T3 采用 1×100 的交叉型三角形网格和时间步长$\Delta t=5\times10^{-4}$s 在 $t=0.3$s 给出参考解。测试时采用 1×40 的交叉型三角形网格以及逐渐减小的时间步长$\Delta t=1\times10^{-2}$s、$\Delta t=5\times10^{-3}$s 和$\Delta t=1\times10^{-3}$s，测试结果如图 5.22 所示。可见随着时间步长的减小，单元 T3-MINI-CNS 的骨架位移和孔隙压力的误差趋向于 0，这显示了单元 T3-MINI-CNS 在时间步长减小时的收敛性。

为了与其他经典混合单元对比求解饱和孔隙介质动力固结问题的精度和收敛性，使用单元 T3-MINI-CNS、4/4/3-c、ND5W5P1、ND5W5E1、T6T6T3、P2-RT0 和 P1-RT0 和 1×10、1×20 和 1×40 对该算例进行计算。由混合有限单元 T6T6T3 使用 1×100 的三角形网格和时间步长$\Delta t=5\times10^{-4}$s 得到参考解。表 5.5 和表 5.6 展

示了 $t = 0.25$s 时刻在 $z = 6$m 处的骨架沉降和骨架加速度结果，其中表 5.5 给出了使用各种单元进行固结分析时的自由度数目。可以看出，与其余方法相比，单元 T3-MINI-CNS 具有很高的精度和收敛性。表 5.7 给出了 $t = 0.5$s 时整个土柱的骨架应变能，可见单元 T3-MINI-CNS 在能量方面也显示出很高的精度。

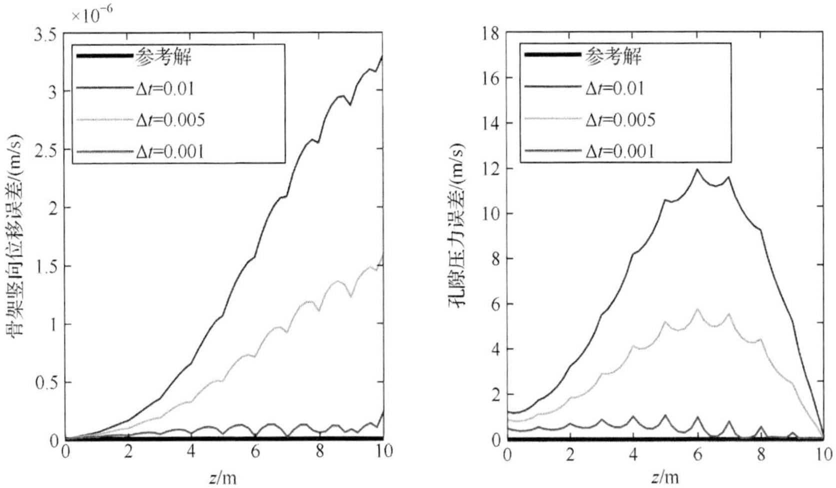

(a) t=0.3s时刻沿土柱的骨架竖向位移误差趋向于参考解　(b) t=0.3s时刻沿土柱的孔隙压力误差趋向于参考解

图 5.22　单元 T3-MINI-CNS 随时间步减小的收敛性测试(彩图请扫封底二维码)

表 5.5　$t = 0.25$s 时刻 $z = 6$m 处的骨架沉降 [a] 及使用各单元进行固结分析时的自由度数目

单元类型		网格		
		1×10	1×20	1×40
T6T6T3	自由度数目	444	874	1734
	骨架沉降/m	−4.586	−4.566	−4.591
ND5W5P1	自由度数目	352	682	1342
	骨架沉降/m	−4.583	−4.589	−4.592
ND5W5E1	自由度数目	360	700	1380
	骨架沉降/m	−6.347	−5.726	−5.099
P2-RT0	自由度数目	317	617	1247
	骨架沉降/m	−4.539	−4.582	−4.593
P1-RT0	自由度数目	175	345	685
	骨架沉降/m	−4.417	−4.554	−4.587
混合单元 4/4/3-c	自由度数目	320	630	1250
	骨架沉降/m	−4.383	−4.545	−4.583

续表

单元类型		网格		
		1×10	1×20	1×40
混合单元 T3-MINI-CNS	自由度数目	320	630	1250
	骨架沉降/m	−4.700	−4.615	−4.594
参考解		−4.596		

a 结果需乘以 10^{-5}。

表 5.6 $t=0.25$s 时刻 $z=6$m 处的骨架加速度 [a] (单位：m/s^2)

单元类型	网格		
	1×10	1×20	1×40
T6T6T3	−3.878	−4.218	−4.234
ND5W5P1	−4.120	−4.208	−4.241
ND5W5E1	−3.376	−3.892	−4.103
P2-RT0	−4.267	−4.250	−4.244
P1-RT0	−4.288	−4.254	−4.245
混合单元 4/4/3-c	−3.698	−4.076	−4.230
混合单元 T3-MINI-CNS	−3.769	−4.130	−4.242
参考解	−4.242		

a 结果需乘以 10^{-4}。

表 5.7 $t=0.5$s 时刻的骨架应变能 [a] (单位：J)

单元类型	网格		
	1×10	1×20	1×40
T6T6T3	4.827	4.818	4.815
ND5W5P1	4.816	4.816	4.816
ND5W5E1	5.148	4.986	4.881
P2-RT0	4.805	4.813	4.815
P1-RT0	4.789	4.809	4.814
混合单元 4/4/3-c	4.797	4.810	4.812
混合单元 T3-MINI-CNS	4.803	4.812	4.814
参考解	4.815		

a 结果需乘以 10^{-2}。

5.4.3　受偏斜压力作用的饱和土基础

受偏斜外部压力作用的饱和土基础的沉降分析是测试混合单元求解动力固结问题数值表现的另一个经典算例。考虑图 5.23 所示边长为 10m 的正方形饱和土基础，其不透水的左侧、右侧及下侧边界受法向位移约束，顶部边界区间[5m,10m]受大小为 15kPa 瞬时施加的均布压力。顶部边界区间[5m,10m]为不透水边界，其余部分为理想透水边界。计算时，土基础的渗透系数取为 0.1m/s 和 1×10^{-4}m/s，时间步长取为 5×10^{-4}s，其余的水力参数见表 5.8。

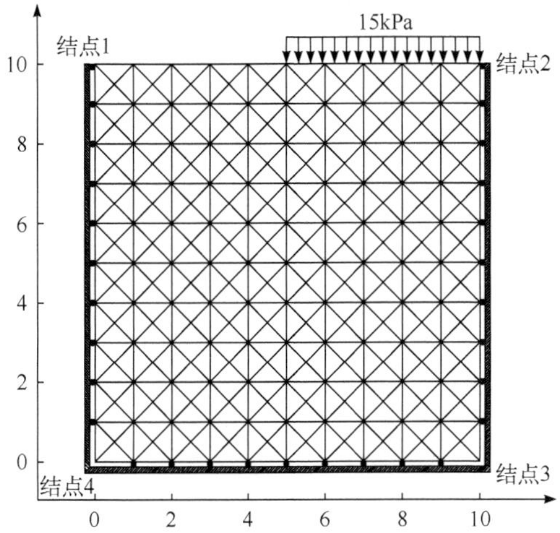

图 5.23　偏斜受压的饱和土基础(单位：m)

表 5.8　饱和土基础的材料力学参数

E/Pa	ν	ρ_s/(kg/m^3)	ρ_w/(kg/m^3)	n'	k_h /(m/s)
1.4516×10^7	0.3	2700	1000	0.42	0.1 或 1×10^{-4}

图 5.24 为采用不同渗透系数所得结点 1 和 2 处骨架竖向位移随时间变化的曲线。可见，采用较大的渗透系数时(0.1m/s)，排水速率更快，孔隙压力更快消散至 0，土基础更快地完成固结。反之，当渗透系数较小时(1×10^{-4}m/s)，基础需要更长的时间达到稳定状态。比较图 5.24(a)和(b)可见，由不同渗透系数得到的骨架竖向位移结果具有相同的变化频率，可见渗透系数对慢膨胀波的传递速度几乎没有影响。同时，瞬时施加外部偏斜压力后，结点 1 和 2(图 5.23)呈现出大小接近、方向相反的反对称运动模式，而且渗透系数越小这种现象越明显。这是因为对于具有不可压缩骨架颗粒、不可压缩流体的饱和土，渗透系数越小其力学响应越接近于不可压缩弹性体。图 5.25 为结点 1、2、3 和 4 处的孔隙压力变化过程，

这些变化过程反映了相同的规律：渗透系数越大，基础的固结速率越快，饱和孔隙介质越快地达到稳定状态。

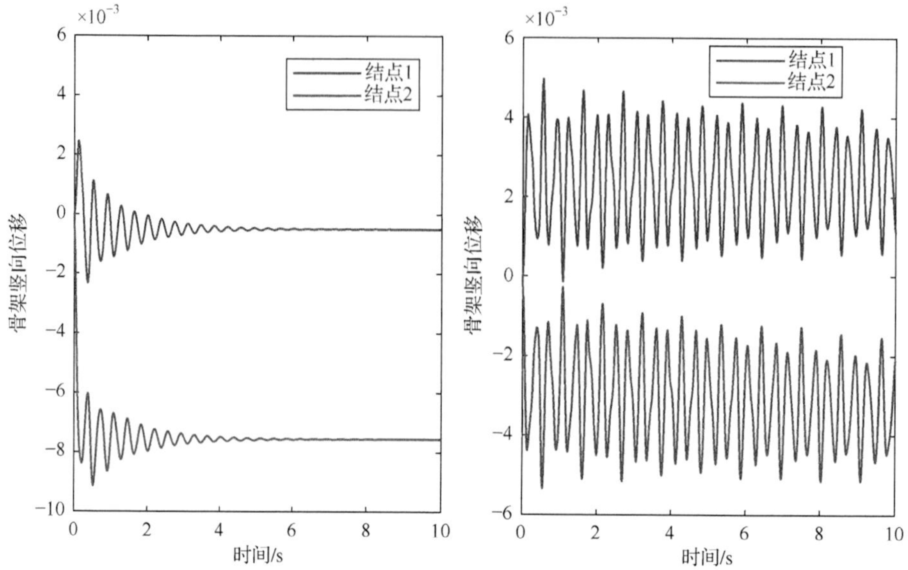

(a) k_h=0.1m/s　　(b) k_h=1×10^{-4}m/s

图 5.24　结点 1 和 2 处的骨架竖向位移时间历史(彩图请扫封底二维码)

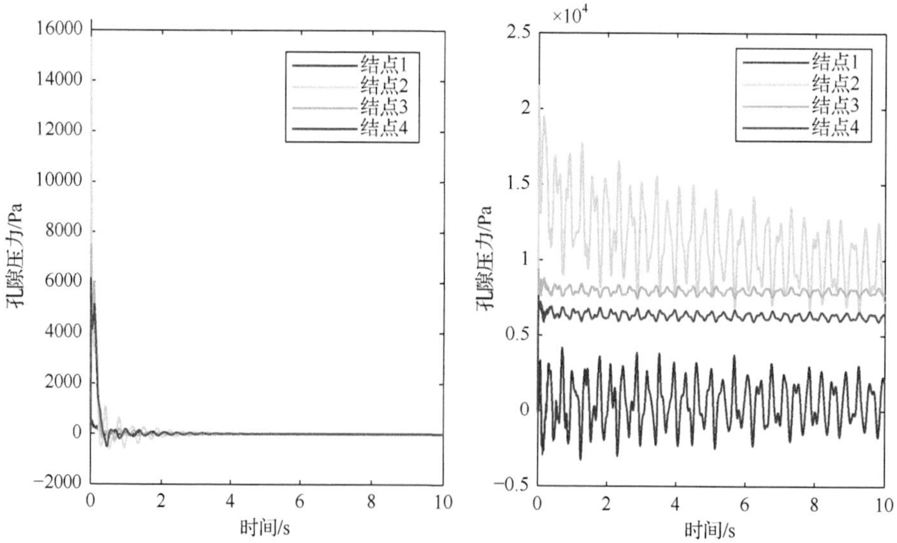

(a) k_h=0.1m/s　　(b) k_h=1×10^{-4}m/s

图 5.25　结点 1、2、3 和 4 处的孔隙压力时间历史(彩图请扫封底二维码)

图 5.26 为结点 1 处的骨架速度和流体速度时间历史。结果可见，两种渗透系数所得的骨架速度的峰值比较接近，但是渗透系数较小时，流速场接近于 0，而当渗透系数较大时，出现较大的流速场，而且骨架速度和流体速度也衰减得更快。图 5.27 和图 5.28 分别为渗透系数为 0.1m/s 和 1×10^{-4}m/s 时，不同时刻的孔隙压力云图和流体流速矢量图。对比可见，当渗透系数为 0.1m/s 时，从 $t=0.1$s 至 $t=1$s 流速场已衰减至 0，固结也基本完成；但渗透系数为 1×10^{-4}m/s 时，从 $t=0.1$s 至 $t=1$s 流速场的衰减很小，几乎可忽略不计。图 5.29 比较了 $t=2$s 时单元 T3-MINI-CNS 和 4/4/3-c 所得整个问题域的水平有效应力分布云图，与预想结果一致，单元 T3-MINI-CNS 给出更为光滑合理的应力场。图 5.30 为两种渗透系数下的能量平衡条件监测结果。可见，对于不同的渗透系数，整个固结过程中输入能量和饱和土基础所获得的能量与耗散能量之和几乎完全一致，这表明对于不同的渗透系数，时间积分方案都是稳定、精确和收敛的。

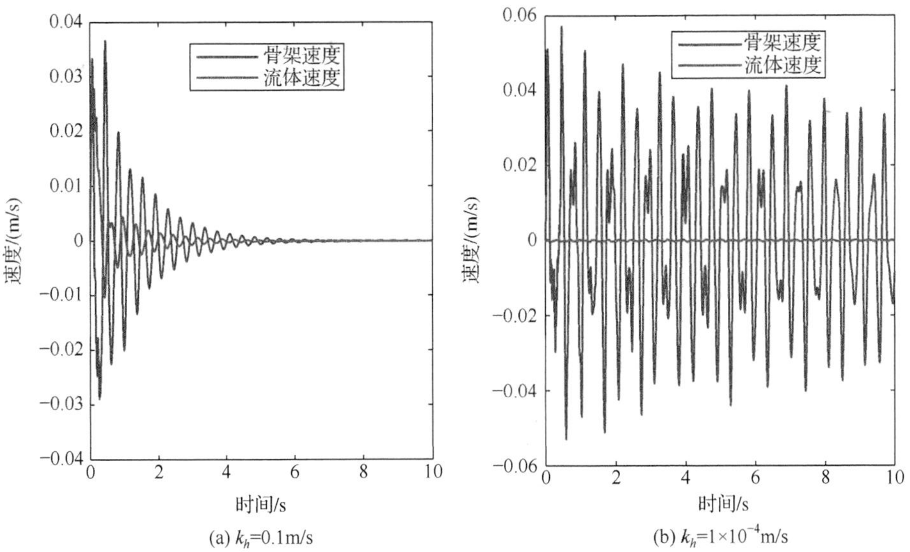

图 5.26　结点 1 处的骨架速度和流体速度时间历史(彩图请扫封底二维码)

为了验证单元 T3-MINI-CNS 进行动力固结分析时的收敛性和精度，使用其他经典混合单元和 8×8、12×12 和 16×16 三角形网格及较大的渗透系数 0.1m/s 对该算例进行了重新计算。其中参考解采用单元 T6T6T3 使用 32×32 的三角形网格得到。表 5.9～表 5.11 分别列出了 $t=0.5$s 时测点(5,5)处的骨架竖向位移、整个基础的骨架应变能和骨架动能。各单元类型和所使用的自由度数目见表 5.9。对比各单元的结果可见，单元 T3-MINI-CNS 显示出很高的精度和收敛速率。

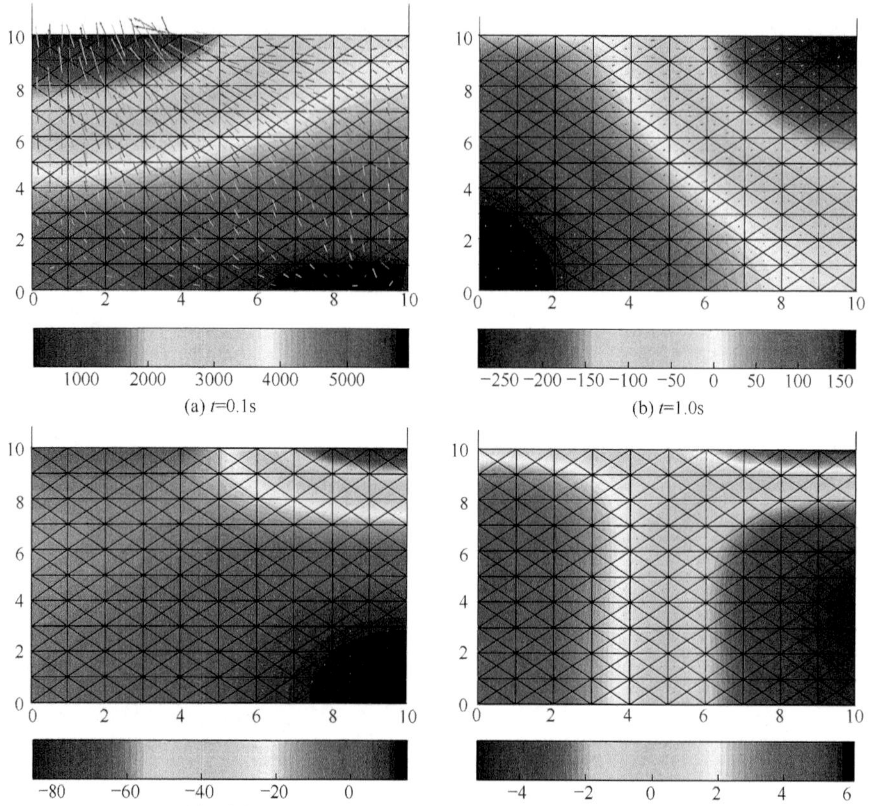

(a) t=0.1s　(b) t=1.0s

(c) t=2.0s　(d) t=4.0s

图 5.27　k_h =0.1m/s 时所得的孔隙压力云图和流体流速的矢量场(速度矢量的大小放大 20 倍)(彩图请扫封底二维码)

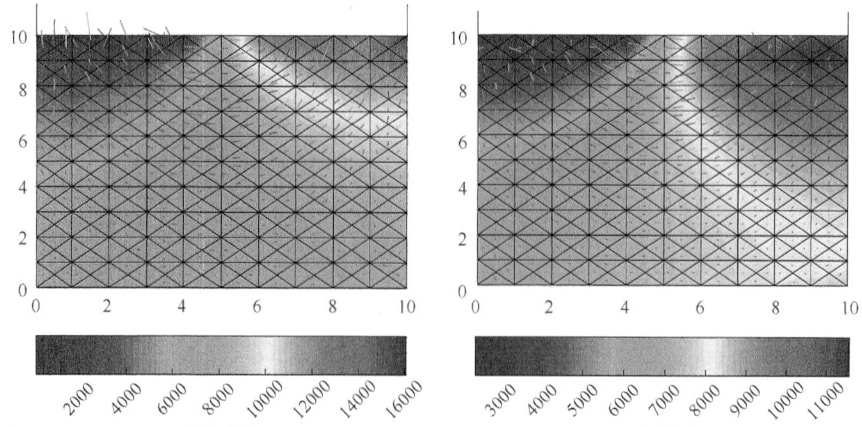

(a) t=0.1s　(b) t=1.0s

图 5.28　k_h =1×10^{-4}m/s 时所得的孔隙压力云图和流体流速的矢量场(速度矢量的大小放大 5000 倍)(彩图请扫封底二维码)

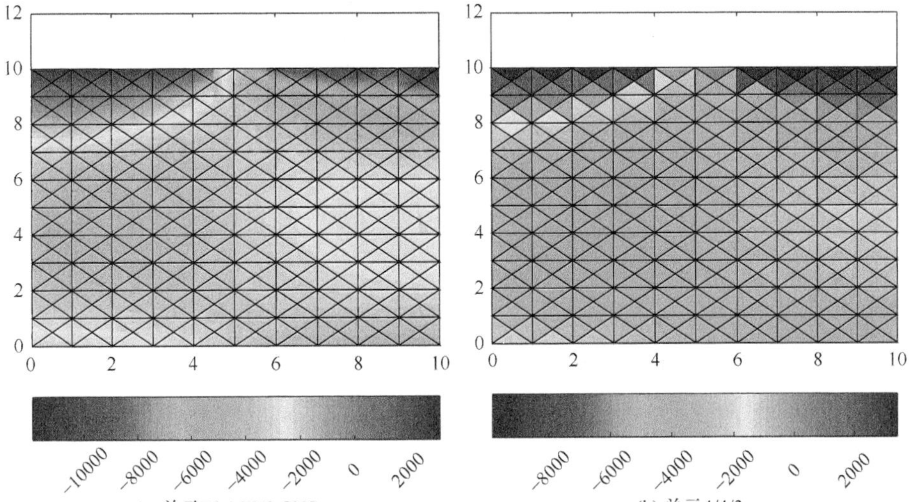

(a) 单元T3-MINI-CNS　　(b) 单元4/4/3-c

图 5.29　k_h =0.1m/s 且 t = 2s 时刻水平有效应力 σ_x' 分布云图(彩图请扫封底二维码)

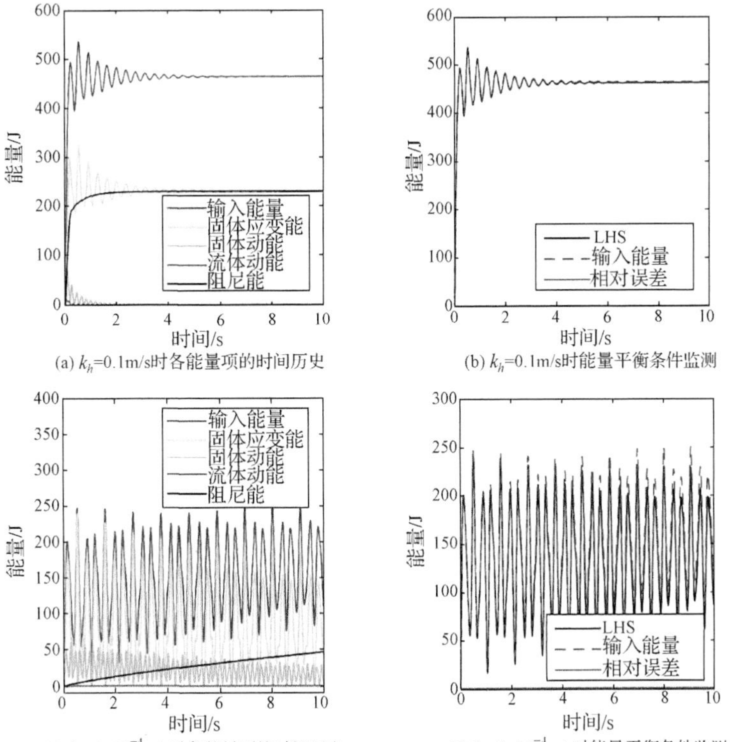

(a) k_h=0.1m/s时各能量项的时间历史　　(b) k_h=0.1m/s时能量平衡条件监测

(c) k_h=1×10^{-4}m/s时各能量项的时间历史　　(d) k_h=1×10^{-4}m/s时能量平衡条件监测

图 5.30　采用 T3-MINI-CNS 计算不同渗透系数下受偏斜压力饱和土基础问题时能量平衡(彩图请扫封底二维码)

表 5.9 $t = 0.5$s 时刻监测点(5,5)处的骨架竖向位移 (单位：m)[a]

单元类型		网格		
		8×8	12×12	16×16
T6T6T3	自由度数目	2325	5117	8997
	骨架竖向位移/m	−1.495	−1.490	−1.484
ND5W5P1	自由度数目	1595	3443	5995
	骨架竖向位移/m	−1.451	−1.461	−1.466
ND5W5E1	自由度数目	1706	3706	6474
	骨架竖向位移/m	−1.452	−1.459	−1.464
P2-RT0	自由度数目	1602	3554	6274
	骨架竖向位移/m	−1.444	−1.456	−1.463
P1-RT0	自由度数目	802	1778	3138
	骨架竖向位移/m	−1.429	−1.450	−1.458
混合单元 4/4/3-c	自由度数目	1749	3869	6821
	骨架竖向位移/m	−1.399	−1.429	−1.444
混合单元 T3-MINI-CNS	自由度数目	1749	3869	6821
	骨架竖向位移/m	−1.421	−1.454	−1.471
参考解		−1.483		

骨架竖向位移结果需乘以 10^{-3}。

表 5.10 $t = 0.5$s 时刻饱和基础的骨架应变能 (单位：J)

单元类型	网格		
	8×8	12×12	16×16
T6T6T3	222.719	224.600	225.544
ND5W5P1	218.317	221.019	222.213
ND5W5E1	217.866	220.662	221.938
P2-RT0	220.088	221.927	222.850
P1-RT0	222.734	222.931	223.218
混合单元 4/4/3-c	217.890	219.458	220.689
混合单元 T3-MINI-CNS	221.355	223.543	225.136
参考解	225.464		

表 5.11 $t = 0.5$s 时刻饱和基础的骨架动能 (单位：J)

单元类型	网格		
	8×8	12×12	16×16
T6T6T3	13.931	13.930	13.929
ND5W5P1	14.458	14.150	14.042
ND5W5E1	14.518	14.184	14.060

续表

单元类型	网格		
	8×8	12×12	16×16
P2-RT0	13.904	13.848	13.836
P1-RT0	12.110	13.040	13.385
Mixed 4/4/3-c	12.051	13.016	13.379
Mixed T3-MINI-CNS	12.213	13.158	13.558
参考解	13.927		

5.5　非连续饱和岩土体水力耦合分析

本节展示单元 T3-MINI-CNS 求解非连续饱和岩土水力耦合问题的精度。由于单元 T3-MINI-CNS 是在 NMM 的框架下建立的，因此 4.3 节所述摩擦接触模型的实现方法完全适用于单元 T3-MINI-CNS。除另有说明外，本节所有算例的饱和岩土材料水力性质见表 5.12。

表 5.12　饱和岩土材料水力性质

E/Pa	ν	$\rho_s/(\mathrm{kg/m^3})$	$\rho_f/(\mathrm{kg/m^3})$	n	k_h/(m/s)
1.4516×10^7	0.3	2000	1000	0.3	0.01

5.5.1　非连续饱和岩土体动力固结

如图 5.31 考虑尺寸为 1m×0.1m 长方形饱和孔隙介质。孔隙介质的上侧、下侧和右侧均为不透水边界且受法向位移约束。孔隙介质的左侧边界理想透水，且受均匀外部压力 $F_x(t)$ 的作用。$F_x(t)$ 随时间的变化规律由式(5.24)确定。孔隙介质的中间位置含有长度为 0.06m 的不透水不连续面，不连续面的端点坐标为(0.5,0.02)和(0.5,0.06)。计算时数学覆盖由 50×5 的三角形网格形成且时间步长取为 5×10^{-4}s。

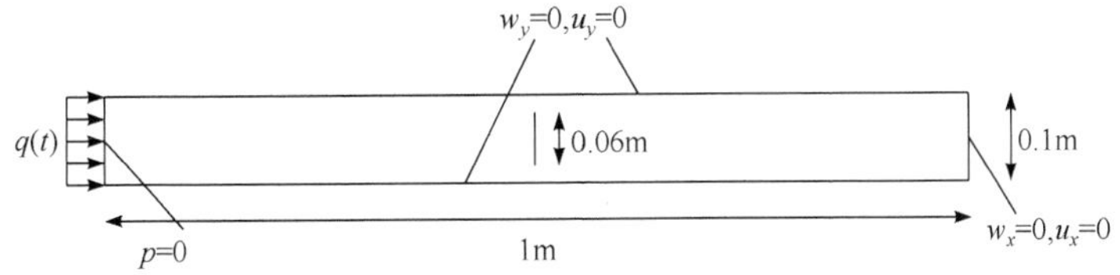

图 5.31　受均布压力作用的非连续饱和孔隙介质

图 5.32 为 $t=0.12$s 时刻的骨架水平位移云图。结果显示，施加接触模型的含不连续面的饱和孔隙介质和完整饱和孔隙介质的骨架水平位移结果基本相同，这是由于接触模型的施加限制了不连续面两侧的相互位移嵌入，而且外力施加方向与

不连续面方向垂直，不连续面两侧无相互滑动。图 5.32(c)显示，当未施加接触模型时(即忽略不连续面上的接触力)，不连续面两侧产生了明显的相互位移嵌入。图 5.33 为 $t = 0.12\mathrm{s}$ 时刻沿中线 $y = 0.05\mathrm{m}$ 的骨架水平位移分布。可见，施加接触模型时位移分布是连续的，而忽略不连续面上的接触力会使不连续面两侧产生位移跳跃。

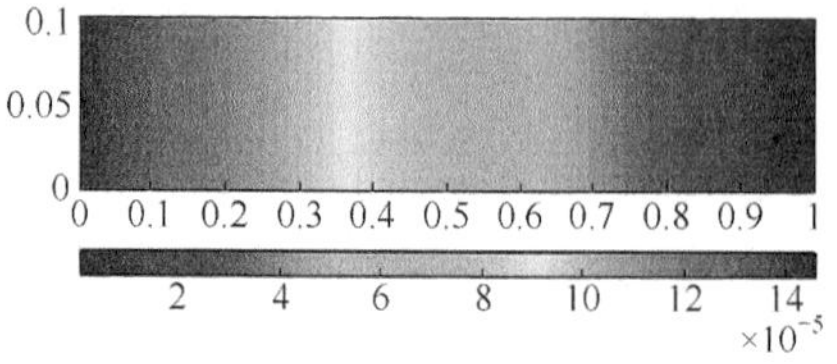

(a) 连续孔隙介质

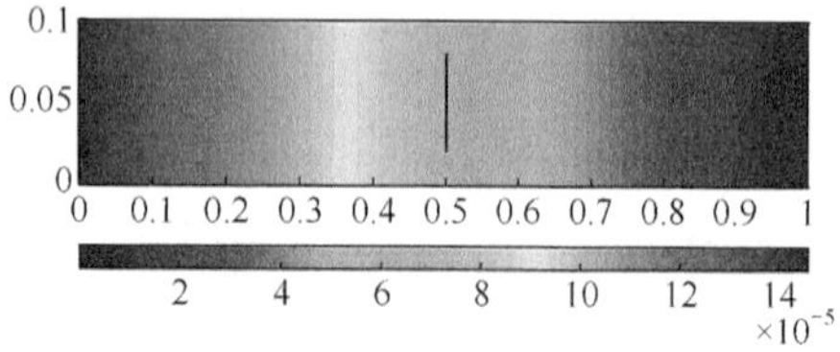

(b) 含不连续面孔隙介质(施加接触模型)

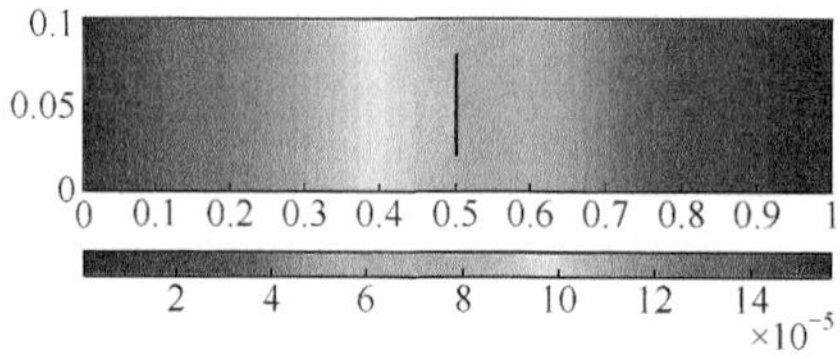

(c) 含不连续面孔隙介质(未施加接触模型)

图 5.32　$t = 0.12\mathrm{s}$ 时刻的骨架水平位移云图(彩图请扫封底二维码)

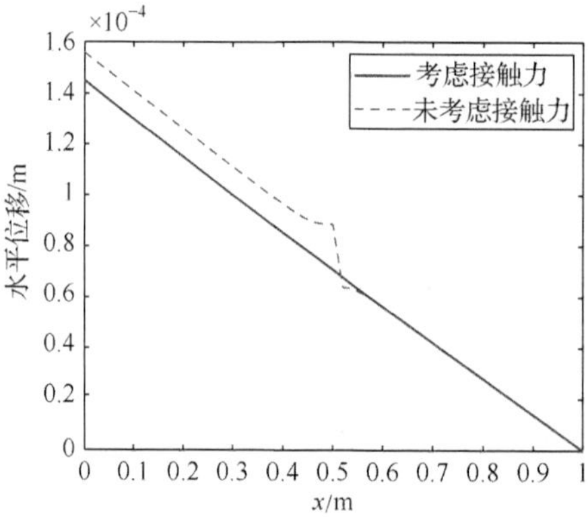

图 5.33　$t = 0.12\mathrm{s}$ 时刻沿中线 $y = 0.05\mathrm{m}$ 的骨架水平位移分布

图 5.34 为 $t=0.08\mathrm{s}$ 时刻水平流速云图和流速矢量图。结果显示，由于不连续面的不透水性，靠近不连续面两侧的水平流速为 0 且流体绕过不连续面流向左侧边界，使得不连续面端点处的流速大小明显高于其他位置的流速大小。由于不透水不连续面的存在降低了饱和孔隙介质的整体渗透性，含不连续面的饱和孔隙介质内出现了更大的孔隙压力峰值。图 5.35 为 $t=0.12\mathrm{s}$ 时刻的孔隙压力云图。可见与连续孔隙介质相比，内部含不透水不连续面时，饱和孔隙介质的孔隙水压力在不连续面两侧是不连续的。图 5.36 为测点(0.57，0.5)处的孔隙压力随时间变化的曲线，可见含不透水的不连续面时出现了更高的孔隙压力峰值，尽管两种情形下，

测点处孔隙压力随时间变化的规律是相同的。

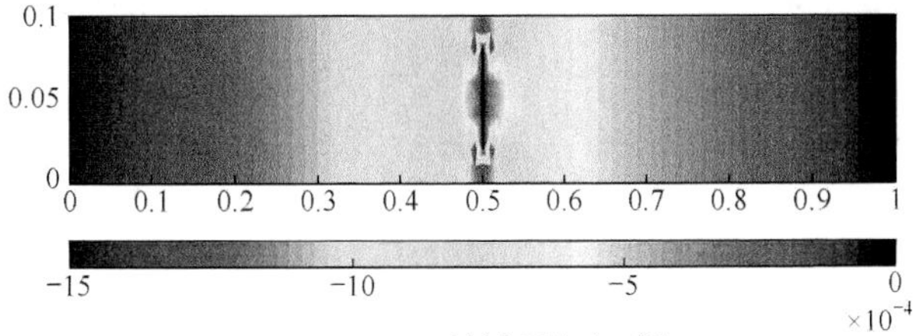

(a) t=0.08s时刻水平流速云图

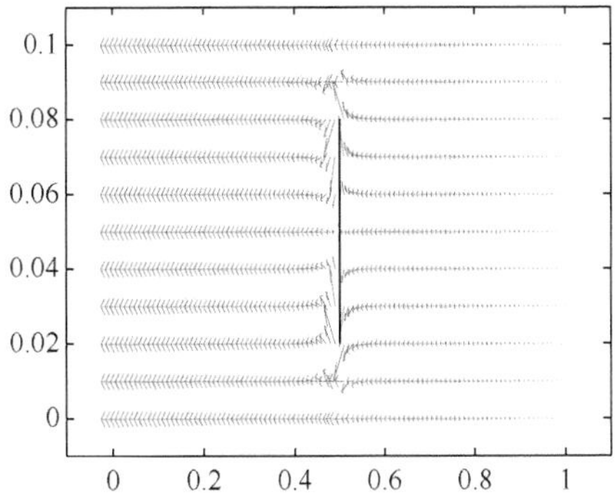

(b) t=0.08s时刻水平流速矢量图

图 5.34　t = 0.08s 时刻水平流速结果(彩图请扫封底二维码)

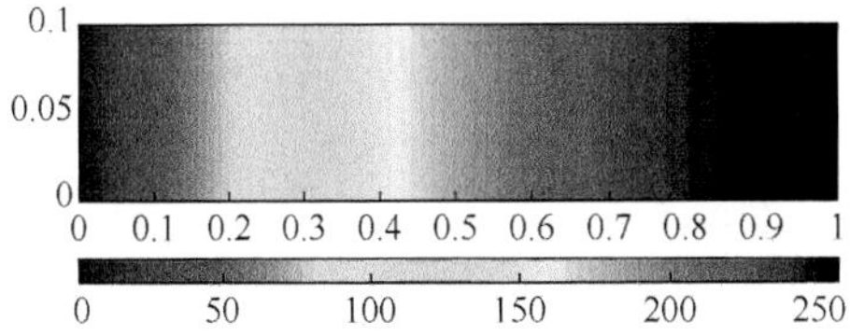

(a) 连续孔隙介质

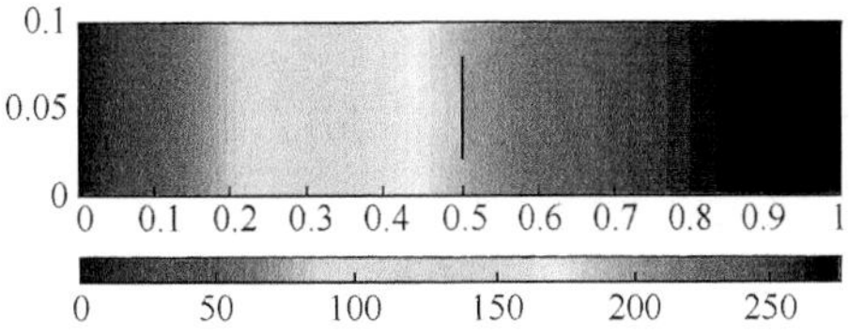

(b) 含不连续面孔隙介质(施加接触模型)

图 5.35　t = 0.12s 时刻的孔隙压力云图(彩图请扫封底二维码)

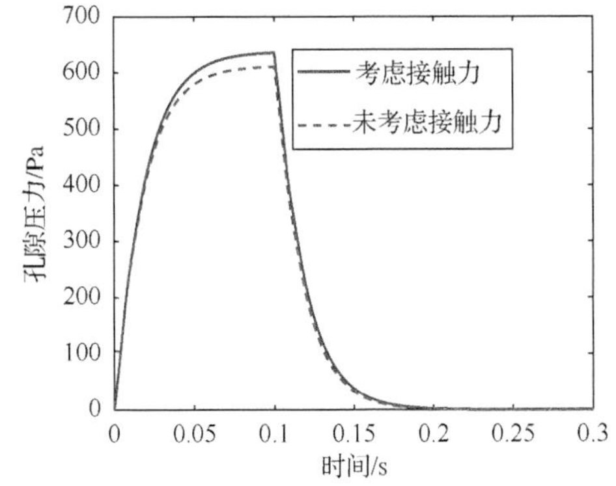

图 5.36　测点(0.57,0.05)处的孔隙压力随时间变化的曲线

图 5.37 为动力固结过程中，连续孔隙介质和含不透水不连续面孔隙介质的各能量项随时间的变化过程。结果显示，外部输入能量与孔隙介质系统获得能量和耗散能量之和间的误差在计算开始后快速减小至 0，这表明使用单元 T3-MINI-CNS 模拟连续和不连续面饱和孔隙介质动力固结问题时，时间积分方案都是精确稳定的。

$$F_x(t)=\begin{cases}3000\times\dfrac{t}{0.1}, & t<0.1\text{s}\\ 3000, & t\geqslant 0.1\text{s}\end{cases} \tag{5.24}$$

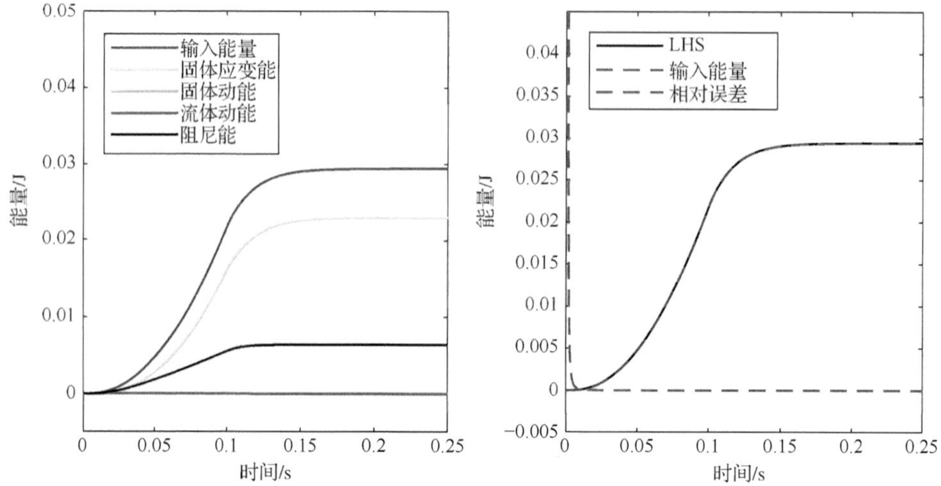

(a) 连续孔隙介质

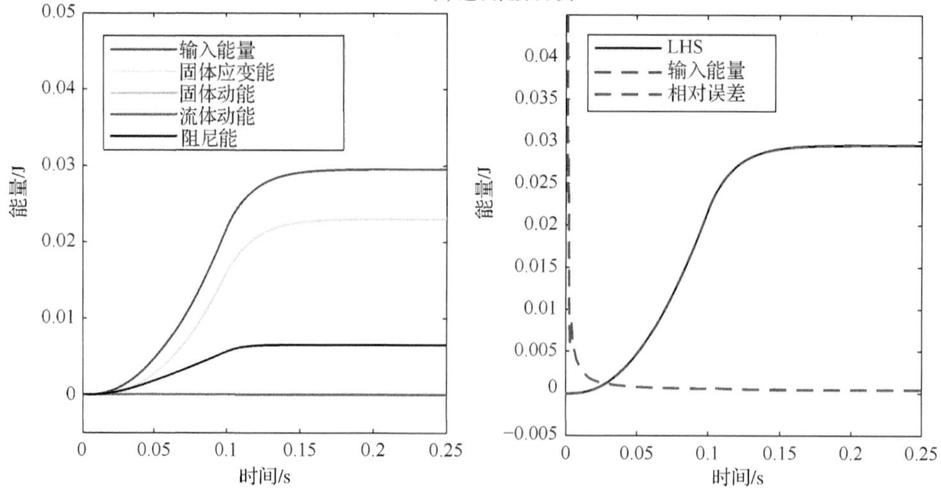

(b) 含非连续面孔隙介质(施加接触模型)

图 5.37　能量平衡条件监测(彩图请扫封底二维码)

5.5.2　摩擦接触模型的验证

使用 4.3 节所述的摩擦接触模型，本算例验证单元 T3-MINI-CNS 模拟非连续饱和岩土体内部非连续面摩擦接触状态的精确性和有效性。如图 5.38 所示，考虑含有倾斜不透水不连续面的长方形饱和孔隙介质。孔隙介质的尺寸为 1m×0.1m，所含倾斜不连续面的端点坐标为(0.2,0.08)和(0.4,0.02)。计算时选取不同的摩擦系数，即 $\mu_f=0.0$、0.05、0.1 和 0.4。图 5.39 为 $t=0.075$s 时刻骨架水平位移云图。图 5.40 为 $t=0.075$s 时刻沿 $y=0.05$m 的骨架水平位移分布。由图 5.39 和图 5.40 中的结果可

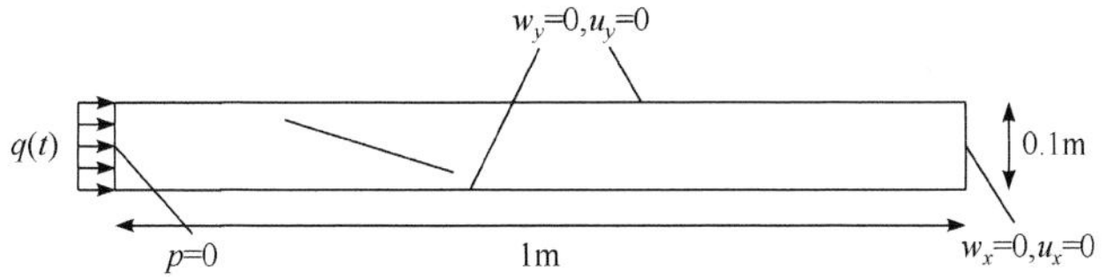

图 5.38　摩擦接触模型数值验证

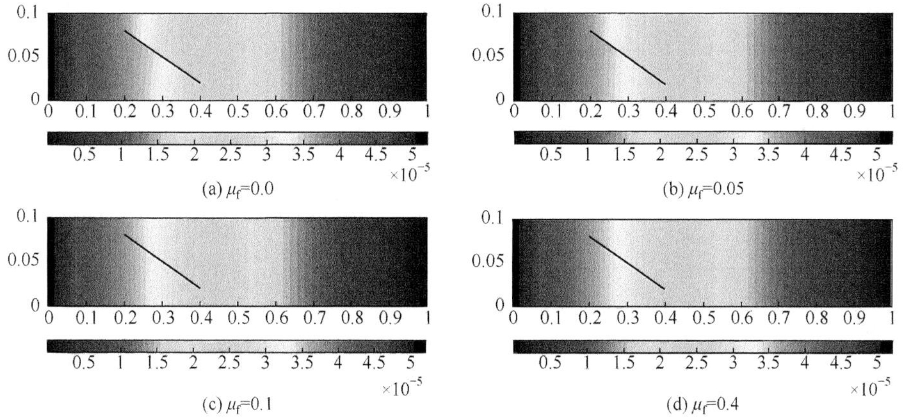

图 5.39　不同摩擦系数对应的 $t=0.075$s 时刻骨架水平位移

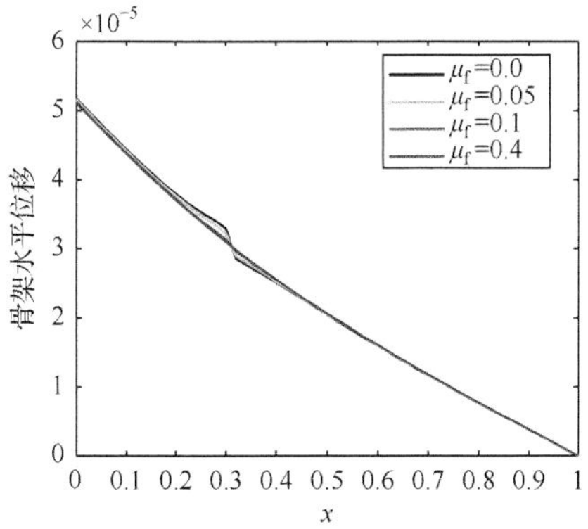

图 5.40　不同摩擦系数对应的 $t=0.075$s 时刻沿 $y=0.05$m 的骨架水平位移

见，随着摩擦系数由 0 增加至 0.4，不连续面上的接触状态由完全滑动变化到黏结滑动，再变化到完全黏结，而不连续面两侧的相对滑动值单调减小至 0。这表明基于 4.3 节所述的摩擦接触模型，单元 T3-MINI-CNS 能够精确模拟孔隙介质内部非连续面上的接触状态。

5.5.3　偏斜压力作用下的非连续饱和土基础

本算例对偏斜压力作用下含不连续面的饱和土基础进行动力固结分析。如图 5.41(a)所示，考虑边长为 10m 的正方形饱和土基础。基础的左侧、右侧和下侧边为不透水边界，且受法向位移约束。顶边区间[5,10]上受瞬时施加大小为 10kPa 的外部压力作用。顶边区间[0,5]为理想透水边界。基础中含 2 条不透水不连续面，其中第 1 条的端点坐标为(2,4)和(4,6)，第 2 条的端点为(8,4)和(6,6)。计算时采用 40×40 的三角形网格作为数学覆盖。不连续面上的摩擦系数为 0.25，时间步长为 5×10^{-4}s。计算时考虑两种情形，即连续的不含不连续面的饱和土基础和含 2 条不透水不连续面的饱和土基础。由于固结问题的孔隙水压力和流体流速的消散特点，在经过足够长的时间后，连续基础和含不连续面基础的孔隙压力场和流体流速场均消散至 0，因此算例中仅考虑外力施加后 8s 内的固结过程。

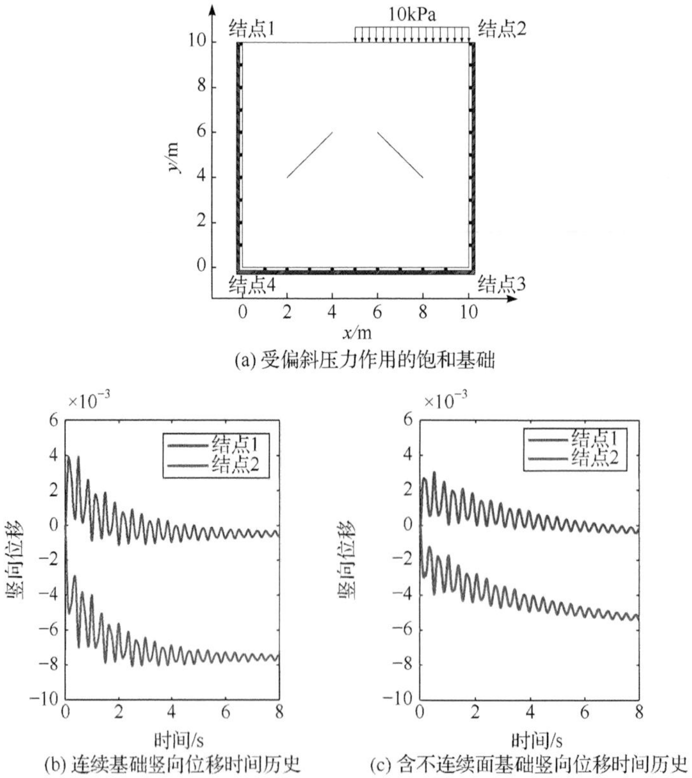

(a) 受偏斜压力作用的饱和基础

(b) 连续基础竖向位移时间历史　　(c) 含不连续面基础竖向位移时间历史

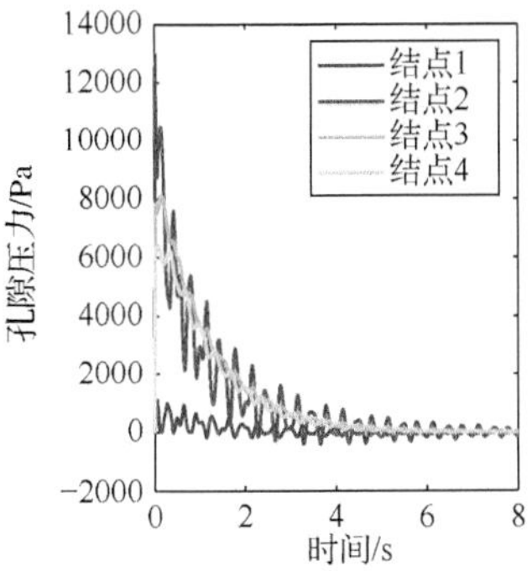

(d) 连续基础孔隙压力时间历史

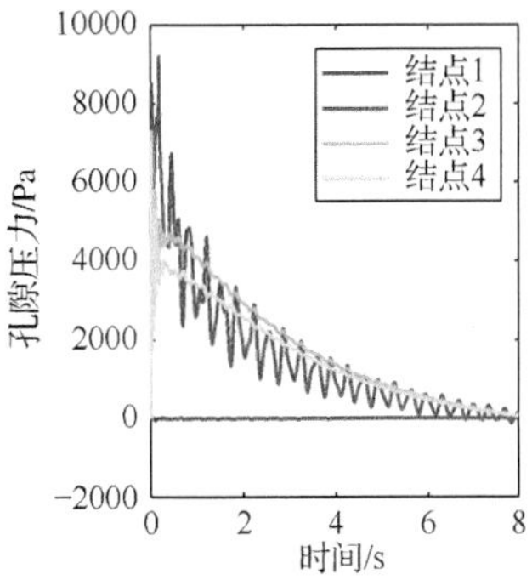

(e) 含不连续面基础孔隙压力时间历史

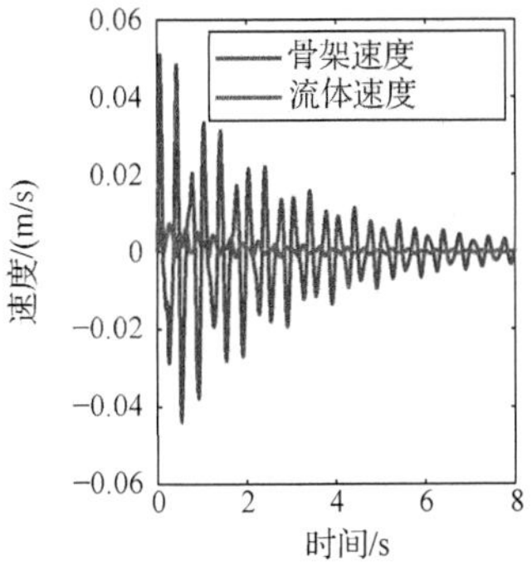

(f) 连续基础结点1的骨架速度和流体速度时间历史

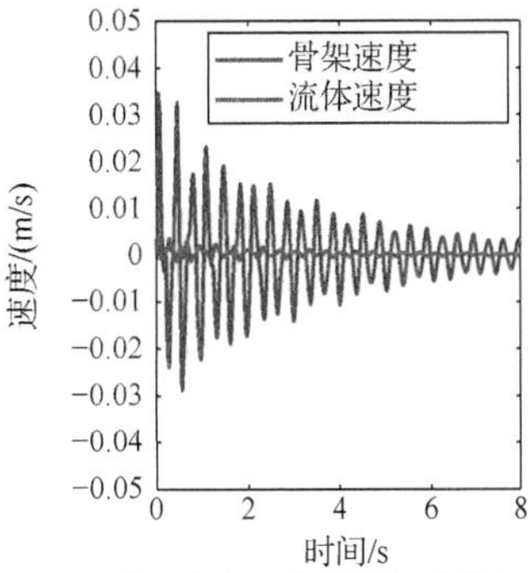

(g) 含不连续面基础结点1的骨架速度和流体速度时间历史

图 5.41　测点处骨架竖向位移、孔隙压力、骨架竖向速度和流体竖向速度的时间历史(彩图请扫封底二维码)

图 5.41 为固结过程中测点(见图 5.41(a))的骨架竖向位移、孔隙压力、流体竖向流速和骨架竖向速度随时间的变化曲线。由此可见，由于不连续面的不透水性，相比于连续饱和基础，含不透水不连续面饱和基础固结较慢，需要更长时间达到稳定状态。此外，与连续饱和基础相比，含不连续面饱和基础测点处的骨架位移、孔隙压力、骨架速度和流体速度动态响应的峰值较小。

图 5.42 为 $t=0.2\text{s}$ 及 $t=1\text{s}$ 时刻，整个问题域的骨架竖向位移和孔隙压力云图。可见当基础的固结程度较低时，不连续面上的接触力较小，不连续面两侧未发生相对滑动。随着固结的进行，土骨架所承担的有效应力增加，不连续面上的某些位置发生相对滑动。由于不连续的不透水性和两侧的相对滑移，孔隙压力场和骨架位移场均是不连续的，而且与第 1 条不连续面相比，第 2 条不连续面上产生了更大的相对滑移。

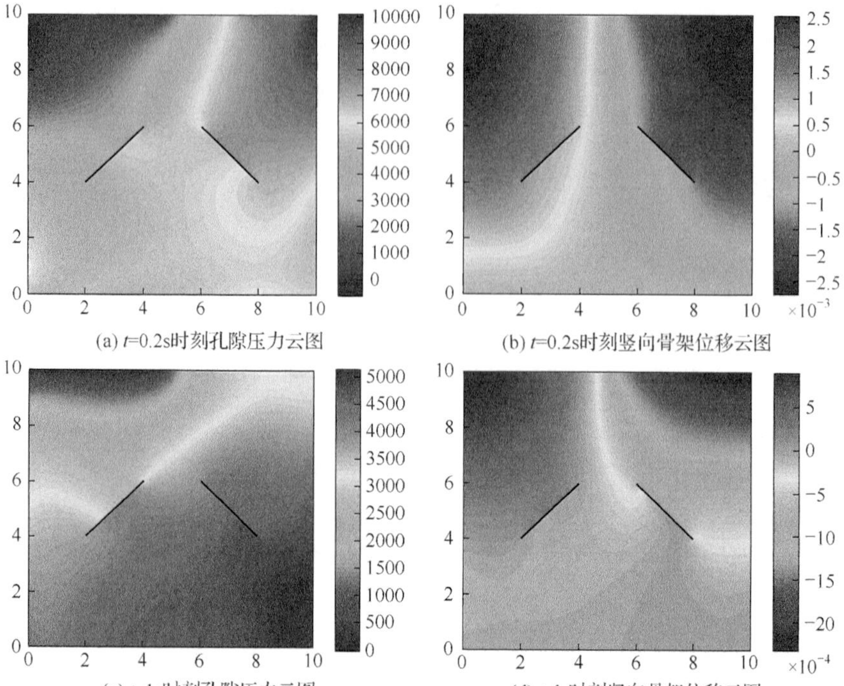

(a) t=0.2s时刻孔隙压力云图　(b) t=0.2s时刻竖向骨架位移云图

(c) t=1s时刻孔隙压力云图　(d) t=1s时刻竖向骨架位移云图

图 5.42　不同时刻非连续土基础的孔隙压力和骨架位移云图

5.5.4　受水力载荷作用岩土体水力耦合分析

本节采用单元 T3-MINI-CNS 对水力载荷作用下含不连续面饱和岩土体进行水力耦合模拟。如图 5.43 所示，考虑含 1 条竖向裂纹，边长为 1m 的正方形饱和岩体。岩体的所有边界均理想透水且受法向位移约束。裂纹的端点坐标为(0.7m,0.2m)和(0.7m,0.8m)。水力载荷 $p(t)$ 施加在竖向截面 $x = 0.5\text{m}$ 的区间[0.45m,0.55m]上，$p(t)$ 随时间的变化规律为

$$p(t)=\begin{cases}8000\times\dfrac{t}{0.01}, & t<0.01\text{s}\\ 8000, & t\geqslant 0.01\text{s}\end{cases} \tag{5.25}$$

正方形岩体采用 20×20 的三角形网格进行离散，时间步长取为 5×10^{-4}s。为了展示不透水裂纹对水力载荷作用下水力耦合计算结果的影响，该算例同时考虑了具有相同几何参数、材料参数和边界条件的连续正方形岩体和含理想透水裂纹的正方形岩体在相同水力载荷作用下的动态响应。

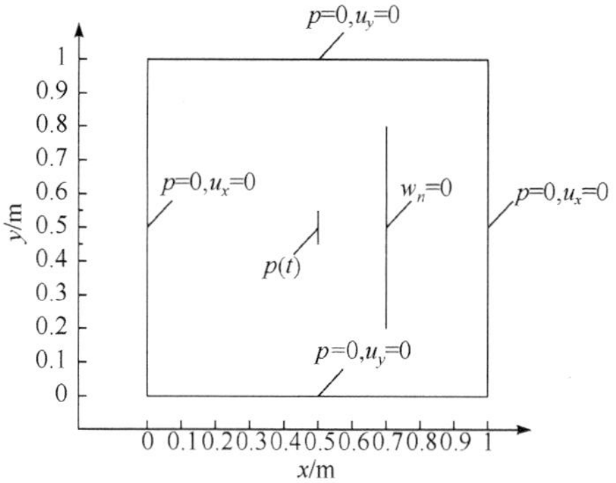

图 5.43　受水力载荷作用的正方形饱和岩体

图 5.44 为 $t = 0.05$s 时刻的孔隙压力和骨架水平位移云图。可见由于裂纹的不透水性，含不透水裂纹的饱和岩体具有非连续的孔隙压力场，但由于竖向裂纹两侧无相对滑动，其骨架水平位移场在裂纹两侧是连续的。此外，连续岩体和含理想透水裂纹岩体的骨架水平位移和孔隙压力结果基本相同。含不透水裂纹岩体的骨架水平位移最大值大于另外两种情形下岩体的骨架水平位移最大值。图 5.45 为测点(0.65,0.5)处的流体水平速度时间历史。可见不含裂纹情形和含理想透水裂纹情形下，测点处的流体速度的时间变化曲线基本重合。而且，受不透水裂纹的影响，含不透水裂纹岩体的测点(0.65,0.5)处，流体流速明显小于另外两种情形下相同测点处的流体速度。

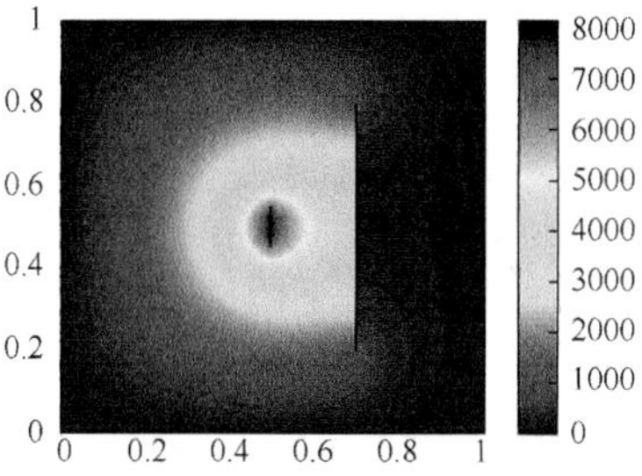

(a) t=0.05s时刻含不透水裂纹饱和岩体的孔隙压力云图

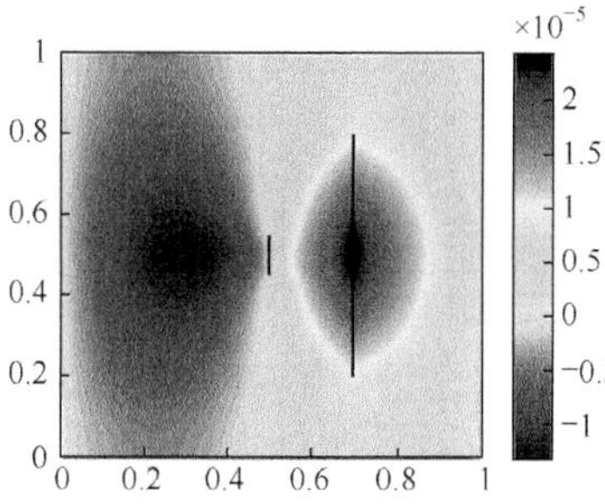

(b) t=0.05s时刻含不透水裂纹饱和岩体的骨架水平位移云图

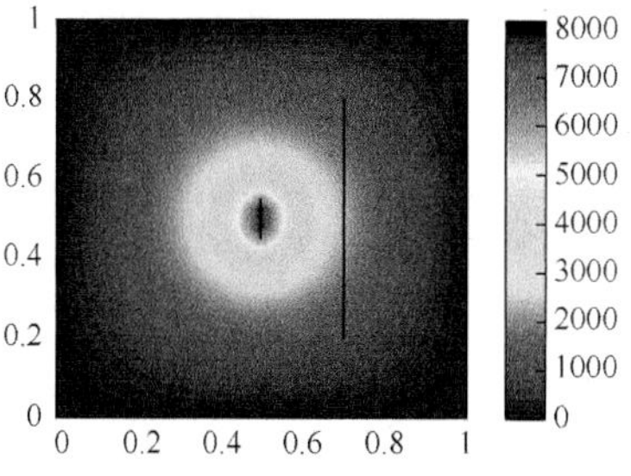

(c) t=0.05s时刻含理想透水裂纹饱和岩体的孔隙压力云图

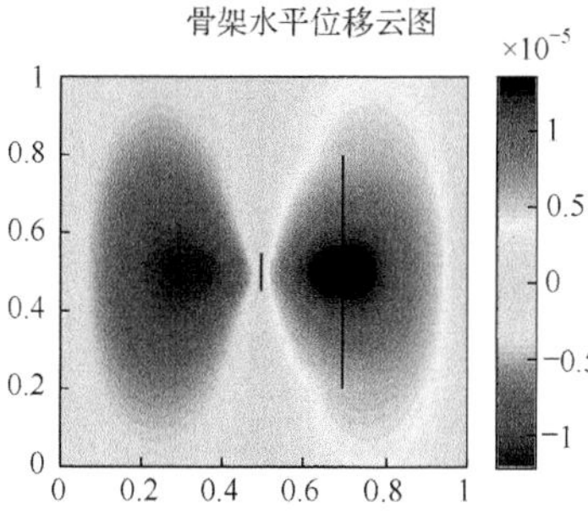

(d) t=0.05s时刻含理想透水裂纹饱和岩体的骨架水平位移云图

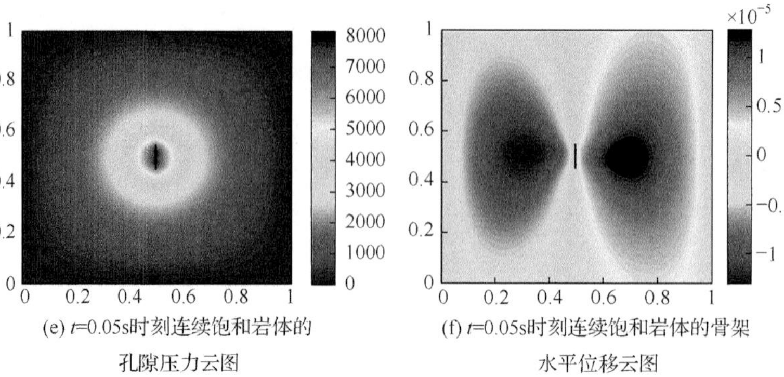
×10⁻⁵
(e) t=0.05s时刻连续饱和岩体的
孔隙压力云图
(f) t=0.05s时刻连续饱和岩体的骨架
水平位移云图

图 5.44　$t = 0.05$s 时刻孔隙压力和骨架水平位移结果

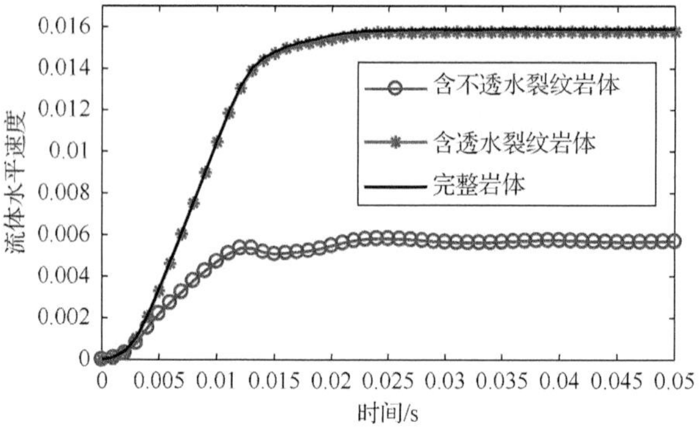

图 5.45　连续、含理想透水裂纹和含不透水裂纹饱和岩体测点(0.65,0.5)处流体水平速度时间历史(彩图请扫封底二维码)

图 5.46 展示了含多条不透水裂纹岩体在水力载荷作用下单元 T3-MINI-CNS 的水力耦合计算结果。仍考虑边长为 1m 的正方形饱和岩体，岩体的所有边界均理想透水且受法向位移约束。式(5.22)所示的水压力作用在竖向截面 x = 0.5m 上的区间 [0.45，0.55]。饱和岩体内含 3 条不透水裂纹：第 1 条竖向裂纹的端点为

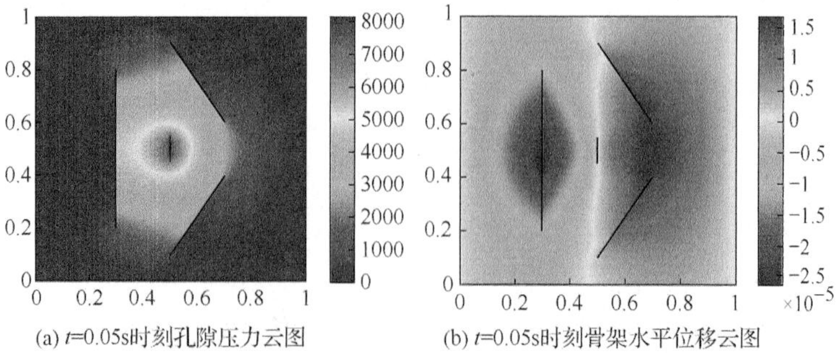
×10⁻⁵
(a) t=0.05s时刻孔隙压力云图
(b) t=0.05s时刻骨架水平位移云图

图 5.46　$t = 0.05$s 时刻含 3 条不透水裂纹饱和岩体的孔隙压力和骨架水平位移云图

(0.3,0.2)和(0.3,0.8)、第 2 条倾斜裂纹的端点为(0.5,0.1)和(0.7,0.4)、第 3 条倾斜裂纹的端点为(0.5,0.9)和(0.7,0.6)。计算时仍采用 20×20 的三角形网格作为数学覆盖，时间步长为 5×10^{-4}s，裂纹面上的摩擦系数取为 0.1。计算结果显示孔隙压力在裂纹两侧是不连续的。由于竖向裂纹两侧无相对滑动，骨架水平位移在竖向裂纹两侧是连续的，而倾斜裂纹两侧产生了明显的相对滑动。骨架水平位移的最大值仍出现在竖向裂纹的中间位置。

5.5.5 非连续饱和岩土体中的波传递

作为本章的最后一个算例，考虑冲击载荷作用引起的含不透水裂纹饱和岩体中的波传递问题。在 4.5.5 节中，该问题已使用单元 ND5W5P1 和 ND5W5E1 进行过求解。如图 5.47 所示，尺寸为 6m×0.5m 的矩形饱和岩体含有 1 条接近垂直的不透水裂纹，裂纹的端点为(3.095,0.4)和(3.105,0.1)。饱和岩体的所有边界均为理想透水边界，而且上侧、下侧和右侧边界受法向位移约束。左侧边界上施加有固定速度的边界条件，$\dot{u}_x = 0.5$m/s。计算时采用 60×5 的三角形网格作为数学覆盖，时间步长为 5×10^{-4}s，裂纹面上的摩擦系数为 0.25。计算过程中监测点 A(3.1, 0.25)、B(3.1,0.25)、C(2.8,0.25)和 D(3.4,0.25)处的骨架水平速度和孔隙压力。测点 A 和 B 具有相同的几何坐标，但测点 A 位于裂纹的左侧而测点 B 位于裂纹的右侧。

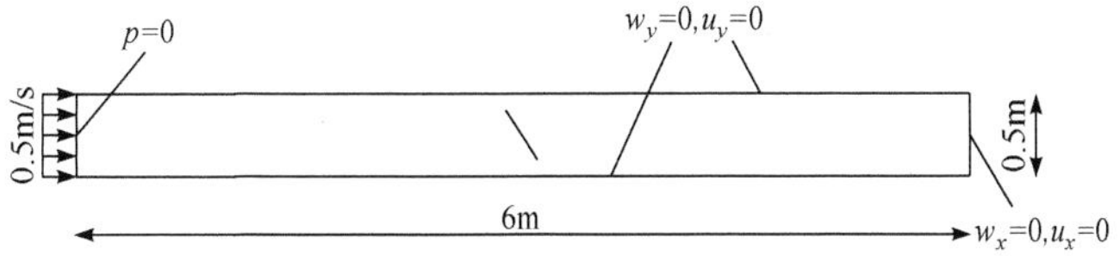

图 5.47　冲击载荷引起的含不透水裂纹饱和岩体中的波传递

图 5.48 和图 5.49 分别为测点处的骨架水平速度和孔隙压力随时间变化曲线，图中显示了从右侧边界返回的反射波。图 5.48(a)显示，由于裂纹面两侧没有出现相对滑移和相互嵌入，裂纹两侧的骨架水平速度场(和位移场)在计算过程中始终保持连续。在波传递过程中由于能量耗散，骨架水平速度响应的振幅单调减小而周期几乎不随时间发生变化。此外，图 5.48 中骨架水平速度结果接近于阶梯函数，这与理论结果一致(参考 4.6 节)。图 5.49 显示裂纹两侧的孔隙压力是不连续的，而且当波峰通过裂纹时，孔隙压力响应振幅会增大。对于具有相同几何坐标但分属裂纹两侧的测点 A 和 B，当波峰逐渐靠近裂纹时二者的孔隙压力差值越来越大，当波峰远离裂纹时，二者的孔隙压力趋近于同一值。对于距离裂纹较远的测点 C 和 D，其孔隙压力则表现出单调减小的趋势。此外，由单元 T3-MINI-CNS 得到的孔隙压力和骨架速度结果均无数值震荡，这与理论结果一致。

图 5.50 为不同时刻的孔隙压力云图。由此可见，由于近似垂直裂纹的存在，单元 T3-MINI-CNS 总是给出上下接近对称的孔隙压力结果，这是合理的。相对地，采用 u-p 格式的 XFEM 和 PNM 的求解结果则给出显著震荡的孔隙压力分布(Komijani and Gracie, 2019)。图 5.51 显示了 $t = 0.08$s 时刻的骨架水平位移云图，由于波传递的整个过程中裂纹面上未产生相对滑移，骨架水平位移一直是连续的。

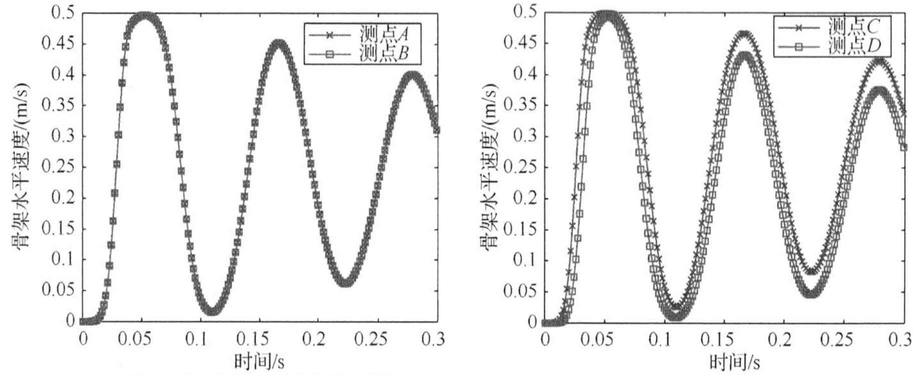

(a) 测点A和B处骨架水平速度时间历史　　(b) 测点C和D处骨架水平速度时间历史

图 5.48　测点处骨架水平速度时间历史

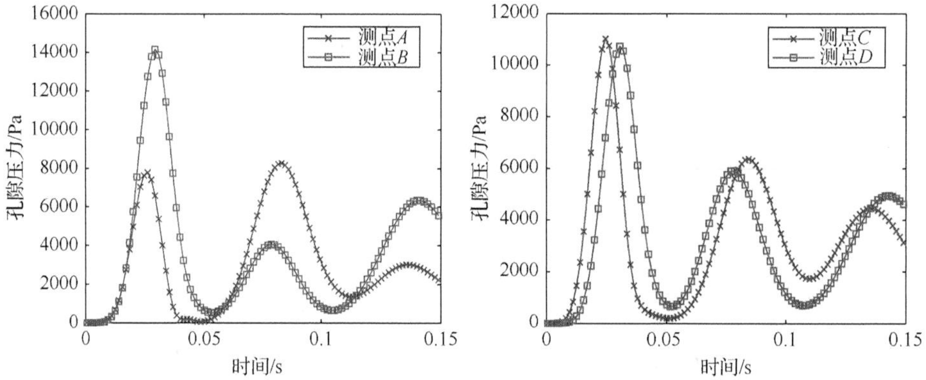

(a) 测点A和B处孔隙压力时间历史　　(b) 测点C和D处孔隙压力时间历史

图 5.49　测点处孔隙压力时间历史

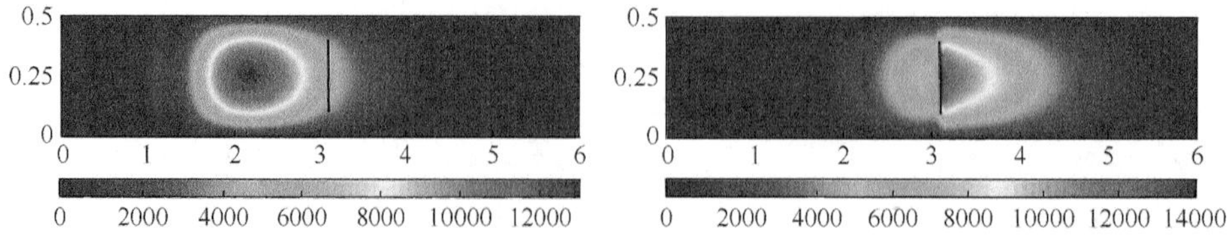

(a) t=0.02s　　(b) t=0.03s

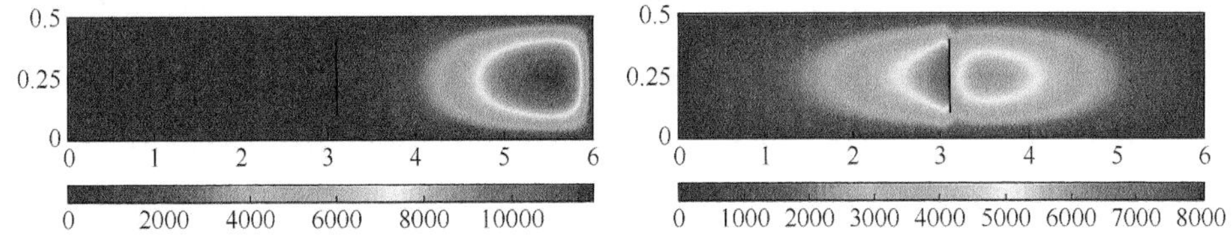

(c) t=0.05s　(d) t=0.08s

图 5.50　不同时刻的孔隙压力云图(彩图请扫封底二维码)

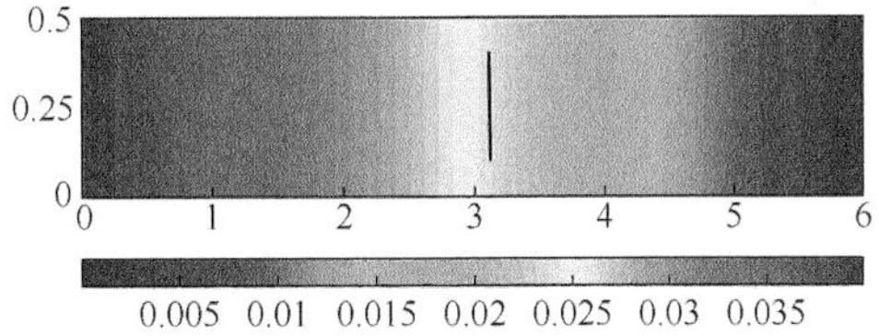

图 5.51　$t = 0.08$s 时刻的骨架水平位移云图(彩图请扫封底二维码)

5.6　本 章 小 结

基于三相场 u-w-p 格式 Biot 模型，本章针对饱和岩土体水力耦合分析建立了高阶、无线性相关问题的 NMM 单元 T3-MINI-CNS。该单元的骨架位移和流体速度的局部近似采用正交单位最小二乘法(CO-LS)建立，使位移和流速的整体近似在广义结点处具有 Delta 性质和连续的一阶导数，而且骨架位移场中引入裂纹尖端扩展函数以更精确地模拟裂纹尖端应力场的奇异性。孔隙压力场则采用连续分片线性插值建立。

对于弹性不可压缩问题，与常用的混合单元 4/4/3-c、ND5W5E1、P2-RT0 和 P2-RT1 相比，单元 T3-MINI-CNS 的骨架位移、骨架应变能和孔隙压力解具有更高的精度和收敛速率。虽然形成局部近似和求解整体方程时，单元 T3-MINI-CNS 需要更长的耗时，但其计算消耗随自由度数目的增长速率与其他单元接近。对于饱和岩土体动力固结问题，单元 T3-MINI-CNS 能通过上下限测试，因此在低渗透率或高骨架刚度等极端情形下不会出现孔隙介质水力耦合闭锁现象。在求解动力固结问题时，单元 T3-MINI-CNS 不仅能给出更为光滑和精确的应力解，而且相比于更高阶的混合单元 T6T6T3，在初始时刻单元 T3-MINI-CNS 能给出更精确的速度和加速度解。与混合有限单元 T6T6T3 相比，单元 T3-MINI-CNS 更适合求解饱和岩土体动力固结问题。此外，相比于混合单元 T6T6T3、4/4/3-c、ND5W5P1、ND5W5E1、P2-RT0 和 P2-RT1，在求解动力固结问题时，单元 T3-MINI-CNS 也表现出较高的精度和收敛性。

最后，对于含不连续面的非连续饱和岩土体水力耦合分析，单元 T3-MINI-

CNS 能精确地模拟不连续面上的摩擦接触状态。对于冲击载荷引起的含裂纹饱和岩体中的波传递问题，相比于更常用的基于 u-p 格式的 XFEM 和 PNM，单元 T3-MINI-CNS 无需对插值空间进行特殊处理即可给出精确的骨架速度和孔隙压力结果。

第 6 章　三维饱和岩土体非线性水力耦合问题

实际工程中遇到的水力耦合问题是三维问题，外部载荷和骨架响应也并非简单的线性关系。此外，外部载荷的加载路径也复杂多变。为模拟三维非线性孔隙介质复杂应力路径下的动态响应，本章以三维非线性饱和孔隙介质为研究对象，建立三维非线性水力耦合问题数值流形法(numerical manifold method，NMM)求解模型，重点研究循环载荷作用下非线性饱和孔隙介质的动态水力特性。

为模拟动力载荷下孔隙介质的动态响应，计算仍采用骨架位移-流体流速-孔隙压力三变量 Biot 模型(u-w-p 模型)(Lotfian and Sivaselvan, 2018)；骨架变形的非线性变形采用修正剑桥模型进行描述(李广信, 2004; Borja and Tamagnini, 1998; Chan et al., 2022)；为精确捕捉循环加载下非线性孔隙介质变形过程中的滞回效应，向修正剑桥模型中引入加载面(loading surface)和边界面(bounding surface)，分别用于记录加载状态和塑性变形(或硬化) (Borja and Tamagnini, 1998, 2001)；此外，为提高有效应力的计算精度并克服水力耦合分析中的闭锁问题，基于八结点六面体单元(H8)和限制正交最小二乘法(constrained orthogonal least-squares，CO-LS)(Tang et al., 2009; Wu et al., 2022a)构建结点处具有连续一阶梯度的骨架位移和流体流速插值函数空间。

本章首先回顾三变量 u-w-p(变形-流速-水压) 格式 Biot 模型及其变分形式，简要介绍修正剑桥模型和本构界面理论。然后，基于八结点六面体有限单元数学覆盖和限制正交最小二乘法建立应力场结点处的三维 NMM 水力耦合分析模型 H8-CNS。最后，结合修正剑桥模型和本构界面理论，使用 H8-CNS 模型对饱和孔隙介质三维非线性动力分析典型算例进行计算，验证模型 H8-CNS 的精度和效率，并研究三维饱和孔隙介质循环加载条件下的非线性动态响应。

6.1　三变量 u-w-p 格式 Biot 模型

考虑三维开问题域 $\Omega \subset \mathbb{R}^3$，其边界记为 Γ。由于形式简单、数值实现和理论分析较为方便，u-p 格式 Biot 模型常用于固结、水力压裂、砂土液化等孔隙介质水力耦合数值分析。但 u-p 格式 Biot 模型忽略了液相相对于整体孔隙介质的加速度，使得 u-p 格式中骨架位移场 u 和液相流速场 w 处于不对等的变量地位(即流速场 w 通过孔隙压力场确定)，u-p 格式所得的骨架位移精度高于液相流速精度。因此，u-p 格式不能精确模拟饱和孔隙介质的动态水力特性，而 u-w-p 格式 Biot 模型完全考虑了液相的加速度，因而更加适用于研究动力载荷下孔隙介质的动态水力响应(Gajo et al., 1994; Lewis and Schrefler, 1998; Lotfian and Sivaselvan, 2018; Chan et al., 2022)。

骨架位移 u，液相流速 w 和孔隙压力 p 为 u-w-p 格式 Biot 模型的主变量，对应的饱和孔隙介质整体平衡方程可表示为

$$\nabla\cdot\boldsymbol{\sigma}-\rho\ddot{\boldsymbol{u}}-\rho_{\mathrm{f}}\dot{\boldsymbol{w}}+\rho\boldsymbol{b}=\boldsymbol{0}$$
$$\boldsymbol{\sigma}=\boldsymbol{\sigma}'-\alpha p\mathbf{1}\tag{6.1}$$

式中 $\boldsymbol{\sigma}$ 和 $\boldsymbol{\sigma}'$ 分别为总应力张量和有效应力张量；$\ddot{\boldsymbol{u}}$、$\dot{\boldsymbol{w}}$ 和 $\boldsymbol{b}$ 分别为骨架加速度、流相加速度和重力产生的体积力；ρ_{f} 和 ρ 分别为液相密度和孔隙介质整体密度；α 和 p 分别为 Biot 系数和孔隙水压力；∇ 和 $\mathbf{1}$ 分别为梯度算子和二阶单位张量；张量 $\mathbf{1}$ 的分量为 Kronecker Delta δ_{ij}。孔隙介质整体密度定义为

$$\rho=n\rho_{\mathrm{f}}+(1-n)\rho_s$$

其中 ρ_s 和 n 分别为骨架颗粒密度和孔隙率。

考虑固体骨架的材料非线性，骨架的本构关系可表示为如下增量形式

$$\Delta\boldsymbol{\sigma}'=\boldsymbol{C}^{\mathrm{ct}}:\Delta\boldsymbol{\epsilon}\tag{6.2}$$

式中 $\boldsymbol{C}^{\mathrm{ct}}$ 为四阶弹塑性一致切向算子(张量)(consistent tangent operator)，由具体的本构模型确定。小变形假定下，应变增量和骨架位移增量间满足线性关系

$$\boldsymbol{\Delta\epsilon}=\frac{1}{2}(\nabla\boldsymbol{u}+\boldsymbol{u}\nabla)$$

为了考虑饱和孔隙介质在动力加载过程中表现出的软化、硬化和变形滞回等效应，采用修正剑桥模型(modified Cam-Clay model)(Borja and Lee, 1990)和本构界面理论(bounding surface theory)(Borja et al., 1998, 2001)相结合的方式模拟固体骨架的非线性变形。修正剑桥模型的界面方程可表示为

$$F=\hat{\boldsymbol{\xi}}:\boldsymbol{M}:\hat{\boldsymbol{\xi}}-R^2=0$$
$$\hat{\boldsymbol{\xi}}=\hat{\boldsymbol{\sigma}}-\boldsymbol{\beta}\tag{6.3}$$

式中四阶张量 $\boldsymbol{M}$ 定义为

$$\boldsymbol{M}=\boldsymbol{I}-\frac{1}{3}\mathbf{1}\otimes\mathbf{1}+\left(\frac{c}{3}\right)^2\mathbf{1}\otimes\mathbf{1}$$

四阶对称单位张量 $\boldsymbol{I}$ 定义为

$$I_{ijkl}=\frac{1}{2}\left(\delta_{ik}\delta_{jl}+\delta_{il}\delta_{jk}\right)$$

上述公式中 c 为椭球的轴长比；$\boldsymbol{\beta}$ 为实际背应力 $\boldsymbol{\alpha}$ 在界面上的像；R 为椭球界面的尺寸大小。

位于加载面上的实际应力 $\boldsymbol{\sigma}$ 与其在界面上的像 $\hat{\boldsymbol{\sigma}}$ 间的关系为

$$\hat{\boldsymbol{\sigma}} = \boldsymbol{\sigma} + \varsigma(\boldsymbol{\sigma} - \boldsymbol{\sigma}_0) \tag{6.4}$$

式中 $\boldsymbol{\sigma}_0$ 为映射中心(projection center)，$\varsigma \geqslant 0$ 为标量参数。实际背应力 $\boldsymbol{\alpha}$ 定义为

$$\boldsymbol{\alpha} = \frac{\varsigma\boldsymbol{\sigma}_0 + \boldsymbol{\beta}}{1+\varsigma} \tag{6.5}$$

于是界面方程(6.3)可简化为

$$F = (1+\varsigma)^2 \boldsymbol{\xi} : \boldsymbol{M} : \boldsymbol{\xi} - R^2 = 0$$

$$\boldsymbol{\xi} = \boldsymbol{\sigma} - \boldsymbol{\alpha} \tag{6.6}$$

加载面方程为

$$f = \frac{F}{(1+\varsigma)^2} = \boldsymbol{\xi} : \boldsymbol{M} : \boldsymbol{\xi} - r^2 = 0 \tag{6.7}$$

$$R = (1+\varsigma) r \tag{6.8}$$

式中 r 为椭球加载面的尺寸大小。依据界面理论，加载面椭球必须位于界面椭球中，二者可以相互接触。由式(6.6)、(6.7)和(6.8)可得

$$\frac{\partial f}{\partial \boldsymbol{\sigma}} = \frac{1}{1+\kappa}\frac{\partial F}{\partial \hat{\boldsymbol{\sigma}}}$$

并且 $F = \dot{F} = 0$ 等价于 $f = \dot{f} = 0$。这表明在本构界面理论中，加载面相当于一般弹塑性模型中的屈服面。需要注意的是，在界面理论中实际应力总是位于加载面上，即 $f = 0$ 总是成立的。修正剑桥模型的硬化准则可表示为

$$\dot{R} = -R\Theta \operatorname{tr}(\dot{\boldsymbol{\varepsilon}}^p)$$

$$\dot{r} = -(r + hk^m)\Theta \operatorname{tr}(\dot{\boldsymbol{\epsilon}}^p) \tag{6.9}$$

式中 $\Theta = \dfrac{1+e}{\lambda - \kappa}$ 为常系数；e 为孔隙比；λ 和 κ 分别为初始压缩和膨胀系数；h 和 m 为描述骨架压缩特性的参数。此外，假定骨架的体积模量和剪切模量正比于骨架的体积力(Borja and Lee, 1990)，即

$$K = -\frac{1+e}{\kappa} p'$$

$$\mu = \frac{3}{2} K \frac{1-2\nu}{1+\nu}$$

$$p' = \mathrm{tr}(\boldsymbol{\sigma})/3 \tag{6.10}$$

式中ν为泊松比。注意到，关于骨架非线性本构模型讨论中所涉及的应力，即式 (6.3)~(6.10)中的应力均为有效应力。此外，在特定的加载路径下，由式(6.10)确定的体积模量和剪切模量会导致整个弹塑性模型能量非保守，但本研究不涉及这种情况。

流体平衡方程可表示为

$$\rho_{\mathrm{f}}\ddot{\boldsymbol{u}} + \frac{\rho_{\mathrm{f}}}{n}\dot{\boldsymbol{w}} + \frac{\rho_{\mathrm{f}} g}{k}\boldsymbol{w} + \nabla p - \rho_{\mathrm{f}}\boldsymbol{b} = \boldsymbol{0} \tag{6.11}$$

式中$\boldsymbol{w}$、k和g分别为流相流速、孔隙介质渗透系数和重力加速度。为了研究饱和孔隙介质的动力特性，认为固体颗粒和液体均不可压缩。于是液相的连续性方程可表示为

$$\alpha\nabla\cdot\dot{\boldsymbol{u}} + \nabla\cdot\boldsymbol{w} = \boldsymbol{0} \tag{6.12}$$

式中$\dot{\boldsymbol{u}}$为骨架速度。三相 u-w-p 格式 Biot 模型的固相边界条件为

$$\begin{aligned} &\boldsymbol{u}(\boldsymbol{x},t) = \bar{\boldsymbol{u}}(\boldsymbol{x},t), && \boldsymbol{x}\in\Gamma_u \\ &\boldsymbol{\sigma}(\boldsymbol{x},t)\cdot\boldsymbol{n}_t(\boldsymbol{x}) = \bar{\boldsymbol{t}}(\boldsymbol{x},t), && \boldsymbol{x}\in\Gamma_t \end{aligned} \tag{6.13}$$

液相边界条件为

$$\begin{aligned} &\boldsymbol{w}(\boldsymbol{x},t)\cdot\boldsymbol{n}_q(\boldsymbol{x}) = \bar{q}(\boldsymbol{x},t), && \boldsymbol{x}\in\Gamma_q \\ &p(\boldsymbol{x},t) = \bar{p}(\boldsymbol{x},t), && \boldsymbol{x}\in\Gamma_p \end{aligned} \tag{6.14}$$

式中$\boldsymbol{n}_q$和$\boldsymbol{n}_t$分别为边界Γ_q和Γ_t的单位法向向量；$\bar{\boldsymbol{u}}(\boldsymbol{x},t)$、$\bar{\boldsymbol{t}}(\boldsymbol{x},t)$、$\bar{q}(\boldsymbol{x},t)$和$\bar{p}(\boldsymbol{x},t)$分别为已知的骨架位移函数、外力函数、液相法向流量函数和孔隙压力函数。液相和固相的初始条件为

$$\begin{aligned} \boldsymbol{u}(\boldsymbol{x},t_0) &= \boldsymbol{u}_0(\boldsymbol{x}) \\ \dot{\boldsymbol{u}}(\boldsymbol{x},t_0) &= \dot{\boldsymbol{u}}_0(\boldsymbol{x}) \\ \boldsymbol{w}(\boldsymbol{x},t_0) &= \boldsymbol{w}_0(\boldsymbol{x}) \end{aligned} \tag{6.15}$$

其中$\boldsymbol{u}_0(\boldsymbol{x})$、$\dot{\boldsymbol{u}}_0(\boldsymbol{x})$和$\boldsymbol{w}_0(\boldsymbol{x})$分别为初始时刻已知的骨架位移、骨架速度和液相流速函数。初始时刻孔隙介质一般处于静态条件，此时有$\boldsymbol{u}_0 = \dot{\boldsymbol{u}}_0 = \boldsymbol{w}_0 = \boldsymbol{0}$，而$\ddot{\boldsymbol{u}}(t_0)$、$\dot{\boldsymbol{w}}(t_0)$及$p(t_0)$则需通过求解方程(6.1)、(6.11)和(6.12)确定。

为建立三相 u-w-p 格式 Biot 模型的变分格式，引入骨架位移$\boldsymbol{u}(\boldsymbol{x},t)$、流体流速$\boldsymbol{w}(\boldsymbol{x},t)$和孔隙压力$p(\boldsymbol{x},t)$的插值函数空间

$$\mathcal{U}=\left\{\boldsymbol{u}\mid\boldsymbol{u}\in H^1(\Omega)\times H^1(\Omega)\times H^1(\Omega):\boldsymbol{u}=\bar{\boldsymbol{u}}\text{ on }\partial\Gamma_u\right\}$$
$$\mathcal{W}=\left\{\boldsymbol{w}\mid\boldsymbol{w}\in H(\text{div};\Omega):\boldsymbol{w}\cdot\boldsymbol{n}_q=\bar{q}\text{ on }\partial\Gamma_q\right\} \tag{6.16}$$
$$\mathcal{P}=\left\{p\mid p\in L^2(\Omega)\right\}$$

及其对应的变分插值函数空间

$$\mathcal{U}^0=\left\{\delta\boldsymbol{u}\mid\delta\boldsymbol{u}\in H^1(\Omega)\times H^1(\Omega)\times H^1(\Omega):\delta\boldsymbol{u}=\boldsymbol{0}\text{ on }\partial\Gamma_u\right\}$$
$$\mathcal{W}^0=\left\{\delta\boldsymbol{w}\mid\delta\boldsymbol{w}\in H(\text{div};\Omega):\delta\boldsymbol{w}\cdot\boldsymbol{n}_q=\boldsymbol{0}\text{ on }\partial\Gamma_q\right\} \tag{6.17}$$
$$\mathcal{P}^0=\left\{\delta p\mid\delta p\in L^2(\Omega)\right\}$$

式中 $H^1(\Omega)$、$H(\text{div};\Omega)$ 和 $L^2(\Omega)$ 均为 Sobolev 空间，具体定义见 3.1 节。于是三相 u-w-p 格式 Biot 模型的变分形式可表示为：求解 $\boldsymbol{u}\in\mathcal{U}$ 、$\boldsymbol{w}\in\mathcal{W}$ 和 $p\in\mathcal{P}$ 使得

$$\int_\Omega\delta\boldsymbol{u}\cdot\rho\ddot{\boldsymbol{u}}\mathrm{d}\Omega+\int_\Omega\delta\boldsymbol{u}\cdot\rho_\mathrm{f}\dot{\boldsymbol{w}}\mathrm{d}\Omega+\int_\Omega\nabla^s\delta\boldsymbol{u}:(\boldsymbol{\sigma}'-\alpha p\boldsymbol{I})\mathrm{d}\Omega-\int_\Omega\delta\boldsymbol{u}\cdot\rho\boldsymbol{b}\mathrm{d}\Omega$$
$$-\int_{\partial\Gamma_t}\delta\boldsymbol{u}\cdot\bar{\boldsymbol{t}}\mathrm{d}\Gamma=0 \tag{6.18}$$

$$\int_\Omega\delta\boldsymbol{w}\cdot\rho_\mathrm{f}\ddot{\boldsymbol{u}}\mathrm{d}\Omega+\int_\Omega\delta\boldsymbol{w}\cdot\frac{\rho_\mathrm{f}}{n}\dot{\boldsymbol{w}}\mathrm{d}\Omega+\int_\Omega\Omega\boldsymbol{w}\cdot\frac{\rho_\mathrm{f}g}{k}\boldsymbol{w}\mathrm{d}\Omega-\int_\Omega(\nabla\cdot\delta\boldsymbol{w})p\mathrm{d}\Omega$$
$$-\int_\Omega\delta\boldsymbol{w}\cdot\rho_\mathrm{f}\boldsymbol{b}\mathrm{d}\Omega+\int_{\partial\Gamma_p}(\delta\boldsymbol{w}\cdot\boldsymbol{n}_q)\bar{p}\mathrm{d}\Gamma=0 \tag{6.19}$$

$$-\int_\Omega\delta p\alpha\nabla\cdot\dot{\boldsymbol{u}}\,\mathrm{d}\Omega-\int_\Omega\delta p\nabla\cdot\boldsymbol{w}\,\mathrm{d}\Omega=0 \tag{6.20}$$

对于任意的 $\delta\boldsymbol{u}\in\mathcal{U}^0$ 、$\delta\boldsymbol{w}\in\mathcal{W}^0$ 和 $\delta p\in\mathcal{P}^0$ 成立。

6.2　结点处梯度连续的三维 NMM 函数空间

本节基于限制正交最小二乘法建立结点处梯度(应力)连续的八结点六面体数值流形法(H8-continuous nodal stress numerical manifold method，H8-CNS-NMM)求解 u-w-p 格式三变量 Biot 模型(Yang et al., 2014, 2016; Wu et al., 2020b, 2022a)，以提高三维水力耦合非线性分析的精度。

6.2.1　H8-CNS-NMM 的权函数

八节点六面体有限元网格常用于形成 H8-CNS-NMM 的数学覆盖。由于每

个流形单元被 8 个物理片覆盖，H8-CNS-NMM 在流形单元 e 上的整体近似可表示为

$$a^h(\boldsymbol{x},t)=\sum_{k=1}^{8}w_k(\boldsymbol{x})a_k(\boldsymbol{x},t) \tag{6.21}$$

式中 w_k 和 a_k 分别为覆盖流形单元 e 的第 k 个物理片上的权函数和局部近似函数。标准等参八结点六面体单元的形函数为

$$N_i=\frac{1}{8}(1+\xi_i\xi)(1+\eta_i\eta)(1+\zeta_i\zeta),\quad i=1,\cdots,8 \tag{6.22}$$

式中 ξ 、η 和 ζ 为自然坐标。当采用八结点六面体有限元网格形成数学覆盖时，式(6.22)中的标准形函数常用作 NMM 整体近似(6.21)的权函数。为得到结点处具有连续梯度的整体近似，H8-CNS 采用如下的权函数

$$w_i=\frac{1}{16}(1+\xi_i\xi)(1+\eta_i\eta)(1+\zeta_i\zeta)\left(2+\xi_i\xi+\eta_i\eta+\zeta_i\zeta-\xi^2-\eta^2-\zeta^2\right),\quad i=1,\cdots,8 \tag{6.23}$$

容易看出，权函数(6.23)满足 Delta 特性

$$w_i(\boldsymbol{x}_j)=\delta_{ij},\quad i=1,\cdots,8,\ j=1,\cdots,8 \tag{6.24}$$

式中 $\boldsymbol{x}_j$ 为结点 j 的坐标。此外，权函数(6.23)在结点处的梯度为 0，即

$$\nabla w_j=\boldsymbol{0},\quad j=1,\cdots,8 \tag{6.25}$$

性质(6.25)是保证整体近似(6.21)在结点处具有连续梯度的关键。

6.2.2 H8-CNS-NMM 的局部近似

本节采用 CO-LS 法构造 H8-CNS-NMM 的局部近似函数。首先引入结点覆盖和单元覆盖的概念。首先引入流形单元的覆盖结点的定义，如果流形单元 a 被物理片 k 所覆盖，则称物理片 k 对应的广义结点(同样记为 k)为流形单元 a 的覆盖结点。结点 k 的结点覆盖指以结点 k 为覆盖结点的所有流形单元的覆盖结点的集合，记为 Ω_k^n

$$\Omega_k^n=\bigcup_j e_j^k \tag{6.26}$$

其中 e_j^k 指以结点 k 为覆盖结点的第 j 个流形单元的覆盖结点的集合。图 6.1 展示以八结点六面体有限元网格形成数学覆盖时，结点 i 的结点覆盖。

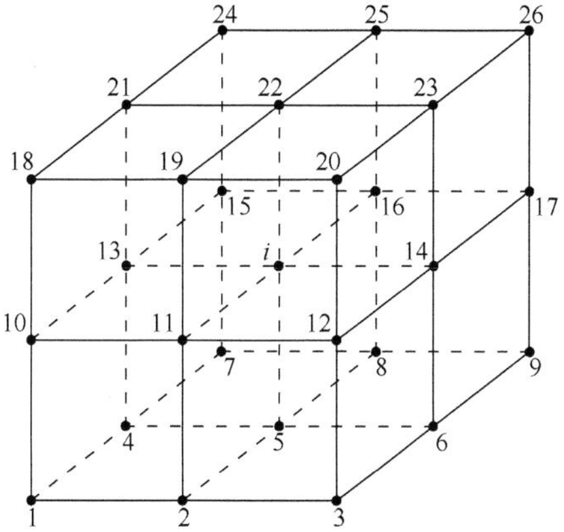

图 6.1　八结点六面体单元作为数学覆盖时，结点 i 的结点覆盖

单元 e 的单元覆盖定义为单元 e 的所有覆盖结点的结点覆盖的并集，记为 Ω_e^e

$$\Omega_e^e = \bigcup_{k=1}^{8} \Omega_k^n \tag{6.27}$$

Ω_k^n 指单元 e 的八个覆盖结点中的第 k 个覆盖结点的结点覆盖。

依据标准最小二乘法，以结点 k 的结点覆盖 Ω_k^n 中的结点为影响结点，结点 k 的局部近似可表示为

$$a_k(\boldsymbol{x},t) = \boldsymbol{P}^{\mathrm{T}}(\boldsymbol{x})\boldsymbol{A}^{-1}\boldsymbol{B}\boldsymbol{a}^k(t)$$

$$\boldsymbol{a}^k(t) = \begin{bmatrix} a^1 & a^2 & \cdots & a^{n^{[k]}} \end{bmatrix}^{\mathrm{T}} \tag{6.28}$$

式中 $\boldsymbol{a}^k(t)$ 为结点覆盖 Ω_k^n 中的结点的自由度向量；$n^{[k]}$ 为结点覆盖 Ω_k^n 中的结点数目；$\boldsymbol{A}$ 和 $\boldsymbol{B}$ 为矩矩阵和基矩阵。为避免网格分布模式引起的线性相关问题，计算中采用一阶完整多项式基函数

$$\boldsymbol{P} = \begin{bmatrix} 1 & x & y & z \end{bmatrix}^{\mathrm{T}} \tag{6.29}$$

对基函数 $\boldsymbol{P}$ 进行单位正交化处理

$$\boldsymbol{r} = \boldsymbol{H}\boldsymbol{P}$$

进一步采用拉格朗日乘子法得到满足 Delta 属性的第 k 个结点(即物理片)的局部近似

$$a_k(\boldsymbol{x},t) = \boldsymbol{\psi}^k(\boldsymbol{x})\boldsymbol{a}^k(t)$$

$$\boldsymbol{\psi}^k(\boldsymbol{x}) = \begin{bmatrix} \psi_1^k(\boldsymbol{x}) & \psi_2^k(\boldsymbol{x}) & \cdots & \psi_{n^{[k]}}^k(\boldsymbol{x}) \end{bmatrix} = \boldsymbol{r}^{\mathrm{T}}(\boldsymbol{x})\boldsymbol{B}^k$$

$$\boldsymbol{B}^k = \begin{bmatrix} \boldsymbol{B}_1^k & \boldsymbol{B}_2^k & \cdots & \boldsymbol{B}_{n^{[k]}}^k \end{bmatrix}$$

$$\boldsymbol{B}_l^k=\boldsymbol{r}(\boldsymbol{x}_l)-f_l^k\boldsymbol{r}(\boldsymbol{x}_k),\quad l=1,2,\cdots,n^{[k]} \tag{6.30}$$

$$f_l^k=\begin{cases}\sum_{j=1}^{3}r_{jk}r_{jl}\Big/\sum_{j=1}^{3}r_{jk}^2 & (k\neq l)\\ \left(\sum_{j=1}^{3}r_{jk}r_{jl}-1\right)\Big/\sum_{j=1}^{3}r_{jk}^2 & (k=l)\end{cases}$$

$$r_{\alpha\beta}=r_\alpha(\boldsymbol{x}_\beta),\quad \alpha=1,2,3,\beta=1,2,\cdots,n^{[k]}$$

式中 $\boldsymbol{x}_k$ 表示结点 k 的坐标。

6.2.3　H8-CNS-NMM 的整体近似

将权函数(6.23)和局部近似(6.30)代入整体近似(6.21)，可得到 H8-CNS-NMM 在单元 e 上的整体近似

$$a^h(\boldsymbol{z},t)=\sum_{k=1}^{8}w_k(\boldsymbol{x})\boldsymbol{\psi}^k(\boldsymbol{x})\boldsymbol{a}^k(t) \tag{6.31}$$

整体近似可写作更一般的形式

$$a^h(\boldsymbol{z},t)=\sum_{j=1}^{N^{[e]}}\phi^j(\boldsymbol{x})a^j(t)$$
$$\phi^j(\boldsymbol{z})=\sum_{k=1}^{8}w_k(\boldsymbol{x})\psi_j^k(\boldsymbol{x}) \tag{6.32}$$

式中 $N^{[e]}$ 为单元覆盖 Ω_e^e 中的结点个数，$\phi^j(\boldsymbol{x})$ 为结点 j 的局部近似对单元 e 上的整体近似的贡献，$\psi_j^k(\boldsymbol{x})$ 为单元覆盖 Ω_e^e 中的第 j 个结点的局部近似对结点 k 的局部近似的贡献。如果单元覆盖 Ω_e^e 中的第 j 个结点不在结点覆盖 Ω_k^n 中，则有

$$\psi_j^k(\boldsymbol{x})=0$$

6.2.4　位移、流速和孔隙压力场插值

依据式(6.32)中的形函数格式，骨架位移场的整体离散格式可写作

$$\boldsymbol{u}^h(\boldsymbol{x},t)=\boldsymbol{N}_u(\boldsymbol{x})\boldsymbol{U}(t)$$
$$\boldsymbol{N}_u(\boldsymbol{x})=\left[\phi^1(\boldsymbol{x})\boldsymbol{I}_3\quad\phi^2(\boldsymbol{x})\boldsymbol{I}_3\quad\cdots\quad\phi^n(\boldsymbol{x})\boldsymbol{I}_3\right] \tag{6.33}$$

式中 $\boldsymbol{N}_u$ 为骨架位移的形函数，$\boldsymbol{U}(t)$ 为骨架位移未知数向量，$\boldsymbol{I}_3$ 为尺度 3×3 的单位矩阵。考虑到 u-w-p 格式中骨架位移场和液相流速场处于同等的变量地位，

采用相同的格式对液相流速场进行离散

$$\begin{gathered}\boldsymbol{w}^h(\boldsymbol{z},t)=\boldsymbol{N}_w(\boldsymbol{z})\boldsymbol{W}(t)\\ \boldsymbol{N}_w(\boldsymbol{x})=\left[\phi^1(\boldsymbol{x})\boldsymbol{I}_3\quad \phi^2(\boldsymbol{x})\boldsymbol{I}_3\quad \cdots\quad \phi^n(\boldsymbol{x})\boldsymbol{I}_3\right]\end{gathered}\tag{6.34}$$

式中 $\boldsymbol{N}_w(\boldsymbol{x})$ 为液相流速的形函数。对于孔隙压力，假定每个流形单元上孔隙压力为常数，即每个流形单元具有一个孔隙压力自由度，孔隙压力整体近似为

$$\begin{gathered}\boldsymbol{p}^h(\boldsymbol{x},t)=\boldsymbol{N}_p(\boldsymbol{x})\boldsymbol{P}(t)\\ \boldsymbol{N}_p(\boldsymbol{x})=\left[H^1(\boldsymbol{x})\quad H^2(\boldsymbol{x})\quad \cdots\quad H^{ne}(\boldsymbol{x})\right]\\ H^m(\boldsymbol{x})=\begin{cases}1, & \boldsymbol{x}\text{位于单元}\,e\,\text{内}\\ 0, & \text{其他情形}\end{cases}\end{gathered}\tag{6.35}$$

式中 ne 为问题域离散后流形单元的数目。式(6.33)～(6.35)称作混合 H8-CNS-NMM 模型。为验证 H8-CNS-NMM 模型求解非线性水力耦合问题的精度优势，本章将 H8-CNS-NMM 模型的计算结果与传统混合有限单元 H8H8H0 的计算结果进行对比。这里 H8H8H0 表示采用标准八结点六面体等参单元离散骨架位移场和液相流速场，采用分片常数插值离散孔隙压力的混合有限单元。

6.3 空间和时间离散

将离散格式(6.33)～(6.35)代入弱形式(6.18)～(6.20)，得到时间步 $n+1$，局部迭代步 $m+1$ 时的半离散方程(Hughes, 1987; Bathe, 2014)

$${}^{u}\boldsymbol{\Psi}_{n+1}^{m+1}=\boldsymbol{M}_{uu}\ddot{\boldsymbol{U}}_{n+1}^{m+1}+\boldsymbol{M}_{uw}\dot{\boldsymbol{W}}_{n+1}^{m+1}+\int_{\mathcal{B}}\boldsymbol{B}^{\mathrm{T}}\boldsymbol{\sigma}_{n+1}^{\prime m+1}\mathrm{d}\Omega-\boldsymbol{K}_{up}\boldsymbol{P}_{n+1}^{m+1}-\boldsymbol{F}_{n+1}^{u}=\boldsymbol{0}\tag{6.36}$$

$${}^{w}\boldsymbol{\Psi}_{n+1}^{m+1}=\boldsymbol{M}_{uw}^{T}\ddot{\boldsymbol{U}}_{n+1}^{m+1}+\boldsymbol{M}_{ww}\dot{\boldsymbol{W}}_{n+1}^{m+1}+\frac{ng}{k}\boldsymbol{M}_{ww}\boldsymbol{W}_{n+1}^{m+1}-\boldsymbol{K}_{wp}\boldsymbol{P}_{n+1}^{m+1}+\boldsymbol{F}_{n+1}^{w}=\boldsymbol{0}\tag{6.37}$$

$${}^{p}\boldsymbol{\Psi}_{n+1}^{m+1}=-\boldsymbol{K}_{up}^{T}\dot{\boldsymbol{U}}_{n+1}^{m+1}-\boldsymbol{K}_{wp}^{T}\boldsymbol{W}_{n+1}^{m+1}=0\tag{6.38}$$

式中 $\boldsymbol{B}$ 为应变位移矩阵，$\boldsymbol{\sigma}'$ 为尺度 6×1 的有效应力向量，其余矩阵定义为

$$\begin{gathered}\boldsymbol{M}_{uu}=\int_{\mathcal{B}}\rho\boldsymbol{N}_u^{\mathrm{T}}\boldsymbol{N}_u\mathrm{d}\Omega,\quad \boldsymbol{M}_{uw}=\int_{\mathcal{B}}\rho_{\mathrm{f}}\boldsymbol{N}_u^{\mathrm{T}}\boldsymbol{N}_w\mathrm{d}\Omega\\ \boldsymbol{K}_{up}=\int_{\mathcal{B}}\boldsymbol{B}^{\mathrm{T}}\boldsymbol{m}\boldsymbol{N}_p\mathrm{d}\Omega,\quad \boldsymbol{F}_{n+1}^{u}=\int_{\partial\mathcal{B}_t}\boldsymbol{N}_u^{\mathrm{T}}\overline{\boldsymbol{t}}_{n+1}\mathrm{d}\Gamma+\int_{\mathcal{B}}\boldsymbol{N}_u^{\mathrm{T}}\rho\boldsymbol{b}\mathrm{d}\Omega\\ \boldsymbol{M}_{ww}=\int_{\mathcal{B}}\frac{\rho_{\mathrm{f}}}{n}\boldsymbol{N}_w^{\mathrm{T}}\boldsymbol{N}_w\mathrm{d}\Omega,\quad \boldsymbol{K}_{wp}=\int_{\mathcal{B}}\left(\nabla^{\mathrm{T}}\boldsymbol{N}_w\right)^{\mathrm{T}}\boldsymbol{N}_p\mathrm{d}\Omega\\ \boldsymbol{F}_{n+1}^{w}=\int_{\partial\mathcal{B}_p}\boldsymbol{N}_w^{\mathrm{T}}\boldsymbol{n}_{\partial\mathcal{B}_p}\overline{p}_{n+1}\mathrm{d}\Gamma-\int_{\mathcal{B}}\boldsymbol{N}_w^{\mathrm{T}}\rho_{\mathrm{f}}\boldsymbol{b}\mathrm{d}\Omega\end{gathered}\tag{6.39}$$

采用 Newmark 方法对时间域进行离散，t_{n+1} 时刻的未知量与 t_n 时刻的未知量可

建立以下联系

$$
\begin{aligned}
\boldsymbol{U}_{n+1} &= \frac{\beta}{\gamma}\Delta t\dot{\boldsymbol{U}}_{n+1} + \boldsymbol{U}_n + \Delta t\left(1-\frac{\beta}{\gamma}\right)\dot{\boldsymbol{U}}_n + \Delta t^2\left(\frac{1}{2}-\frac{\beta}{\gamma}\right)\ddot{\boldsymbol{U}}_n \\
\ddot{\boldsymbol{U}}_{n+1} &= \frac{1}{\gamma\Delta t}\dot{\boldsymbol{U}}_{n+1} - \frac{1}{\gamma\Delta t}\dot{\boldsymbol{U}}_n + \left(1-\frac{1}{\gamma}\right)\ddot{\boldsymbol{U}}_n \\
\dot{\boldsymbol{W}}_{n+1} &= \frac{1}{\theta\Delta t}\boldsymbol{W}_{n+1} - \frac{1}{\theta\Delta t}\boldsymbol{W}_n + \left(1-\frac{1}{\theta}\right)\dot{\boldsymbol{W}}_n
\end{aligned}
\tag{6.40}
$$

式中 β 、γ 和 θ 为大小位于区间[0, 1]内的积分参数。为保证时间离散的无条件稳定和收敛，通常要求 $\gamma \geqslant 0.5$、$\theta \geqslant 0.5$ 和 $\beta \geqslant 0.25(0.5+\gamma)^2$ 。对于本章的数值计算，所有积分参数均取 0.65。

基于牛顿迭代法，并考虑关系式(6.40)，可残差方程(6.36)～(6.37)的迭代求解格式

$$
\boldsymbol{J}_{n+1}^m \begin{bmatrix} \Delta\dot{\boldsymbol{U}}_{n+1}^{m+1} \\ \Delta\boldsymbol{W}_{n+1}^{m+1} \\ \Delta\boldsymbol{P}_{n+1}^{m+1} \end{bmatrix} = -\begin{bmatrix} {}^u\boldsymbol{\Psi}_{n+1}^m \\ {}^w\boldsymbol{\Psi}_{n+1}^m \\ {}^p\boldsymbol{\Psi}_{n+1}^m \end{bmatrix} \tag{6.41}
$$

其中雅可比矩阵定义为

$$
\boldsymbol{J} = \begin{bmatrix} \bar{\boldsymbol{K}}_{uu} & \bar{\boldsymbol{K}}_{uw} & \bar{\boldsymbol{K}}_{up} \\ \bar{\boldsymbol{K}}_{wu} & \bar{\boldsymbol{K}}_{ww} & \bar{\boldsymbol{K}}_{wp} \\ \bar{\boldsymbol{K}}_{up}^{\mathrm{T}} & \bar{\boldsymbol{K}}_{wp}^{\mathrm{T}} & \boldsymbol{0} \end{bmatrix} \tag{6.42}
$$

式中

$$
\begin{aligned}
&\bar{\boldsymbol{K}}_{uu} = \frac{1}{\gamma\Delta t}\boldsymbol{M}_{uu} + \frac{\beta\Delta t}{\gamma}\int_B \boldsymbol{B}^{\mathrm{T}}\frac{\partial\boldsymbol{\sigma}'}{\partial\boldsymbol{U}}\boldsymbol{B}\mathrm{d}\Omega, \quad \bar{\boldsymbol{K}}_{uw} = \frac{1}{\theta\Delta t}\boldsymbol{M}_{uw}, \quad \bar{\boldsymbol{K}}_{up} = -\boldsymbol{K}_{up} \\
&\bar{\boldsymbol{K}}_{wu} = \frac{1}{\gamma\Delta t}\boldsymbol{M}_{uw}^T, \quad \bar{\boldsymbol{K}}_{ww} = \frac{1}{\theta\Delta t}\boldsymbol{M}_{ww} + \frac{ng}{k}\boldsymbol{M}_{ww}, \quad \bar{\boldsymbol{K}}_{wp} = -\boldsymbol{K}_{wp}
\end{aligned}
\tag{6.43}
$$

$\int_B \boldsymbol{B}^{\mathrm{T}}\frac{\partial\boldsymbol{\sigma}'}{\partial\boldsymbol{U}}\boldsymbol{B}\mathrm{d}\Omega$ 表示一致切向刚度矩阵(consistent tangent stiffness matrix)。由于本构模型考虑了非相关界面理论(6.6)～(6.7)，一致切向刚度矩阵是非对称的。如果采用相关弹塑性本构模型，一致切向刚度矩阵是对称的，则可由简单的运算将雅可比矩阵(6.42)转化为对称形式。求解式(6.41)后，对主变量进行更新

$$
\begin{bmatrix} \dot{\boldsymbol{U}}_{n+1}^{m+1} \\ \boldsymbol{W}_{n+1}^{m+1} \\ \boldsymbol{P}_{n+1}^{m+1} \end{bmatrix} = \begin{bmatrix} \dot{\boldsymbol{U}}_{n+1}^{m} \\ \boldsymbol{W}_{n+1}^{m} \\ \boldsymbol{P}_{n+1}^{m} \end{bmatrix} + \begin{bmatrix} \Delta\dot{\boldsymbol{U}}_{n+1}^{m+1} \\ \Delta\boldsymbol{W}_{n+1}^{m+1} \\ \Delta\boldsymbol{P}_{n+1}^{m+1} \end{bmatrix} \tag{6.44}
$$

进行计算时，为了提高本构积分的稳定性和收敛性，将映射中心置于原点处 $\boldsymbol{\sigma}_0 = \mathbf{0}$。本构积分时，若为弹性卸载状态，则实际应力应等于试应力 $\boldsymbol{\sigma}_{n+1}^{m+1} = \boldsymbol{\sigma}^{\text{tri}}$。此时，由于界面方程通过原点和实际应力的像，可以得到关于系数 ς 的二次方程

$$F = (1+\varsigma)^2 \left(\boldsymbol{\sigma}_{n+1}^{m+1} - \boldsymbol{\alpha}_{n+1}\right) : \boldsymbol{M} : \left(\boldsymbol{\sigma}_{n+1}^{m+1} - \boldsymbol{\alpha}_{n+1}\right) - R_{n+1}^2 = 0 \tag{6.45}$$

求解可得到 ς_{n+1}^{m+1}。如果 $r_{n+1}^{m+1} = R_{n+1} / \varsigma_{n+1}^{m+1} < 0.1R_{n+1}$ 则有

$$r_{n+1}^{m+1} = 0.1R_{n+1}$$

$$\varsigma_{n+1}^{m+1} = 9$$

否则

$$r_{n+1}^{m+1} = R_{n+1} / \varsigma_{n+1}^{m+1}$$

6.4　数值算例

本节采用所建立的混合三变量模型 H8-CNS-NMM 进行三维弹塑性水力耦合数值计算，验证 H8-CNS-NMM 的精度和效率(Liu and Borja, 2010; Lotfian and Sivaselvan, 2018; Wu et al., 2019a, 2020b)。表 6.1 和表 6.2 给出了所有数值算例的水力材料参数。除特殊声明外，不考虑固体颗粒和液体的可压缩性。当考虑固体颗粒和液体的可压缩性时，分别取固体颗粒和液体的体积模量为 $K_w = 2.1\times10^9$Pa 和 $K_s = 1\times10^{20}$Pa。

表 6.1　算例 6.4.1、算例 6.4.2 和算例 6.4.3 的水力材料参数(线弹性骨架)

	E/Pa	ν	ρ_s/(kg/m^3)	ρ_f/(kg/m^3)	n	k/(m/s)
算例 6.4.1	1.4516×10^7	0.3	2000	1000	0.33	10^{-2}
算例 6.4.2	1.4516×10^7	0.3	2700	1000	0.42	10^{-1}, 10^{-4}
算例 6.4.3	1.4516×10^7	0.3	2700	1000	0.42	10^{-7}

表 6.2　算例 6.4.4、算例 6.4.5 和算例 6.4.6 的水力材料参数(弹塑性骨架)

参数	大小	参数	大小
ρ_s/(kg/m^3)	2850	c	1.0
ρ_f/(kg/m^3)	1000	λ	0.13
n	0.48	κ	0.018
k/(m/s)	10^{-1}、10^{-4}	h/MPa	5.0
υ	0.35	m	1.5

6.4.1　验证算例：土柱固结

土柱固结问题为水力耦合分析的经典算例。如图 6.2 所示，考虑尺寸为 0.1m×0.1m×10m 的长方体土柱。土柱顶端受初始时刻瞬时施加的均布压力 $F_t = -3\text{kPa}$ 作用。顶端为理想透水边界，底部和侧面为不透水边界且受法向位移约束。计算中土柱离散为 100 个流形单元，时间步长取为 $\Delta t = 5\times 10^{-4}\text{s}$。本算例假定固体骨架为各向同性线弹性材料。

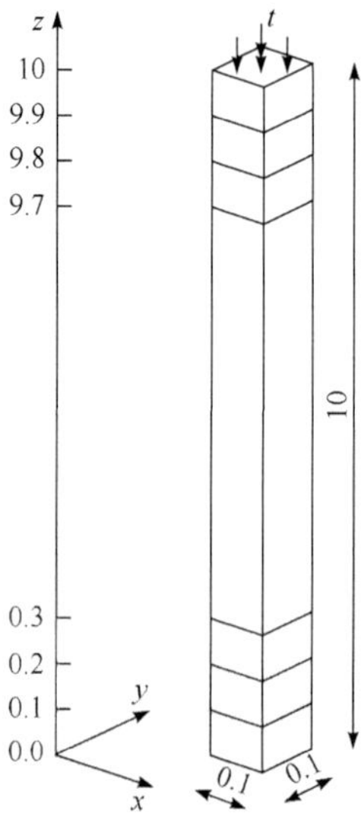

图 6.2　土柱固结问题定义(单位：m)

图 6.3 为土柱固结过程中顶端沉降的计算结果，其中 ND5W5P1 和 T6T6T3 表示使用 ND5W5P1 和 T6T6T3 模型基于二维问题模型的计算结果(见图 3.2)，ND5W5P1 采用散度为 0 的局部位移场和流速场以及分片常数水压力场，T6T6T3 采用六结点三角形单元插值位移场和流速场，三结点三角形插值孔压场 (Lotfian and Sivaselvan, 2018; Wu et al., 2020b)。由图 6.3 可见，各方法所得结果十分接近。此外，当 t<2.4s 时，H8-CNS-NMM 模型的计算结果与 de Boer 的理论解相一致；当 t>2.4s 时，de Boer 的理论解与 H8-CNS 的结果相差较大，这是由于 de Boer 的理论解是基于无限长的土柱得到的。

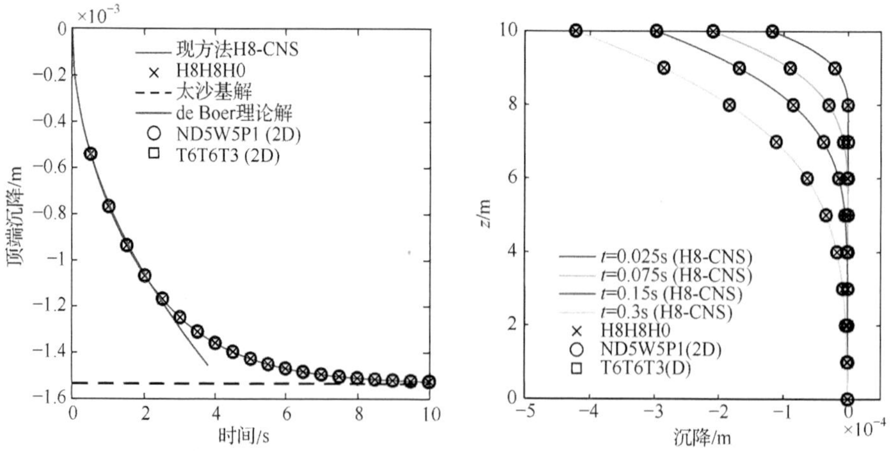

(a) 土柱顶端沉降时间历史　　(b) 各时刻沿土柱的沉降分布

图 6.3　土柱沉降计算结果(彩图请扫封底二维码)

图 6.3(b)为不同时刻沿土柱的沉降分布，由此结果可计算慢膨胀波沿土柱的传递信息。记 t 时刻土柱的受扰动长度为 Δz ，则波传递速度为

$$V_t = \frac{\Delta z}{t} \tag{6.46}$$

由图 6.3(b)可得

$$\begin{aligned} V_{0.025} &= \frac{2.2}{0.025} = 88\text{m/s} \\ V_{0.075} &= \frac{5.4}{0.075} = 72\text{m/s} \\ V_{0.150} &= \frac{8.7}{0.150} = 58\text{m/s} \end{aligned} \tag{6.47}$$

根据 de Boer 的理论解，慢膨胀波的理论传播速度为

$$V_0 = \sqrt{\frac{\lambda + 2G}{\rho - \rho_{\text{f}}(2 - 1/n)}} = 85.07\text{m/s} \tag{6.48}$$

可见，理论波速和 H8-CNS-NMM 在 $t = 0.025\text{s}$ 时刻所估算的波速十分接近。此外，由 ND5W5P1 和 T6T6T3 在 $t = 0.025\text{s}$ 时刻所得波速分别为 88m/s 和 84m/s。由于土柱的长度有限(即 10m)，式(6.47)显示随着波由上向下传播，波峰逐渐接近土柱底部，波的传播速度逐渐减小。

图 6.4 为不同深度测点处的骨架速度变化曲线。由计算结果可见，当波峰通过测点时，测点处出现非零的骨架速度；波峰经过后，测点处的骨架速度由于能量耗散逐渐减小至 0。此外，由图 6.4(b)可见，与本章所建立的 H8-CNS-NMM 模型相比，混合有限元 T6T6T3 所得的骨架位移结果具有更加明显的数值震荡，这是 H8-CNS-NMM 求解水力耦合问题的优势。

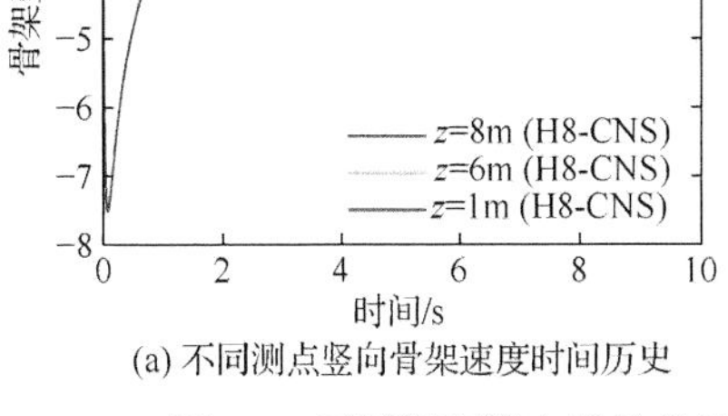

(a) 不同测点竖向骨架速度时间历史

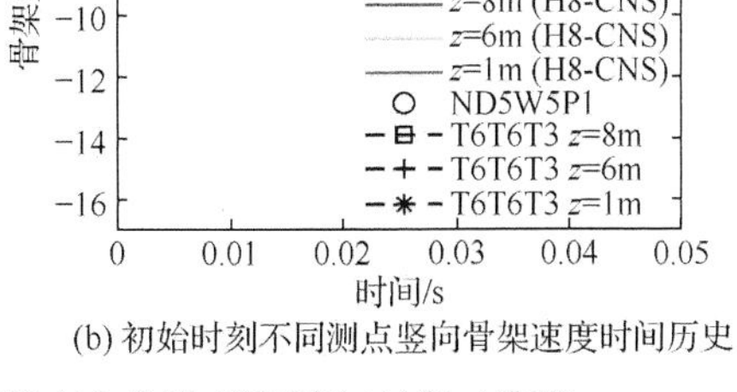

(b) 初始时刻不同测点竖向骨架速度时间历史

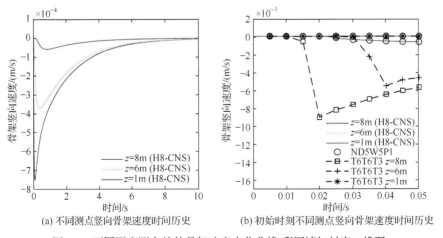

图 6.4　不同深度测点处的骨架速度变化曲线(彩图请扫封底二维码)

图 6.5 为不同测点处孔隙压力变化曲线，可见不同方法的结果吻合良好。外力瞬时施加后，整个土柱的孔隙压力迅速增加到外力大小，即 3kPa。然后，随着液体从上表面排出，孔隙压力逐渐耗散至 0。

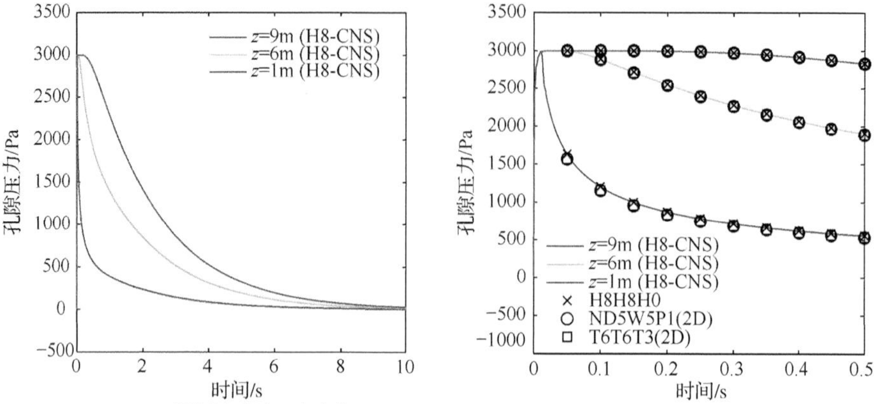

(a) 不同测点孔隙压力变化　　(b) 初始时刻不同测点孔隙压力变化

图 6.5　不同测点处孔隙压力变化曲线(彩图请扫封底二维码)

图 6.6(a)和图 6.6(b)为 H8-CNS-NMM 模型的骨架和流体的加速度计算结果，可见土柱固结排水时固体骨架和流体的加速度大小相同、方向相反。需要注意的是，采用 u-p 格式 Biot 模型无法得到这样的结果。图 6.6(c)和图 6.6(d)对比了其他方法所得的加速度结果。可见 H8-CNS-NMM 和 ND5W5P1 得到的加速度结果更为光滑合理，而混合有限元 T6T6T3 的结果存在明显的数值震荡。因此与混合有限元 T6T6T3 相比，H8-CNS-NMM 更适合精确捕捉饱和孔隙介质的动态特性。

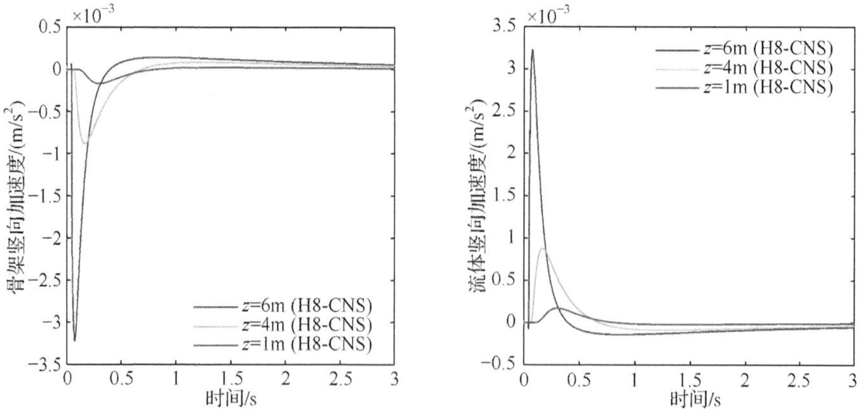

(a) 由H8-CNS所得竖向骨架加速度　　(b) 由H8-CNS所得流体加速度

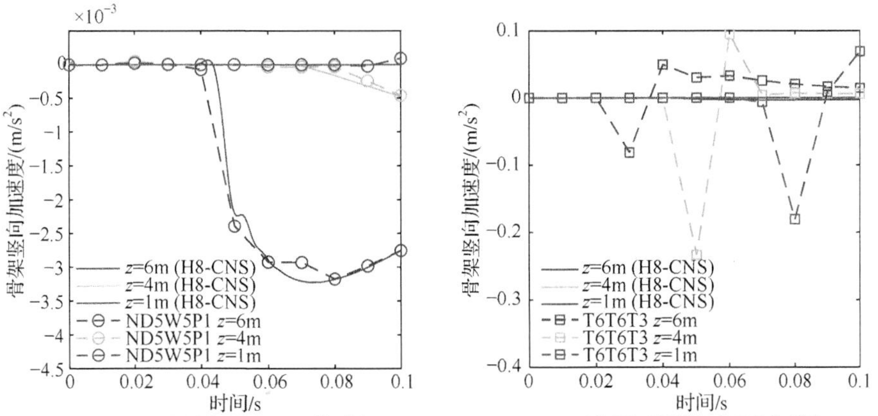

(c) H8-CNS和ND5W5P1的对比　　(d) H8-CNS和T6T6T3的对比

图 6.6　H8-CNS-NMM 模型的骨架和流体的加速度计算结果(彩图请扫封底二维码)

图 6.7 为固结过程中整个土柱的各项能量变化过程。由图 6.7(b)可见，LHS(见式(3.41))和外力所做功之间的相对误差小于 1%，这说明所采用的时间离散算法是稳定精确的。

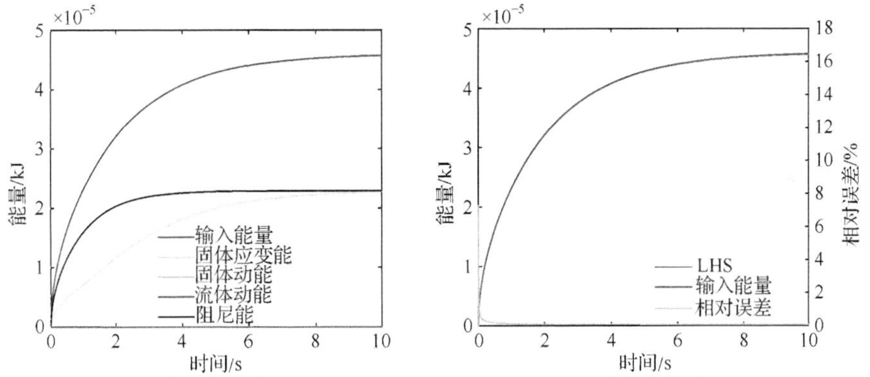

(a) 能量监测结果　　(b) 能量平衡监测

图 6.7　能量平衡监测(彩图请扫封底二维码)

根据 de Boer 关于饱和孔隙介质一维波传递的精确解，当忽略固体颗粒和液体的压缩性时，骨架位移 u 和流体位移 U 满足关系

$$\frac{u}{U}=-\frac{n}{1-n} \tag{6.49}$$

式(6.49)表明，对于由不可压缩组分构成的孔隙介质，各组分中的波实际上为同一种波。为考虑组分的可压缩形对孔隙介质中波传递的影响，图 6.8 展示了阶跃载荷作用下，由可压缩组分和不可压缩组分构成的饱和孔隙介质中的波传递结果。图 6.8(c)显示，当各组分不可压缩时，固体骨架和液体具体大小相同，方向

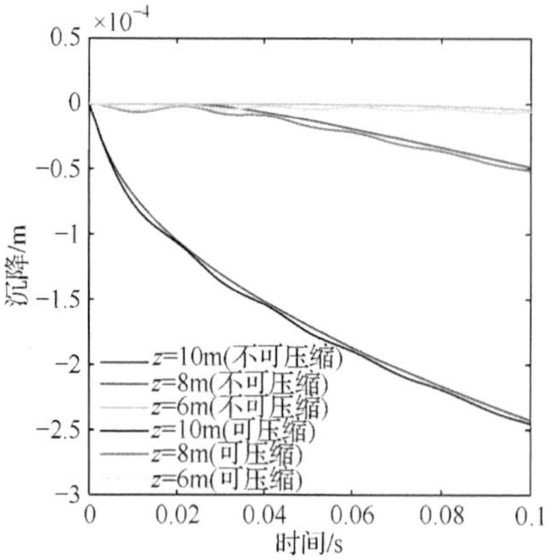

(a) 沉降

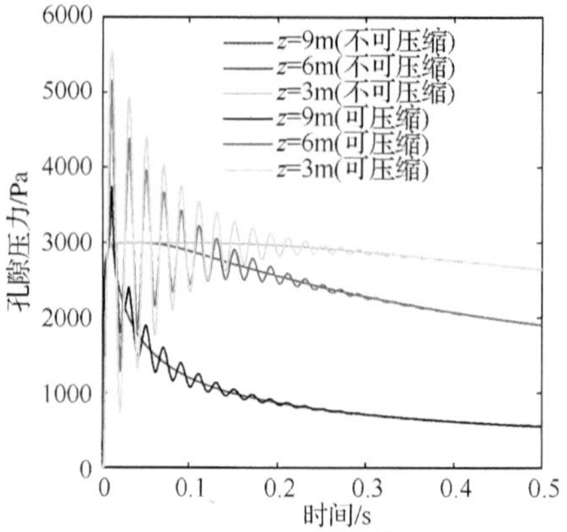

(b) 孔隙压力

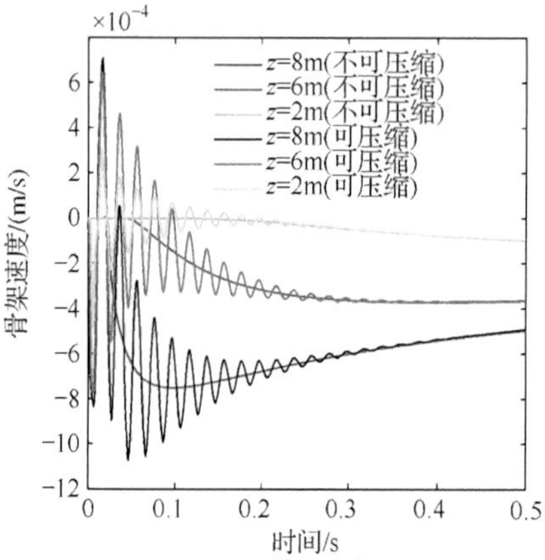

(c) 骨架速度

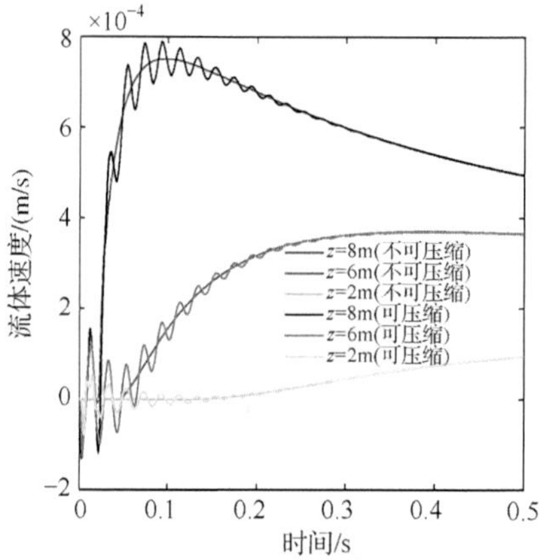

(d) 流体速度

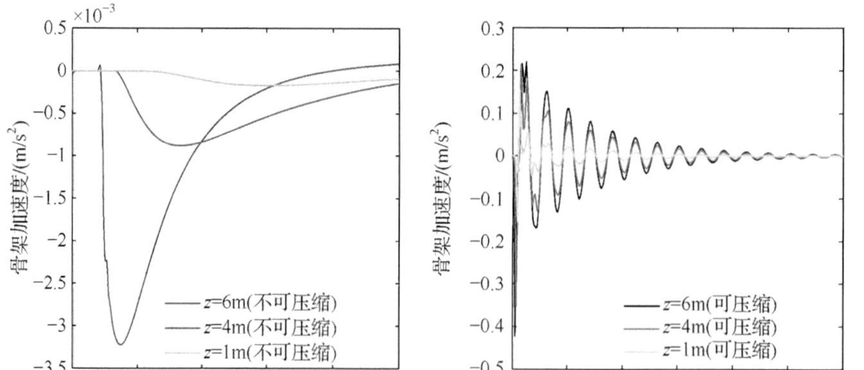

(e) 骨架加速度

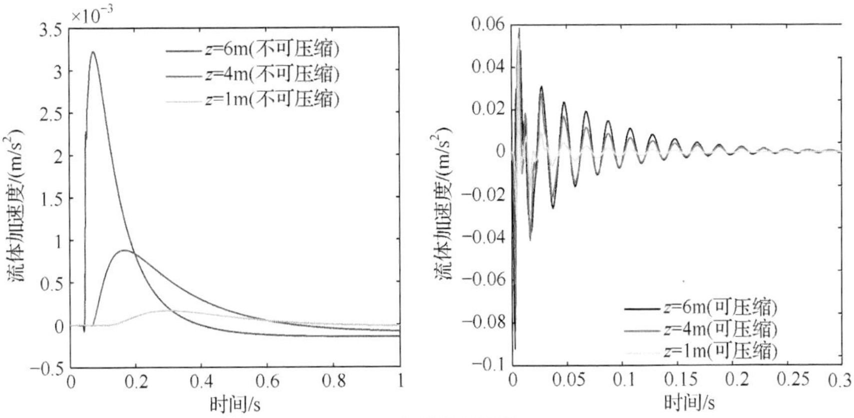

(f) 流体加速度

图 6.8　阶跃载荷作用下基于 H8-CNS-NMM 所得的饱和孔隙介质水力响应(彩图请扫封底二维码)

相反的加速度，即固体骨架和液体中是同一种波。而图 6.8(f)显示，当组分可压缩时，固体骨架的加速度和液相的加速度不再满足大小相等、方向相反的特性，即固体骨架和液体中存在不同的波；此外考虑各组分的可压缩性时，孔隙水压、速度和加速度结果中存在更明显的无物理意义的震荡，同时土柱中出现的最大孔隙压力值大于外部载荷。

为进一步验证 H8-CNS-NMM 模拟饱和孔隙介质动力特性的能力，采用 H8-CNS-NMM 模拟孔隙介质在冲击载荷(式(6.50))和正弦载荷(式(6.51))作用下的动态响应

$$F_t=\begin{cases}-3\text{kPa}, & 0\leqslant t\leqslant 0.025\text{s}\\ 0, & \text{其他情况}\end{cases}\tag{6.50}$$

$$F_t=\begin{cases}-3\text{kPa}\left|\sin\left(\dfrac{t}{0.6}\pi\right)\right|, & 0\leqslant t\leqslant 0.18\text{s}\\ 0, & \text{其他情况}\end{cases}\tag{6.51}$$

计算结果分别如图 6.9 和图 6.10 所示。图 6.9 和图 6.10 也给出了基于 u-p 格式 Biot 模型的计算结果。当采用 u-p 格式 Biot 模型时，骨架位移和孔隙压力均采用八结点六面体有限单元进行离散。如图 6.9 所示，H8-CNS-NMM 的结果更明显地展示了波传递的过程，即冲击荷载施加后由土柱顶部至底部逐点出现非零的沉降、速度和应力。反之，当使用 u-p 格式 Biot 模型时，冲击载荷施加后，土柱的不同深度处同时出现非零的沉降、速度和应力。图 6.9(b)显示外部冲击载荷移除前，孔隙压力场的变化不能用于反映波在孔隙介质中的传递过程。这是由于在外力作用下，饱和土柱中孔隙压力场的变化是瞬时的。这一数值结果与 de

Boer 的理论结果相一致。图 6.9(f)显示，移除外部冲击载荷后，骨架应力逐渐减小，这反映了外力移除后波的传递情况。

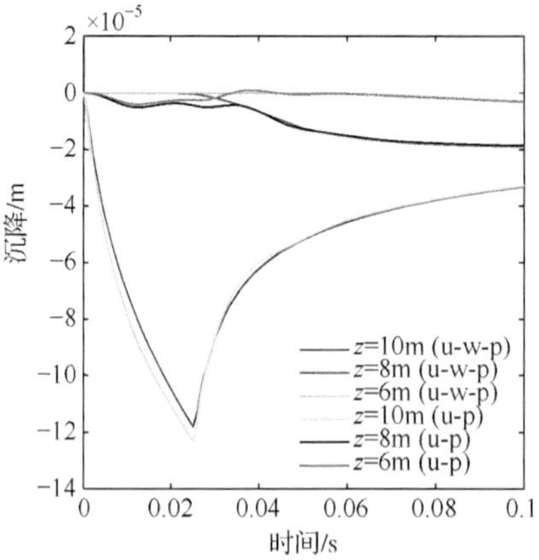

(a) 沉降

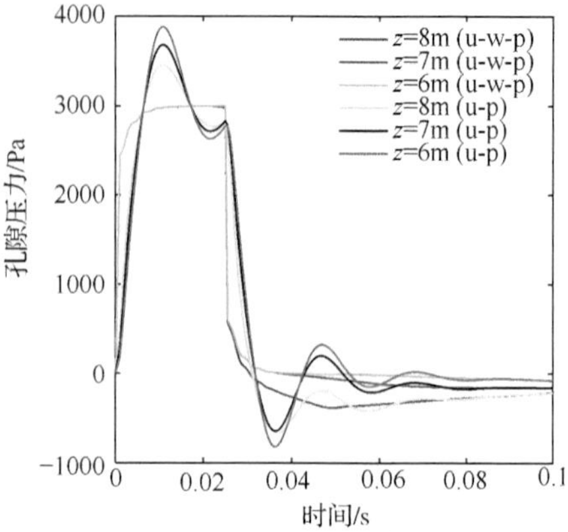

(b) 孔隙压力

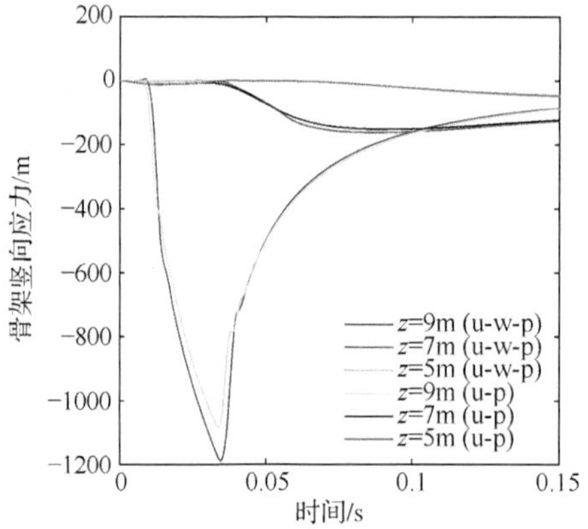

(c) 骨架竖向应力

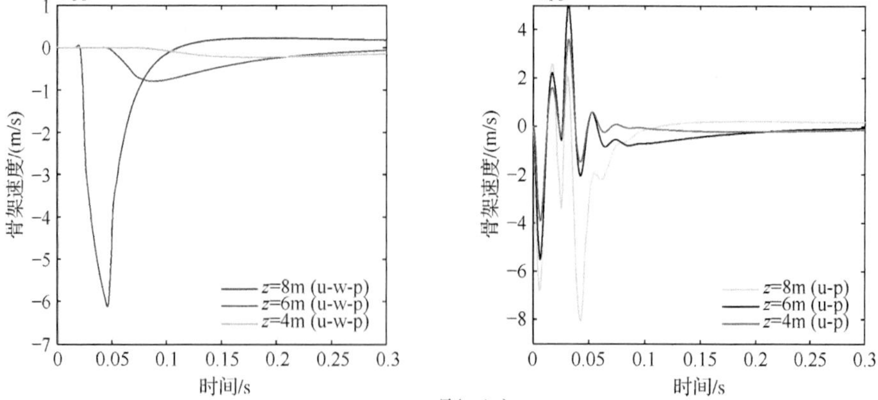

(d) 骨架速度

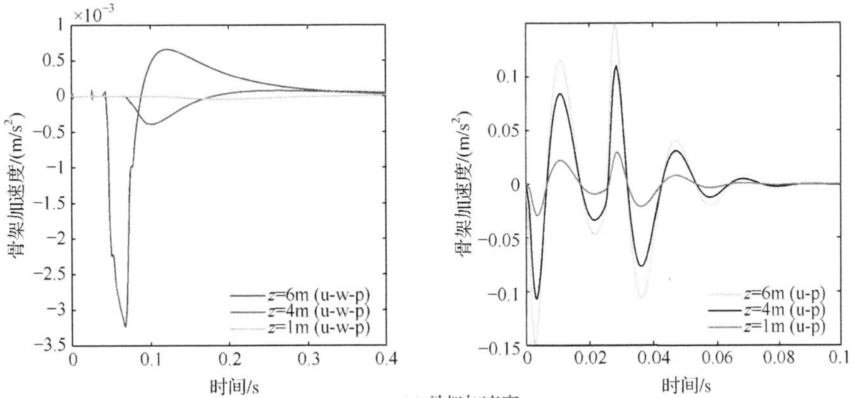

(e) 骨架加速度

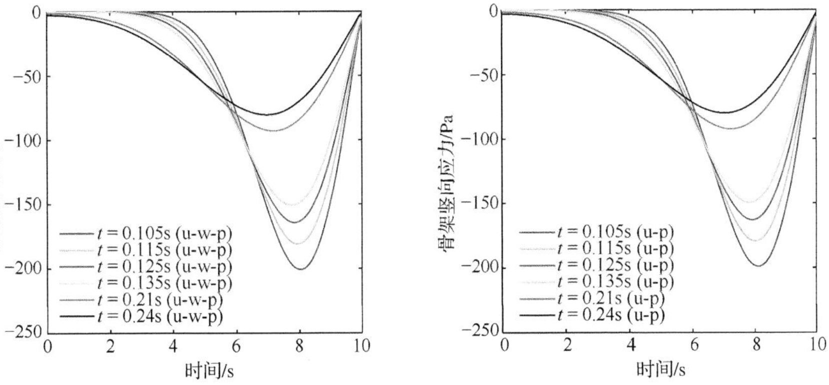

(f) 竖向有效应力分布

图 6.9　冲击载荷作用下饱和孔隙介质水力响应(彩图请扫封底二维码)

图 6.10 显示 u-w-p 和 u-p 格式均能准确反映正弦外力作用下饱和孔隙介质中的波传递过程，这是由于相比于冲击载荷，正弦载荷的变化较为光滑。但是随着

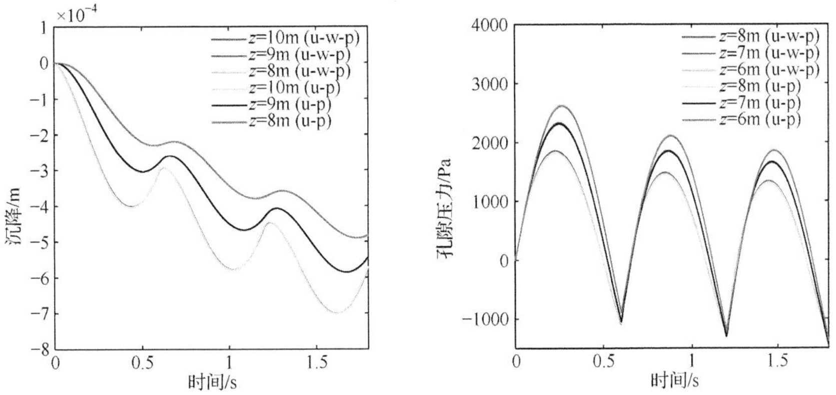

(a) 沉降　　(b) 孔隙压力

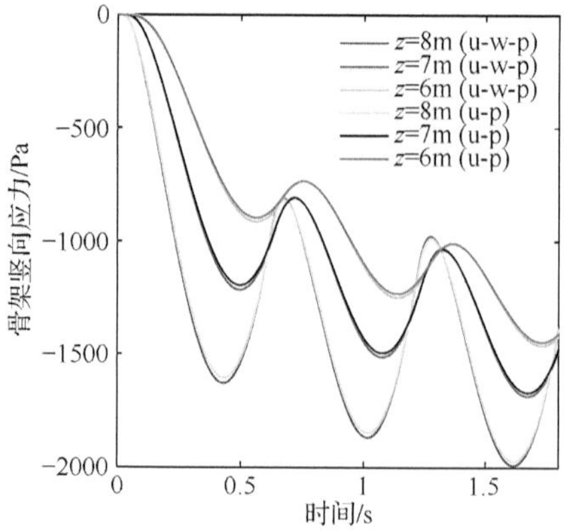

(c) 骨架竖向应力

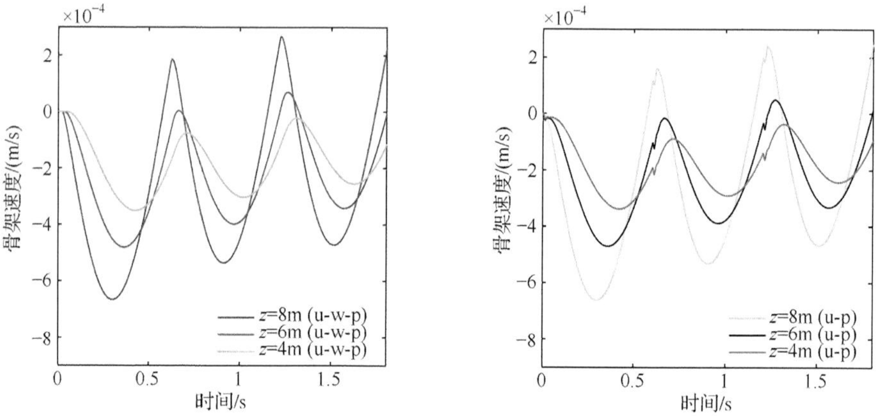

(d) 骨架速度

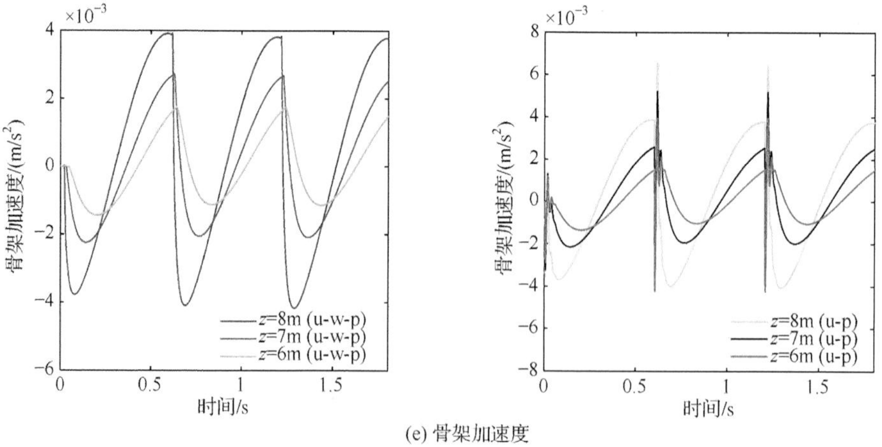

(e) 骨架加速度

图 6.10　正弦分布载荷作用下饱和孔隙介质水力响应(彩图请扫封底二维码)

外力的增加，在 $t = 0.6\text{s}$ 和 $t = 1.2\text{s}$，使用 u-p 格式所得的结果中仍出现了无物理意义的数值震荡。图 6.10 中的沉降、孔隙压力、骨架的速度和加速度峰值的变化反映了正弦外力作用下孔隙介质中的波传递过程。

6.4.2　偏斜载荷下孔隙介质的固结

如图 6.11 所示，考虑受偏斜压力作用的三维正方体饱和孔隙介质的固结变形。孔隙介质的边长为 10m，其顶部区域($5\text{m} \leqslant x \leqslant 10\text{m}$, $5\text{m} \leqslant y \leqslant 10\text{m}$，$z = 10\text{m}$)受初始时刻瞬时施加的均布压力 $t = -10\text{kPa}$ 作用。顶部受压区域为不透水边界，而顶部非受压区域为理想透水边界。侧面和底面均为不透水边界且受法向位移约束。整个问题域采用 12×12×12 的六面体网格进行离散，时间步长取为 $1\times10^{-3}\text{s}$。该算例假定孔隙介质骨架为各向同性线弹性材料。为研究渗透系数对孔隙介质固结过程的影响，计算中考虑两个不同的渗透系数，即 $k=10^{-1}\text{m/s}$ 和 $k=10^{-4}\text{m/s}$。

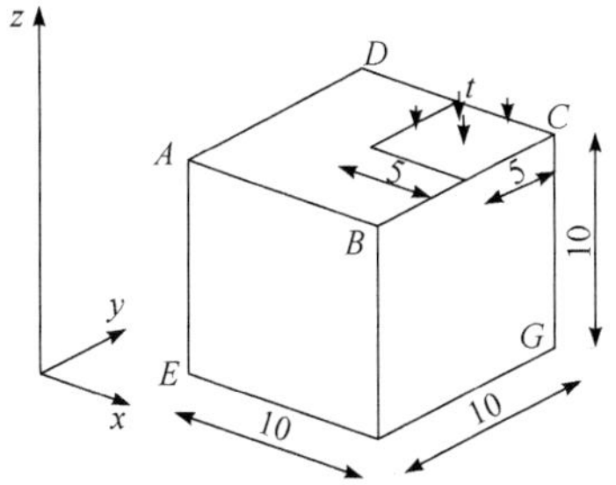

图 6.11　偏斜载荷作用下的孔隙介质

图 6.12 展示了不同监测点处(见图 6.11)的沉降、孔隙压力和骨架速度的时间变化历史。由图 6.12(a)和(b)可见，对于具有不同渗透系数的孔隙介质，测点的骨架位移响应具有相同的变化频率，即孔隙介质的骨架位移响应频率不受渗透系数的影响。渗透系数较小时，骨架位移响应接近于反对称模式，此时孔隙介质接近于不可压缩弹性固体材料。渗透系数较大时，骨架位移、骨架速度和孔隙压力响应衰减更快，孔隙介质更快地达到水力平衡状态。渗透系数较小时，骨架位移、骨架速度和孔隙压力的震荡持续时间更长，整个孔隙介质需要更长的时间达到水力平衡状态。图 6.12(c)和(d)显示，尽管测点 A 位于理想透水边界上，但其孔隙压力并非精确为 0，而在 0 附近震荡。通过加密网格，或将阶跃载荷替换为更光滑的加载函数可以缓解测点 A 处孔隙压力的震荡，但并不能完全消除该震荡现象。

图 6.13 展示了孔隙介质在固结过程中各项能量的变化过程，可见更高的渗透系数不仅会引起更快的流体渗透速度和孔隙压力消散速度，还会引起更快的能量耗散。此外，对于不同的渗透系数，外力所做的功和 LHS(见式(3.41))均吻合良好，可见对于不同的渗透系数，所采用的时间离散算法均是稳定和精确的。

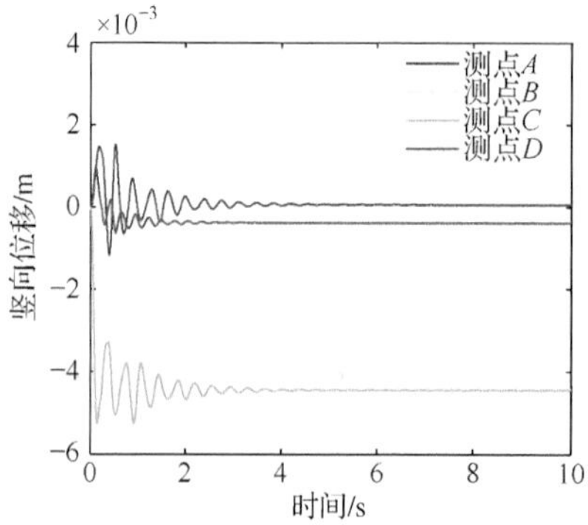

(a) 测点A、B、C 和 D 处的沉降变化(k=10^{-1}m/s)

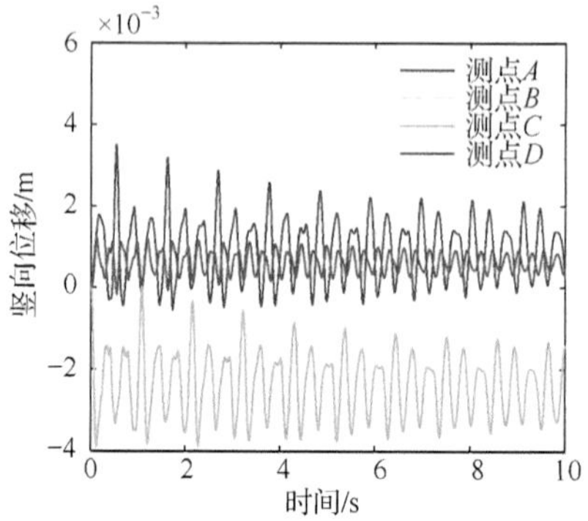

(b) 测点A、B、C 和 D 处的沉降变化(k=10^{-4}m/s)

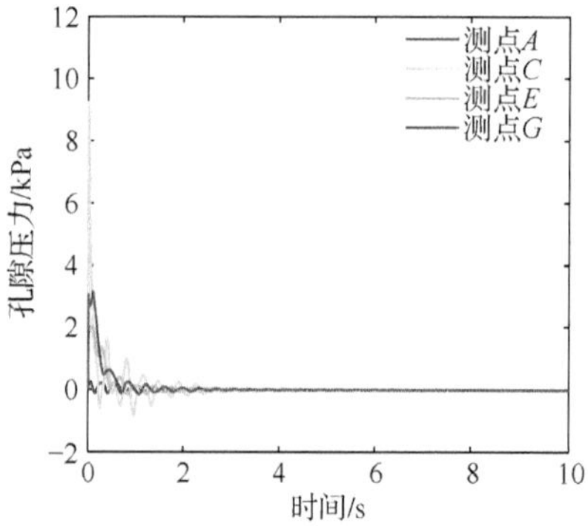

(c) 测点A、C、E 和 G 处的孔隙压力变化(k=10^{-1}m/s)

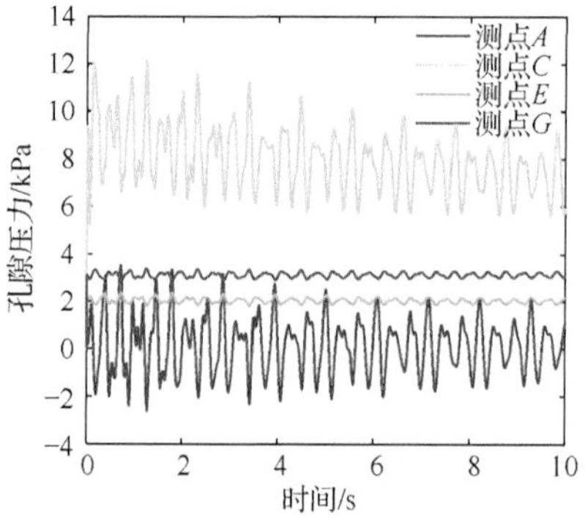

(d) 测点A、C、E 和 G 处的孔隙压力变化(k=10^{-4}m/s)

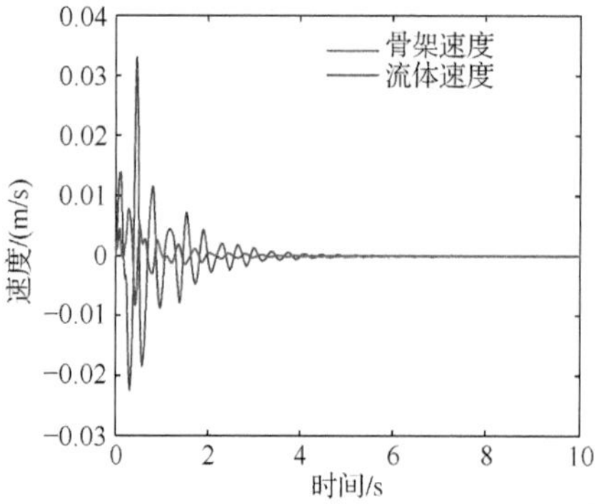

(e) 测点A处的竖向位移和流体流速变化(k=10^{-1}m/s)

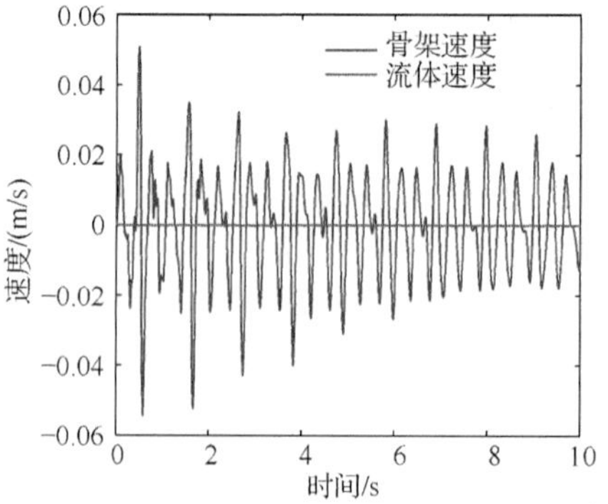

(f) 测点A处的竖向位移和流体流速变化(k=10^{-4}m/s)

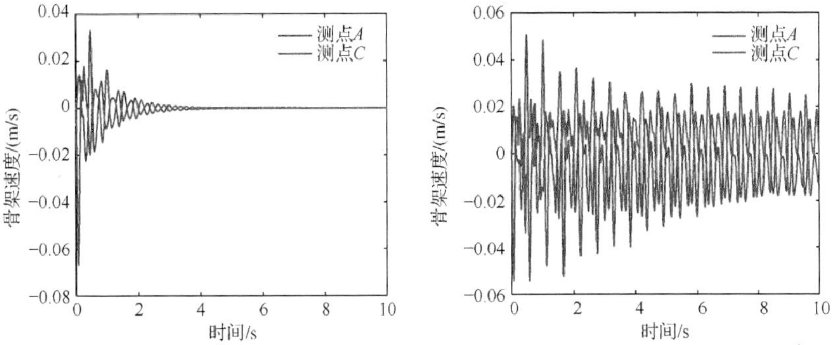

(g) 测点A和C处的竖向位移变化($k=10^{-1}$m/s)　(h) 测点A和C处的竖向位移变化($k=10^{-4}$m/s)

图 6.12　基于 H8-CNS 所得测点处数值结果(彩图请扫封底二维码)

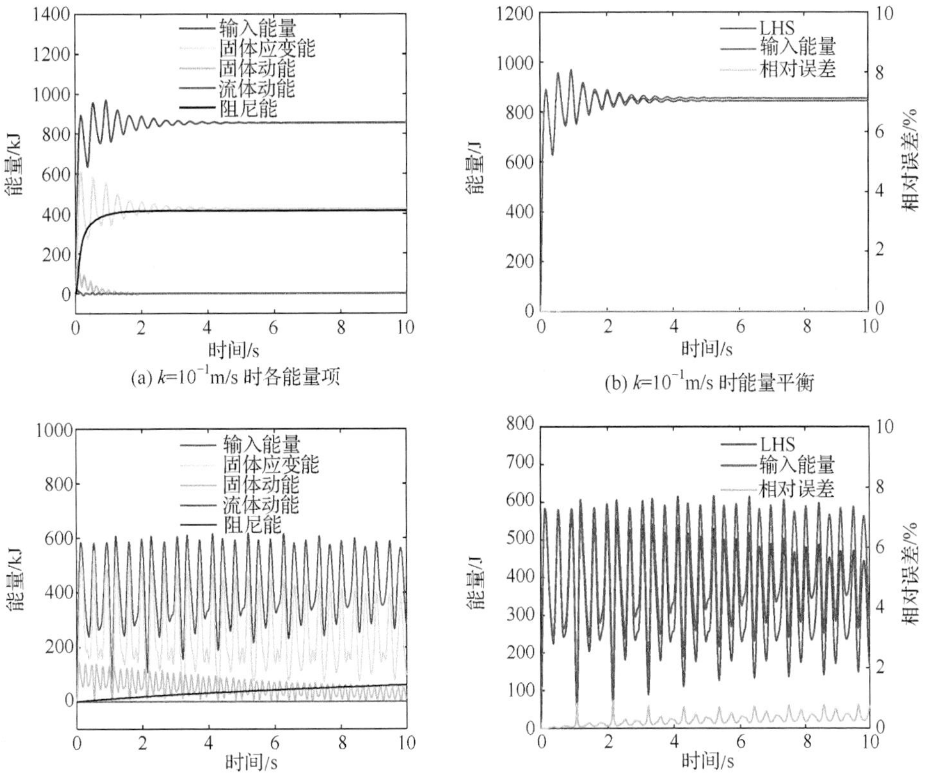

(a) $k=10^{-1}$m/s 时各能量项　(b) $k=10^{-1}$m/s 时能量平衡

(c) $k=10^{-4}$m/s 时各能量项　(d) $k=10^{-4}$m/s 时能量平衡

图 6.13　能量平衡条件监测结果(彩图请扫封底二维码)

图 6.14 展示了 H8-CNS-NMM 所得的不同时刻的孔隙压力和流速矢量云图。结果显示相同的时间内，更高的渗透系数会产生更大的孔隙压力消散。图 6.15 显示了不同时刻的竖直有效应力 σ_z' 的分布云图。可见，不采用后处理的情况下，与混合有限单元 H8H8H0 相比，H8-CNS-NMM 所得的应力分布更加光

滑合理。后续的算例还将表明，与混合有限单元相比，对于弹塑性骨架 H8-CNS-NMM 仍能得到更精确光滑的有效应力结果。

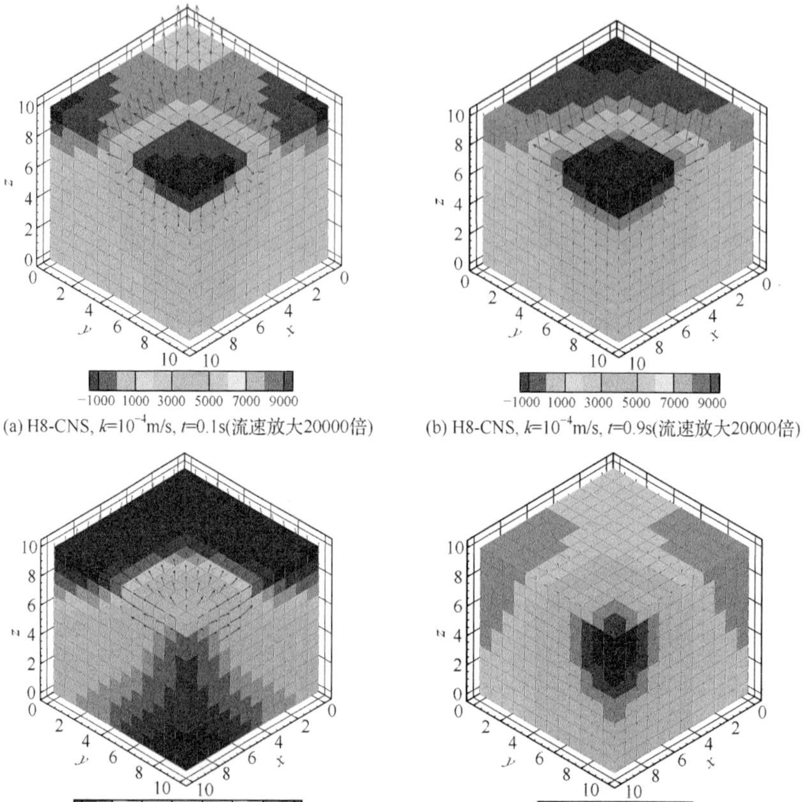

(a) H8-CNS, k=10^{-4}m/s, t=0.1s(流速放大20000倍)　(b) H8-CNS, k=10^{-4}m/s, t=0.9s(流速放大20000倍)

(c) H8-CNS, k=10^{-1}m/s, t=0.1s(流速放大100倍)　(d) H8-CNS, k=10^{-1}m/s, t=0.9s(流速放大100倍)

图 6.14　不同时刻的孔隙压力和流速矢量云图(彩图请扫封底二维码)

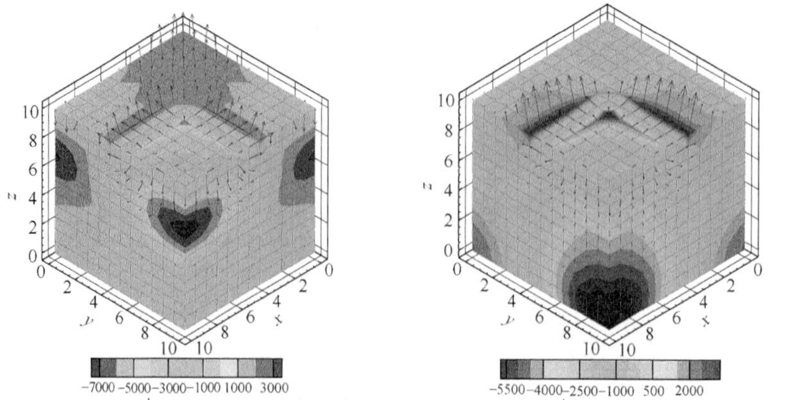

(a) H8-CNS, k=10^{-4}m/s, t=0.1s(流速放大100倍)　(b) H8-CNS, k=10^{-4}m/s, t=0.9s(流速放大20000倍)

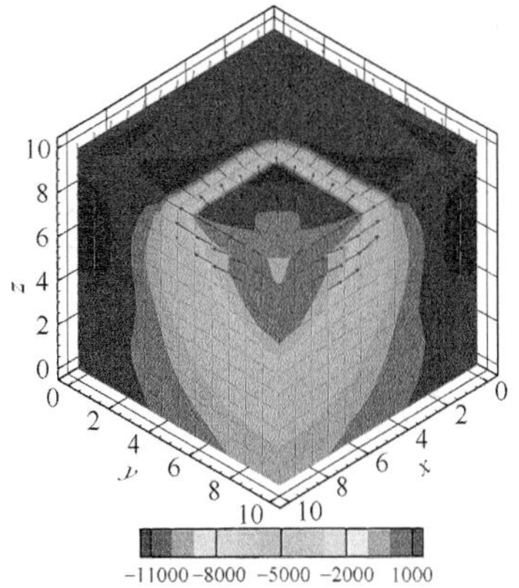

(c) H8-CNS, k=10^{-1}m/s, t=0.1s(流速放大100倍)

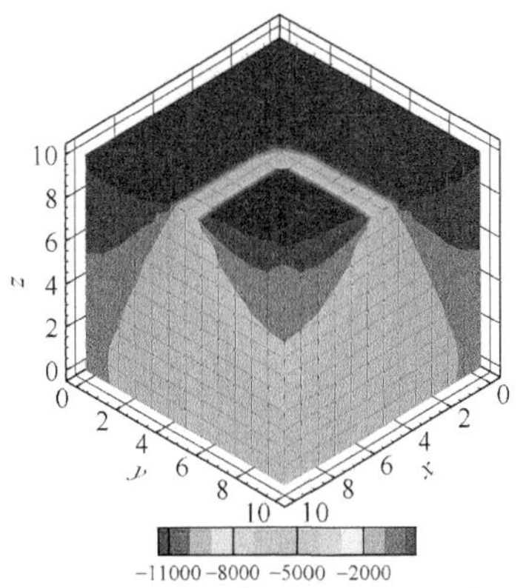

(d) H8-CNS, k=10^{-1}m/s, t=0.9s(流速放大100倍)

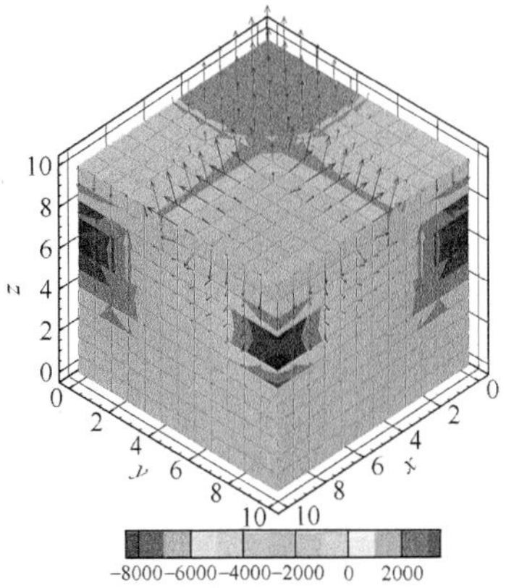

(e) H8H8H0, k=10^{-4}m/s, t=0.1s(流速放大20000倍)

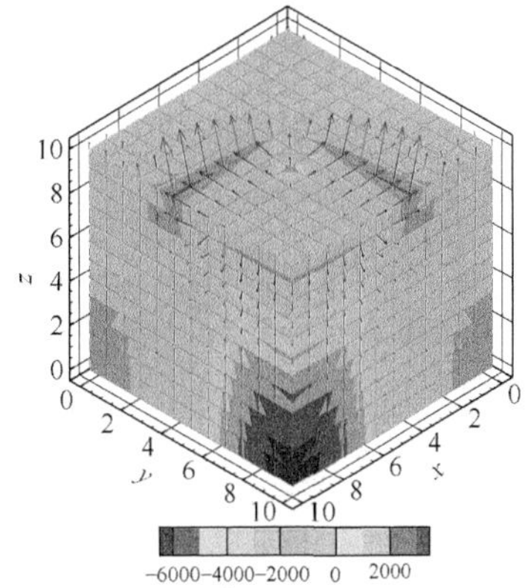

(f) H8H8H0, k=10^{-4}m/s, t=0.9s(流速放大20000倍)

图 6.15　不同时刻的竖向有效应力 σ'_z 的分布云图(彩图请扫封底二维码)

6.4.3　H8-CNS-NMM 水力耦合分析的稳定性

如文献(Kim et al., 2011)和(Wu et al., 2020b)所示，采用 u-w-p 格式 Biot 模型进行水力耦合分析时，存在两种可引起闭锁的情形，即刚性骨架和低渗透系数。本质上饱和孔隙介质水力耦合分析的稳定性问题和不可压缩弹性体的变形闭锁问题具体相同的数学基础。当孔隙介质渗透系数接近于 0 时，孔隙介质中流相的渗透速度很小，于是式(6.36)～(6.38)退化为

$$\begin{bmatrix} \bar{\boldsymbol{K}}_{uu} & \bar{\boldsymbol{K}}_{up} \\ \bar{\boldsymbol{K}}_{up}^{\mathrm{T}} & \boldsymbol{0} \end{bmatrix} \begin{bmatrix} \Delta\dot{\boldsymbol{U}} \\ \Delta\boldsymbol{P} \end{bmatrix} = \begin{bmatrix} -{}^{u}\boldsymbol{\varPsi} \\ -{}^{p}\boldsymbol{\varPsi} \end{bmatrix} \tag{6.52}$$

当骨架刚度接近于无穷大时，骨架变形接近于 0，式(6.36)～(6.38)退化为

$$\begin{bmatrix} \bar{\boldsymbol{K}}_{ww} & \bar{\boldsymbol{K}}_{wp} \\ \bar{\boldsymbol{K}}_{wp}^{\mathrm{T}} & \boldsymbol{0} \end{bmatrix} \begin{bmatrix} \Delta\boldsymbol{W} \\ \Delta\boldsymbol{P} \end{bmatrix} = \begin{bmatrix} -{}^{w}\boldsymbol{\varPsi} \\ -{}^{p}\boldsymbol{\varPsi} \end{bmatrix} \tag{6.53}$$

式(6.52)和(6.53)与不可压缩弹性体的 u-p 求解格式具有相同的形式。为防止渗透系数较小和骨架刚度很大引起的数值不稳定问题，使用 u-w-p 格式进行水力耦合分析时，u-p 插值和 w-p 插值均应满足上下限(inf-sup)条件。由于 H8-CNS-NMM 模型采用了相同的骨架位移和流体速度插值，式(6.52)和(6.53)所示的两种闭锁情形归结为同一种稳定性问题。由于从理论上判断某种混合插值格式是否满足上下限条件十分困难，本研究采用数值验证的方式(Chapelle and Bathe, 1993; Bathe, 2001)。

仍考虑图 6.11 中的正方体孔隙介质，为验证 H8-CNS-NMM 模型克服水力耦合分析闭锁问题的能力，计算中取较小的渗透系数 10^{-7}m/s。图 6.16 为 H8-CNS-NMM 所得的不同时刻有效应力分布云图，应力云图中并未出现无物理意义的震荡现象或棋盘模式。可见 H8-CNS-NMM 可避免水力耦合分析中的闭锁问题。需要说明的是，渗透系数较小时，混合有限单元 H8H8H0 不能避免水力耦合分析中的闭锁问题，由单元 H8H8H0 得到的孔隙压力分布存在显著的无物理意义数值震荡。

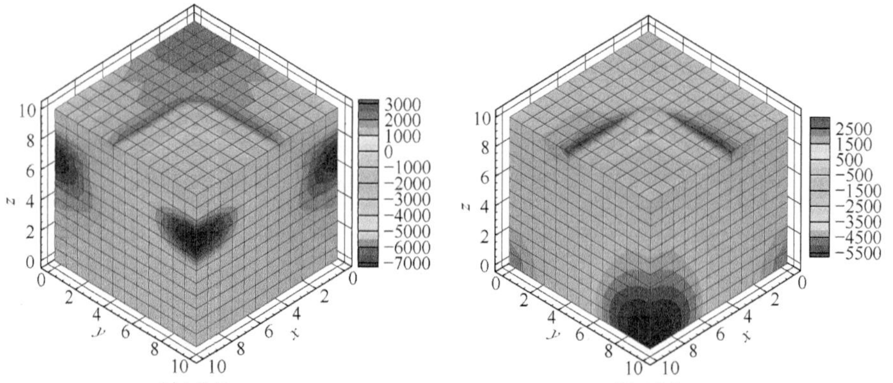

(a) t=0.1s　(b) t=0.9s

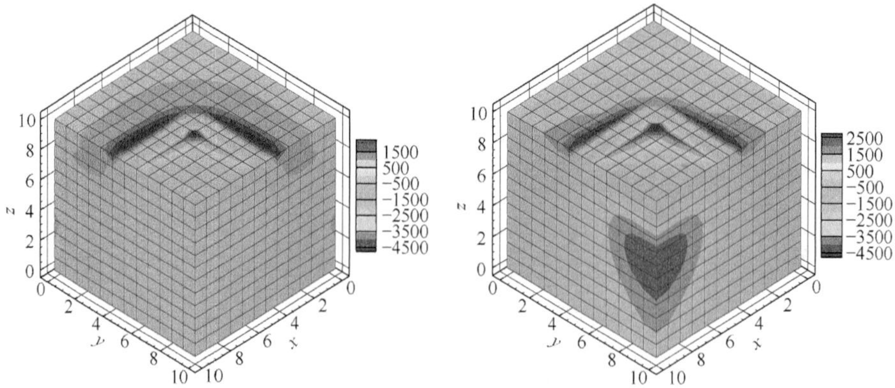

(c) t=2.2s　(d) t=3.8s

图 6.16　不同时刻有效应力 σ_z' 分布云图(基于 H8-CNS-NMM 和渗透系数 $k=10^{-7}$m/s)(彩图请扫封底二维码)

6.4.4 循环加载下的土柱固结

为了模拟循环载荷作用下饱和孔隙介质的非线性动力响应(包括变形滞回)，考虑图 6.2 所示土柱的固结，同时基于剑桥模型式(6.3)～(6.10)模拟骨架的弹塑性变形。土柱的边界条件与 6.4.1 节相同。土柱上表面施加如下随时间变化的正弦载荷(kPa)

$$F_t = -20\left|\sin\left(\frac{t}{0.6}\pi\right)\right| \tag{6.54}$$

由于体积模量 K 与剪切模量 μ 正比于骨架的有效体积力 p' (见式(6.10))，数值计算时应首先生成初始应力状态。本算例基于以下步骤生成土柱的初始应力状态。第一步将重力引起的总体积力的 5%施加在每个高斯积分点上，根据式(6.10)计算对应的体积模量 K 与剪切模量 μ。第二步将重力分为 10 步进行施加。第三步在土柱上表面施加均布载荷 10kPa，使接近土柱上表面的土体处于超固结状态，而远离上表面的土体处于正常固结状态。最后将土柱上表面施加的均布压力卸载至 2kPa，同时将各高斯点处的位移和塑性应变置为零，储存各高斯点处的应力和内变量用于后续计算。

图 6.17 为不同深度测点 $A(z=9.84\text{m})$、$B(z=9.64\text{m})$和 $C(z=9.44\text{m})$的沉降、孔隙压力、骨架竖向速度和有效应力的时间变化历史。图 6.17(c)和(d)显示，H8-CNS-NMM 得到的骨架沉降速度和竖向有效应力随时间变化曲线均是光滑的。同时，图 6.17(b)和(d)显示不同深度测点的孔隙水压力和有效应力呈周期性变化，这一结果反映了循环载荷(6.54)引起的慢剪切波的传递过程。图 6.17(e)和(g)展示了多次循环加载时的沉降、孔隙压力、骨架竖向速度和有效应力随时间的变化历史。可见随循环载荷的施加，沉降、孔隙压力、骨架竖向速度和有效应力不断震荡，但其平均值逐渐趋近于稳定值。图 6.18 显示了土柱沉降过程中的变形滞回效应。由于加载面反映了加载和卸载状态，因此当处于卸载状态时，加载面会收缩变小。而界面方程反映了塑性变形的不可逆性，界面尺寸总是单调增加的。

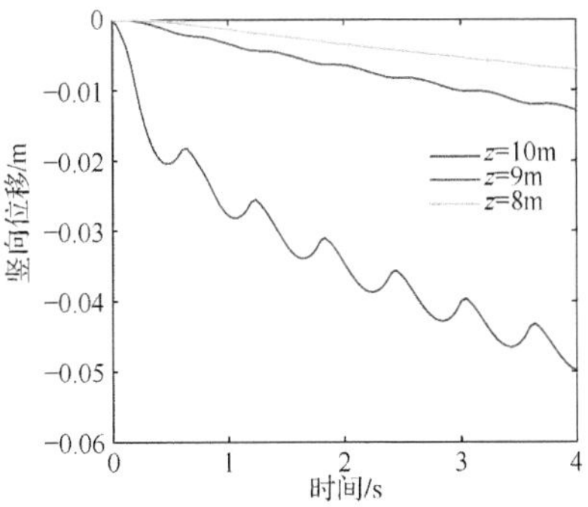

(a) 沉降变化

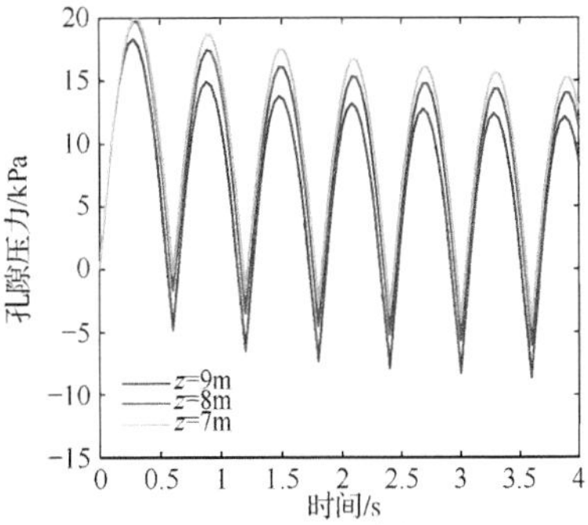

(b) 孔隙压力变化

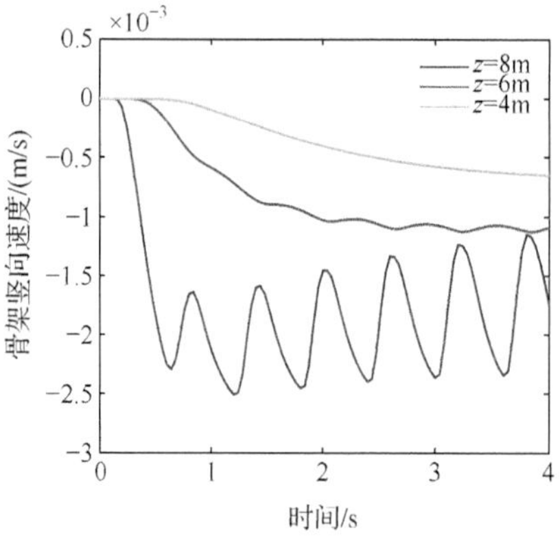

(c) 骨架竖向速度变化

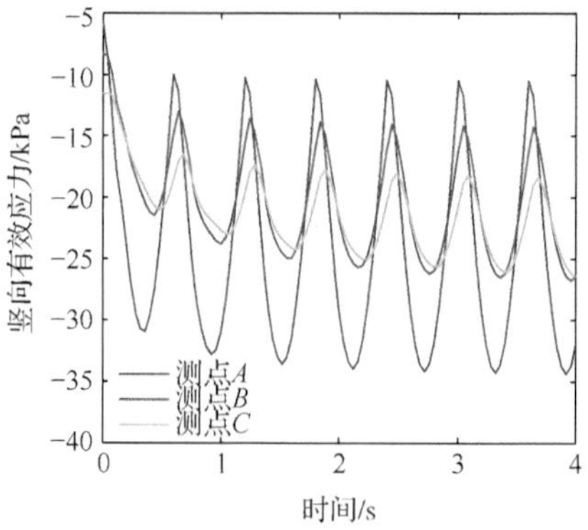

(d) 竖向有效应力变化

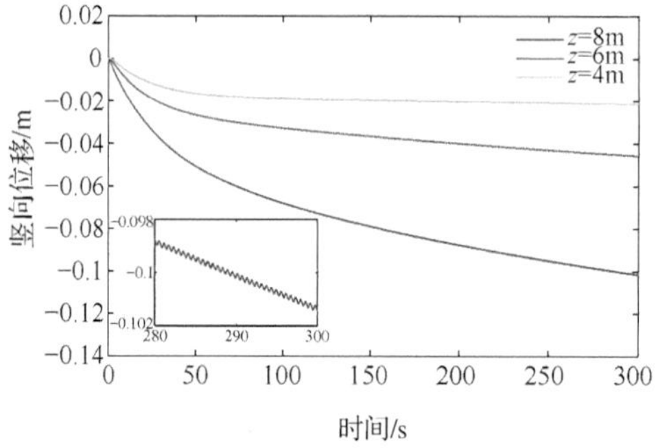

(e) 循环加载下不同深度处的沉降变化

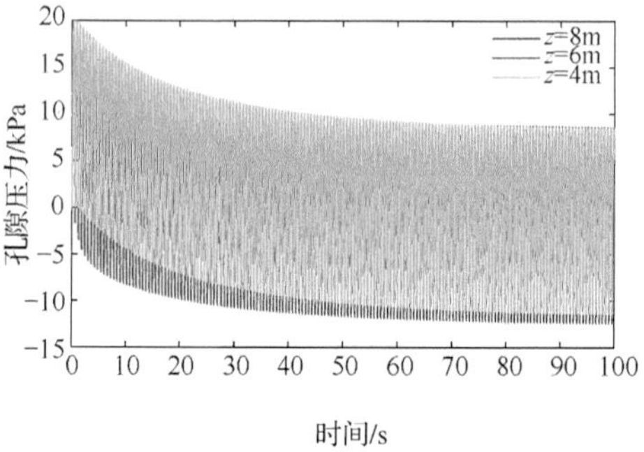

(f) 循环加载下不同深度处的孔隙压力变化

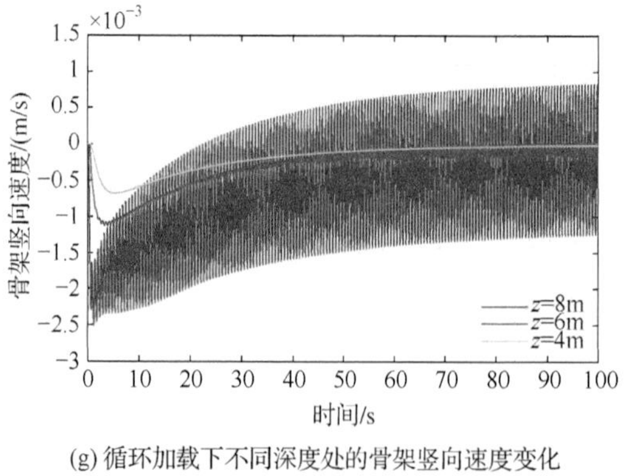

(g) 循环加载下不同深度处的骨架竖向速度变化

图 6.17　循环加载下不同深度测点的沉降、孔隙压力和骨架竖向速度变化(彩图请扫封底二维码)

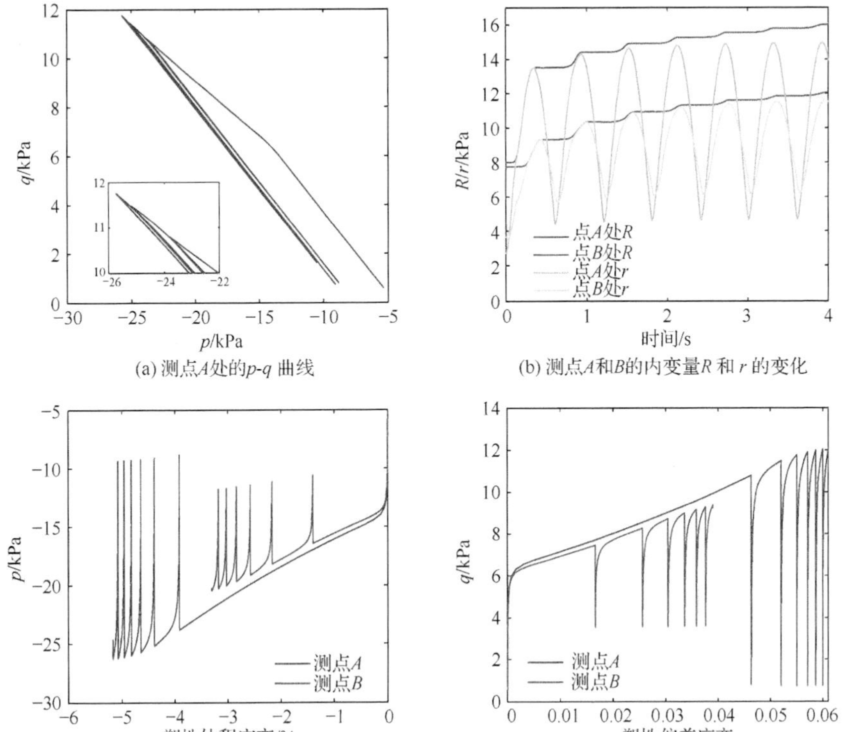

(a) 测点A处的p-q 曲线　(b) 测点A和B的内变量R 和 r 的变化

(c) 测点A和B的ε_v^p-p 曲线　(d) 测点A和B的ε_d^p-p 曲线

图 6.18　土柱沉降过程中的变形滞回效应(彩图请扫封底二维码)

6.4.5　偏斜载荷下条形基础的固结

如图 6.19(a)所示，考虑处于平面应变状态且偏斜受压的条形基础的固结。条形基础上部边界的受压部分为不透水边界，其余部分为理想透水边界。条形基础的左、右及下部边界不透水且受法向位移约束。计算使用的流形网格如图 6.19(b)所

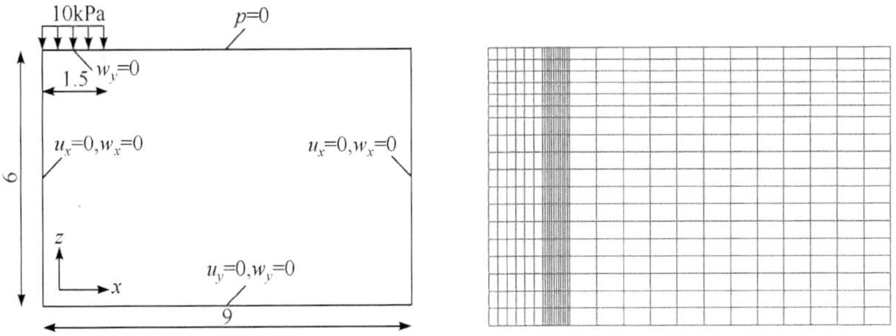

(a) 偏斜力作用下的饱和基础(单位：m)　(b) NMM离散模型

图 6.19　偏斜载荷作用下的饱和条形基础

示。采用与 6.4.4 节相同的步骤形成初始应力状态，但将顶面预载卸载至 4kPa。外部压力的施加范围为 $0 \leqslant x \leqslant 1.5\text{m}$, $0 \leqslant y \leqslant 1\text{m}$, $z = 6\text{m}$。外部压力在 0.25s 内由 0 线性增加至 20kPa，此后保持不变。计算中考虑不同的渗透系数 10^{-1}m/s 和 10^{-4}m/s。

图 6.20 给出了监测点 A (0.5, 6, 0.5)、B (1.275, 6, 0.5)和 C (1.725, 6, 0.5)处的沉降、骨架竖向速度和孔隙压力随时间的变化历史。由图 6.20 可见，当渗透系数较大时，条形基础能更快地完成固结。图 6.21 为监测点 E(0.5, 5.625, 0.5)、F(1.275, 5.625, 0.5)和 G(1.725, 5.625, 0.5)处的应力、塑性应变和内变量(即界面尺寸 R)随时间的变化过程。测点 E 和 F 位于基础上边界加载部位的正下方，而测点 G 位于基础上边界加载部位范围外。由图 6.21 中的结果可见，当渗透系数较小时(10^{-4}m/s)，E 和 F 测点处的有效应力 σ_x' 首先随着外力的增加而增加，当外力增加至最大值后，E 和 F 测点处的有效应力 σ_x' 开始减小，而 G 测点处的有效应力 σ_x' 则一直单调减小。当渗透系数较大时(10^{-1}m/s)，E、F 和 G 测点处的有效应力 σ_x' 均快速减小至稳定值。之前的计算结果显示(见第 3 章)，当渗透系数较小时，饱和孔隙介质的水力响应类似于不可压缩固体材料，具有体积变形接近于 0 的特点。图 6.21(c)～(h)显示，对于渗透系数较小的情形只有当外力做功时，即上

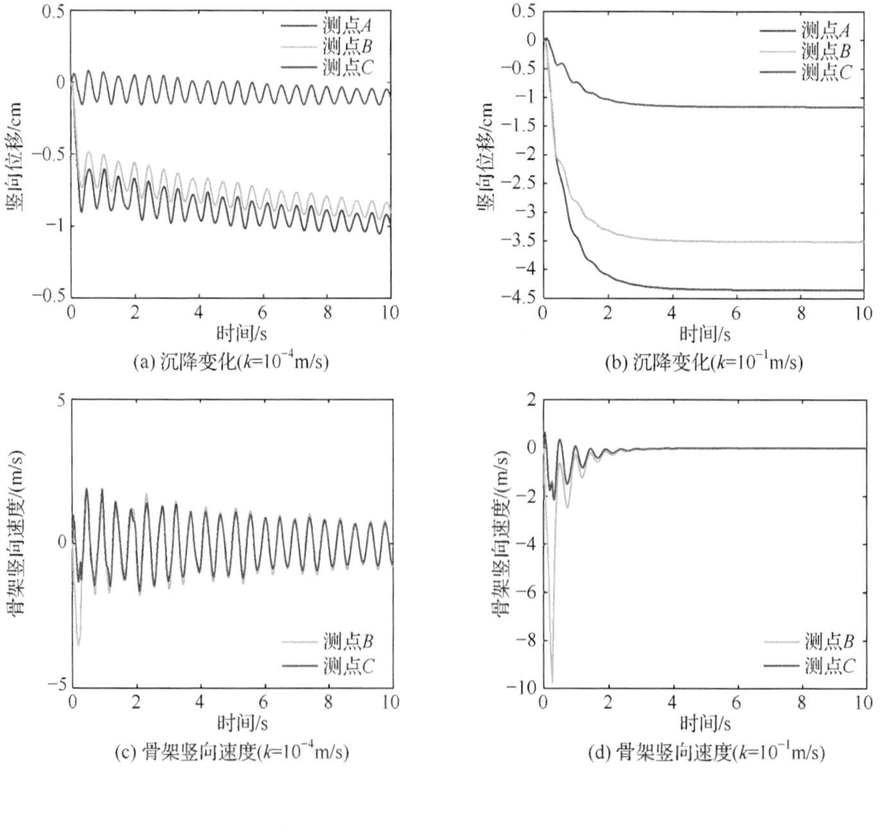

(a) 沉降变化(k=10^{-4}m/s)　(b) 沉降变化(k=10^{-1}m/s)

(c) 骨架竖向速度(k=10^{-4}m/s)　(d) 骨架竖向速度(k=10^{-1}m/s)

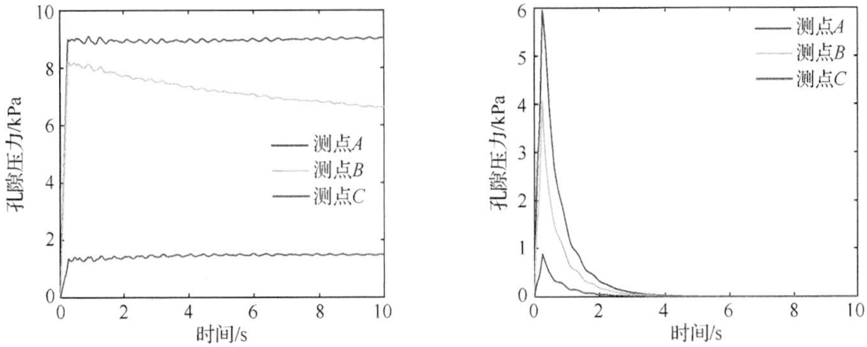

(e) 孔隙压力(k=10^{-4}m/s)　(f) 孔隙压力(k=10^{-1}m/s)

图 6.20　测点 A、B 和 C 处的沉降，骨架竖向速度和孔隙压力变化(彩图请扫封底二维码)

表面受压部分向下变形时，塑性应变 ε_{xz}^{p} 和内变量 R 才会增大；当外力做负功时，即上表面不受力部分向上变形时，塑性应变 ε_{xz}^{p} 和内变量 R 保持不变；而当渗透系数较大时，塑性应变 ε_{xz}^{p} 和内变量 R 会单调增大，直到条形基础完成固结。

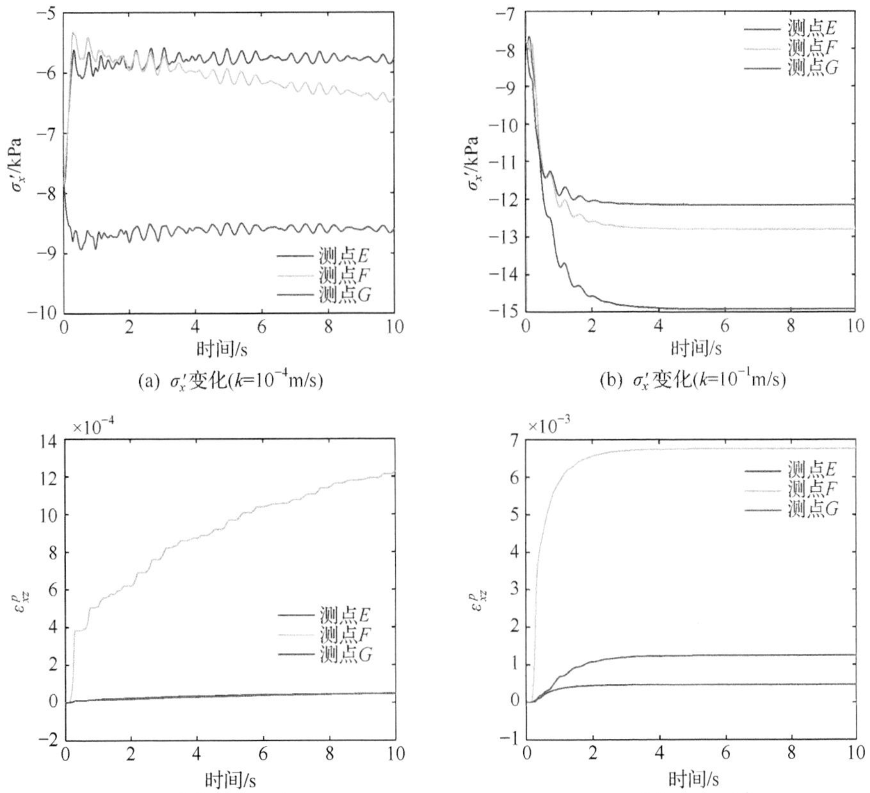

(a) σ_x' 变化(k=10^{-4}m/s)　(b) σ_x' 变化(k=10^{-1}m/s)

(c) ε_{xz}^{p} 变化(k=10^{-4}m/s)　(d) ε_{xz}^{p} 变化(k=10^{-1}m/s)

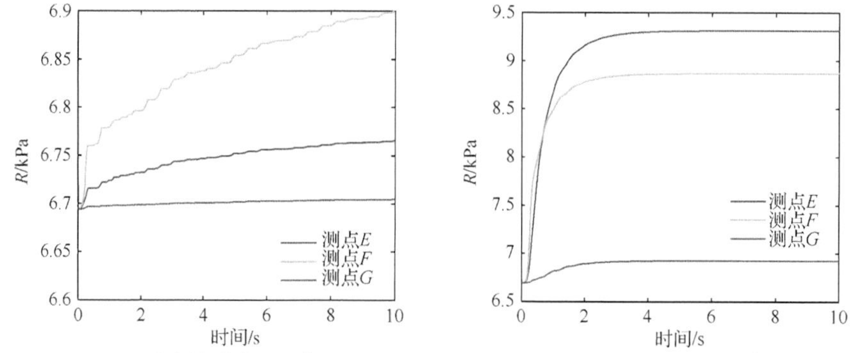

(e) 内变量R变化(k=10^{-4}m/s)　　(f) 内变量R变化(k=10^{-1}m/s)

图 6.21　测点 E、F 和 G 处的应力、塑性应变和内变量的变化(彩图请扫封底二维码)

图 6.22 和图 6.23 为不同时刻条形基础的孔隙压力分布云图。对于渗透系数较小的情形，即 $k = 10^{-4}$m/s，孔隙压力云图中未出现数值震荡或棋盘模式，这再次验证了 H8-CNS-NMM 可以避免水力耦合分析中闭锁问题的能力。图 6.24 为模型 H8-CNS-NMM 和 H8H8H0 所得的条形基础在不同时刻的有效应力云图，可见相比于混合有限单元 H8H8H0，H8-CNS-NMM 的应力结果更加光滑合理。

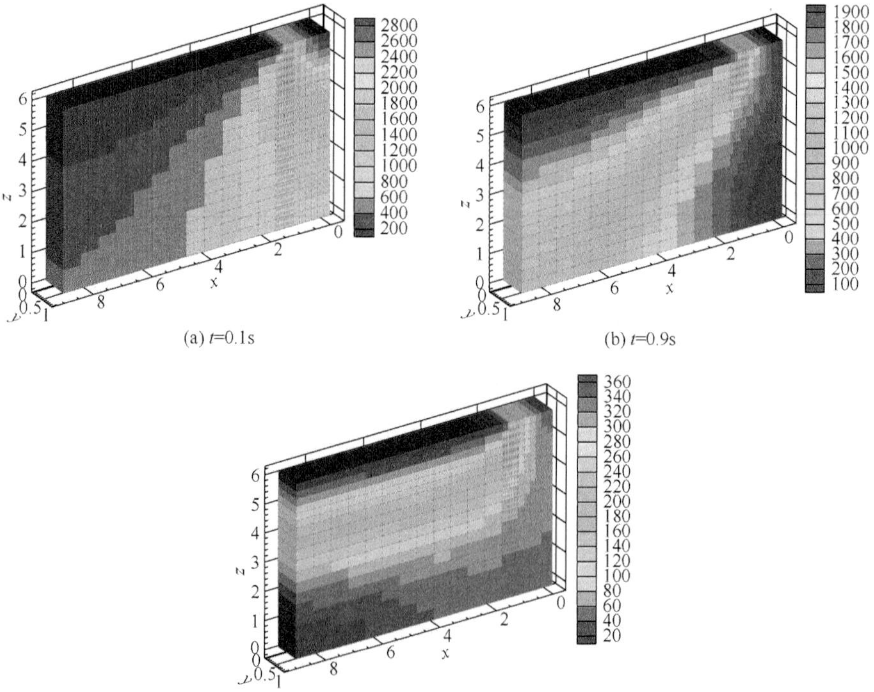

(a) t=0.1s　　(b) t=0.9s　　(c) t = 2.0s

图 6.22　孔隙压力分布云图($k = 10^{-1}$m/s)(彩图请扫封底二维码)

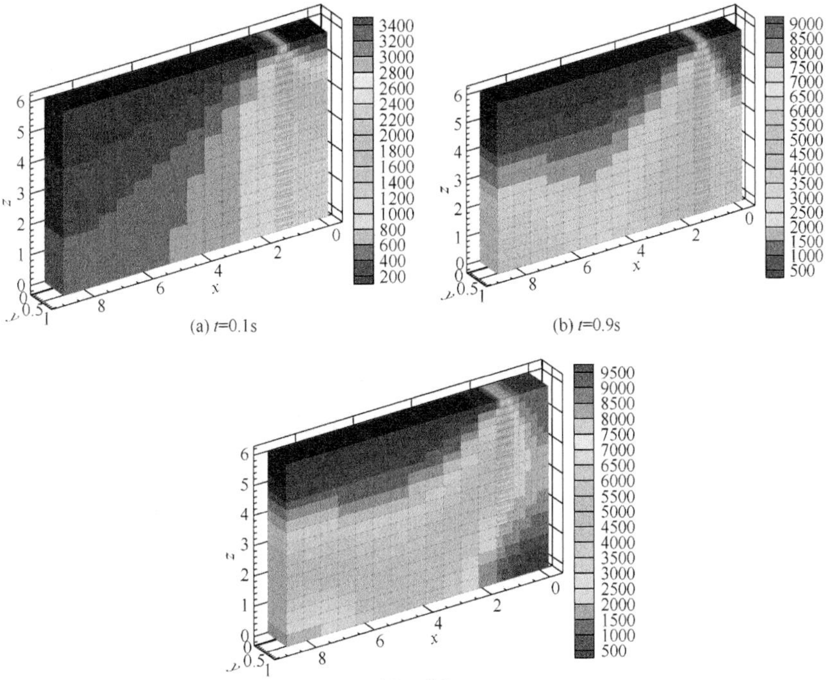

(a) t=0.1s　(b) t=0.9s

(c) t = 2.0s

图 6.23　孔隙压力分布云图(k = 10^{-4}m/s)(彩图请扫封底二维码)

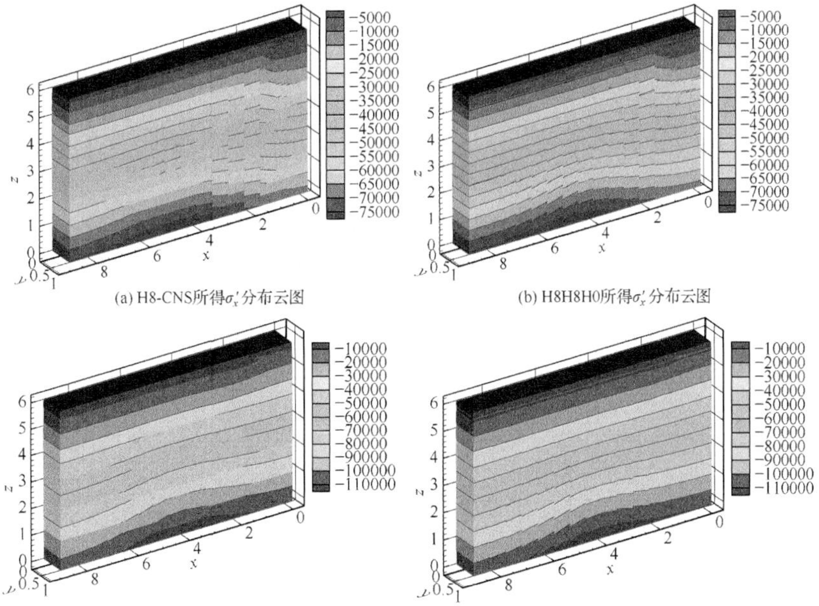

(a) H8-CNS所得σ_x'分布云图　(b) H8H8H0所得σ_x'分布云图

(c) H8-CNS所得σ_z'分布云图　(d) H8H8H0所得σ_z'分布云图

图 6.24　H8-CNS-NMM 和 H8H8H0 所得应力结果的对比(t = 4.0s 且 k = 10^{-4}m/s)(彩图请扫封底二维码)

6.4.6　偏斜载荷下方形基础的固结

作为本章的最后一个算例，继续考虑图 6.11 所示的受偏斜载荷作用的立方体饱和孔隙介质。计算时采用 12×12×12 的八结点六面体均匀网格作为数学覆盖，时间步长取为 5×10^{-3}s。孔隙介质的上表面 $5\text{m}\leqslant x\leqslant 10\text{m}$, $5\text{m}\leqslant y\leqslant 10\text{m}$ 和 $z=10\text{m}$ 范围内受均布压力。均布压力在 0.2s 内由 0 线性增至 20kPa，此后保持不变。

图 6.25 为不同测点(见图 6.11)处的沉降、孔隙压力、骨架沉降速度和流体流速随时间的变化历史。可见对于弹塑性固体骨架，骨架的沉降速度响应也不受渗透系数的影响。图 6.26 为测点 M(0.42, 0.42, 8.75)和 N(9.58, 9.58, 8.75)处的有效应力、塑性应变和内变量随时间的变化曲线。测点 M 位于加载部位的范围外，其变化历史展现出加载和卸载情况。测点 N 位于加载部位下方，一直处于加载状态，加载面和界面的尺寸均单调增加。

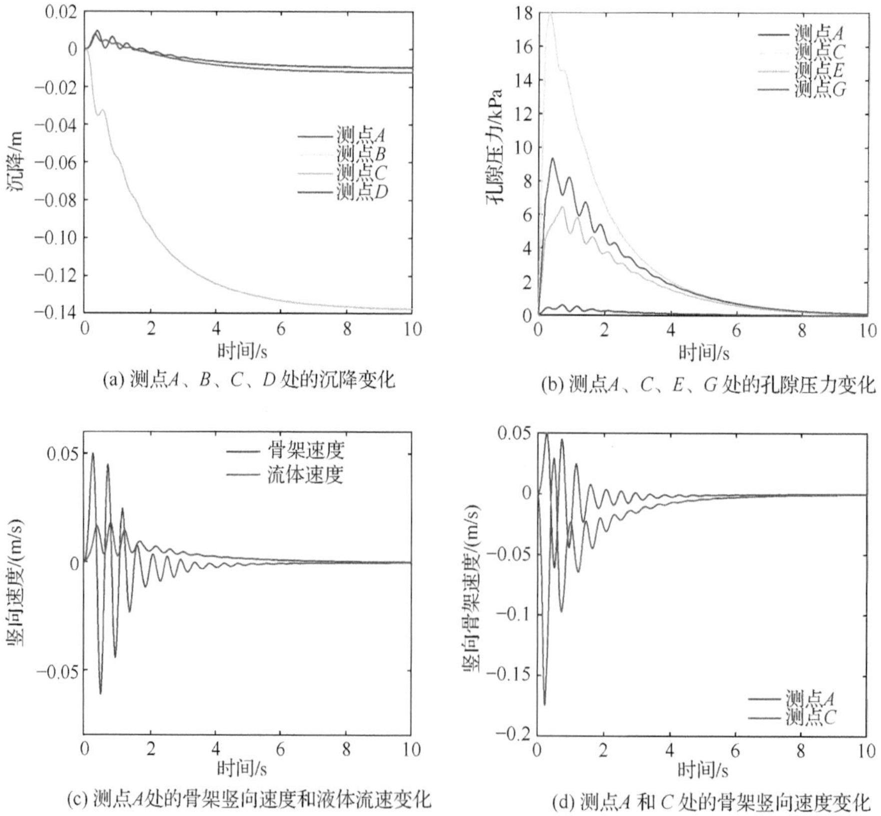

(a) 测点 A、B、C、D 处的沉降变化

(b) 测点 A、C、E、G 处的孔隙压力变化

(c) 测点 A 处的骨架竖向速度和液体流速变化

(d) 测点 A 和 C 处的骨架竖向速度变化

图 6.25　测点处的沉降、骨架竖向速度、孔隙压力和流体速度变化($k=10^{-1}$m/s)

(彩图请扫封底二维码)

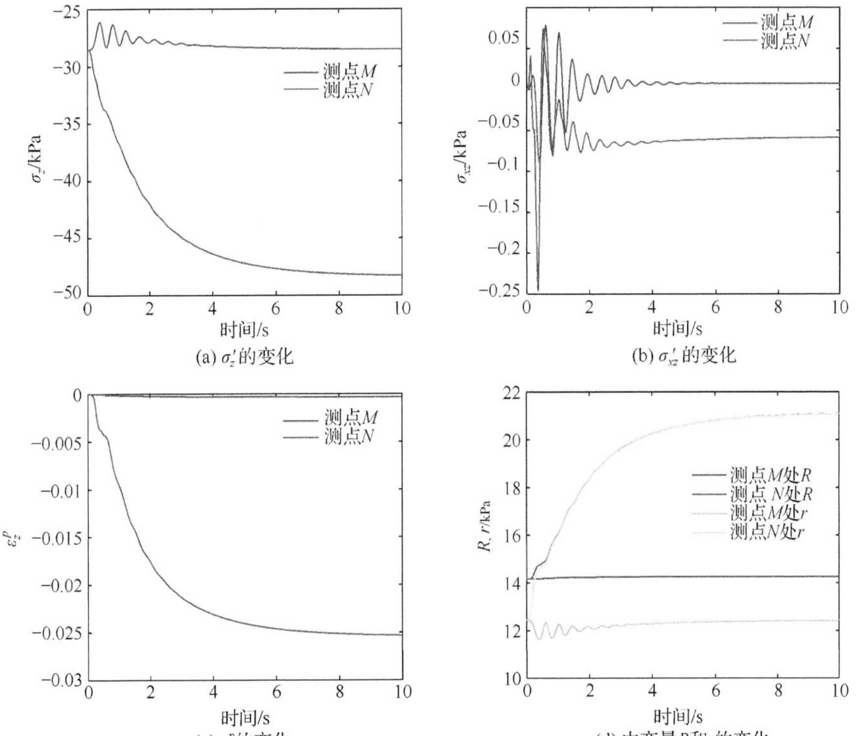

(a) σ_z'的变化　(b) σ_{xz}'的变化

(c) ε_z^p的变化　(d) 内变量R和r的变化

图 6.26　测点 M、N 处的有效应力、塑性应变和内变量随时间的变化曲线($k = 10^{-1}$m/s)(彩图请扫封底二维码)

图 6.27 为整个孔隙介质在不同时刻的塑性应变 ε_z^p 分布云图，可见最大的变形出现在(6, 6, 10)处。图 6.28 展示了不同时刻由 H8-CNS-NMM 和 H8H8H0 所得的孔

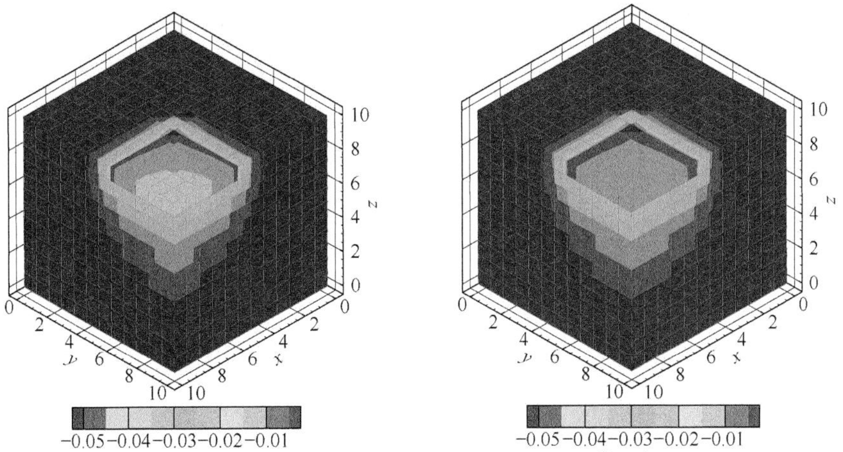

(a) t=4s　(b) t=6s

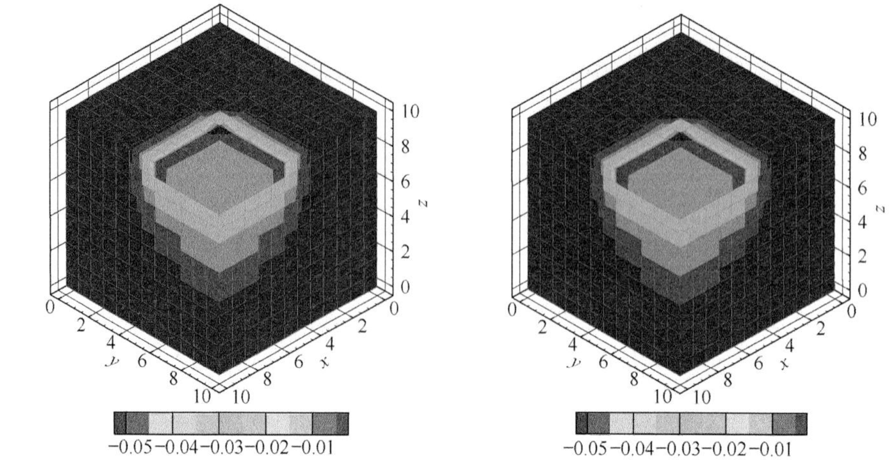

(c) t=8s　　(d) t=10s

图 6.27　不同时刻塑性应变 ε_z^p 的分布(彩图请扫封底二维码)

隙介质有效应力 σ_z' 的分布云图。可见在具有相同数量自由度的情况下，相比于混合有限元 H8H8H0，H8-CNS-NMM 给出的应力结果更为精确光滑。

为了研究循环加载下孔隙介质的非线性动态水力响应，在顶部边界 5m ≤ x ≤ 10m, 5m ≤ y ≤ 10m 范围内施加图 6.29(a)所示的循环载荷。图 6.29(b)～(e)展示了测点 M 和 N 处的滞回响应。可见，H8-CNS-NMM 模型、修正剑桥本构模型及界面理论可以精确地描述循环加载作用下饱和孔隙介质非线性水力响应的滞回效应。

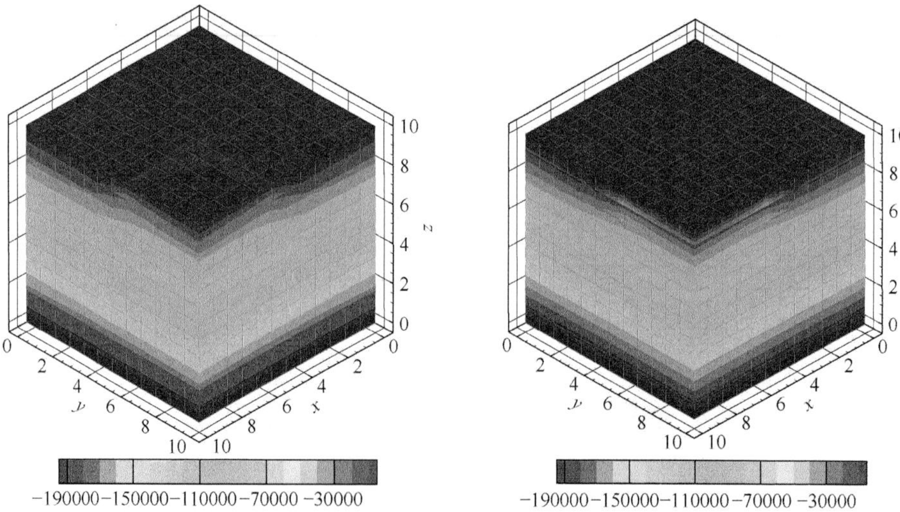

(a) H8-CNS-NMM (t=1s)　　(b) H8H8H0 (t=1s)

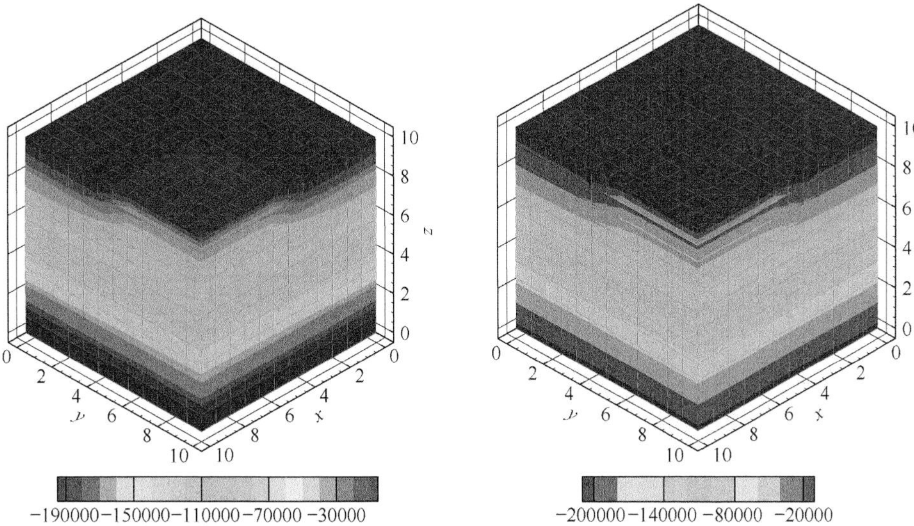

(c) H8-CNS-NMM (t=10s)　　(d) H8H8H0 (t=10s)

图 6.28　H8-CNS-NMM 和 H8H8H0 所得的应力 σ_z' 分布对比(彩图请扫封底二维码)

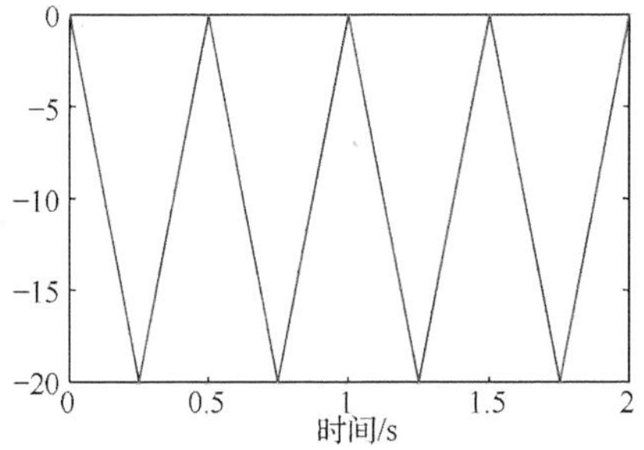

(a) 循环载荷加载路径

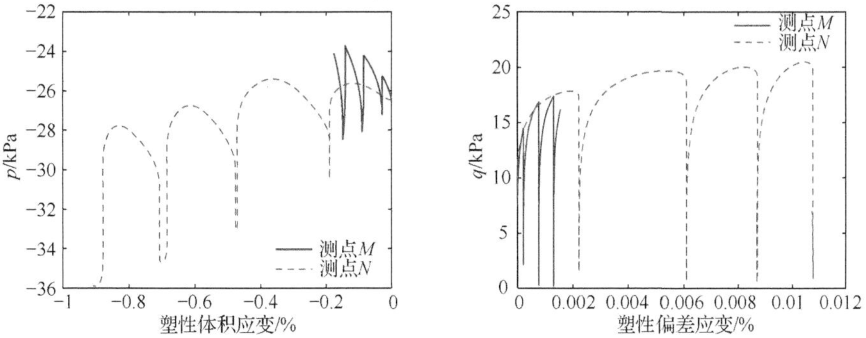

(b) ε_v^p-p曲线　　(c) ε_d^p-q曲线

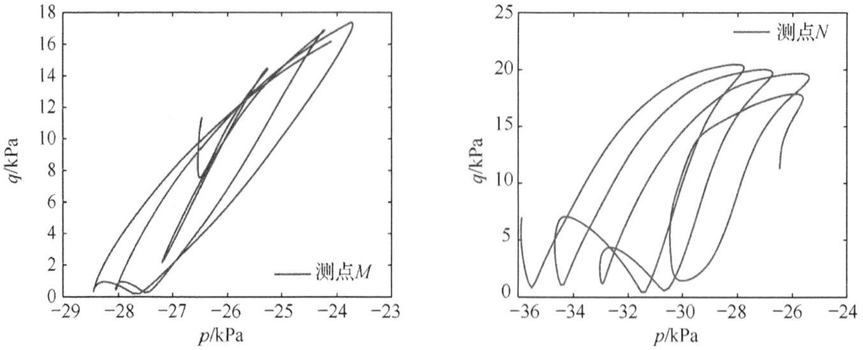

(d) 测点M处的p-q 曲线　　(e) 测点N处的p-q曲线

图 6.29　循环加载下孔隙介质的滞回响应

6.5　本 章 小 结

本章致力于精确模拟循环载荷作用下饱和孔隙介质的非线性动力响应，尤其是孔隙介质固结过程中的变形滞回效应。计算中采用了 u-w-p 三变量格式 Biot 模型，以更精确地描述孔隙介质的动态水力响应。为模拟介质骨架的非线性变形及滞回效应，引入修正剑桥本构模型和界面弹塑性理论对介质骨架进行变形分析。为提高计算精度并克服水力耦合分析中的稳定性问题，基于限制正交最小二乘法建立结点应力连续的八结点六面体流形单元 H8-CNS-NMM。数值算例表明与混合有限单元 H8H8H0 相比，在具有相同自由度的条件下，H8-CNS-NMM 不仅能克服水力耦合分析中的闭锁问题，还能给出更加精确光滑的应力结果。考虑到实际工程中降雨和水位升降均为循环水力载荷，H8-CNS-NMM 模型可用于模拟降雨和水位升降作用下边坡的水力变形，以精确考虑循环载荷引起的变形滞回对边坡失稳的影响。

第 7 章　非饱和岩土体水力耦合问题

第 3～5 章在数值流形法(NMM)框架下，构建了连续和非连续饱和岩土体水力耦合问题求解模型。实际工程中经常会遇到非饱和岩土体材料的水力耦合问题，如非饱和土石边坡在排水和降雨作用下的稳定性评估、非饱和土坝在地震作用下的变形分析等。本章首先基于考虑液相和气相流动及固体骨架变形的全耦合广义 Biot 模型，建立非饱和孔隙介质水力耦合问题的 NMM 求解格式。然后，引入摩擦接触模型，进一步建立非饱和非连续孔隙介质水力耦合 NMM 求解格式。最后，研究一种常见的非饱和岩土工程材料，土石混合体，在水力作用下的动态响应。

本章 7.1 节给出固、液、气三相全耦合广义 Biot 模型的偏微分控制方程，并在考虑内部非连续面的情况下建立对应的变分格式。7.2 节基于 NMM 对广义 Biot 模型变分格式的主变量场(即骨架位移、液相压力和气相压力)进行离散近似。7.3 节使用 Newmark 时间积分法建立固、液、气全耦合水力模拟的完全离散格式。7.4 节对饱和及非饱和孔隙介质进行水力耦合算例分析，验证所建 NMM 非饱和水力耦合分析模型的精度和可靠性的同时，研究外力和降雨作用下土石混合体的水力响应规律。7.5 节给出本章的主要结论。

7.1　基本控制方程及变分格式

7.1.1　控制方程

本章对考虑了二相流体(two-phase fluid flow)和可变形固体骨架(deformable skeleton)的全耦合广义 Biot 模型作如下假设：①液相和气相之间不相容，不存在质量交换；②固体骨架为各向同性线弹性材料；③整个非饱和孔隙介质系统等温，不存在热传播和热量交换；④基本场变量为骨架位移 $\boldsymbol{u}(\boldsymbol{x},t)$ 、液相压力 $p_w(\boldsymbol{x},t)$ 和气相压力 $p_a(\boldsymbol{x},t)$ 。

值得说明的是，进行非饱和水力耦合模拟时基本未知量的选取不仅影响数值模型的求解效率和鲁棒性，也直接决定了能否建立有效的迭代求解格式(即能否得到数值性态良好的雅可比矩阵)。采用数值方法求解非饱和孔隙介质水力耦合问题时，一般采用两组变量作为基本未知量，第一组为骨架变形 $\boldsymbol{u}(\boldsymbol{x},t)$ 、液相

压力 $p_w(\boldsymbol{x},t)$ 和气相压力 $p_a(\boldsymbol{x},t)$，另一组为骨架变形 $\boldsymbol{u}(\boldsymbol{x},t)$，液相饱和度 $S_w(\boldsymbol{x},t)$ 和气相压力 $p_a(\boldsymbol{x},t)$。对于本章的计算，将气相压力 p_a 而非液相饱和度 S_w 作为基本变量。原因在于选取气相压力 p_a 为独立变量时，雅可比矩阵中会出现系数 $\partial S_w / \partial p_a$，而液相饱和度 S_w 作为独立变量时，雅可比矩阵中会出现系数 $\partial p_a / \partial S_w$。对于常用的土水特性关系 $S_w = S_w(p_c)$，当液相饱和度接近 1 时，$\partial p_a / \partial S_w$ 趋近于无穷大。考虑到方程求解时气相的质量平衡方程一般需要与系数 $\partial p_a / \partial S_w$ 相乘，这会直接导致数值计算的不收敛性和不稳定性。另一方面，当孔隙介质接近于饱和状态时(S_w 接近于 1)，系数 $\partial S_w / \partial p_a$ 趋近于 0，但这不会给求解带来任何不利的影响。此外，根据水力耦合数值模拟的研究现状可见，目前基本所有的非饱和孔隙介质问题的数值求解都是将气相压力作为独立未知量而开展的。当然，如果在求解过程中孔隙介质不会达到饱和状态(如 $S_w < 0.95$)，数值分析时将液相饱和度 S_w 作为基本未知量也是可行的。

由于非饱和岩土材料中的孔隙被液相和气相完全填充，液相饱和度 S_w 和气相饱和度 S_a 满足

$$S_w + S_a = 1 \tag{7.1}$$

液相饱和度 S_w 和毛细压力 p_c 之间的关系一般由试验确定

$$S_w = S_w(p_c) \tag{7.2}$$

毛细压力 p_c 定义为气体压力和液体压力的差值，即

$$p_c = p_a - p_w \tag{7.3}$$

尽管不同的孔隙介质材料具有不同的土水特性曲线 $S_w(p_c)$，但通常液相饱和度 S_w 是毛细压力 p_c 的减函数。根据有效应力原理，骨架的变形完全由有效应力决定，有效应力原理可表述为

$$\boldsymbol{\sigma}' = \boldsymbol{\sigma} + \alpha p \mathbf{1} \tag{7.4}$$

其中 $\boldsymbol{\sigma}$ 和 $\boldsymbol{\sigma}'$ 分别为总应力和有效应力张量；α 为 Biot 系数；$\mathbf{1}$ 为单位二阶张量，其分量为 δ_{ij}；对于由二相流体构成的非饱和孔隙介质，平均孔隙压力 p 可表示为

$$p = S_w p_w + S_a p_a \tag{7.5}$$

考虑线弹性固体骨架，骨架的应力应变关系可写成如下增量形式

$$\mathrm{d}\boldsymbol{\sigma}' = \boldsymbol{D} : \mathrm{d}\boldsymbol{\varepsilon} \tag{7.6}$$

式中 $\boldsymbol{D}$ 为固体骨架的四阶弹性张量；$\mathrm{d}\boldsymbol{\sigma}'$ 和 $\mathrm{d}\boldsymbol{\varepsilon}$ 分别为骨架的应力和应变张量增量。小变形条件下应变张量增量 $\mathrm{d}\boldsymbol{\varepsilon}$ 与骨架位移增量 $\mathrm{d}\boldsymbol{u}$ 具有线性关系

$$\mathrm{d}\boldsymbol{\varepsilon}=\frac{1}{2}\left[\nabla \mathrm{d}\boldsymbol{u}+\left(\nabla \mathrm{d}\boldsymbol{u}\right)^{\mathrm{T}}\right] \tag{7.7}$$

忽略流相的黏滞力及对流项并考虑惯性力，非饱和孔隙介质的整体平衡方程可表示为

$$nS_w\rho_w\dot{\boldsymbol{w}}^w+nS_a\rho_a\dot{\boldsymbol{w}}^a+\rho\ddot{\boldsymbol{u}}-\nabla\cdot\left(\boldsymbol{\sigma}'-\alpha p\mathbf{1}\right)-\rho\boldsymbol{b}=\mathbf{0} \tag{7.8}$$

式中 $\dot{\boldsymbol{w}}^w$ 和 $\dot{\boldsymbol{w}}^a$ 为液体和气体相对于固体骨架的加速度；$\boldsymbol{w}^w$ 和 $\boldsymbol{w}^a$ 为液体和气体相对于固体骨架的流速(即达西速度)，由广义达西定律可表示为

$$\boldsymbol{w}^w=k^w\left(-\nabla p_w+\rho_w\left(\boldsymbol{b}-\ddot{\boldsymbol{u}}\right)\right)$$

$$\boldsymbol{w}^a=k^a\left(-\nabla p_a+\rho_a\left(\boldsymbol{b}-\ddot{\boldsymbol{u}}\right)\right) \tag{7.9}$$

其中 $\ddot{\boldsymbol{u}}$ 为固体骨架的加速度；$\boldsymbol{b}$ 为重力加速度；n、ρ_w 和 ρ_a 分别为孔隙率、液相密度和气相密度；ρ 为平均密度，可表示为

$$\rho=\left(1-n\right)\rho_s+nS_w\rho_w+nS_a\rho_a \tag{7.10}$$

式中 ρ_s 为固体骨架的密度。公式(7.9)中 k^w 和 k^a 分别为液相和气相的渗透系数，可由相对渗透系数表示为

$$k^w=\frac{k}{\mu_w}k_{rw}$$

$$k^a=\frac{k}{\mu_a}k_{ra} \tag{7.11}$$

式中 k 为固有渗透系数；μ_w 和 μ_a 为液相和气相的动力黏滞系数；k_{rw} 和 k_{ra} 为液相和气相的相对渗透系数。k_{rw} 和 k_{ra} 一般是液相和气相饱和度的非线性减函数，即 $k_{rw}=k_{rw}\left(S_w\right)$ 和 $k_{ra}=k_{ra}\left(S_a\right)$，这些函数关系一般通过试验确定。

实际计算中，一般不涉及高频载荷，可认为固体骨架和液相、气相具有相同的加速度，因此相对加速度 $\dot{\boldsymbol{w}}^w$ 和 $\dot{\boldsymbol{w}}^a$ 可以忽略。非饱和孔隙介质的整体平衡方程可简化为

$$\rho\ddot{\boldsymbol{u}}-\nabla\cdot\left(\boldsymbol{\sigma}'-\alpha p\mathbf{1}\right)-\rho\boldsymbol{b}=\mathbf{0} \tag{7.12}$$

液相和气相的质量平衡方程可表示为

$$S_w\frac{\alpha-n}{K_s}\dot{p}+\alpha S_w\nabla\cdot\dot{\boldsymbol{u}}+n\dot{S}_w+\nabla\cdot\boldsymbol{w}^w+S_w\frac{n}{K_w}\dot{p}_w=0 \tag{7.13}$$

$$S_a\frac{\alpha-n}{K_s}\dot{p}+\alpha S_a\nabla\cdot\dot{\boldsymbol{u}}+n\dot{S}_a+\nabla\cdot\boldsymbol{w}^a+S_a\frac{n}{K_a}\dot{p}_a=0 \tag{7.14}$$

式中 K_s、K_w 和 K_a 分别为固体颗粒、流体和气体的体积模量。考虑到如下的关系

$$\dot{p}=\frac{\partial p}{\partial p_w}\dot{p}_w+\frac{\partial p}{\partial p_a}\dot{p}_a=\left[S_w+p_c\frac{\partial S_w}{\partial p_c}\right]\dot{p}_w+\left[S_a-p_c\frac{\partial S_w}{\partial p_c}\right]\dot{p}_a \tag{7.15}$$

以及

$$\dot{S}_w=\frac{\partial S_w}{\partial p_c}\left(\dot{p}_a-\dot{p}_w\right)$$

$$\dot{S}_a=\frac{\partial S_w}{\partial p_c}\left(\dot{p}_w-\dot{p}_a\right) \tag{7.16}$$

液体和气体的质量平衡方程可简化为

$$c_{ww}\dot{p}_w+c_{wa}\dot{p}_a+\alpha S_w\nabla\cdot\dot{\boldsymbol{u}}+\nabla\cdot\boldsymbol{w}^w=0 \tag{7.17}$$

$$c_{aw}\dot{p}_w+c_{aa}\dot{p}_a+\alpha S_a\nabla\cdot\dot{\boldsymbol{u}}+\nabla\cdot\boldsymbol{w}^a=0 \tag{7.18}$$

式(7.17)和(7.18)中的相关系数定义为

$$c_{ww}=S_w\frac{\alpha-n}{K_s}\left(S_w+p_c\frac{\partial S_w}{\partial p_c}\right)+S_w\frac{n}{K_w}-n\frac{\partial S_w}{\partial p_c}$$

$$c_{wa}=S_w\frac{\alpha-n}{K_s}\left(S_a-p_c\frac{\partial S_w}{\partial p_c}\right)+n\frac{\partial S_w}{\partial p_c}$$

$$c_{aw}=S_a\frac{\alpha-n}{K_s}\left(S_w+p_c\frac{\partial S_w}{\partial p_c}\right)+n\frac{\partial S_w}{\partial p_c}$$

$$c_{aa}=S_a\frac{\alpha-n}{K_s}\left(S_a-p_c\frac{\partial S_w}{\partial p_c}\right)-n\frac{\partial S_w}{\partial p_c}+S_a\frac{n}{K_a} \tag{7.19}$$

值得说明的是，将条件 $S_w=1$、$S_a=0$ 和 $p=p_w$ 代入方程(7.12)和(7.17)并忽略方程(7.18)，可得到饱和孔隙介质的整体平衡方程和液体的质量平衡方程

$$\rho\ddot{\boldsymbol{u}}-\nabla\cdot\left(\boldsymbol{\sigma}'-\alpha p_w\mathbf{1}\right)-\rho\boldsymbol{b}=\mathbf{0} \tag{7.20}$$

$$\nabla\cdot\boldsymbol{w}^w+\alpha\nabla\cdot\dot{\boldsymbol{u}}+\left(\frac{\alpha-n}{K_s}+\frac{n}{K_w}\right)\dot{p}_w=0 \tag{7.21}$$

对于考虑液相、气相流动及骨架变形的非饱和水力耦合问题，初始条件确定了 t=0 时刻的骨架位移、骨架速度、液相压力和气相压力，即

$$\boldsymbol{u}(\boldsymbol{x},0)=\boldsymbol{u}^0(\boldsymbol{x}),\quad \dot{\boldsymbol{u}}(\boldsymbol{x},0)=\dot{\boldsymbol{u}}^0(\boldsymbol{x})$$

$$p_w(\boldsymbol{x},0)=p_w^0(\boldsymbol{x}),\quad p_a(\boldsymbol{x},0)=p_a^0(\boldsymbol{x}) \tag{7.22}$$

水力耦合分析时，固相、液相和气相分别具有独立的本质边界条件和自然边界条件。对于固相，边界条件为

$$\begin{aligned} \boldsymbol{u}(\boldsymbol{x},t) &= \bar{\boldsymbol{u}}(\boldsymbol{x},t), \quad \forall \boldsymbol{x} \in \partial\mathcal{B}_u \\ \boldsymbol{\sigma}(\boldsymbol{x},t)\cdot\boldsymbol{n} &= \bar{\boldsymbol{t}}(\boldsymbol{x},t), \quad \forall \boldsymbol{x} \in \partial\mathcal{B}_t \end{aligned} \tag{7.23}$$

式中 $\partial\mathcal{B}_u$ 和 $\partial\mathcal{B}_t$ 分别为施加已知位移 $\bar{\boldsymbol{u}}(\boldsymbol{x},t)$ 和外部载荷 $\bar{\boldsymbol{t}}(\boldsymbol{x},t)$ 的边界部分，并且满足 $\partial\mathcal{B}_u \cup \partial\mathcal{B}_t = \partial\mathcal{B}$ 和 $\partial\mathcal{B}_u \cap \partial\mathcal{B}_t = \varnothing$。液相和气相边界条件确定了相应的压力和法向流量

$$\begin{aligned} p_w(\boldsymbol{x},t) &= \bar{p}_w(\boldsymbol{x},t), \quad \forall \boldsymbol{x} \in \partial\mathcal{B}_{p_w} \\ \boldsymbol{w}^w(\boldsymbol{x},t)\cdot\boldsymbol{n} &= \bar{q}_w(\boldsymbol{x},t), \quad \forall \boldsymbol{x} \in \partial\mathcal{B}_{q_w} \\ p_a(\boldsymbol{x},t) &= \bar{p}_a(\boldsymbol{x},t), \quad \forall \boldsymbol{x} \in \partial\mathcal{B}_{p_a} \\ \boldsymbol{w}^a(\boldsymbol{x},t)\cdot\boldsymbol{n} &= \bar{q}_a(\boldsymbol{x},t), \quad \forall \boldsymbol{x} \in \partial\mathcal{B}_{q_a} \end{aligned} \tag{7.24}$$

式中 $\partial\mathcal{B}_{p_w}$、$\partial\mathcal{B}_{q_w}$、$\partial\mathcal{B}_{p_a}$ 和 $\partial\mathcal{B}_{q_a}$ 分别为施加已知液相压力 $\bar{p}_w(\boldsymbol{x},t)$、液相流量 $\bar{q}_w(\boldsymbol{x},t)$、气相压力 $\bar{p}_a(\boldsymbol{x},t)$ 和气相流量 $\bar{q}_a(\boldsymbol{x},t)$ 的边界部分，并且满足 $\partial\mathcal{B}_{p_w} \cup \partial\mathcal{B}_{q_w} = \partial\mathcal{B}$、$\partial\mathcal{B}_{p_w} \cap \partial\mathcal{B}_{q_w} = \varnothing$ 和 $\partial\mathcal{B}_{p_a} \cup \partial\mathcal{B}_{q_a} = \partial\mathcal{B}$，$\partial\mathcal{B}_{p_a} \cap \partial\mathcal{B}_{q_a} = \varnothing$。

可见对于由二相流体和可变形固体骨架构成的非饱和孔隙介质，其全水力耦合控制方程由孔隙介质的整体平衡方程(7.12)、液相质量平衡方程(7.17)、气相质量平衡方程(7.18)以及相应的初始条件(7.22)和边界条件(7.23)～(7.24)构成。需要再次说明的是，对方程(7.12)、(7.17)和(7.18)进行数值求解时，本章选取的基本未知量为骨架变形 $\boldsymbol{u}(\boldsymbol{x},t)$、液相压力 $p_w(\boldsymbol{x},t)$ 和气相压力 $p_a(\boldsymbol{x},t)$。

7.1.2　变分格式

考虑具有内部不连续面 $\partial\mathcal{B}_\mathrm{d}$ 和至少分段光滑边界 $\partial\mathcal{B}$ 的非饱和孔隙介质问题域 $\mathcal{B}$。变分格式的建立按照标准 Galerkin 方法进行：将整体平衡方程(7.12)乘以位移变分 $\delta\boldsymbol{u}(\boldsymbol{x},t)$、液相质量平衡方程(7.17)乘以液相压力变分 $\delta p_w(\boldsymbol{x},t)$、气相质量平衡方程(7.18)乘以气相压力变分 $\delta p_a(\boldsymbol{x},t)$ 并在问题域 $\mathcal{B}$ 上进行积分；采用考虑内部不连续面的散度定理，可得对应的变分格式为

$$\begin{aligned} &\int_{\mathcal{B}} \rho\, \delta\boldsymbol{u}\cdot\ddot{\boldsymbol{u}}\mathrm{d}\Omega + \int_{\mathcal{B}} (\nabla\delta\boldsymbol{u}):\boldsymbol{\sigma}'\mathrm{d}\Omega - \int_{\mathcal{B}} \alpha S_w(\nabla\delta\boldsymbol{u}):\mathbf{1}p_w\mathrm{d}\Omega \\ &-\int_{\mathcal{B}} \alpha S_a(\nabla\delta\boldsymbol{u}):\mathbf{1}p_w\mathrm{d}\Omega + \int_{\partial\mathcal{B}_\mathrm{d}} [\![\delta\boldsymbol{u}]\!]\cdot\boldsymbol{t}_c\mathrm{d}\Gamma - \int_{\partial\mathcal{B}_t} \delta\boldsymbol{u}\cdot\bar{\boldsymbol{t}}\mathrm{d}\Gamma - \int_{\mathcal{B}} \rho\delta\boldsymbol{u}\cdot\boldsymbol{b}\mathrm{d}\Omega = 0 \end{aligned} \tag{7.25}$$

$$\int_{\mathcal{B}} k_w \rho_w (\nabla \delta p_w) \cdot \ddot{\boldsymbol{u}} \mathrm{d}\Omega + \int_{\mathcal{B}} \alpha S_w \delta p_w \nabla \cdot \dot{\boldsymbol{u}} \mathrm{d}\Omega + \int_{\mathcal{B}} c_{ww} \delta p_w \dot{p}_w \mathrm{d}\Omega$$
$$+ \int_{\mathcal{B}} k_w (\nabla \delta p_w) \cdot \nabla p_w \ \mathrm{d}\Omega + \int_{\mathcal{B}} c_{wa} \delta p_w \dot{p}_a \mathrm{d}\Omega + \int_{\partial \mathcal{B}_{q_w}} \delta p_w \overline{q}_w \mathrm{d}\Omega$$
$$- \int_{\partial \mathcal{B}_{\mathrm{d}}} \delta p_w \left[\!\left[\boldsymbol{w}^w \right]\!\right] \cdot \boldsymbol{n} \mathrm{d}\Omega - \int_{\mathcal{B}} k_w \rho_w (\nabla \delta p_w) \cdot \boldsymbol{b} \mathrm{d}\Omega = 0 \tag{7.26}$$

$$\int_{\mathcal{B}} k_a \rho_a (\nabla \delta p_a) \cdot \ddot{\boldsymbol{u}} \mathrm{d}\Omega + \int_{\mathcal{B}} \alpha S_a \delta p_a \nabla \cdot \dot{\boldsymbol{u}} \mathrm{d}\Omega + \int_{\mathcal{B}} c_{aw} \delta p_a \dot{p}_w \mathrm{d}\Omega$$
$$+ \int_{\mathcal{B}} c_{aa} \delta p_a \dot{p}_a \mathrm{d}\Omega + \int_{\mathcal{B}} k_a (\nabla \delta p_a) \cdot \nabla p_a \mathrm{d}\Omega + \int_{\partial \mathcal{B}_{q_a}} \delta p_a \overline{q}_a \mathrm{d}\Omega$$
$$- \int_{\partial \mathcal{B}_{\mathrm{d}}} \delta p_a \left[\!\left[\boldsymbol{w}^a \right]\!\right] \cdot \boldsymbol{n} \mathrm{d}\Omega - \int_{\mathcal{B}} k_a \rho_a (\nabla \delta p_a) \cdot \boldsymbol{b} \mathrm{d}\Omega = 0 \tag{7.27}$$

式中$[\![\boldsymbol{u}]\!]$表示不连续面$\partial\mathcal{B}_{\mathrm{d}}$两侧骨架位移的差值；$\left[\!\left[\boldsymbol{w}^w\right]\!\right]$和$\left[\!\left[\boldsymbol{w}^a\right]\!\right]$表示不连续面$\partial\mathcal{B}_{\mathrm{d}}$两侧液体和气体流量差值；$\boldsymbol{t}_c$为不连续面$\partial\mathcal{B}_{\mathrm{d}}$上的接触应力。对于固相，假定$\partial\mathcal{B}_{\mathrm{d}}$是强不连续面，使用 Uzawa 型增广拉格朗日乘子法施加摩擦接触模型，模拟不连续面上的摩擦接触现象。对于液相和气相，假定$\partial\mathcal{B}_{\mathrm{d}}$理想透水和透气，即$\partial\mathcal{B}_{\mathrm{d}}$两侧的液相和气相压力场以及$\partial\mathcal{B}_{\mathrm{d}}$和周围孔隙介质间的质量交换均是连续的，所以有$\left[\!\left[\boldsymbol{w}^w\right]\!\right]=0$以及$\left[\!\left[\boldsymbol{w}^a\right]\!\right]=0$。

当孔隙介质由非饱和状态向饱和状态转变时，气相渗透系数会不断减小，导致气相质量平衡方程(7.27)奇异，使数值求解无法进行。为避免由于气相渗透系数过小导致的数值求解困难，目前常采用两种方法处理孔隙介质由非饱和向饱和的状态转变。第一种方式假定存在最小的相对气相渗透系数，即当孔隙介质饱和时，仍存在气体流动。最小相对气相渗透系数的存在使得饱和状态和非饱和状态具有相同的控制方程，不会引起数值不稳定和不收敛。另一种方式是在气体饱和度低于一定值时(与泡点压力对应)，直接忽略气体的流动，并且认为无气体流动的区域内，气体压力等于水压力。第 2 章方式相当于在饱和和非饱和状态相互转变时直接改变控制方程，因此在临近饱和状态时，会引起数值震荡和收敛困难。本章为保证数值计算的收敛和稳定，采用第一种方式考虑孔隙介质由非饱和状态向饱和状态的转变。

7.2 基本场变量的 NMM 离散

考虑到 ND5P1 单元求解弹性不可压缩问题和 ND5W5P1 单元求解连续及非连续饱和岩土体水力耦合问题时的有效性，本章采用 ND5P1 和 ND5W5P1 的位

移插值作为求解非饱和水力耦合问题时的骨架位移插值。于是物理片 P_k 上的骨架位移局部近似为

$$
\boldsymbol{u}_k^h(\boldsymbol{x},t)=\overline{\boldsymbol{f}}_k(\boldsymbol{x})\overline{\boldsymbol{d}}_k(t)
$$

$$
\overline{\boldsymbol{f}}_k(\boldsymbol{x})=\begin{bmatrix}1 & 0 & \dfrac{x-x_k}{h_k} & 0 & \dfrac{y-y_k}{h_k}\\ 0 & 1 & -\dfrac{y-y_k}{h_k} & \dfrac{x-x_k}{h_k} & 0\end{bmatrix} \tag{7.28}
$$

$$
\overline{\boldsymbol{d}}_k(t)=\begin{bmatrix}d_k^1 & d_k^2 & d_k^3 & d_k^4 & d_k^5\end{bmatrix}^{\mathrm{T}}
$$

当数学覆盖采用三结点三角形有限元网格形成时，NMM 模型的权函数为三结点三角形有限单元的形函数。于是骨架位移整体近似为

$$
\boldsymbol{u}^h(\boldsymbol{x},t)=\boldsymbol{N}_u(\boldsymbol{x})\boldsymbol{d}_u(t)
$$

$$
\boldsymbol{N}_u(\boldsymbol{x})=\begin{bmatrix}w_1(\boldsymbol{x})\overline{\boldsymbol{f}}_1(\boldsymbol{x}) & w_2(\boldsymbol{x})\overline{\boldsymbol{f}}_2(\boldsymbol{x}) & \cdots & w_{n_p}(\boldsymbol{x})\overline{\boldsymbol{f}}_{n_p}(\boldsymbol{x})\end{bmatrix} \tag{7.29}
$$

$$
\boldsymbol{d}_u(t)=\begin{bmatrix}\overline{\boldsymbol{d}}_1(t) & \overline{\boldsymbol{d}}_2(t) & \cdots & \overline{\boldsymbol{d}}_{n_p}(t)\end{bmatrix}^{\mathrm{T}}
$$

其中 $\boldsymbol{N}_u(\boldsymbol{x})$ 为骨架位移的形函数矩阵；$\boldsymbol{d}_u(t)$ 为整个问题域离散后与位移形函数矩阵对应的位移自由度向量；n_p 为问题域离散后物理片的数量。

对应地，非饱和岩土体的液相压力场插值采用模型 ND5P1 或 ND5W5P1 的孔隙压力插值，即假定非饱和岩土体的液相压力在每个物理片上为常数。于是，在整体问题域上液相压力的整体近似为

$$
p_w^h(\boldsymbol{x},t)=\boldsymbol{N}_w(\boldsymbol{x})\boldsymbol{p}_w(t)
$$

$$
\boldsymbol{N}_w(\boldsymbol{x})=\begin{bmatrix}w_1(\boldsymbol{x}) & w_2(\boldsymbol{x}) & \cdots & w_{n_p}(\boldsymbol{x})\end{bmatrix}
$$

$$
\boldsymbol{p}_w(t)=\begin{bmatrix}\overline{p}_1^w(t) & \overline{p}_2^w(t) & \cdots & \overline{p}_{n_p}^w(t)\end{bmatrix}^{\mathrm{T}} \tag{7.30}
$$

其中 $\boldsymbol{N}_w(\boldsymbol{x})$ 为液相压力的形函数矩阵；$\boldsymbol{p}_w(t)$ 为对应的液相压力自由度向量；$\overline{p}_k^w, 1\leqslant k\leqslant n_p$ 为物理片 P_k 上的液相压力。

考虑到固、液、气三相全耦合广义 Biot 模型中液相压力和气相压力数值插值时的同等地位，气相压力场和液相压力场采用相同的插值格式，即整个问题域上气相压力的整体近似为

$$
p_a^h(\boldsymbol{x},t)=\boldsymbol{N}_a(\boldsymbol{x})\boldsymbol{p}_a(t)
$$

$$\boldsymbol{N}_a(\boldsymbol{x}) = \begin{bmatrix} w_1(\boldsymbol{x}) & w_2(\boldsymbol{x}) & \cdots & w_{n_p}(\boldsymbol{x}) \end{bmatrix}$$

$$\boldsymbol{p}_a(t) = \begin{bmatrix} \overline{p}_1^a(t) & \overline{p}_2^a(t) & \cdots & \overline{p}_{n_p}^a(t) \end{bmatrix}^{\mathrm{T}} \tag{7.31}$$

式中 $\overline{p}_k^a, 1 \leqslant k \leqslant n_p$ 为物理片 P_k 上的气相压力。

根据 3.6 节关于饱和孔隙介质水力耦合分析闭锁问题的讨论可知，对于非饱和孔隙介质，当液相渗透系数或气相渗透系数很小时也会出现水力耦合闭锁现象。为了避免非饱和水力耦合分析时出现数值震荡，当气相渗透系数很小时，要求骨架位移插值和液相压力插值($\boldsymbol{u}^h$， p_w^h)满足上下限条件；而当液相渗透系数很小时，要求骨架位移插值和气相压力插值($\boldsymbol{u}^h$， p_a^h)满足上下限条件。

根据单元 ND5P1 的上下限数值测试可知，本节所采用的骨架位移插值、液相压力插值和气相压力插值不满足上下限条件。但是，为了保证孔隙介质由非饱和状态向饱和状态转变时数值结果的稳定和收敛，设定有与泡点压力对应的气相相对渗透率下限值，这防止了因气相渗透系数很小引起的水力耦合闭锁问题。此外，为了更直观地反映液相迁移过程，非饱和水力耦合数值模拟时常采用相对较大的液相渗透系数，因此由于液相渗透系数太小引起的水力耦合闭锁问题也不会发生。

7.3　时 间 离 散

考虑不连续面两侧的接触力和位移跳跃，本节首先给出非饱和岩土体水力耦合整体平衡方程的变分格式，然后引入位移、液相压力和气相压力插值(7.29)～(7.30)，建立非饱和岩土体水力耦合分析广义 Biot 模型的半离散格式，最后使用 Newmark(Bathe, 2014)时间积分建立对应的全离散格式以及 Newton-Raphson 迭代求解格式。

沿着非连续面 $\partial\mathcal{B}_{\mathrm{d}}$ 将接触力 $\boldsymbol{t}_c$ 和骨架位移跳跃 $[\![\delta\boldsymbol{u}]\!]$ 进行法向和切向分解

$$\boldsymbol{t}_c = \overline{L}_{\mathrm{N}} \cdot \boldsymbol{n}_{\mathrm{N}} + \overline{L}_{\mathrm{T}} \cdot \boldsymbol{n}_{\mathrm{T}} \tag{7.32}$$

$$[\![\boldsymbol{u}]\!] = g_{\mathrm{N}} \cdot \boldsymbol{n}_{\mathrm{N}} + g_{\mathrm{T}} \cdot \boldsymbol{n}_{\mathrm{T}} \tag{7.33}$$

其中 $\overline{L}_{\mathrm{N}} = \boldsymbol{t}_c \cdot \boldsymbol{n}_{\mathrm{N}}$ ， $\overline{L}_{\mathrm{T}} = \boldsymbol{t}_c \cdot \boldsymbol{n}_{\mathrm{T}}$ ， $g_{\mathrm{N}} = [\![\boldsymbol{u}]\!] \cdot \boldsymbol{n}_{\mathrm{N}}$ 和 $g_{\mathrm{T}} = [\![\boldsymbol{u}]\!] \cdot \boldsymbol{n}_{\mathrm{T}}$ 分别为法向接触力、切向摩擦力、法向嵌入和切向相对位移。将式(7.32)和(7.33)代入式(7.25)，则 4.3 节的 Uzawa 型增广拉格朗日乘子法可用以数值实现摩擦接触模型

$$\int_{\mathcal{B}}\rho\,\delta\boldsymbol{u}\cdot\ddot{\boldsymbol{u}}\mathrm{d}\Omega+\int_{\mathcal{B}}(\nabla\delta\boldsymbol{u}):\boldsymbol{\sigma}'\mathrm{d}\Omega-\int_{\mathcal{B}}\alpha S_w(\nabla\delta\boldsymbol{u}):1p_w\mathrm{d}\Omega$$
$$-\int_{\mathcal{B}}\alpha S_a(\nabla\delta\boldsymbol{u}):1p_w\mathrm{d}\Omega-\int_{\partial\mathcal{B}_t}\delta\boldsymbol{u}\cdot\bar{\boldsymbol{t}}\mathrm{d}\Gamma-\int_{\mathcal{B}}\rho\delta\boldsymbol{u}\cdot\boldsymbol{b}\mathrm{d}\Omega$$
$$-\int_{\partial\mathcal{B}_\mathrm{d}}g_\mathrm{N}\bar{L}_\mathrm{N}\mathrm{d}\Gamma-\int_{\partial\mathcal{B}_\mathrm{d}}g_\mathrm{T}\bar{L}_\mathrm{T}\mathrm{d}\Gamma=0 \tag{7.34}$$

将骨架位移近似(7.29)、液相压力近似(7.30)和气相压力近似(7.31)代入变分方程(7.34)、(7.26)和(7.27)可得在时间步 $i+1$ 及局部迭代步 $k+1$ 时的残差方程

$$\boldsymbol{\Psi}_u^{i+1,k+1}=\boldsymbol{M}_{uu}^{i+1,k+1}+\boldsymbol{K}_{uu}\boldsymbol{d}_u^{i+1,k+1}+\boldsymbol{K}_{\mathrm{con}}^{i+1,k+1}\boldsymbol{d}_u^{i+1,k+1}-\boldsymbol{C}_{uw}^{i+1,k+1}\boldsymbol{p}_w^{i+1,k+1}$$
$$-\boldsymbol{C}_{ua}^{i+1,k+1}\boldsymbol{p}_a^{i+1,k+1}+\boldsymbol{F}_{\mathrm{con}}^{i+1,k+1}-\boldsymbol{F}_{ut}^{i+1}-\boldsymbol{F}_{ug}^{i+1,k+1}=0 \tag{7.35}$$

$$\boldsymbol{\Psi}_w^{i+1,k+1}=\boldsymbol{M}_{wu}^{i+1,k+1}\ddot{\boldsymbol{d}}_u^{i+1,k+1}+\boldsymbol{C}_{ww}^{i+1,k+1}\dot{\boldsymbol{p}}_w^{i+1,k+1}+\boldsymbol{K}_{ww}^{i+1,k+1}\boldsymbol{p}_w^{i+1,k+1}$$
$$+\boldsymbol{C}_{wa}^{i+1,k+1}\dot{\boldsymbol{p}}_a^{i+1,k+1}+\boldsymbol{F}_{wq}^{i+1}-\boldsymbol{F}_{wg}^{i+1,k+1}=0 \tag{7.36}$$

$$\boldsymbol{\Psi}_a^{i+1,k+1}=\boldsymbol{M}_{au}^{i+1,k+1}\ddot{\boldsymbol{d}}_u^{i+1,k+1}+\boldsymbol{C}_{aw}^{i+1,k+1}\dot{\boldsymbol{p}}_w^{i+1,k+1}+\boldsymbol{C}_{aa}^{i+1,k+1}\dot{\boldsymbol{p}}_a^{i+1,k+1}$$
$$+\boldsymbol{K}_{aa}^{i+1,k+1}\boldsymbol{p}_a^{i+1,k+1}+\boldsymbol{F}_{aq}^{i+1}-\boldsymbol{F}_{ag}^{i+1,k+1}=0 \tag{7.37}$$

其中各个矩阵的定义为

$$\boldsymbol{M}_{uu}=\int_{\mathcal{B}}\rho\boldsymbol{N}_u^\mathrm{T}\boldsymbol{N}_u\mathrm{d}\Omega,\quad \boldsymbol{K}_{uu}=\int_{\mathcal{B}}\boldsymbol{B}^\mathrm{T}\boldsymbol{D}\boldsymbol{B}\mathrm{d}\Omega$$

$$\boldsymbol{K}_{\mathrm{con}}=\int_{\partial\mathcal{B}_\mathrm{d}}\bar{\boldsymbol{N}}_u^\mathrm{T}\left(\varepsilon_\mathrm{N}\boldsymbol{n}\boldsymbol{n}^\mathrm{T}+\varepsilon_\mathrm{T}\boldsymbol{m}\boldsymbol{m}^\mathrm{T}\right)\bar{\boldsymbol{N}}_u\mathrm{d}\Gamma$$

$$\boldsymbol{C}_{uw}=\int_{\mathcal{B}}\alpha S_w\boldsymbol{B}^\mathrm{T}\boldsymbol{m}\boldsymbol{N}_w\mathrm{d}\Omega,\quad \boldsymbol{C}_{ua}=\int_{\mathcal{B}}\alpha S_a\boldsymbol{B}^\mathrm{T}\boldsymbol{m}\boldsymbol{N}_a\mathrm{d}\Omega$$

$$\boldsymbol{F}_{\mathrm{con}}=\int_{\partial\mathcal{B}_\mathrm{d}}\bar{\boldsymbol{N}}_u^\mathrm{T}\left(\boldsymbol{n}\bar{L}_\mathrm{N}+\boldsymbol{m}\bar{L}_\mathrm{T}\right)\mathrm{d}\Gamma$$

$$\boldsymbol{F}_{ut}=\int_{\partial\mathcal{B}_t}\boldsymbol{N}_u^\mathrm{T}\bar{\boldsymbol{t}}\mathrm{d}\Gamma,\quad \boldsymbol{F}_{ug}=\int_{\mathcal{B}}\rho\boldsymbol{N}_u^\mathrm{T}\boldsymbol{b}\mathrm{d}\Omega$$

$$\boldsymbol{M}_{wu}=\int_{\mathcal{B}}\rho_w k_w(\nabla\boldsymbol{N}_w)^\mathrm{T}\boldsymbol{N}_u\mathrm{d}\Omega,\quad \boldsymbol{M}_{au}=\int_{\mathcal{B}}\rho_a k_a(\nabla\boldsymbol{N}_a)^\mathrm{T}\boldsymbol{N}_u\mathrm{d}\Omega$$

$$\boldsymbol{C}_{ww}=\int_{\mathcal{B}}c_{ww}\boldsymbol{N}_w^\mathrm{T}\boldsymbol{N}_w\mathrm{d}\Omega,\quad \boldsymbol{C}_{aa}=\int_{\mathcal{B}}c_{aa}\boldsymbol{N}_a^\mathrm{T}\boldsymbol{N}_a\mathrm{d}\Omega$$

$$\boldsymbol{K}_{ww}=\int_{\mathcal{B}}k_w\left(\nabla\boldsymbol{N}_w\right)^{\mathrm{T}}\nabla\boldsymbol{N}_w\mathrm{d}\varOmega,\quad \boldsymbol{K}_{aa}=\int_{\mathcal{B}}k_a\left(\nabla\boldsymbol{N}_a\right)^{\mathrm{T}}\nabla\boldsymbol{N}_a\mathrm{d}\varOmega \tag{7.38}$$

$$\boldsymbol{C}_{wa}=\int_{\mathcal{B}}c_{wa}\boldsymbol{N}_w^{\mathrm{T}}\boldsymbol{N}_a\mathrm{d}\varOmega,\quad \boldsymbol{C}_{aw}=\int_{\mathcal{B}}c_{aw}\boldsymbol{N}_a^{\mathrm{T}}\boldsymbol{N}_a\mathrm{d}\varOmega$$

$$\boldsymbol{F}_{wq}=\int_{\partial\mathcal{B}_{q_w}}\boldsymbol{N}_w^{\mathrm{T}}\overline{q}_w\mathrm{d}\varGamma,\quad \boldsymbol{F}_{aq}=\int_{\partial\mathcal{B}_{q_a}}\boldsymbol{N}_a^{\mathrm{T}}\overline{q}_a\mathrm{d}\varGamma$$

$$\boldsymbol{F}_{wg}=\int_{\mathcal{B}}\rho_w k_w\left(\nabla\boldsymbol{N}_w\right)^{\mathrm{T}}\boldsymbol{b}\mathrm{d}\varOmega,\quad \boldsymbol{F}_{ag}=\int_{\mathcal{B}}\rho_a k_a\left(\nabla\boldsymbol{N}_a\right)^{\mathrm{T}}\boldsymbol{b}\mathrm{d}\varOmega$$

式中 $\boldsymbol{D}$ 为固体骨架的弹性矩阵；$\boldsymbol{B}=\nabla\boldsymbol{N}_u$ 为应变位移矩阵；$\bar{\boldsymbol{N}}_u$ 为非连续面 $\partial\mathcal{B}_{\mathrm{d}}$ 两侧位移跳跃的形函数矩阵，即 $[\![\boldsymbol{u}]\!]=\bar{\boldsymbol{N}}_u^{\mathrm{T}}\boldsymbol{d}_u$。

将骨架速度、液相压力和气相压力作为时间积分时的基本待求量，则依据 Newmark 方法，骨架位移、骨架加速度、液相压力的一阶时间导数、气相压力的一阶时间导数可表示为

$$\begin{aligned}
\boldsymbol{d}_{u,i+1}&=\frac{\beta}{\gamma}\Delta t\dot{\boldsymbol{d}}_{u,i+1}+\boldsymbol{d}_{u,i}+\Delta t\left(1-\frac{\beta}{\gamma}\right)\dot{\boldsymbol{d}}_{u,i}+\Delta t^2\left(0.5-\frac{\beta}{\gamma}\right)\ddot{\boldsymbol{d}}_{u,i}\\
\ddot{\boldsymbol{d}}_{u,i+1}&=\frac{1}{\gamma\Delta t}\dot{\boldsymbol{d}}_{u,i+1}-\frac{1}{\gamma\Delta t}\dot{\boldsymbol{d}}_{u,i}+\left(1-\frac{1}{\gamma}\right)\ddot{\boldsymbol{d}}_{u,i}\\
\dot{\boldsymbol{p}}_{w,i+1}&=\frac{1}{\theta\Delta t}\boldsymbol{p}_{w,i+1}-\frac{1}{\theta\Delta t}\boldsymbol{p}_{w,i}+\left(1-\frac{1}{\theta}\right)\dot{\boldsymbol{p}}_{w,i}\\
\dot{\boldsymbol{p}}_{a,i+1}&=\frac{1}{\theta\Delta t}\boldsymbol{p}_{a,i+1}-\frac{1}{\theta\Delta t}\boldsymbol{p}_{a,i}+\left(1-\frac{1}{\theta}\right)\dot{\boldsymbol{p}}_{a,i}
\end{aligned} \tag{7.39}$$

式中 β、γ 和 θ 是时间积分常数，对于本章的计算全部取为 0.7。考虑到 $\beta=\gamma=\theta$，可得时间步 $i+1$ 局部迭代步 $k+1$ 时的迭代求解方程为

$$[\boldsymbol{J}]^{i+1,k}\begin{bmatrix}\Delta\dot{\boldsymbol{d}}_u^{i+1,k+1}\\ \Delta\boldsymbol{p}_w^{i+1,k+1}\\ \Delta\boldsymbol{p}_a^{i+1,k+1}\end{bmatrix}=-\beta\Delta t\begin{bmatrix}\boldsymbol{\varPsi}_u^{i+1,k+1}\\ \boldsymbol{\varPsi}_w^{i+1,k+1}\\ \boldsymbol{\varPsi}_a^{i+1,k+1}\end{bmatrix} \tag{7.40}$$

其中雅可比矩阵 $\boldsymbol{J}$ 定义为

$$\boldsymbol{J}=\begin{bmatrix}\boldsymbol{M}_{uu}+\beta\Delta t^2\left(\boldsymbol{K}_{uu}+\boldsymbol{K}_{\mathrm{con}}\right) & -\beta\Delta t\boldsymbol{C}_{uw} & -\beta\Delta t\boldsymbol{C}_{ua}\\ \boldsymbol{M}_{wu}+\beta\Delta t\boldsymbol{C}_{wu} & \boldsymbol{C}_{ww}+\beta\Delta t\boldsymbol{K}_{ww} & \boldsymbol{C}_{wa}\\ \boldsymbol{M}_{au}+\beta\Delta t\boldsymbol{C}_{au} & \boldsymbol{C}_{aw} & \boldsymbol{C}_{aa}+\beta\Delta t\boldsymbol{K}_{aa}\end{bmatrix} \tag{7.41}$$

可见与饱和孔隙介质水力耦合问题不同，非饱和情形下，雅可比矩阵并不对称。

但是，雅可比矩阵对角线上的块状矩阵在数值迭代过程中一直保持对称正定。很多研究者在保证精度的前提下对控制方程进行调整，以获取对称的雅可比矩阵(Khoei and Mohammadnejad, 2011)。方程(7.40)求解后按照下式进行基本未知量的更新

$$\begin{bmatrix} \dot{\boldsymbol{d}}_u^{i+1,k+1} \\ \boldsymbol{p}_w^{i+1,k+1} \\ \boldsymbol{p}_a^{i+1,k+1} \end{bmatrix} = \begin{bmatrix} \dot{\boldsymbol{d}}_u^{i+1,k} \\ \boldsymbol{p}_w^{i+1,k} \\ \boldsymbol{p}_a^{i+1,k} \end{bmatrix} + \begin{bmatrix} \Delta\dot{\boldsymbol{d}}_u^{i+1,k+1} \\ \Delta\boldsymbol{p}_w^{i+1,k+1} \\ \Delta\boldsymbol{p}_a^{i+1,k+1} \end{bmatrix} \tag{7.42}$$

同样地，3.3.2 节所述的 NMM 框架下的质量矩阵集中化方法可用于处理式(7.40)中的质量矩阵 $\boldsymbol{M}_{uu}$，以控制初始时刻计算结果中的数值震荡并提高计算效率。

7.4 数 值 算 例

本节通过对非饱和排水固结经典算例、饱和及非饱和土石混合体水力响应模拟问题的数值计算，验证所建非饱和水力耦合分析 NMM 模型的精度、稳定性和鲁棒性，并探索饱和及非饱和土石混合体的动态水力特性。

7.4.1 砂柱排水

Liakopoulos(1964)进行的砂柱排水试验是非饱和土排水固结的经典算例。该算例已被大量的研究者用以验证所提非饱和水力分析模型的精度和可靠性(Li and Zienkiewicz, 1992; Schrefler and Zhan, 1993; Laloui et al., 2003; Oettl et al., 2004; Callari and Abati, 2009; Khoei and Mohammadnejad, 2011; Hu et al., 2016; 胡冉，2016)。如图 7.1 所示，考虑尺寸为 0.1m×1m 的砂柱，初始时刻砂柱处于饱和稳定渗流状态，且整个砂柱的液相压力和气相压力均等于大气压。该初始状态通过由砂柱上边界持续注水并允许水从砂柱下边界自由排出，直到整个土柱饱和并形成稳态渗流得到。试验开始时，上表面停止注水但仍允许水在重力作用下由下表面自由排出。数值计算时采用的边界条件为：左侧和右侧边界受法向位移约束且为不透水不透气边界；上表面为不透水边界但为理想透气边界；下表面受固定位移约束且为理想透水透气边界。初始时刻整个土柱的气相和液相压力均等于大气压，骨架位移为 0。

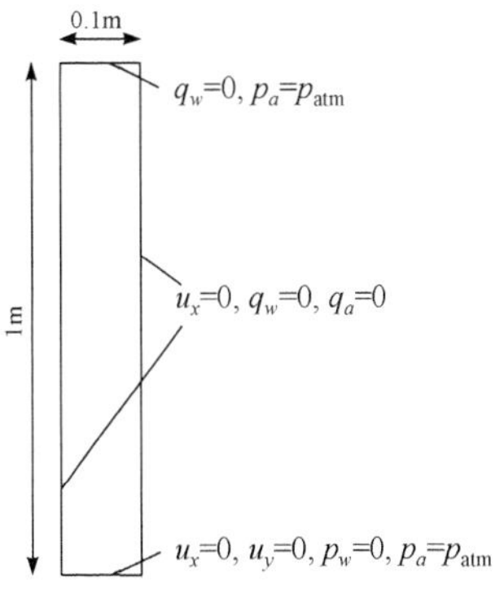

图 7.1　砂柱排水的问题定义

液相饱和度与毛细压力、液相相对渗透率与液相饱和度之间的关系为(胡冉，2016)

$$S_w = 1 - 0.10152\left(\frac{p_c}{\rho_w g}\right)^{2.4279} \tag{7.43}$$

$$k_{rw} = 1 - 2.207\left(1 - S_w\right)^{1.0121} \tag{7.44}$$

注意式(7.43)要求在数值计算时每个数值积分点上的毛细压力必须大于或等于0。对于气相相对渗透系数，本算例使用 Brooks 和 Corey(1966)建立的气相饱和度和气相相对渗透系数之间的关系

$$k_{ra} = \left(1 - S_e\right)^2\left(1 - S_e^{(2+\lambda)/\lambda}\right) \tag{7.45}$$

$$S_e = \frac{S_w - S_{Rw}}{1 - S_{Rw}} \tag{7.46}$$

其中 S_{Rw}=0.2 为残余液相饱和度(residual water saturation)；λ=3 为孔隙尺寸分布系数(index of pore size distribution)；S_e 为有效液相饱和度(effective water saturation)。如前所述，当砂柱由饱和向非饱和转变时为保证数值结果的稳定和收敛，气相相对渗透系数的下限值取为 1×10^{-4}。试验及数值计算所采用的砂的力学性质如表 7.1 所示。数值计算时采用 5×50 的三角形网格作为数学覆盖且时间步长取为 2s。

表 7.1 Del Monte 砂的水力学性质

弹性模量	E_s =1.3×10^{6}Pa
泊松比	ν_s =0.4
固体颗粒密度	ρ_s =2000 kg/m^3
水的密度	ρ_w =1000 kg/m^3
空气密度	ρ_a =1.2 kg/m^3
孔隙率	n_s =0.3
固有渗透率	k^s = 4.5×10^{-13} m^2
水动态黏度系数	μ_w =1×10^{-3}Pa s
空气动态黏度系数	μ_a =1.8×10^{-5}Pa s
水体积模量	K_w =2×10^{9}Pa
砂颗粒体积模量	K_s =1×10^{13}Pa
空气体积模量	K_a =1×10^{5}Pa
重力加速度	g=10m/s^2
大气压	p_{atm} = 0 MPa

图 7.2 展示了本章 7.2 节所建立的 NMM 非饱和水力耦合分析数值模型的计算结果以及混合有限元计算结果(Lewis and Schrefler, 1998; Schrefler and Scotta, 2001)。可以看出，数值流形法的结果和 Schrefler 等所给结果完全吻合，这验证了本章所建立的 NMM 模型在求解非饱和孔隙介质排水固结问题时的精确性和可靠性。

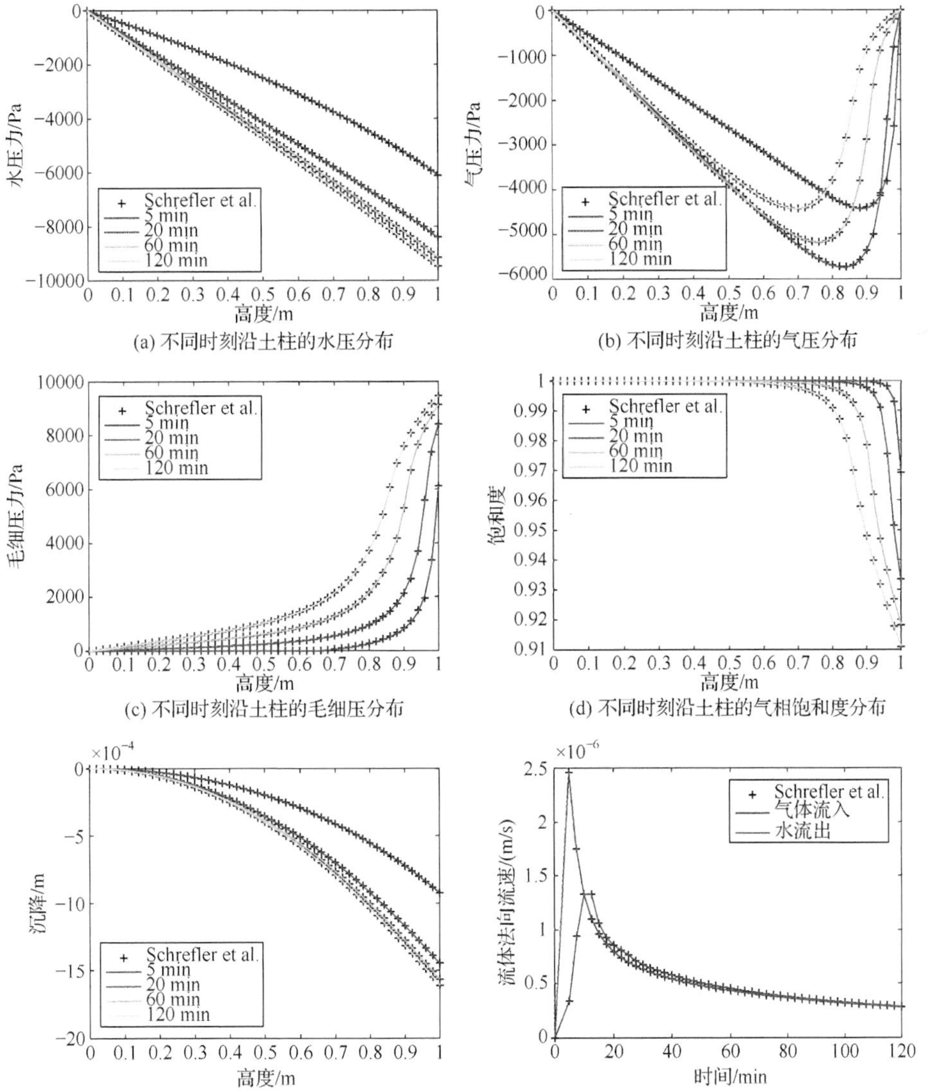

(a) 不同时刻沿土柱的水压分布　(b) 不同时刻沿土柱的气压分布

(c) 不同时刻沿土柱的毛细压分布　(d) 不同时刻沿土柱的气相饱和度分布

(e) 不同时刻沿土柱的沉降分布　(f) 上边界气体流入和下边界流体排出时间历史

图 7.2　验证算例-砂土柱的排水试验结果(彩图请扫封底二维码)

7.4.2　含竖直材料面的饱和土石混合体

考虑图 7.3(a)所示的尺寸 1m×0.1m 的矩形饱和土石混合体。位于 x = 0.5m 处的竖直材料面将土石混合体分为左侧土体部分和右侧岩石部分。材料面是理想透水的。土石混合体左边界受均布压力载荷 $\boldsymbol{t}_x(t)$ 作用且 $\boldsymbol{t}_x(t)$ 在 0.1s 内由 0 均匀增加至 3kPa，然后保持不变。土石混合体的上边界、下边界和右边界均不透水且受法向位移约束。骨架位移在材料面两侧不连续且考虑土体和岩石之间的接触分析。土石混合体的水力性质如表 7.2 所示。为了更好地展示土石混合体在外力作用下的固结过程，该算例采用了相对较大的渗透系数。计算时采用 50×5 的三角形网格形成数学覆盖。材料面上的摩擦系数为 0.25，时间步长为 5×10^{-4}s。

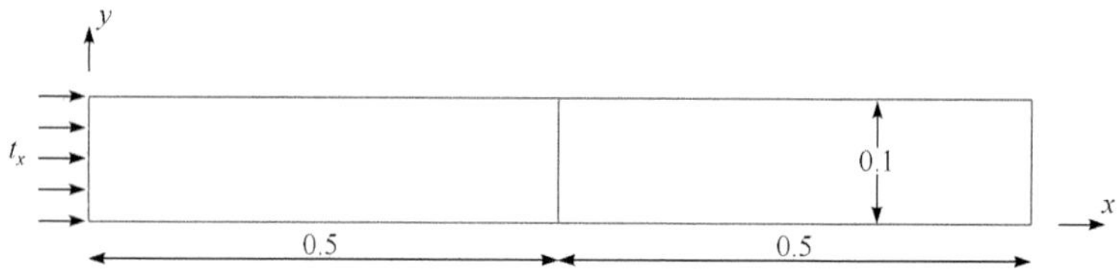

(a) 含有竖直材料面的矩形饱和土石混合体(单位：m)

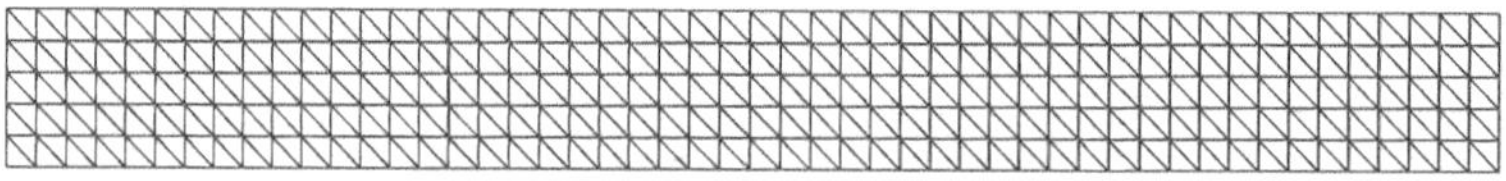

(b) 数学覆盖(50×5三角形网格)

图 7.3　含有竖直材料面的矩形饱和土石混合体

表 7.2　土石材料水力力学性质

土骨架弹性模量	E_s =1.4516×10⁷Pa
岩石骨架弹性模量	$E_r = k_1 \times 1.4516\times10^7$Pa
土骨架泊松比	ν_s =0.3
岩石骨架泊松比	ν_r =0.2
骨架颗粒密度	ρ_s =2000kg/m^3
岩石颗粒密度	ρ_r =2400kg/m^3
水的密度	ρ_w =1000kg/m^3
土体孔隙率	n_s =0.3
岩石孔隙率	n_r =0.2
土体渗透系数	$k_s = 1.0194\times10^{-6}$m^3 · s/kg
岩石渗透系数	$k_r = k_2\times1.0194\times10^{-6}$m^3 · s/kg

续表

水的体积模量	$K_w=2\times10^9$Pa
土颗粒体积模量	$K_s=1\times10^{13}$Pa
岩石颗粒体积模量	$K_r=1\times10^{15}$Pa

考虑到土石混合体的材料特性的非均匀性主要源于土石材料之间显著的水力性质差异，其中最主要的是弹性模量和渗透系数的差异。我们定义参数

$$R=\left(\frac{E_R}{E_S},\frac{k_{Rf}}{k_{Sf}}\right) \tag{7.47}$$

式中 E_S 和 E_R 分别为土体和块石的弹性模量，k_{Sf} 和 k_{Rf} 分别为土体和块石的渗透系数，本算例将研究具有不同参数 R 的土石混合体在外力作用下的动态响应规律。

图 7.4 为 t=0.1s 时刻沿轴线 y=0.05m 的骨架水平位移、孔隙压力和液体水平流速分布。由计算结果可见，对于固定的土体弹性模量，随着块石弹性模量的减小，骨架沉降、孔隙压力和液相流速均会变大，这是因为当块石具有较小的弹性模量时，整个土石混合体在外力的作用下会产生更快更大的变形，更大的骨架变形引起更大的孔隙水压及流相速度。另一方面，对于固定的土体渗透系数，当块石的渗透系数减小时，土石混合体的排水速率变小，骨架沉降速率变小，最终得到较小的骨架变形；而当块石的渗透系数增大时，左侧土体部分的孔隙压力减小而右侧块石部分的孔隙压力增加。

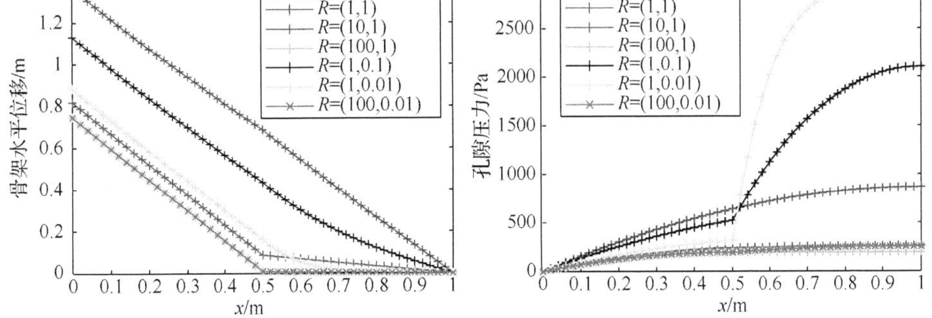

(a) 骨架水平位移　　(b) 孔隙压力

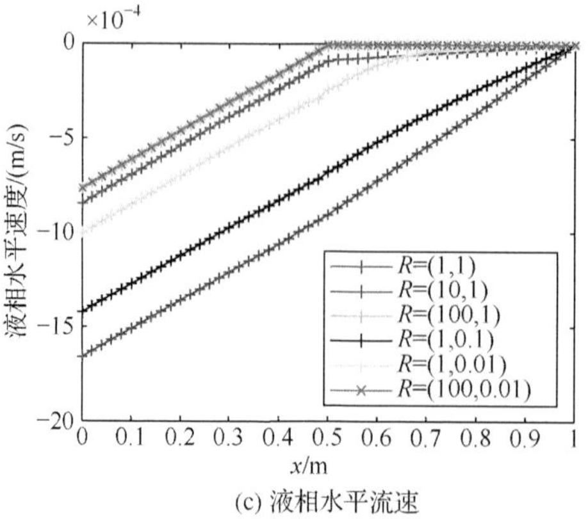

(c) 液相水平流速

图 7.4　含有竖直材料面的矩形饱和土石混合体沿轴线 y=0.05m 的骨架水平位移、孔隙压力和液相水平流速分布(t=0.1s)(彩图请扫封底二维码)

需要指出的是，块石的渗透系数仅仅影响土石混合体短期的骨架位移、孔隙压力和流体速度结果。当固结全部完成时，整个土石混合体的孔隙压力场和流速场均为 0，而骨架位移场仅取决于块石和土体的弹性模量和泊松比。

目前关于土石混合体的研究一般都会忽略土体和岩石材料面处的非连续响应(Chen and Zheng, 2018; Chen et al., 2019; Khorasani et al., 2019; Yang et al., 2019a, 2019b)，即假定整个土石混合体的骨架位移是连续的(称为连续骨架位移假定)。为了展示土石材料面上的摩擦接触现象对土石混合体水力响应的影响，图 7.5 展示了基于土石材料面接触模拟和连续骨架位移假设所得 t=0.1s 时刻沿轴线 y=0.05m 的骨架水平位移、孔隙压力和水平有效应力分布。由图 7.5(a)可见，由于所施加外力与土石材料面垂直，材料面两侧无相对滑移，通过接触模拟和连续骨架位移假设均得到连续的骨架水平位移分布。

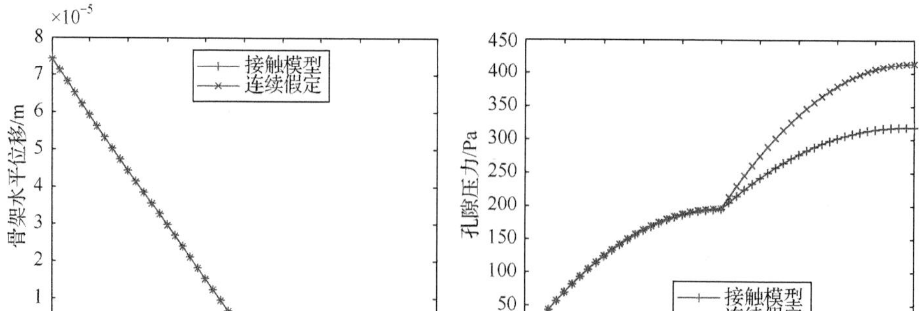

(a) 骨架水平位移　　(b) 孔隙压力

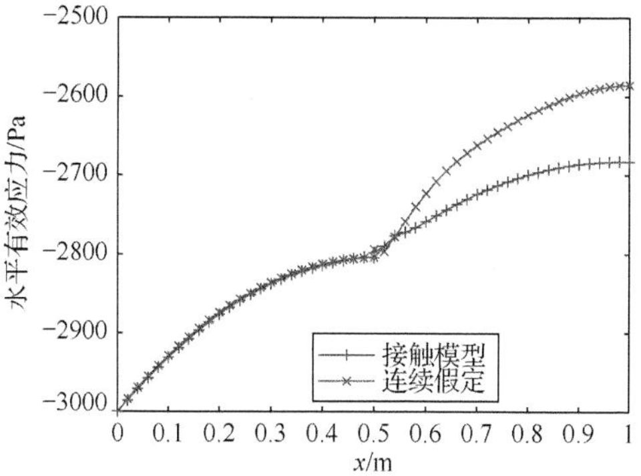

(c) 水平有效应力 σ_x'

图 7.5　基于接触模拟和连续骨架位移假定所得沿轴线 y=0.05m 的骨架水平位移、孔隙压力和水平有效应力结果(t=0.1s 且 R=(100,0.01))

此外，由有限应力原理可知，无论使用连续位移假设还是使用接触模型，轴线 y=0.05m 上的孔隙压力和有效应力之和均等于左边界所施加的外力。图 7.5(c) 显示与连续位移假设相比，使用接触模型得到的应力分布更为光滑。这是因为施加接触模型尽管不能逐点保证位移嵌入为 0，但会在整体意义(积分)上保证土石材料面两侧的位移嵌入为 0，使材料面两侧的应力过度更为光滑。采用骨架位移连续性假设时，NMM 计算会与有限元方法一样在材料面(单元边界)两侧产生显著的应力跳跃结果。

7.4.3　含倾斜材料面的饱和土石混合体

为研究土石界面的滑移对土石混合体水力响应的影响，考虑如图 7.6 所示的含倾斜材料面的饱和矩形土石混合体。起点和终点坐标分别为(0.4,0)和(0.6,0.1)的材料面将矩形问题域分为左侧土体部分和右侧块石部分。该算例与 7.4.2 节的算例具有完全相同的边界条件和土石材料参数。计算时依然采用 50×5 的三角形网格作为数学覆盖，时间步长取为 1×10^{-3}s，且土石材料面上的摩擦系数为 0.25。

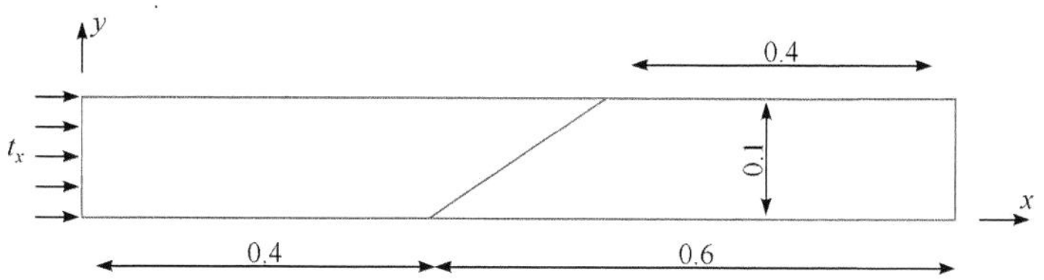

(a) 含有倾斜土石界面的饱和土石混合体(单位：m)

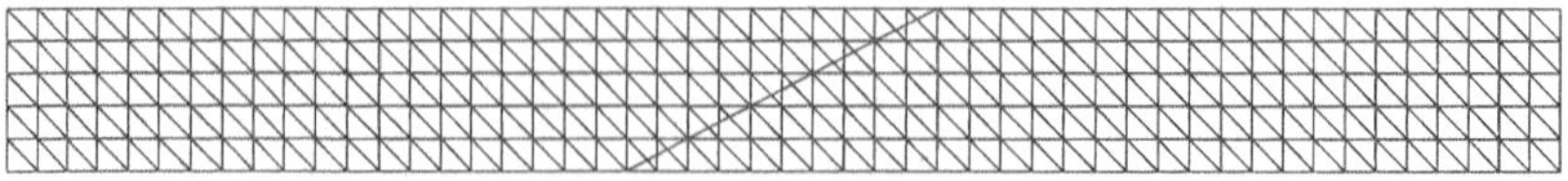

(b) 采用50×5的三角形网格作数学覆盖

图 7.6　含有倾斜土石材料面的饱和土石混合体

图 7.7 为 t=0.1s 时刻沿轴线 y=0.05m 的骨架水平位移、液相水平流速和孔隙压力分布。图 7.8 为测点(0.5,0.05)处沿倾斜土石材料面的相对滑移随块石弹性模量和渗透系数的变化规律。图 7.7(a)显示由于土石材料面上存在相对滑移，沿轴线 y=0.05m 的骨架水平位移不再连续。图 7.8(a)表明当块石的弹性模量增大时，土石材料面上的相对滑移逐渐减小，这是由块石刚度的增大使得整个土石混合体的变形减小引起的。图 7.8(b)表明土石材料面上的相对滑移也会随着块石渗透系数的增大而减小，这是由于当块石的渗透系数增大时，孔隙压力的消散变快，材

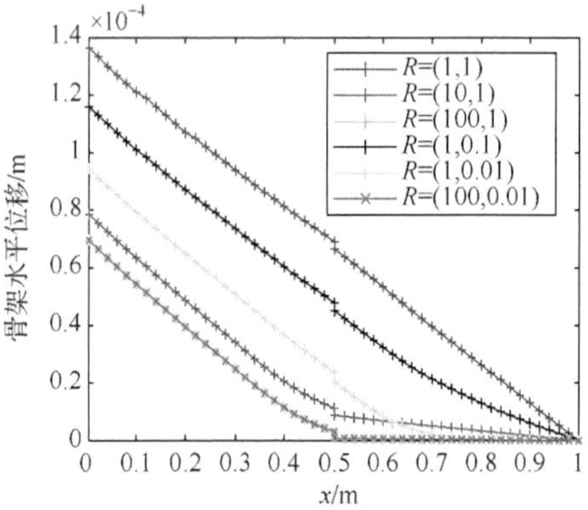

(a) 骨架水平位移

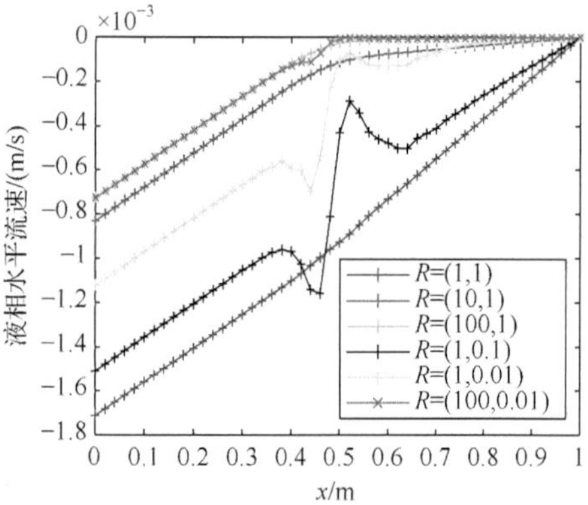

(b) 液相水平流速

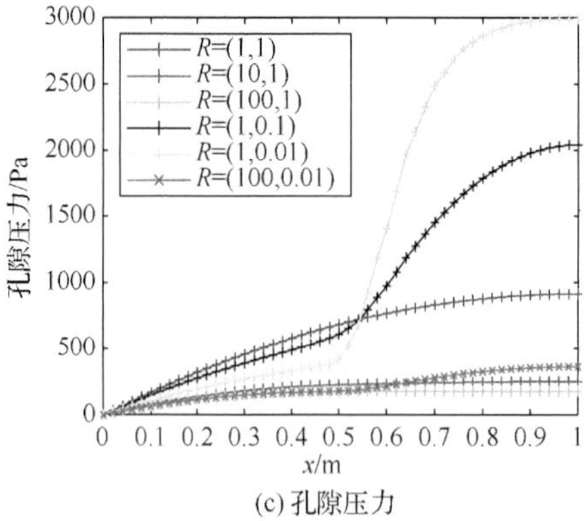

(c) 孔隙压力

图 7.7　沿轴线 y = 0.05m 的骨架水平位移、液相水平流速和孔隙压力分布(t = 0.1s)(彩图请扫封底二维码)

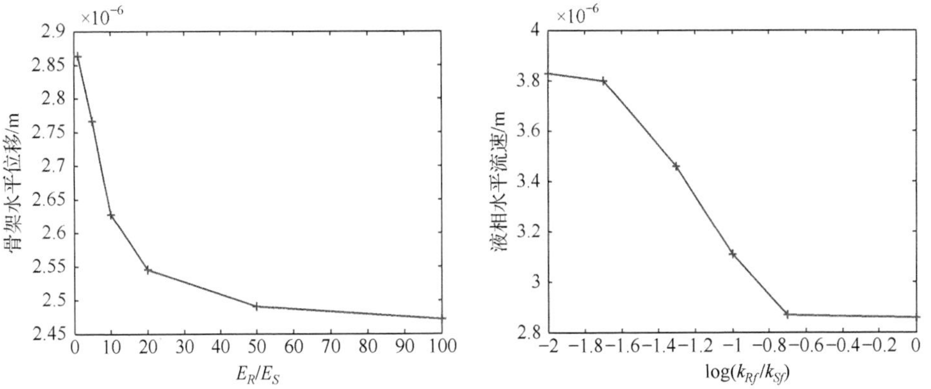

(a) 土体和块石渗透系数相同时(k_{Rf}=k_{Sf})，相对滑动随着块石弹性模量增加而减小　(b) 土体和块石弹性模量相同时(E_R=E_S)，相对位移滑动随着块石渗透系数增加而减小

图 7.8　测点(0.5,0.05)处沿倾斜土石材料面的相对滑动(t = 0.1s)(彩图请扫封底二维码)

料面上的有效应力增大，使得材料面更不容易发生滑动且减小了材料面两侧的相对滑动。图 7.7(b)显示液相水平流速会随着块石弹性模量的减小而增大，而且由于土体和块石渗透性的显著差异，在靠近土石材料界面处出现了明显的液相流速震荡。图 7.7(c)显示当块石的弹性模量减小时，整个土石混合体的变形速度也会变小，而且在相同时刻孔隙压力的结果会变大。此外，孔隙压力在土石材料面处是光滑变化的，并未如液相流速那样表现出明显的震荡。

图 7.9 为位于土体中的测点(0.4,0.05)和位于块石中的测点(0.6,0.05)处的孔隙压力随时间的变化历史。当土石材料具有相同的弹性模量和渗透系数时，即 R=(1,1)时，测点处的孔隙压力随着外力的增加而增加，而且当外力增大到最大值时(t=0.1s)达到最大值。此后外力停止增加，孔隙压力逐渐消散至 0。另一方面，当块石的弹性模量大于土体弹性模量时，即 R=(100,1)和 R=(10,1)时，测点

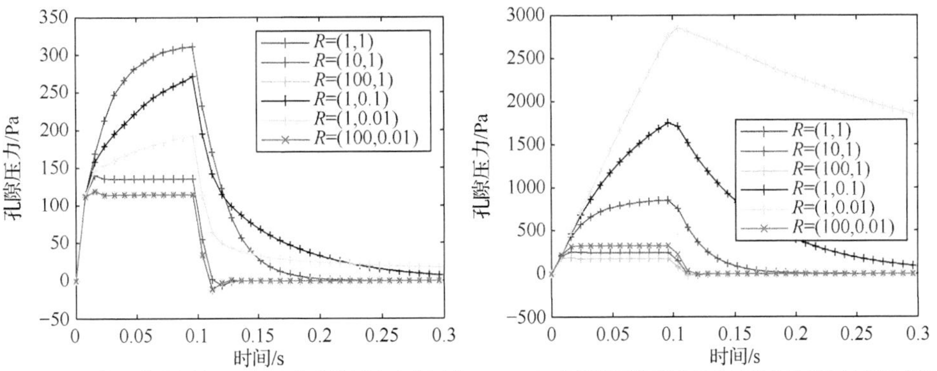

(a) 左侧土体中测点(0.4,0.05)的孔隙压力变化历史　(b) 右侧岩石中测点(0.4,0.05)的孔隙压力变化历史

图 7.9　饱和土石混合体中孔隙压力的变化(彩图请扫封底二维码)

处的孔隙压力在外力达到最大值之前便已达到最大值，并基本保持不变，但当外力停止增加后便迅速消散至 0。此外，降低块石的渗透系数会降低左侧土体部分的孔隙压力峰值并增大右侧岩石部分的孔隙压力峰值。最后，降低块石的渗透系数会降低整个土石混合体的孔隙压力消散速度。

图 7.10 为 t=0.1s 时刻采用 R=(100, 0.01)和不同土石界面摩擦系数所得的沿轴线 y=0.05m 的骨架水平位移分布。结果显示，当摩擦系数由 0 增大到 0.5 时，土石材料面两侧的骨架相对滑移逐渐减小至 0，即随着摩擦系数由 0 增大到 0.5，土石材料面的接触状态由滑动转变为黏结滑动共存，再转变为完全黏结。图 7.10(c)表明当采用摩擦接触模型模拟土石界面上的非连续变形时，无论摩擦系数的大小，所得的应力分布总是比采用连续骨架位移假设所得应力分布更为光

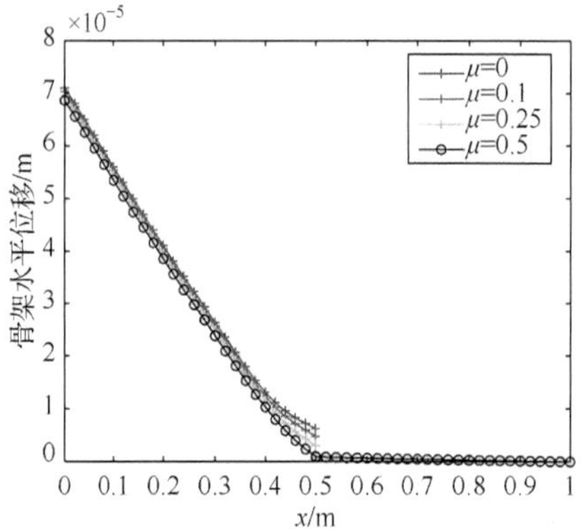

(a) 沿轴线 y = 0.05m的骨架水平位移分布

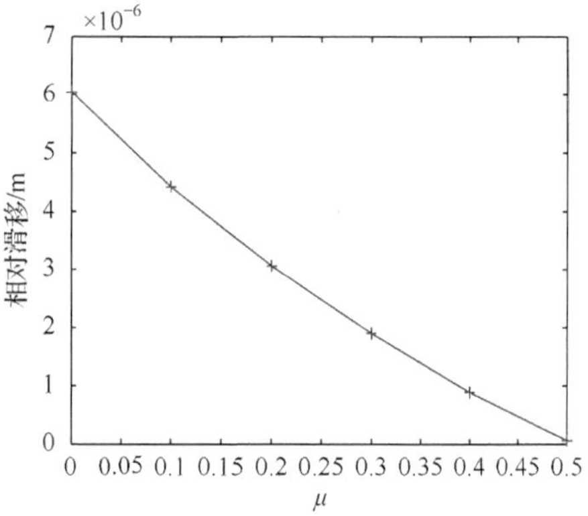

(b) 随着摩擦系数由0增大到0.5，测点(0.5,0.05)处的骨架相对滑移逐渐减小

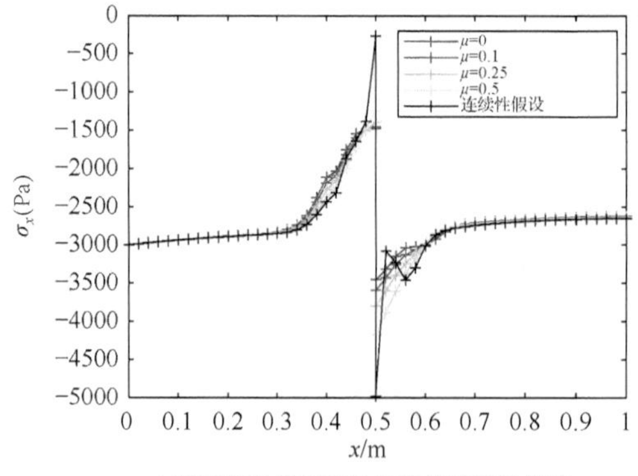

(c) 基于接触模拟和骨架位移连续性假设所得沿轴线 y = 0.05m的水平有效应力σ_x'分布

图 7.10　土石接触面切向滑移和沿轴线 y=0.05m 的骨架水平位移和有效应力分布(t=0.1s 且 R=(100,0.01))(彩图请扫封底二维码)

滑。这是由于一方面接触条件的满足使材料界面两侧的位移阶跃更小，得到的应力分布更光滑；另一方面，滑动条件在一定程度上充当了土石材料界面间的几何平衡。图 7.11 为采用不同土石材料界面摩擦系数所得的骨架水平位移云图。可见，尽管土石具有显著的水力性质差异，但接触模型仍能有效地模拟土石界面上的摩擦接触现象。

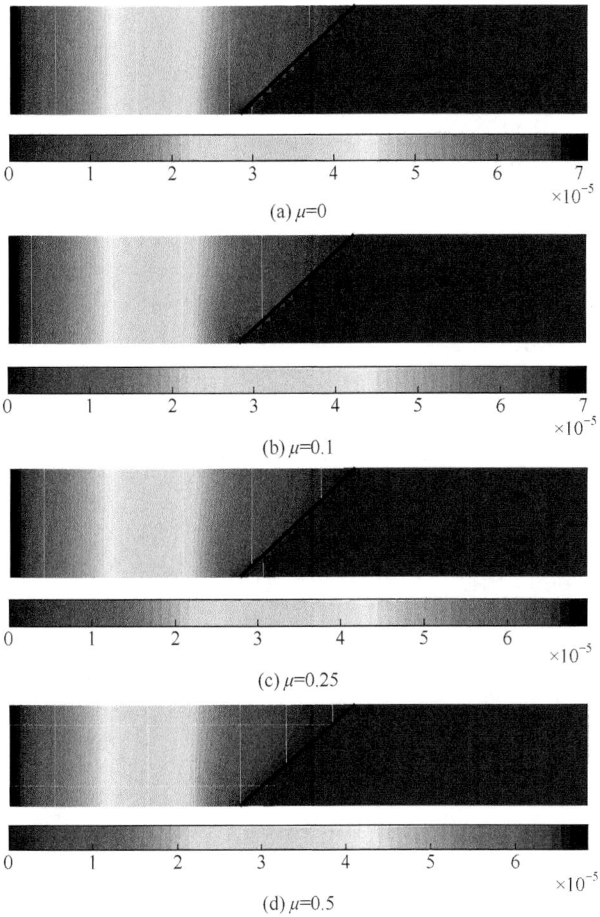

图 7.11　不同摩擦系数所得骨架水平位移云图(t=0.1s 且 R=(100,0.01))(彩图请扫封底二维码)

图 7.12 为 t=0.1s 时刻采用 R=(10, 0.1)及材料界面摩擦系数 μ=0.25 所得流相流速矢量图。这里为了更好地展示渗流结果，选取了较小的块石弹性模量和较大的块石渗透系数。由图 7.12 可见，流体绕过了土石接触面，而且朝着土体相对于岩石滑动的方向流速单调增大。

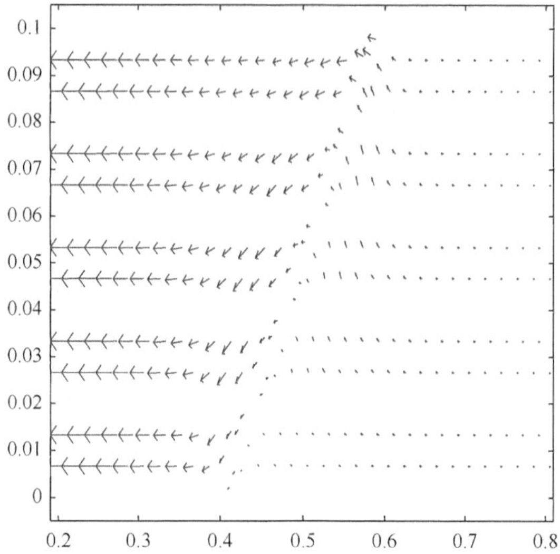

图 7.12　采用 R=(10,0.1)及 μ = 0.25 所得流相流速矢量图(t=0.1s)

7.4.4　偏斜受压的饱和土石混合体基础

为了展示所建立的 NMM 模型精确模拟复杂饱和土石混合体在外力作用下动态水力响应的能力，考虑如图 7.13 所示顶部受偏斜压力作用的正方形饱和土石混合体基础。基础的边长为 10m，其左侧、右侧和下侧边界受法向位移约束。上侧边界范围[5, 10]内受垂直外部压力作用，该压力从 t=0s 至 t=0.2s 由 0 线性增加到 10kPa，此后保持不变。除了不受力的上侧边界范围[0, 5]为理想透水边界外，土石混合体基础的其余边界均不透水。基础中含有 8 个直径位于 2.4m 和

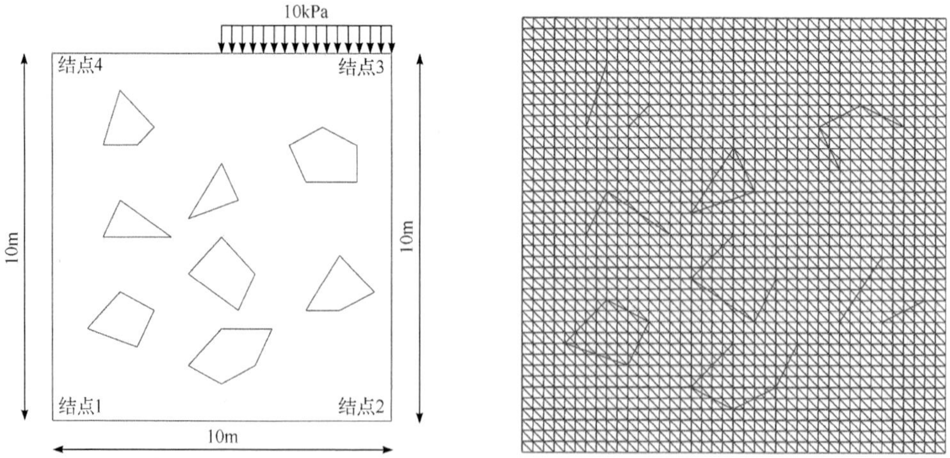

(a) 偏斜受压的饱和土石混合体基础　　(b) 离散模型，1961个物理片和3384个流形单元

图 7.13　偏斜受压的饱和土石混合体基础问题定义

3.2m 间的块石。块石的生成与投放按照文献(Chen and Zhang, 2018)中的算法进行。土石材料的水力性质参数如表 7.3 所示。为了探究土石材料面上的摩擦作用在土石混合体基础固结过程中的作用，计算时选取了不同的土石界面摩擦系数，即 μ=0.0、μ=0.2 和 μ=0.4。图 7.13(b)为计算时采用的 NMM 离散模型，包括 1961 个物理片和 3384 个流形单元。计算时间步长为 2×10^{-3}s。很多研究者通过对受偏斜压力作用的饱和土基础的固结进行模拟来验证其所提数值模型的精度和可靠性。因此，为了进行结果对比，本算例同样给出受偏斜压力作用的饱和土基础和采用连续骨架位移假设的土石混合体基础的计算结果。

表 7.3　偏斜受压土石混合体基础的水力材料参数

土骨架弹性模量	E_s =1.4516×10^7Pa
岩石骨架弹性模量	E_r =1.4516×10^8Pa
土骨架泊松比	ν_s =0.35
岩石骨架泊松比	ν_r =0.4
骨架颗粒密度	ρ_s =2700kg/m^3
岩石颗粒密度	ρ_r =3000kg/m^3
水的密度	ρ_w =1000kg/m^3
土体孔隙率	n_s =0.42
岩石孔隙率	n_r =0.42
土体渗透系数	k_s = 1.0194×10^{-6} m^{3}s/kg
岩石渗透系数	k_r = 2.0388×10^{-7} m^{3}s/kg
水的体积模量	K_w =2×10^9Pa
土颗粒体积模量	K_s =1×10^{13}Pa
岩石颗粒体积模量	K_r =1×10^{15}Pa

图 7.14 为结点 3 和 4(见图 7.13)的骨架竖向位移随时间变化历史。由图 7.14 中的结果可见，由于采用摩擦接触模型对土石材料面上的非连续现象进行模拟，当摩擦系数较小时，土石材料面更容易发生相对滑移，同时结点 3 和 4 处的骨架位移响应的振幅随着摩擦系数的减小而单调增加。采用连续骨架位移假设所得的测点 3 和 4 处的骨架竖向位移响应振幅处于基于不同土石界面摩擦系数所得的测点 3 和 4 处骨架竖向位移振幅之间。由于岩石的弹性模量高于土体，因此土石混合体基础结点 3 处的骨架竖向位移振幅总是小于土基础结点 3 处的骨架竖向位移振幅。但由于结点 4 处的隆起受土石界面上相对滑移的影响更大，因此采用摩擦

接触模型及 μ=0.0 的土石混合体基础结点 4 处的骨架竖向位移振幅大于土基础结点 4 处的骨架竖向位移振幅。此外使用摩擦接触模型模拟土石界面非连续变形时，采用不同的摩擦系数所得的位移响应频率基本相同，这表明摩擦系数对土石混合体中的波传递速度基本没有影响。但是土基础、采用连续骨架位移假设的土石混合体基础以及采用摩擦接触模型的土石混合体基础的骨架位移响应具有不同的频率。

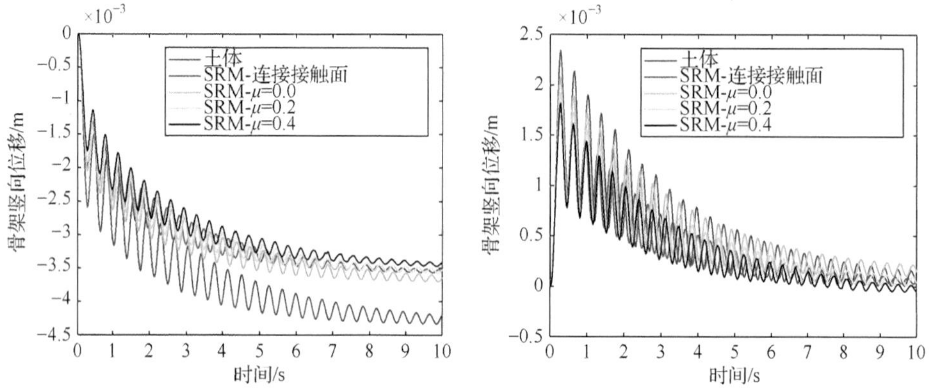

(a) 结点3处的骨架竖向位移　　(b) 结点4处的骨架竖向位移

图 7.14　结点 3 和 4 处的骨架竖向位移时间历史(彩图请扫封底二维码)

图 7.15 为结点 3 和 4 处的骨架竖向速度随时间变化历史。图 7.15 中的结果显示随着土石界面摩擦系数的增加，测点处骨架竖向速度响应的振幅减小。此外，使用摩擦接触模型模拟土石界面非连续变形时，骨架速度响应的频率也不受摩擦系数大小的影响。

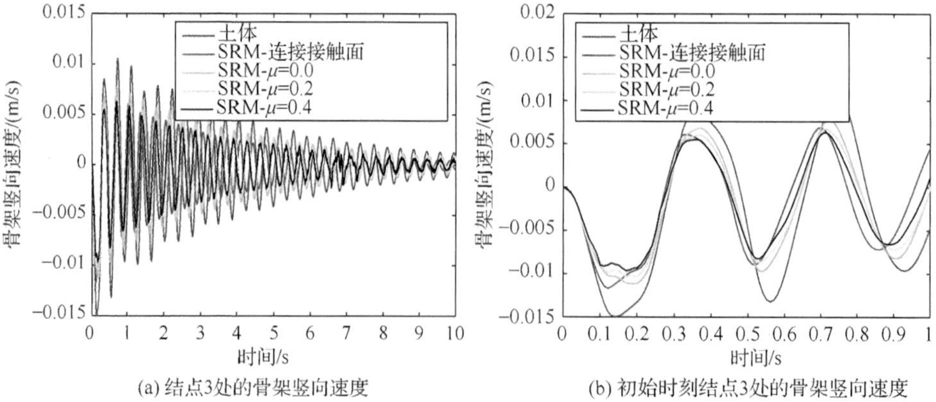

(a) 结点3处的骨架竖向速度　　(b) 初始时刻结点3处的骨架竖向速度

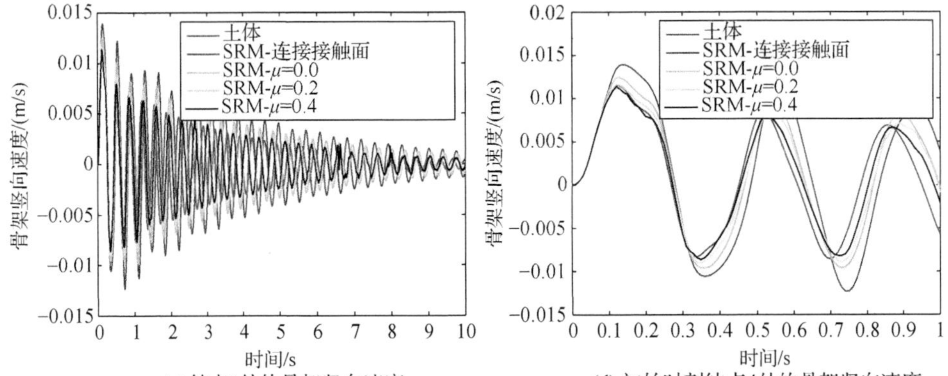

(c) 结点4处的骨架竖向速度　　(d) 初始时刻结点4处的骨架竖向速度

图 7.15　结点 3 和 4 处的骨架竖向速度随时间变化历史(彩图请扫封底二维码)

图 7.16 为结点 4 处的流体竖向速度随时间变化历史。结果显示除了少量数值震荡外，随着土石界面摩擦系数的减小，流相流速响应的振幅单调增加。此外，由于土石材料界面上的接触力按照摩擦接触条件进行更新，使得液相流速结果中出现震荡现象，而且摩擦系数越大，土石材料接触面上的摩擦力更新越剧烈，流相流速结果中的震荡越明显。

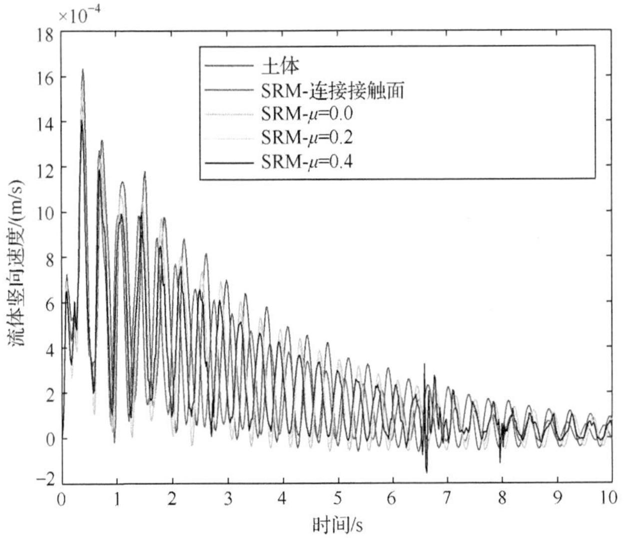

图 7.16　结点 4 处的流体竖向速度随时间变化历史(彩图请扫封底二维码)

图 7.17 为结点 1 和 3 处孔隙压力随时间变化结果。可见与流体流速结果类似，较大的土石界面摩擦系数会使孔隙压力结果中出现更明显的震荡。此外，随着固结的进行，土石混合体基础中的孔隙压力最终消散至 0。

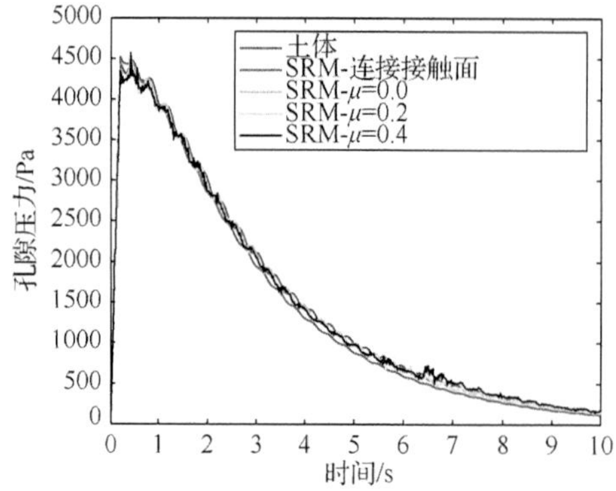

(a) 结点1处的孔隙压力

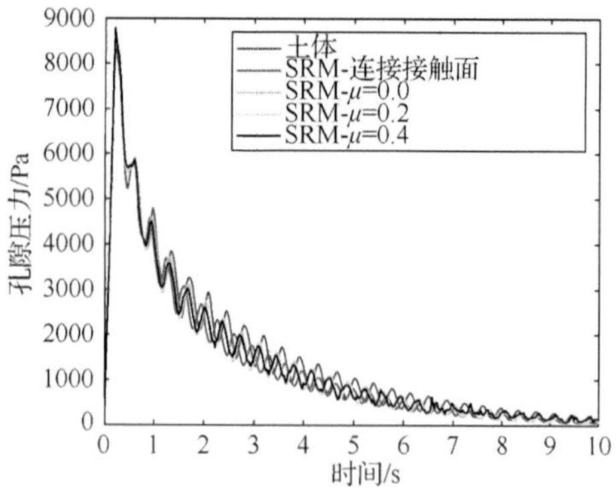

(b) 结点3处的孔隙压力

图 7.17　结点 1 和 3 处的孔隙压力随时间变化历史(彩图请扫封底二维码)

图 7.18 和图 7.19 为 t=2s 时刻的骨架竖向位移和孔隙压力云图，结果显示摩擦系数较小时，土石材料面会产生更加明显的相对滑移。由于假设土石材料面是理想透水的，因此土体基础、基于连续骨架位移假设的土石混合体基础和基于摩

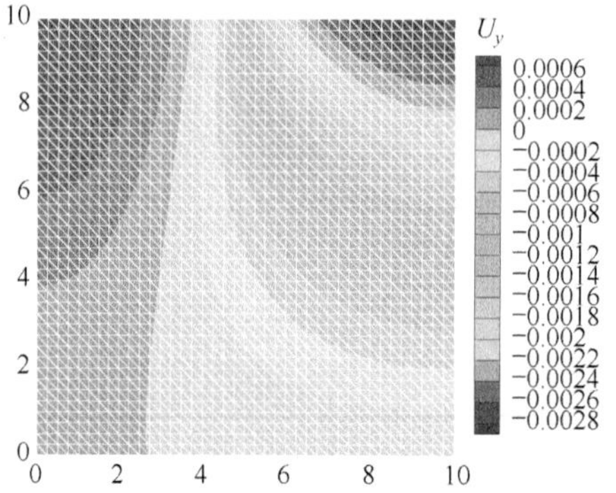

(a) 土体基础

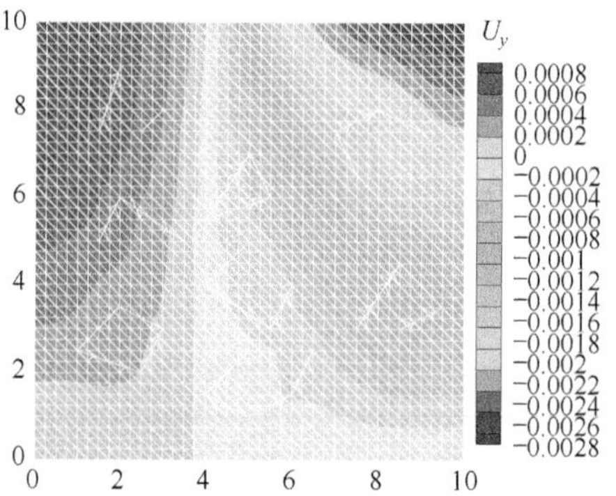

(b) 采用连续骨架位移假设的土石混合体基础

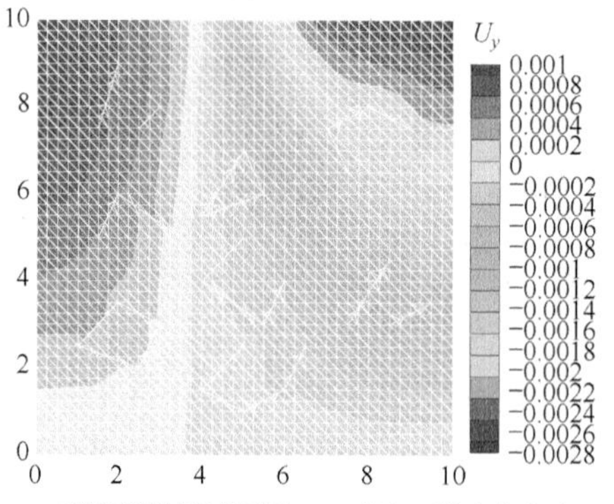

(c) 采用摩擦接触模型且μ=0.0的土石混合体基础

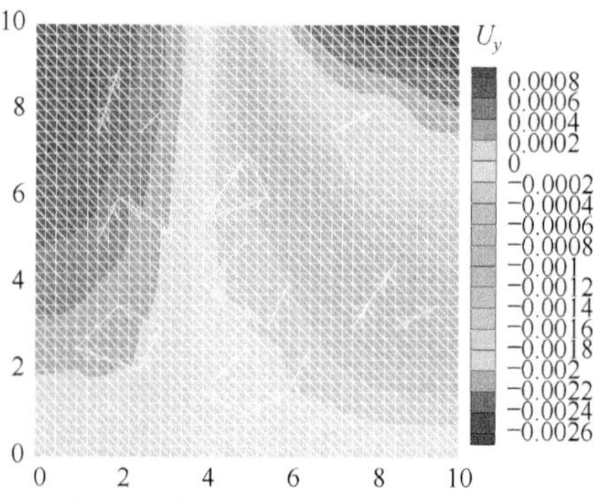

(d) 采用摩擦接触模型且μ=0.2的土石混合体基础

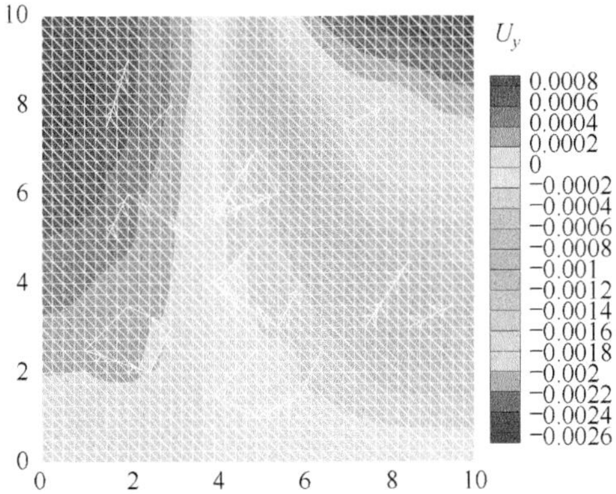

(e) 采用摩擦接触模型且μ=0.4的土石混合体基础

图 7.18　骨架竖向位移云图(t=2s)(彩图请扫封底二维码)

擦接触模型的土石混合体基础均得到类似的孔隙压力结果。此外，随着土石界面上摩擦系数的增大，孔隙压力在土石界面附近的震荡变得更加明显。

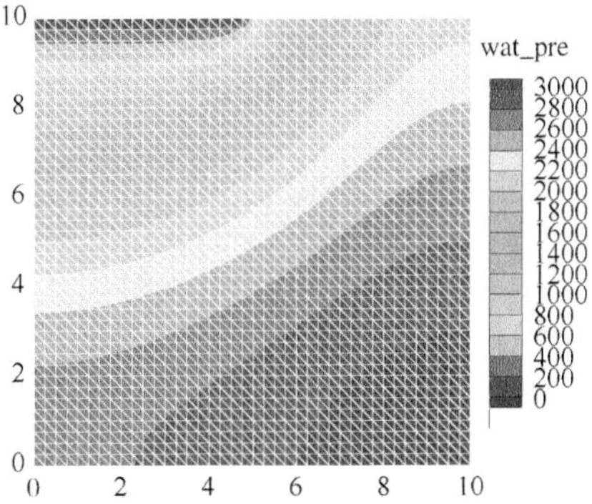

(a) 土体基础

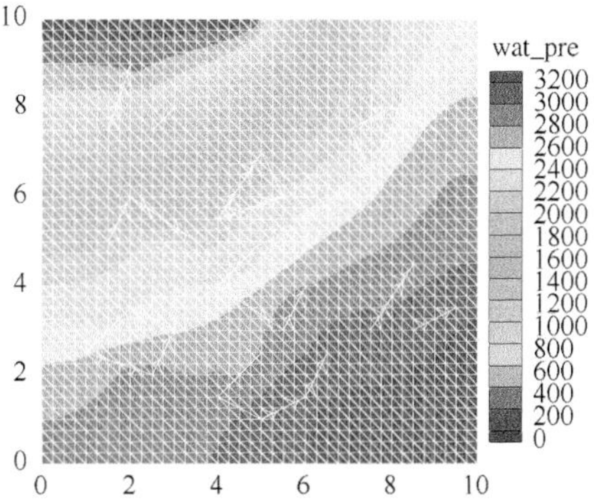

(b) 采用连续骨架位移假设的土石混合体基础

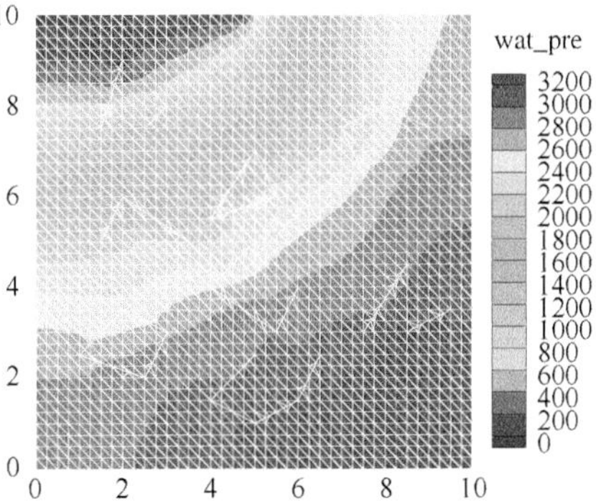

(c) 采用摩擦接触模型且μ=0.0的土石混合体基础

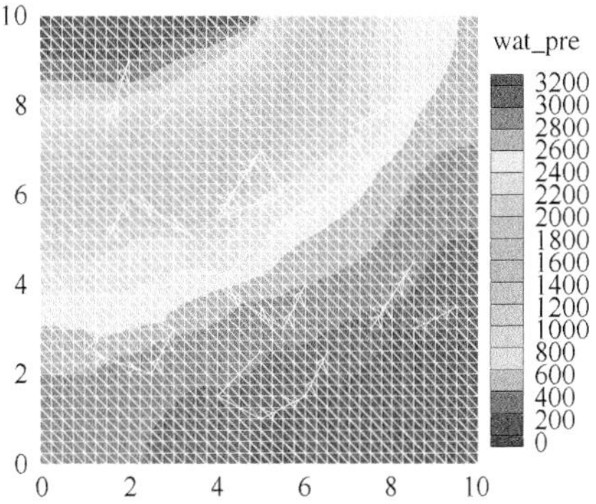

(d) 采用摩擦接触模型且μ=0.2的土石混合体基础

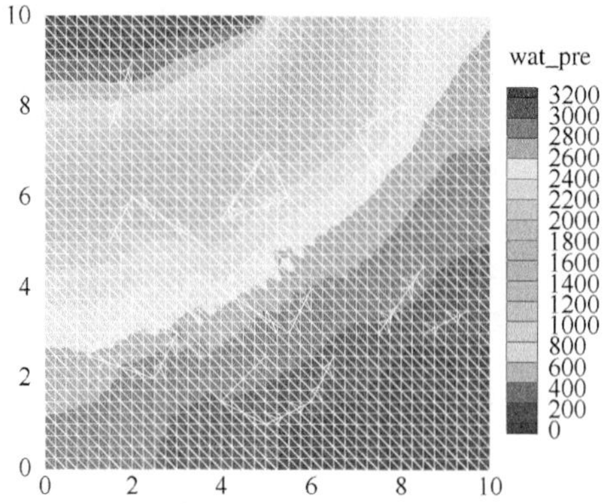

(e) 采用摩擦接触模型且u=0.4的土石混合体基础

图 7.19　孔隙压力云图(t=2s)(彩图请扫封底二维码)

7.4.5　非饱和土石混合体排水

为了展示 NMM 模型模拟非饱和土石混合体的数值表现，考虑如图 7.20 所示的土石混合体柱的排水问题。该问题与 7.4.1 节的 Liakopoulos 砂柱排水试验类似。土石混合体柱的尺寸为 0.1m×1m，端点为(0, 0.6)和(0.1, 0.4)的土石材料面将

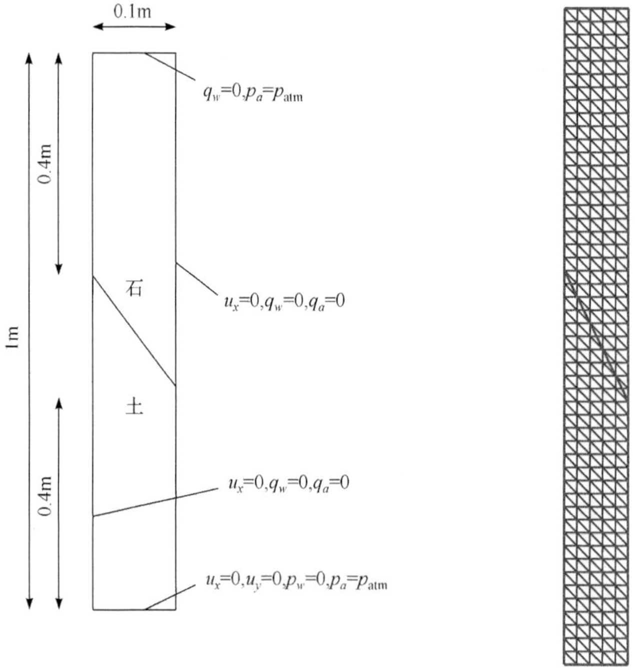

(a) 非饱和土石混合体柱排水　(b) 采用5×50三角形网格形成数学覆盖

图 7.20　非饱和土石混合体柱排水模拟

柱体分为上部岩石部分和下部土体部分。整个土石混合体柱在初始时刻处于饱和状态，而且整个柱体内水压力和空气压力均等于大气压力。假设整个柱体处于平衡状态，在土石材料面上施加摩擦接触模型，可得到初始时刻的骨架位移场。根据该初始位移场可得到由排水引起的沉降值。

土石混合体柱的左侧和右侧边界为不透水不透气边界且受法向位移约束，下侧边界为理想透水透气边界且受完全位移约束。上侧边界为理想透气边界但不透水。土石材料的水力性质如表 7.4 所示。液相饱和度与毛细压力的关系以及液相饱和度和液相相对渗透率间的关系由式(7.43)和(7.44)确定。气相饱和度和气相相对渗透率的关系由式(7.45)和(7.46)确定。液相的残余饱和度 $S_{Rw}=0.2$，孔隙的尺寸分布参数 $\lambda=3$。气相相对渗透率下限取为 1×10^{-4}。计算时采用 5×50 的三角形网格作为数学覆盖，时间步长为 2s 且采用相对较大的土石界面摩擦系数 $\mu=0.1$。作为对比，本算例同样给出基于连续骨架位移假设的计算结果。

表 7.4　非饱和土石混合体柱土石材料水力性质

土骨架弹性模量	$E_s=1.3\times10^6$Pa
岩石骨架弹性模量	$E_r=1.3\times10^7$Pa
土骨架泊松比	$\nu_s=0.4$
岩石骨架泊松比	$\nu_r=0.4$
土颗粒密度	$\rho_s=2000$kg/m^3
岩石颗粒密度	$\rho_r=2400$kg/m^3
水密度	$\rho_w=1000$kg/m^3
空气密度	$\rho_a=1.2$kg/m^3
土体孔隙率	$n_s=0.3$
岩石孔隙率	$n_r=0.2$
土体内在渗透率	$k^s=4.5\times10^{-13}$m^2
岩石内在渗透率	$k^r=0.9\times10^{-13}$m^2
水动态黏滞系数	$\mu_w=1\times10^{-3}$Pa s
空气动态黏滞系数	$\mu_a=1.8\times10^{-5}$Pa s
水体积模量	$K_w=2\times10^9$Pa
土颗粒体积模量	$K_s=1\times10^{13}$Pa
岩石颗粒体积模量	$K_r=1\times10^{15}$Pa
空气体积模量	$K_a=1\times10^5$Pa
重力加速度	$g=10$m/s^2
大气压力	$p_{\text{atm}}=0$ MPa

图 7.21(a)～(e)为 t=5min、20min 和 120min 时刻沿截面 x=0.05m 的液相压力、气相压力、毛细压力、液相饱和度和骨架沉降分布。图 7.21(f)为柱体顶部气体流入和底部流体流出速度随时间的变化历史。由图 7.21 中的结果可见，土石材料面上施加摩擦接触模型时，所得的沉降结果在土石材料面两侧是不连续的，而且与采用连续骨架位移假设所得结果相比，考虑土石界面上的不连续性时得到更大的沉降值。此外，随着流体不断从底部边界渗出，沉降不断增大，土石材料面上的相对滑移也不断增大。与 7.4.1 节算例对比可知，土石混合体柱排水结果与砂柱排水结果整体上具有相似的规律。但由于土石材料具有显著的弹性模量和渗透性差异，土石混合体柱体的水压力、气体压力、毛细压力和水饱和度结果在土石材料面附近均为无震荡曲线。最后，无论采用摩擦接触模型还是连续骨架位移假设，顶面气体流入和底面液体流出最终均达到相互平衡状态。

图 7.22 为基于土石材料面施加摩擦接触模型所得 t=20min 时刻沿截面 x=0.05m 的沉降分布，可见当摩擦系数由 0 增大至 0.4 时，材料面上的相对滑动

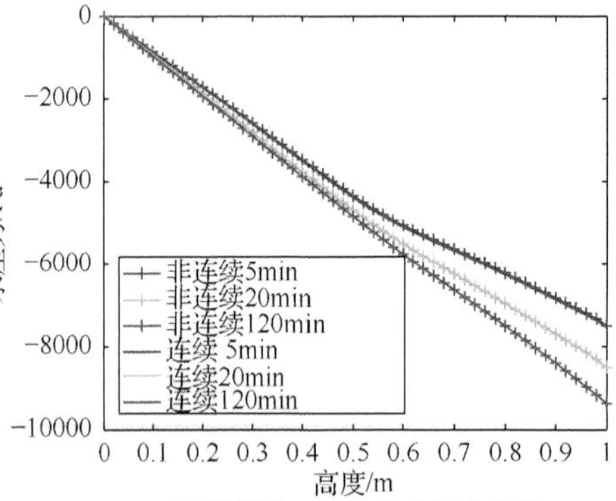

(a) 沿截面x=0.05m的水压力分布

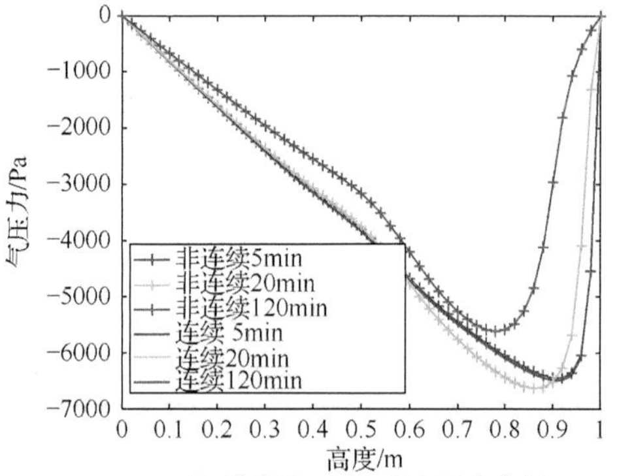

(b) 沿截面x=0.05m的气压力分布

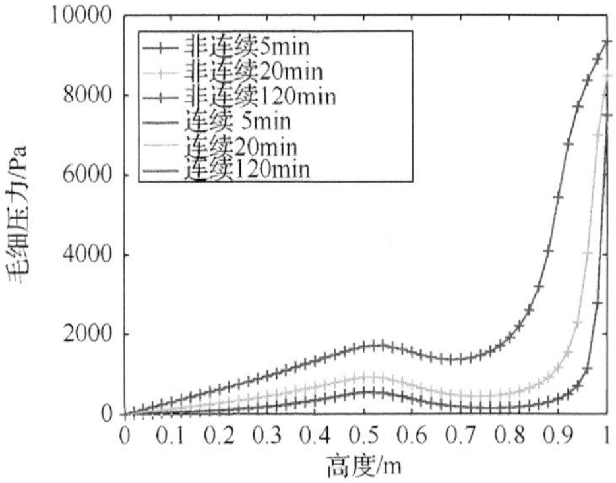

(c) 沿截面x=0.05m的毛细压力分布

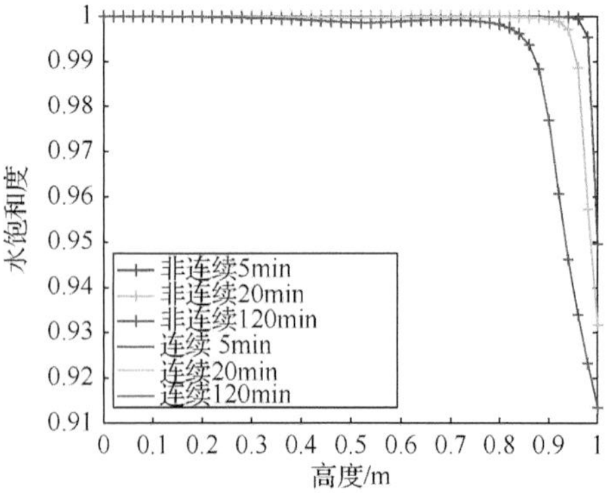

(d) 沿截面x=0.05m的液相饱和度分布

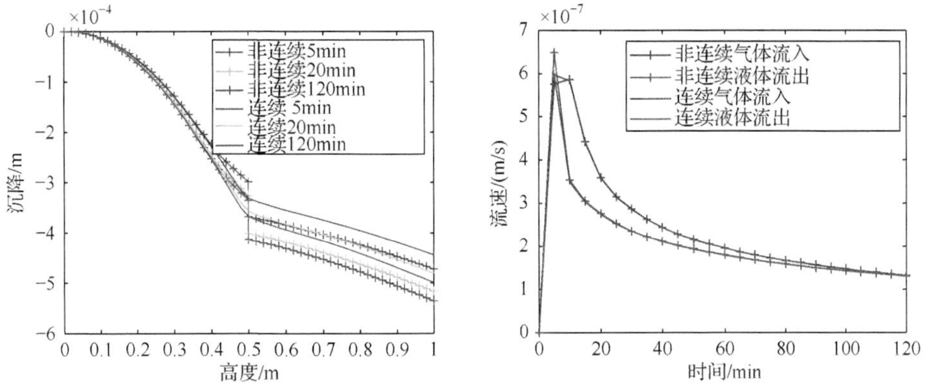

(e) 沿截面x=0.05m的沉降分布

(f) 柱体顶部空气流入速度和底部水流出速度随时间变化历史

图 7.21　施加摩擦接触模型和使用连续骨架位移假设所得非饱和土石混合体柱排水模拟结果

减小至 0，这验证了摩擦接触模型模拟非饱和土石混合体材料面上变形非连续的有效性和精确性。

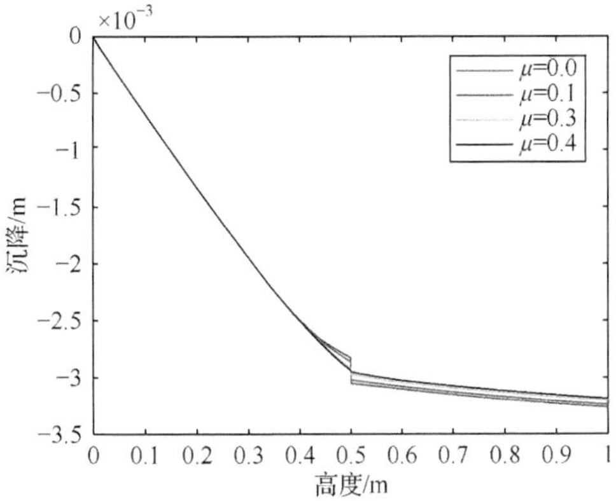

图 7.22　采用不同摩擦系数所得沿截面 x=0.05m 的沉降分布(t=20min)

7.4.6　降雨作用下的土石混合体边坡

如图 7.23 所示，本算例研究非饱和土石混合体边坡在持续降雨作用下的水力响应。边坡的高度为 35m，坡比为 1:1。为避免块石过于靠近边界引起边界效应，块石分布在由顶点(8, 5)、(48, 5)、(18, 35)和(8, 35)确定的四边形内。块石的级配如表 7.5 所示。块石的生成与投放按照文献(Chen and Zheng, 2018)中的算法进行。土石混合体边坡采用 1831 个物理片和 3098 个流形单元进行离散。表 7.6 列出了土石材料的水力参数。数值计算时采用 van Genuchten(1980)建立的液相饱和度和毛细压力、液相相对渗透系数及气相相对渗透系数与饱和度间的关系，即

$$S_w = S_{Rw} + (1 - S_{Rw})\left[1 + \left(\frac{p_c}{35000\text{Pa}}\right)^n\right]^{-m} \tag{7.48}$$

$$S_e = \frac{S_w - S_{Rw}}{1 - S_{Rw}} \tag{7.49}$$

$$\begin{aligned} k_{rw} &= \sqrt{S_e}\left[1 - \left(1 - S_e^{\frac{1}{m}}\right)^m\right]^2 \\ k_{ra} &= \sqrt{1 - S_e}\left(1 - S_e^{\frac{1}{m}}\right)^{2m} \end{aligned} \tag{7.50}$$

式中残余液相饱和度 S_{Rw} =0.2，系数 n =1.56， m =1−1/n=0.36。气相相对渗透系数下限取为 1×10^{-4}。

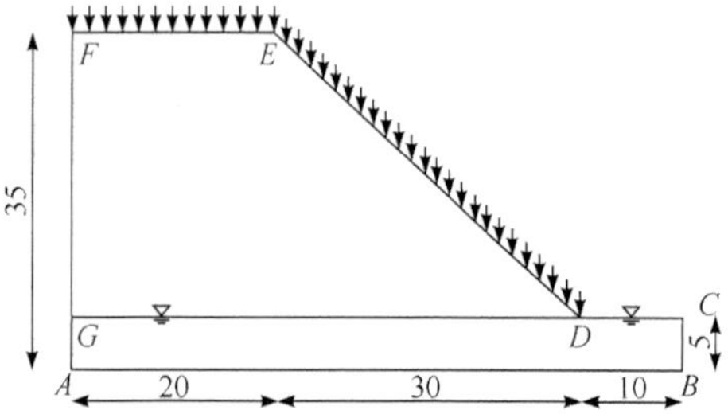

(a) 降雨作用下的土石混合体边坡(单位:m)

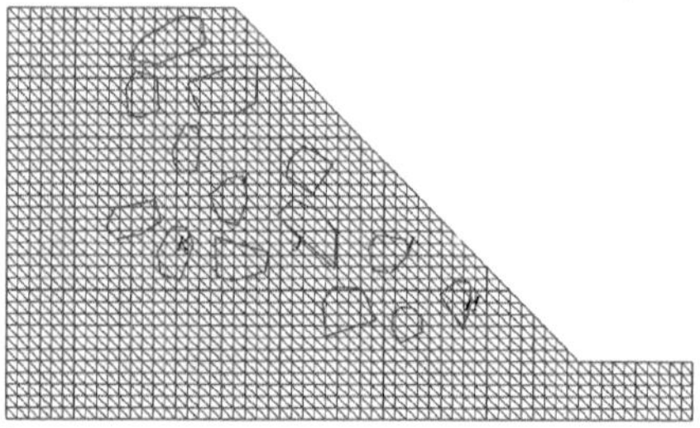
(b) 土石混合体边坡离散模型

图 7.23　降雨作用下土石混合体边坡问题定义

表 7.5　非饱和土石混合体边坡石块级配

半径/m	面积/m²	所占比例/%
4.0~3.6	28.54	20
3.6~3.2	42.81	30
3.2~2.8	42.81	30
2.8~2.4	28.54	20
总值	142.69	

表 7.6　非饱和土石混合体边坡土石水力学材料性质

土骨架弹性模量	E_s =7.2×10⁶Pa
岩石骨架弹性模量	E_r =7.2×10⁷Pa
土骨架泊松比	ν_s =0.4

续表

岩石骨架泊松比	$\nu_r=0.4$
土颗粒密度	$\rho_s=2000\text{kg/m}^3$
岩石颗粒密度	$\rho_r=2400\text{kg/m}^3$
水密度	$\rho_w=1000\text{kg/m}^3$
空气密度	$\rho_a=1.25\text{kg/m}^3$
土体孔隙率	$n_s=0.3$
岩石孔隙率	$n_r=0.2$
土体内在渗透率	$k^s=4.5\times10^{-13}\text{m}^2$
岩石内在渗透率	$k^r=0.9\times10^{-13}\text{m}^2$
水动态黏滞系数	$\mu_w=1\times10^{-3}\text{Pa s}$
空气动态黏滞系数	$\mu_a=1.8\times10^{-5}\text{Pa s}$
水体积模量	$K_w=2\times10^9\text{Pa}$
土颗粒体积模量	$K_s=1\times10^{12}\text{Pa}$
岩石颗粒体积模量	$K_r=1\times10^{15}\text{Pa}$
空气体积模量	$K_a=1\times10^5\text{Pa}$
重力加速度	$g=10\text{m/s}^2$
大气压力	$p_{\text{atm}}=0\text{MPa}$

边坡左侧边界 AF 和右侧边界 BC 受法向位移约束，底部边界 AB 受完全位移约束。边界 AF、BC 和 AB 均为不透水不透气边界。边界 CD 为理想透水透气边界。边界 DE 和 EF 为理想透气边界，并施加有强度 $I=4.4\times10^{-6}\text{m/s}$ 的持续降雨作用。需要注意的是，由于边界 DE 为倾斜边界，其上的降雨强度为 $I\cos\theta$ 而且 θ 为边坡倾角。沿边界 DE 和 EF 的降雨条件为 Signorini(Zheng et al., 2005)型边界条件，即

$$q_w \leqslant I,\quad p_w \leqslant p_{\text{pond}},\quad (q_w - I)(p_w - p_{\text{pond}}) = 0 \tag{7.51}$$

式中 q_w 为降雨入渗流量，p_w 为水压力，p_{pond} 为积水水压。本算例假设坡面 DE 和 EF 上积水能迅速排走，即 $p_{\text{pond}}=0$。Signorini 型边界条件的施加可参照文献(Zheng et al., 2005, 胡冉, 2016)进行。

进行降雨模拟前，需首先形成初始水力条件。初始静水位高度为 5m(沿着 CD 和 DG)。静水位以下液相饱和度为 1，静水位以上液相饱和度由静水位处的

1 线性变化到坡顶 *EF* 处的 0.788。初始时刻静水位以下水压力等于静水压力，静水位以上水压力根据式(7.48)进行计算。初始时刻水饱和度、水压力和空气压力分布如图 7.24 所示。根据初始时刻的水压力和空气压力以及平衡状态可得到初始时刻的骨架位移，将初始时刻的骨架位移置为 0 即得到由于降雨作用引起的骨架位移结果。为了展示石块对土石混合体中水和空气迁移规律的影响，本算例同样给出具有相同几何条件、边界条件和初始条件的非饱和土体边坡的计算结果。

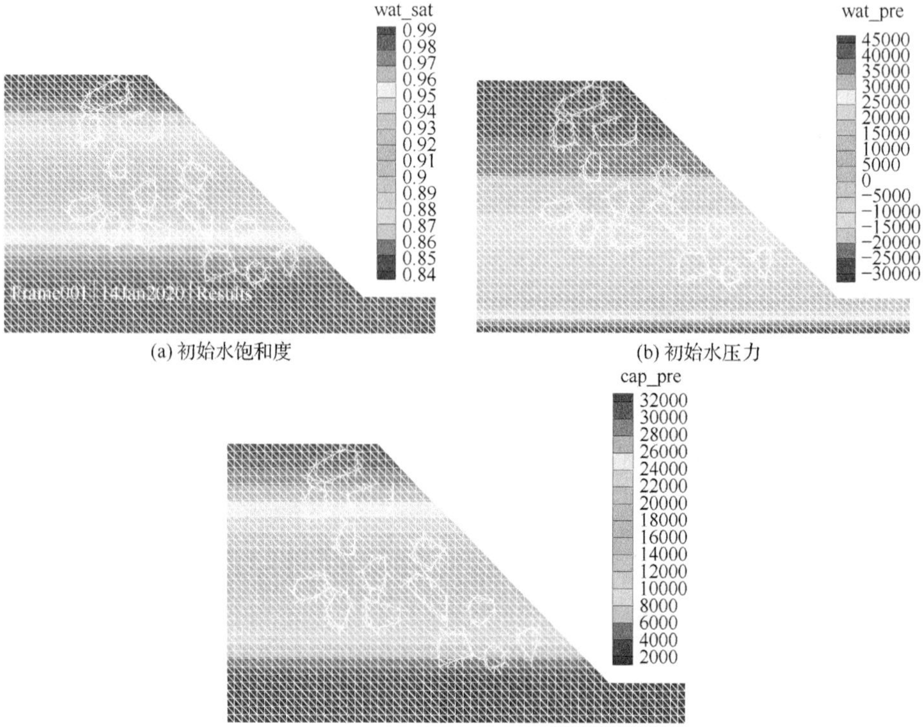

(a) 初始水饱和度　　(b) 初始水压力

(c) 初始毛细压力

图 7.24　非饱和土石混合体边坡初始水饱和度、水压力和毛细压力分布(彩图请扫封底二维码)

图 7.25～图 7.27 为土石混合体边坡内部测点 *H*(40,40)、*I*(35,15)、*J*(25,15)和 *K*(15,15)(见图 7.23(b)所示)处的水压力、空气压力和毛细压力随时间变化历史，其中测点 *H* 和 *K* 位于块石中，测点 *I* 位于土石交界面上而测点 *J* 位于土体中。图 7.25～图 7.27 中的结果显示，对于非饱和土体和土石混合体边坡，当降雨入渗锋面未到达测点时，测点处含水量在重力作用下向下迁移，测点处水饱和度降低，同时由于水压力减小(为负值)而空气压力等于为大气压力保持不变，毛细压力不断增大。当降雨入渗锋面达到测点后，测点处的水饱和度开始增加，水压也开始增大，而且在达到饱和状态前，测点处的空气压力保持为大气压不变而毛细

压力逐渐减小。当测点刚好达到饱和状态时，即水饱和度刚好为 1 时，水压力和空气压力均等于大气压力，而毛细压力等于 0。随着降雨的进行，入渗锋面进一步迁移，饱和区逐渐扩大，静水位上升，测点处的静水压力进一步增大，而空气压力与水压力保持相等，毛细压力为 0，直到整个边坡达到饱和状态。由于块石对水和空气的迁移具有延滞作用，与土体边坡相比，土石混合体边坡需要更长的时间达到饱和状态。此外，图 7.25～图 7.27 中的结果还表明土石混合体边坡中的水压力最小值和毛细压力最大值均高于土体边坡中的水压力最小值和毛细压力最大值。

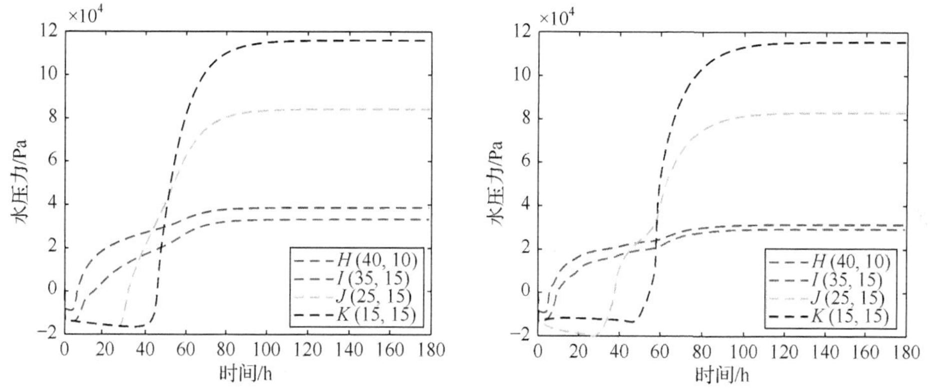

(a) 土体边坡测点　　(b) 土石混合体边坡测点

图 7.25　非饱和土体和土石混合体边坡测点水压力的时间变化历史(彩图请扫封底二维码)

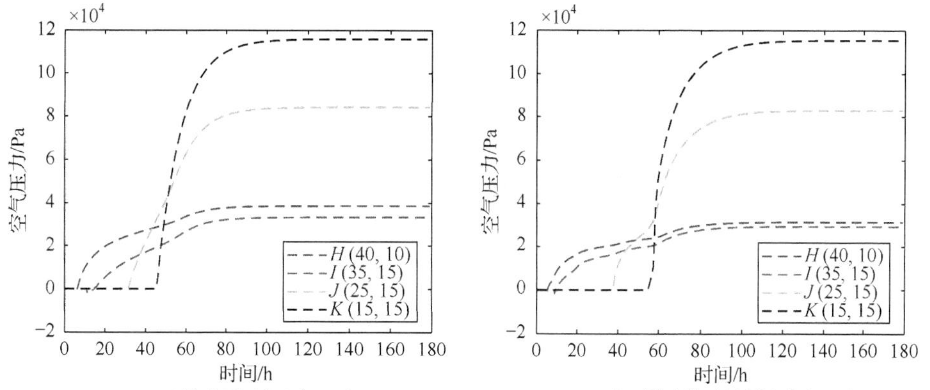

(a) 土体边坡测点空气压力　　(b) 土石混合体边坡测点空气压力

图 7.26　非饱和土体和土石混合体边坡测点空气压力的时间变化历史(彩图请扫封底二维码)

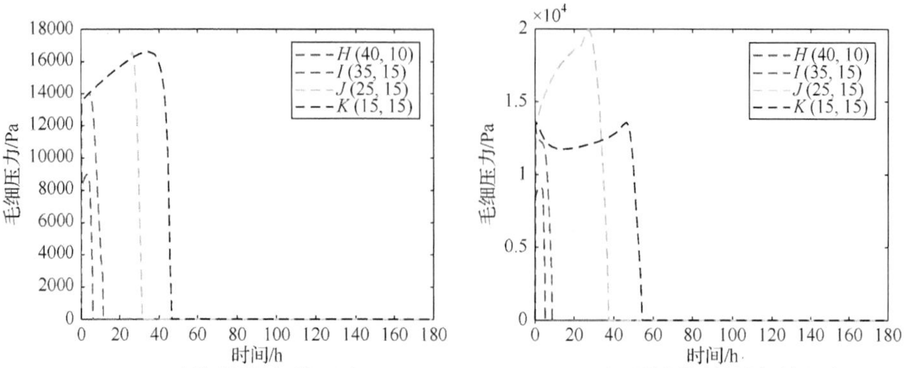

(a) 土体边坡测点毛细压力　(b) 土石混合体边坡测点毛细压力

图 7.27　非饱和土体和土石混合体边坡测点毛细压力的时间变化历史(彩图请扫封底二维码)

图 7.28 为非饱和土体和土石混合体边坡测点处的骨架水平后移和竖直位移的时间变化历史。图中的结果显示，土体边坡和土石混合体边坡测点处的骨架位移具有相似的变化规律。块石的存在导致土石混合体测点处的骨架位移小于相应的土体边坡测点处的骨架位移。

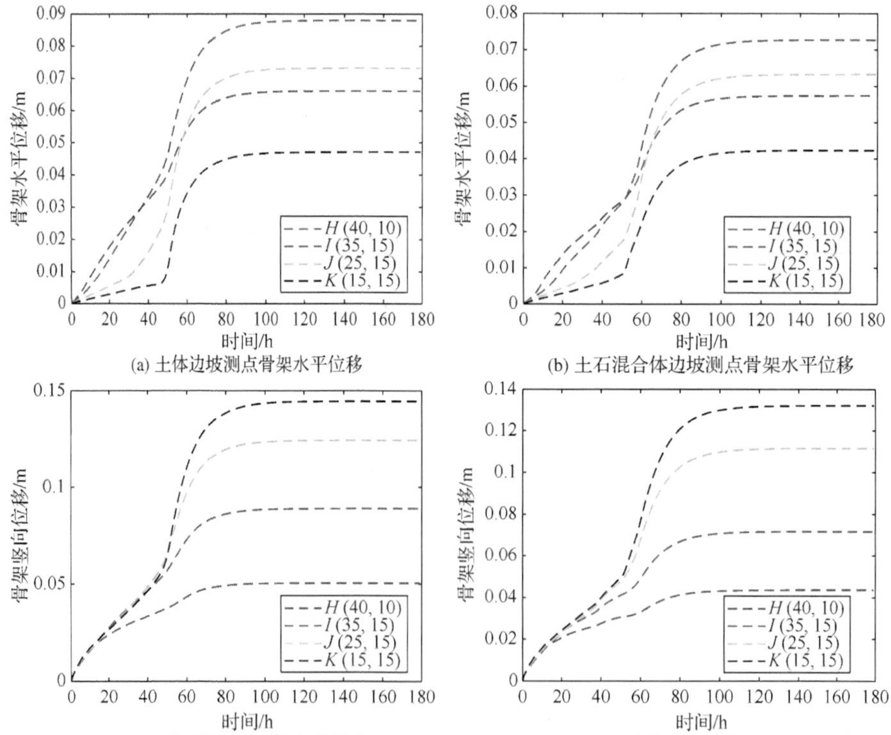

(c) 土体边坡测点骨架竖直位移　(d) 土石混合体边坡测点骨架竖向位移

图 7.28　非饱和土体和土石混合体边坡测点处骨架位移的时间变化历史(彩图请扫封底二维码)

图 7.29～图 7.31 为 t=3h、9h 和 24h 时刻非饱和土体和土石混合体边坡的水饱和度、水压力和毛细压力分布云图。结果显示，对于非饱和土体和土石混合体边坡，由于降雨和重力的共同作用，坡脚处最先达到饱和状态。然后，随着降雨的入渗，边坡边界 DE 和 EF 处达到饱和状态，而且边界 DE 和 EF 是最初的饱和区与非饱和区交界面。此后，随着边界 DE 和 FE 处降雨入渗和气体排出，饱和区和非饱和区界面逐渐向边坡内部发展，最终整个边坡达到饱和状态。对于土体边坡，饱和区和非饱和区界面形状与边坡外形一致，向边坡内发展的过程中饱和区和非饱和区界面仍然是光滑的。但是，土石混合体边坡饱和区与非饱和区界面形状取决于块石的分布，而且块石附近的饱和区与非饱和界面具有明显的震荡。

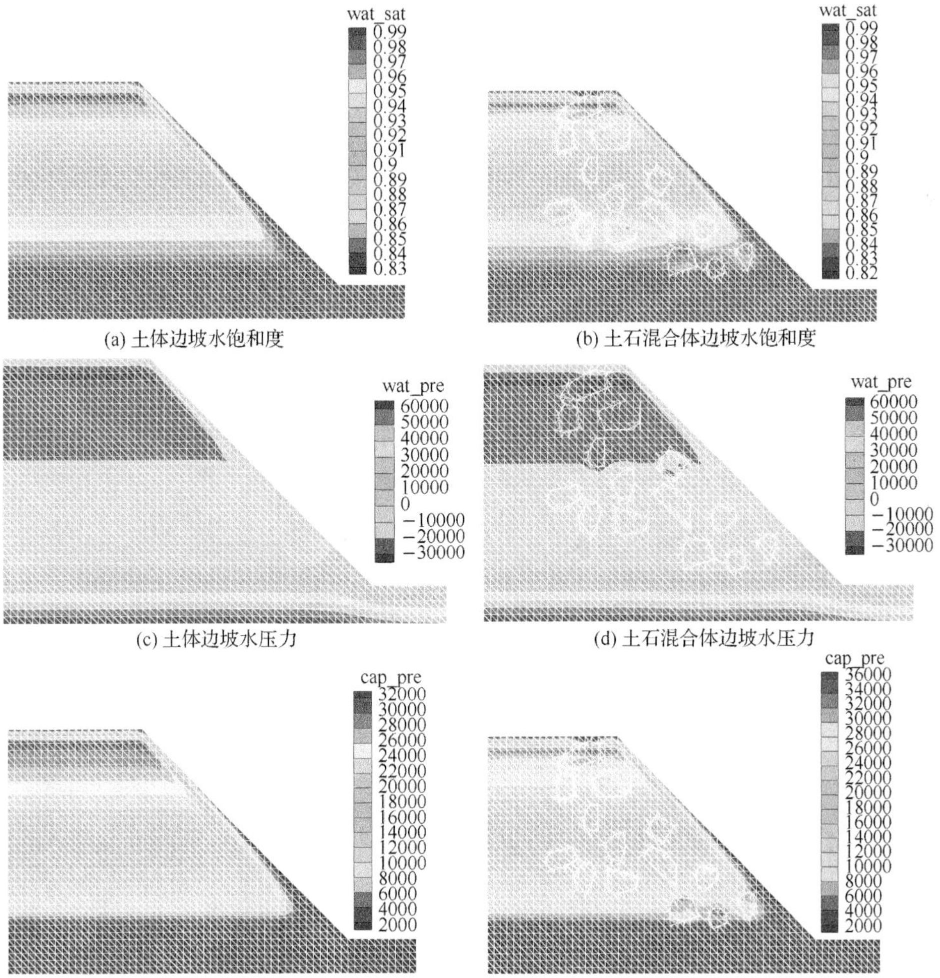

(a) 土体边坡水饱和度　(b) 土石混合体边坡水饱和度

(c) 土体边坡水压力　(d) 土石混合体边坡水压力

(e) 土体边坡毛细压力　(f) 土石混合体边坡毛细压力

图 7.29　非饱和土体和土石混合体边坡的水饱和度、水压力和毛细压力分布云图(t=3h)(彩图请扫封底二维码)

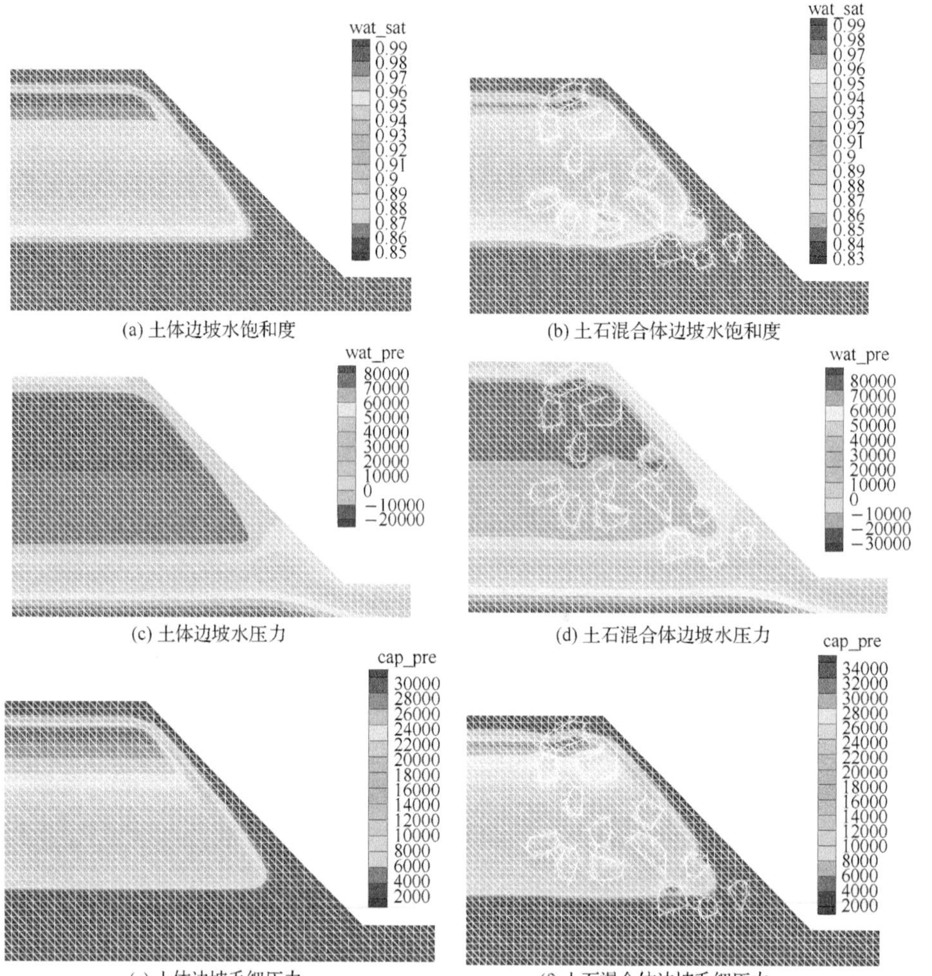

(a) 土体边坡水饱和度　　(b) 土石混合体边坡水饱和度

(c) 土体边坡水压力　　(d) 土石混合体边坡水压力

(e) 土体边坡毛细压力　　(f) 土石混合体边坡毛细压力

图 7.30　非饱和土体和土石混合体边坡的水饱和度、水压力和毛细压力分布云图(t=9h)(彩图请扫封底二维码)

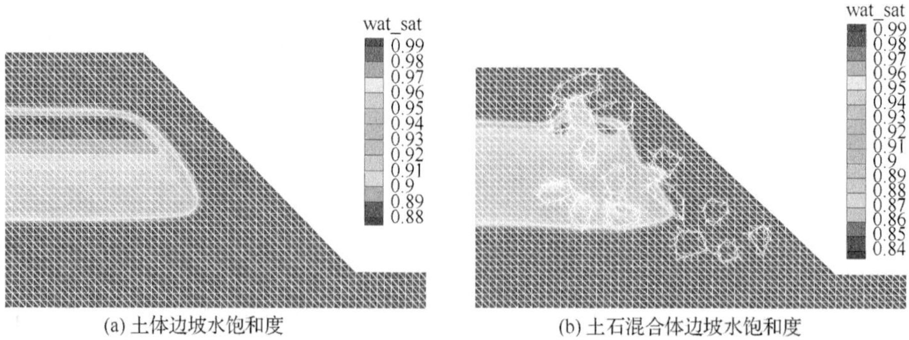

(a) 土体边坡水饱和度　　(b) 土石混合体边坡水饱和度

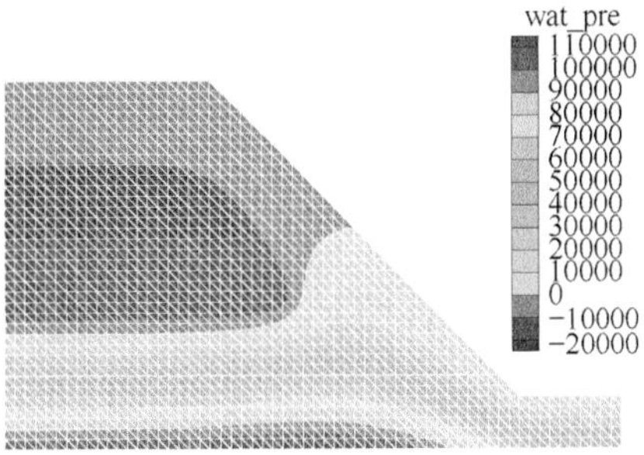

(c) 土体边坡水压力

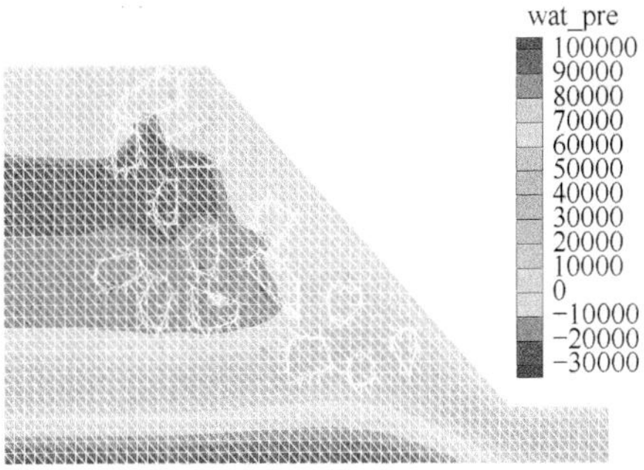

(d) 土石混合体边坡水压力

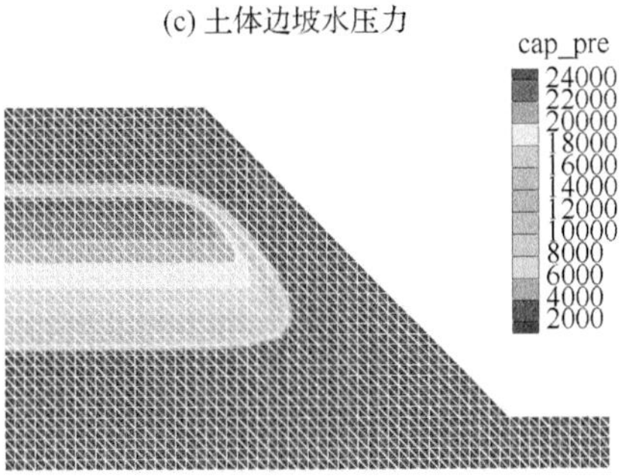

(e) 土体边坡毛细压力

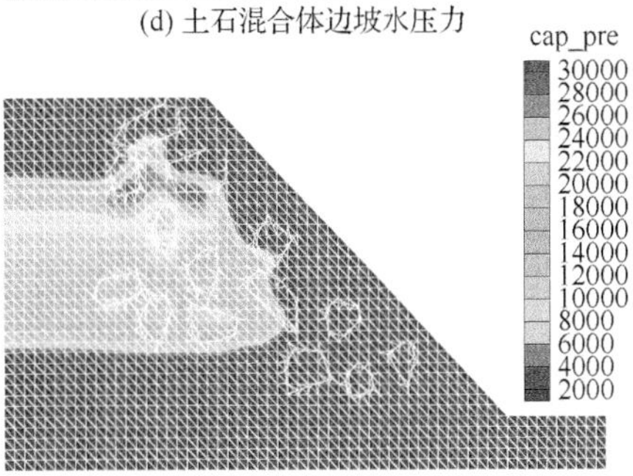

(f) 土石混合体边坡毛细压力

图 7.31　非饱和土体和土石混合体边坡的水饱和度、水压力和毛细压力分布云图(t=24h)(彩图请扫封底二维码)

图 7.32 为 t=48h 时刻降雨引起的非饱和土体和土石混合体边坡骨架位移云图。结果显示，块石的分布对骨架位移结果具有显著的影响。但是，土体边坡和土石混合体边坡的骨架水平位移和骨架竖直位移最大值出现的位置基本一致。

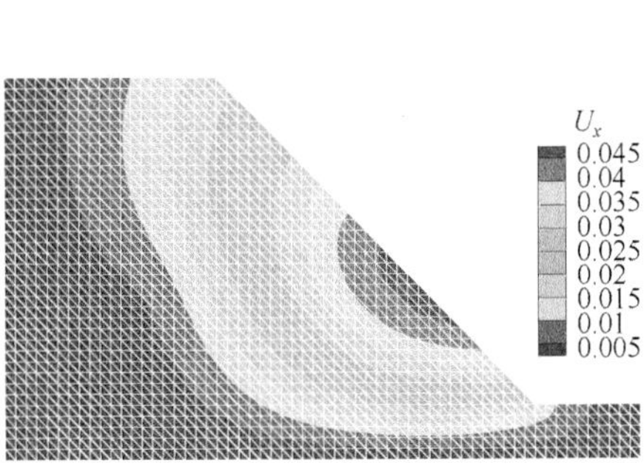

(a) 土体边坡骨架水平位移

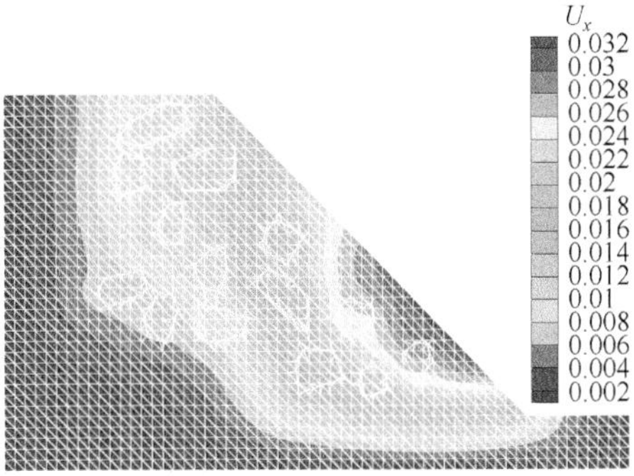

(b) 土石混合体边坡骨架水平位移

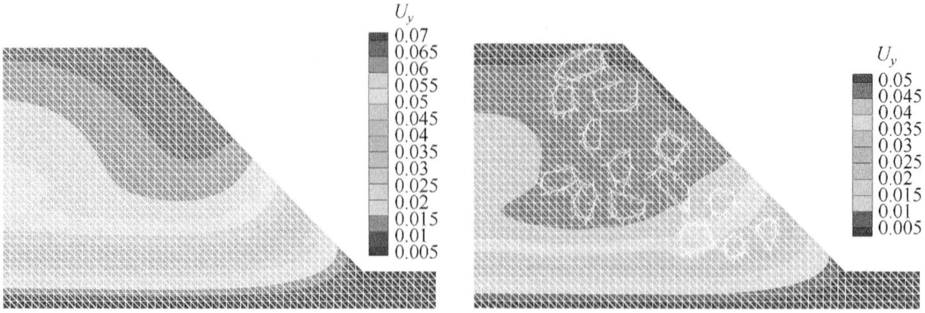

(c) 土体边坡骨架竖向位移　　(d) 土石混合体边坡骨架竖向位移

图 7.32　非饱和土体和土石混合体边坡骨架位移云图(t=48h)(彩图请扫封底二维码)

7.5　本 章 小 结

本章基于考虑了可压缩、不相溶二相流体及可变形固体骨架的全耦合广义Biot 模型，建立了高效、稳定、收敛的非饱和孔隙介质水力耦合分析数值流形法(NMM)模型。对于非饱和孔隙介质的情形，计算模型将骨架位移、水压力和气体压力(u-p_w-p_a)作为基本未知量；对于饱和孔隙介质情形，计算模型将骨架位移和水压力(u-p_w)作为基本未知量。计算模型的骨架位移场近似采用单元ND5P1 的位移近似、模型的水压力场和气体压力场近似采用单元 ND5P1 的压力场近似。

本章除了对经典的非饱和土柱排水固结问题进行计算外，还对饱和、非饱和土石混合体水力响应进行了分析模拟。力学方面，认为骨架位移场在土石材料界面上不连续，使用 Uzawa 型增广拉格朗日乘子法施加摩擦接触模型。渗流方面，认为土石材料界面理想透水透气，即土石材料界面两侧液相和气相压力场和流量场均连续。通过对经典的非饱和土柱排水固结算例以及土石混合体工程实例展开数值模拟，验证了所提 NMM 水力耦合分析模型的有效性、精确性和可靠性。

此外，本章还研究了土石材料水力性质差异对饱和及非饱和土石混合体水力响应的影响，以及块石对非饱和土石混合体中液相和气相迁移及骨架变形的影响。与之前土石混合体相关的研究工作相比，本章考虑了土石材料面上的强不连续性，使用摩擦接触模型精确有效地模拟了土石材料面处的接触现象。

第 8 章　水力耦合多尺度分析基本理论

工程分析中遇到的孔隙介质材料一般为非均质材料。此外，很多情况下导致孔隙介质非均匀的孔隙介质结构非常细小，其尺度远小于整体孔隙介质的尺度，比如引起土石混合体边坡非均质的块石尺度远小于土石混合体岸坡的尺度，再如引起骨骼非均质特性的孔隙尺度远小于骨骼自身的尺度。一方面，非均质孔隙介质的整体水力响应完全取决于这些细小结构的几何和力学特性；另一方面，在单一的非均质孔隙介质整体尺度上精确模拟这些细小结构(如网格划分等)会产生大量的存储和计算消耗(图 8.1)。

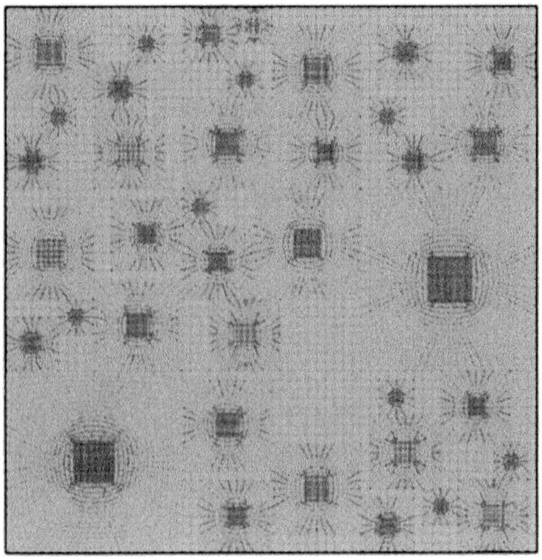

图 8.1　整体(宏观)尺度上对细小结构进行精确考虑引起的网格划分困难

为了既精确考虑细小孔隙介质结构的几何和水力特性对整体非均质孔隙介质水力响应的影响，又确保存储和计算消耗处于可接受范围，多尺度理论提供了可行的方法(Kouznetsova, 2002; Zohdi and Wriggers, 2005; Yvonnet, 2019)。本书所采用的多尺度理论属于线性的范畴，即认为宏观尺度和细观尺度变量间存在线性关系，这里的宏观尺度指非均质孔隙介质的整体尺度，而细观尺度指引起整体孔隙介质非均质特性的细小结构的尺度(Khoei et al., 2018b, 2021)。

本章的主要目的是基于多尺度理论、饱和孔隙介质水力耦合控制方程及其变分形式，推导水力耦合控制方程的多尺度(宏观尺度和微观尺度)求解格式。然后，给出水力耦合多尺度分析的主要计算难点(即宏观尺度内变量和切向算子的计算)及其相应的解决方案。最后，给出考虑宏观尺度非连续变形的水力耦合多尺度分析格式。

8.1 饱和孔隙介质水力耦合方程

考虑三维开饱和孔隙介质区域 $\Omega \subset \mathbb{R}^3$，其边界 Γ 至少分片连续。忽略固体骨架与流相间的相对加速度(Terzaghi, 1943; Zienkiewicz et al., 1990a, 1990b; De Boer, 2005; Khoei, 2015; Chan et al., 2022)，饱和孔隙介质的整体平衡方程可表示为

$$\nabla \cdot \boldsymbol{\sigma} - \rho \ddot{\boldsymbol{u}} + \rho \boldsymbol{b} = 0 \tag{8.1}$$

其中 ∇ 为梯度算子；$\boldsymbol{\sigma}$ 为总应力张量，与有效应力张量 $\boldsymbol{\sigma}'$ 间的关系可表示为

$$\boldsymbol{\sigma} = \boldsymbol{\sigma}' - \alpha \mathbf{1} p \tag{8.2}$$

其中 α 为 Biot 固结系数；$\mathbf{1}$ 为单位二阶张量，其分量为 Kronecker-Delta 符号，即 δ_{ij}；p 为(超)孔隙压力；$\boldsymbol{u}$ 为骨架位移；$\ddot{\boldsymbol{u}} = \dfrac{\partial^2 \boldsymbol{u}}{\partial t^2}$ 为骨架加速度；$\boldsymbol{b}$ 为重力引起的加速度向量，$\boldsymbol{b} = \begin{bmatrix} 0 & g \end{bmatrix}^{\mathrm{T}}$；$g$ 为重力加速度，即 $g = 9.81\mathrm{m/s^2}$；ρ 为饱和孔隙介质的整体密度，可表示为

$$\rho = n\rho_{\mathrm{f}} + (1-n)\rho_s \tag{8.3}$$

其中 n 为饱和孔隙介质的孔隙率；ρ_{f} 为流体密度；ρ_s 为固体颗粒的密度。

饱和孔隙介质骨架的变形由有效应力决定，有效应力和骨架变形间的关系可写作如下增量形式

$$\Delta \boldsymbol{\sigma}' = \boldsymbol{D} \Delta \boldsymbol{\varepsilon} \tag{8.4}$$

其中 $\Delta \boldsymbol{\sigma}'$ 为有效应力张量的增量；$\boldsymbol{D}$ 为应力应变切向算子；$\Delta \boldsymbol{\varepsilon}$ 为骨架应变张量的增量。

考虑小变形情形，骨架应变与位移间的关系可线性表示为

$$\boldsymbol{\varepsilon} = \frac{1}{2}\left(\nabla \boldsymbol{u} + (\nabla \boldsymbol{u})^{\mathrm{T}} \right) \tag{8.5}$$

流相的连续性条件可表示为

$$\nabla \cdot \boldsymbol{J} + \alpha \nabla \cdot \dot{\boldsymbol{u}} + \frac{\dot{p}}{Q} = 0 \tag{8.6}$$

其中 Q 为孔隙介质的整体压缩模量，可表示为

$$1/Q = (\alpha - n)/K_s + n/K_{\mathrm{f}} \tag{8.7}$$

K_s 为骨架颗粒的体积模量；K_f 为液相的体积模量；$\boldsymbol{J}$ 为流速向量，依据 Darcy 定理可表示为

$$\boldsymbol{J} = -\boldsymbol{k}\cdot\left(\nabla p + \rho_\mathrm{f}\ddot{\boldsymbol{u}} - \rho_\mathrm{f}\boldsymbol{b}\right) \tag{8.8}$$

$\boldsymbol{k}$ 为渗透系数张量。

将式(8.8)代入式(8.6)，得到流体平衡控制方程的最终格式

$$-\nabla\cdot\boldsymbol{k}\cdot\left(\nabla p + \rho_\mathrm{f}\ddot{\boldsymbol{u}} - \rho_\mathrm{f}\boldsymbol{b}\right) + \alpha\nabla\cdot\dot{\boldsymbol{u}} + \frac{\dot{p}}{Q} = 0 \tag{8.9}$$

式(8.1)和式(8.9)即为饱和孔隙介质水力响应控制方程，进行求解时通常将骨架位移场 $\boldsymbol{u}$ 和孔隙压力场 p 作为主要场变量。

为了求解耦合方程(8.1)和(8.9)，需要补充适定的边界条件和初始条件。对于固相(固体骨架)，边界条件为

$$\begin{aligned} &\boldsymbol{u}(\boldsymbol{x},t) = \bar{\boldsymbol{u}}(\boldsymbol{x},t), \quad \text{边界}\Gamma_u\text{上} \\ &\boldsymbol{\sigma}(\boldsymbol{x},t)\boldsymbol{n}(\boldsymbol{x}) = \bar{\boldsymbol{t}}(\boldsymbol{x},t), \quad \text{边界}\Gamma_t\text{上} \end{aligned} \tag{8.10}$$

其中 $\bar{\boldsymbol{u}}(\boldsymbol{x},t)$ 和 $\bar{\boldsymbol{t}}(\boldsymbol{x},t)$ 为已知的位移和外力函数；$\boldsymbol{n}(\boldsymbol{x})$ 为边界 Γ_t 的单位外法向向量。液相(流体)的边界条件为

$$\begin{aligned} &p(\boldsymbol{x},t) = \bar{p}(\boldsymbol{x},t), \quad \text{边界}\Gamma_p\text{上} \\ &\boldsymbol{J}(\boldsymbol{x},t)\cdot\boldsymbol{m}(\boldsymbol{x}) = \bar{q}(\boldsymbol{x},t), \quad \text{边界}\Gamma_q\text{上} \end{aligned} \tag{8.11}$$

其中 $\bar{p}(\boldsymbol{x},t)$ 和 $\bar{q}(\boldsymbol{x},t)$ 为已知的孔隙压力和流速函数；$\boldsymbol{m}(\boldsymbol{x})$ 为边界 Γ_q 的单位外法向向量。此外，边界条件应满足如下互补条件

$$\begin{aligned} &\Gamma = \Gamma_u \cup \Gamma_t, \quad \varnothing = \Gamma_u \cap \Gamma_t \\ &\Gamma = \Gamma_p \cup \Gamma_q, \quad \varnothing = \Gamma_p \cap \Gamma_q \end{aligned} \tag{8.12}$$

对应的固相初始条件为

$$\begin{aligned} &\boldsymbol{u}(\boldsymbol{x},0) = \bar{\boldsymbol{u}}(\boldsymbol{x},0) \\ &\dot{\boldsymbol{u}}(\boldsymbol{x},0) = \bar{\dot{\boldsymbol{u}}}(\boldsymbol{x},0) \end{aligned} \tag{8.13}$$

液相初始条件为

$$p(\boldsymbol{x},0) = \bar{p}(\boldsymbol{x},0) \tag{8.14}$$

为建立耦合方程(8.1)和(8.9)变分形式，首先引入合适的函数空间

$$
\begin{aligned}
&U=\{\boldsymbol{u}(\boldsymbol{x})\mid \boldsymbol{u}(\boldsymbol{x})\in H^1(\Omega)\times H^1(\Omega),\boldsymbol{u}(\boldsymbol{x})=\overline{\boldsymbol{u}}(\boldsymbol{x}),\boldsymbol{x}\in\Gamma_u\}\\
&U_0=\{\boldsymbol{u}(\boldsymbol{x})\mid \boldsymbol{u}(\boldsymbol{x})\in H^1(\Omega)\times H^1(\Omega),\boldsymbol{u}(\boldsymbol{x})=0,\boldsymbol{x}\in\Gamma_u\}\\
&P=\left\{p(\boldsymbol{x})\mid p\in L^2(\Omega),p(\boldsymbol{x})=\overline{p}(\boldsymbol{x}),\boldsymbol{x}\in\Gamma_p\right\}\\
&P_0=\left\{p(\boldsymbol{x})\mid p\in L^2(\Omega),p(\boldsymbol{x})=0,\boldsymbol{x}\in\Gamma_p\right\}
\end{aligned}
\tag{8.15}
$$

其中U和P为骨架位移和孔隙压力函数空间；U_0和P_0为骨架位移和孔隙压力变分函数空间；$H^1(\Omega)$和$L^2(\Omega)$是标准的 Sobolev 空间(Chen, 2005; Brenner and Scott, 2008)。基于(8.15)中的函数空间，耦合方程(8.1)和(8.9)的变分形式可表述为：求解$\boldsymbol{u}\times p\in U\times P$，使得对于任意的$\delta\boldsymbol{u}\times\delta p\in U_0\times P_0$，下列等式成立

$$
\int_\Omega \rho\delta\boldsymbol{u}\cdot\ddot{\boldsymbol{u}}\mathrm{d}\Omega+\int_\Omega \delta\boldsymbol{\varepsilon}:\boldsymbol{\sigma}\mathrm{d}\Omega-\int_\Omega \rho\delta\boldsymbol{u}\cdot\boldsymbol{b}\mathrm{d}\Omega=\int_\Gamma \delta\boldsymbol{u}\cdot\boldsymbol{t}\mathrm{d}\Gamma \tag{8.16}
$$

$$
\begin{aligned}
&\int_\Omega \nabla\delta p\cdot\boldsymbol{k}\cdot\rho_{\mathrm{f}}\ddot{\boldsymbol{u}}\mathrm{d}\Omega+\int_\Omega \delta p\alpha\nabla\cdot\dot{\boldsymbol{u}}\mathrm{d}\Omega+\int_\Omega \delta p\frac{1}{Q}\dot{p}\mathrm{d}\Omega+\int_\Omega \nabla\delta p\cdot\boldsymbol{k}\cdot\nabla p\mathrm{d}\Omega\\
&+\int_\Omega \nabla\delta p\cdot\boldsymbol{k}\cdot\rho_{\mathrm{f}}\boldsymbol{b}\mathrm{d}\Omega=-\int_\Gamma \delta pq\mathrm{d}\Gamma
\end{aligned}
\tag{8.17}
$$

其中$\delta\boldsymbol{\varepsilon}=\frac{1}{2}\left(\nabla\delta\boldsymbol{u}+(\nabla\delta\boldsymbol{u})^{\mathrm{T}}\right)$为骨架应变的变分张量。需要注意的是，为便于宏观和微观边值问题求解格式的推导，式(8.16)和(8.17)中未进一步引入边界条件。此外，式(8.16)和(8.17)为 u-p(骨架位移-孔隙压力)格式 Biot 模型的变分形式，与 u-w-p(骨架位移-流体流速-孔隙压力)格式 Biot 模型变分形式相比，其对孔隙压力插值函数的光滑性要求更高。

8.2 微观初边值问题

本节基于多尺度理论的基本分析原理，在饱和孔隙介质水力耦合问题的框架下，建立宏观和微观变量间的关系(即水力耦合分析跨尺度关系)以及微观初边值问题的变分形式。本节的论述中，下标“m”表示微观尺度的相关变量，下标“M”表示宏观尺度的相关变量，比如Ω_{m}和Ω_{M}分别为微观尺度和宏观尺度的问题域，而$\boldsymbol{x}_{\mathrm{m}}$和$\boldsymbol{x}_{\mathrm{M}}$分别是微观和宏观的一般坐标指示。

8.2.1 微观尺度主变量的多尺度分解

进行多尺度分析时，须建立宏、微观尺度主变量场间的联系。对于 u-p 格式水力耦合分析模型，可依据 Taylor 公式将微观尺度骨架位移$\boldsymbol{u}_{\mathrm{m}}$和孔隙压力$p_{\mathrm{m}}$表示为宏观骨架位移$\boldsymbol{u}_{\mathrm{M}}$和孔隙压力$p_{\mathrm{M}}$及其梯度的函数(Geers, et al., 2003, 2004)

$$\begin{aligned} \boldsymbol{u}_{\mathrm{m}} &= \boldsymbol{u}_{\mathrm{M}} + \boldsymbol{\varepsilon}_{\mathrm{M}} \boldsymbol{x}_{\mathrm{m}} + \frac{1}{2} \boldsymbol{x}_{\mathrm{m}} \cdot \nabla^{s} \boldsymbol{\varepsilon}_{\mathrm{M}} \boldsymbol{x}_{\mathrm{m}} + \cdots + \boldsymbol{u}_{\mathrm{f}} \\ p_{\mathrm{m}} &= p_{\mathrm{M}} + \boldsymbol{Y}_{\mathrm{M}} \cdot \boldsymbol{x}_{\mathrm{m}} + \frac{1}{2} \boldsymbol{x}_{\mathrm{m}} \cdot \nabla^{s} \boldsymbol{Y}_{\mathrm{M}} \boldsymbol{x}_{\mathrm{m}} + \cdots + p_{\mathrm{f}} \end{aligned} \tag{8.18}$$

式中 $\boldsymbol{u}_{\mathrm{m}}$ 和 $\boldsymbol{u}_{\mathrm{M}}$ 为微、宏观尺度骨架位移；p_{m} 和 p_{M} 为微、宏观尺度孔隙压力；$\boldsymbol{\varepsilon}_{\mathrm{M}} = \frac{1}{2}\left[\left(\frac{\partial \boldsymbol{u}_{\mathrm{M}}}{\partial \boldsymbol{x}}\right) + \left(\frac{\partial \boldsymbol{u}_{\mathrm{M}}}{\partial \boldsymbol{x}}\right)^{\mathrm{T}}\right]$ 和 $\boldsymbol{Y}_{\mathrm{M}} = \nabla p_{\mathrm{M}}$ 为宏观尺度骨架位移和孔隙压力的一阶梯度；$\nabla^{s} \boldsymbol{\varepsilon}_{\mathrm{M}} = \frac{1}{2}\left[\left(\frac{\partial \boldsymbol{\varepsilon}_{\mathrm{M}}}{\partial \boldsymbol{x}}\right) + \left(\frac{\partial \boldsymbol{\varepsilon}_{\mathrm{M}}}{\partial \boldsymbol{x}}\right)^{\mathrm{T}}\right]$ 为宏观尺度骨架位移的二阶梯度；$\nabla^{s} \boldsymbol{Y}_{\mathrm{M}} = \frac{1}{2}\left[\left(\frac{\partial \boldsymbol{Y}_{\mathrm{M}}}{\partial \boldsymbol{x}}\right) + \left(\frac{\partial \boldsymbol{Y}_{\mathrm{M}}}{\partial \boldsymbol{x}}\right)^{\mathrm{T}}\right]$ 为宏观孔隙压力的二阶梯度；$\boldsymbol{u}_{\mathrm{f}}$ 和 p_{f} 为微观尺度非均质性引起的骨架位移和孔隙压力震荡，是微观尺度的待求解变量。

本研究中采用线性分解格式(Saeb, et al., 2016)，于是微、宏观尺度主变量间的关系为

$$\begin{aligned} \boldsymbol{u}_{\mathrm{m}} &= \boldsymbol{u}_{\mathrm{M}} + \boldsymbol{\varepsilon}_{\mathrm{M}} \boldsymbol{x}_{\mathrm{m}} + \boldsymbol{u}_{\mathrm{f}} \\ p_{\mathrm{m}} &= p_{\mathrm{M}} + \boldsymbol{Y}_{\mathrm{M}} \cdot \boldsymbol{x}_{\mathrm{m}} + p_{\mathrm{f}} \end{aligned} \tag{8.19}$$

由于微观尺度远小于宏观尺度，可认为在微观尺度问题域上宏观尺度变量为常量，即式(8.19)中 $\boldsymbol{u}_{\mathrm{M}}$、$p_{\mathrm{M}}$、$\boldsymbol{\varepsilon}_{\mathrm{M}}$ 和 $\boldsymbol{Y}_{\mathrm{M}}$ 在微观问题域 Ω_{m} 均为常量。于是计算 $\boldsymbol{u}_{\mathrm{m}}$ 和 p_{m} 时，仅需计算微观尺度不均匀性引起的骨架位移和孔隙压力震荡 $\boldsymbol{u}_{\mathrm{f}}$ 和 p_{f} 即可。

8.2.2　平均梯度

除了微观尺度上的非均匀性引起的骨架变形和孔隙压力震荡 $\boldsymbol{u}_{\mathrm{f}}$ 和 p_{f}，细观尺度的骨架变形和孔隙压力结果应和宏观尺度的骨架变形和孔隙压力保持一致性。因此，多尺度理论要求宏观尺度主变量的梯度等于与之对应的微观问题域上微观主变量梯度的体积平均值，也就是平均梯度假定(Zohdi and Wriggers, 2005; Saeb et al., 2016; Yvonnet, 2019)

$$\begin{aligned} \boldsymbol{\varepsilon}_{\mathrm{M}} &= \langle \boldsymbol{\varepsilon}_{\mathrm{m}} \rangle \\ \boldsymbol{Y}_{\mathrm{M}} &= \langle \boldsymbol{Y}_{\mathrm{m}} \rangle \end{aligned} \tag{8.20}$$

式中 $\langle * \rangle := \frac{1}{|\Omega_{\mathrm{m}}|} \int_{\Omega_{\mathrm{m}}} (*) \mathrm{d}\Omega$ 表示微观问题域(即代表性体元)上的体积平均算子；$\boldsymbol{\varepsilon}_{\mathrm{m}} = \frac{1}{2}\left(\nabla \boldsymbol{u}_{\mathrm{m}} + (\nabla \boldsymbol{u}_{\mathrm{m}})^{\mathrm{T}}\right)$ 为微观尺度骨架变形梯度(应变张量)；$\boldsymbol{Y}_{\mathrm{m}} = \nabla p_{\mathrm{m}}$ 为微观

尺度孔隙压力梯度。

多尺度分析时一般将代表性体元上的微观尺度坐标原点置于微观代表性体元的形心处。于是有

$$\int_{\Omega_{\mathrm{m}}} \boldsymbol{x}_{\mathrm{m}} \mathrm{d}\Omega = 0 \tag{8.21}$$

将微观尺度主变量的一阶分解 (8.19) 代入式 (8.20) 并考虑式 (8.21)，可得

$$\begin{aligned} &\int_{\Omega_{\mathrm{m}}} \boldsymbol{\varepsilon}_{\mathrm{f}} \mathrm{d}\Omega = 0 \\ &\int_{\Omega_{\mathrm{m}}} \boldsymbol{Y}_{\mathrm{f}} \mathrm{d}\Omega = 0 \end{aligned} \tag{8.22}$$

其中 $\boldsymbol{\varepsilon}_{\mathrm{f}} = \frac{1}{2}\left(\nabla \boldsymbol{u}_{\mathrm{f}} + \left(\nabla \boldsymbol{u}_{\mathrm{f}}\right)^{\mathrm{T}}\right)$ 和 $\boldsymbol{Y}_{\mathrm{f}} = \nabla p_{\mathrm{f}}$ 为微观尺度非均匀性引起的骨架变形梯度和孔隙压力梯度。基于高斯定理，式 (8.22) 可表示为边界积分

$$\begin{aligned} &\int_{\Gamma_{\mathrm{m}}} \left(\boldsymbol{n}_{\mathrm{m}} \otimes \boldsymbol{u}_{\mathrm{f}} + \boldsymbol{u}_{\mathrm{f}} \otimes \boldsymbol{n}_{\mathrm{m}}\right) \mathrm{d}\Gamma = 0 \\ &\int_{\Gamma_{\mathrm{m}}} \boldsymbol{n}_{\mathrm{m}} p_{\mathrm{f}} \mathrm{d}\Gamma = 0 \end{aligned} \tag{8.23}$$

其中 $\Gamma_{\mathrm{m}} = \partial\Omega_{\mathrm{m}}$ 为微观问题域的边界，$\boldsymbol{n}_{\mathrm{m}}$ 为 Γ_{m} 的外法向单位向量。式(8.23)即为微观初边值问题的边界条件，求解微观初边值问题时，应保证式(8.23)的满足。

8.2.3 微观尺度边界条件施加方法

目前存在多种施加边界条件 (8.23) 的方法(Nguyen et al., 2012; Saeb et al., 2016)。

1. 常梯度条件(Taylor 假设)

该条件假设微观尺度非均匀性不引起微观位移场和孔隙压力场的震荡。整个微观区域的主变量可表示为对应宏观变量梯度的线性函数，即对于任意的 $\boldsymbol{x}_{\mathrm{m}} \in \Omega_{\mathrm{m}}$

$$\begin{aligned} \boldsymbol{u}_{\mathrm{m}}\left(\boldsymbol{x}_{\mathrm{m}}, t\right) &= \boldsymbol{u}_{\mathrm{M}}\left(t\right) + \boldsymbol{\varepsilon}_{\mathrm{M}}\left(t\right) \boldsymbol{x}_{\mathrm{m}} \\ p_{\mathrm{m}}\left(\boldsymbol{x}_{\mathrm{m}}, t\right) &= p_{\mathrm{M}}\left(t\right) + \boldsymbol{Y}_{\mathrm{M}}\left(t\right) \cdot \boldsymbol{x}_{\mathrm{m}} \end{aligned} \tag{8.24}$$

显然式(8.24)满足边界条件(8.23)，但 Taylor 假设并不符合实际情形，会引起较大的计算误差。此外，Taylor 假设条件下，微观尺度材料界面处的变形是一致的，如图 8.2 所示。显然，这与实际情形不符，且会导致材料交界处不满足平衡条件。

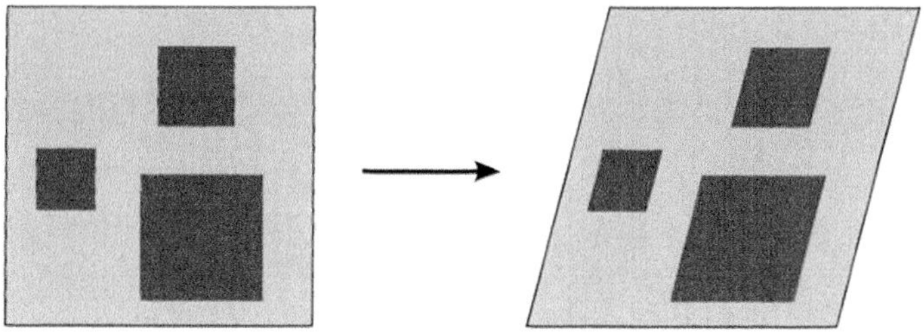

图 8.2　Taylor 假设

2. 线性边界条件(linear boundary condition, LBC)

该条件假设微观尺度非均匀性在微观问题域边界 $\varGamma_{\mathrm{m}}$ 上对微观位移场和孔隙压力场不产生影响，即对于任意的 $\boldsymbol{x}_{\mathrm{m}} \in \varGamma_{\mathrm{m}}$

$$\begin{aligned} \boldsymbol{u}_{\mathrm{m}}\left(\boldsymbol{x}_{\mathrm{m}},t\right) &= \boldsymbol{u}_{\mathrm{M}}\left(t\right) + \boldsymbol{\varepsilon}_{\mathrm{M}}\left(t\right)\boldsymbol{x}_{\mathrm{m}} \\ p_{\mathrm{m}}\left(\boldsymbol{x}_{\mathrm{m}},t\right) &= p_{\mathrm{M}}\left(t\right) + \boldsymbol{Y}_{\mathrm{M}}\left(t\right)\cdot \boldsymbol{x}_{\mathrm{m}} \end{aligned} \tag{8.25}$$

显然式(8.25)满足边界条件(8.23)。线性边界条件下，微观尺度不同材料的变形不一致，如图 8.3 和图 8.4 所示，材料界面处满足平衡条件。

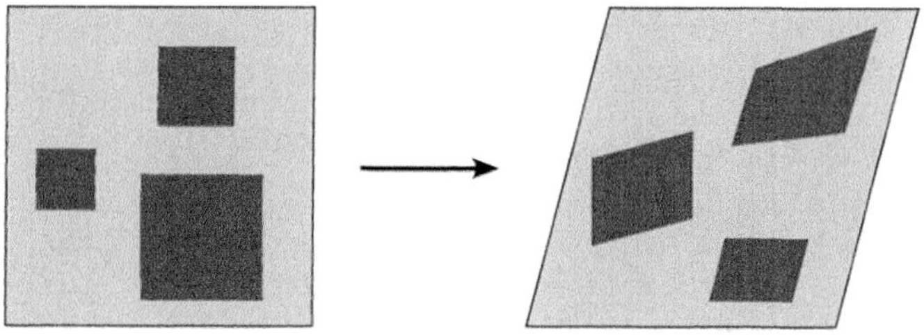

图 8.3　线性边界条件

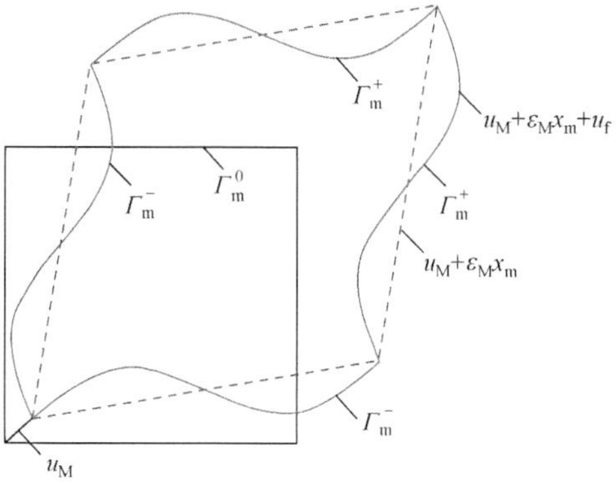

图 8.4　线性边界条件和周期边界条件

3. 周期边界条件(periodic boundary condition, PBC)

该条件假设骨架位移场和孔隙压力场的震荡 $\boldsymbol{u}_{\mathrm{f}}$ 和 p_{f} 在微观问题域边界 Γ_{m} 上周期变化。为施加周期边界条件，将边界 Γ_{m} 分为互不相交且互补的两部分 Γ_{m}^{-} 和 Γ_{m}^{+}，满足 $\Gamma_{\mathrm{m}}^{-} \cap \Gamma_{\mathrm{m}}^{+} = \varnothing$ 和 $\Gamma_{\mathrm{m}}^{-} \cup \Gamma_{\mathrm{m}}^{+} = \Gamma_{\mathrm{m}}$。周期边界条件可表述为对任意的成对边界点 $\left(\boldsymbol{x}_{\mathrm{m}}^{-}, \boldsymbol{x}_{\mathrm{m}}^{+}\right) \in \left(\Gamma_{\mathrm{m}}^{-}, \Gamma_{\mathrm{m}}^{+}\right)$

$$\begin{aligned} \boldsymbol{u}_{\mathrm{f}}\left(\boldsymbol{x}_{\mathrm{m}}^{-}, t\right) &= \boldsymbol{u}_{\mathrm{f}}\left(\boldsymbol{x}_{\mathrm{m}}^{+}, t\right) \\ p_{\mathrm{f}}\left(\boldsymbol{x}_{\mathrm{m}}^{-}, t\right) &= p_{\mathrm{f}}\left(\boldsymbol{x}_{\mathrm{m}}^{+}, t\right) \end{aligned} \tag{8.26}$$

周期边界条件如图 8.4 所示。由于 Γ_{m} 的外法向单位向量 $\boldsymbol{n}_{\mathrm{m}}$ 具有边界反对称的周期特性，即 $\boldsymbol{n}_{\mathrm{m}}\left(\boldsymbol{x}_{\mathrm{m}}^{-}\right) = -\boldsymbol{n}_{\mathrm{m}}\left(\boldsymbol{x}_{\mathrm{m}}^{+}\right)$，因此周期边界条件(8.26)满足边界条件(8.23)。施加周期边界条件的一个重要结果是微观尺度总骨架应力 $\boldsymbol{\sigma}_{\mathrm{m}}$ 和液相流速 $\boldsymbol{J}_{\mathrm{m}}$ 的法向分量在 Γ_{m} 上也具有边界反对称的周期特性，即

$$\begin{aligned} \boldsymbol{\sigma}_{\mathrm{m}}\left(\boldsymbol{x}_{\mathrm{m}}^{-}, t\right) \boldsymbol{n}_{\mathrm{m}} &= -\boldsymbol{\sigma}_{\mathrm{m}}\left(\boldsymbol{x}_{\mathrm{m}}^{+}, t\right) \boldsymbol{n}_{\mathrm{m}} \\ \boldsymbol{J}_{\mathrm{m}}\left(\boldsymbol{x}_{\mathrm{m}}^{-}, t\right) \cdot \boldsymbol{n}_{\mathrm{m}} &= -\boldsymbol{J}_{\mathrm{m}}\left(\boldsymbol{x}_{\mathrm{m}}^{+}, t\right) \cdot \boldsymbol{n}_{\mathrm{m}} \end{aligned} \tag{8.27}$$

4. 常应力边界条件(traction boundary condition, TBC)

该条件假定在微观体积元边界 Γ_{m} 上，微观体积元边界外力 $\boldsymbol{t}_{\mathrm{m}}$ 和边界液相流量 ξ_{m} 为常量，即对于任意的 $\boldsymbol{x}_{\mathrm{m}} \in \Gamma_{\mathrm{m}}$

$$\begin{aligned} \boldsymbol{t}_{\mathrm{m}}\left(\boldsymbol{x}_{\mathrm{m}}, t\right) &= \boldsymbol{\sigma}_{\mathrm{M}}\left(\boldsymbol{x}_{\mathrm{m}}, t\right) \boldsymbol{n}_{\mathrm{m}}\left(\boldsymbol{x}_{\mathrm{m}}\right) \\ \xi_{\mathrm{m}}\left(\boldsymbol{x}_{\mathrm{m}}, t\right) &= -\boldsymbol{J}_{\mathrm{M}}\left(\boldsymbol{x}_{\mathrm{m}}, t\right) \cdot \boldsymbol{n}_{\mathrm{m}}\left(\boldsymbol{x}_{\mathrm{m}}\right) \end{aligned} \tag{8.28}$$

5. 常应力条件(Sach 假设)

该条件假定在整个微观体积元 Ω_{m} 上，微观尺度总应力 $\boldsymbol{\sigma}_{\mathrm{m}}$ 和液相流速 $\boldsymbol{J}_{\mathrm{m}}$ 为常量，即对于任意的 $\boldsymbol{x}_{\mathrm{m}} \in \Omega_{\mathrm{m}}$

$$\begin{aligned} \boldsymbol{\sigma}_{\mathrm{m}}\left(\boldsymbol{x}_{\mathrm{m}}, t\right) &= \boldsymbol{\sigma}_{\mathrm{M}}(t) \\ \boldsymbol{J}_{\mathrm{m}}\left(\boldsymbol{x}_{\mathrm{m}}, t\right) &= \boldsymbol{J}_{\mathrm{M}}(t) \end{aligned} \tag{8.29}$$

常梯度条件、线性边界条件和周期边界条件对应于位移驱动求解格式，而常应力边界条件和常应力条件对应于应力驱动求解格式。由于位移驱动模式更为常见和有效，在进行孔隙介质水力耦合多尺度分析时，本书仅使用前三种方法施加微观初边值问题的边界条件。由于常梯度条件引入的限制数目多于线性边界条件，而线性边界条件引入的限制数目多于周期边界条件，由三种边界条件得到的

宏观应力应变刚度矩阵和渗流系数矩阵满足如下关系

$$\begin{aligned} \boldsymbol{D}_{\mathrm{M}}^{\mathrm{PBC}} \leqslant \boldsymbol{D}_{\mathrm{M}}^{\mathrm{LBC}} \leqslant \boldsymbol{D}_{\mathrm{M}}^{\mathrm{Taylor}} \\ \boldsymbol{k}_{\mathrm{M}}^{\mathrm{PBC}} \leqslant \boldsymbol{k}_{\mathrm{M}}^{\mathrm{LBC}} \leqslant \boldsymbol{k}_{\mathrm{M}}^{\mathrm{Taylor}} \end{aligned} \tag{8.30}$$

即 $\boldsymbol{D}_{\mathrm{M}}^{\mathrm{Taylor}} - \boldsymbol{D}_{\mathrm{M}}^{\mathrm{LBC}}$、$\boldsymbol{D}_{\mathrm{M}}^{\mathrm{LBC}} - \boldsymbol{D}_{\mathrm{M}}^{\mathrm{PBC}}$、$\boldsymbol{k}_{\mathrm{M}}^{\mathrm{Taylor}} - \boldsymbol{k}_{\mathrm{M}}^{\mathrm{LBC}}$、$\boldsymbol{k}_{\mathrm{M}}^{\mathrm{LBC}} - \boldsymbol{k}_{\mathrm{M}}^{\mathrm{PBC}}$ 为对称半正定矩阵。

此外，常梯度条件和线性边界条件已经消除了微观代表性体积元的刚性位移，而周期边界条件则未消除微观代表性体积元的刚性位移。因此使用周期边界条件求解微观初边值问题时，还应设法消除微观刚性位移。实际数值计算时，一般通过固定微观代表性体积元的一个角点消除代表性体积元的刚性位移。记 $\boldsymbol{x}_{\mathrm{m}}^{c}$ 为微观代表性体积元的任一角点，则有

$$\begin{aligned} \boldsymbol{u}_{\mathrm{m}}\left(\boldsymbol{x}_{\mathrm{m}}^{c}, t\right) = \boldsymbol{u}_{\mathrm{M}}(t) + \boldsymbol{\varepsilon}_{\mathrm{M}}(t)\,\boldsymbol{x}_{\mathrm{m}}^{c} \\ p_{\mathrm{m}}\left(\boldsymbol{x}_{\mathrm{m}}^{c}, t\right) = p_{\mathrm{M}}(t) + \boldsymbol{Y}_{\mathrm{M}}(t) \cdot \boldsymbol{x}_{\mathrm{m}}^{c} \end{aligned} \tag{8.31}$$

8.2.4 变分一致性

除平均梯度关系外，变分一致性条件是多尺度分析必须遵循的另一基本准则 (Kouznetsova, 2002; de Souza Neto et al., 2015; Liu and Reina, 2015)。该条件要求微观问题域上虚功的体积平均等于该微观问题域对应宏观位置处的宏观虚功。对于饱和孔隙介质，微观问题域上整个孔隙介质的虚功体积平均可表示为

$$\left\langle \delta W_{\mathrm{m}}^{u} \right\rangle = \left\langle \delta\boldsymbol{\varepsilon}_{\mathrm{m}} : \boldsymbol{\sigma}_{\mathrm{m}} - \delta\boldsymbol{u}_{\mathrm{m}} \cdot \left(\rho\boldsymbol{b} - \rho\ddot{\boldsymbol{u}}_{\mathrm{m}}\right) \right\rangle = \frac{1}{\left|\Omega_{\mathrm{m}}\right|} \int_{\Gamma_{\mathrm{m}}} \delta\boldsymbol{u}_{\mathrm{m}} \cdot \boldsymbol{t}_{\mathrm{m}} \mathrm{d}\Gamma \tag{8.32}$$

流相的虚功体积平均为

$$\left\langle \delta W_{\mathrm{m}}^{p} \right\rangle = \left\langle -\delta\boldsymbol{Y}_{\mathrm{m}} \cdot \boldsymbol{J}_{\mathrm{m}} + \delta p_{\mathrm{m}} \alpha \nabla \cdot \dot{\boldsymbol{u}}_{\mathrm{m}} + \delta p_{\mathrm{m}} \frac{\dot{p}_{\mathrm{m}}}{Q} \right\rangle = -\frac{1}{\left|\Omega_{\mathrm{m}}\right|} \int_{\Gamma_{\mathrm{m}}} \delta p_{\mathrm{m}} q_{\mathrm{m}} \mathrm{d}\Gamma \tag{8.33}$$

式(8.32)和(8.33)的右端项由变分格式(8.16)和(8.17)得到。

微观问题域对应的宏观坐标处的孔隙介质整体虚功可表示为

$$\delta W_{\mathrm{M}}^{u} = \delta\boldsymbol{\varepsilon}_{\mathrm{M}} : \boldsymbol{\sigma}_{\mathrm{M}} - \delta\boldsymbol{u}_{\mathrm{M}} \cdot \mathbb{f}_{\mathrm{M}} \tag{8.34}$$

流相的虚功可表示为

$$\delta W_{\mathrm{m}}^{p} = -\delta\boldsymbol{Y}_{\mathrm{M}} \cdot \boldsymbol{J}_{\mathrm{M}} + \delta p_{\mathrm{M}} \xi_{\mathrm{M}} \tag{8.35}$$

式中 $\mathbb{f}_{\mathrm{M}}$ 和 ξ_{M} 为宏观尺度体积力向量和液相流量。

微观尺度上主变量分解式 (8.19) 的变分形式为

$$\begin{aligned} \delta\boldsymbol{u}_{\mathrm{m}} = \delta\boldsymbol{u}_{\mathrm{M}} + \delta\boldsymbol{\varepsilon}_{\mathrm{M}}\boldsymbol{x}_{\mathrm{m}} + \delta\boldsymbol{u}_{\mathrm{f}} \\ \delta p_{\mathrm{m}} = \delta p_{\mathrm{M}} + \delta\boldsymbol{Y}_{\mathrm{M}} \cdot \boldsymbol{x}_{\mathrm{m}} + \delta p_{\mathrm{f}} \end{aligned} \tag{8.36}$$

需要注意的是，宏观尺度主变量 $\boldsymbol{u}_{\mathrm{M}}$ 和 p_{M} 以及其一阶梯度 $\boldsymbol{\varepsilon}_{\mathrm{M}}$ 和 $\boldsymbol{Y}_{\mathrm{M}}$ 具有变分独立的特性。

基于式(8.32)～(8.36)，宏、微观尺度变分一致性条件可写为

$$\delta\boldsymbol{\varepsilon}_{\mathrm{M}}:\boldsymbol{\sigma}_{\mathrm{M}}-\delta\boldsymbol{u}_{\mathrm{M}}\cdot\mathbb{f}_{\mathrm{M}}=\frac{1}{|\Omega_{\mathrm{m}}|}\int_{\Gamma_{\mathrm{m}}}\delta\boldsymbol{u}_{\mathrm{f}}\cdot\boldsymbol{t}_{\mathrm{m}}\mathrm{d}\Gamma+\frac{1}{|\Omega_{\mathrm{m}}|}\int_{\Gamma_{\mathrm{m}}}\delta\boldsymbol{u}_{\mathrm{M}}\cdot\boldsymbol{t}_{\mathrm{m}}\mathrm{d}\Gamma+\frac{1}{|\Omega_{\mathrm{m}}|}\int_{\Gamma_{\mathrm{m}}}\delta\boldsymbol{\varepsilon}_{\mathrm{M}}:\frac{1}{2}\left(\boldsymbol{t}_{\mathrm{m}}\otimes\boldsymbol{x}_{\mathrm{m}}+\boldsymbol{x}_{\mathrm{m}}\otimes\boldsymbol{t}_{\mathrm{m}}\right)\mathrm{d}\Gamma \tag{8.37}$$

$$-\delta\boldsymbol{Y}_{\mathrm{M}}\cdot\boldsymbol{J}_{\mathrm{M}}+\delta p_{\mathrm{M}}\xi_{\mathrm{M}}=-\frac{1}{|\Omega_{\mathrm{m}}|}\int_{\Gamma_{\mathrm{m}}}\delta p_{\mathrm{f}}q_{\mathrm{m}}\mathrm{d}\Gamma-\frac{1}{|\Omega_{\mathrm{m}}|}\int_{\Gamma_{\mathrm{m}}}\delta p_{\mathrm{M}}q_{\mathrm{m}}\mathrm{d}\Gamma-\frac{1}{|\Omega_{\mathrm{m}}|}\int_{\Gamma_{\mathrm{m}}}\delta\boldsymbol{Y}_{\mathrm{M}}\cdot\boldsymbol{x}_{\mathrm{m}}q_{\mathrm{m}}\mathrm{d}\Gamma \tag{8.38}$$

其中 $|\Omega_{\mathrm{m}}|:=\int_{\Omega_{\mathrm{m}}}\mathrm{d}\Omega$ 为微观问题域的体积。式(8.37)和(8.38)对任意的变分 $\delta\boldsymbol{u}_{\mathrm{M}}$、$\delta\boldsymbol{\varepsilon}_{\mathrm{M}}$、$\delta\boldsymbol{u}_{\mathrm{f}}$、$\delta p_{\mathrm{M}}$、$\delta\boldsymbol{Y}_{\mathrm{M}}$ 和 δp_{f} 都成立，于是

$$\begin{aligned}\boldsymbol{\sigma}_{\mathrm{M}}&=\frac{1}{2|\Omega_{\mathrm{m}}|}\int_{\Gamma_{\mathrm{m}}}\left(\boldsymbol{t}_{\mathrm{m}}\otimes\boldsymbol{x}_{\mathrm{m}}+\boldsymbol{x}_{\mathrm{m}}\otimes\boldsymbol{t}_{\mathrm{m}}\right)\mathrm{d}\Gamma\\ \mathbb{f}_{\mathrm{M}}&=-\frac{1}{|\Omega_{\mathrm{m}}|}\int_{\Gamma_{\mathrm{m}}}\boldsymbol{t}_{\mathrm{m}}\mathrm{d}\Gamma\\ \boldsymbol{J}_{\mathrm{M}}&=\frac{1}{|\Omega_{\mathrm{m}}|}\int_{\Gamma_{\mathrm{m}}}\boldsymbol{x}_{\mathrm{m}}q_{\mathrm{m}}\mathrm{d}\Gamma\\ \xi_{\mathrm{M}}&=-\frac{1}{|\Omega_{\mathrm{m}}|}\int_{\Gamma_{\mathrm{m}}}q_{\mathrm{m}}\mathrm{d}\Gamma\end{aligned} \tag{8.39}$$

式(8.39)为微、宏观尺度变量间的关系，也称为升尺关系。该式表明宏观内变量(即总应力张量 $\boldsymbol{\sigma}_{\mathrm{M}}$、体积力 $\mathbb{f}_{\mathrm{M}}$、液相流速 $\boldsymbol{J}_{\mathrm{M}}$ 和液相流量 ξ_{M})可由微观问题域边界上的反作用力或不平衡力表示，这是推导宏观切向算子的基础。由变分 $\delta\boldsymbol{u}_{\mathrm{f}}$ 和 δp_{f} 的任意性可得微观尺度初边值问题的变分形式

$$\int_{\Gamma_{\mathrm{m}}}\delta\boldsymbol{u}_{\mathrm{f}}\cdot\boldsymbol{t}_{\mathrm{m}}\mathrm{d}\Gamma=\int_{\Omega_{\mathrm{m}}}\left(\delta\boldsymbol{\varepsilon}_{\mathrm{f}}:\boldsymbol{\sigma}_{\mathrm{m}}-\delta\boldsymbol{u}_{\mathrm{f}}\cdot\left(\rho\boldsymbol{b}-\rho\ddot{\boldsymbol{u}}_{\mathrm{m}}\right)\right)\mathrm{d}\Omega=0 \tag{8.40}$$

$$-\int_{\Gamma_{\mathrm{m}}}\delta p_{\mathrm{f}}q_{\mathrm{m}}\mathrm{d}\Gamma=\int_{\Omega_{\mathrm{m}}}\left(-\delta\boldsymbol{Y}_{\mathrm{f}}\cdot\boldsymbol{J}_{\mathrm{m}}+\delta p_{\mathrm{f}}\alpha\nabla\cdot\dot{\boldsymbol{u}}_{\mathrm{m}}+\delta p_{\mathrm{f}}\frac{\dot{p}_{\mathrm{m}}}{Q}\right)\mathrm{d}\Omega=0 \tag{8.41}$$

式(8.40)和(8.41)的推导使用了式(8.32)和(8.33)。需要强调的是，对式(8.40)和(8.41)进行数值求解时，应施加边界条件(8.23)。

多尺度分析时，微观尺度问题域的特征尺寸 l_{m} 应远小于宏观尺度问题域的

特征尺寸 l_{M}，即

$$l_{\mathrm{m}} \ll l_{\mathrm{M}} \tag{8.42}$$

但 l_{m} 也须足够大，以包含足够多的细观尺度特性，精确反映微观尺度的非均匀性。l_{m} 一般由微观代表性体积元非均质夹杂的尺寸决定，l_{M} 则为宏观问题域的工程尺寸，可由宏观外力施加范围的大小来确定。条件 (8.42) 的直接结果是多尺度分析时可忽略微观尺度的动力项。

对于动力分析，则要求微观问题域上各材料组分的特征尺寸远小于动力波在该材料组分中传播时的波长，即

$$l_{\mathrm{m}}^{k} \ll l_{\mathrm{M}}^{k} \tag{8.43}$$

式中 l_{m}^{k} 和 l_{M}^{k} 分别为第 k 个微观尺度材料组分的特征长度和动力波在该材料组分中传播时的波长。当式(8.42)和(8.43)同时成立时，宏观尺度动能可表示为微观尺度各材料组分动能的加权和

$$\rho_{\mathrm{M}}\ddot{\boldsymbol{u}}_{\mathrm{M}} = \sum_{k}\omega_{\mathrm{m}}^{k}\rho_{\mathrm{m}}^{k}\ddot{\boldsymbol{u}}_{\mathrm{m}}^{k} \tag{8.44}$$

其中 ρ_{M} 和 ρ_{m}^{k} 为宏观尺度的整体密度和微观尺度第 k 种材料组分的密度；ω_{m}^{k} 为微观尺度第 k 种材料组分在整个微观代表性体积元中的体积占比。

对于本书涉及的孔隙介质水力耦合多尺度分析问题，一般仅满足式(8.43)。因此，使用式 (8.44) 计算宏观尺度动能会产生较大的误差。此时，精确的宏观尺度动能应通过变分一致条件得到。此外，关系(8.39)也体现了宏观尺度动能与宏观尺度体积力 $\mathbb{f}_{\mathrm{M}}$ 间的关系。

8.3　宏观初边值问题

由于宏观均匀化孔隙介质的水力材料特性需通过求解微观边值问题确定，建立宏观初边值问题时，须将宏观尺度总应力张量 $\boldsymbol{\sigma}_{\mathrm{M}}$，体积力 $\mathbb{f}_{\mathrm{M}}$，液相流速 $\boldsymbol{J}_{\mathrm{M}}$ 和液相流量 ξ_{M} 视为宏观尺度主变量 $\boldsymbol{u}_{\mathrm{M}}$、$p_{\mathrm{M}}$ 及其梯度 $\boldsymbol{\varepsilon}_{\mathrm{M}}$ 和 $\boldsymbol{Y}_{\mathrm{M}}$ 的函数(Khoei et al., 2018b, 2021)。由式(8.16)和(8.17)可得宏观尺度初边值问题的残差格式

$$\varphi_{\mathrm{M}}^{u} = \int_{\Omega_{\mathrm{M}}} \delta\boldsymbol{\varepsilon}_{\mathrm{M}} : \boldsymbol{\sigma}_{\mathrm{M}}\mathrm{d}\Omega - \int_{\Omega_{\mathrm{M}}} \delta\boldsymbol{u}_{\mathrm{M}} \cdot \mathbb{f}_{\mathrm{M}}\mathrm{d}\Omega - \int_{\Gamma_{\mathrm{M}}^{t}} \delta\boldsymbol{u}_{\mathrm{M}} \cdot \boldsymbol{t}_{\mathrm{M}}\mathrm{d}\Gamma \tag{8.45}$$

$$\varphi_{\mathrm{M}}^{f} = \int_{\Omega_{\mathrm{M}}} -\delta\boldsymbol{Y}_{\mathrm{M}} \cdot \boldsymbol{J}_{\mathrm{M}}\mathrm{d}\Omega + \int_{\Omega_{\mathrm{M}}} \delta p_{\mathrm{M}}\xi_{\mathrm{M}}\mathrm{d}\Omega + \int_{\Gamma_{\mathrm{M}}^{q}} \delta p_{\mathrm{M}} q_{\mathrm{M}}\mathrm{d}\Gamma \tag{8.46}$$

式(8.45)和(8.46)等价于宏观尺度初边值问题的变分形式。由于均匀化后的宏观尺

度孔隙介质的水力材料特性未知，方程(8.45)和(8.46)是非线性方程，一般采用牛顿迭代法求解。

8.4　宏观尺度切向算子

求解宏观尺度初边值问题 (8.45) 和 (8.46) 时，每次迭代均需要计算宏观尺度切向算子(即雅可比矩阵)

$$\mathbb{J}_{\mathrm{M}}=\begin{bmatrix}\dfrac{\partial\varphi_{\mathrm{M}}^{u}}{\partial\boldsymbol{u}_{\mathrm{M}}} & \dfrac{\partial\varphi_{\mathrm{M}}^{u}}{\partial p_{\mathrm{M}}}\\[2ex] \dfrac{\partial\varphi_{\mathrm{M}}^{f}}{\partial\boldsymbol{u}_{\mathrm{M}}} & \dfrac{\partial\varphi_{\mathrm{M}}^{f}}{\partial p_{\mathrm{M}}}\end{bmatrix} \tag{8.47}$$

将式 (8.45) 和 (8.46) 代入 (8.47) 可得到宏观尺度切向算子的具体表达式

$$\begin{aligned}
\frac{\partial\varphi_{\mathrm{M}}^{u}}{\partial\boldsymbol{u}_{\mathrm{M}}}&=\int_{\Omega_{\mathrm{M}}}\delta\boldsymbol{\varepsilon}_{\mathrm{M}}:\frac{\partial\boldsymbol{\sigma}_{\mathrm{M}}}{\partial\boldsymbol{u}_{\mathrm{M}}}\mathrm{d}\Omega-\int_{\Omega_{\mathrm{M}}}\delta\boldsymbol{u}_{\mathrm{M}}\cdot\frac{\partial\mathbb{f}_{\mathrm{M}}}{\partial\boldsymbol{u}_{\mathrm{M}}}\mathrm{d}\Omega\\
\frac{\partial\varphi_{\mathrm{M}}^{u}}{\partial p_{\mathrm{M}}}&=\int_{\Omega_{\mathrm{M}}}\delta\boldsymbol{\varepsilon}_{\mathrm{M}}:\frac{\partial\boldsymbol{\sigma}_{\mathrm{M}}}{\partial p_{\mathrm{M}}}\mathrm{d}\Omega-\int_{\Omega_{\mathrm{M}}}\delta\boldsymbol{u}_{\mathrm{M}}\cdot\frac{\partial\mathbb{f}_{\mathrm{M}}}{\partial p_{\mathrm{M}}}\mathrm{d}\Omega\\
\frac{\partial\varphi_{\mathrm{M}}^{f}}{\partial\boldsymbol{u}_{\mathrm{M}}}&=\int_{\Omega_{\mathrm{M}}}-\delta\boldsymbol{Y}_{\mathrm{M}}\cdot\frac{\partial\boldsymbol{J}_{\mathrm{M}}}{\partial\boldsymbol{u}_{\mathrm{M}}}\mathrm{d}\Omega+\int_{\Omega_{\mathrm{M}}}\delta p_{\mathrm{M}}\frac{\partial\xi_{\mathrm{M}}}{\partial\boldsymbol{u}_{\mathrm{M}}}\mathrm{d}\Omega\\
\frac{\partial\varphi_{\mathrm{M}}^{f}}{\partial p_{\mathrm{M}}}&=\int_{\Omega_{\mathrm{M}}}-\delta\boldsymbol{Y}_{\mathrm{M}}\cdot\frac{\partial\boldsymbol{J}_{\mathrm{M}}}{\partial p_{\mathrm{M}}}\mathrm{d}\Omega+\int_{\Omega_{\mathrm{M}}}\delta p_{\mathrm{M}}\frac{\partial\xi_{\mathrm{M}}}{\partial p_{\mathrm{M}}}\mathrm{d}\Omega
\end{aligned} \tag{8.48}$$

考虑到

$$\begin{aligned}
\frac{\partial(*)}{\partial\boldsymbol{u}_{\mathrm{M}}}&=\left.\frac{\partial(*)}{\partial\boldsymbol{u}_{\mathrm{M}}}\right|_{\boldsymbol{\varepsilon}_{\mathrm{M}}}+\frac{\partial(*)}{\partial\boldsymbol{\varepsilon}_{\mathrm{M}}}:\frac{\partial\boldsymbol{\varepsilon}_{\mathrm{M}}}{\partial\boldsymbol{u}_{\mathrm{M}}}\\
\frac{\partial(*)}{\partial p_{\mathrm{M}}}&=\left.\frac{\partial(*)}{\partial p_{\mathrm{M}}}\right|_{\boldsymbol{Y}_{\mathrm{M}}}+\frac{\partial(*)}{\partial\boldsymbol{Y}_{\mathrm{M}}}\cdot\frac{\partial\boldsymbol{Y}_{\mathrm{M}}}{\partial p_{\mathrm{M}}}
\end{aligned} \tag{8.49}$$

宏观尺度切向算子可进一步表示为

$$\begin{aligned}
\frac{\partial\varphi_{\mathrm{M}}^{u}}{\partial\boldsymbol{u}_{\mathrm{M}}}=&\int_{\Omega_{\mathrm{M}}}\delta\boldsymbol{\varepsilon}_{\mathrm{M}}:\left.\frac{\partial\boldsymbol{\sigma}_{\mathrm{M}}}{\partial\boldsymbol{u}_{\mathrm{M}}}\right|_{\boldsymbol{\varepsilon}_{\mathrm{M}}}\mathrm{d}\Omega+\int_{\Omega_{\mathrm{M}}}\delta\boldsymbol{\varepsilon}_{\mathrm{M}}:\frac{\partial\boldsymbol{\sigma}_{\mathrm{M}}}{\partial\boldsymbol{\varepsilon}_{\mathrm{M}}}:\frac{\partial\boldsymbol{\varepsilon}_{\mathrm{M}}}{\partial\boldsymbol{u}_{\mathrm{M}}}\mathrm{d}\Omega-\int_{\Omega_{\mathrm{M}}}\delta\boldsymbol{u}_{\mathrm{M}}\cdot\left.\frac{\partial\mathbb{f}_{\mathrm{M}}}{\partial\boldsymbol{u}_{\mathrm{M}}}\right|_{\boldsymbol{\varepsilon}_{\mathrm{M}}}\mathrm{d}\Omega\\
&-\int_{\Omega_{\mathrm{M}}}\delta\boldsymbol{u}_{\mathrm{M}}\cdot\frac{\partial\mathbb{f}_{\mathrm{M}}}{\partial\boldsymbol{\varepsilon}_{\mathrm{M}}}:\frac{\partial\boldsymbol{\varepsilon}_{\mathrm{M}}}{\partial\boldsymbol{u}_{\mathrm{M}}}\mathrm{d}\Omega
\end{aligned}$$

$$
\begin{aligned}
\frac{\partial \varphi_{\mathrm{M}}^{u}}{\partial p_{\mathrm{M}}} &= \int_{\Omega_{\mathrm{M}}} \delta\boldsymbol{\varepsilon}_{\mathrm{M}} : \left.\frac{\partial \boldsymbol{\sigma}_{\mathrm{M}}}{\partial p_{\mathrm{M}}}\right|_{\boldsymbol{Y}_{\mathrm{M}}} \mathrm{d}\Omega + \int_{\Omega_{\mathrm{M}}} \delta\boldsymbol{\varepsilon}_{\mathrm{M}} : \frac{\partial \boldsymbol{\sigma}_{\mathrm{M}}}{\partial \boldsymbol{Y}_{\mathrm{M}}} \cdot \frac{\partial \boldsymbol{Y}_{\mathrm{M}}}{\partial p_{\mathrm{M}}} \mathrm{d}\Omega - \int_{\Omega_{\mathrm{M}}} \delta\boldsymbol{u}_{\mathrm{M}} \cdot \left.\frac{\partial \mathbb{f}_{\mathrm{M}}}{\partial p_{\mathrm{M}}}\right|_{\boldsymbol{Y}_{\mathrm{M}}} \mathrm{d}\Omega \\
&\quad - \int_{\Omega_{\mathrm{M}}} \delta\boldsymbol{u}_{\mathrm{M}} \cdot \frac{\partial \mathbb{f}_{\mathrm{M}}}{\partial \boldsymbol{Y}_{\mathrm{M}}} \cdot \frac{\partial \boldsymbol{Y}_{\mathrm{M}}}{\partial p_{\mathrm{M}}} \mathrm{d}\Omega \\
\frac{\partial \varphi_{\mathrm{M}}^{f}}{\partial \boldsymbol{u}_{\mathrm{M}}} &= \int_{\Omega_{\mathrm{M}}} -\delta\boldsymbol{Y}_{\mathrm{M}} \cdot \left.\frac{\partial \boldsymbol{J}_{\mathrm{M}}}{\partial \boldsymbol{u}_{\mathrm{M}}}\right|_{\boldsymbol{\varepsilon}_{\mathrm{M}}} \mathrm{d}\Omega + \int_{\Omega_{\mathrm{M}}} -\delta\boldsymbol{Y}_{\mathrm{M}} \cdot \frac{\partial \boldsymbol{J}_{\mathrm{M}}}{\partial \boldsymbol{\varepsilon}_{\mathrm{M}}} : \frac{\partial \boldsymbol{\varepsilon}_{\mathrm{M}}}{\partial \boldsymbol{u}_{\mathrm{M}}} \mathrm{d}\Omega + \int_{\Omega_{\mathrm{M}}} \delta p_{\mathrm{M}} \left.\frac{\partial \xi_{\mathrm{M}}}{\partial \boldsymbol{u}_{\mathrm{M}}}\right|_{\boldsymbol{\varepsilon}_{\mathrm{M}}} \mathrm{d}\Omega \\
&\quad + \int_{\Omega_{\mathrm{M}}} \delta p_{\mathrm{M}} \frac{\partial \xi_{\mathrm{M}}}{\partial \boldsymbol{\varepsilon}_{\mathrm{M}}} : \frac{\partial \boldsymbol{\varepsilon}_{\mathrm{M}}}{\partial \boldsymbol{u}_{\mathrm{M}}} \mathrm{d}\Omega \\
\frac{\partial \varphi_{\mathrm{M}}^{f}}{\partial p_{\mathrm{M}}} &= \int_{\Omega_{\mathrm{M}}} -\delta\boldsymbol{Y}_{\mathrm{M}} \cdot \left.\frac{\partial \boldsymbol{J}_{\mathrm{M}}}{\partial p_{\mathrm{M}}}\right|_{\boldsymbol{Y}_{\mathrm{M}}} \mathrm{d}\Omega + \int_{\Omega_{\mathrm{M}}} -\delta\boldsymbol{Y}_{\mathrm{M}} \cdot \frac{\partial \boldsymbol{J}_{\mathrm{M}}}{\partial \boldsymbol{Y}_{\mathrm{M}}} \cdot \frac{\partial \boldsymbol{Y}_{\mathrm{M}}}{\partial p_{\mathrm{M}}} \mathrm{d}\Omega + \int_{\Omega_{\mathrm{M}}} \delta p_{\mathrm{M}} \left.\frac{\partial \xi_{\mathrm{M}}}{\partial p_{\mathrm{M}}}\right|_{\boldsymbol{Y}_{\mathrm{M}}} \mathrm{d}\Omega \\
&\quad + \int_{\Omega_{\mathrm{M}}} \delta p_{\mathrm{M}} \frac{\partial \xi_{\mathrm{M}}}{\partial \boldsymbol{Y}_{\mathrm{M}}} \cdot \frac{\partial \boldsymbol{Y}_{\mathrm{M}}}{\partial p_{\mathrm{M}}} \mathrm{d}\Omega
\end{aligned}
\tag{8.50}
$$

计算宏观尺度切向算子的关键就是计算宏观尺度总应力张量 $\boldsymbol{\sigma}_{\mathrm{M}}$，体积力 $\mathbb{f}_{\mathrm{M}}$，液相流速 $\boldsymbol{J}_{\mathrm{M}}$ 和液相流量 ξ_{M} 对宏观尺度主变量 $\boldsymbol{u}_{\mathrm{M}}$、$p_{\mathrm{M}}$ 及其梯度 $\boldsymbol{\varepsilon}_{\mathrm{M}}$ 和 $\boldsymbol{Y}_{\mathrm{M}}$ 的导数，具体的推导会在第 9 章进行详细论述。

8.5　接触模型

实际工程中的孔隙介质多是非均质非连续的，因此开展非均质孔隙介质水力耦合多尺度分析时还应引入合适的接触模型，以考虑孔隙介质内部非连续面上的接触现象(Khoei, 2015; Komijani and Gracie, 2019; Wu et al., 2019b, 2020a; Khoei and Saeedmonir, 2021)。

如图 8.5 所示，考虑内部含非连续面 Γ_{d} 的均匀化后的宏观问题域 Ω，其外边界记作 Γ。宏观尺度水力耦合分析基本控制方程仍为式(8.1)和(8.9)。但是，由于宏观尺度内部非连续面 Γ_{d} 的存在，对整体平衡方程(8.1)采用散度定理时有

$$
\begin{aligned}
\int_{\Omega} \delta\boldsymbol{u} \cdot (\nabla \cdot \boldsymbol{\sigma}) \mathrm{d}\Omega &= -\int_{\Omega} \nabla^{s}\boldsymbol{u} : \boldsymbol{\sigma} \mathrm{d}\Omega + \int_{\Gamma_t} \delta\boldsymbol{u} \cdot \bar{\boldsymbol{t}} \mathrm{d}\Gamma + \int_{\Gamma_{\mathrm{d}}^{+}} \delta\boldsymbol{u}^{+} \cdot \left(\boldsymbol{\sigma}^{+} \cdot \boldsymbol{n}_{\Gamma_{\mathrm{d}}}^{+}\right) \mathrm{d}\Gamma \\
&\quad + \int_{\Gamma_{\mathrm{d}}^{-}} \delta\boldsymbol{u}^{-} \cdot \left(\boldsymbol{\sigma}^{-} \cdot n_{\Gamma_{\mathrm{d}}}^{-}\right) \mathrm{d}\Gamma
\end{aligned}
\tag{8.51}
$$

当裂纹闭合时，$\boldsymbol{\sigma}^{+} = \boldsymbol{\sigma}^{-} = \boldsymbol{\sigma}_{\Gamma_{\mathrm{d}}}$ 且 $-\boldsymbol{n}_{\Gamma_{\mathrm{d}}}^{+} = \boldsymbol{n}_{\Gamma_{\mathrm{d}}}^{-} = \boldsymbol{n}_{\Gamma_{\mathrm{d}}}$。当裂纹张开时有 $\boldsymbol{\sigma}^{+} = \boldsymbol{\sigma}^{-} = \boldsymbol{\sigma}_{\Gamma_{\mathrm{d}}} = 0$ 和 $-\boldsymbol{n}_{\Gamma_{\mathrm{d}}}^{+} = \boldsymbol{n}_{\Gamma_{\mathrm{d}}}^{-} = \boldsymbol{n}_{\Gamma_{\mathrm{d}}}$。因此式(8.51)可以进一步简化为

$$\int_{\Omega} \delta \boldsymbol{u} \cdot (\nabla \cdot \boldsymbol{\sigma}) \mathrm{d}\Omega = -\int_{\Omega} \nabla^s \boldsymbol{u} : \boldsymbol{\sigma} \mathrm{d}\Omega + \int_{\Gamma_t} \delta \boldsymbol{u} \cdot \bar{\boldsymbol{t}} \mathrm{d}\Gamma - \int_{\Gamma_\mathrm{d}} [\![\delta \boldsymbol{u}]\!] \cdot \boldsymbol{t}_\mathrm{d} \mathrm{d}\Gamma \tag{8.52}$$

式中

$$\begin{aligned} \boldsymbol{t}_\mathrm{d} &= \boldsymbol{\sigma}_{\Gamma_\mathrm{d}} \cdot \boldsymbol{n}_{\Gamma_\mathrm{d}} \\ [\![\delta \boldsymbol{u}]\!] &= \delta \boldsymbol{u}^+ - \delta \boldsymbol{u}^- \\ \nabla^s \boldsymbol{u} &= \frac{1}{2}\left[\nabla \boldsymbol{u} + (\nabla \boldsymbol{u})^\mathrm{T} \right] \end{aligned} \tag{8.53}$$

$\boldsymbol{t}_\mathrm{d}$ 是沿非连续面 Γ_d 的接触应力。

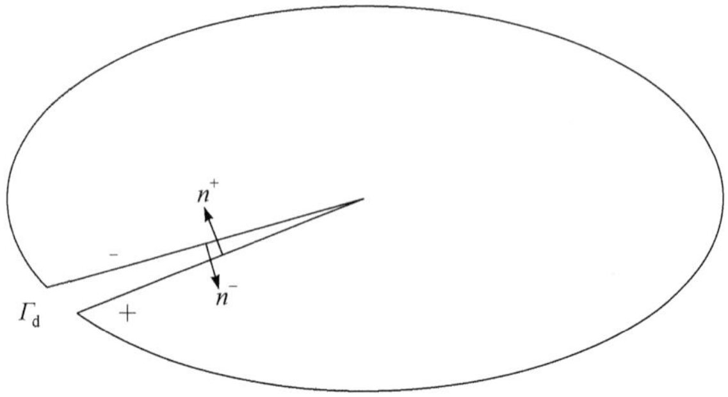

图 8.5　内部含非连续面 Γ_d 的均匀化宏观尺度问题域

对流体平衡方程(8.9)采用散度定理

$$\begin{aligned} \int_{\Omega} \delta p (\nabla \cdot \boldsymbol{J}) \mathrm{d}\Omega = &-\int_{\Omega} \nabla \delta p \cdot \boldsymbol{J} \mathrm{d}\Omega + \int_{\Gamma_q} \delta p \bar{q} \mathrm{d}\Gamma + \int_{\Gamma_q^+} \delta p^+ \boldsymbol{n}_{\Gamma_\mathrm{d}}^+ \cdot \boldsymbol{J}_\mathrm{d}^+ \mathrm{d}\Gamma \\ &+ \int_{\Gamma_\mathrm{d}^-} \delta p^- \boldsymbol{n}_{\Gamma_\mathrm{d}}^- \cdot \boldsymbol{J}_\mathrm{d}^- \mathrm{d}\Gamma \end{aligned} \tag{8.54}$$

考虑到孔隙压力变分 δp 是在非连续面 Γ_d 两侧是连续的，式(8.54)可以写为

$$\int_{\Omega} \delta p (\nabla \cdot \boldsymbol{J}) \mathrm{d}\Omega = -\int_{\Omega} \nabla \delta p \cdot \boldsymbol{J} \mathrm{d}\Omega + \int_{\Gamma_q} \delta p \bar{q} \mathrm{d}\Gamma - \int_{\Gamma_\mathrm{d}} \delta p [\![\boldsymbol{J}]\!] \cdot \boldsymbol{n}_{\Gamma_\mathrm{d}} \mathrm{d}\Gamma \tag{8.55}$$

式中

$$[\![\boldsymbol{J}]\!] = \boldsymbol{J}_\mathrm{d}^+ - \boldsymbol{J}_\mathrm{d}^- \tag{8.56}$$

为了得到考虑不连续面 Γ_d 时的式(8.1)和(8.9)的变分形式，引入新的骨架位移和孔隙压力近似函数空间

$$
\begin{aligned}
U &= \{\boldsymbol{u}(\boldsymbol{x}) \mid \boldsymbol{u}(\boldsymbol{x}) \in H^1(\Omega) \times H^1(\Omega), \boldsymbol{u}(\boldsymbol{x}) = \bar{\boldsymbol{u}}(\boldsymbol{x}), \boldsymbol{x} \\
&\qquad \in \Gamma_u,\ \boldsymbol{u}\text{在 } \Gamma_{\mathrm{d}} \text{ 两侧可以是不连续的}\} \\
U_0 &= \{\boldsymbol{u}(\boldsymbol{x}) \mid \boldsymbol{u}(\boldsymbol{x}) \in H^1(\Omega) \times H^1(\Omega), \boldsymbol{u}(\boldsymbol{x}) = 0, \boldsymbol{x} \\
&\qquad \in \Gamma_u, \delta\boldsymbol{u}\text{在 } \Gamma_{\mathrm{d}} \text{ 两侧可以是不连续的}\} \\
P &= \left\{p(\boldsymbol{x}) \mid p \in L^2(\Omega), p(\boldsymbol{x}) = \bar{p}(\boldsymbol{x}), \boldsymbol{x} \in \Gamma_p, p\text{在}\Gamma_{\mathrm{d}}\text{两侧可以是不连续的}\right\} \\
P_0 &= \left\{p(\boldsymbol{x}) \mid p \in L^2(\Omega), p(\boldsymbol{x}) = 0, \boldsymbol{x} \in \Gamma_p, \delta p\text{ 在}\Gamma_{\mathrm{d}}\text{两侧可以是不连续的}\right\}
\end{aligned}
\tag{8.57}
$$

于是考虑内部不连续面时，方程(8.1)和(8.9)的弱形式可以陈述为：寻找解$(\boldsymbol{u} \times p) \in U \times P$，使得对于任意的$(\delta\boldsymbol{u} \times \delta p) \in U_0 \times P_0$，下列方程成立

$$
\int_\Omega \rho\delta\boldsymbol{u} \cdot \ddot{\boldsymbol{u}}\mathrm{d}\Omega + \int_\Omega \delta\boldsymbol{\varepsilon} : \boldsymbol{\sigma}\mathrm{d}\Omega + \int_{\Gamma_{\mathrm{d}}} [\![\delta\boldsymbol{u}]\!] \cdot \boldsymbol{t}_{\mathrm{d}}\mathrm{d}\Gamma - \int_\Omega \rho\delta\boldsymbol{u} \cdot \boldsymbol{b}\mathrm{d}\Omega = \int_\Gamma \delta\boldsymbol{u} \cdot \boldsymbol{t}\mathrm{d}\Gamma \tag{8.58}
$$

$$
\begin{aligned}
&\int_\Omega \nabla\delta p \cdot \boldsymbol{k} \cdot \rho_{\mathrm{f}}\ddot{\boldsymbol{u}}\mathrm{d}\Omega + \int_\Omega \delta p\alpha\nabla \cdot \dot{\boldsymbol{u}}\mathrm{d}\Omega + \int_\Omega \delta p\frac{1}{Q}\dot{p}\mathrm{d}\Omega + \int_\Omega \nabla\delta p \cdot \boldsymbol{k} \cdot \nabla p\mathrm{d}\Omega \\
&+\int_\Omega \nabla\delta p \cdot \boldsymbol{k} \cdot \rho_{\mathrm{f}}\boldsymbol{b}\mathrm{d}\Omega - \int_{\Gamma_{\mathrm{d}}} \delta p[\![\boldsymbol{J}]\!] \cdot \boldsymbol{n}_{\Gamma_{\mathrm{d}}}\mathrm{d}\Gamma = -\int_\Gamma \delta pq\mathrm{d}\Gamma
\end{aligned}
\tag{8.59}
$$

式中各项的含义见 2.1 节。在力学模拟方面将不连续面 Γ_{d} 视作力边界条件，即当不连续面接触时，其接触力通过接触模型计算；当不连续面张开时，接触力为 0。为便于计算，在渗流方面假定不连续两侧法向流量交换是连续的，即 $[\![\boldsymbol{J}]\!] \cdot \boldsymbol{n}_{\Gamma_{\mathrm{d}}} = 0$。需要指出的是，对于非连续饱和岩土水力耦合问题，当无初始应力时，其初始条件的施加方式和连续饱和岩土水力耦合问题相同。对于存在初始应力的情况，初始时刻饱和岩土体内部不连续面上的接触力需要通过迭代计算。

将宏观尺度初边值问题方程(8.45)和(8.46)和内部含非连续面孔隙介质水力耦合分析控制方程(8.58)和(8.59)结合，可得到考虑内部不连续面的水力耦合分析宏观尺度初边值问题的残差格式，具体的推导会在第 9 章给出。

8.6 本章小结

本章基于多尺度的基本理论，即细观主变量分解、平均梯度条件和变分一致条件，以及 u-p 格式饱和孔隙介质水力耦合控制方程，推导了饱和孔隙介质水力耦合多尺度分析求解格式，即微观和宏观初边值问题的变分格式。本章内容作为后续章节基于数值流形法(NMM)开展孔隙介质水力耦合多尺度分析的理论基础。

第 9 章 连续饱和非均质岩土体水力耦合多尺度分析

本章基于第 8 章给出的微观和宏观初边值问题的变分格式，建立连续饱和非均质孔隙介质的水力耦合分析多尺度数值流形法(NMM)，同时推导宏观尺度切向算子的精确表达式，以大幅提高水力耦合多尺度分析的计算效率。本章首先建立微观和宏观尺度初边值问题的 NMM 离散格式(9.1 节)；然后建立高效的宏观内变量和切向算子计算方法(9.2 节)；最后基于标准多尺度算例验证所建立的多尺度 NMM 的计算精度和效率(9.3 节)。

9.1 多尺度初边值问题的离散

本节基于数值流形法(Yang et al., 2017; Zheng and Yang, 2017)和 Newmark 方法(Bathe, 2014)建立水力耦合多尺度分析微观尺度和宏观尺度初边值问题的离散形式。

9.1.1 微观尺度初边值问题离散格式

对微观尺度初边值问题变分形式(8.40)和(8.41)进行标准数值流形方法离散，可得

$$\boldsymbol{\Psi}_{\mathrm{m}}^{u}=\boldsymbol{M}_{uu}\ddot{\boldsymbol{U}}_{\mathrm{m}}+\int_{\Omega_{\mathrm{m}}}\boldsymbol{B}_{u}^{\mathrm{T}}\bar{\boldsymbol{\sigma}}_{\mathrm{m}}'\mathrm{d}\Omega-\boldsymbol{K}_{up}\boldsymbol{P}_{\mathrm{m}}-\boldsymbol{F}_{ub}=0 \tag{9.1}$$

$$\boldsymbol{\Psi}_{\mathrm{m}}^{p}=\boldsymbol{M}_{pu}\ddot{\boldsymbol{U}}_{\mathrm{m}}+\boldsymbol{K}_{up}^{\mathrm{T}}\dot{\boldsymbol{U}}_{\mathrm{m}}+\boldsymbol{M}_{pp}\dot{\boldsymbol{P}}_{\mathrm{m}}+\boldsymbol{K}_{pp}\boldsymbol{P}_{\mathrm{m}}-\boldsymbol{F}_{pb}=0 \tag{9.2}$$

其中，

$$\begin{aligned}
&\boldsymbol{M}_{uu}=\int_{\Omega_{\mathrm{m}}}\boldsymbol{N}_{u}^{\mathrm{T}}\rho\boldsymbol{N}_{u}\mathrm{d}\Omega,\quad \boldsymbol{K}_{up}=\int_{\Omega_{\mathrm{m}}}\boldsymbol{B}_{u}^{\mathrm{T}}\alpha\boldsymbol{m}\boldsymbol{N}_{p}\mathrm{d}\Omega\\
&\boldsymbol{F}_{ub}=\int_{\Omega_{\mathrm{m}}}\boldsymbol{N}_{u}^{\mathrm{T}}\rho\boldsymbol{b}\mathrm{d}\Omega\\
&\boldsymbol{M}_{pu}=\int_{\Omega_{\mathrm{m}}}\boldsymbol{B}_{p}^{\mathrm{T}}\boldsymbol{k}\rho_{\mathrm{f}}\boldsymbol{N}_{u}\mathrm{d}\Omega,\quad \boldsymbol{M}_{pp}=\int_{\Omega_{\mathrm{m}}}\boldsymbol{N}_{p}^{\mathrm{T}}\frac{1}{Q}\boldsymbol{N}_{p}\mathrm{d}\Omega\\
&\boldsymbol{K}_{pp}=\int_{\Omega_{\mathrm{m}}}\boldsymbol{B}_{p}^{\mathrm{T}}\boldsymbol{k}\boldsymbol{B}_{p}\mathrm{d}\Omega,\quad \boldsymbol{F}_{up}=\int_{\Omega_{\mathrm{m}}}\boldsymbol{B}_{p}^{\mathrm{T}}\boldsymbol{k}\rho_{\mathrm{f}}\boldsymbol{b}\mathrm{d}\Omega
\end{aligned} \tag{9.3}$$

式中 $\boldsymbol{N}_u$ 和 $\boldsymbol{N}_p$ 是骨架位移和孔隙压力的形函数矩阵；$\boldsymbol{B}_u=\nabla\boldsymbol{N}_u$ 和 $\boldsymbol{B}_p=\nabla\boldsymbol{N}_p$ 为形函数梯度矩阵；$\boldsymbol{m}=\begin{bmatrix}1 & 1 & 1 & 0 & 0 & 0\end{bmatrix}^{\mathrm{T}}$；$\boldsymbol{k}=\left[k_{ij}\right]$ 为渗透系数矩阵，对于各向同性孔隙介质 $k_{ij}\left(\boldsymbol{x}_{\mathrm{m}}\right)=k\left(\boldsymbol{x}_{\mathrm{m}}\right)\delta_{ij}$，有效应力向量定义为 $\bar{\boldsymbol{\sigma}}'_{\mathrm{m}}=\begin{bmatrix}\bar{\sigma}'_{\mathrm{m}11} & \bar{\sigma}'_{\mathrm{m}22} & \bar{\sigma}'_{\mathrm{m}33} & \bar{\sigma}'_{\mathrm{m}12} & \bar{\sigma}'_{\mathrm{m}23} & \bar{\sigma}'_{\mathrm{m}31}\end{bmatrix}^{\mathrm{T}}$。

采用 Newmark 法对式(9.1)和(9.2)进行时间离散，首先将 $n+1$ 时步的时间导数表示为

$$
\begin{aligned}
\ddot{\boldsymbol{U}}_{\mathrm{m}}^{n+1}&=\frac{1}{\beta\Delta t^2}\boldsymbol{U}_{\mathrm{m}}^{n+1}+\overline{\ddot{\boldsymbol{U}}}_{\mathrm{m}}^{n+1}\\
\dot{\boldsymbol{U}}_{\mathrm{m}}^{n+1}&=\frac{\gamma}{\beta\Delta t}\boldsymbol{U}_{\mathrm{m}}^{n+1}+\overline{\dot{\boldsymbol{U}}}_{\mathrm{m}}^{n+1}\\
\dot{\boldsymbol{P}}_{\mathrm{m}}^{n+1}&=\frac{1}{\theta\Delta t}\boldsymbol{P}_{\mathrm{m}}^{n+1}+\overline{\dot{\boldsymbol{P}}}_{\mathrm{m}}^{n+1}
\end{aligned}
\tag{9.4}
$$

其中估计值定义为

$$
\begin{aligned}
\overline{\ddot{\boldsymbol{U}}}_{\mathrm{m}}^{n+1}&=-\frac{1}{\beta\Delta t^2}\boldsymbol{U}_{\mathrm{m}}^{n}-\frac{1}{\beta\Delta t}\dot{\boldsymbol{U}}_{\mathrm{m}}^{n}-\left(\frac{1}{2\beta}-1\right)\ddot{\boldsymbol{U}}_{\mathrm{m}}^{n}\\
\overline{\dot{\boldsymbol{U}}}_{\mathrm{m}}^{n+1}&=-\frac{\gamma}{\beta\Delta t}\boldsymbol{U}_{\mathrm{m}}^{n}-\left(\frac{\gamma}{\beta}-1\right)\dot{\boldsymbol{U}}_{\mathrm{m}}^{n}-\Delta t\left(\frac{\gamma}{2\beta}-1\right)\ddot{\boldsymbol{U}}_{\mathrm{m}}^{n}\\
\overline{\dot{\boldsymbol{P}}}_{\mathrm{m}}^{n+1}&=-\frac{1}{\theta\Delta t}\boldsymbol{P}_{\mathrm{m}}^{n}-\left(\frac{1}{\theta}-1\right)\dot{\boldsymbol{P}}_{\mathrm{m}}^{n}
\end{aligned}
\tag{9.5}
$$

式中 γ 和 θ 应小于 1/2，而 β 应小于 $\frac{1}{4}\left(\frac{1}{2}+\gamma\right)^2$ 以保证时间离散的无条件稳定与收敛。对于本章的数值算例，积分参数 γ、θ 和 β 均取为 0.7。将式(9.4)代入式(9.1)和(9.2)，可得微观尺度初边值问题的完全离散格式

$$
\begin{aligned}
\left(\boldsymbol{\varPsi}_{\mathrm{m}}^{u}\right)^{n+1}=&\frac{1}{\beta\Delta t^2}\boldsymbol{M}_{uu}^{n+1}\boldsymbol{U}_{\mathrm{m}}^{n+1}+\int_{\Omega_{\mathrm{m}}}\left(\boldsymbol{B}_u^{\mathrm{T}}\right)^{n+1}\left(\bar{\boldsymbol{\sigma}}'_{\mathrm{m}}\right)^{n+1}\mathrm{d}\Omega-\boldsymbol{K}_{up}^{n+1}\boldsymbol{P}_{\mathrm{m}}^{n+1}-\boldsymbol{F}_{ub}^{n+1}\\
&+\boldsymbol{M}_{uu}^{n+1}\overline{\ddot{\boldsymbol{U}}}_{\mathrm{m}}^{n+1}=0
\end{aligned}
\tag{9.6}
$$

$$
\begin{aligned}
\left(\boldsymbol{\varPsi}_{\mathrm{m}}^{p}\right)^{n+1}=&\left(\frac{1}{\beta\Delta t^2}\boldsymbol{M}_{pu}^{n+1}+\frac{\gamma}{\beta\Delta t}\left(\boldsymbol{K}_{up}^{\mathrm{T}}\right)^{n+1}\right)\boldsymbol{U}_{\mathrm{m}}^{n+1}+\left(\frac{1}{\theta\Delta t}\boldsymbol{M}_{pp}^{n+1}+\boldsymbol{K}_{pp}^{n+1}\right)\boldsymbol{P}_{\mathrm{m}}^{n+1}-\boldsymbol{F}_{pb}^{n+1}\\
&+\boldsymbol{M}_{pu}^{n+1}\overline{\ddot{\boldsymbol{U}}}_{\mathrm{m}}^{n+1}+\left(\boldsymbol{K}_{up}^{\mathrm{T}}\right)^{n+1}\overline{\dot{\boldsymbol{U}}}_{\mathrm{m}}^{n+1}+\boldsymbol{M}_{pp}^{n+1}\overline{\dot{\boldsymbol{P}}}_{\mathrm{m}}^{n+1}=0
\end{aligned}
\tag{9.7}
$$

采用牛顿法对式(9.6)和(9.7)进行线性化，可得

$$\begin{bmatrix} \boldsymbol{\Psi}_{\mathrm{m}}^{u} \\ \boldsymbol{\Psi}_{\mathrm{m}}^{p} \end{bmatrix}^{i+1,n+1} = \begin{bmatrix} \boldsymbol{\Psi}_{\mathrm{m}}^{u} \\ \boldsymbol{\Psi}_{\mathrm{m}}^{p} \end{bmatrix}^{i,n+1} + \mathbb{J}_{\mathrm{m}}^{i,n+1} \begin{bmatrix} \Delta \boldsymbol{U}_{\mathrm{m}} \\ \Delta \boldsymbol{P}_{\mathrm{m}} \end{bmatrix}^{i+1,n+1} \tag{9.8}$$

其中‘i’表示微观尺度迭代步，$\mathbb{J}_{\mathrm{m}}$ 为微观尺度雅可比矩阵，定义为

$$\mathbb{J}_{\mathrm{m}} = \begin{bmatrix} \dfrac{1}{\beta \Delta t^2} \boldsymbol{M}_{uu} + \displaystyle\int_{\Omega_{\mathrm{m}}} \boldsymbol{B}_u^{\mathrm{T}} \frac{\partial \bar{\boldsymbol{\sigma}}_{\mathrm{m}}'}{\partial \boldsymbol{U}_{\mathrm{m}}} \boldsymbol{B}_u \mathrm{d}\Omega & -\boldsymbol{K}_{up} \\ \dfrac{1}{\beta \Delta t^2} \boldsymbol{M}_{pu} + \dfrac{\gamma}{\beta \Delta t} \boldsymbol{K}_{up}^{\mathrm{T}} & \dfrac{1}{\theta \Delta t} \boldsymbol{M}_{pp} + \boldsymbol{K}_{pp} \end{bmatrix} \tag{9.9}$$

求解式(9.8)后，对微观尺度主变量进行更新

$$\begin{bmatrix} \boldsymbol{U}_{\mathrm{m}} \\ \boldsymbol{P}_{\mathrm{m}} \end{bmatrix}^{i+1,n+1} = \begin{bmatrix} \boldsymbol{U}_{\mathrm{m}} \\ \boldsymbol{P}_{\mathrm{m}} \end{bmatrix}^{i,n+1} + \begin{bmatrix} \Delta \boldsymbol{U}_{\mathrm{m}} \\ \Delta \boldsymbol{P}_{\mathrm{m}} \end{bmatrix}^{i+1,n+1} \tag{9.10}$$

微观尺度初边值问题迭代求解收敛后，将所得的微观尺度主变量 $\boldsymbol{U}_{\mathrm{m}}^{n+1}$ 和 $\boldsymbol{P}_{\mathrm{m}}^{n+1}$ 及其时间导数 $\ddot{\boldsymbol{U}}_{\mathrm{m}}^{n+1}$、$\dot{\boldsymbol{U}}_{\mathrm{m}}^{n+1}$ 和 $\dot{\boldsymbol{P}}_{\mathrm{m}}^{n+1}$ 代入式(9.1)和式(9.2)，得到微观尺度问题域边界结点上的不平衡力(反作用力)，即可依据式(8.39)得到宏观尺度内变量。

9.1.2 宏观尺度初边值问题离散格式

宏观尺度初边值问题如式(8.45)和(8.46)所示，离散后可表示为

$$\boldsymbol{\Psi}_{\mathrm{M}}^{u} = \int_{\Omega_{\mathrm{M}}} \mathbb{B}_u^{\mathrm{T}} \bar{\boldsymbol{\sigma}}_{\mathrm{M}} \mathrm{d}\Omega - \int_{\Omega_{\mathrm{M}}} \mathbb{N}_u^{\mathrm{T}} \mathbb{f}_{\mathrm{M}} \mathrm{d}\Omega - \int_{\Gamma_{\mathrm{M}}} \mathbb{N}_u^{\mathrm{T}} \boldsymbol{t}_{\mathrm{M}} \mathrm{d}\Gamma \tag{9.11}$$

$$\boldsymbol{\Psi}_{\mathrm{M}}^{p} = -\int_{\Omega_{\mathrm{M}}} \mathbb{B}_p^{\mathrm{T}} \boldsymbol{J}_{\mathrm{M}} \mathrm{d}\Omega + \int_{\Omega_{\mathrm{M}}} \mathbb{N}_p^{\mathrm{T}} \xi_{\mathrm{M}} \mathrm{d}\Omega + \int_{\Gamma_{\mathrm{M}}} \mathbb{N}_p^{\mathrm{T}} q_{\mathrm{M}} \mathrm{d}\Gamma \tag{9.12}$$

式中 $\mathbb{N}_u$ 和 $\mathbb{N}_p$ 为宏观尺度骨架位移和孔隙压力的形函数矩阵；$\mathbb{B}_u = \nabla \mathbb{N}_u$ 和 $\mathbb{B}_p = \nabla \mathbb{N}_p$ 为对应的梯度矩阵；$\boldsymbol{t}_{\mathrm{M}}$ 和 q_{M} 为已知的外力和流量函数；宏观尺度总应力定义为 $\bar{\boldsymbol{\sigma}}_{\mathrm{M}} = [\sigma_{\mathrm{M}11} \quad \sigma_{\mathrm{M}22} \quad \sigma_{\mathrm{M}33} \quad \sigma_{\mathrm{M}12} \quad \sigma_{\mathrm{M}23} \quad \sigma_{\mathrm{M}31}]^{\mathrm{T}}$，其中 $\boldsymbol{\sigma}_{\mathrm{M}}$ 为宏观尺度总应力向量。注意式(9.11)和式(9.12)中的宏观尺度总应力 $\boldsymbol{\sigma}_{\mathrm{M}}$、体积力 $\mathbb{f}_{\mathrm{M}}$、流速 $\boldsymbol{J}_{\mathrm{M}}$ 和流量 ξ_{M} 为宏观尺度主未知量 $\boldsymbol{u}_{\mathrm{M}}$ 和 $\boldsymbol{p}_{\mathrm{M}}$ 及其一阶梯度 $\boldsymbol{\varepsilon}_{\mathrm{M}}$ 和 $\boldsymbol{Y}_{\mathrm{M}}$ 的未知函数。

基于牛顿法，方程(9.11)和(9.12)可在时间步 $n+1$ 进行线性化

$$\begin{bmatrix} \boldsymbol{\Psi}_{\mathrm{M}}^{u} \\ \boldsymbol{\Psi}_{\mathrm{M}}^{p} \end{bmatrix}^{j+1,n+1} = \begin{bmatrix} \boldsymbol{\Psi}_{\mathrm{M}}^{u} \\ \boldsymbol{\Psi}_{\mathrm{M}}^{p} \end{bmatrix}^{j,n+1} + \mathbb{J}_{\mathrm{M}}^{j,n+1} \begin{bmatrix} \Delta \boldsymbol{U}_{\mathrm{M}} \\ \Delta \boldsymbol{P}_{\mathrm{M}} \end{bmatrix}^{j+1,n+1} \tag{9.13}$$

其中‘j’表示宏观尺度迭代步，$\mathbb{J}_{\mathrm{M}}$ 为宏观尺度雅可比矩阵，定义为

$$\mathbb{J}_{\mathrm{M}}=\begin{bmatrix}\dfrac{\partial \boldsymbol{\Psi}_{\mathrm{M}}^{u}}{\partial \boldsymbol{U}_{\mathrm{M}}} & \dfrac{\partial \boldsymbol{\Psi}_{\mathrm{M}}^{u}}{\partial \boldsymbol{P}_{\mathrm{M}}}\\ \dfrac{\partial \boldsymbol{\Psi}_{\mathrm{M}}^{p}}{\partial \boldsymbol{U}_{\mathrm{M}}} & \dfrac{\partial \boldsymbol{\Psi}_{\mathrm{M}}^{p}}{\partial \boldsymbol{P}_{\mathrm{M}}}\end{bmatrix} \tag{9.14}$$

方程(9.13)求解后，宏观尺度主变量按下式进行更新

$$\begin{bmatrix}\boldsymbol{U}_{\mathrm{M}}\\ \boldsymbol{P}_{\mathrm{M}}\end{bmatrix}^{j+1,n+1}=\begin{bmatrix}\boldsymbol{U}_{\mathrm{M}}\\ \boldsymbol{P}_{\mathrm{M}}\end{bmatrix}^{j,n+1}+\begin{bmatrix}\Delta\boldsymbol{U}_{\mathrm{M}}\\ \Delta\boldsymbol{P}_{\mathrm{M}}\end{bmatrix}^{j+1,n+1} \tag{9.15}$$

当宏观尺度初边值问题迭代求解满足收敛条件时，微观尺度的迭代求解也自然满足收敛条件，此时可进行下一时步的计算。依据式(9.11)和(9.12)，宏观尺度雅可比矩阵各分量可表示为

$$\begin{aligned}
\frac{\partial \boldsymbol{\Psi}_{\mathrm{M}}^{u}}{\partial \boldsymbol{U}_{\mathrm{M}}}=&\int_{\Omega_{\mathrm{M}}}\mathbb{B}_{u}^{\mathrm{T}}\frac{\partial \bar{\boldsymbol{\sigma}}_{\mathrm{M}}}{\partial \bar{\boldsymbol{\varepsilon}}_{\mathrm{M}}}\mathbb{B}_{u}\mathrm{d}\Omega+\int_{\Omega_{\mathrm{M}}}\mathbb{B}_{u}^{\mathrm{T}}\frac{\partial \bar{\boldsymbol{\sigma}}_{\mathrm{M}}}{\partial \boldsymbol{u}_{\mathrm{M}}}\mathbb{N}_{u}\mathrm{d}\Omega-\int_{\Omega_{\mathrm{M}}}\mathbb{N}_{u}^{\mathrm{T}}\frac{\partial \mathbb{f}_{\mathrm{M}}}{\partial \bar{\boldsymbol{\varepsilon}}_{\mathrm{M}}}\mathbb{B}_{u}\mathrm{d}\Omega\\
&-\int_{\Omega_{\mathrm{M}}}\mathbb{N}_{u}^{\mathrm{T}}\frac{\partial \mathbb{f}_{\mathrm{M}}}{\partial \boldsymbol{u}_{\mathrm{M}}}\mathbb{N}_{u}\mathrm{d}\Omega\\
\frac{\partial \boldsymbol{\Psi}_{\mathrm{M}}^{u}}{\partial \boldsymbol{P}_{\mathrm{M}}}=&\int_{\Omega_{\mathrm{M}}}\mathbb{B}_{u}^{\mathrm{T}}\frac{\partial \bar{\boldsymbol{\sigma}}_{\mathrm{M}}}{\partial \boldsymbol{Y}_{\mathrm{M}}}\mathbb{B}_{p}\mathrm{d}\Omega+\int_{\Omega_{\mathrm{M}}}\mathbb{B}_{u}^{\mathrm{T}}\frac{\partial \bar{\boldsymbol{\sigma}}_{\mathrm{M}}}{\partial p_{\mathrm{M}}}\mathbb{N}_{p}\mathrm{d}\Omega-\int_{\Omega_{\mathrm{M}}}\mathbb{N}_{u}^{\mathrm{T}}\frac{\partial \mathbb{f}_{\mathrm{M}}}{\partial \boldsymbol{Y}_{\mathrm{M}}}\mathbb{B}_{p}\mathrm{d}\Omega\\
&-\int_{\Omega_{\mathrm{M}}}\mathbb{N}_{u}^{\mathrm{T}}\frac{\partial \mathbb{f}_{\mathrm{M}}}{\partial p_{\mathrm{M}}}\mathbb{N}_{p}\mathrm{d}\Omega\\
\frac{\partial \boldsymbol{\Psi}_{\mathrm{M}}^{p}}{\partial \boldsymbol{U}_{\mathrm{M}}}=&-\int_{\Omega_{\mathrm{M}}}\mathbb{B}_{p}^{\mathrm{T}}\frac{\partial \boldsymbol{J}_{\mathrm{M}}}{\partial \bar{\boldsymbol{\varepsilon}}_{\mathrm{M}}}\mathbb{B}_{u}\mathrm{d}\Omega-\int_{\Omega_{\mathrm{M}}}\mathbb{B}_{p}^{\mathrm{T}}\frac{\partial \boldsymbol{J}_{\mathrm{M}}}{\partial \boldsymbol{u}_{\mathrm{M}}}\mathbb{N}_{u}\mathrm{d}\Omega+\int_{\Omega_{\mathrm{M}}}\mathbb{N}_{p}^{\mathrm{T}}\frac{\partial \xi_{\mathrm{M}}}{\partial \bar{\boldsymbol{\varepsilon}}_{\mathrm{M}}}\mathbb{B}_{u}\mathrm{d}\Omega\\
&+\int_{\Omega_{\mathrm{M}}}\mathbb{N}_{p}^{\mathrm{T}}\frac{\partial \xi_{\mathrm{M}}}{\partial \boldsymbol{u}_{\mathrm{M}}}\mathbb{N}_{u}\mathrm{d}\Omega\\
\frac{\partial \boldsymbol{\Psi}_{\mathrm{M}}^{p}}{\partial \boldsymbol{P}_{\mathrm{M}}}=&-\int_{\Omega_{\mathrm{M}}}\mathbb{B}_{p}^{\mathrm{T}}\frac{\partial \boldsymbol{J}_{\mathrm{M}}}{\partial \boldsymbol{Y}_{\mathrm{M}}}\mathbb{B}_{p}\mathrm{d}\Omega-\int_{\Omega_{\mathrm{M}}}\mathbb{B}_{p}^{\mathrm{T}}\frac{\partial \boldsymbol{J}_{\mathrm{M}}}{\partial p_{\mathrm{M}}}\mathbb{N}_{p}\mathrm{d}\Omega+\int_{\Omega_{\mathrm{M}}}\mathbb{N}_{p}^{\mathrm{T}}\frac{\partial \xi_{\mathrm{M}}}{\partial \boldsymbol{Y}_{\mathrm{M}}}\mathbb{B}_{p}\mathrm{d}\Omega\\
&+\int_{\Omega_{\mathrm{M}}}\mathbb{N}_{p}^{\mathrm{T}}\frac{\partial \xi_{\mathrm{M}}}{\partial p_{\mathrm{M}}}\mathbb{N}_{p}\mathrm{d}\Omega
\end{aligned} \tag{9.16}$$

其中宏观尺度应变向量定义为 $\bar{\boldsymbol{\varepsilon}}_{\mathrm{M}}=\begin{bmatrix}\varepsilon_{\mathrm{M}11} & \varepsilon_{\mathrm{M}22} & \varepsilon_{\mathrm{M}33} & \varepsilon_{\mathrm{M}12} & \varepsilon_{\mathrm{M}23} & \varepsilon_{\mathrm{M}31}\end{bmatrix}^{\mathrm{T}}$。

9.2　宏观尺度切向算子的计算

宏观尺度切向算子(9.16)的计算精度和效率直接决定了整个多尺度分析的计

算精度和计算效率。尽管目前存在大量多尺度分析相关的研究成果，但关于高效显式计算宏观尺度切向算子的研究却很少。本节针对两种常用边界条件，即线性边界条件和周期边界条件的基本特点，将宏观内变量显式地表示为微观问题域的边界反作用力，然后得到宏观内变量对宏观主变量和宏观主变量一阶梯度的导数，最终获得显式的宏观尺度切向算子。

9.2.1 线性边界条件

对于线性边界条件(Zohdi and Wriggers, 2005; Yvonnet, 2019)，将微观尺度的数值流形广义结点分为互补且互不相交的两部分，$\mathcal{B}$ 和 $\mathcal{I}$ 。$\mathcal{B}$ 包含所有位于微观尺度问题域边界上的广义结点，而 $\mathcal{I}$ 包括所有位于微观尺度问题域内部的广义结点。记微观尺度广义结点 $\boldsymbol{x}_{\mathrm{m}}^{i}$ 处的主变量为 $\boldsymbol{\mathcal{X}}^{i}=\left[\left(\boldsymbol{u}_{\mathrm{m}}^{i}\right)^{\mathrm{T}} \quad p_{\mathrm{m}}^{i}\right]^{\mathrm{T}}$ ，于是 $\mathcal{B}$ 和 $\mathcal{I}$ 所含广义结点的主变量可表示为

$$
\begin{aligned}
\mathbb{X}^{\mathcal{B}} &= \left[\left(\boldsymbol{\mathcal{X}}^{1}\right)^{\mathrm{T}} \quad \left(\boldsymbol{\mathcal{X}}^{2}\right)^{\mathrm{T}} \quad \cdots \quad \left(\boldsymbol{\mathcal{X}}^{\mathcal{N}_{\mathcal{B}}}\right)^{\mathrm{T}}\right]^{\mathrm{T}} \\
\mathbb{X}^{\mathcal{I}} &= \left[\left(\boldsymbol{\mathcal{X}}^{1}\right)^{\mathrm{T}} \quad \left(\boldsymbol{\mathcal{X}}^{2}\right)^{\mathrm{T}} \quad \cdots \quad \left(\boldsymbol{\mathcal{X}}^{\mathcal{N}_{\mathcal{I}}}\right)^{\mathrm{T}}\right]^{\mathrm{T}}
\end{aligned} \tag{9.17}
$$

其中 $\mathcal{N}_{\mathcal{B}}$ 和 $\mathcal{N}_{\mathcal{I}}$ 分别为 $\mathcal{B}$ 和 $\mathcal{I}$ 中广义结点的数量。

由于线性边界条件通过式(8.25)在施加 $\mathcal{B}$ 中所有的广义结点上，因此宏观尺度初边值问题离散方程(9.11)和(9.12)中的内变量可由 $\mathcal{B}$ 中广义结点处的反作用力确定，即

$$
\begin{aligned}
\bar{\boldsymbol{\sigma}}_{\mathrm{M}} &= \frac{1}{\left|\Omega_{\mathrm{m}}\right|}\sum_{i\in\mathcal{B}}\boldsymbol{\mathcal{H}}_{i}\boldsymbol{t}_{\mathrm{m}}^{i} = \frac{1}{\left|\Omega_{\mathrm{m}}\right|}\mathbb{H}^{\mathrm{L}}\mathbb{R}^{\mathrm{L}} \\
\mathbb{f}_{\mathrm{M}} &= -\frac{1}{\left|\Omega_{\mathrm{m}}\right|}\sum_{i\in\mathcal{B}}\boldsymbol{t}_{\mathrm{m}}^{i} = -\frac{1}{\left|\Omega_{\mathrm{m}}\right|}\mathbb{I}^{\mathrm{L}}\mathbb{R}^{\mathrm{L}} \\
\boldsymbol{J}_{\mathrm{M}} &= \frac{1}{\left|\Omega_{\mathrm{m}}\right|}\sum_{i\in\mathcal{B}}\boldsymbol{x}_{\mathrm{m}}^{i}q_{\mathrm{m}}^{i} = \frac{1}{\left|\Omega_{\mathrm{m}}\right|}\mathbb{x}^{\mathrm{L}}\mathbb{R}^{\mathrm{L}} \\
\xi_{\mathrm{M}} &= -\frac{1}{\left|\Omega_{\mathrm{m}}\right|}\sum_{i\in\mathcal{B}}q_{\mathrm{m}}^{i} = -\frac{1}{\left|\Omega_{\mathrm{m}}\right|}\mathbb{e}^{\mathrm{L}}\mathbb{R}^{\mathrm{L}}
\end{aligned} \tag{9.18}
$$

其中 $\boldsymbol{x}_{\mathrm{m}}^{i}=\left[x_{\mathrm{m}}^{i} \quad y_{\mathrm{m}}^{i} \quad z_{\mathrm{m}}^{i}\right]^{\mathrm{T}}$ 为 $\mathcal{B}$ 中第 i 个广义结点的位置向量，$\boldsymbol{t}_{\mathrm{m}}^{i}$ 和 q_{m}^{i} 表示第 i 个广义结点处的反作用外力和流量，$\boldsymbol{\mathcal{H}}_{i}$ 仅与坐标 $\boldsymbol{x}_{\mathrm{m}}^{i}$ 有关，定义为

$$\boldsymbol{\mathcal{H}}_i = \begin{bmatrix} x_{\mathrm{m}}^i & 0 & 0 & \frac{1}{2}y_{\mathrm{m}}^i & 0 & \frac{1}{2}z_{\mathrm{m}}^i \\ 0 & y_{\mathrm{m}}^i & 0 & \frac{1}{2}x_{\mathrm{m}}^i & \frac{1}{2}z_{\mathrm{m}}^i & 0 \\ 0 & 0 & z_{\mathrm{m}}^i & 0 & \frac{1}{2}y_{\mathrm{m}}^i & \frac{1}{2}x_{\mathrm{m}}^i \end{bmatrix}^{\mathrm{T}} \tag{9.19}$$

$\mathbb{H}^{\mathrm{L}}$、$\mathbb{I}^{\mathrm{L}}$、$\mathbbm{x}^{\mathrm{L}}$ 和 $\mathbbm{e}^{\mathrm{L}}$ 的定义见附录 A。$\mathbb{R}^{\mathrm{L}}$ 表示 $\mathcal{B}$ 中结点处的不平衡力向量，即

$$\begin{gathered} \mathbb{R}^{\mathrm{L}} = \begin{bmatrix} \boldsymbol{R}_1^{\mathrm{T}} & \boldsymbol{R}_2^{\mathrm{T}} & \cdots & \boldsymbol{R}_i^{\mathrm{T}} & \cdots & \boldsymbol{R}_{\mathcal{N}_{\mathcal{B}}}^{\mathrm{T}} \end{bmatrix}^{\mathrm{T}} \\ \boldsymbol{R}_i = \begin{bmatrix} \left(\boldsymbol{t}_{\mathrm{m}}^i\right)^{\mathrm{T}} & q_{\mathrm{m}}^i \end{bmatrix}^{\mathrm{T}} \end{gathered} \tag{9.20}$$

为计算宏观尺度切向算子，引入宏观尺度变分 $\delta\boldsymbol{\varepsilon}_{\mathrm{M}}$、$\delta\boldsymbol{Y}_{\mathrm{M}}$、$\delta\boldsymbol{u}_{\mathrm{M}}$ 和 δp_{M}，它们引起的变形 $\delta\mathbb{X}^{\mathcal{B}}$、$\delta\mathbb{X}^{\mathcal{I}}$ 和反作用力 $\delta\boldsymbol{\Psi}_{\mathrm{m},\mathcal{B}}$、$\delta\boldsymbol{\Psi}_{\mathrm{m},\mathcal{I}}$ 具有如下关系

$$\begin{bmatrix} \mathbb{J}_{\mathrm{m},\mathcal{BB}} & \mathbb{J}_{\mathrm{m},\mathcal{BI}} \\ \mathbb{J}_{\mathrm{m},\mathcal{IB}} & \mathbb{J}_{\mathrm{m},\mathcal{II}} \end{bmatrix} \begin{bmatrix} \delta\mathbb{X}^{\mathcal{B}} \\ \delta\mathbb{X}^{\mathcal{I}} \end{bmatrix} = \begin{bmatrix} \delta\boldsymbol{\Psi}_{\mathrm{m},\mathcal{B}} \\ \delta\boldsymbol{\Psi}_{\mathrm{m},\mathcal{I}} \end{bmatrix} \tag{9.21}$$

式(9.21)通过依据 $\mathcal{B}$ 和 $\mathcal{I}$ 所含广义结点对式(9.13)进行分块得到。注意到内部结点(即 $\mathcal{I}$ 中结点)上无反作用力，即 $\delta\boldsymbol{\Psi}_{\mathrm{m},\mathcal{I}} = 0$，由式(9.21)可得

$$\delta\mathbb{R}^{\mathrm{L}} = \delta\boldsymbol{\Psi}_{\mathrm{m},\mathcal{B}} = \left(\mathbb{J}_{\mathrm{m},\mathcal{BB}} - \mathbb{J}_{\mathrm{m},\mathcal{BI}}\mathbb{J}_{\mathrm{m},\mathcal{II}}^{-1}\mathbb{J}_{\mathrm{m},\mathcal{IB}}\right)\delta\mathbb{X}^{\mathcal{B}} \tag{9.22}$$

由式(9.22)可得到宏观尺度切向算子各分量的显式表达式，比如

$$\frac{\partial\bar{\boldsymbol{\sigma}}_{\mathrm{M}}}{\partial\bar{\boldsymbol{\varepsilon}}_{\mathrm{M}}} = \frac{1}{\left|\Omega_{\mathrm{m}}\right|}\mathbb{H}^{\mathrm{L}}\frac{\partial\delta\mathbb{R}^{\mathrm{L}}}{\partial\delta\bar{\boldsymbol{\varepsilon}}_{\mathrm{M}}} = \frac{1}{\left|\Omega_{\mathrm{m}}\right|}\mathbb{H}^{\mathrm{L}}\mathbb{J}_{\mathrm{m}}^{\mathrm{L}}\left(\mathbb{H}^{\mathrm{L}}\right)^{\mathrm{T}} \tag{9.23}$$

其中 $\mathbb{J}_{\mathrm{m}}^{\mathrm{L}} = \mathbb{J}_{\mathrm{m},\mathcal{BB}} - \mathbb{J}_{\mathrm{m},\mathcal{BI}}\mathbb{J}_{\mathrm{m},\mathcal{II}}^{-1}\mathbb{J}_{\mathrm{m},\mathcal{IB}}$。其他分量的显式表达式见附录 A。

9.2.2 周期边界条件

对于周期边界条件(Zohdi and Wriggers, 2005; Yvonnet, 2019)，将微观尺度的数值流形广义结点分为互补且互不相交的四部分，$\mathcal{M}$、$\mathcal{P}$、$\mathcal{C}$ 和 $\mathcal{I}$，它们分别包括了微观尺度问题域负边界 Γ_{m}^{+}、正边界 Γ_{m}^{-}、角点和问题域内部的广义结点。对应的结点的自由度可表示为

$$\mathbb{X}^{\mathcal{M}}=\left[\left(\boldsymbol{\mathcal{X}}^{1}\right)^{\mathrm{T}}\quad\left(\boldsymbol{\mathcal{X}}^{2}\right)^{\mathrm{T}}\quad\cdots\quad\left(\boldsymbol{\mathcal{X}}^{\mathcal{N}_{\mathcal{M}}}\right)^{\mathrm{T}}\right]^{\mathrm{T}}$$
$$\mathbb{X}^{\mathcal{P}}=\left[\left(\boldsymbol{\mathcal{X}}^{1}\right)^{\mathrm{T}}\quad\left(\boldsymbol{\mathcal{X}}^{2}\right)^{\mathrm{T}}\quad\cdots\quad\left(\boldsymbol{\mathcal{X}}^{\mathcal{N}_{\mathcal{P}}}\right)^{\mathrm{T}}\right]^{\mathrm{T}}$$
$$\mathbb{X}^{\mathcal{I}}=\left[\left(\boldsymbol{\mathcal{X}}^{1}\right)^{\mathrm{T}}\quad\left(\boldsymbol{\mathcal{X}}^{2}\right)^{\mathrm{T}}\quad\cdots\quad\left(\boldsymbol{\mathcal{X}}^{\mathcal{N}_{\mathcal{I}}}\right)^{\mathrm{T}}\right]^{\mathrm{T}}\tag{9.24}$$
$$\mathbb{X}^{\mathcal{C}}=\left[\left(\boldsymbol{\mathcal{X}}^{1}\right)^{\mathrm{T}}\quad\left(\boldsymbol{\mathcal{X}}^{2}\right)^{\mathrm{T}}\quad\cdots\quad\left(\boldsymbol{\mathcal{X}}^{\mathcal{N}_{\mathcal{C}}}\right)^{\mathrm{T}}\right]^{\mathrm{T}}$$

$\mathcal{N}_{\mathcal{M}}$、$\mathcal{N}_{\mathcal{P}}$、$\mathcal{N}_{\mathcal{I}}$和$\mathcal{N}_{\mathcal{C}}$分别为$\mathcal{M}$、$\mathcal{P}$、$\mathcal{I}$和$\mathcal{C}$中的结点数目。由于在周期边界条件下，$\Gamma_{\mathrm{m}}^{+}$和$\Gamma_{\mathrm{m}}^{-}$上的反作用力具有反对称特性，结合式(9.18)，宏观尺度内变量可表示为

$$\bar{\boldsymbol{\sigma}}_{\mathrm{M}}=\frac{1}{\left|\Omega_{\mathrm{m}}\right|}\sum_{i\in\mathcal{M}\cup\mathcal{P}\cup\mathcal{C}}\boldsymbol{\mathcal{H}}_{i}\boldsymbol{t}_{\mathrm{m}}^{i}=\frac{1}{\left|\Omega_{\mathrm{m}}\right|}\mathbb{H}^{\mathrm{P}}\mathbb{R}^{\mathrm{P}}$$
$$\mathbb{f}_{\mathrm{M}}=-\frac{1}{\left|\Omega_{\mathrm{m}}\right|}\sum_{i\in\mathcal{M}\cup\mathcal{P}\cup\mathcal{C}}\boldsymbol{t}_{\mathrm{m}}^{i}=-\frac{1}{\left|\Omega_{\mathrm{m}}\right|}\mathbb{I}^{\mathrm{P}}\mathbb{R}^{\mathrm{P}}$$
$$\boldsymbol{J}_{\mathrm{M}}=\frac{1}{\left|\Omega_{\mathrm{m}}\right|}\sum_{i\in\mathcal{M}\cup\mathcal{P}\cup\mathcal{C}}\boldsymbol{x}_{\mathrm{m}}^{i}q_{\mathrm{m}}^{i}=\frac{1}{\left|\Omega_{\mathrm{m}}\right|}\mathbb{x}^{\mathrm{P}}\mathbb{R}^{\mathrm{P}}\tag{9.25}$$
$$\xi_{\mathrm{M}}=-\frac{1}{\left|\Omega_{\mathrm{m}}\right|}\sum_{i\in\mathcal{M}\cup\mathcal{P}\cup\mathcal{C}}q_{\mathrm{m}}^{i}=-\frac{1}{\left|\Omega_{\mathrm{m}}\right|}\mathbb{e}^{\mathrm{P}}\mathbb{R}^{\mathrm{P}}$$

其中$\mathbb{H}^{\mathrm{P}}$、$\mathbb{I}^{\mathrm{P}}$、$\mathbb{x}^{\mathrm{P}}$和$\mathbb{e}^{\mathrm{P}}$的显式定义见附录 B，$\mathbb{R}^{\mathrm{P}}$表示$\mathcal{M}$和$\mathcal{C}$所含广义结点处的不平衡力

$$\mathbb{R}^{\mathrm{P}}=\left[\boldsymbol{R}_{1}^{\mathrm{T}}\quad\cdots\quad\boldsymbol{R}_{i}^{\mathrm{T}}\quad\cdots\quad\boldsymbol{R}_{\mathcal{N}_{\mathcal{M}}}^{\mathrm{T}}\quad\boldsymbol{R}_{1}^{\mathrm{T}}\quad\cdots\quad\boldsymbol{R}_{j}^{\mathrm{T}}\quad\cdots\quad\boldsymbol{R}_{\mathcal{N}_{\mathcal{C}}}^{\mathrm{T}}\right]^{\mathrm{T}}$$
$$\boldsymbol{R}_{i}=\left[\left(\boldsymbol{t}_{\mathrm{m}}^{i}\right)^{\mathrm{T}}\quad q_{\mathrm{m}}^{i}\right]^{\mathrm{T}}\tag{9.26}$$

类似地，引入宏观尺度变分$\delta\boldsymbol{\varepsilon}_{\mathrm{M}}$、$\delta\boldsymbol{Y}_{\mathrm{M}}$、$\delta\boldsymbol{u}_{\mathrm{M}}$和$\delta p_{\mathrm{M}}$，对式(4.13)进行如下分块化处理

$$\begin{bmatrix}\mathbb{J}_{\mathrm{m},\mathcal{M}\mathcal{M}} & \mathbb{J}_{\mathrm{m},\mathcal{M}\mathcal{P}} & \mathbb{J}_{\mathrm{m},\mathcal{M}\mathcal{I}} & \mathbb{J}_{\mathrm{m},\mathcal{M}\mathcal{C}}\\ \mathbb{J}_{\mathrm{m},\mathcal{P}\mathcal{M}} & \mathbb{J}_{\mathrm{m},\mathcal{P}\mathcal{P}} & \mathbb{J}_{\mathrm{m},\mathcal{P}\mathcal{I}} & \mathbb{J}_{\mathrm{m},\mathcal{P}\mathcal{C}}\\ \mathbb{J}_{\mathrm{m},\mathcal{I}\mathcal{M}} & \mathbb{J}_{\mathrm{m},\mathcal{I}\mathcal{P}} & \mathbb{J}_{\mathrm{m},\mathcal{I}\mathcal{I}} & \mathbb{J}_{\mathrm{m},\mathcal{I}\mathcal{C}}\\ \mathbb{J}_{\mathrm{m},\mathcal{C}\mathcal{M}} & \mathbb{J}_{\mathrm{m},\mathcal{C}\mathcal{P}} & \mathbb{J}_{\mathrm{m},\mathcal{C}\mathcal{I}} & \mathbb{J}_{\mathrm{m},\mathcal{C}\mathcal{C}}\end{bmatrix}\begin{bmatrix}\delta\mathbb{X}^{\mathcal{M}}\\ \delta\mathbb{X}^{\mathcal{P}}\\ \delta\mathbb{X}^{\mathcal{I}}\\ \delta\mathbb{X}^{\mathcal{C}}\end{bmatrix}=\begin{bmatrix}\delta\boldsymbol{\Psi}_{\mathrm{m},\mathcal{M}}\\ \delta\boldsymbol{\Psi}_{\mathrm{m},\mathcal{P}}\\ \delta\boldsymbol{\Psi}_{\mathrm{m},\mathcal{I}}\\ \delta\boldsymbol{\Psi}_{\mathrm{m},\mathcal{C}}\end{bmatrix}\tag{9.27}$$

由式(8.26)所示的周期性条件，可得到$\delta\mathbb{X}^{\mathcal{P}}$和$\delta\mathbb{X}^{\mathcal{M}}$间的关系

$$\delta\mathbb{X}^{\mathcal{P}} = \delta\mathbb{X}^{\mathcal{M}} + \boldsymbol{\mathcal{E}}\left(\delta\boldsymbol{\varepsilon}_{\mathrm{M}}, \delta\boldsymbol{Y}_{\mathrm{M}}\right) \tag{9.28}$$

由此可将自由度向量改写为如下形式

$$\begin{bmatrix} \delta\mathbb{X}^{\mathcal{M}} \\ \delta\mathbb{X}^{\mathcal{P}} \\ \delta\mathbb{X}^{\mathcal{I}} \\ \delta\mathbb{X}^{\mathcal{C}} \end{bmatrix} = \boldsymbol{\mathcal{T}} \begin{bmatrix} \delta\mathbb{X}^{\mathcal{M}} \\ \delta\mathbb{X}^{\mathcal{I}} \\ \delta\mathbb{X}^{\mathcal{C}} \end{bmatrix} + \begin{bmatrix} \mathbf{0} \\ \boldsymbol{\mathcal{E}} \\ \mathbf{0} \\ \mathbf{0} \end{bmatrix}, \quad \boldsymbol{\mathcal{T}} = \begin{bmatrix} \mathbf{1}_{\mathcal{N}_{\mathcal{M}}\times\mathcal{N}_{\mathcal{M}}} & \mathbf{0} & \mathbf{0} \\ \mathbf{1}_{\mathcal{N}_{\mathcal{M}}\times\mathcal{N}_{\mathcal{M}}} & \mathbf{0} & \mathbf{0} \\ \mathbf{0} & \mathbf{1}_{\mathcal{N}_{\mathcal{I}}\times\mathcal{N}_{\mathcal{I}}} & \mathbf{0} \\ \mathbf{0} & \mathbf{0} & \mathbf{1}_{\mathcal{N}_{\mathcal{C}}\times\mathcal{N}_{\mathcal{C}}} \end{bmatrix} \tag{9.29}$$

将式(9.29)代入式(9.27)，并对所得方程左乘$\boldsymbol{\mathcal{T}}^{\mathrm{T}}$，可得

$$\begin{gathered} \begin{bmatrix} \overline{\mathbb{J}}_{\mathrm{m},\mathcal{MM}} & \overline{\mathbb{J}}_{\mathrm{m},\mathcal{MI}} & \overline{\mathbb{J}}_{\mathrm{m},\mathcal{MC}} \\ \overline{\mathbb{J}}_{\mathrm{m},\mathcal{IM}} & \overline{\mathbb{J}}_{\mathrm{m},\mathcal{II}} & \overline{\mathbb{J}}_{\mathrm{m},\mathcal{IC}} \\ \overline{\mathbb{J}}_{\mathrm{m},\mathcal{CM}} & \overline{\mathbb{J}}_{\mathrm{m},\mathcal{CI}} & \overline{\mathbb{J}}_{\mathrm{m},\mathcal{CC}} \end{bmatrix} \begin{bmatrix} \delta\mathbb{X}^{\mathcal{M}} \\ \delta\mathbb{X}^{\mathcal{I}} \\ \delta\mathbb{X}^{\mathcal{C}} \end{bmatrix} = \begin{bmatrix} \mathbf{0} \\ \mathbf{0} \\ \delta\boldsymbol{\varPsi}_{\mathrm{m},\mathcal{C}} \end{bmatrix} - \begin{bmatrix} \mathbb{J}_{\mathrm{m},\mathcal{MP}} + \mathbb{J}_{\mathrm{m},\mathcal{PP}} \\ \mathbb{J}_{\mathrm{m},\mathcal{IP}} \\ \mathbb{J}_{\mathrm{m},\mathcal{CP}} \end{bmatrix} \mathcal{E} \\ \overline{\mathbb{J}}_{\mathrm{m}} = \boldsymbol{\mathcal{T}}^{\mathrm{T}} \begin{bmatrix} \mathbb{J}_{\mathrm{m},\mathcal{MM}} & \mathbb{J}_{\mathrm{m},\mathcal{MP}} & \mathbb{J}_{\mathrm{m},\mathcal{MC}} & \mathbb{J}_{\mathrm{m},\mathcal{MI}} \\ \mathbb{J}_{\mathrm{m},\mathcal{PM}} & \mathbb{J}_{\mathrm{m},\mathcal{PP}} & \mathbb{J}_{\mathrm{m},\mathcal{PC}} & \mathbb{J}_{\mathrm{m},\mathcal{PI}} \\ \mathbb{J}_{\mathrm{m},\mathcal{CM}} & \mathbb{J}_{\mathrm{m},\mathcal{CP}} & \mathbb{J}_{\mathrm{m},\mathcal{CC}} & \mathbb{J}_{\mathrm{m},\mathcal{CI}} \\ \mathbb{J}_{\mathrm{m},\mathcal{IM}} & \mathbb{J}_{\mathrm{m},\mathcal{IP}} & \mathbb{J}_{\mathrm{m},\mathcal{IC}} & \mathbb{J}_{\mathrm{m},\mathcal{II}} \end{bmatrix} \boldsymbol{\mathcal{T}} \end{gathered} \tag{9.30}$$

考虑到Γ_{m}^{+}和Γ_{m}^{-}上的反作用力具有反对称特性而且内部结点上无反作用力，即$\delta\boldsymbol{\varPsi}_{\mathrm{m},\mathcal{M}} + \delta\boldsymbol{\varPsi}_{\mathrm{m},\mathcal{P}} = 0$以及$\delta\boldsymbol{\varPsi}_{\mathrm{m},\mathcal{I}} = 0$，可得

$$\begin{aligned} \begin{bmatrix} \delta\mathbb{X}^{\mathcal{M}} \\ \delta\mathbb{X}^{\mathcal{I}} \end{bmatrix} = & -\begin{bmatrix} \overline{\mathbb{J}}_{\mathrm{m},\mathcal{MM}} & \overline{\mathbb{J}}_{\mathrm{m},\mathcal{MI}} \\ \overline{\mathbb{J}}_{\mathrm{m},\mathcal{IM}} & \overline{\mathbb{J}}_{\mathrm{m},\mathcal{II}} \end{bmatrix}^{-1} \begin{bmatrix} \mathbb{J}_{\mathrm{m},\mathcal{MP}} + \mathbb{J}_{\mathrm{m},\mathcal{PP}} \\ \mathbb{J}_{\mathrm{m},\mathcal{IP}} \end{bmatrix} \boldsymbol{\mathcal{E}} \\ & -\begin{bmatrix} \overline{\mathbb{J}}_{\mathrm{m},\mathcal{MM}} & \overline{\mathbb{J}}_{\mathrm{m},\mathcal{MI}} \\ \overline{\mathbb{J}}_{\mathrm{m},\mathcal{IM}} & \overline{\mathbb{J}}_{\mathrm{m},\mathcal{II}} \end{bmatrix}^{-1} \begin{bmatrix} \overline{\mathbb{J}}_{\mathrm{m},\mathcal{MC}} \\ \overline{\mathbb{J}}_{\mathrm{m},\mathcal{IC}} \end{bmatrix} \delta\mathbb{X}^{\mathcal{C}} \end{aligned} \tag{9.31}$$

将式(9.31)代入式(9.27)并考虑到式(9.29)，可得

$$\delta\mathbb{R}^{\mathrm{P}} = \begin{bmatrix} \delta\boldsymbol{\varPsi}_{\mathrm{m},\mathcal{M}} \\ \delta\boldsymbol{\varPsi}_{\mathrm{m},\mathcal{C}} \end{bmatrix} = \mathbb{J}_{\mathrm{m}}^{\mathrm{P}\mathcal{E}} \boldsymbol{\mathcal{E}} + \mathbb{J}_{\mathrm{m}}^{\mathrm{P}\mathcal{C}} \ \delta\mathbb{X}^{\mathcal{C}} \tag{9.32}$$

由此，可得各切向算子分量的显式表达，如

$$\frac{\partial\overline{\boldsymbol{\sigma}}_{\mathrm{M}}}{\partial\overline{\boldsymbol{\varepsilon}}_{\mathrm{M}}} = \frac{1}{\left|\varOmega_{\mathrm{m}}\right|} \mathbb{H}^{\mathrm{P}} \frac{\partial\delta\mathbb{R}^{\mathrm{P}}}{\partial\delta\overline{\boldsymbol{\varepsilon}}_{\mathrm{M}}} = \frac{1}{\left|\varOmega_{\mathrm{m}}\right|} \mathbb{H}^{\mathrm{P}} \left(\mathbb{J}_{\mathrm{m}}^{\mathrm{P}\mathcal{E}} \boldsymbol{\mathcal{Q}}^{\mathcal{E}1} + \mathbb{J}_{\mathrm{m}}^{\mathrm{P}\mathcal{C}} \boldsymbol{\mathcal{Q}}^{\mathcal{C}1}\right) \tag{9.33}$$

其中$\boldsymbol{\mathcal{Q}}^{\mathcal{E}1}$、$\boldsymbol{\mathcal{Q}}^{\mathcal{C}1}$及其他的切向算子分量的显式表达见附录 B。

9.3 数 值 算 例

本节通过对经典三维水力耦合多尺度分析算例进行数值计算(Khoei et al., 2018, 2021; Wu et al., 2022b)，验证本章所建立的三维多尺度数值流形法的计算精度和效率，并研究饱和非均质孔隙介质的动态水力响应。

9.3.1 非均质土石材料的固结

如图 9.1 所示，考虑由土石材料混合构成的饱和柱体在外力作用下的固结过

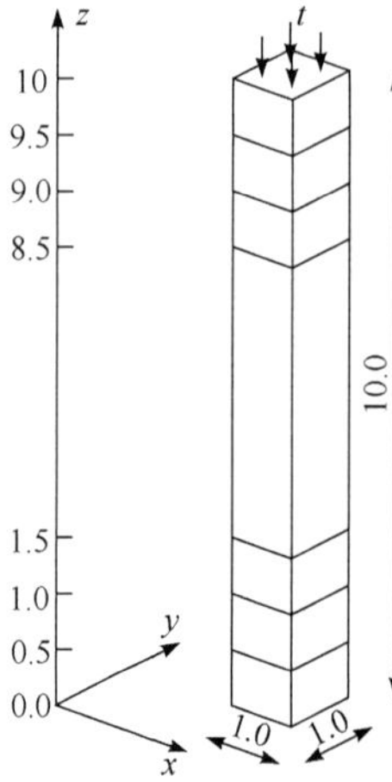

(a) 宏观尺度问题域(单位：m)

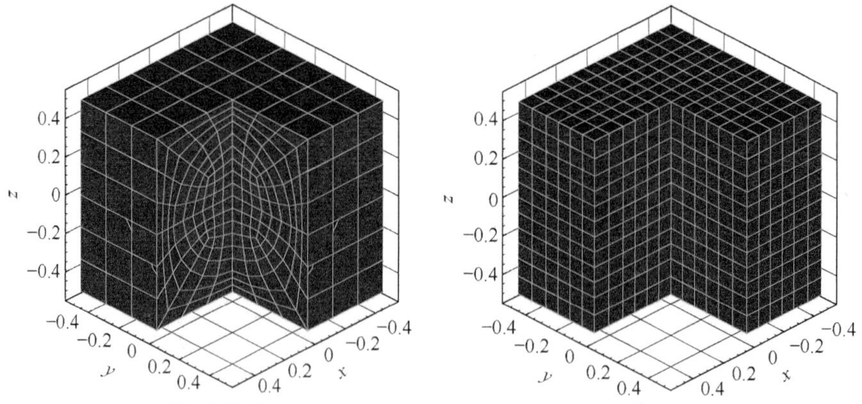

(b) 第一种类型RVE　　(c) 第二种类型RVE

图 9.1　宏观问题域和微观尺度代表性体积元(蓝色为土骨架，红色为块石)(彩图请扫封底二维码)

程。宏观问题域为图 9.1(a)所示的尺寸为 0.1m×0.1m×10m 的柱体。其顶面为理想透水边界，施加外力 $\bar{\boldsymbol{t}}(t)$，外力在 0.1s 内从 0 线性增加至 5kPa，然后保持不变。柱体的其余边界均不透水，且受法向位移约束。宏观问题域采用 20 个 8 结点六面体单元进行离散形成数学覆盖。

如图 9.1(b)、(c)所示，多尺度计算时采用两种类型的微观代表性体积元(representative volume element, RVE)。两种 RVE 中的块石材料的含量均为 25%。对于第一种类型的 RVE，中心块石为直径 0.781m 的球体；对于第二种类型的 RVE，中心块石为边长 0.63m 的正方体。为了验证多尺度方法计算结果的正确性，除多尺度分析外，同时采用直接离散的方式对本算例进行了计算(称为直接数值分析)。问题域的直接离散通过使用 10 个 RVE 网格竖直叠加实现(叠加时 RVE 大小由 1m×1m×1m 缩小至 0.1m×0.1m×0.1m)。计算中，时间步长取为 $\Delta t = 1\times10^{-3}$s。表 9.1 展示了土石材料的水力材料参数。为了体现非均质材料各组成部分的水力材料性质差异，计算中特意使用了差异较大的土石材料水力参数。

表 9.1　土石材料的水力材料参数

	土体	块石
弹性模量/Pa	1.4516×10^{7}	1.4516×10^{12}
泊松比	0.2	0.2
固体颗粒密度/(kg/m^3)	2000	20000
流体密度/(kg/m^3)	1000	1000
固体颗粒体积模量/Pa	1×10^{15}	1×10^{20}
流体体积模量/Pa	2×10^{9}	2×10^{9}
孔隙率	0.3	0.1
渗透系数/(m^3 · s/kg)	1×10^{-6}	1×10^{-10}
Biot 系数	1.0	0.6

图 9.2 对比了直接数值分析和多尺度数值分析(基于第一种类型 RVE)所得 $5\text{m}\leqslant z\leqslant 6\text{m}$ 范围内土体和块石内孔隙压力、沉降、有效应力和流体流速体积平均值随时间的变化历史。对于直接数值方法，土体和块石中的平均值定义为

$$
\begin{aligned}
[*]_{\text{rock}} &= \frac{1}{V_{\text{D,rock}}}\int(*)\,\mathrm{d}\Omega \\
[*]_{\text{soil}} &= \frac{1}{V_{\text{D,soil}}}\int(*)\,\mathrm{d}\Omega
\end{aligned}
\tag{9.34}
$$

其中 $V_{\text{D,rock}}$ 和 $V_{\text{D,soil}}$ 分别表示范围 $5\text{m}\leqslant z\leqslant 6\text{m}$ 中的土体和块石的体积。对于多尺度

数值分析，平均值定义为

$$
\begin{aligned}
&[*]_{\text{rock}} = \frac{1}{V_{\text{brick}}}\int \langle *_{\text{m}} \rangle_{\text{rock}}\, \mathrm{d}\Omega \\
&[*]_{\text{soil}} = \frac{1}{V_{\text{brick}}}\int \langle *_{\text{m}} \rangle_{\text{soil}}\, \mathrm{d}\Omega \\
&\langle *_{\text{m}} \rangle_{\text{rock}} = \frac{1}{V_{\text{m,rock}}}\int_{V_{\text{m,rock}}} (*_{\text{m}})\,\mathrm{d}\Omega \\
&\langle *_{\text{m}} \rangle_{\text{soil}} = \frac{1}{V_{\text{m,soil}}}\int_{V_{\text{m,soil}}} (*_{\text{m}})\,\mathrm{d}\Omega
\end{aligned}
\tag{9.35}
$$

其中 V_{brick} 为微观问题域在 5m≤z≤6m 内的体积，$V_{\text{m,rock}}$ 和 $V_{\text{m,soil}}$ 表示微观 RVE 中土体和块石材料的体积。

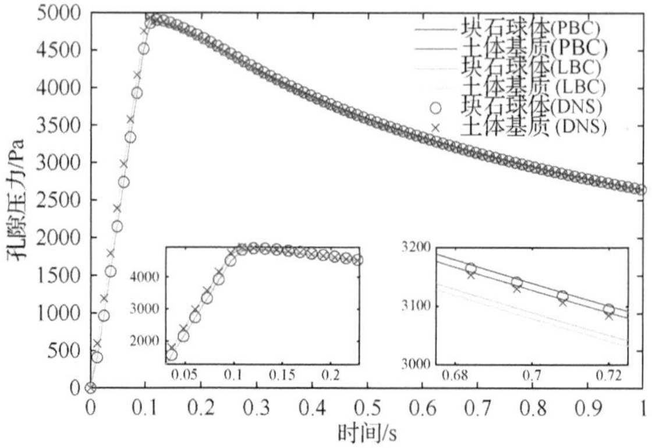

(a) 孔隙压力体积平均值

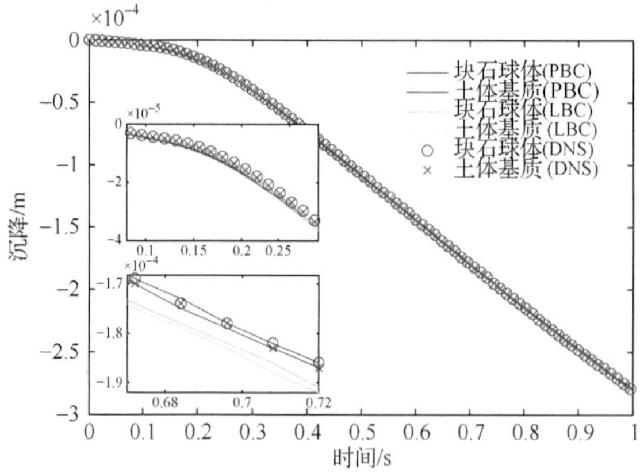

(b) 沉降体积平均值

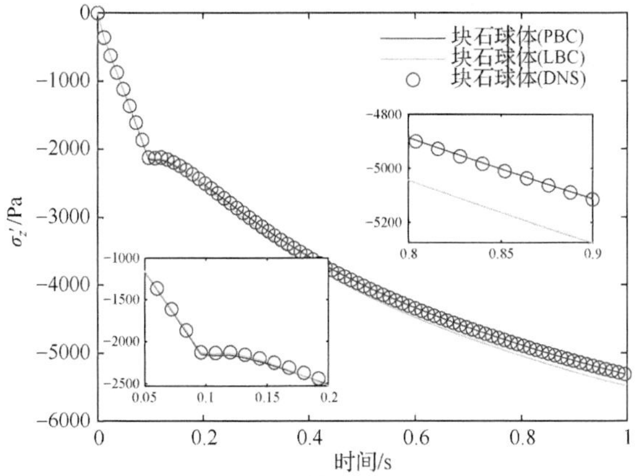

(c) 块石材料有效应力σ_z'体积平均值

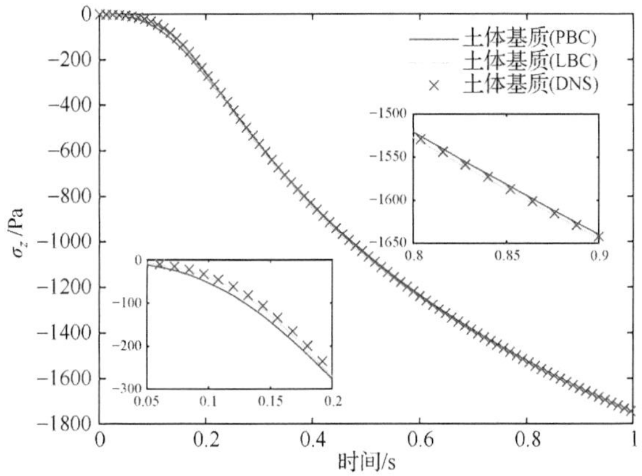

(d) 土体骨架有效应力σ_z'体积平均值

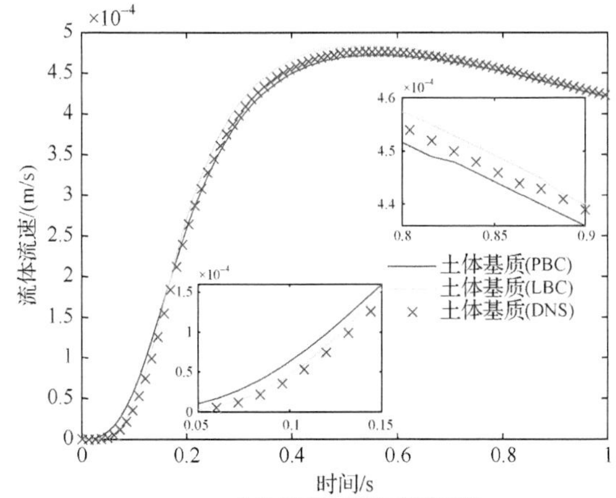

(e) 土骨架流体流速J_z体积平均

图 9.2　土体和块石内孔隙压力、沉降、有效应力和流体流速体积平均值随时间的变化历史 (5m≤z≤6m)(彩图请扫封底二维码)

图 9.2 显示直接数值分析和多尺度分析的结果吻合良好，这验证了本章所建立的水力耦合分析多尺度数值流形模型的正确性。此外计算结果还表明，与线性边界条件相比，采用周期边界条件进行多尺度分析得到的平均孔隙压力和沉降值更小，但得到的平均有效应力值更大。与土体相比，由于块石具有更大的弹性模量和更小的渗透系数，块石展现出更大的平均有效应力和孔隙压力，更小的平均沉降。图 9.3 展示了采用不同类型 RVE 的多尺度分析结果。可见使用两种类型的 RVE 所得的计算结果相互吻合。

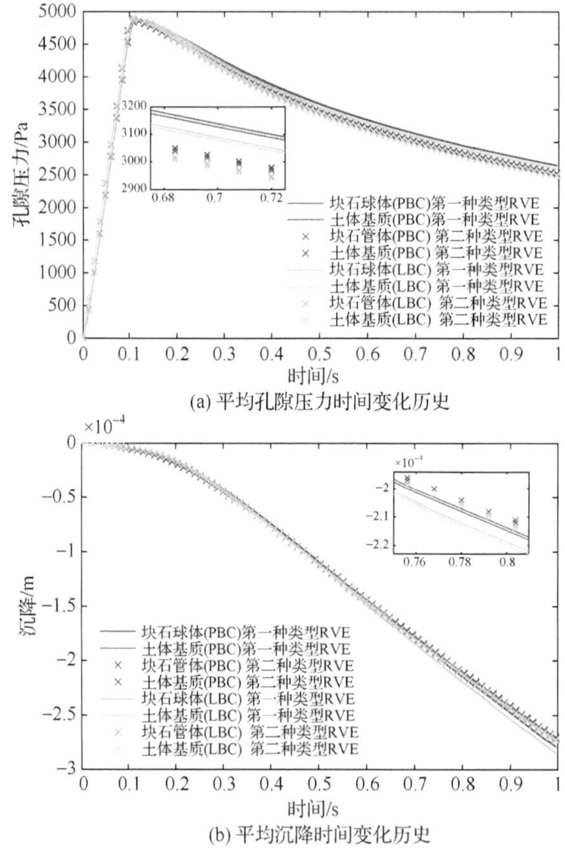

(a) 平均孔隙压力时间变化历史

(b) 平均沉降时间变化历史

图 9.3　采用不同类型 RVE 的多尺度分析结果(彩图请扫封底二维码)

图 9.4 和图 9.5 展示了基于第一种类型 RVE 和周期边界条件的多尺度数值分析和直接数值分析在 t=0.05s 和 0.5s 时刻所得微观尺度和宏观尺度孔隙压力和骨架沉降的分布云图。结果显示，多尺度分析结果和直接数值分析结果吻合良好。此外，微观尺度孔隙压力和沉降的极值及其出现位置与直接数值分析所得孔隙压

力和沉降的极值及其出现位置一致。多尺度分析所得 RVE 上的孔隙压力和沉降分布也与直接数值分析所得的孔隙压力和沉降分布完全一致。

图 9.6 展示了基于第一种类型 RVE 和线性边界条件多尺度数值分析在 t=0.5s 时刻所得的骨架沉降和孔隙压力结果。对比图 9.5 和图 9.6 中的结果可见，由于

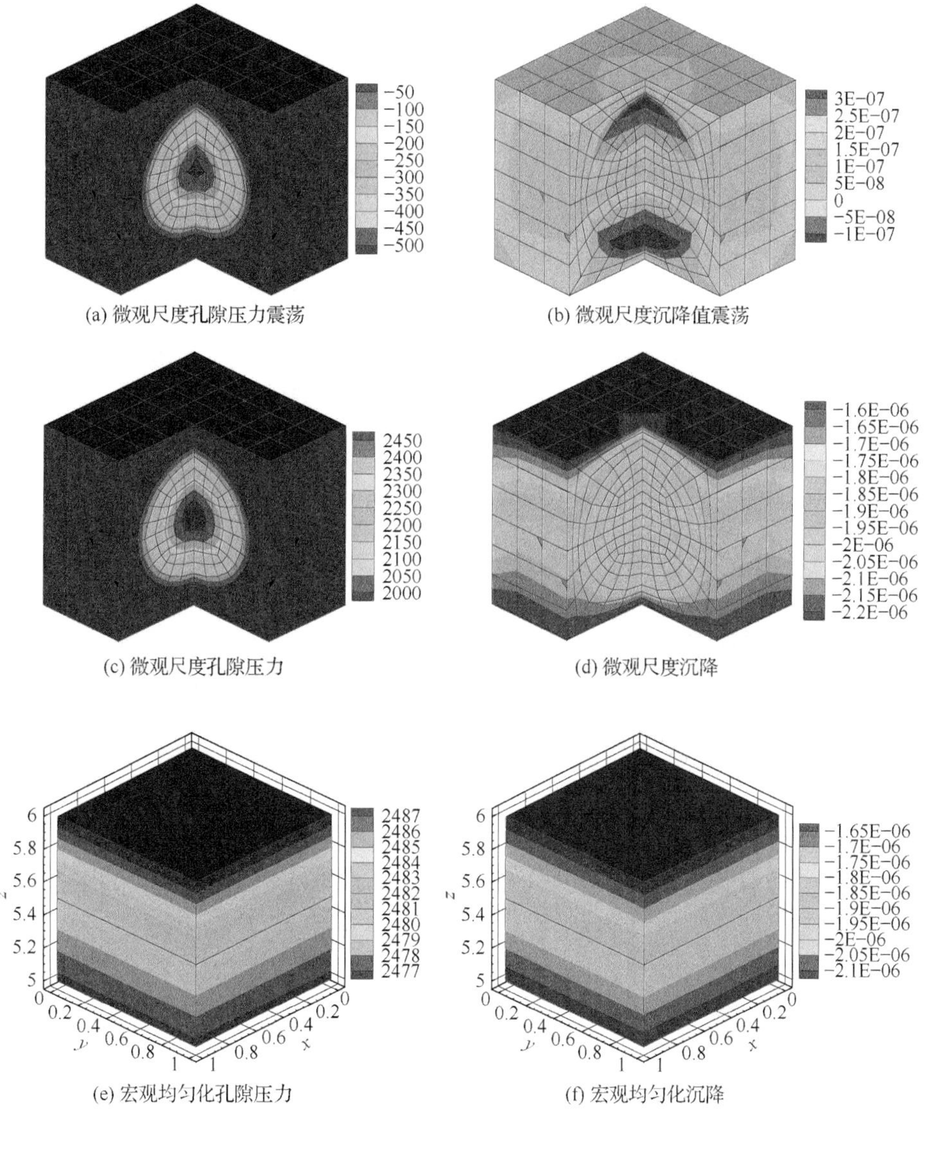

(a) 微观尺度孔隙压力震荡　(b) 微观尺度沉降值震荡

(c) 微观尺度孔隙压力　(d) 微观尺度沉降

(e) 宏观均匀化孔隙压力　(f) 宏观均匀化沉降

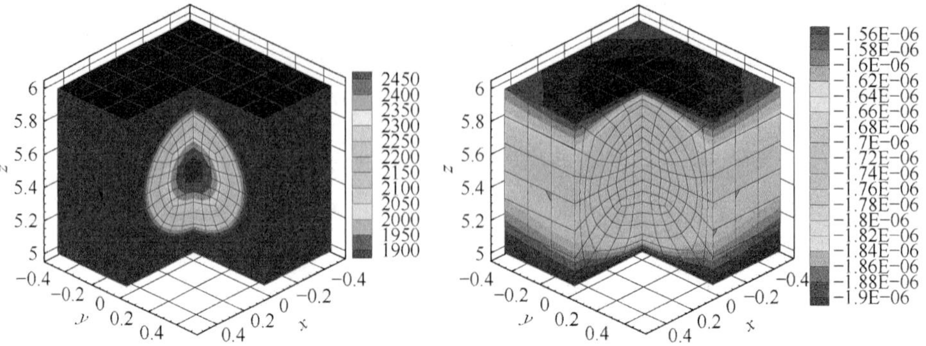

(g) 直接数值分析所得孔隙压力　　(h) 直接数值分析所得沉降

图 9.4　基于第一种类型 RVE 和周期边界条件的多尺度数值分析所得微观尺度沉降和孔隙压力分布(对应于 z=5.394m 处宏观尺度积分点)和宏观尺度均匀化骨架沉降和孔隙压力分布，以及直接数值分析所得 5m⩽z⩽6m 范围内的骨架沉降和孔隙压力分布(t=0.05s)(彩图请扫封底二维码)

与线性边界相比周期边界条件施加的变形限制较少，使用周期边界条件所得的结果中产生了更多数值震荡。较少的变形限制条件也导致与线性边界相比，周期边界条件低估了材料的变形和渗流刚度，即使用周期边界条件会得到更大的均匀沉降和孔隙压力。

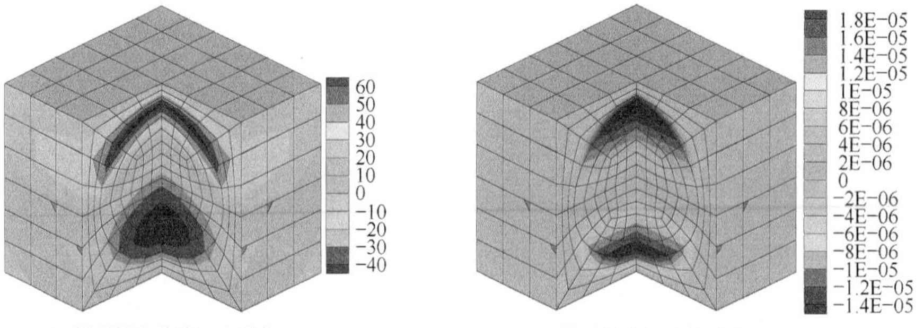

(a) 微观尺度孔隙压力震荡　　(b) 微观尺度沉降值震荡

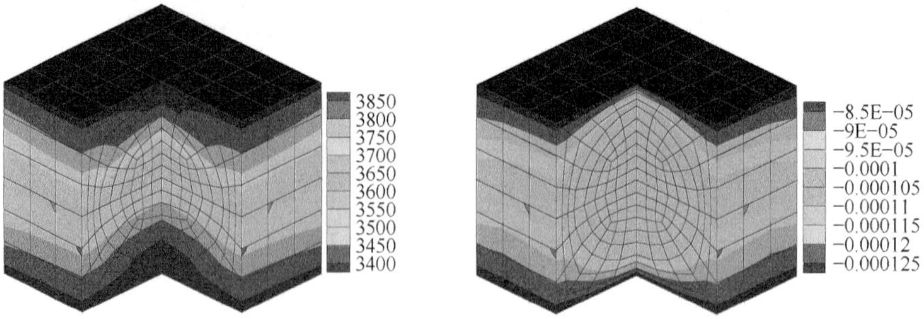

(c) 微观尺度孔隙压力　　(d) 微观尺度沉降

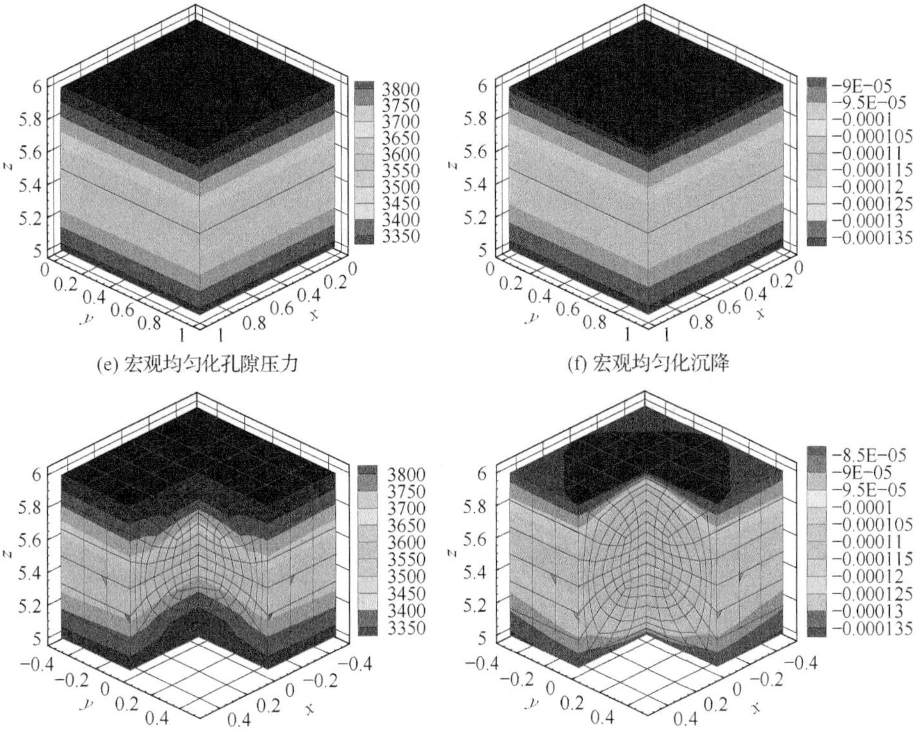

(e) 宏观均匀化孔隙压力　　(f) 宏观均匀化沉降

(g) 直接数值分析所得孔隙压力　　(h) 直接数值分析所得沉降

图 9.5　基于第一种类型 RVE 和周期边界条件的多尺度数值分析所得微观尺度沉降和孔隙压力分布(对应于 z=5.394m 处宏观尺度积分点)和宏观尺度均匀化骨架沉降和孔隙压力分布，以及直接数值分析所得 5m≤z≤6m 范围内的骨架沉降和孔隙压力分布(t=0.5s)(彩图请扫封底二维码)

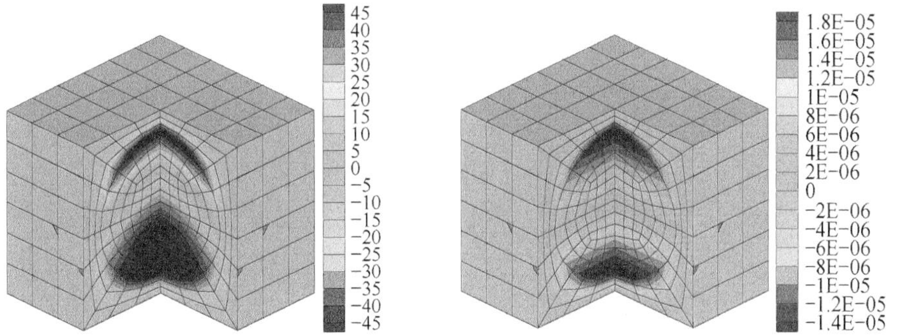

(a) 微观尺度孔隙压力震荡　　(b) 微观尺度沉降震荡

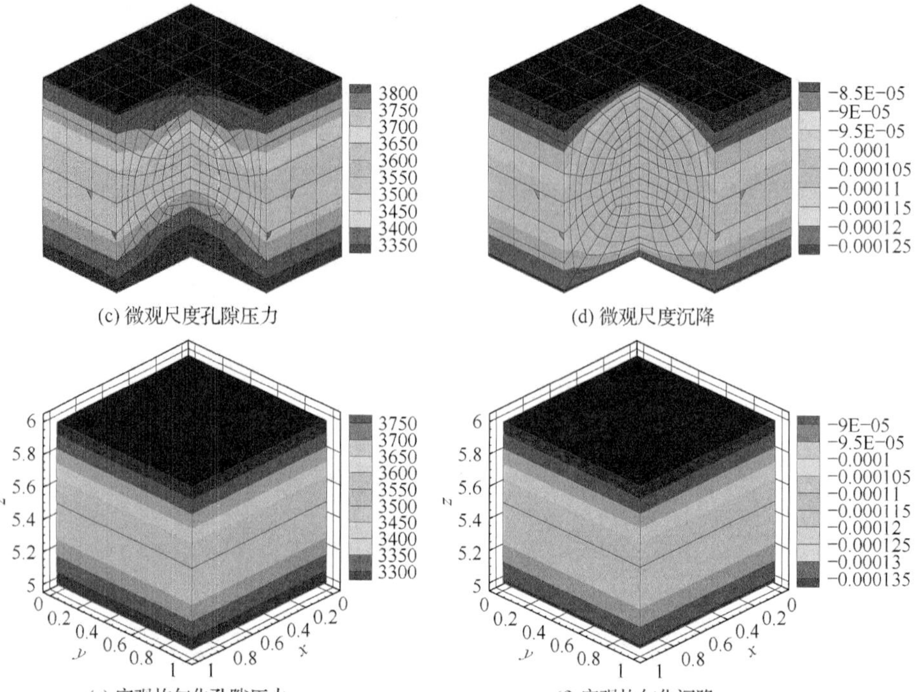

(c) 微观尺度孔隙压力　　(d) 微观尺度沉降

(e) 宏观均匀化孔隙压力　　(f) 宏观均匀化沉降

图 9.6　基于第一种类型 RVE 和线性边界条件多尺度数值分析所得微观尺度沉降和孔隙压力分布(对应于 z=5.394m 处宏观尺度积分点)和宏观尺度均匀化沉降和孔隙压力分布，以及直接数值分析所得 5m≤z≤6m 范围内的沉降和孔隙压力分布(t=0.5s 时刻)(彩图请扫封底二维码)

图 9.7 展示了基于第二种类型 RVE 和周期边界条件的多尺度数值分析以及直接数值分析所得孔隙压力和骨架沉降的结果对比。由图中结果可见，对于第二种类型的 RVE，多尺度分析所得微观尺度的孔隙压力和骨架沉降分布

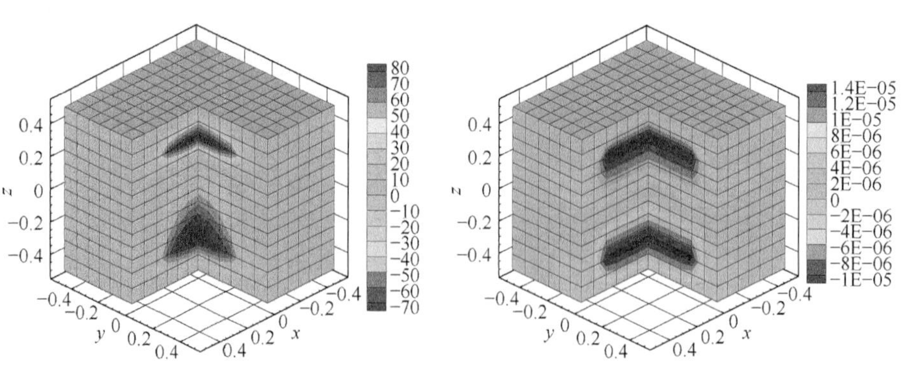

(a) 微观尺度孔隙压力震荡　　(b) 微观尺度沉降震荡

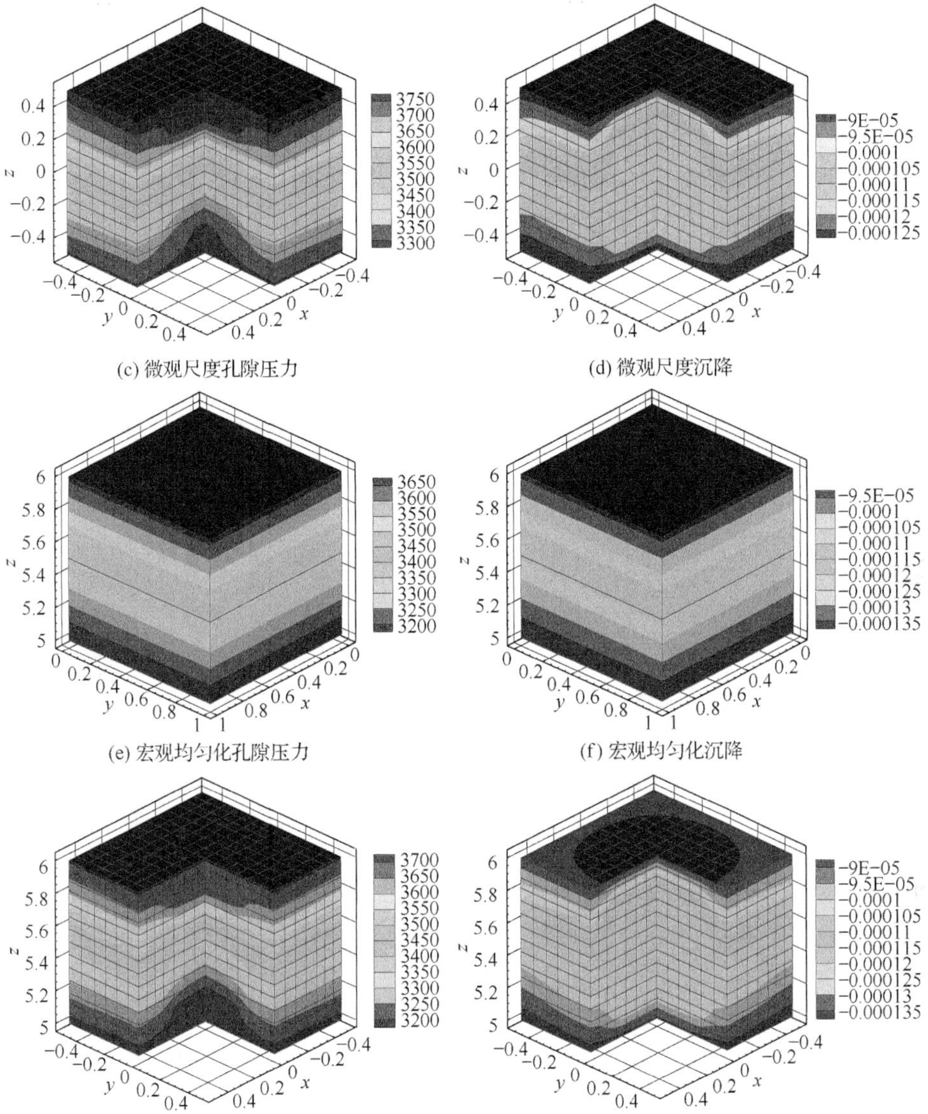

(c) 微观尺度孔隙压力　(d) 微观尺度沉降

(e) 宏观均匀化孔隙压力　(f) 宏观均匀化沉降

(g) 直接数值分析所得孔隙压力　(h) 直接数值分析所得沉降

图 9.7　基于第二种类型 RVE 和周期边界条件多尺度数值分析所得微观尺度沉降和孔隙压力分布(对应于 z=5.394m 处宏观尺度积分点)和宏观尺度均匀化骨架沉降和孔隙压力分布，以及直接数值分析所得 5m≤z≤6m 范围内的骨架沉降和孔隙压力分布(t = 0.5s 时刻)(彩图请扫封底二维码)

(图 9.7(a)和图 9.7(b))与直接数值分析孔隙压力和骨架沉降结果(图 9.7(g)和图 9.7(h))相一致，这再次验证了本章所建立的数值流形法多尺度分析模型的准确性。

图 9.8 展示了宏观均匀化问题域不同测点处的沉降和孔隙压力结果。可见，

采用多尺度原理均匀化后的土石混合孔隙介质，其水力响应与均匀的饱和孔隙介质的水力响应类似(见 3.6.1 节计算结果)。此外，图 9.8(b)和图 9.8(c)显示，与线性边界条件相比，使用周期边界条件会得到更大的沉降和孔隙压力结果。

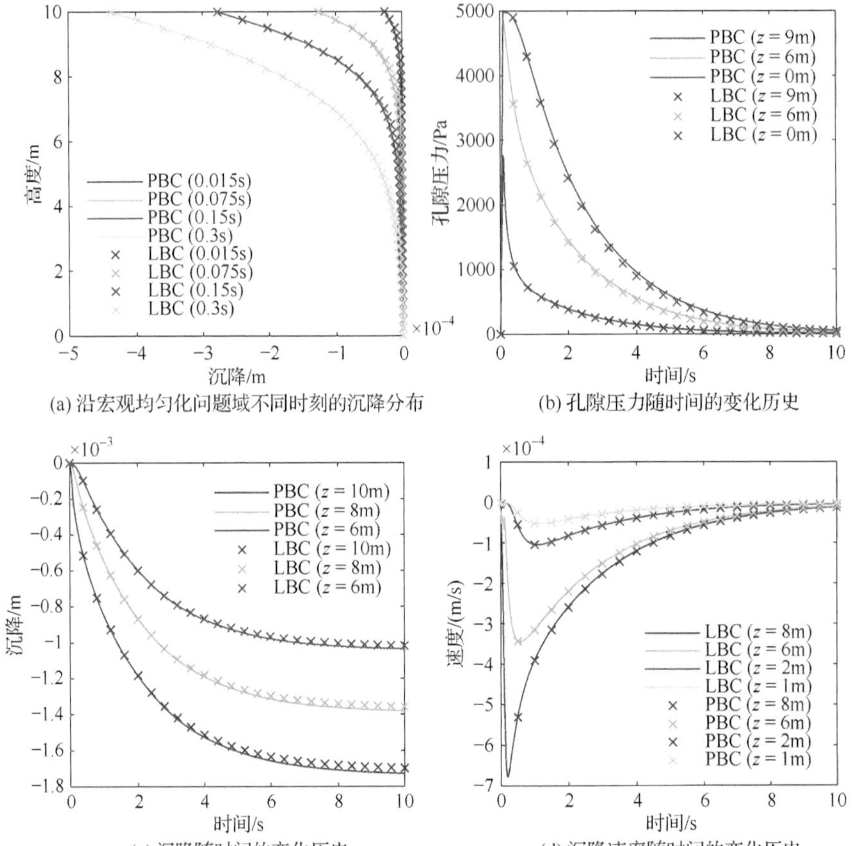

(a) 沿宏观均匀化问题域不同时刻的沉降分布　　(b) 孔隙压力随时间的变化历史

(c) 沉降随时间的变化历史　　(d) 沉降速率随时间的变化历史

图 9.8　宏观尺度不同测点处的沉降、孔隙压力和沉降速度随时间的变化(基于第一种类型 RVE)(彩图请扫封底二维码)

为了对比多尺度数值分析和直接数值分析的计算消耗，表 9.2 给出了各种分析情形的自由度数目以及在 t=0.05s 时刻的计算耗时，每种情形进行 5 组计算并得到每种情形的平均计算耗时。可见，当自由度数目较少时，直接数值方法的计算消耗较小，但当自由度数目增多时，直接数值方法的计算消耗剧烈增加，而多尺度分析的计算消耗仍然较小。这表明问题域越复杂，多尺度分析的优势越明显。事实上，采用直接数值方法对非均质材料进行直接模拟一般都会产生巨大的计算消耗，这也是提出并使用多尺度分析方法的原因。

表 9.2 多尺度数值分析及直接数值分析的自由度数目和计算时间消耗对比

RVE		自由度数目		A	B	C	D	E	平均耗时
第一种	直接分析	64276		218.7	220.1	219.3	217.9	217.9	218.8
	多尺度/LBC	336	6604	395.1	401.8	398.2	395.4	398.6	397.8
	多尺度/PBC	336	6604	411.7	420.1	425.3	418.8	418.4	418.8
第二种	直接分析	109980		1214.5	1216.1	1211.8	1194.8	1202.1	1207.9
	多尺度/LBC	336	8788	463.1	465.4	473.2	472.6	470.6	469.0
	多尺度/PBC	336	8788	467.3	474.1	479.3	475.1	473.6	473.9

9.3.2 偏斜载荷作用下非均匀孔隙介质的固结

如图 9.9 所示，考虑顶部偏斜受压的正方体土石混合孔隙介质。计算中考虑顶部 1/2 和 1/4 受压两种情形。正方体边长为 10m，除顶部非受压部分为理想透水边界外，其余边界均不透水。顶部瞬时施加的外力大小为 10kPa。立方体侧面和底面受法向位移约束。土石材料的水力参数见表 9.3。宏观尺度问题域采用 6×6×6 六面体网格离散，微观尺度初边值问题求解采用图 9.1(b)所示的 RVE 进行。直接数值分析模型网格由 6×6×6 个 RVE 离散模型叠加构成。计算中时间步长取为 1×10^{-3}s。

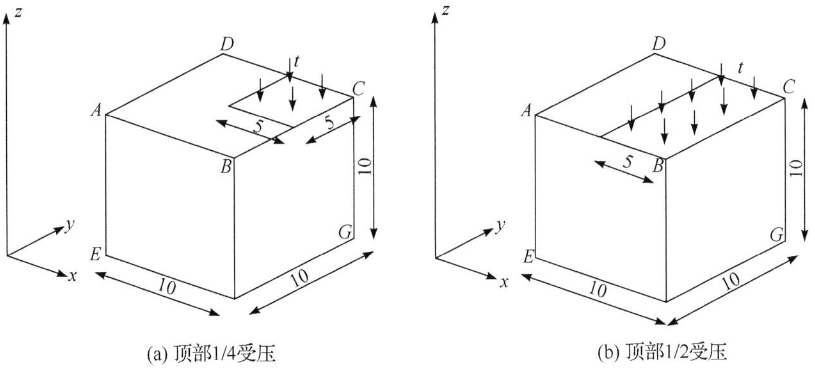

(a) 顶部1/4受压　　(b) 顶部1/2受压

图 9.9 偏斜受压的正方体土石混合孔隙介质(单位：m)

表 9.3 土石材料的水力参数

	土体	块石
弹性模量/Pa	1.4516×10^{6}	1.4516×10^{10}
泊松比	0.3	0.3

续表

	土体	块石
固体颗粒密度/(kg/m^3)	2000	2500
流体密度/(kg/m^3)	1000	1000
固体颗粒体积模量/Pa	1×10^{15}	1×10^{20}
流体体积模量/Pa	2×10^{9}	2×10^{9}
孔隙率	0.42	0.2
渗透系数/(m^3 · s/kg)	1×10^{-6}	1×10^{-9}
Biot 系数	1.0	0.6

图 9.10 和图 9.11 所示为两种受压情形下，宏观尺度孔隙压力、沉降和沉降速度随时间的变化曲线。结果显示，瞬时载荷施加后，土石混合体的宏观变形与不可压缩弹性体类似，角点的位移具有反对称特性。此外，采用线性边界条件和周期边界条件求解微观初边值问题所得的孔隙压力、沉降和沉降速度随时间变化曲线具有近似相等的频率。因此，求解微观尺度边值问题所采用的边界类型对宏观尺度响应频率的影响可以忽略。但是，微观尺度边界条件的选择对宏观响应的

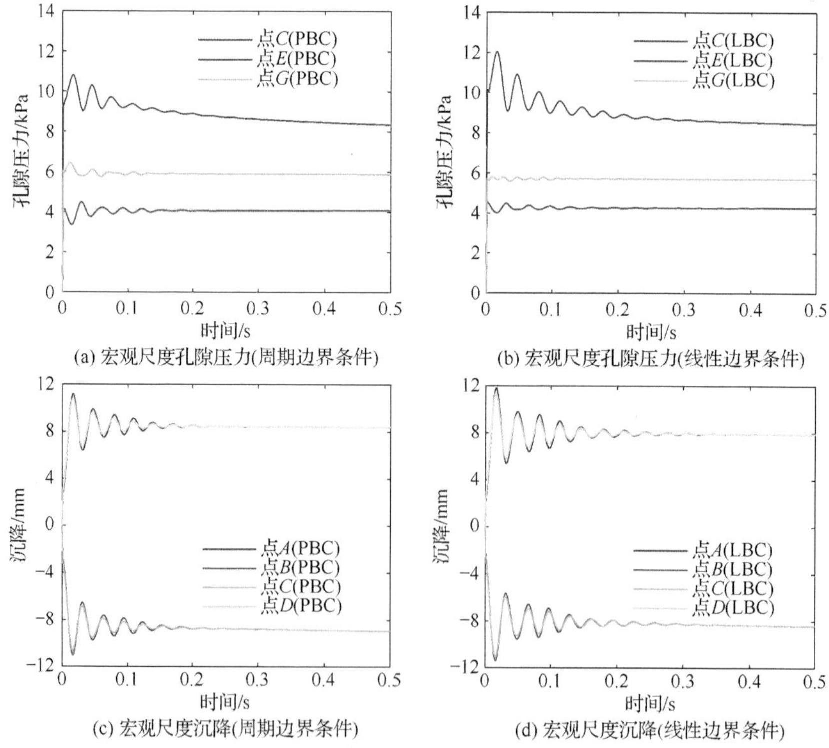

(a) 宏观尺度孔隙压力(周期边界条件)　(b) 宏观尺度孔隙压力(线性边界条件)

(c) 宏观尺度沉降(周期边界条件)　(d) 宏观尺度沉降(线性边界条件)

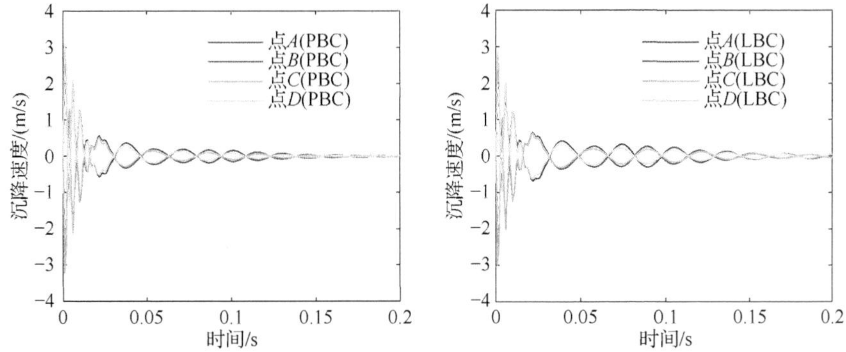

(e) 宏观尺度沉降速度(周期边界条件)　(f) 宏观尺度沉降速度(线性边界条件)

图 9.10　宏观尺度孔隙压力、沉降和沉降速度随时间的变化历史(顶面 1/2 受压)(彩图请扫封底二维码)

大小具有显著的影响。与周期边界条件相比，线性边界条件相对高估了非均质材料的等效刚度。因此，瞬时载荷施加后，使用线性边界条件所得的宏观响应结果的震荡现象更加明显，而且使用线性边界条件得到更大的短期孔隙压力和沉降响应。随着固结进行及能量损耗，震荡现象逐渐减弱，使用周期边界条件得到的长期孔隙压力和沉降响应更大。值得注意的是，由于 t=0.2s 时刻后宏观尺度响应中

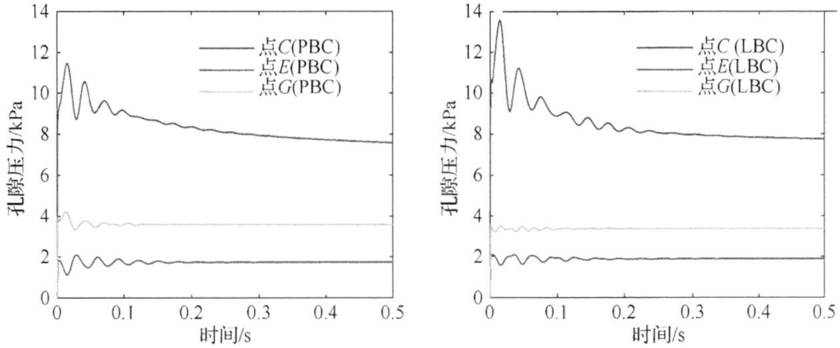

(a) 宏观尺度孔隙压力(周期边界条件)　(b) 宏观尺度孔隙压力(线性边界条件)

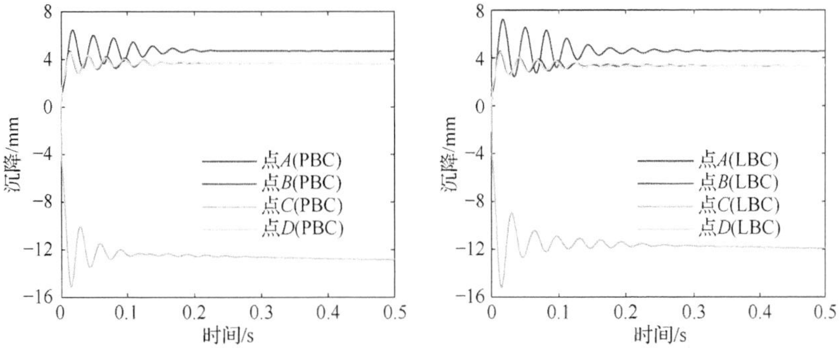

(c) 宏观尺度沉降(周期边界条件)　(d) 宏观尺度沉降(线性边界条件)

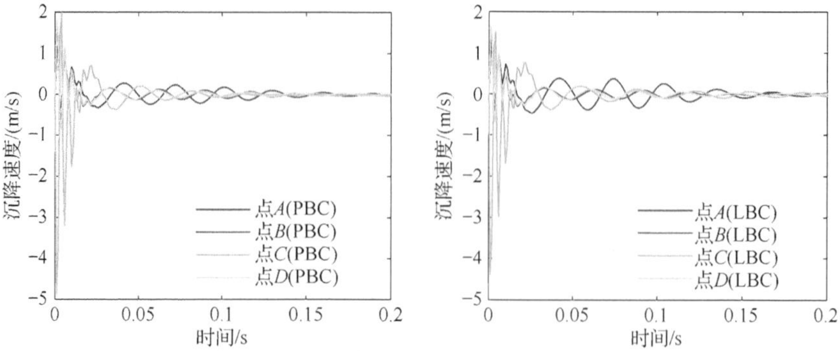

(e) 宏观尺度沉降速度(周期边界条件)　　(f) 宏观尺度沉降速度(线性边界条件)

图 9.11　宏观尺度孔隙压力、沉降和沉降速度随时间的变化历史(顶面 1/4 受压)(彩图请扫封底二维码)

几乎不再存在数值震荡，图 9.10 和图 9.11 仅展示了载荷施加后 0.2s 内的计算结果，尽管整个土石混合体还需要更长时间完成固结。

图 9.12 展示了 1/2 顶部受压情况下，宏观尺度沉降和孔隙压力分布云图。可

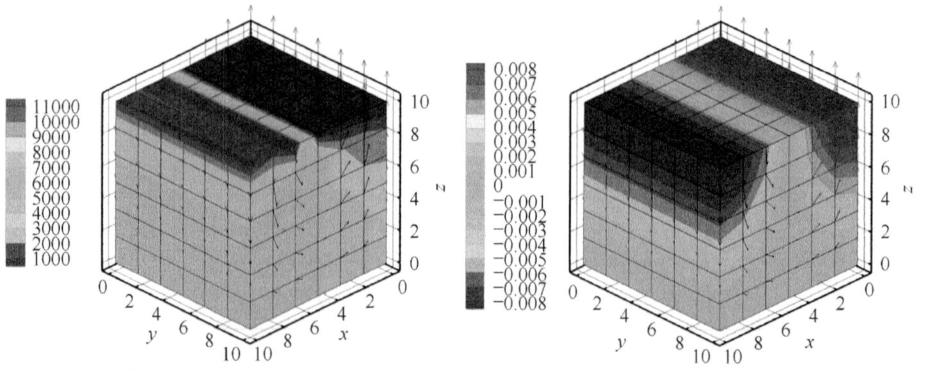

(a) 宏观尺度孔隙压力(10个时间步)　　(b) 宏观尺度沉降(10个时间步)

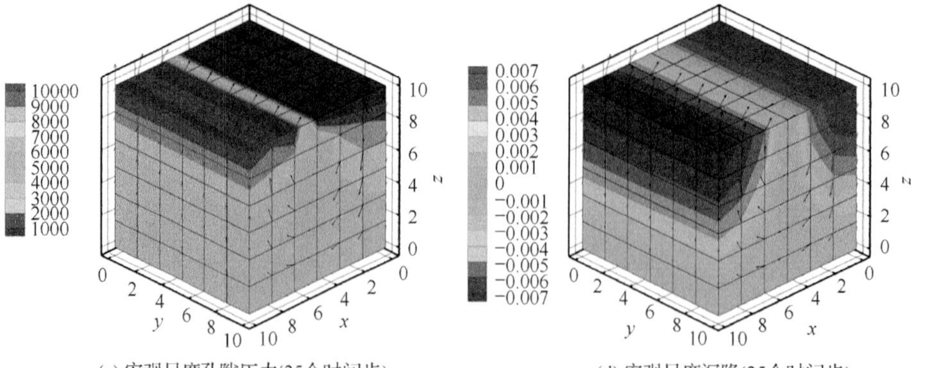

(c) 宏观尺度孔隙压力(25个时间步)　　(d) 宏观尺度沉降(25个时间步)

图 9.12　宏观尺度沉降和孔隙压力分布云图(顶面 1/2 受压，线性边界条件)(彩图请扫封底二维码)

见，宏观骨架沉降分布具有反对称分布形式。图 9.13 和图 9.14 为 1/2 顶面受压情况下，宏观积分点 $P(7.019, 7.019, 7.981)$ 和 $M(2.981, 7.019, 7.981)$ 对应的微观尺度 RVE 上的沉降和孔隙压力分布。宏观尺度上，积分点 P 和 M 关于平面 x=5m 对称。

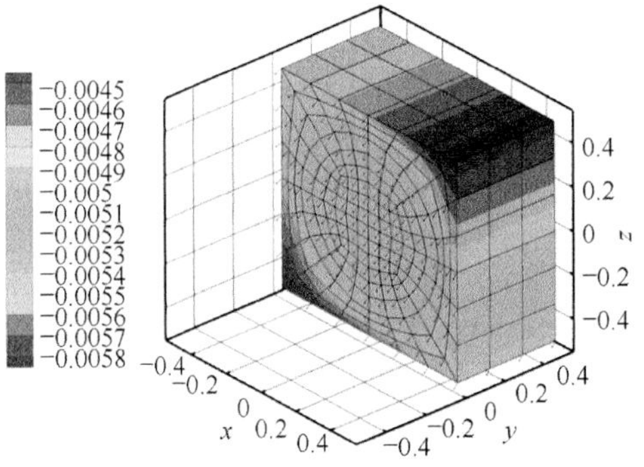

(a) 微观尺度沉降(对应宏观测点P)

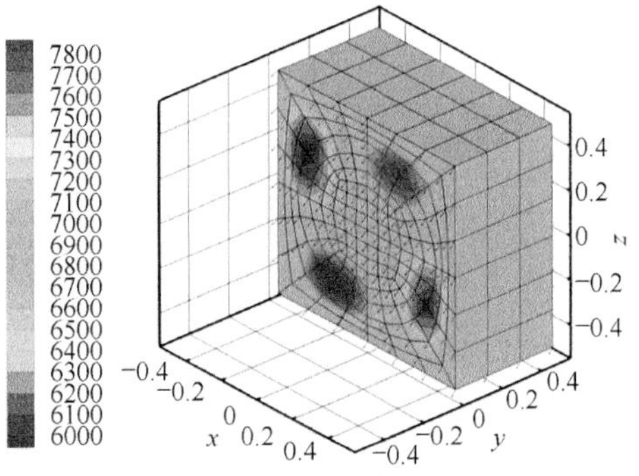

(b) 微观尺度孔隙压力(对应宏观测点P)

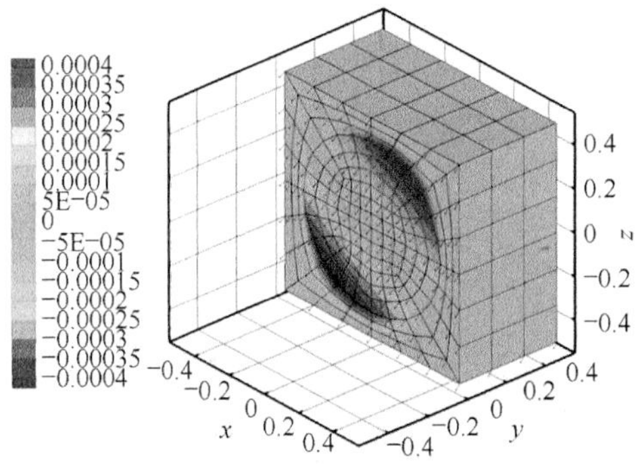

(c) 微观尺度沉降震荡(对应宏观测点P)

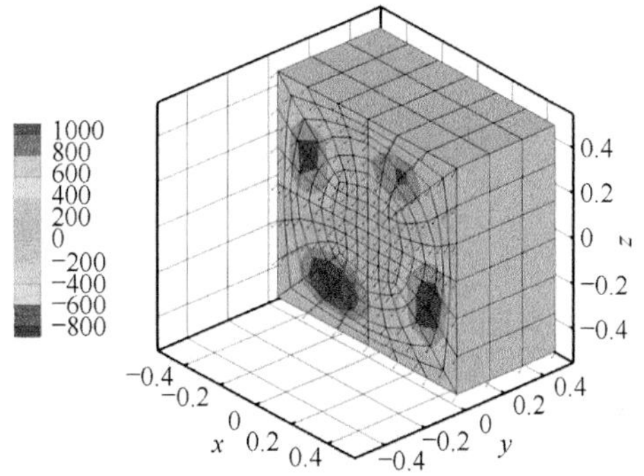

(d) 微观尺度孔隙压力震荡(对应宏观测点P)

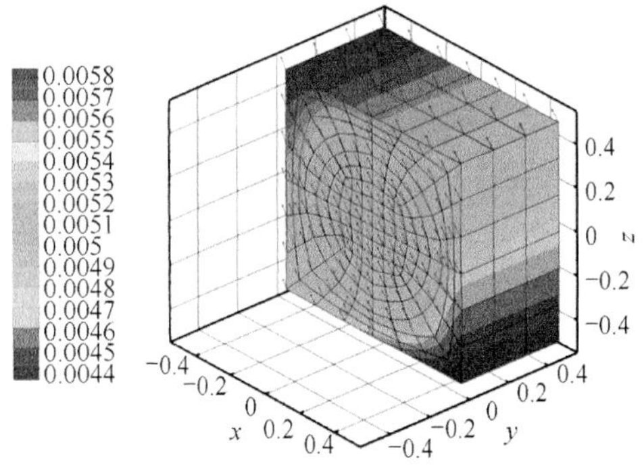

(e) 微观尺度沉降(对应宏观测点M)

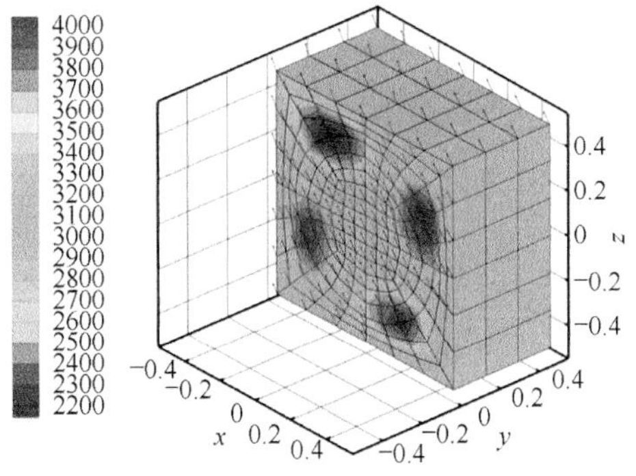

(f) 微观尺度孔隙压力(对应宏观测点M)

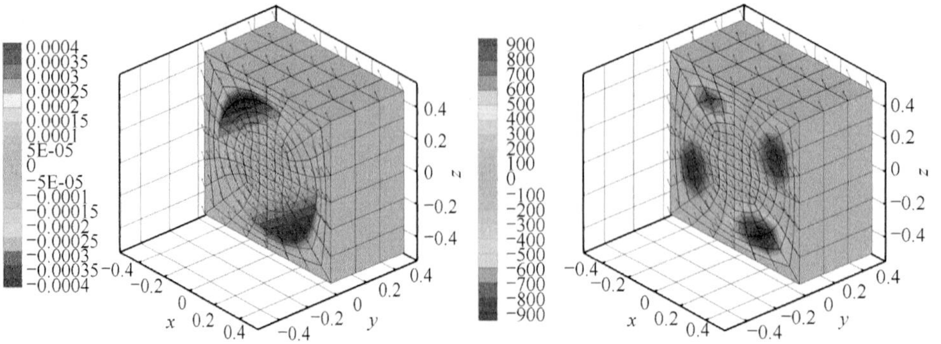

(g) 微观尺度沉降震荡(对应宏观测点M)　　(h) 微观尺度孔隙压力震荡(对应宏观测点M)

图 9.13　对应于宏观尺度测点 P 和 M 的微观尺度 RVE 孔隙压力和沉降分布(顶面 1/2 受压，10 个时间步，线性边界条件)(彩图请扫封底二维码)

对比图 9.12、图 9.13 和图 9.14 可见，微观尺度的沉降和孔隙压力分布与宏观尺度的沉降和孔隙压力分布具有一致性。在第 10 个时间步，由于宏观尺度上积分点 P 向下运动，P 点对应的 RVE 各结点运动方向也朝下，而且 RVE 上的沉降最大值和最小值分别位于在线(x=0.5, z=0.5)和(x=−0.5, y=−0.5)上。宏观尺度积分点 M 向上运动，其对应 RVE 的各结点运动方向也朝上，而且该 RVE 的

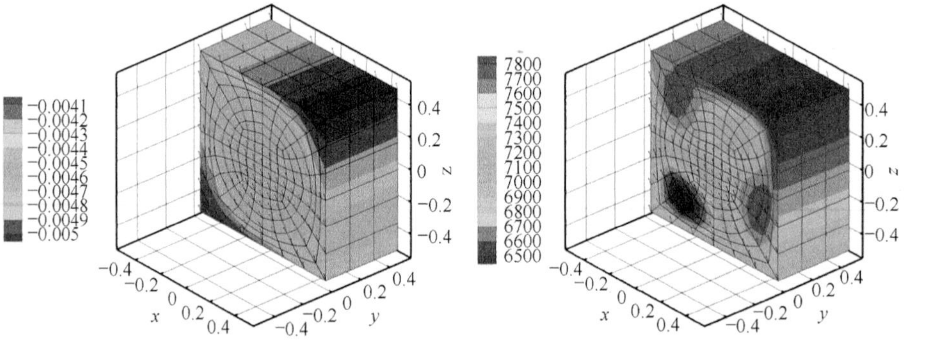

(a) 微观尺度沉降(对应宏观测点P)　　(b) 微观尺度孔隙压力(对应宏观测点P)

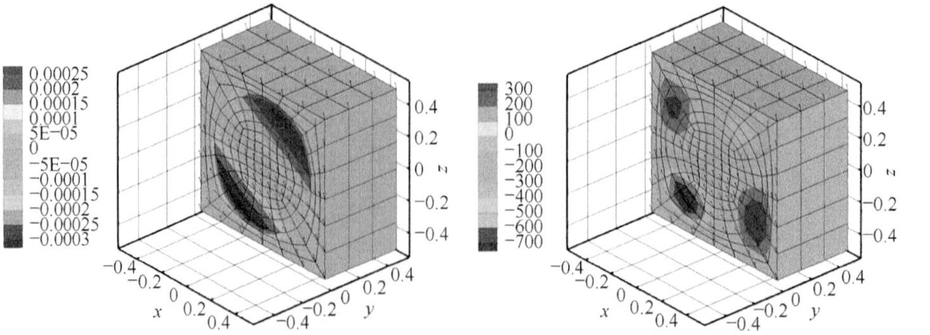

(c) 微观尺度沉降震荡(对应宏观测点P)　　(d) 微观尺度孔隙压力震荡(对应宏观测点P)

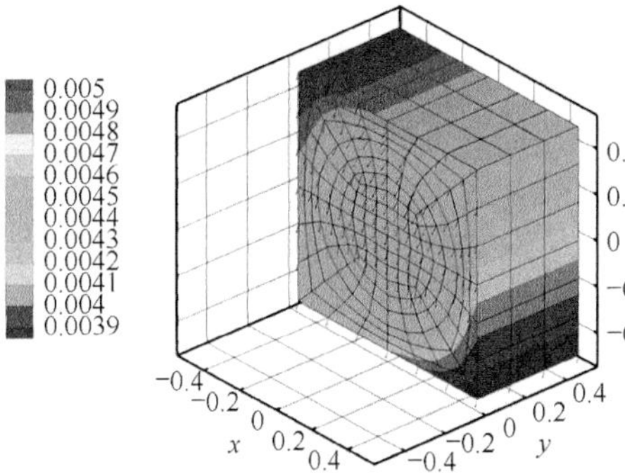

(e) 微观尺度沉降(对应宏观测点M)

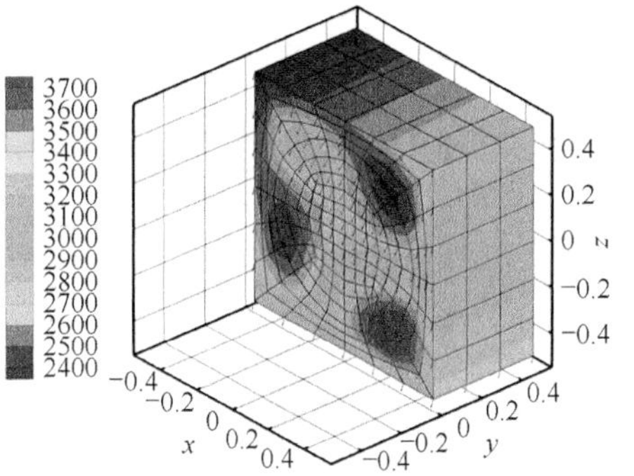

(f) 微观尺度孔隙压力(对应宏观测点M)

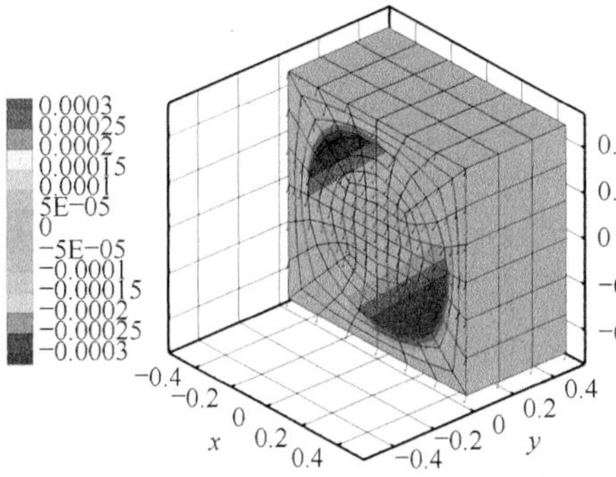

(g) 微观尺度沉降震荡(对应宏观测点M)

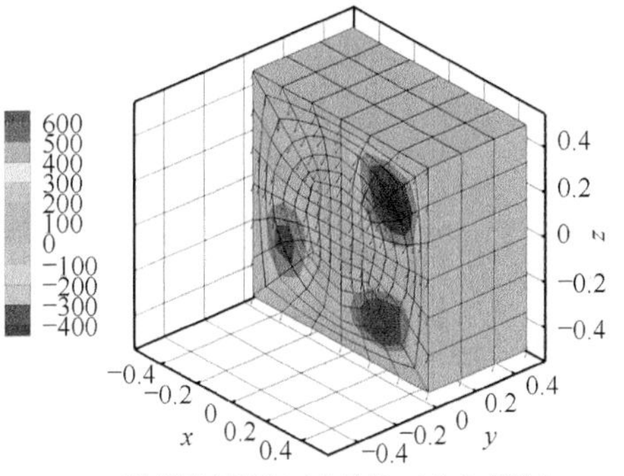

(h) 微观尺度孔隙压力震荡(对应宏观测点M)

图 9.14　对应于宏观测点 *P* 和 *M* 的微观尺度 RVE 孔隙压力和沉降分布(顶面 1/2 受压，25 个时间步，线性边界条件)(彩图请扫封底二维码)

沉降最大和最小值分别位于线(*x*=–0.5, *z*=0.5)和(*x*=0.5, *y*=–0.5)上。在第 25 个时步，宏观积分点 *P* 和 *M* 分别向上和向下运动，其对应 RVE 的结点的运动方向与此一致。

图 9.15、图 9.16 和图 9.17 展示了 1/4 顶面受压情形下的宏观尺度孔隙压力、

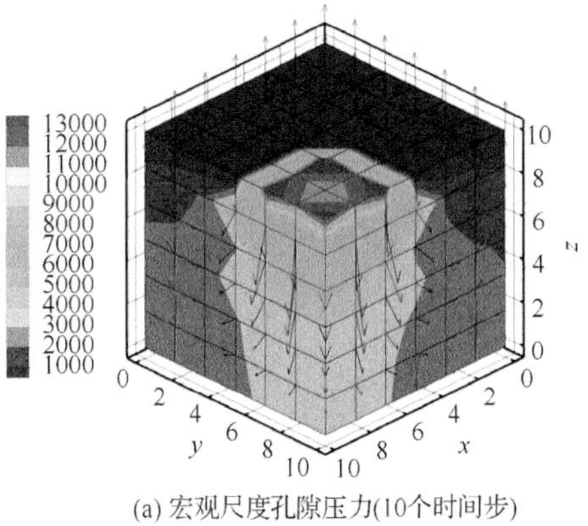

(a) 宏观尺度孔隙压力(10个时间步)

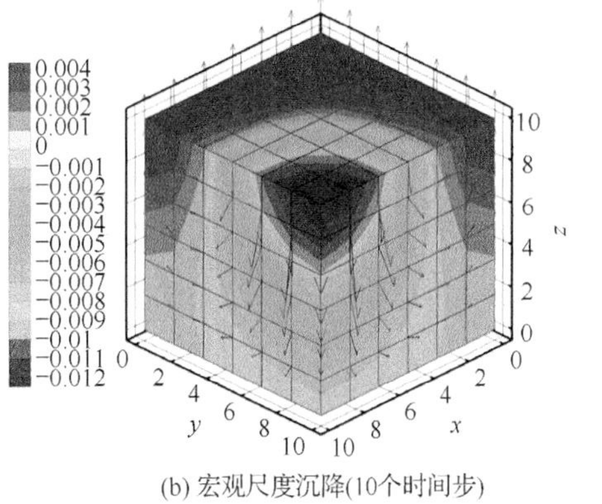

(b) 宏观尺度沉降(10个时间步)

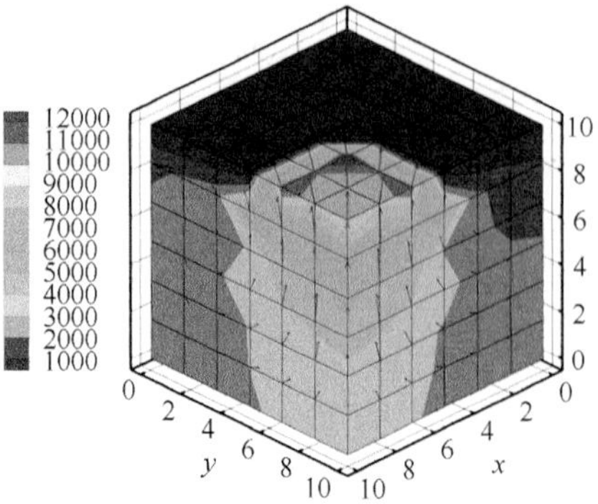

(c) 宏观尺度孔隙压力(25个时间步)

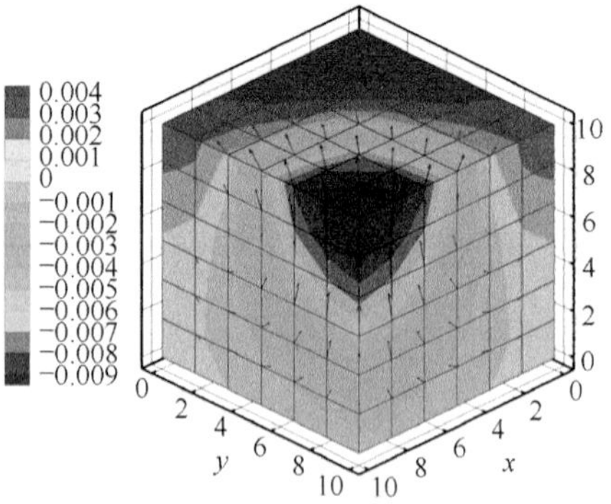

(d) 宏观尺度沉降(25个时间步)

图 9.15　宏观尺度孔隙压力、沉降和沉降速度分布(顶面 1/4 受压，线性边界条件)(彩图请扫封底二维码)

沉降和沉降速度以及细观尺度 RVE 孔隙压力和沉降分布云图。测点坐标为 $P(7.019, 7.019, 7.981)$、$M(2.981, 7.019, 7.981)$、$N(7.019, 2.981, 7.981)$和 $H(2.981, 2.981, 7.981)$。由图中结果可见，宏观尺度积分点的运动与其对应的微观尺度 RVE 的结点运动相一致。不同测点对应的 RVE 上的孔隙压力和沉降

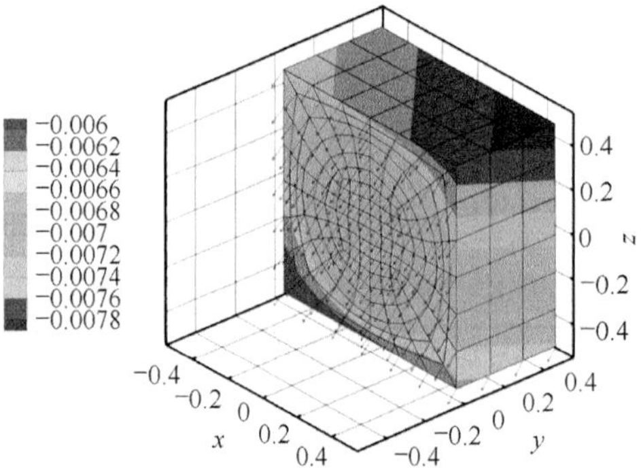

(a) 微观尺度沉降(对应宏观测点P)

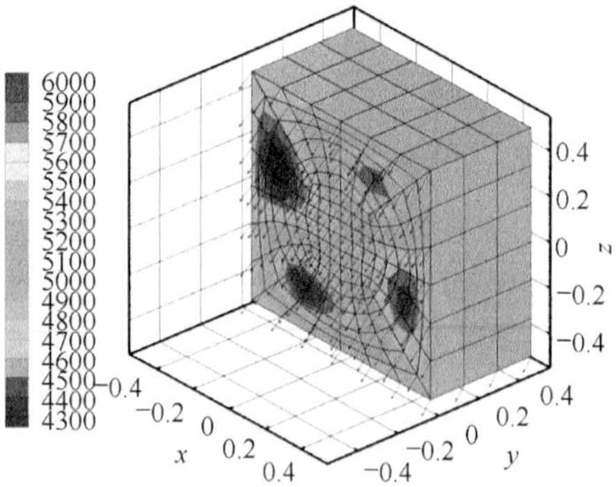

(b) 微观尺度孔隙压力(对应宏观测点P)

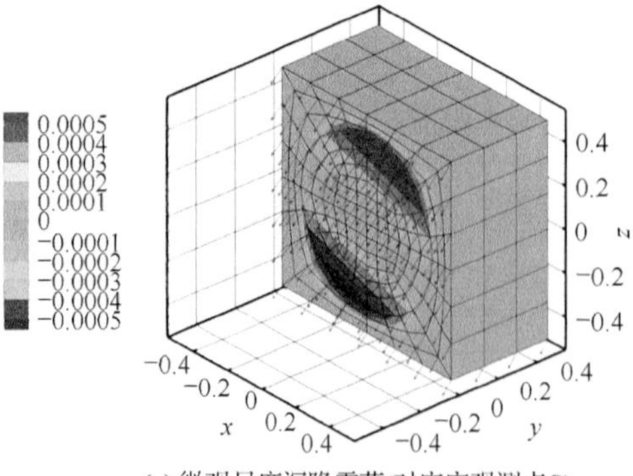

(c) 微观尺度沉降震荡(对应宏观测点P)

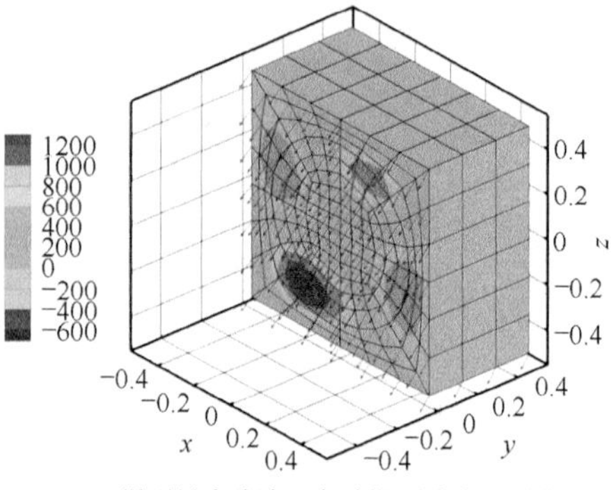

(d) 微观尺度孔隙压力震荡(对应宏观测点P)

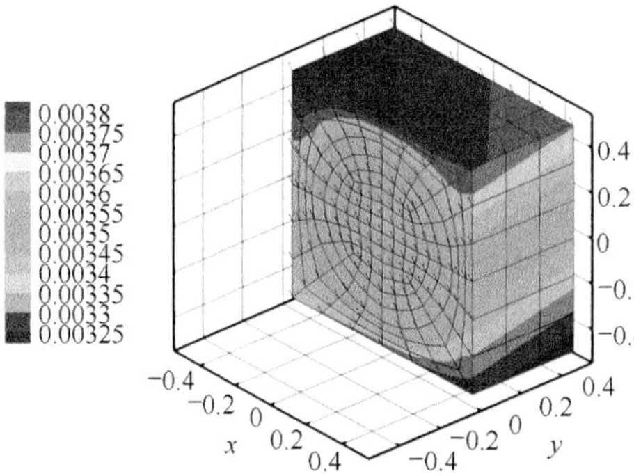

(e) 微观尺度沉降(对应宏观测点H)

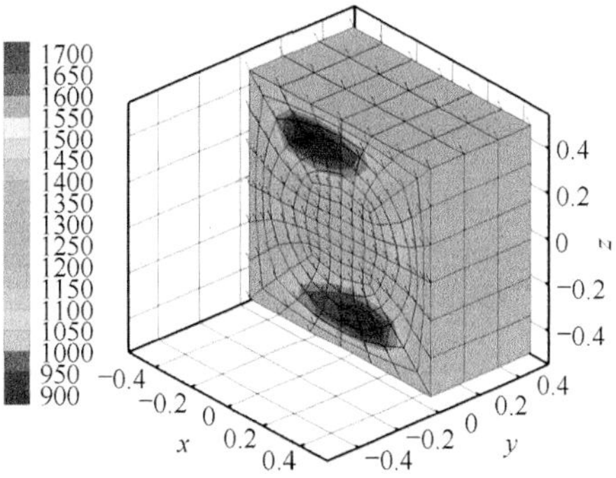

(f) 微观尺度孔隙压力(对应宏观测点H)

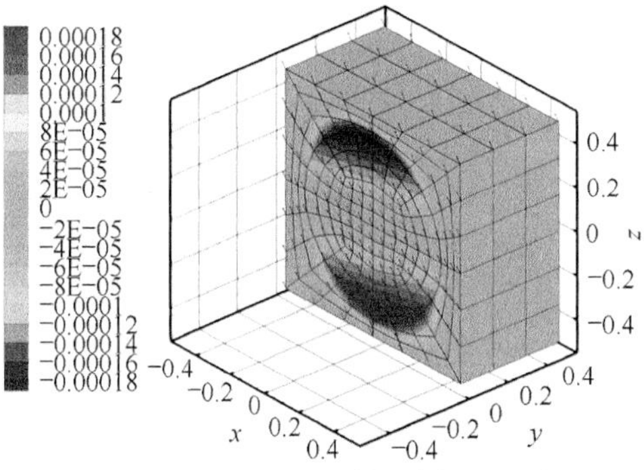

(g) 微观尺度沉降震荡(对应宏观测点H)

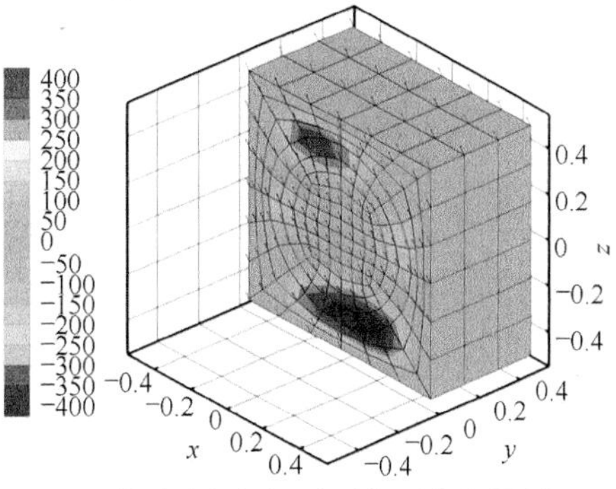

(h) 微观尺度孔隙压力震荡(对应宏观测点H)

图 9.16　对应于宏观测点的 P 和 H 微观尺度 RVE 孔隙压力和沉降分布(顶面 1/4 受压，10 个时间步，线性边界条件)(彩图请扫封底二维码)

分布呈现的对称形式(如宏观积分点 M 和 N 对应的 RVE 上的沉降分布关于面 $x=y$ 对称)与宏观积分点的位置分布也一致(宏观积分点 M 和 N 也关于面 $x=y$ 对称)。

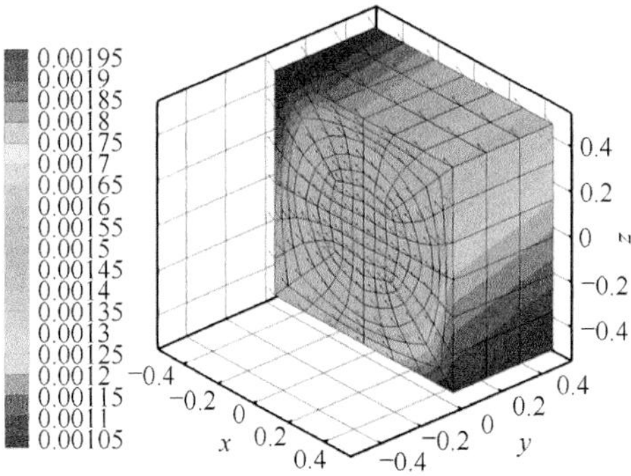

(a) 微观尺度沉降(对应宏观测点M)

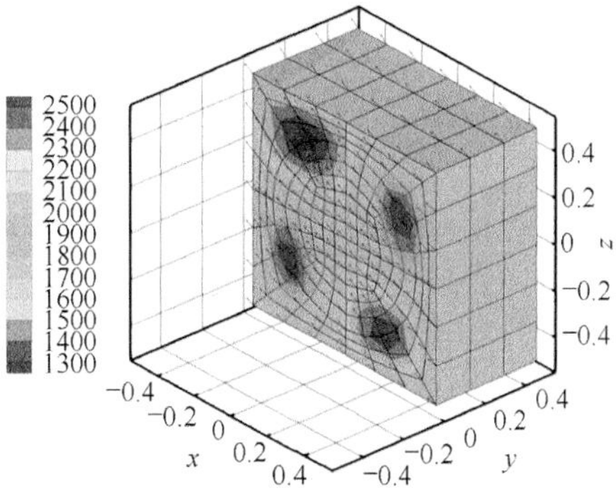

(b) 微观尺度孔隙压力(对应宏观测点M)

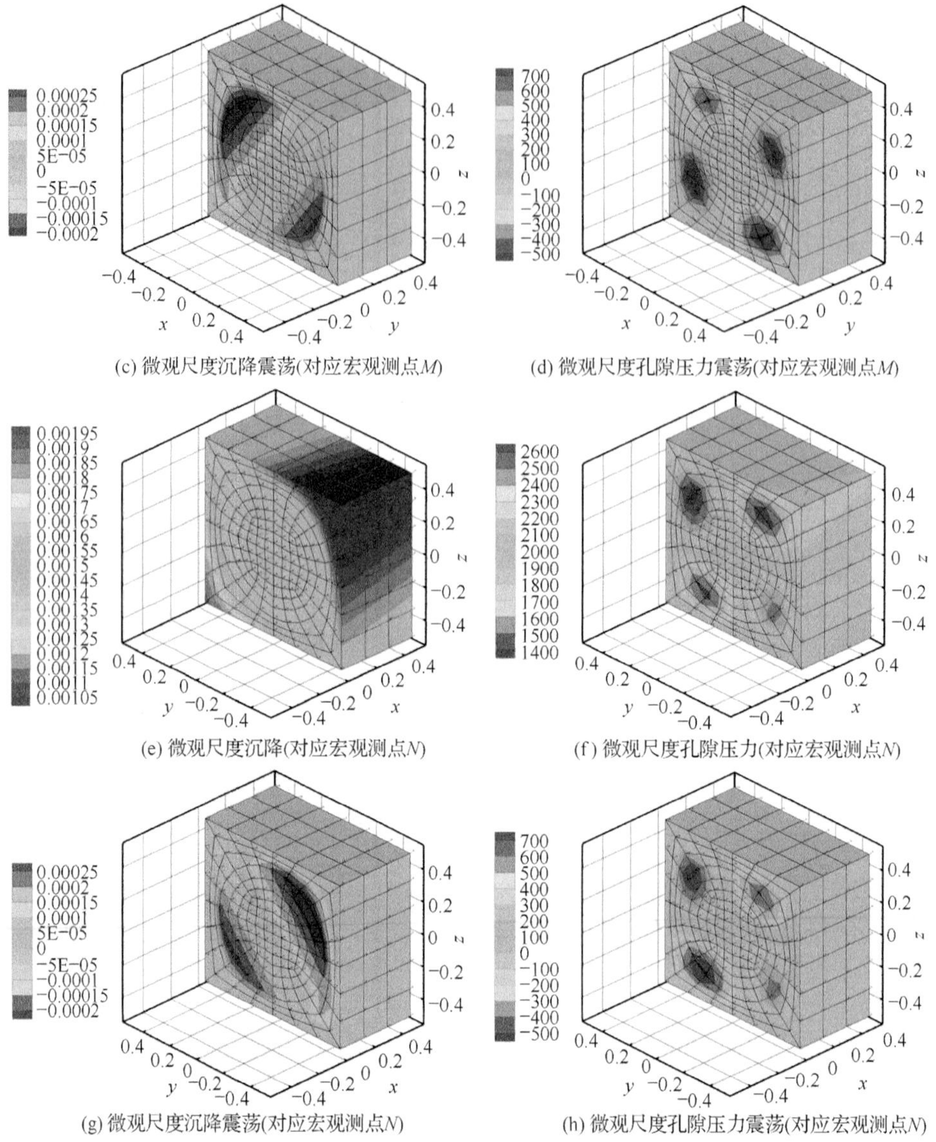

(c) 微观尺度沉降震荡(对应宏观测点M)　　(d) 微观尺度孔隙压力震荡(对应宏观测点M)

(e) 微观尺度沉降(对应宏观测点N)　　(f) 微观尺度孔隙压力(对应宏观测点N)

(g) 微观尺度沉降震荡(对应宏观测点N)　　(h) 微观尺度孔隙压力震荡(对应宏观测点N)

图 9.17　对应于宏观测点 M 和 N 的微观尺度 RVE 孔隙压力和沉降分布(顶面 1/4 受压，10 个时间步，线性边界条件)(彩图请扫封底二维码)

9.3.3　冲击载荷下非均质孔隙介质的动态响应

如图 9.18 所示，考虑受冲击载荷作用的土石混合体孔隙介质长方体。长方体侧面 x=0 处施加形式为 $\dot{u}_x$=1m/s 的冲击载荷，其余侧面受法向位移约束。此外，长方体所有边界面均理想透水。宏观问题域采用 40×4×4 的六面体网格离散。微观尺度初边值问题求解采用周期边界条件以及图 9.1(b)所示的 RVE 进行。时间步长取为 1×10^{-4}s。计算所使用的土石材料的水力参数见表 9.4。

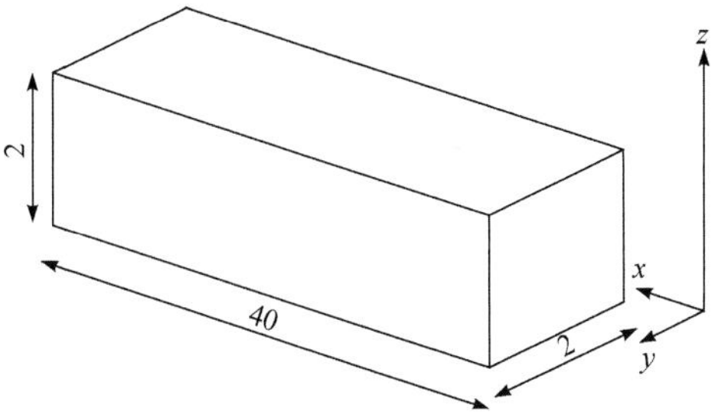

图 9.18　冲击载荷作用下非均质土石混合体动态响应分析(单位：m)

表 9.4　土石材料的水力参数

	土体	块石
弹性模量/Pa	1.4516×10^{7}	1.4516×10^{10}
泊松比	0.3	0.3
固体颗粒密度/(kg/m³)	2000	2500
流体密度/(kg/m³)	1000	1000
固体颗粒体积模量/Pa	1×10^{18}	1×10^{20}
流体体积模量/Pa	2×10^{9}	2×10^{9}
孔隙率	0.3	0.2
渗透系数/(m³ · s/kg)	1×10^{-5}	1×10^{-7}
Biot 系数	1.0	0.6

图 9.19 为位于宏观问题域中线(x =1, z=1)上的不同测点处的孔隙压力和骨架

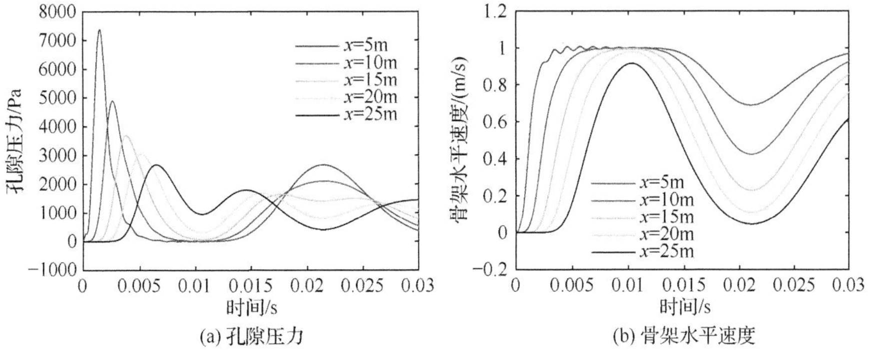

(a) 孔隙压力　　(b) 骨架水平速度

图 9.19　宏观尺度测点处的孔隙压力和骨架水平速度变化($k_s=1\times10^{-5}$ 和 $k_r=1\times10^{-7}$)(彩图请扫封底二维码)

水平速度随时间的变化历史。图中结果显示，均匀化宏观问题域在冲击载荷作用下的动态响应接近均质饱和孔隙介质在冲击载荷作用下的动态响应。宏观骨架的速度响应类似于峰值等于外部施加速度值($\dot{u}_x$ =1m/s)的阶跃函数。此外，宏观孔隙压力和骨架速度结果中均未出现数值震荡，这与理论结果相一致。

图 9.20 展示了冲击载荷引起的波在宏观尺度孔隙压力场中的传播过程，其中显示了波由宏观问题域另一端返回的现象。

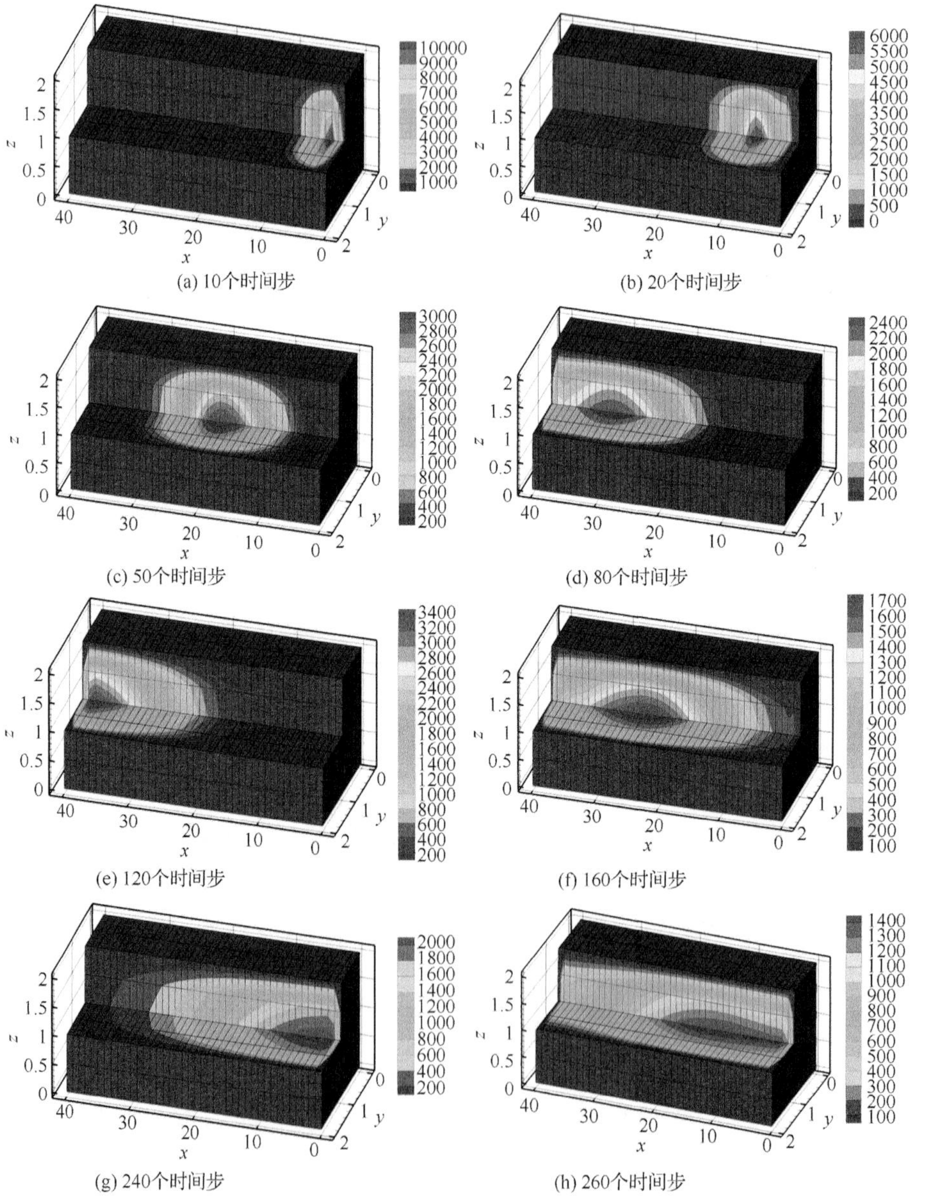

(a) 10个时间步　(b) 20个时间步

(c) 50个时间步　(d) 80个时间步

(e) 120个时间步　(f) 160个时间步

(g) 240个时间步　(h) 260个时间步

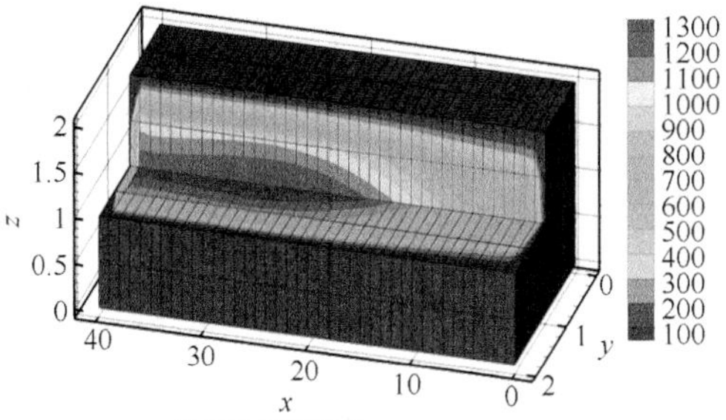

(i) 280个时间步

图 9.20　均匀化宏观尺度问题域中冲击载荷引起的波传递(彩图请扫封底二维码)

图 9.21 展示了宏观尺度积分点 $P(19.789, 0.894, 0.894)$、$M(19.789, 0.894, 1.106)$和 $N(19.789, 1.106, 0.894)$ 对应的 RVE 在第 50 个时步时的孔隙压力和孔隙压力震荡的分布云图。由于宏观尺度上点 P 和 M、P 和 N 分别关于平面 z=1m 和 y=1m 对称，其对应的 RVE 上的孔隙压力分布也具有同样的对称形式。这表明微观尺度响应和宏观尺度响应是一致的。

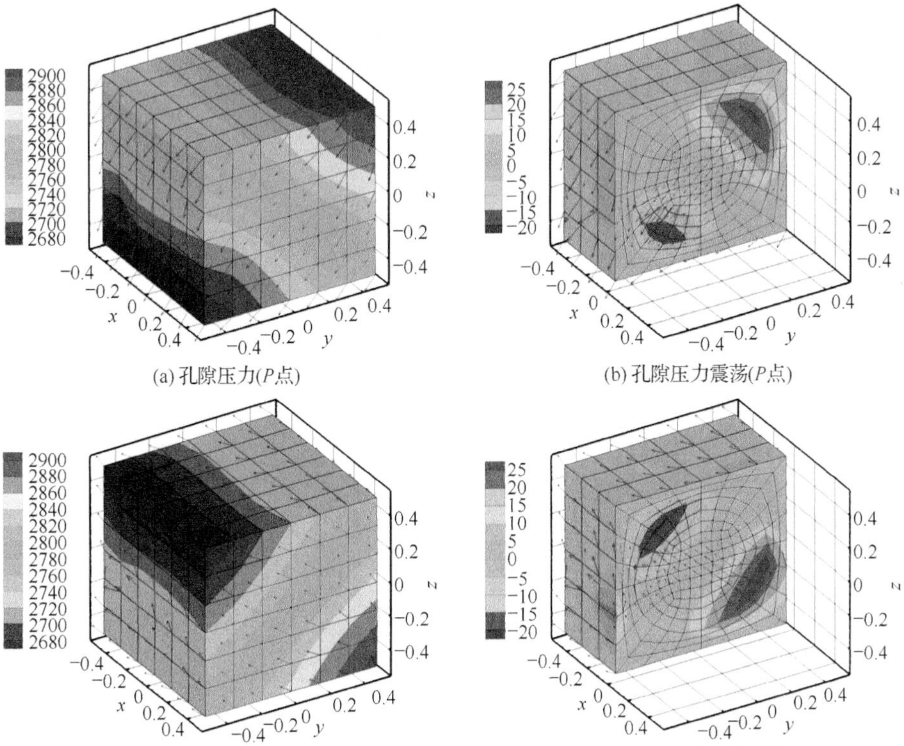

(a) 孔隙压力(P点)　(b) 孔隙压力震荡(P点)

(c) 微观尺度孔隙压力(M点)　(d) 微观尺度孔隙压力震荡(M点)

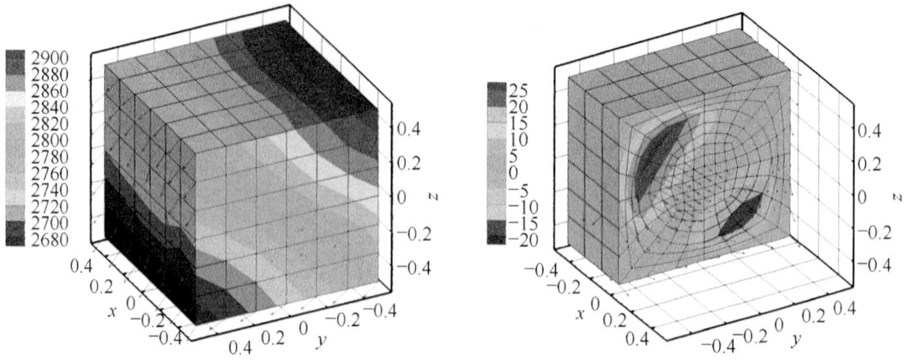

(e) 微观尺度孔隙压力(*N*点)

(f) 微观尺度孔隙压力震荡(*N*点)

图 9.21　宏观积分点 *P*、*M* 和 *N* 对应的 RVE 上孔隙压力及其震荡的分布云图(第 50 个时间步)(彩图请扫封底二维码)

图 9.22 展示了宏观尺度 *P* 点对应的 RVE 在不同时步时的孔隙压力及其震荡分布。可见，微观尺度 RVE 上的孔隙压力分布与宏观尺度上孔隙压力场中冲击载荷引起的波传递过程密切相关。

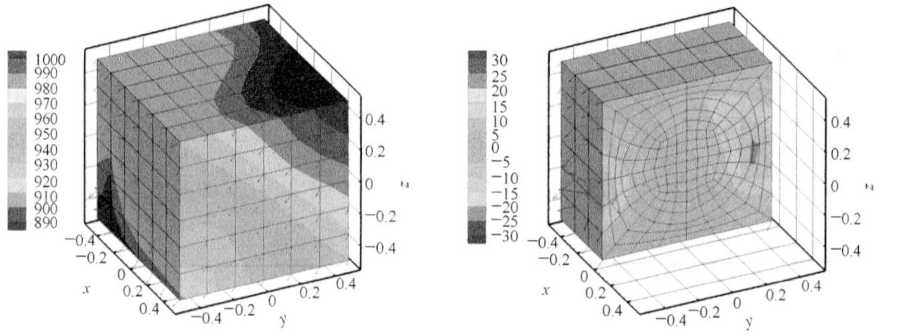

(a) 孔隙压力(80个时间步)

(b) 孔隙压力震荡(80个时间步)

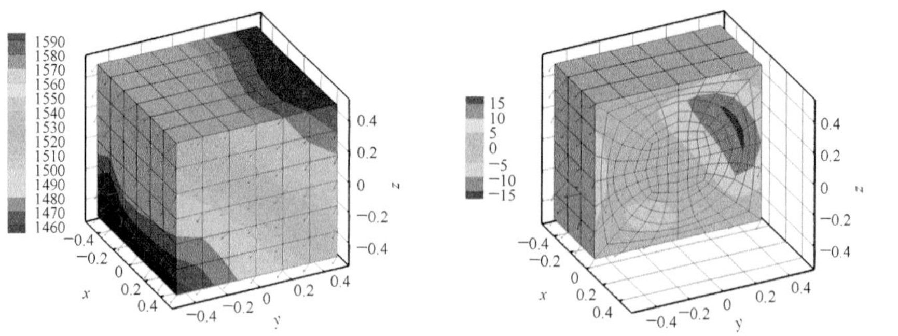

(c) 孔隙压力(160个时间步)

(d) 孔隙压力震荡(160个时间步)

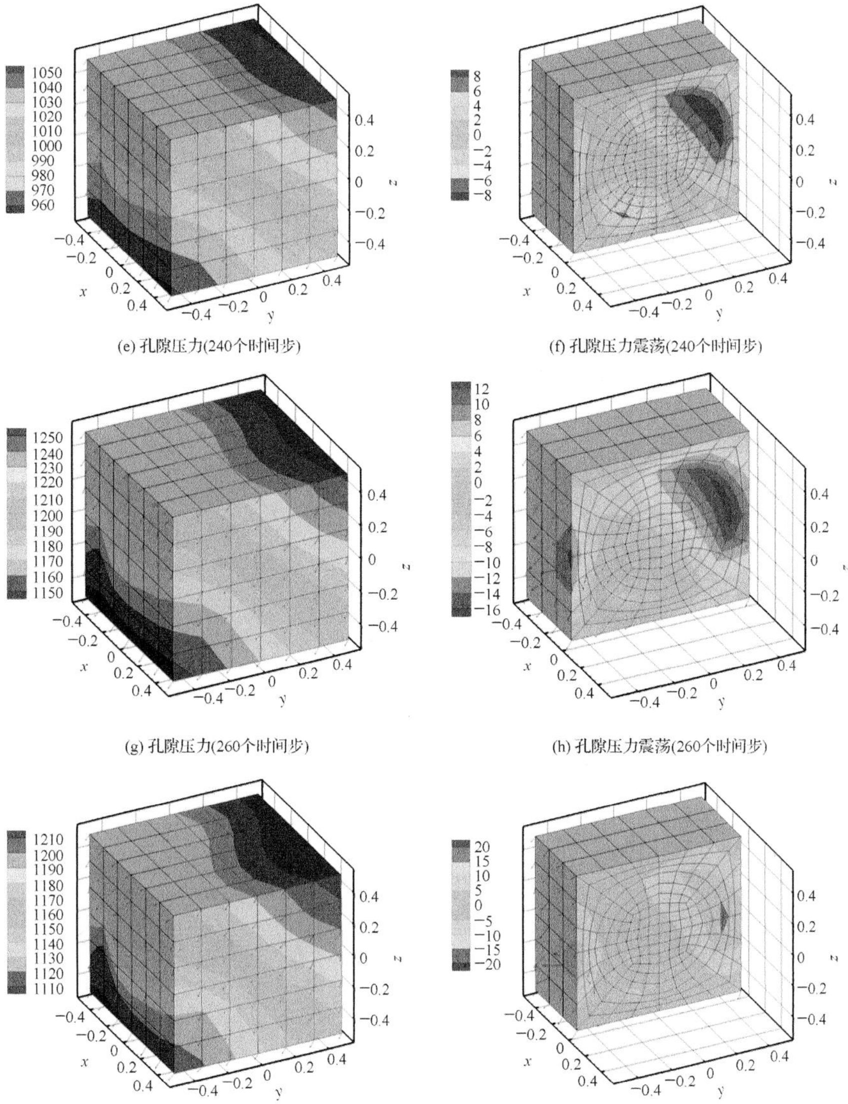

(e) 孔隙压力(240个时间步)　(f) 孔隙压力震荡(240个时间步)

(g) 孔隙压力(260个时间步)　(h) 孔隙压力震荡(260个时间步)

(i) 孔隙压力(280个时间步)　(j) 孔隙压力震荡(280个时间步)

图 9.22　不同时步宏观积分点 P 对应的 RVE 上孔隙压力及其震荡的分布(彩图请扫封底二维码)

图 9.23 和图 9.24 展示了不同渗透系数条件下，宏观尺度问题域中线上不同测点处的孔隙压力和骨架水平速度的随时间变化曲线。结果显示，随着渗透系数减小，孔隙压力的峰值和稳定值均不断增大，骨架速度的稳定值也逐渐变为非零的正数。

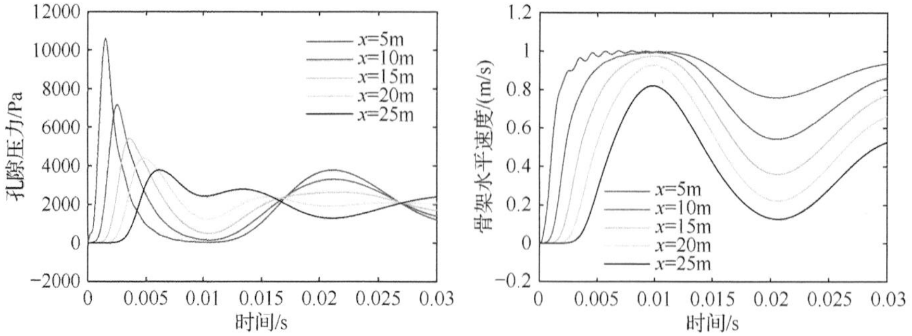

(a) 孔隙压力　　(b) 骨架水平速度

图 9.23　宏观尺度测点处的孔隙压力和骨架水平速度随时间的变化(k_s =0.55×10^{-5} 和 k_r =1×10^{-7})(彩图请扫封底二维码)

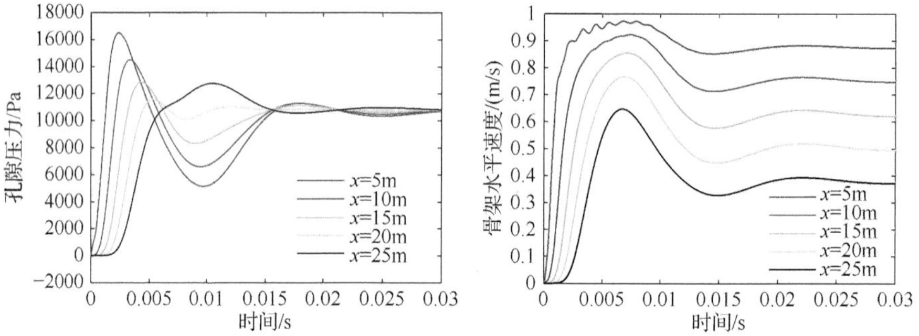

(a) 孔隙压力　　(b) 骨架水平速度

图 9.24　宏观尺度测点处的孔隙压力和骨架水平速度随时间的变化(k_s =0.1×10^{-5} 和 k_r =1×10^{-7})(彩图请扫封底二维码)

9.4　本 章 小 结

本章基于多尺度理论(一阶计算均匀化)、u-p 格式 Biot 模型以及数值流形法(NMM)建立了非均质饱和孔隙介质水力耦合多尺度分析 NMM 模型，并研究了非均匀饱和孔隙介质的动态水力响应。每一个时间步内，同时进行微观初边值问题(定义在微观尺度 RVE 上)和宏观初边值问题(定义在均匀化的真实问题域上)的求解。多尺度计算中分别使用了线性边界和周期边界条件。通过对传统的变分一致性条件进行改进，多尺度计算中完全考虑了微观尺度的动力因素。由于使用了 NMM，所建立的计算模型可用于分析非连续非均匀孔隙介质的水力响应。通过算例计算并与直接数值分析结果进行对比，验证了所建水力耦合多尺度分析 NMM 模型精确性和稳定性。

第 10 章　连续饱和非均质岩土体水力耦合多尺度分析整体求解算法

第 9 章的内容表明，多尺度分析与数值流形法(NMM)相结合能够精确模拟非均质孔隙介质的动态水力响应。与直接数值分析相比，采用多尺度分析可以避免对细小尺度非均质结构进行直接离散分析，保证精确模拟宏观尺度水力响应的同时，大幅降低计算和存储消耗。但由于三个方面的因素，传统多尺度分析依然是一种计算消耗巨大的算法。首先，在每个时间步内，都须反复求解宏观尺度和细观尺度方程组(9.8)和(9.13)，直到满足宏观和细观尺度的收敛准则；其次，在满足细观尺度收敛准则后，传统多尺度分析需要在单位边界条件下对细观边值问题进行多次求解，以得到宏观尺度切向算子，具体求解的次数取决于宏观尺度切向算子的维度(Zohdi and Wriggers, 2005; Saeb et al., 2016; Yvonnet, 2019)；最后，传统多尺度分析采用交错求解算法(staggered solution procedure)进行求解，细观尺度初边值问题嵌套在宏观尺度初边值问题中，导致每一次宏观迭代都需要完成一次微观尺度初边值问题的迭代求解，而且由于驱动细观问题求解的宏观尺度变量(包括宏观尺度主变量 $\boldsymbol{u}_{\mathrm{M}}$、$p_{\mathrm{M}}$ 及其梯度 $\boldsymbol{\varepsilon}_{\mathrm{M}}$ 和 $\boldsymbol{Y}_{\mathrm{M}}$)并非精确解，细观尺度返回的宏观尺度变量(包括宏观尺度总应力张量 $\boldsymbol{\sigma}_{\mathrm{M}}$、体积力 $\mathbb{f}_{\mathrm{M}}$、液相流速 $\boldsymbol{J}_{\mathrm{M}}$ 和液相流量 ξ_{M})也非精确解，这就产生了大量的无效计算。

对于上述的第 1 个因素，可以针对具体的问题采用相应的方程求解方法，本书对此不作深入讨论。对于第 2 个因素，依据第 9 章给出的宏观尺度切向算子分量的精确解，细观尺度问题迭代收敛后可直接得到宏观尺度切向算子，而不必多次求解单位边界条件下对细观边值问题，从而大幅提高多尺度分析的计算效率。本章致力于解决第 3 个因素导致的多尺度分析计算消耗过大的问题。

本章 10.1 节首先简述水力耦合多尺度分析交错求解算法流程；10.2 节在交错求解算法的基础上提出水力耦合多尺度分析整体求解算法(monolithic solution procedure)(Lange et al., 2021; Yang et al., 2024)，该算法的核心思想在于将细观尺度对宏观尺度非平衡力和刚度矩阵的贡献转移至宏观尺度，由此将细观尺度和宏观尺度初边值问题置于同一循环中，避免因使用非精确宏观尺度变量求解细观尺度问题导致的计算资源浪费和求解效率低下；10.3 节从数值实现方面对多尺度问题的交错求解算法和整体求解算法进行了分析对比；10.4 节通过一系列数值算例验证展示所建立的整体求解算法的精度及效率优势；10.5 节给出了本章的主要结论。

10.1　水力耦合多尺度分析交错求解算法

传统多尺度数值分析采用交错求解算法对细观尺度和宏观尺度初边值问题进行交错求解。基于9.1.2节水力耦合多尺度分析宏观尺度初边值的离散，宏观尺度初边值问题的残差方程可转化为如下在宏观尺度高斯点上的求和格式

$$
\begin{aligned}
\boldsymbol{R}^u &= \sum_\alpha \omega_\alpha \mathbb{B}_u^{\mathrm{T}} \boldsymbol{\sigma}_{\mathrm{M}\alpha} - \sum_\alpha \omega_\alpha \mathbb{N}_u^{\mathrm{T}} \boldsymbol{f}_{\mathrm{M}\alpha} - \mathbb{F}_u \\
\boldsymbol{R}^p &= -\sum_\alpha \omega_\alpha \mathbb{B}_p^{\mathrm{T}} \boldsymbol{w}_{\mathrm{M}\alpha} - \sum_\alpha \omega_\alpha \mathbb{N}_p^{\mathrm{T}} \xi_{\mathrm{M}\alpha} + \mathbb{F}_p
\end{aligned}
\tag{10.1}
$$

其中宏观尺度骨架位移和孔隙压力离散为

$$
\boldsymbol{u}_{\mathrm{M}}(\boldsymbol{x},t) = \mathbb{N}_u(\boldsymbol{x}) \boldsymbol{U}_{\mathrm{M}}(t),\quad p_{\mathrm{m}}(\boldsymbol{x},t) = \mathbb{N}_p(\boldsymbol{x}) \boldsymbol{P}_{\mathrm{M}}(t)
\tag{10.2}
$$

其中 $\mathbb{N}_u$ 和 $\mathbb{N}_p$ 分别为宏观尺度骨架位移和孔隙压力的形函数矩阵； $\mathbb{B}_u = \nabla \mathbb{N}_u$ 和 $\mathbb{B}_p = \nabla \mathbb{N}_p$ ； $\boldsymbol{U}_{\mathrm{M}}(t)$ 和 $\boldsymbol{P}_{\mathrm{M}}(t)$ 为宏观尺度骨架位移和孔隙压力自由度向量； α 和 ω_α 分别为宏观尺度高斯点指标以及第 α 个宏观尺度高斯处的权； $\mathbb{F}_u = \int_{\partial \Omega_{\mathrm{M}}} \mathbb{N}_u^{\mathrm{T}} \boldsymbol{t}_{\mathrm{M}} \mathrm{d}S$ 和 $\mathbb{F}_p = \int_{\partial \Omega_{\mathrm{M}}} \mathbb{N}_p^{\mathrm{T}} q_{\mathrm{M}} \mathrm{d}S$ 分别为宏观尺度的等效外力和流量交换矩阵； $\boldsymbol{t}_{\mathrm{M}}$ 和 q_{M} 分别为宏观尺度的外力和流量边界条件。基于标准牛顿法，宏观尺度问题(10.1)可在第 $n+1$ 个时间步进行线性化

$$
\begin{aligned}
&\mathbb{J}^{n+1,k} \begin{bmatrix} \Delta \boldsymbol{U}_{\mathrm{M}} \\ \Delta \boldsymbol{P}_{\mathrm{M}} \end{bmatrix}^{n+1,k+1} + \begin{bmatrix} \boldsymbol{R}^u \\ \boldsymbol{R}^p \end{bmatrix}^{n+1,k} = \boldsymbol{0} \\
&\begin{bmatrix} \boldsymbol{U}_{\mathrm{M}} \\ \boldsymbol{P}_{\mathrm{M}} \end{bmatrix}^{n+1,k+1} = \begin{bmatrix} \boldsymbol{U}_{\mathrm{M}} \\ \boldsymbol{P}_{\mathrm{M}} \end{bmatrix}^{n+1,k} + \begin{bmatrix} \Delta \boldsymbol{U}_{\mathrm{M}} \\ \Delta \boldsymbol{P}_{\mathrm{M}} \end{bmatrix}^{n+1,k+1}
\end{aligned}
\tag{10.3}
$$

式中 k 为宏观尺度迭代步；宏观尺度雅可比矩阵定义为

$$
\mathbb{J} = \begin{bmatrix} \partial \boldsymbol{R}^u / \partial \boldsymbol{U}_{\mathrm{M}} & \partial \boldsymbol{R}^u / \partial \boldsymbol{P}_{\mathrm{M}} \\ \partial \boldsymbol{R}^p / \partial \boldsymbol{U}_{\mathrm{M}} & \partial \boldsymbol{R}^p / \partial \boldsymbol{P}_{\mathrm{M}} \end{bmatrix}
\tag{10.4}
$$

类似地，细观尺度初边值问题的半离散形式可表述为

$$
\begin{aligned}
\boldsymbol{r}^u &= \boldsymbol{M}_{uu} \ddot{\boldsymbol{U}}_{\mathrm{m}} + \int_{\Omega_{\mathrm{m}}} \boldsymbol{B}_u^{\mathrm{T}} \boldsymbol{\sigma}'_{\mathrm{m}} \mathrm{d}V - \boldsymbol{K}_{up} \boldsymbol{P}_{\mathrm{m}} - \mathbb{f}_u \\
\boldsymbol{r}^p &= \boldsymbol{M}_{pu} \ddot{\boldsymbol{U}}_{\mathrm{m}} + \boldsymbol{K}_{up}^{\mathrm{T}} \dot{\boldsymbol{U}}_{\mathrm{m}} + \boldsymbol{M}_{pp} \dot{\boldsymbol{P}}_{\mathrm{m}} + \boldsymbol{K}_{pp} \boldsymbol{P}_{\mathrm{m}} - \mathbb{f}_p
\end{aligned}
\tag{10.5}
$$

式(10.5)中各矩阵的定义为

$$
\begin{gathered}
\boldsymbol{M}_{uu}=\int_{\Omega_{\mathrm{m}}}\boldsymbol{N}_{u}^{\mathrm{T}}\rho\boldsymbol{N}_{u}\mathrm{d}V,\quad \boldsymbol{K}_{up}=\int_{\Omega_{\mathrm{m}}}\boldsymbol{B}_{u}^{\mathrm{T}}\alpha\boldsymbol{m}\boldsymbol{N}_{p}\mathrm{d}V,\quad \boldsymbol{F}_{u}=\int_{\Omega_{\mathrm{m}}}\boldsymbol{N}_{u}^{\mathrm{T}}\rho\boldsymbol{b}\mathrm{d}V\\
\boldsymbol{M}_{pu}=\int_{\Omega_{\mathrm{m}}}\boldsymbol{B}_{p}^{\mathrm{T}}\boldsymbol{k}\rho_{\mathrm{f}}\boldsymbol{N}_{u}\mathrm{d}V,\quad \boldsymbol{M}_{pp}=\int_{\Omega_{\mathrm{m}}}\boldsymbol{N}_{p}^{\mathrm{T}}\frac{1}{Q}\boldsymbol{N}_{p}\mathrm{d}V\\
\boldsymbol{K}_{pp}=\int_{\Omega_{\mathrm{m}}}\boldsymbol{B}_{p}^{\mathrm{T}}\boldsymbol{k}\boldsymbol{B}_{p}\mathrm{d}V,\quad \boldsymbol{F}_{p}=\int_{\Omega_{\mathrm{m}}}\boldsymbol{B}_{p}^{\mathrm{T}}\boldsymbol{k}\rho_{\mathrm{f}}\boldsymbol{b}\mathrm{d}V
\end{gathered}
\tag{10.6}
$$

其中细观尺度骨架位移和孔隙压力离散为

$$
\boldsymbol{u}_{\mathrm{m}}(\boldsymbol{x},t)=\boldsymbol{N}_{u}(\boldsymbol{x})\boldsymbol{U}_{\mathrm{m}}(t),\quad p_{\mathrm{m}}(\boldsymbol{x},t)=\boldsymbol{N}_{p}(\boldsymbol{x})\boldsymbol{P}_{\mathrm{m}}(t)
\tag{10.7}
$$

式中 $\boldsymbol{N}_u$ 和 $\boldsymbol{N}_p$ 为细观尺度骨架位移和孔隙压力的形函数矩阵；$\boldsymbol{U}_{\mathrm{m}}(t)$ 和 $\boldsymbol{P}_{\mathrm{m}}(t)$ 为细观尺度骨架位移和孔隙压力自由度向量；$\boldsymbol{B}_u=\nabla\boldsymbol{N}_u$ 和 $\boldsymbol{B}_p=\nabla\boldsymbol{N}_p$。基于 Newmark 方法进行时间域离散，可建立细观尺度骨架速度、骨架加速度以及孔隙压力一阶压力时间导数的表达式

$$
\begin{gathered}
\ddot{\boldsymbol{U}}_{\mathrm{m}}^{n+1}=\frac{1}{\beta\Delta t^{2}}\left(\boldsymbol{U}_{\mathrm{m}}^{n+1}-\boldsymbol{U}_{\mathrm{m}}^{n}\right)-\frac{1}{\beta\Delta t}\dot{\boldsymbol{U}}_{\mathrm{m}}^{n}-\left(\frac{1}{2\beta}-1\right)\ddot{\boldsymbol{U}}_{\mathrm{m}}^{n}\\
\dot{\boldsymbol{U}}_{\mathrm{m}}^{n+1}=\frac{\gamma}{\beta\Delta t}\left(\boldsymbol{U}_{\mathrm{m}}^{n+1}-\boldsymbol{U}_{\mathrm{m}}^{n}\right)-\left(\frac{\gamma}{\beta}-1\right)\dot{\boldsymbol{U}}_{\mathrm{m}}^{n}-\Delta t\left(\frac{\gamma}{2\beta}-1\right)\ddot{\boldsymbol{U}}_{\mathrm{m}}^{n}\\
\dot{\boldsymbol{P}}_{\mathrm{m}}^{n+1}=\frac{1}{\theta\Delta t}\left(\boldsymbol{P}_{\mathrm{m}}^{n+1}-\boldsymbol{P}_{\mathrm{m}}^{n}\right)-\left(\frac{1}{\theta}-1\right)\dot{\boldsymbol{P}}_{\mathrm{m}}^{n}
\end{gathered}
\tag{10.8}
$$

基于式(10.5)和(10.8)，使用标准牛顿迭代法在时间步 $n+1$ 和宏观尺度第 k 个迭代步对细观尺度初边值问题进行线性化

$$
\begin{gathered}
\begin{bmatrix}\boldsymbol{r}^{u}\\ \boldsymbol{r}^{p}\end{bmatrix}^{n+1,k,i}+\boldsymbol{J}^{n+1,k,i}\begin{bmatrix}\Delta\boldsymbol{U}_{\mathrm{m}}\\ \Delta\boldsymbol{P}_{\mathrm{m}}\end{bmatrix}^{n+1,k,i+1}=\boldsymbol{0}\\
\begin{bmatrix}\boldsymbol{U}_{\mathrm{m}}\\ \boldsymbol{P}_{\mathrm{m}}\end{bmatrix}^{n+1,k,i+1}=\begin{bmatrix}\boldsymbol{U}_{\mathrm{m}}\\ \boldsymbol{P}_{\mathrm{m}}\end{bmatrix}^{n+1,k,i}+\begin{bmatrix}\Delta\boldsymbol{U}_{\mathrm{m}}\\ \Delta\boldsymbol{P}_{\mathrm{m}}\end{bmatrix}^{n+1,k,i+1}
\end{gathered}
\tag{10.9}
$$

其中细观尺度雅可比矩阵定义为

$$
\boldsymbol{J}=\begin{bmatrix}\dfrac{1}{\beta\Delta t^{2}}\boldsymbol{M}_{uu}+\displaystyle\int_{\Omega_{\mathrm{m}}}\boldsymbol{B}_{u}^{\mathrm{T}}\boldsymbol{c}\boldsymbol{B}_{u}\mathrm{d}V & -\boldsymbol{K}_{up}\\ \dfrac{1}{\beta\Delta t^{2}}\boldsymbol{M}_{pu}+\dfrac{\gamma}{\beta\Delta t}\boldsymbol{K}_{up}^{\mathrm{T}} & \dfrac{1}{\theta\Delta t}\boldsymbol{M}_{pp}+\boldsymbol{K}_{pp}\end{bmatrix}
\tag{10.10}
$$

式中 $\boldsymbol{c}=\partial\boldsymbol{\sigma}_{\mathrm{m}}'/\partial\boldsymbol{\epsilon}_{\mathrm{m}}$ 为一致切向算子，取决于细观尺度各组分的本构关系。

需要注意的是，当细观尺度初边值问题为线性时，即不考虑细观尺度的材料和几何非线性，仅需一次迭代，式(10.9)即会收敛，交错求解算法和整体求解算法

等价。因此，本章考虑细观尺度组分的材料非线性，以展现整体求解算法的优势。

此外，采用交错求解算法进行多尺度分析时，每次进行宏观尺度迭代(迭代步 k)，都需要在该迭代步将每个宏观尺度高斯点(积分点 α)处的宏观尺度骨架位移 $\boldsymbol{u}_{\mathrm{M}\alpha}^{k}$、骨架应变 $\boldsymbol{\epsilon}_{\mathrm{M}\alpha}^{k}$、孔隙压力 $p_{\mathrm{M}\alpha}^{k}$ 和孔隙压力梯度 $\boldsymbol{g}_{\mathrm{M}\alpha}^{k}=\nabla p_{\mathrm{M}\alpha}^{k}$ 作为该积分点(积分点 α)对应细观尺度初边值问题的边界条件，迭代求解细观尺度问题并返回宏观尺度应力 $\boldsymbol{\sigma}_{\mathrm{M}\alpha}^{k}$、体积力 $\mathbb{f}_{\mathrm{M}\alpha}^{k}$、液相流速 $\boldsymbol{w}_{\mathrm{M}\alpha}^{k}$ 和流量 $\xi_{\mathrm{M}\alpha}^{k}$，然后进行下一步的宏观尺度迭代求解。基于交错求解算法求解多尺度分析问题的具体流程如表 10.1 所示。

表 10.1　传统多尺度分析交错求解算法实现流程

循环 1：第 n 个时间步

　循环 2：宏观尺度平衡循环，迭代步 j

　　循环 3：宏观尺度高斯点循环，高斯点指标 α

　　　循环 4：细观尺度平衡循环(输入 $\boldsymbol{u}_{\mathrm{M}\alpha}^{k}$、$\boldsymbol{\epsilon}_{\mathrm{M}\alpha}^{k}$、$p_{\mathrm{M}\alpha}^{k}$ 和 $\boldsymbol{g}_{\mathrm{M}\alpha}^{k}$ 形成边界条件)，迭代步 i

$$\begin{bmatrix}\boldsymbol{U}_{\mathrm{m}\alpha}\\ \boldsymbol{P}_{\mathrm{m}\alpha}\end{bmatrix}^{i+1}=\begin{bmatrix}\boldsymbol{U}_{\mathrm{m}\alpha}\\ \boldsymbol{P}_{\mathrm{m}\alpha}\end{bmatrix}^{i}-\left(\mathbb{k}_{\mathrm{t}\alpha}^{-1}\right)^{i}\cdot\begin{bmatrix}\boldsymbol{r}_{\alpha}^{u}\\ \boldsymbol{r}_{\alpha}^{p}\end{bmatrix}^{i}$$

　　　检查是否满足细观平衡，即是否满足 $\left|\boldsymbol{r}_{\alpha}^{u}\right|<\mathrm{TOL}$ 以及 $\left|\boldsymbol{r}_{\alpha}^{p}\right|<\mathrm{TOL}$ (如满足平衡条件，则返回 $\boldsymbol{\sigma}_{\mathrm{M}\alpha}^{k}$、$\mathbb{f}_{\mathrm{M}\alpha}^{k}$、$\boldsymbol{w}_{\mathrm{M}\alpha}^{k}$ 和 $\xi_{\mathrm{M}\alpha}^{k}$ 以及宏观尺度切向算子)

　　　循环 4 结束，否则 $i\leftarrow i+1$.

　　检查是否完成所有宏观尺度高斯点的状态更新

　　循环 3 结束，否则 $\alpha\leftarrow\alpha+1$.

$$\begin{bmatrix}\boldsymbol{U}_{\mathrm{M}}\\ \boldsymbol{P}_{\mathrm{M}}\end{bmatrix}^{j+1}=\begin{bmatrix}\boldsymbol{U}_{\mathrm{M}}\\ \boldsymbol{P}_{\mathrm{M}}\end{bmatrix}^{j}-\left(\mathbb{K}_{\mathrm{t}\alpha}^{-1}\right)^{j}\cdot\begin{bmatrix}\boldsymbol{R}^{u}\\ \boldsymbol{R}^{p}\end{bmatrix}^{j}$$

　　检查是否满足宏观尺度平衡条件，即是否满足 $\left|\boldsymbol{R}^{u}\right|<\mathrm{TOL}$ 以及 $\left|\boldsymbol{R}^{p}\right|<\mathrm{TOL}$

　循环 2 结束，否则 $j\leftarrow j+1$.

　检查是否已完成所有时间步求解

循环 1 结束，否则 $n\leftarrow n+1$.

由表 10.1 可见，交错求解算法最显著的特点是细观尺度初边值问题的求解(循环 4)嵌套在宏观尺度初边值问题的求解中(循环 2)，而且细观尺度初边值问题的结果完全取决于宏观尺度输入的变量 $\boldsymbol{u}_{\mathrm{M}\alpha}^{k}$、$\boldsymbol{\epsilon}_{\mathrm{M}\alpha}^{k}$、$p_{\mathrm{M}\alpha}^{k}$ 和 $\boldsymbol{g}_{\mathrm{M}\alpha}^{k}$。但是由于宏观尺度输入的变量 $\boldsymbol{u}_{\mathrm{M}\alpha}^{k}$、$\boldsymbol{\epsilon}_{\mathrm{M}\alpha}^{k}$、$p_{\mathrm{M}\alpha}^{k}$ 和 $\boldsymbol{g}_{\mathrm{M}\alpha}^{k}$ 只是宏观尺度第 k 个迭代步估计值，微观尺度返回的宏观变量 $\boldsymbol{\sigma}_{\mathrm{M}\alpha}^{k}$、$\mathbb{f}_{\mathrm{M}\alpha}^{k}$、$\boldsymbol{w}_{\mathrm{M}\alpha}^{k}$ 和 $\xi_{\mathrm{M}\alpha}^{k}$ 以及切向算子也都是估计值。因此，交错求解算法的计算效率较低，存在一定的计算浪费。

10.2　水力耦合多尺度分析整体求解算法

为了克服交错求解算法的缺点，提高水力耦合多尺度分析的效率，基于 Lange 等(2021)的工作，本节建立水力耦合多尺度分析整体求解算法。值得说明的是，Lange 等仅针对非线性静力学问题建立了多尺度分析的整体求解算法。此外，除整体求解算法外，Tan 等(Tan et al., 2020; Zhi et al., 2021)建立了直接求解算法(Direct FE2)以提高多尺度分析的效率。直接求解算法的主要特点是将所有细观尺度和宏观尺度问题置于同一方程组中进行求解，同时将细观和宏观尺度间的联系作为广义边界条件进行施加。虽然直接求解算法避免了不同尺度间的变量传递，提高了计算效率，但由于每个宏观尺度高斯点均对应一个细观尺度问题，直接求解算法所需求解的方程组维度一般很大，甚至对于一般性问题，其求解方程组所需的计算和存储消耗都会超过个人电脑内存。与直接求解算法相比，整体求解算法则将细观和宏观尺度问题进行了解耦，将所需求解的方程组维度控制在合理范围内。

为建立水力耦合多尺度分析整体求解算法，首先将细观尺度问题(10.3)和宏观尺度问题(10.9)置于同一组方程且依据标准牛顿法进行线性化

$$\begin{bmatrix} \partial \boldsymbol{R}^u / \partial \boldsymbol{U}_{\mathrm{M}} & \partial \boldsymbol{R}^u / \partial \boldsymbol{P}_{\mathrm{M}} & \partial \boldsymbol{R}^u / \partial \boldsymbol{U}_{\mathrm{m}} & \partial \boldsymbol{R}^u / \partial \boldsymbol{P}_{\mathrm{m}} \\ \partial \boldsymbol{R}^p / \partial \boldsymbol{U}_{\mathrm{M}} & \partial \boldsymbol{R}^p / \partial \boldsymbol{P}_{\mathrm{M}} & \partial \boldsymbol{R}^p / \partial \boldsymbol{U}_{\mathrm{m}} & \partial \boldsymbol{R}^p / \partial \boldsymbol{P}_{\mathrm{m}} \\ \partial \boldsymbol{r}^u / \partial \boldsymbol{U}_{\mathrm{M}} & \partial \boldsymbol{r}^u / \partial \boldsymbol{P}_{\mathrm{M}} & \partial \boldsymbol{r}^u / \partial \boldsymbol{U}_{\mathrm{m}} & \partial \boldsymbol{r}^u / \partial \boldsymbol{P}_{\mathrm{m}} \\ \partial \boldsymbol{r}^p / \partial \boldsymbol{U}_{\mathrm{M}} & \partial \boldsymbol{r}^p / \partial \boldsymbol{P}_{\mathrm{M}} & \partial \boldsymbol{r}^p / \partial \boldsymbol{U}_{\mathrm{m}} & \partial \boldsymbol{r}^p / \partial \boldsymbol{P}_{\mathrm{m}} \end{bmatrix} \begin{bmatrix} \Delta \boldsymbol{U}_{\mathrm{M}} \\ \Delta \boldsymbol{P}_{\mathrm{M}} \\ \Delta \boldsymbol{U}_{\mathrm{m}} \\ \Delta \boldsymbol{P}_{\mathrm{m}} \end{bmatrix} = - \begin{bmatrix} \boldsymbol{R}^u \\ \boldsymbol{R}^p \\ \boldsymbol{r}^u \\ \boldsymbol{r}^p \end{bmatrix} \tag{10.11}$$

如果将宏观和细观尺度主变量间的联系(见 8.2 节)作为边界条件，对式(10.11)进行直接求解，即为直接求解算法(Tan et al., 2020; Zhi et al., 2021)。对于整体求解算法，需对宏观和细观尺度问题进行解耦。首先考虑式(10.11)中的细观尺度问题，将其写作宏观尺度高斯点上的求和格式

$$\sum_{\alpha} \begin{bmatrix} \dfrac{\partial \boldsymbol{r}_\alpha^u}{\partial \boldsymbol{U}_{\mathrm{M}\alpha}} & \dfrac{\partial \boldsymbol{r}_\alpha^u}{\partial \boldsymbol{P}_{\mathrm{M}\alpha}} \\ \dfrac{\partial \boldsymbol{r}_\alpha^p}{\partial \boldsymbol{U}_{\mathrm{M}\alpha}} & \dfrac{\partial \boldsymbol{r}_\alpha^p}{\partial \boldsymbol{P}_{\mathrm{M}\alpha}} \end{bmatrix} \begin{bmatrix} \Delta \boldsymbol{U}_{\mathrm{M}} \\ \Delta \boldsymbol{P}_{\mathrm{M}} \end{bmatrix} + \sum_{\alpha} \begin{bmatrix} \dfrac{\partial \boldsymbol{r}_\alpha^u}{\partial \boldsymbol{U}_{\mathrm{m}\alpha}} & \dfrac{\partial \boldsymbol{r}_\alpha^u}{\partial \boldsymbol{P}_{\mathrm{m}\alpha}} \\ \dfrac{\partial \boldsymbol{r}_\alpha^p}{\partial \boldsymbol{U}_{\mathrm{m}\alpha}} & \dfrac{\partial \boldsymbol{r}_\alpha^p}{\partial \boldsymbol{P}_{\mathrm{m}\alpha}} \end{bmatrix} \begin{bmatrix} \Delta \boldsymbol{U}_{\mathrm{m}\alpha} \\ \Delta \boldsymbol{P}_{\mathrm{m}\alpha} \end{bmatrix} = -\sum_{\alpha} \begin{bmatrix} \boldsymbol{r}_\alpha^u \\ \boldsymbol{r}_\alpha^p \end{bmatrix} \tag{10.12}$$

式中下标 α 表示与宏观尺度积分点 α 相关的量或者与宏观尺度积分点 α 对应的细观问题相关的量，比如 $\boldsymbol{U}_{\mathrm{M}\alpha}$ 和 $\boldsymbol{P}_{\mathrm{M}\alpha}$ 为宏观积分点 α 处的宏观骨架位移和孔隙压力自由度，再如 $\boldsymbol{r}_\alpha^u$ 、 $\boldsymbol{r}_\alpha^p$ 、 $\boldsymbol{U}_{\mathrm{m}\alpha}$ 和 $\boldsymbol{P}_{\mathrm{m}\alpha}$ 分别为宏观积分点 α 所对应细观尺度问题的平衡方程残差、渗流方程残差、骨架位移自由度和孔隙压力自由度。由于宏观主变量及其一阶梯度 $\boldsymbol{u}_{\mathrm{M}}$ 、 p_{M} 、 $\boldsymbol{\epsilon}_{\mathrm{M}}$ 和 $\boldsymbol{g}_{\mathrm{M}}$ 是采用相互独立的方式传入细观尺度，故

满足如下链式关系

$$
\begin{aligned}
\frac{\partial(*)_\alpha}{\partial \boldsymbol{U}_{\mathrm{M}\alpha}} &= \frac{\partial(*)_\alpha}{\partial \boldsymbol{\epsilon}_{\mathrm{M}\alpha}}\mathbb{B}_{\mathrm{u}\alpha} + \frac{\partial(*)_\alpha}{\partial \boldsymbol{u}_{\mathrm{M}\alpha}}\mathbb{N}_{\mathrm{u}\alpha} \\
\frac{\partial(*)}{\partial \boldsymbol{P}_{\mathrm{M}\alpha}} &= \frac{\partial(*)_\alpha}{\partial \boldsymbol{g}_{\mathrm{M}\alpha}}\mathbb{B}_{\mathrm{p}\alpha} + \frac{\partial(*)_\alpha}{\partial p_{\mathrm{M}\alpha}}\mathbb{N}_{\mathrm{p}\alpha}
\end{aligned}
\tag{10.13}
$$

将式(10.13)代入式(10.12)

$$
\begin{aligned}
&\sum_\alpha \begin{bmatrix} \dfrac{\partial \boldsymbol{r}_\alpha^u}{\partial \boldsymbol{\epsilon}_{\mathrm{M}\alpha}}\Delta\boldsymbol{\epsilon}_{\mathrm{M}\alpha} + \dfrac{\partial \boldsymbol{r}_\alpha^u}{\partial \boldsymbol{u}_{\mathrm{M}\alpha}}\Delta\boldsymbol{u}_{\mathrm{M}\alpha} & \dfrac{\partial \boldsymbol{r}_\alpha^u}{\partial \boldsymbol{g}_{\mathrm{M}\alpha}}\Delta\boldsymbol{g}_{\mathrm{M}\alpha} + \dfrac{\partial \boldsymbol{r}_\alpha^u}{\partial p_{\mathrm{M}\alpha}}\Delta p_{\mathrm{M}\alpha} \\ \dfrac{\partial \boldsymbol{r}_\alpha^p}{\partial \boldsymbol{\epsilon}_{\mathrm{M}\alpha}}\Delta\boldsymbol{\epsilon}_{\mathrm{M}\alpha} + \dfrac{\partial \boldsymbol{r}_\alpha^p}{\partial \boldsymbol{u}_{\mathrm{M}\alpha}}\Delta\boldsymbol{u}_{\mathrm{M}\alpha} & \dfrac{\partial \boldsymbol{r}_\alpha^p}{\partial \boldsymbol{g}_{\mathrm{M}\alpha}}\Delta\boldsymbol{g}_{\mathrm{M}\alpha} + \dfrac{\partial \boldsymbol{r}_\alpha^p}{\partial p_{\mathrm{M}\alpha}}\Delta p_{\mathrm{M}\alpha} \end{bmatrix} \\
&+\sum_\alpha \begin{bmatrix} \dfrac{\partial \boldsymbol{r}_\alpha^u}{\partial \boldsymbol{U}_{\mathrm{m}\alpha}} & \dfrac{\partial \boldsymbol{r}_\alpha^u}{\partial \boldsymbol{P}_{\mathrm{m}\alpha}} \\ \dfrac{\partial \boldsymbol{r}_\alpha^p}{\partial \boldsymbol{U}_{\mathrm{m}\alpha}} & \dfrac{\partial \boldsymbol{r}_\alpha^p}{\partial \boldsymbol{P}_{\mathrm{m}\alpha}} \end{bmatrix} \begin{bmatrix} \Delta\boldsymbol{U}_{\mathrm{m}\alpha} \\ \Delta\boldsymbol{P}_{\mathrm{m}\alpha} \end{bmatrix} = -\sum_\alpha \begin{bmatrix} \boldsymbol{r}_\alpha^u \\ \boldsymbol{r}_\alpha^p \end{bmatrix}
\end{aligned}
\tag{10.14}
$$

推导过程中使用了关系式 $\Delta\boldsymbol{\epsilon}_{\mathrm{M}\alpha} = \mathbb{B}_{u\alpha}\Delta\boldsymbol{U}_{\mathrm{M}}$、$\Delta\boldsymbol{u}_{\mathrm{M}\alpha} = \mathbb{N}_{u\alpha}\Delta\boldsymbol{U}_{\mathrm{M}}$、$\Delta\boldsymbol{g}_{\mathrm{M}\alpha} = \mathbb{B}_{p\alpha}\Delta\boldsymbol{P}_{\mathrm{M}}$ 以及 $\Delta p_{\mathrm{M}\alpha} = \mathbb{N}_{p\alpha}\Delta\boldsymbol{P}_{\mathrm{M}}$。式(10.14)显示对应于各个宏观尺度积分点的细观尺度问题已经解耦。式(10.14)可进一步表述为

$$
\begin{aligned}
&\sum_\alpha \left(\begin{bmatrix} \dfrac{\partial \boldsymbol{r}_\alpha^u}{\partial \boldsymbol{\epsilon}_{\mathrm{M}\alpha}}\Delta\boldsymbol{\epsilon}_{\mathrm{M}\alpha} + \dfrac{\partial \boldsymbol{r}_\alpha^u}{\partial \boldsymbol{u}_{\mathrm{M}\alpha}}\Delta\boldsymbol{u}_{\mathrm{M}\alpha} & \dfrac{\partial \boldsymbol{r}_\alpha^u}{\partial \boldsymbol{g}_{\mathrm{M}\alpha}}\Delta\boldsymbol{g}_{\mathrm{M}\alpha} + \dfrac{\partial \boldsymbol{r}_\alpha^u}{\partial p_{\mathrm{M}\alpha}}\Delta p_{\mathrm{M}\alpha} \\ \dfrac{\partial \boldsymbol{r}_\alpha^p}{\partial \boldsymbol{\epsilon}_{\mathrm{M}\alpha}}\Delta\boldsymbol{\epsilon}_{\mathrm{M}\alpha} + \dfrac{\partial \boldsymbol{r}_\alpha^p}{\partial \boldsymbol{u}_{\mathrm{M}\alpha}}\Delta\boldsymbol{u}_{\mathrm{M}\alpha} & \dfrac{\partial \boldsymbol{r}_\alpha^p}{\partial \boldsymbol{g}_{\mathrm{M}\alpha}}\Delta\boldsymbol{g}_{\mathrm{M}\alpha} + \dfrac{\partial \boldsymbol{r}_\alpha^p}{\partial p_{\mathrm{M}\alpha}}\Delta p_{\mathrm{M}\alpha} \end{bmatrix} \right. \\
&\left. + \begin{bmatrix} \dfrac{\partial \boldsymbol{r}_\alpha^u}{\partial \boldsymbol{U}_{\mathrm{m}\alpha}} & \dfrac{\partial \boldsymbol{r}_\alpha^u}{\partial \boldsymbol{P}_{\mathrm{m}\alpha}} \\ \dfrac{\partial \boldsymbol{r}_\alpha^p}{\partial \boldsymbol{U}_{\mathrm{m}\alpha}} & \dfrac{\partial \boldsymbol{r}_\alpha^p}{\partial \boldsymbol{P}_{\mathrm{m}\alpha}} \end{bmatrix} \begin{bmatrix} \Delta\boldsymbol{U}_{\mathrm{m}\alpha} \\ \Delta\boldsymbol{P}_{\mathrm{m}\alpha} \end{bmatrix} + \begin{bmatrix} \boldsymbol{r}_\alpha^u \\ \boldsymbol{r}_\alpha^p \end{bmatrix} \right) = \boldsymbol{0}
\end{aligned}
\tag{10.15}
$$

于是，可在每个宏观尺度高斯点处对式(10.15)进行求解，即

$$
\begin{aligned}
\begin{bmatrix} \Delta\boldsymbol{U}_{\mathrm{m}\alpha} \\ \Delta\boldsymbol{P}_{\mathrm{m}\alpha} \end{bmatrix} &= -\mathbb{k}_{\mathrm{t}\alpha}^{-1}\left(\begin{bmatrix} \boldsymbol{r}_\alpha^u \\ \boldsymbol{r}_\alpha^p \end{bmatrix} + \mathbb{f}_{\mathrm{m}\alpha} \right) \\
\mathbb{f}_{\mathrm{m}\alpha} &= \mathbb{k}_{\mathrm{mM}\alpha} \begin{bmatrix} \Delta\boldsymbol{U}_{\mathrm{M}} \\ \Delta\boldsymbol{P}_{\mathrm{M}} \end{bmatrix}
\end{aligned}
\tag{10.16}
$$

$$\mathbb{k}_{\mathrm{t}\alpha}=\begin{bmatrix}\dfrac{\partial \boldsymbol{r}_{\alpha}^{u}}{\partial \boldsymbol{U}_{\mathrm{m}\alpha}} & \dfrac{\partial \boldsymbol{r}_{\alpha}^{u}}{\partial \boldsymbol{P}_{\mathrm{m}\alpha}}\\ \dfrac{\partial \boldsymbol{r}_{\alpha}^{p}}{\partial \boldsymbol{U}_{\mathrm{m}\alpha}} & \dfrac{\partial \boldsymbol{r}_{\alpha}^{p}}{\partial \boldsymbol{P}_{\mathrm{m}\alpha}}\end{bmatrix} \tag{10.17}$$

$$\mathbb{k}_{\mathrm{mM}\alpha}=\begin{bmatrix}\dfrac{\partial \boldsymbol{r}_{\alpha}^{u}}{\partial \boldsymbol{\epsilon}_{\mathrm{M}\alpha}}\mathbb{B}_{\mathrm{u}\alpha}+\dfrac{\partial \boldsymbol{r}_{\alpha}^{u}}{\partial \boldsymbol{u}_{\mathrm{M}\alpha}}\mathbb{N}_{\mathrm{u}\alpha} & \dfrac{\partial \boldsymbol{r}_{\alpha}^{u}}{\partial \boldsymbol{g}_{\mathrm{M}\alpha}}\mathbb{B}_{\mathrm{p}\alpha}+\dfrac{\partial \boldsymbol{r}_{\alpha}^{u}}{\partial p_{\mathrm{M}\alpha}}\mathbb{N}_{\mathrm{u}\alpha}\\ \dfrac{\partial \boldsymbol{r}_{\alpha}^{p}}{\partial \boldsymbol{\epsilon}_{\mathrm{M}\alpha}}\mathbb{B}_{\mathrm{u}\alpha}+\dfrac{\partial \boldsymbol{r}_{\alpha}^{p}}{\partial \boldsymbol{u}_{\mathrm{M}\alpha}}\mathbb{N}_{\mathrm{u}\alpha} & \dfrac{\partial \boldsymbol{r}_{\alpha}^{p}}{\partial \boldsymbol{g}_{\mathrm{M}\alpha}}\mathbb{B}_{\mathrm{p}\alpha}+\dfrac{\partial \boldsymbol{r}_{\alpha}^{p}}{\partial p_{\mathrm{M}\alpha}}\mathbb{N}_{\mathrm{u}\alpha}\end{bmatrix} \tag{10.18}$$

其中式(10.17)为宏观积分点 α 对应的细观尺度问题的雅可比矩阵；式(10.16)定义了宏观积分点 α 处由宏观输入量 $\Delta\boldsymbol{\epsilon}_{\mathrm{M}\alpha}$、$\Delta\boldsymbol{u}_{\mathrm{M}\alpha}$、$\Delta\boldsymbol{g}_{\mathrm{M}\alpha}$ 以及 $\Delta p_{\mathrm{M}\alpha}$ (依赖于 $\Delta\boldsymbol{U}_{\mathrm{M}}$ 和 $\Delta\boldsymbol{P}_{\mathrm{M}}$)产生的细观尺度不平衡力 $\mathbb{f}_{\mathrm{m}\alpha}$。

考虑式(10.11)中的细观尺度问题，同样将其写作宏观尺度高斯点上的求和格式

$$\sum_{\alpha}\omega_{\alpha}\mathbb{K}_{\mathrm{t}\alpha}\begin{bmatrix}\Delta\boldsymbol{U}_{\mathrm{M}}\\ \Delta\boldsymbol{P}_{\mathrm{M}}\end{bmatrix}+\sum_{\alpha}\omega_{\alpha}\mathbb{K}_{\mathrm{Mm}\alpha}\begin{bmatrix}\Delta\boldsymbol{U}_{\mathrm{m}\alpha}\\ \Delta\boldsymbol{P}_{\mathrm{m}\alpha}\end{bmatrix}=-\begin{bmatrix}\boldsymbol{R}^{u}\\ \boldsymbol{R}^{p}\end{bmatrix} \tag{10.19}$$

$$\mathbb{K}_{\mathrm{t}\alpha}=\begin{bmatrix}\dfrac{\partial \boldsymbol{R}_{\alpha}^{u}}{\partial \boldsymbol{U}_{\mathrm{M}\alpha}} & \dfrac{\partial \boldsymbol{R}_{\alpha}^{u}}{\partial \boldsymbol{P}_{\mathrm{M}\alpha}}\\ \dfrac{\partial \boldsymbol{R}_{\alpha}^{p}}{\partial \boldsymbol{U}_{\mathrm{M}\alpha}} & \dfrac{\partial \boldsymbol{R}_{\alpha}^{p}}{\partial \boldsymbol{P}_{\mathrm{M}\alpha}}\end{bmatrix} \tag{10.20}$$

$$\mathbb{K}_{\mathrm{Mm}\alpha}=\begin{bmatrix}\dfrac{\partial \boldsymbol{R}_{\alpha}^{u}}{\partial \boldsymbol{U}_{\mathrm{m}\alpha}} & \dfrac{\partial \boldsymbol{R}_{\alpha}^{u}}{\partial \boldsymbol{P}_{\mathrm{m}\alpha}}\\ \dfrac{\partial \boldsymbol{R}_{\alpha}^{p}}{\partial \boldsymbol{U}_{\mathrm{m}\alpha}} & \dfrac{\partial \boldsymbol{R}_{\alpha}^{p}}{\partial \boldsymbol{P}_{\mathrm{m}\alpha}}\end{bmatrix} \tag{10.21}$$

其中式(10.20)为宏观积分点 α 处的宏观切向算子(雅可比矩阵)；式(10.21)为宏观积分点 α 处的宏观尺度不平衡力对宏观积分点 α 处的细观问题自由度的雅可比矩阵。将式(10.16)代入式(10.19)，可得宏观尺度问题的线性化形式

$$\sum_{\alpha}\omega_{\alpha}\left(\mathbb{K}_{\mathrm{t}\alpha}-\mathbb{K}_{\mathrm{Mm}\alpha}\mathbb{k}_{\mathrm{t}\alpha}^{-1}\mathbb{k}_{\mathrm{mM}\alpha}\right)\begin{bmatrix}\Delta\boldsymbol{U}_{\mathrm{M}}\\ \Delta\boldsymbol{P}_{\mathrm{M}}\end{bmatrix}=-\sum_{\alpha}\left(\begin{bmatrix}\boldsymbol{R}_{\alpha}^{u}\\ \boldsymbol{R}_{\alpha}^{p}\end{bmatrix}-\omega_{\alpha}\mathbb{K}_{\mathrm{Mm}\alpha}\mathbb{k}_{\mathrm{t}\alpha}^{-1}\begin{bmatrix}\boldsymbol{r}_{\alpha}^{u}\\ \boldsymbol{r}_{\alpha}^{p}\end{bmatrix}\right) \tag{10.22}$$

可见式(10.22)中包含了细观尺度对宏观尺度不平衡力和雅可比矩阵的贡献。定义最终的宏观尺度一致切向矩阵为

$$\overline{\mathbb{K}}_{t\alpha} = \mathbb{K}_{t\alpha} - \mathbb{K}_{Mm\alpha}\mathbb{k}_{t\alpha}^{-1}\mathbb{k}_{mM\alpha} \tag{10.23}$$

最终的宏观尺度一致不平衡力为

$$\begin{bmatrix} \overline{\boldsymbol{R}}_{\alpha}^{u} \\ \overline{\boldsymbol{R}}_{\alpha}^{p} \end{bmatrix} = \begin{bmatrix} \boldsymbol{R}_{\alpha}^{u} \\ \boldsymbol{R}_{\alpha}^{p} \end{bmatrix} - \omega_{\alpha}\mathbb{K}_{Mm\alpha}\mathbb{k}_{t\alpha}^{-1}\begin{bmatrix} \boldsymbol{r}_{\alpha}^{u} \\ \boldsymbol{r}_{\alpha}^{p} \end{bmatrix} \tag{10.24}$$

式(10.16)和(10.22)即为水力耦合问题多尺度分析的整体求解格式。其中 $-\mathbb{K}_{Mm\alpha}\mathbb{k}_{t\alpha}^{-1}\mathbb{k}_{mM\alpha}$ 和 $-\omega_{\alpha}\mathbb{K}_{Mm\alpha}\mathbb{k}_{t\alpha}^{-1}\begin{bmatrix} \boldsymbol{r}_{\alpha}^{u} \\ \boldsymbol{r}_{\alpha}^{p} \end{bmatrix}$ 分别为宏观积分点 α 的细观问题对宏观尺度的刚度和不平衡力的贡献。由此可见，整体求解算法防止了基于非精确宏观尺度变量进行细观尺度问题的迭代求解。

需要指出的是，由细观尺度问题残差全微分为 0 的条件同样可以推导出式(10.23)所示的宏观尺度一致切向矩阵。宏观尺度一致切向矩阵可定义为

$$\mathbb{D}_{t\alpha} = \begin{bmatrix} \dfrac{\mathrm{d}\boldsymbol{R}_{\alpha}^{u}}{\mathrm{d}\boldsymbol{U}_{M\alpha}} & \dfrac{\mathrm{d}\boldsymbol{R}_{\alpha}^{u}}{\mathrm{d}\boldsymbol{P}_{M\alpha}} \\ \dfrac{\mathrm{d}\boldsymbol{R}_{\alpha}^{p}}{\mathrm{d}\boldsymbol{U}_{M\alpha}} & \dfrac{\mathrm{d}\boldsymbol{R}_{\alpha}^{p}}{\mathrm{d}\boldsymbol{P}_{M\alpha}} \end{bmatrix} = \mathbb{K}_{Mm\alpha} \cdot \begin{bmatrix} \dfrac{\partial \boldsymbol{U}_{m\alpha}}{\partial \boldsymbol{U}_{M\alpha}} & \dfrac{\partial \boldsymbol{U}_{m\alpha}}{\partial \boldsymbol{P}_{M\alpha}} \\ \dfrac{\partial \boldsymbol{P}_{m\alpha}}{\partial \boldsymbol{U}_{M\alpha}} & \dfrac{\partial \boldsymbol{P}_{m\alpha}}{\partial \boldsymbol{P}_{M\alpha}} \end{bmatrix} + \mathbb{K}_{t\alpha} \tag{10.25}$$

注意到细观尺度主变量对宏观尺度主变量的导数是隐式定义的，因此式(10.25)必须考虑宏观高斯点 α 处的细观尺度问题的平衡条件。进行宏观尺度迭代时认为细观尺度已满足收敛条件，于是

$$\begin{bmatrix} \dfrac{\mathrm{d}\boldsymbol{r}_{\alpha}^{u}}{\mathrm{d}\boldsymbol{U}_{M\alpha}} & \dfrac{\mathrm{d}\boldsymbol{r}_{\alpha}^{u}}{\mathrm{d}\boldsymbol{P}_{M\alpha}} \\ \dfrac{\mathrm{d}\boldsymbol{r}_{\alpha}^{p}}{\mathrm{d}\boldsymbol{U}_{M\alpha}} & \dfrac{\mathrm{d}\boldsymbol{r}_{\alpha}^{p}}{\mathrm{d}\boldsymbol{P}_{M\alpha}} \end{bmatrix} = \mathbb{k}_{t\alpha} \cdot \begin{bmatrix} \dfrac{\partial \boldsymbol{U}_{m\alpha}}{\partial \boldsymbol{U}_{M\alpha}} & \dfrac{\partial \boldsymbol{U}_{m\alpha}}{\partial \boldsymbol{P}_{M\alpha}} \\ \dfrac{\partial \boldsymbol{P}_{m\alpha}}{\partial \boldsymbol{U}_{M\alpha}} & \dfrac{\partial \boldsymbol{P}_{m\alpha}}{\partial \boldsymbol{P}_{M\alpha}} \end{bmatrix} + \mathbb{k}_{mM\alpha} = \boldsymbol{0} \tag{10.26}$$

进一步可得到

$$\begin{bmatrix} \dfrac{\partial \boldsymbol{U}_{m\alpha}}{\partial \boldsymbol{U}_{M\alpha}} & \dfrac{\partial \boldsymbol{U}_{m\alpha}}{\partial \boldsymbol{P}_{M\alpha}} \\ \dfrac{\partial \boldsymbol{P}_{m\alpha}}{\partial \boldsymbol{U}_{M\alpha}} & \dfrac{\partial \boldsymbol{P}_{m\alpha}}{\partial \boldsymbol{P}_{M\alpha}} \end{bmatrix} = -\mathbb{k}_{t\alpha}^{-1} \cdot \mathbb{k}_{mM\alpha} \tag{10.27}$$

将式(10.27)代入式(10.25)，可得

$$\mathbb{D}_{t\alpha} = \mathbb{K}_{t\alpha} - \mathbb{K}_{Mm\alpha} \cdot \mathbb{k}_{t\alpha}^{-1} \cdot \mathbb{k}_{mM\alpha} \tag{10.28}$$

可见式(10.28)和式(10.23)相一致。

10.3　交错求解算法和整体求解算法的比较

表 10.2 给出了多尺度分析整体求解算法的实现流程。对比表 10.1 和表 10.2，可见与多尺度分析交错求解算法相比，整体求解算法的主要特点为：

(1) 整体求解算法不涉及细观尺度问题的迭代求解；

(2) 在每个宏观尺度迭代步，仅对所有细观尺度问题进行一步迭代求解，并将其残余不平衡力及对宏观尺度切向刚度的影响传递到宏观尺度(即循环 3)；

(3) 考虑了细观尺度影响的宏观尺度整体刚度矩阵和不平衡力向量基于式(10.23)和(10.24)进行计算；

(4) 如果细观尺度问题进行一次迭代即收敛(即细观尺度问题为线性问题)，则整体求解算法与交错求解算法等效；

(5) 依据第 9 章的内容(见 9.2 节和 9.5 节)，可依据式(10.23)和(10.24)进行宏观尺度整体刚度矩阵和不平衡力向量的计算；

(6) 依据式(10.11)～(10.24)所示的推导过程，整体求解算法可推广至涉及更多尺度的多尺度分析问题(如除细观、宏观外，还考虑中尺度的三尺度分析)。

表 10.2　多尺度分析整体求解算法实现流程

循环 1：第 n 个时间步

　循环 2：宏观尺度平衡循环，迭代步 j

　　循环 3：宏观尺度高斯点循环，高斯点指标 α

$$\begin{bmatrix} \boldsymbol{U}_{\mathrm{m}\alpha} \\ \boldsymbol{P}_{\mathrm{m}\alpha} \end{bmatrix}^{j} = \begin{bmatrix} \boldsymbol{U}_{\mathrm{m}\alpha} \\ \boldsymbol{P}_{\mathrm{m}\alpha} \end{bmatrix}^{j-1} - \left(\mathbb{k}_{\mathrm{t}\alpha}^{-1}\right)^{j-1} \cdot \left(\begin{bmatrix} \boldsymbol{r}_{\alpha}^{u} \\ \boldsymbol{r}_{\alpha}^{p} \end{bmatrix}^{j-1} + \mathbb{f}_{\mathrm{m}\alpha}^{j-1} \right)$$

　　　检查是否所有的宏观尺度高斯点已处理

　　循环 3 结束，否则 $\alpha \leftarrow \alpha + 1$.

$$\begin{bmatrix} \boldsymbol{U}_{\mathrm{M}} \\ \boldsymbol{P}_{\mathrm{M}} \end{bmatrix}^{j+1} = \begin{bmatrix} \boldsymbol{U}_{\mathrm{M}} \\ \boldsymbol{P}_{\mathrm{M}} \end{bmatrix}^{j} - \left(\bar{\mathbb{K}}_{\mathrm{t}}^{-1}\right)^{j} \cdot \begin{bmatrix} \bar{\boldsymbol{R}}^{u} \\ \bar{\boldsymbol{R}}^{p} \end{bmatrix}^{j}$$

　　检查是否满足宏观尺度平衡条件，即是否满足 $\left|\bar{\boldsymbol{R}}^{u}\right| < \mathrm{TOL}$ 以及 $\left|\bar{\boldsymbol{R}}^{p}\right| < \mathrm{TOL}$.

　循环 2 结束，否则 $j \leftarrow j + 1$.

　检查是否已完成所有时间步求解

循环 1 结束，否则 $n \leftarrow n + 1$.

10.4　数 值 算 例

本节通过对饱和非均质非线性孔隙介质水力耦合经典算例的计算，验证整体求解算法的精度以及其相对于多尺度分析常采用的交错求解算法的效率优势。对于本节的数值计算，假定非均质孔隙介质细观问题域(RVE)由两种材料，即线弹性块石和弹塑性土体构成。其中土体的弹塑性变形使用各向同性动态硬化模型描述。于是，屈服函数可表示为

$$f\left(\boldsymbol{\sigma}^{\mathrm{e}},\boldsymbol{\alpha},\kappa\right)=\|\boldsymbol{s}-\boldsymbol{\alpha}\|-\kappa\leqslant 0 \tag{10.29}$$

式中 $\boldsymbol{\alpha}$ 为背应力；$\boldsymbol{s}=\boldsymbol{\sigma}^{\mathrm{e}}-\dfrac{1}{3}\mathrm{tr}\left(\boldsymbol{\sigma}^{\mathrm{e}}\right)\mathbf{1}$ 为偏斜应力；κ 为屈服面的半径，与单轴屈服强度 σ_{Y} 间的关系为 $\dot{\kappa}=\sqrt{2/3}\dot{\sigma}_{\mathrm{Y}}$。土体的塑性硬化关系为

$$\dot{\boldsymbol{\alpha}}=\left(1-\beta\right)H\dot{\boldsymbol{\epsilon}}^{p} \tag{10.30}$$

$$\dot{\kappa}=\beta H\dot{\lambda} \tag{10.31}$$

式中 $\beta\in\left[0,1\right]$；$\dot{\lambda}$ 表示塑性应变率的大小；H 为广义塑性模量，其与切向模量 E_{T} 间的关系为 $=\dfrac{2}{3}\dfrac{E_{\mathrm{T}}}{1-E_{\mathrm{T}}/E}$。此外，土体的塑性流动采用相关流动法则描述

$$\dot{\boldsymbol{\epsilon}}^{p}=\dot{\lambda}\frac{\partial f}{\partial\boldsymbol{\sigma}^{\mathrm{e}}} \tag{10.32}$$

需要指出的是，本章采用各向同性动态硬化模型描述土体弹塑性变形是出于数值计算方便的目的。实际上，各向同性动态硬化模型是一种较为简单理想的弹塑性模拟，对于实际工程问题，应采用更加复杂和反映土体实际工程特点的弹塑性模型。

10.4.1 饱和非均质土石柱体的固结

如图 10.1 所示，考虑由土石材料构成的长方形非均质饱和孔隙介质的固结问题。土石孔隙介质的长和宽分别为 15m 和 1m，且处于平面应变状态。孔隙介质的上、下和左侧边界均不透水且受法向位移约束，右侧边界理想透水且受均匀分布的外部压力作用。外部压力在 0.1s 内由 0 线性增大至 10kPa，此后保持不变。如图 10.1(a)和(b)所示，宏观尺度上将土石孔隙介质视作均质材料，并采用 10 个 8 结点四边形有限单元对宏观问题域进行离散，而且 8 结点四边形的数值积分采用 3×3 高斯积分实现。对于每一个宏观尺度高斯点，均对应一个细观尺度问题。如图 10.1(c)所示，RVE 是边长为 0.5m 的正方形。RVE 的中心位置为直径 0.282m 的块石，其余部分为土体。如下文图 10.5 所示，RVE 采用 620 个 4 结点四边形有限单元进行离散，且 4 结点四边形单元上的数值积分采用 2×2 高斯积分实现。对于直接数值分析，通过将 30 个离散后的 RVE 进行单行叠加形成问题域。于是，直接数值分析的问题域长和宽分别为 15m 和 0.5m，而且宏观尺度上四边形单元

的中心积分点(自然坐标为(0,0))与构成直接分析问题域的 RVE 的中心重合(如图 10.1(b)中 A 点)。因此，可以使用直接分析问题域中以 A 点为中心的 RVE 上的直接求解结果去验证宏观问题域积分点 A 所对应的细观尺度问题域上的多尺度分析结果。理论上，构成直接分析问题域的 RVE 数量越多，直接数值分析的结果与多尺度分析的结果越接近。

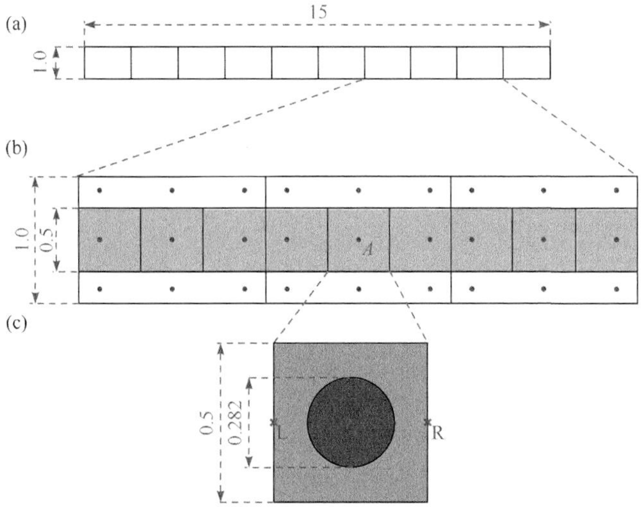

图 10.1 非均质土石柱体的固结

(a) 均匀化宏观尺度问题域；(b) 直接数值分析模型；(c) 细观尺度问题域(即代表性体元(RVE))(单位：m)

细观尺度上，土体的弹塑性变形由式(10.29)～(10.32)描述，而块石为线弹性材料。表 10.3 给出了土体和块石的水力材料参数。值得说明的是，为了体现材料的非均匀性，数值计算中故意使用了差异很大的土体和块石的水力材料参数。此外，数值计算中，直接数值分析和多尺度分析均采用相同的时间步Δt=0.005s。

表 10.3 土体和块石的水力材料参数

	土体	块石
弹性模量 E / Pa	1.4516×10^{7}	1.4516×10^{10}
泊松比 ν	0.3	0.2
固体颗粒密度 p_s /(kg/m^3)	2000	20000
流体密度 p_f /(kg/m^3)	1000	1000
固体颗粒体积模量 K_s / Pa	1×10^{15}	1×10^{20}
流体体积模量 K_f /Pa	2×10^{9}	2×10^{9}
孔隙率 n	0.3	0.1

续表

	土体	块石
渗透系数 k_f /(m^3s/kg)	1×10^{-6}	1×10^{-10}
Biot 系数 α	1.0	0.8
切向模量 E_T / Pa	1.4516×10^6	/
初始单轴屈服应力 σ_{Y0} / Pa	1.7778×10^3	/
标量参数 β	0.5	/

图 10.2 比较了基于整体求解算法所得宏观尺度积分点(6.75, 0)、(9.75, 0)和(12.75, 0)对应的 RVE 上测点 $L(-0.25, 0)$、$C(0, 0)$和 $R(0.25, 0)$处的骨架沉降和孔隙压力随时间变化结果以及对应的直接数值分析结果。其中，直接数值分析结果是指以对应宏观尺度积分点为中心的构成直接分析问题域的 RVE 左侧 $L(-0.25, 0)$、中心 $C(0, 0)$和右侧 $R(0.25, 0)$位置处的沉降和孔隙压力结果。对于直接数值分析和基于整体求解算法的多尺度分析，图 10.2 显示，RVE 上 C 测点的沉降和孔隙压力结果总是位于 L 和 R 测点的沉降和孔隙压力结果之间。此外，相比于测点 L 和 R，直接数值分析和多尺度分析在 RVE 的中点 C 处的结果最为吻合。由于 RVE 的尺寸是有限值而非理想无限小，直接数值分析对多尺度分析中 RVE 上测点 L 和 R 处的近似结果实际上分别是偏 L 点左侧的点和偏 R 点右侧的点上的结果。因此，对于沉降结果，直接数值分析所得 L 点的沉降小于多尺度分析所得 L 点的沉降，而直接数值分析所得 R 点的沉降大于多尺度分析所得 R 点的沉降；对于孔压结果，直接数值分析所得 L 点的孔压大于多尺度分析所得 L 点的孔压，而直接数值分析所得 R 点的孔压小于多尺度分析所得 R 点的孔压。可见，图 10.2 中的结果与理论预

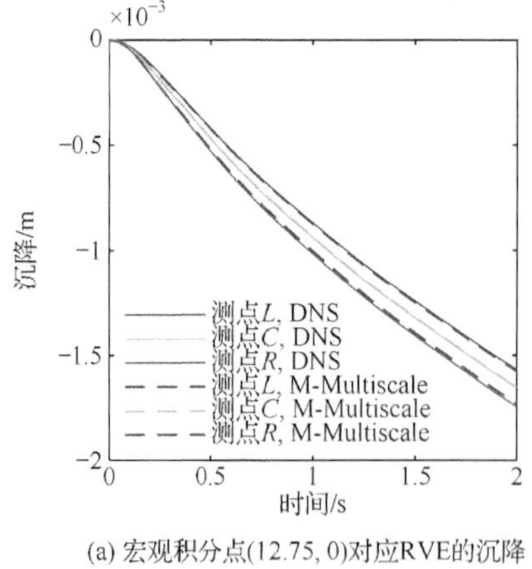

(a) 宏观积分点(12.75, 0)对应RVE的沉降

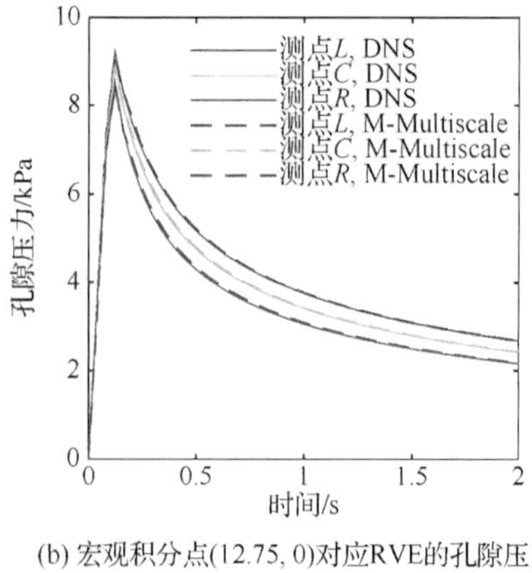

(b) 宏观积分点(12.75, 0)对应RVE的孔隙压力

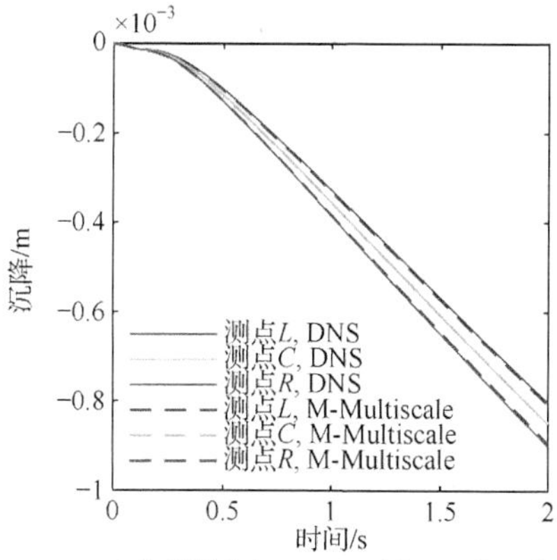

(c) 宏观积分点(9.75, 0)对应RVE的沉降

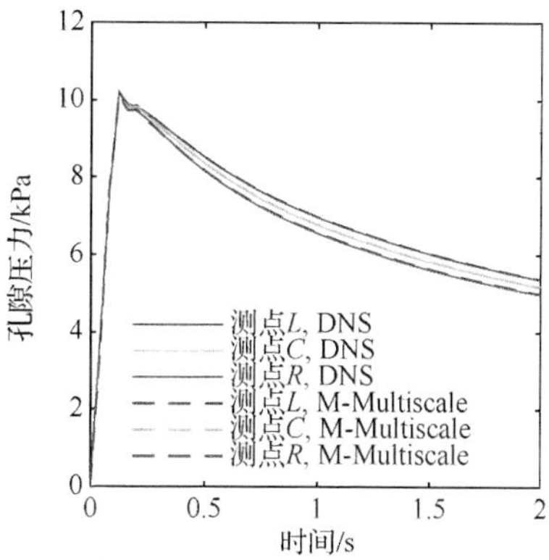

(d) 宏观积分点(9.75, 0)对应RVE的孔隙压力

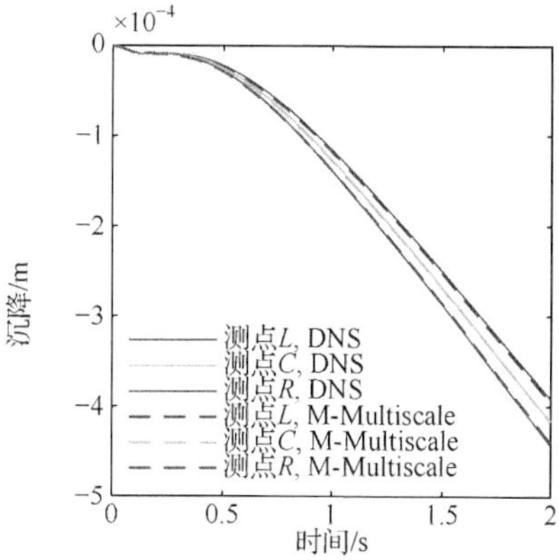

(e) 宏观积分点(6.75, 0) 对应RVE的沉降

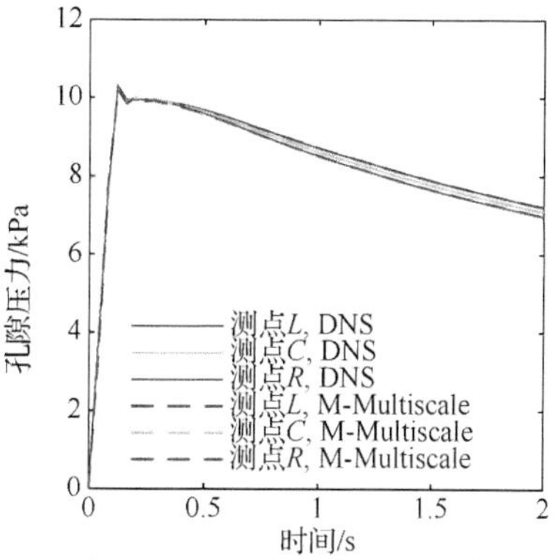

(f) 宏观积分点(6.75, 0)对应RVE的孔隙压力

图 10.2　宏观尺度积分点(6.75, 0)、(9.75, 0) 和 (12.75, 0)对应 RVE 中测点 $L(-0.25, 0)$、$C(0, 0)$ 和 $R(0.25, 0)$(见图 10.1(b))处的沉降和孔隙压力随时间变化结果(彩图请扫封底二维码)

DNS：直接数值分析；M-Multiscale：整体求解算法

测相一致，而且直接数值分析与基于整体求解算法多尺度分析的结果整体上吻合良好，这验证了多尺度分析整体求解算法的准确性。

图 10.3 为宏观尺度积分点(6.75, 0)、(9.75, 0)和(12.75, 0)对应的 RVE 上测点 $L(-0.25, 0)$、$C(0, 0)$和 $R(0.25, 0)$处的骨架沉降速率随时间变化曲线。可见基于整体求解算法的多尺度分析所得的骨架沉降速率结果与直接数值分析所得沉降速率结果吻合良好。

为进一步展示整体求解算法的可靠性与精度，图 10.4 展示了直接数值分析在问题域 8m$\leqslant x \leqslant$8.5m 范围内的以及多尺度分析宏观积分点(8.25, 0)对应 RVE 内的块石与土体的体积平均孔隙压力、骨架沉降、应力和液相水平流速结果。其中块石与土体体积平均变量的定义为

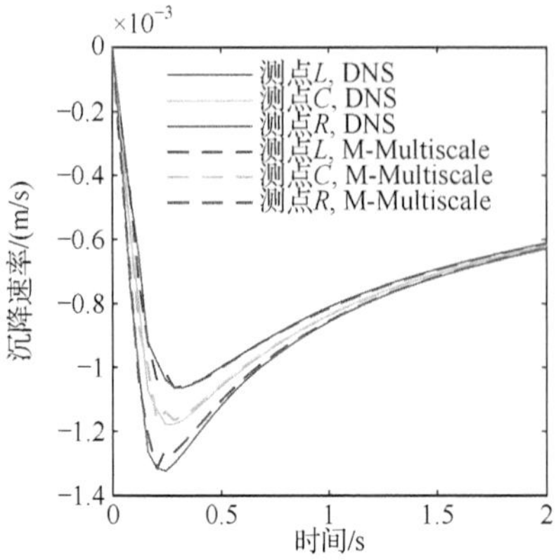

(a) 宏观积分点(12.75, 0)对应RVE

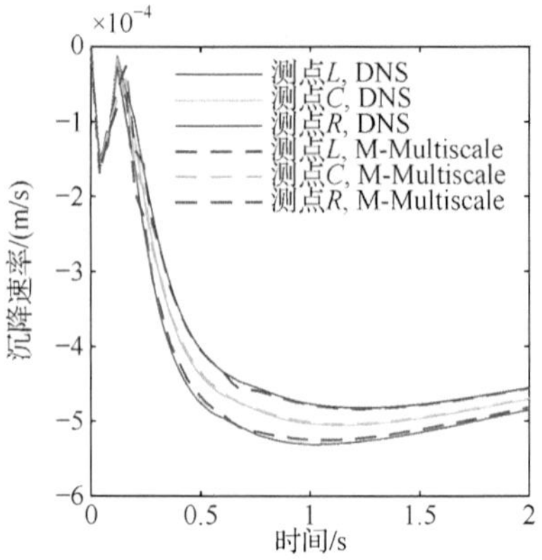

(b) 宏观积分点(9.75, 0)对应RVE

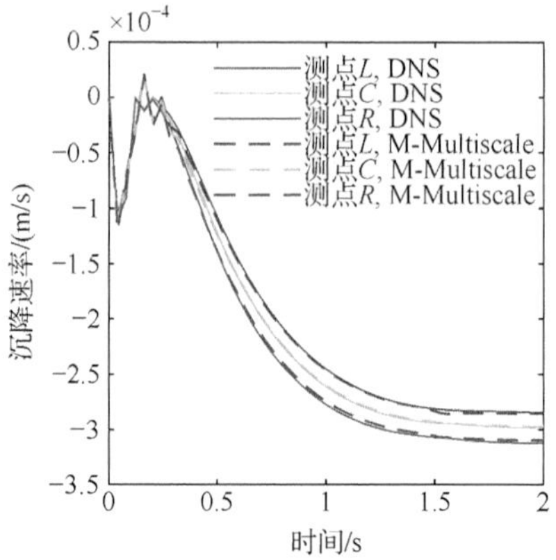

(c) 宏观积分点(12.75, 0)对应RVE

图 10.3　宏观尺度积分点(6.75, 0)、(9.75, 0)和(12.75, 0)对应 RVE 中测点 $L(-0.25, 0)$、$C(0, 0)$ 和 $R(0.25, 0)$处的骨架沉降速率随时间变化结果(彩图请扫封底二维码)

$$
\begin{aligned}
[*]_{\text{par}} &= \frac{1}{\left|V_{\text{par}}\right|}\int_{V_{\text{par}}}(*)\mathrm{d}V \\
[*]_{\text{mat}} &= \frac{1}{\left|V_{\text{mat}}\right|}\int_{V_{\text{mat}}}(*)\mathrm{d}V
\end{aligned}
\tag{10.33}
$$

如图 10.4 所示，直接数值分析和多尺度分析所得的体积平均变量结果完全吻合，这表明整体求解算法是一种可靠精确的多尺度分析求解算法。

图 10.5～图 10.8 给出了不同时刻宏观尺度积分点(12.75, 0)对应的细观尺度 RVE 以及直接数值分析问题域中以(12.75, 0)为中心的 RVE 上的骨架沉降、孔隙压力、Mises应力以及塑性应变分布云图。其中二阶张量 $\boldsymbol{A}$ 的定义为 $\|\boldsymbol{A}\|=\sqrt{\boldsymbol{A}:\boldsymbol{A}}$ 。

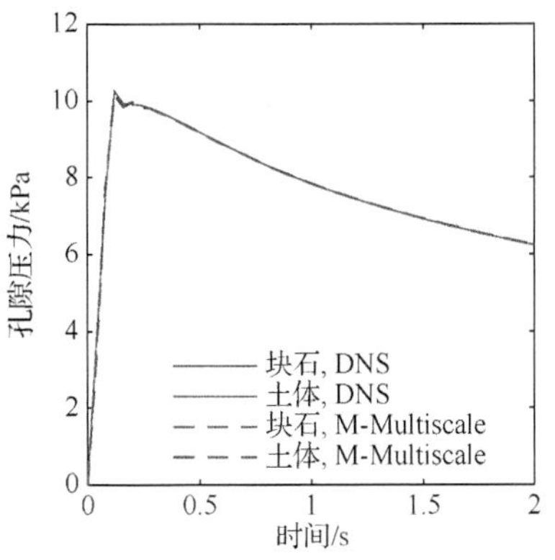

(a) 孔隙压力

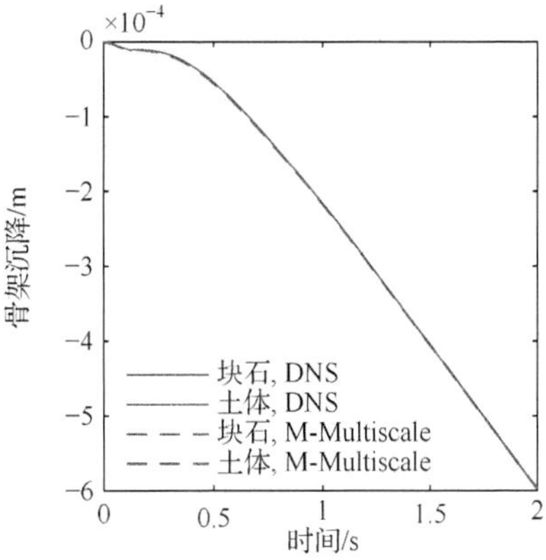

(b) 骨架沉降

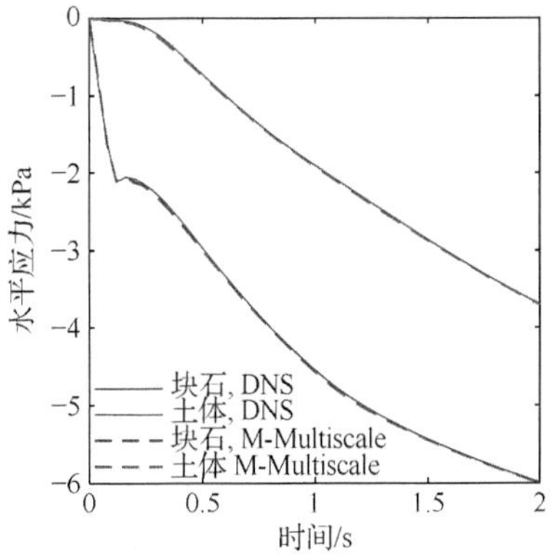

(c) 水平应力

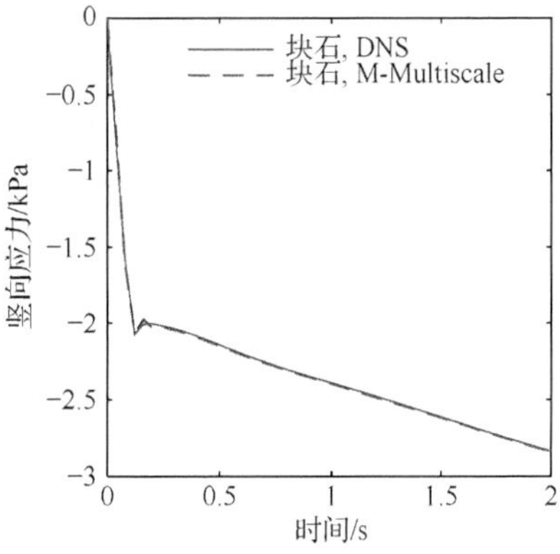

(d) 竖直应力

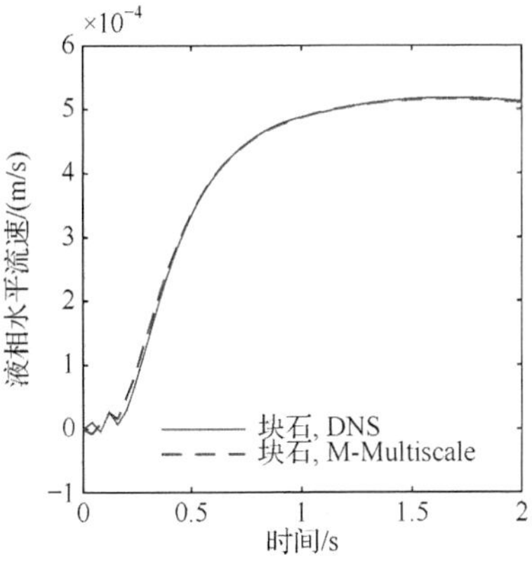

(e) 液相水平流速

图 10.4　直接数值分析问题域 8m≤x≤8.5m 范围内和多尺度分析宏观尺度积分点(8.25, 0)对应 RVE 内块石与土体的体积平均孔隙压力、骨架沉降、应力和液相水平流速(彩图请扫封底二维码)

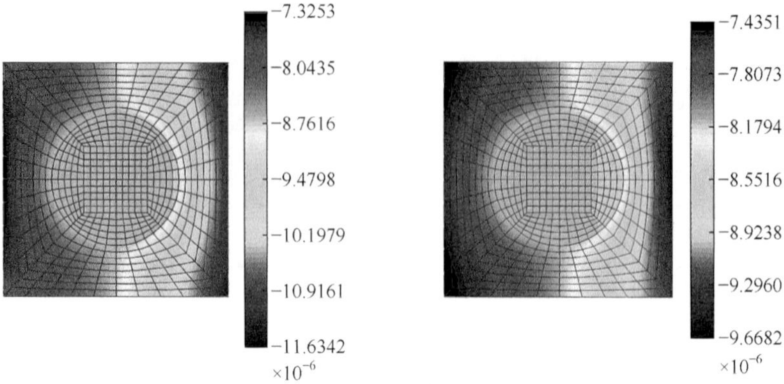

(a) 骨架沉降

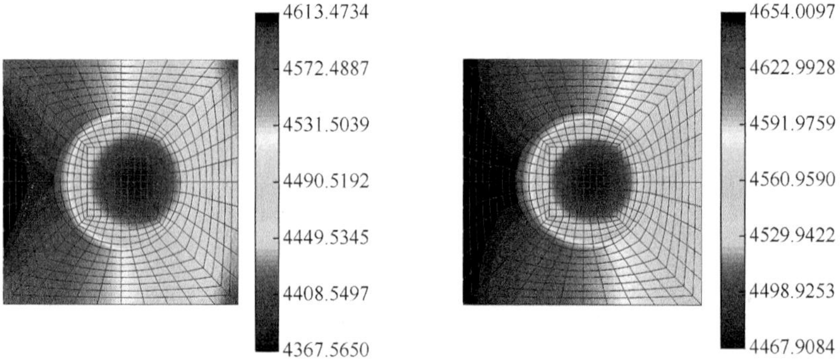

(b) 孔隙压力

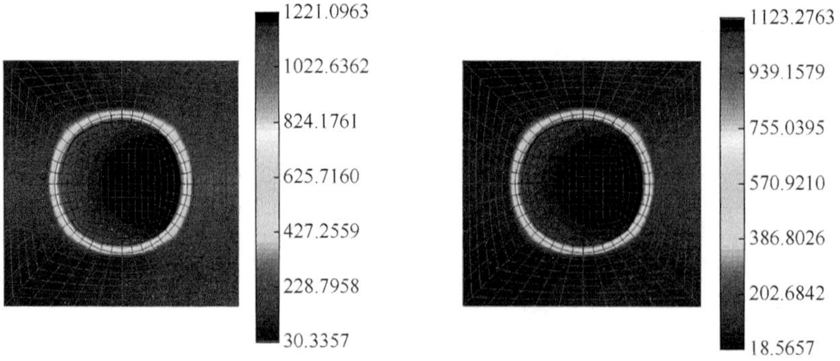

(c) Mises应力$\sqrt{3/2}\,\|s\|$

图 10.5　宏观尺度积分点(12.75, 0)对应 RVE 的骨架沉降、孔隙压力和 Mises 应力分布云图(t=0.05s；左侧为基于整体求解算法的多尺度分析结果，右侧为直接数值分析结果)(彩图请扫封底二维码)

由图 10.5～图 10.8 可见，在 t=0.05s 和 t=0.1s，RVE 未产生塑性变形。此外，外部载荷施加后，由于块石和土体的渗透性差异，短期内块石内的孔压明显小于土体内的孔压(图 10.5(b))，但随着孔压消散，这一现象很快消失(图 10.6(b))。这表明基于整体求解算法的多尺度分析精确反映了细观尺度上的动态水力响应。随着孔隙压力消散，骨架有效应力增加，RVE 中开始出现塑性变形，图 10.7(d)和图 10.8(d)显示，塑性变形最先出现在 RVE 的右侧和左侧边界中点，然后出现在 RVE 上侧和下侧边界中点，并且塑性区绕着线弹性块石逐渐扩大。图 10.5～图 10.8 显示基于整体求解算法的多尺度分析和直接数值分析得到一致的细观骨架沉降、孔隙压力、有效应力和塑性变形结果。

图 10.9 对比了多尺度分析和直接数值分析所得沿宏观问题域中线的沉降和孔隙压力结果。一方面，多尺度分析和直接数值分析所得宏观沉降和孔隙压力结果完全吻合；另一方面，和直接数值分析相比，多尺度分析所得的最大沉降值(位于宏观问题域右侧边界)更大，这是由于直接数值分析的问题域由有限个 RVE 构成，与多尺度分析相比高估了孔隙介质材料的整体刚度。

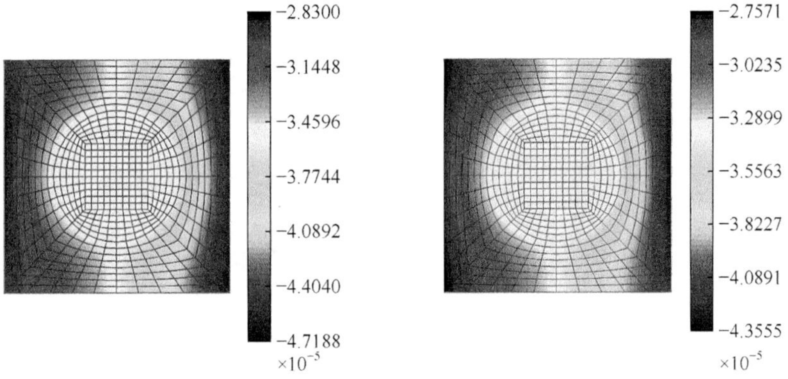

(a) 骨架沉降

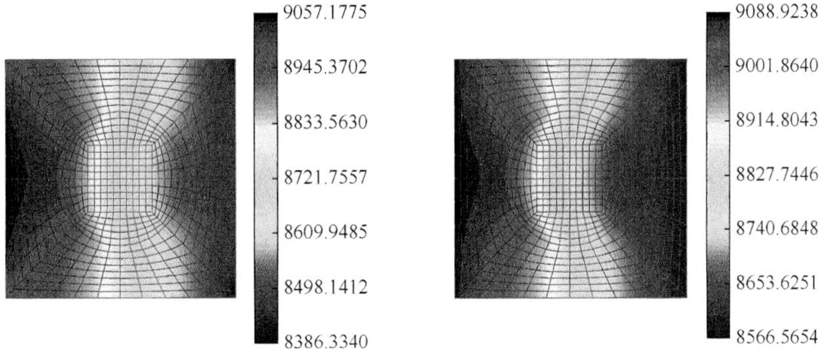

(b) 孔隙压力

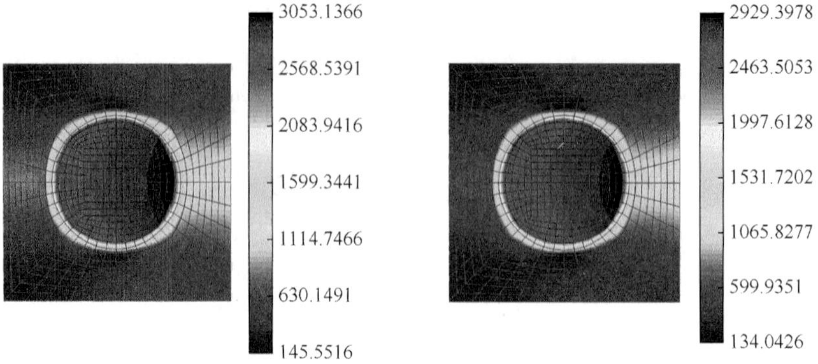

(c) Mises应力$\sqrt{3/2}\,\|s\|$

图 10.6　宏观尺度积分点(12.75, 0)对应 RVE 的骨架沉降、孔隙压力和 Mises 应力分布云图(t=0.1s；左侧为基于整体求解算法的多尺度分析结果，右侧为直接数值分析结果)(彩图请扫封底二维码)

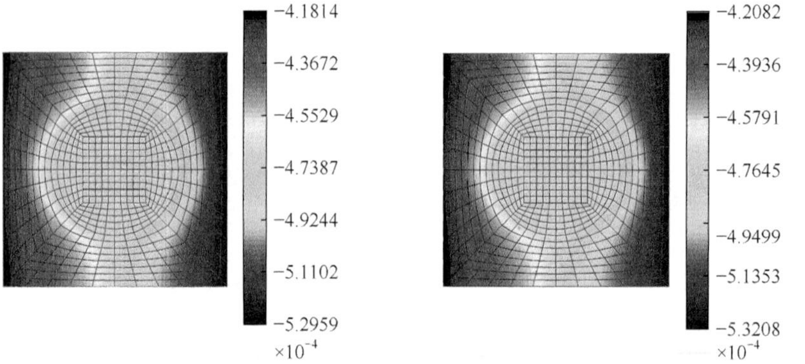

(a) 骨架沉降

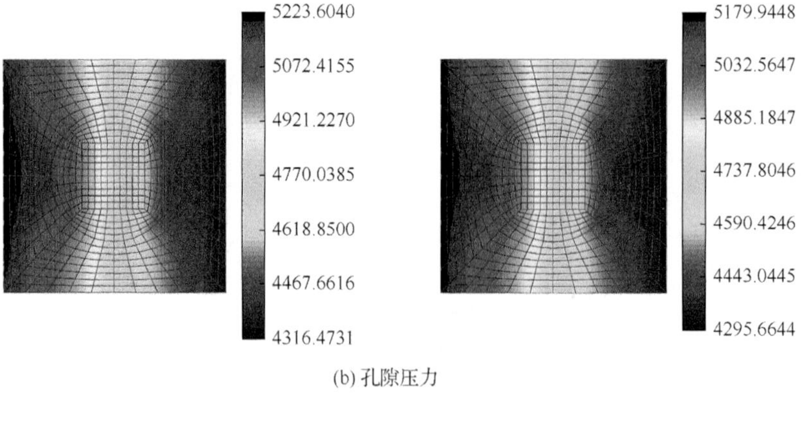

(b) 孔隙压力

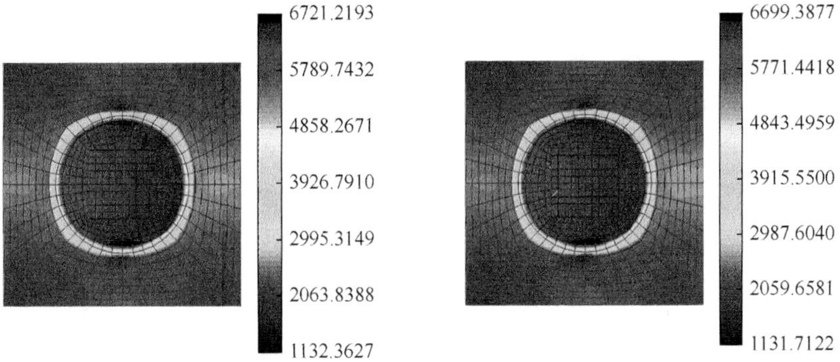

(c) Mises应力$\sqrt{3/2}\,\|s\|$

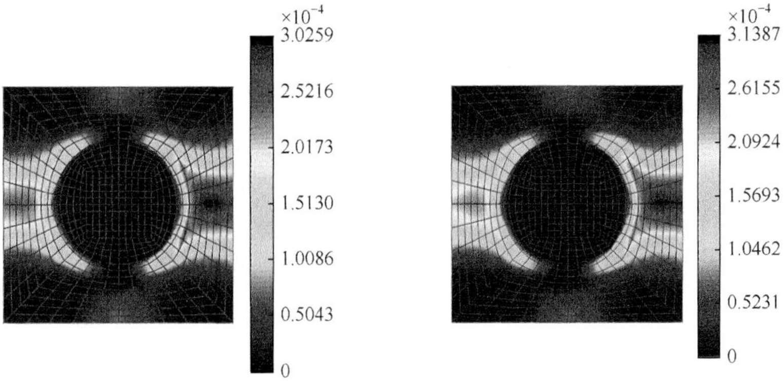

(d) 塑性变形$\sqrt{2/3}\,\|\epsilon^p\|$

图 10.7　宏观尺度积分点(12.75, 0)对应 RVE 的骨架沉降、孔隙压力、Mises 应力和塑性变形分布云图(t=0.5s；左侧为基于整体求解算法的多尺度分析结果，右侧为直接数值分析结果)(彩图请扫封底二维码)

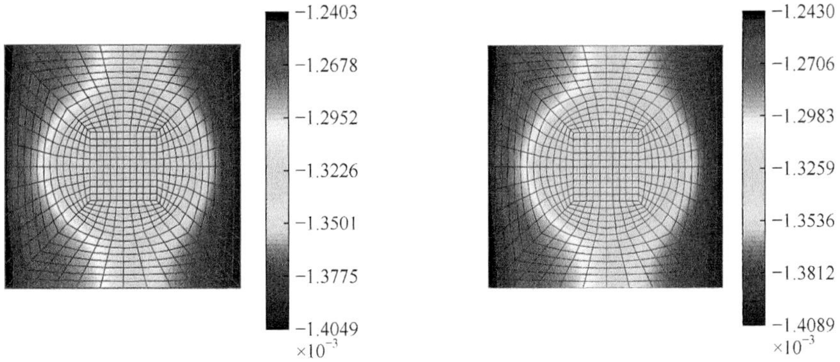

(a) 骨架沉降

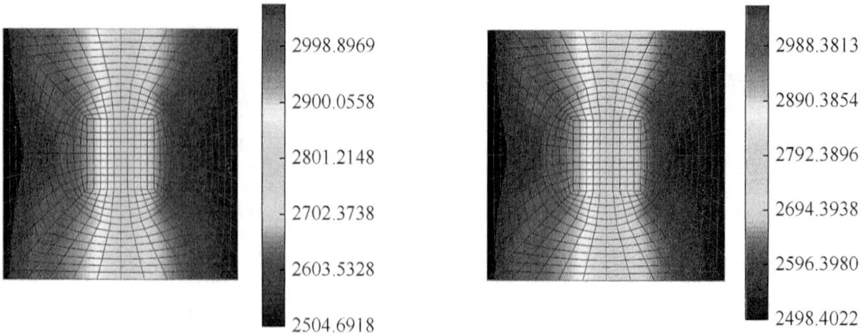

(b) 孔隙压力

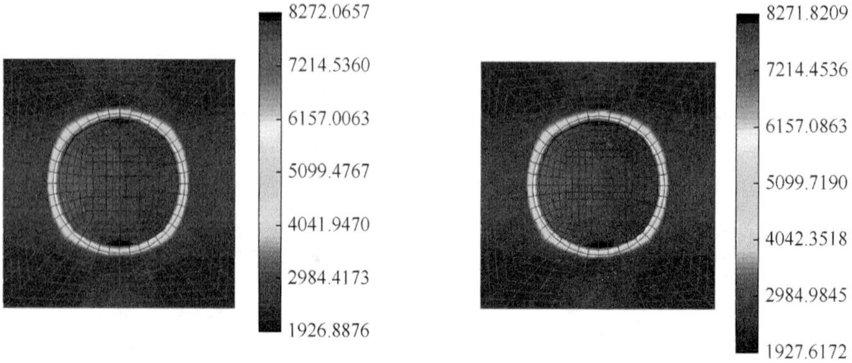

(c) Mises应力$\sqrt{3/2}\,\|s\|$

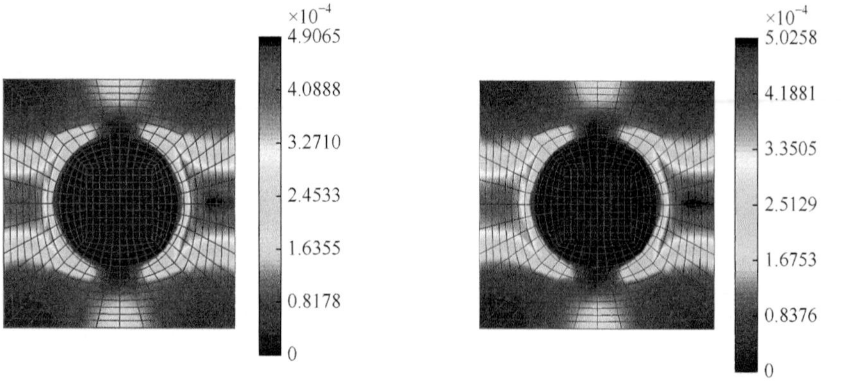

(d) 塑性变形$\sqrt{2/3}\,\|\epsilon^p\|$

图 10.8　宏观尺度积分点(12.75, 0)对应 RVE 的骨架沉降、孔隙压力、Mises 应力和塑性变形分布云图(t=1.5s；左侧为基于整体求解算法的多尺度分析结果，右侧为直接数值分析结果)

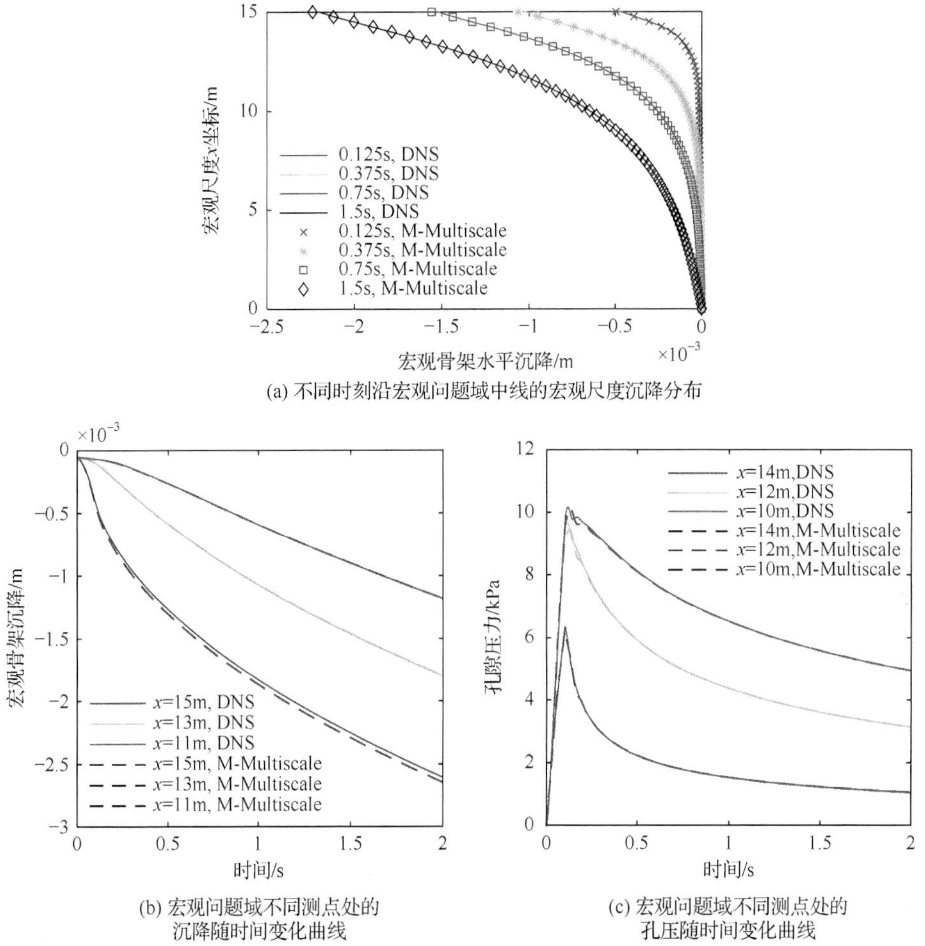

(a) 不同时刻沿宏观问题域中线的宏观尺度沉降分布

(b) 宏观问题域不同测点处的沉降随时间变化曲线

(c) 宏观问题域不同测点处的孔压随时间变化曲线

图 10.9　宏观问题域中线上测点处的宏观尺度沉降和孔压结果(彩图请扫封底二维码)

为了展示整体求解算法的收敛性和计算效率，将宏观问题域分别划分为 5 个、10 个、15 个和 20 个 8 结点四边形单元，并分别基于传统交错求解算法和整体求解算法进行多尺度计算。为了保证结果具有可比性，所有计算都使用 Matlab 2018b 程序以及 i7-10700@2.90GHz 处理器和 16Gb 内存进行。对于确定的离散模型(自由度数目一定)和时间步长，每个时间步的 CPU 耗时近似为常数，因此分析计算效率时选择以相同的时间步长Δt=0.025s 在 t=0.5s 对比计算耗时。图 10.10 给出了整体求解算法的收敛性和计算效率分析结果。图 10.10(a)和(b)表明，采用 5 个 8 结点四边形单元对宏观尺度进行离散即可得到精确的宏观尺度骨架沉降和孔隙压力结果。图 10.10(c)表明，与传统的交错求解算法相比，多尺度分析时采用直接求解算法可以至少节约 40%的计算消耗。

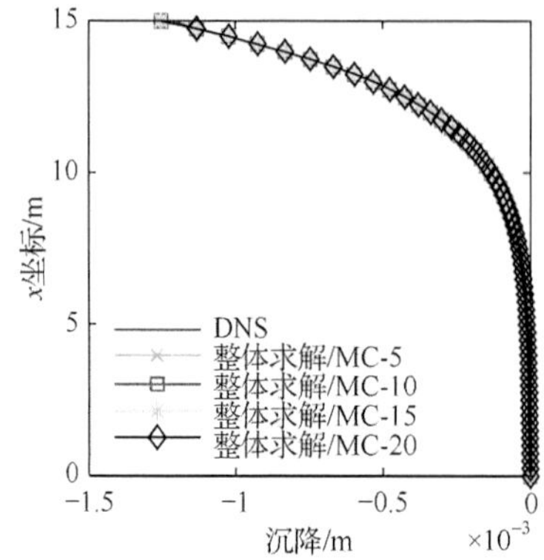

(a) 沿宏观尺度中线的宏观沉降分布

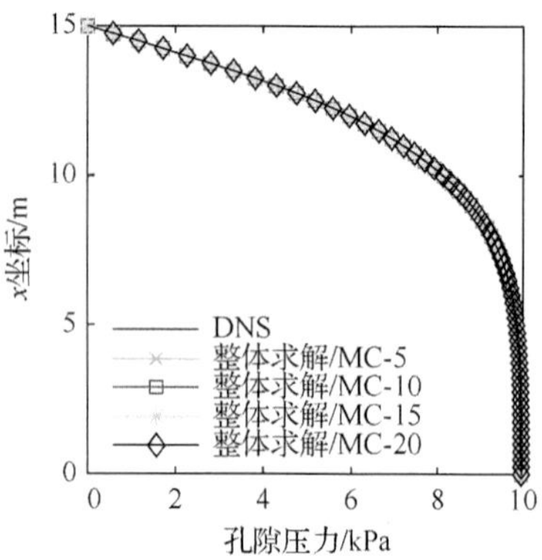

(b) 沿宏观尺度中线的宏观孔压分布

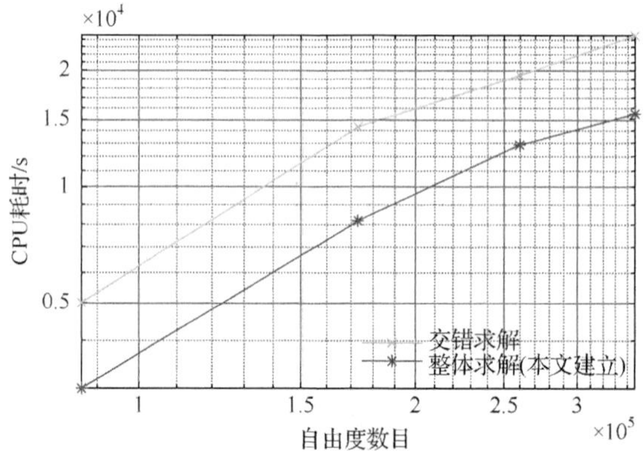

(c) CPU耗时与细观尺度自由度数目间的关系(t=0.5s, Δt=0.025s)

图 10.10　多尺度分析整体求解算法与交错求解算法的计算效率比较

图 10.11 展示了不同时刻宏观尺度残差范数随迭代次数的变化曲线，其中时间步长取为Δt=0.01s 而收敛标准为残差范数不大于 1×10^{-8}。由图 10.11 中的结果

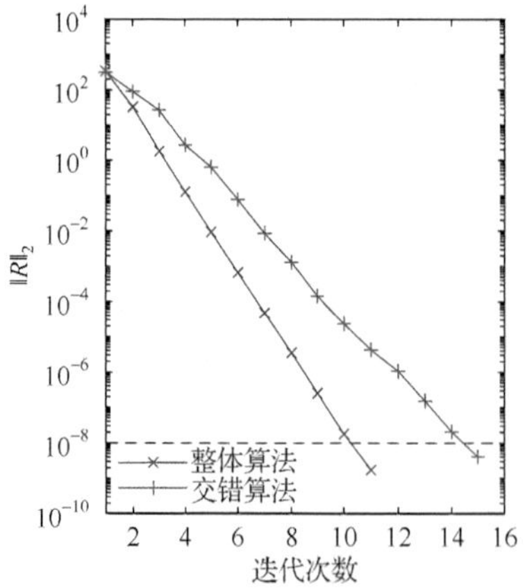

(a) t=0.03s

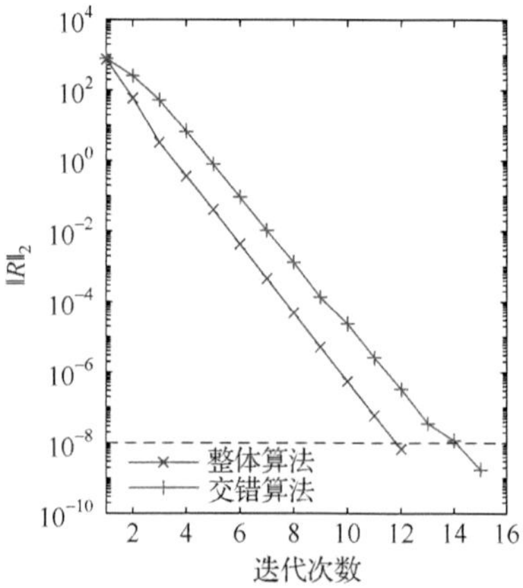

(b) t=0.05s

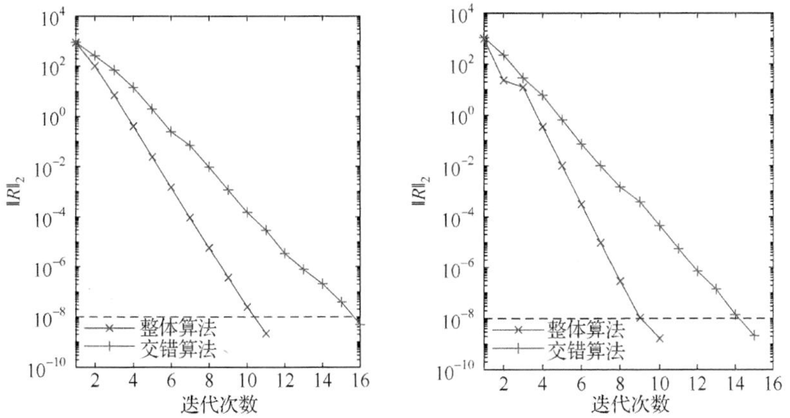

(c) t=0.07s (d) t=0.09s

图 10.11 整体求解算法和交错求解算法的收敛性比较(收敛标准为残差不大于 1×10^{-8}，Δt=0.01s)

可见，相比于交错求解算法，使用整体求解算法时宏观尺度残差更快减小至容许容差。

10.4.2 饱和非均质土石基础的固结

如图 10.12 所示，考虑顶部偏斜受压的饱和非均质方形土石混合体基础。基础的边长为 10m 且处于平面应变状态。基础上侧边界的右半部分受均匀分布的外部压力作用，外部压力在 0.1s 内由 0 线性增加至 10kPa，然后保持不变。除了上侧边界的左半部分为理想透水边界外，基础的其余边界均为不透水边界。此外，基础的左侧、下侧和右侧边界受法向变形约束。如图 10.12 所示，均匀化宏观尺度问题域采用 220 个 8 结点四边形单元进行离散，而且 8 结点四边形的数值积分

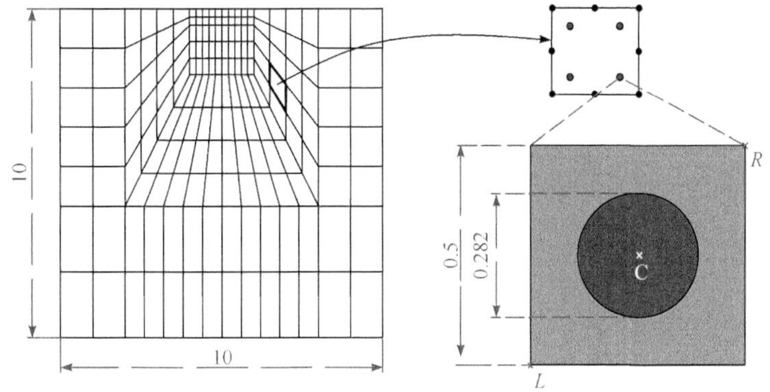

图 10.12 偏斜载荷作用下的饱和非均质土石基础(单位：m)

采用 2×2 高斯积分实现。对应于每一个宏观尺度积分点，均定义一个细观尺度问题。细观问题域(RVE)为边长 0.5m 的正方形，中心位置为直径 0.282m 的圆形块石，其余部分为土体。如下文图 10.16 所示，RVE 采用 220 个 4 结点四边形单元进行离散。计算中认为块石为线弹性材料，而土体为弹塑性材料，其变形由式(10.27)～(10.30)所示的各向同性动态硬化模型描述。除了土体的初始单轴屈服应力 σ_{Y0}=2.6667kPa 外，土体和块石的水力材料参数见表 10.3。

图 10.13 为宏观问题域角点处的宏观骨架沉降、孔隙压力和沉降速率随时间的变化曲线。图中结果显示，土石基础的上边界角点具有近似反对称且频率相同的运动模式，这表明外力施加后土石混合体基础的短期响应类似于不可压缩弹性体。此外，与其他角点相比，右上的角点(坐标(10, 10))具有最大的孔隙压力峰值且孔压消散最快。

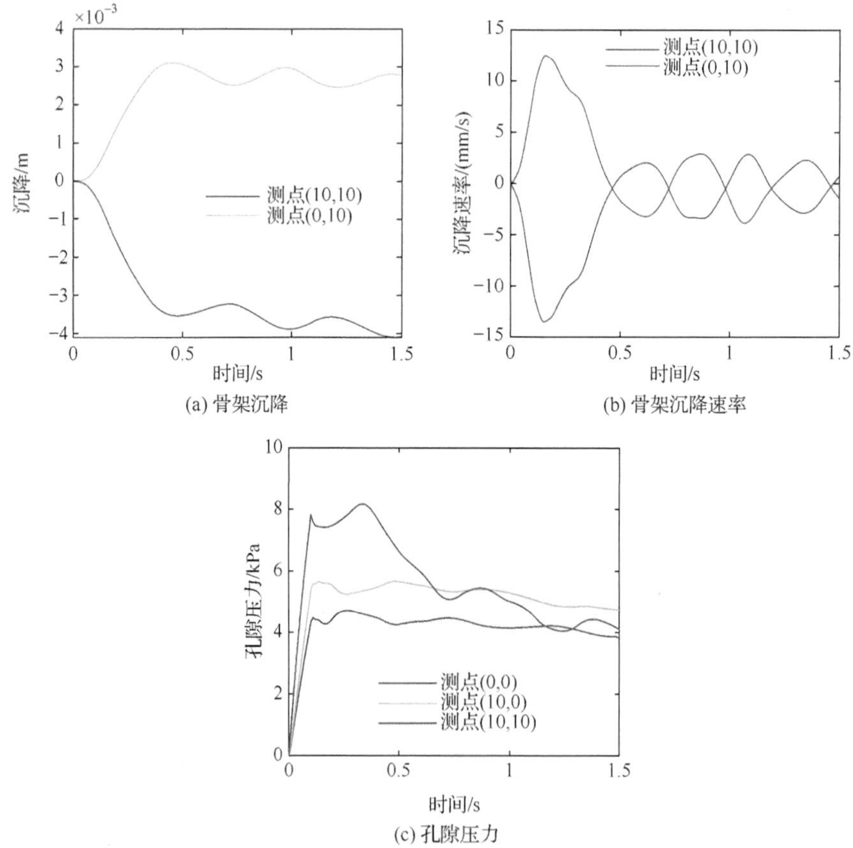

(a) 骨架沉降　　(b) 骨架沉降速率

(c) 孔隙压力

图 10.13　宏观问题域角点处的骨架沉降、孔隙压力和沉降速率随时间变化曲线(彩图请扫封底二维码)

图 10.14 给出了与宏观积分点(2.89, 6.92)、(7.11, 6.92)、(0.88, 7.35)以及(9.12, 7.35)对应的 RVE 上测点处(测点位置见图 10.12)的细观骨架沉降与孔隙压力随时间的变化历史。图 10.14 显示，由于宏观尺度积分点(2.89, 6.92)和(7.11, 6.92)、(0.88, 7.35)和(9.12, 7.35)分别关于 x=5m 对称，其对应 RVE 的骨架位移也分别呈现出反对称模式，可见宏观和细观尺度的骨架变形具有一致性。但细观尺度的孔隙压力均呈现出先增大至峰值，然后周期性震荡并减小至 0 的趋势。此外，考虑到细观 RVE 上测点 L、C 和 R 的相对位置，测点 C 的骨架位移和孔隙压力结果总是位于测点 L 和 R 的骨架位移和孔隙压力结果之间。

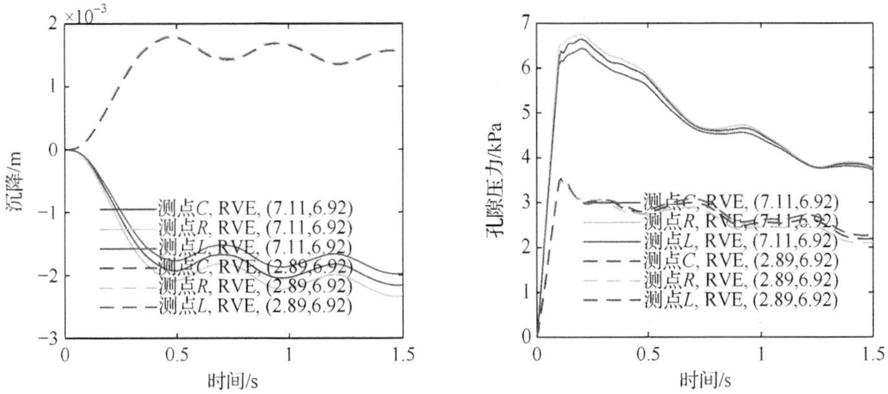

(a) 与宏观积分点(2.89, 6.92)与(7.11, 6.92)对应的细观RVE

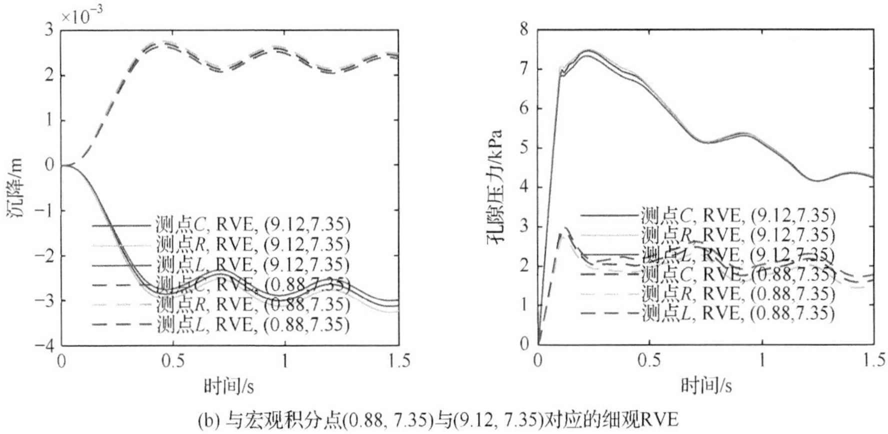

(b) 与宏观积分点(0.88, 7.35)与(9.12, 7.35)对应的细观RVE

图 10.14 细观尺度 RVE 上测点(见图 10.12)处的沉降和孔隙压力随时间变化曲线(彩图请扫封底二维码)

图 10.15 为不同时刻宏观问题域骨架位移、孔隙压力以及骨架速度矢量云图。图 10.15 显示，土石混合体基础的右半部分和左半部分的骨架位移关于 x=5m 反对称分布。此外，在 t=0.1s 和 t=0.3s，右半部分向下运动而左侧部分向上运动；

在 t=0.6s，右半部分向上运动而左侧部分向下运动，但右半部分的沉降值具有单调增加的趋势，这些规律与图 10.13 中的宏观尺度骨架位移结果相一致。当外部载荷停止增加时(t=0.1s)，基础内的孔隙水压达到峰值，此后呈现出单调减小的趋势。

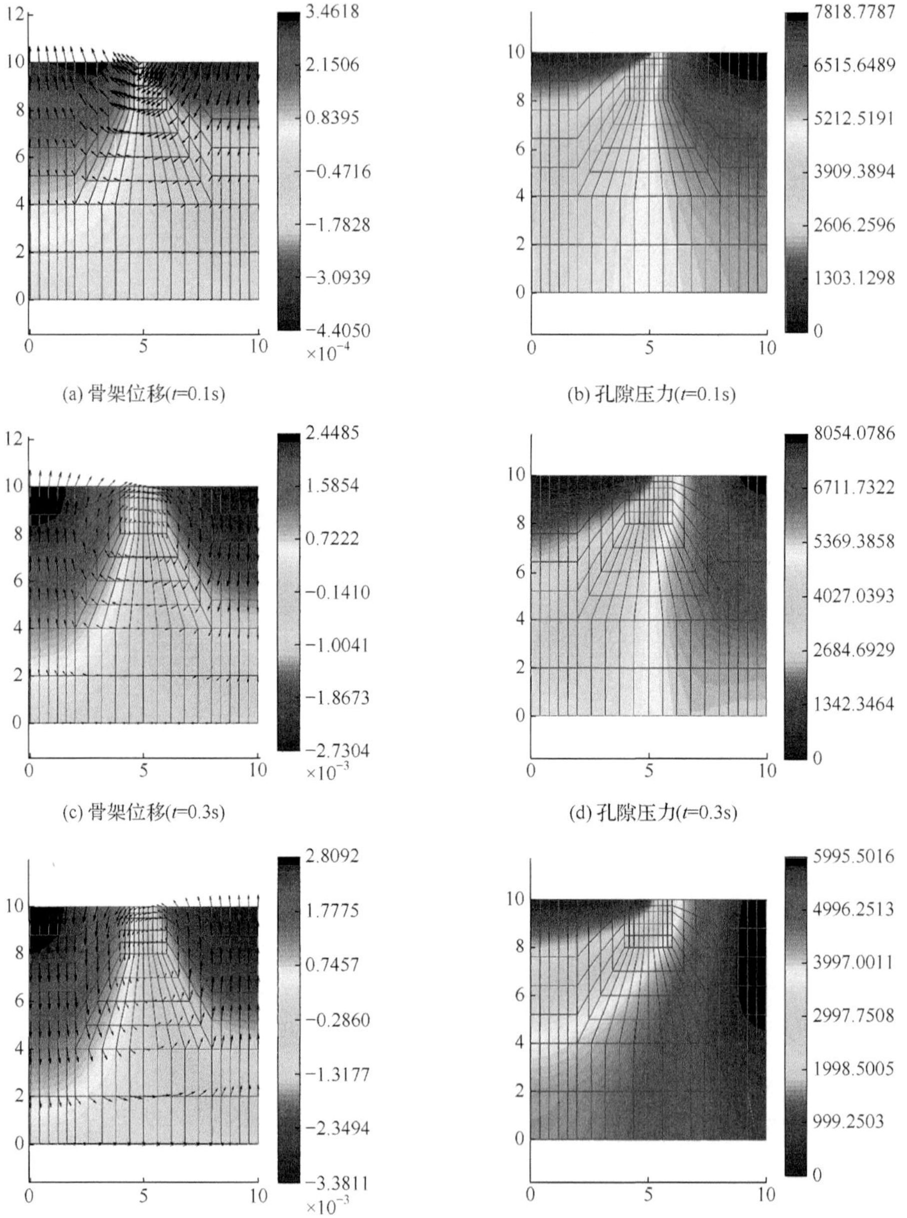

(a) 骨架位移(t=0.1s)　(b) 孔隙压力(t=0.1s)

(c) 骨架位移(t=0.3s)　(d) 孔隙压力(t=0.3s)

(e) 骨架位移(t=0.6s)　(f) 孔隙压力(t=0.6s)

图 10.15　不同时刻宏观尺度骨架位移、孔隙压力和骨架速度矢量云图(彩图请扫封底二维码)

图 10.16 和图 10.17 给出了宏观积分点(2.89, 6.92)和(7.11, 6.92)对应的 RVE 的骨架位移、骨架速度矢量、孔隙压力、Mises 应力和塑性应变分布云图。宏观积分点(2.89, 6.92)和(7.11, 6.92)关于 x=5m 对称。在 t=0.3s 时刻宏观积分点(2.89, 6.92)和(7.11, 6.92)对应的细观 RVE 分别向左上由左下运动，而在 t=0.6s 时刻宏观积分点(2.89, 6.92)和(7.11, 6.92)对应的细观 RVE 分别向右下和右上运动，细观尺度的

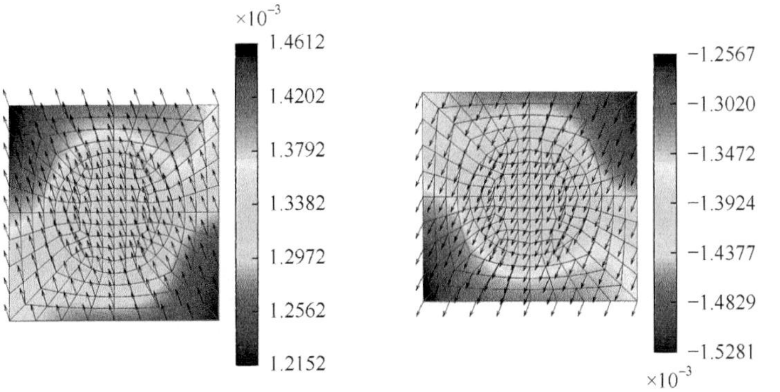

(a) 骨架位移和骨架速度矢量

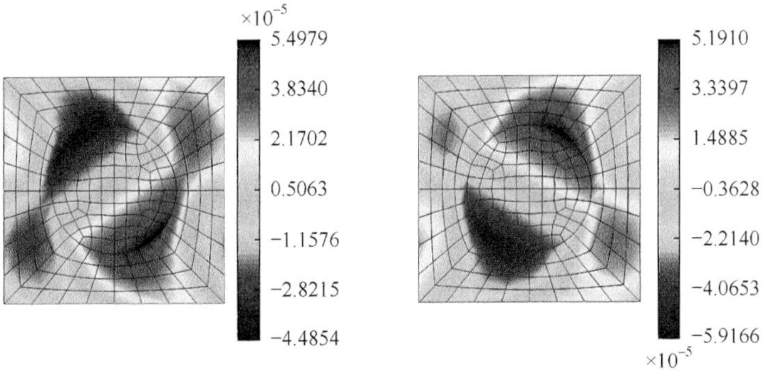

(b) 骨架位移震荡

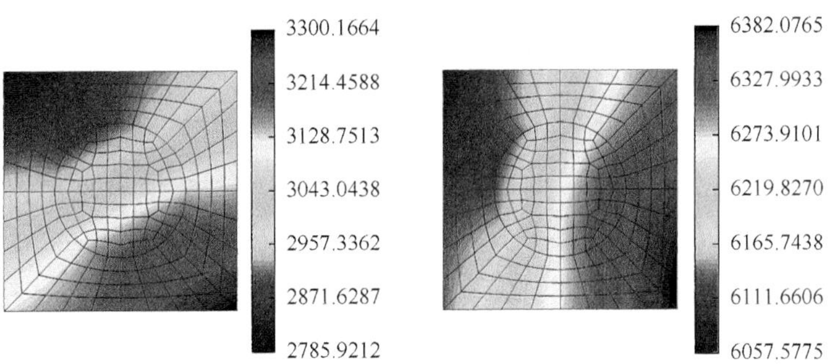

(c) 孔隙压力

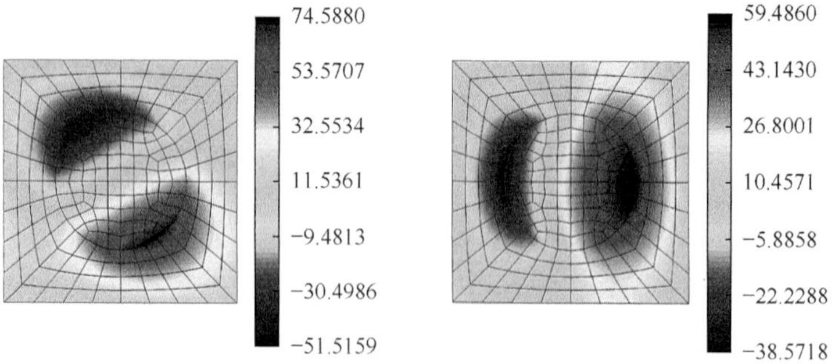

(d) 孔隙压力震荡

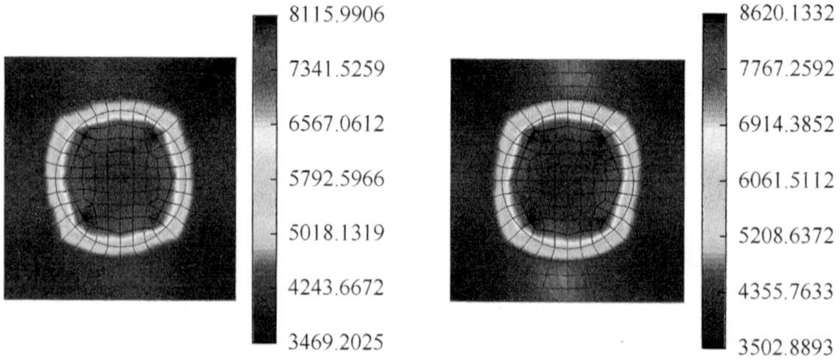

(e) Mises应力$\sqrt{3/2}\ \|s\|$

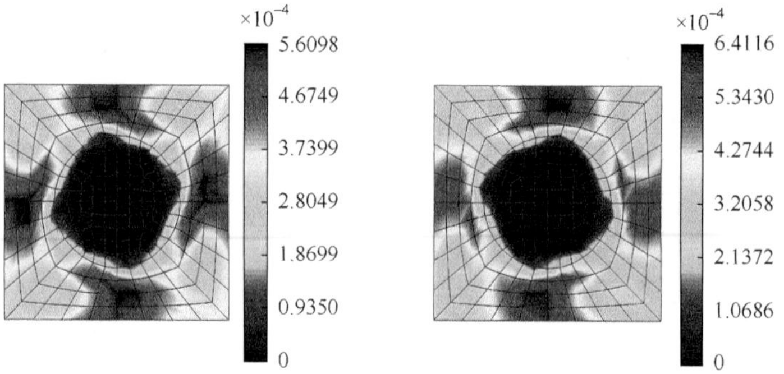

(f) 塑性应变 $\sqrt{2/3}\ \|\epsilon^{p}\|$

图 10.16 细观 RVE 上骨架位移、骨架速度矢量、孔隙压力、Mises 应力和塑性应变分布云图(t=0.3s；左侧：对应于宏观积分点(2.89, 6.92)的 RVE；右侧：对应于宏观积分点(7.11, 6.92)的 RVE)(彩图请扫封底二维码)

这些骨架变形规律与图 10.15 所示的宏观尺度骨架变形规律相一致。此外，宏观积分点(2.89, 6.92)和(7.11, 6.92)对应细观 RVE 的最大骨架沉降分布位于右上和右下点。宏观积分点(2.89, 6.92)和(7.11, 6.92)对应细观 RVE 的骨架位移震荡场具有水平对称的分布模式，而 Mises 应力和塑性变形则具有竖向对称分布模式。

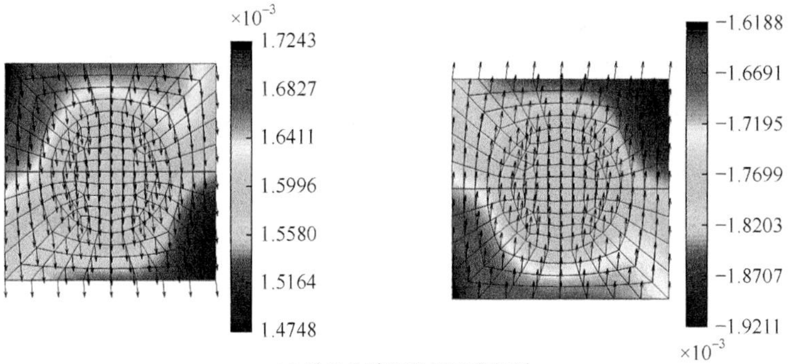

(a) 骨架位移和骨架速度矢量

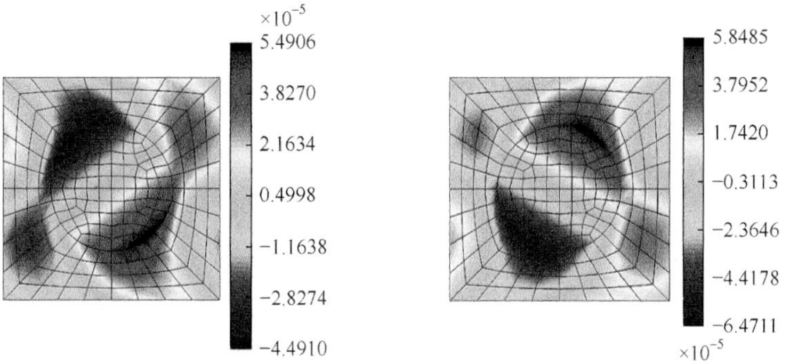

(b) 骨架位移震荡

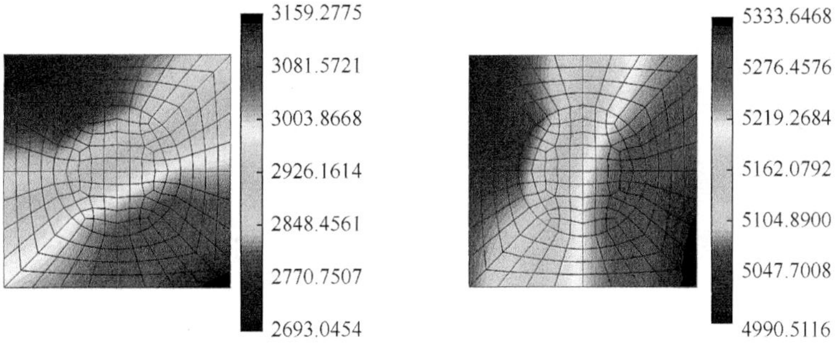

(c) 孔隙压力

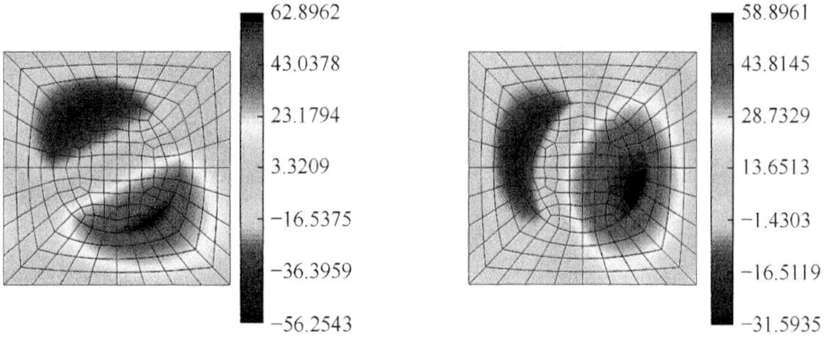

(d) 孔隙压力震荡

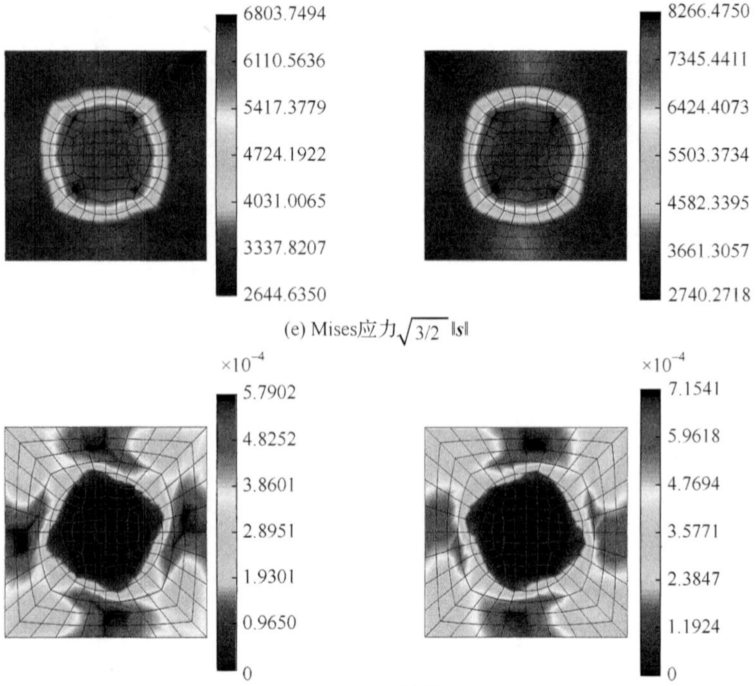

(e) Mises应力$\sqrt{3/2}\,\|\boldsymbol{s}\|$

(f) 塑性应变$\sqrt{2/3}\,\|\epsilon^{\mathrm{P}}\|$

图 10.17　细观 RVE 上骨架位移、骨架速度矢量、孔隙压力、Mises 应力和塑性应变分布云图(t=0.6s；左侧：对应于宏观积分点(2.89, 6.92)的 RVE；右侧：对应于宏观积分点(7.11, 6.92)的 RVE)(彩图请扫封底二维码)

为了展示整体求解算法的收敛性和计算效率，采用均匀分布的 6×6、10×10、16×16 和 20×20 的 8 结点四边形网格对宏观问题域进行离散，而细观问题域的离散方式保持不变(图 10.12)，然后基于整体求解和交错求解算法对土石基础的固结问题开展多尺度分析。对计算效率进行分析时，取时间步长Δt=0.02s 并在 t=0.2s 进行 CPU 耗时统计。为了保证结果具有可比性，所有计算都使用 Matlab 2018b 程序以及 i7-10700@2.90GHz 处理器和 16Gb 内存进行。

图 10.18 给出了基于不同宏观尺度网格所得的宏观尺度测点的沉降和孔压随时间变化曲线以及 CPU 耗时与自由度数目间的关系。图 10.18(a)和(b)表明采用均匀分布 6×6 的 8 结点四边形网格离散宏观尺度问题域，即可得到精确的宏观尺度骨架位移和孔隙压力解。图 10.18(c)表明与交错求解算法相比，基于整体求解算法进行水力耦合多尺度分析可以至少节约 40%的计算消耗。

图 10.19 给出了 0.1s、0.12s、0.14s 和 0.16s 四个时刻宏观尺度残差范数随宏观尺度迭代次数的变化曲线。可见与交错求解算法相比，使用整体求解算法时，残差范数更快地减小至容许范围内。

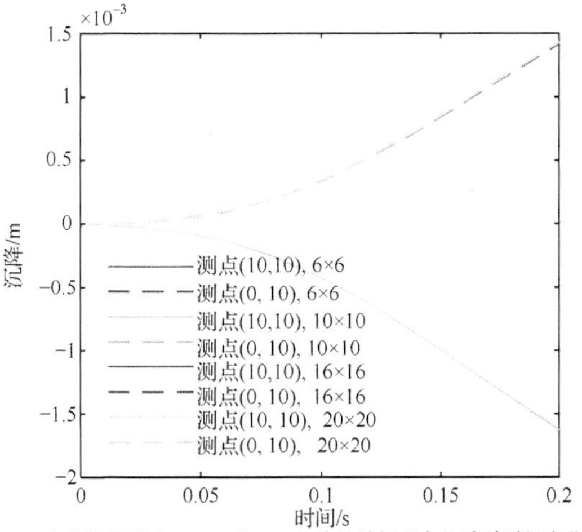

(a) 宏观尺度测点(10, 10)和(0, 10)处的骨架竖向位移随时间变化曲线

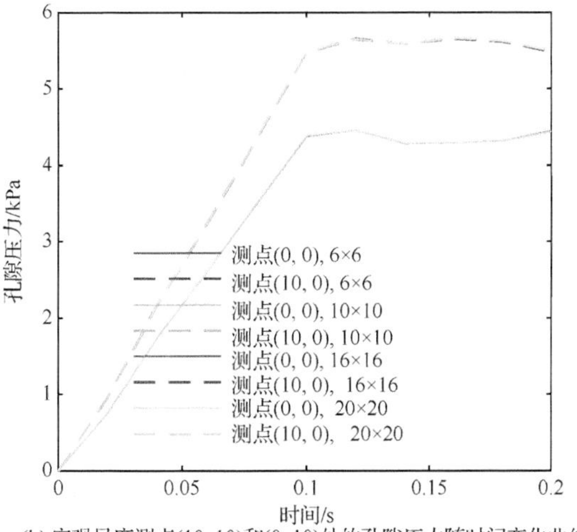

(b) 宏观尺度测点(10, 10)和(0, 10)处的孔隙压力随时间变化曲线

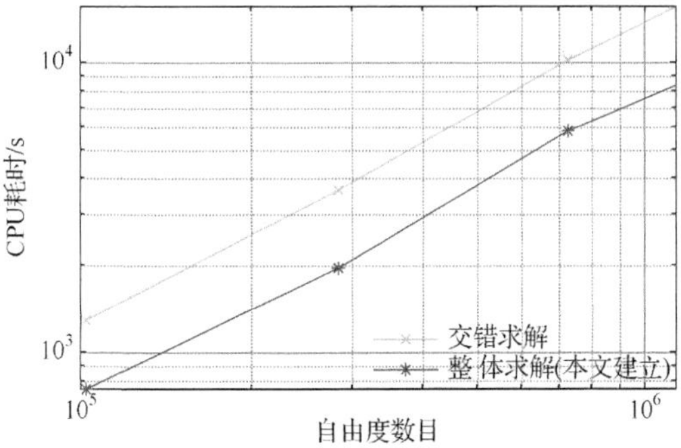

(c) 交错求解算法和整体求解算法的多尺度分析CPU耗时与自由度数目的关系曲线（t=0.2s，Δt=0.02s）

图 10.18　关于非均质土石基础固结问题的交错求解算法和整体求解算法计算效率对比(采用均匀分布的 6×6、10×10、16×16 和 20×20 宏观尺度四边形网格离散)(彩图请扫封底二维码)

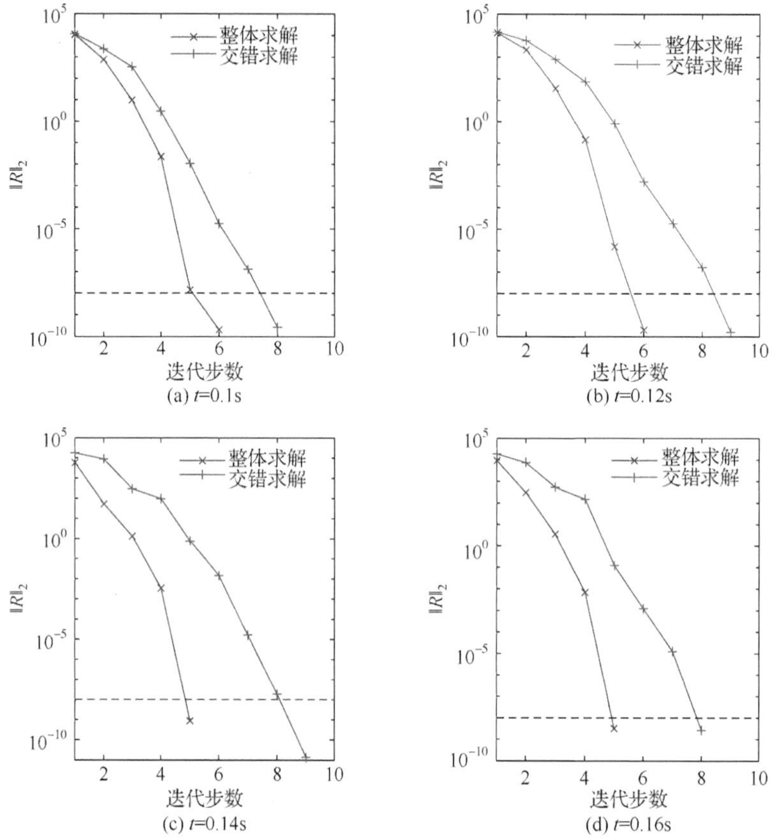

图 10.19　基于交错求解和整体求解算法的不同时刻宏观尺度残差随迭代步的收敛(Δt=0.02s，容许残差 1×10^{-8})

10.5　本 章 小 结

虽然多尺度分析具有坚实的数学和力学基础，而且已被用于求解非线性固体力学、热力耦合以及水力耦合等问题，但由于多尺度分析计算消耗巨大，目前传统多尺度方法仍无法用于求解实际工程问题。传统多尺度分析使用交错算法进行求解，即细观尺度问题的求解嵌套在宏观尺度问题的求解中，而且每次对宏观尺度问题进行迭代求解，均需要对所有细观尺度问题(对应于所有宏观尺度积分点)完成一次求解。由于宏观尺度问题的求解并未收敛，用于求解细观尺度问题的宏观尺度变量并非精确值，从而导致所得的细观尺度解也非精确解，大幅降低了多尺度分析的计算效率。为了解决交错求解算法的上述不足，本章在水力耦合分析框架下建立了多尺度分析整体求解算法。整体求解的最大特点为每次进行宏观尺度迭代时，对所有细观尺度问题仅求解一次，然后将细观尺度的不平衡力和刚度转移至宏观尺度，进行宏观尺度问题的求解，由此避免了使用非精确宏观变量对细观尺度问题进行反复迭代求解。此外，由于对不同的细观尺度问题(与不同宏观积分点对应)之间进行了解耦，因此整体求解算法所需求解的方程组具有合适的尺度，不会产生额外的存储消耗。最好通过对饱和非均质孔隙介质水力耦合问题进行数值计算，验证了整体求解算法的精度、效率和稳定性。值得说明的是，与交错求解算法相比，基于本章所建立的整体求解算法进行水力耦合多尺度分析可以至少节约 40%的计算消耗。

第 11 章　非均质孔隙介质有效水力特性的多尺度评估

工程活动中经常需要评估非均质工程材料的等效力学或水力学特性。比如，对土石混合体路基高填方进行稳定性评估时，一般将路基填方视作均质材料，而且该均质材料的力学特性应为土石混合体的等效力学特性等价。又如，很多聚合材料(如塑料泡沫)具有复杂的细观非均质结构，进行力学分析时通常将聚合材料视作单一均质材料，该单一均质材料的力学响应应与聚合材料细观非均质结构的等效力学响应一致。因此，如何精确高效评估非均质材料的等效力学和水力学性质一直是一个热点研究问题。

目前常采用试验和数值方法进行非均质工程材料等效力学特性的确定。图 11.1 为采用大型三轴试验确定土石混合体等效力学特性的试验示意图及试验结果。虽然较为直观可靠，但试验方法存在缺乏理论基础、结果难以提取、试样尺寸受制仪器尺寸以及花费较高等缺点。

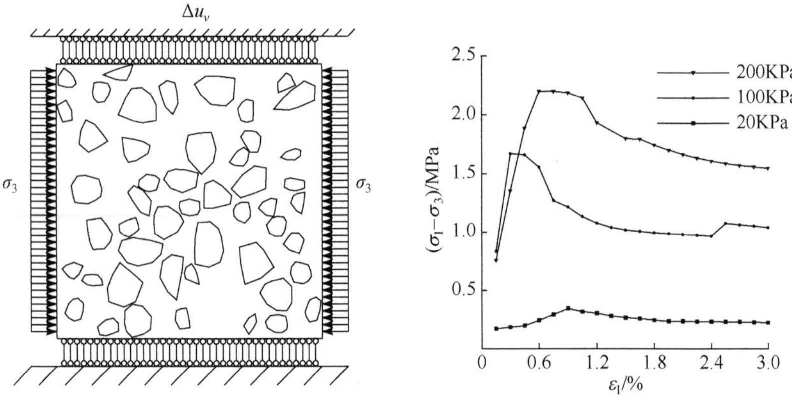

(a) 大三轴试验　　(b) 土石混合体等效应力-应变曲线

图 11.1　不同围压下土石混合体的应力-应变关系曲线

与试验方法相比，数值方法具有不受试样尺寸限制的优势，但使用数值方法评估非均质工程材料等效力学特性时，需要解决非均质材料建模和离散以及计算结果提取的问题。目前常采用数字图像处理(digital image processing, DIP)(Chen et al., 2004; Xu et al., 2011; Avşar, 2021)、计算机断层扫描(computed tomography, CT)(Lebourg et al., 2004; Li et al., 2016; Yu et al., 2021; Xu and Zhang, 2022)以及地质统计学(Lebourg et al., 2004; Coli et al., 2012; Khorasani et al., 2019)技术实现非均质材料的结构建模。对于结果的提取，数值分析和试验采用的方法相同，比如通过控制边界位移并记录边界上的反作用力获取应力应变曲线和等效变形模量，以及通过计算单位时间的断面流量获取等效渗透系数(Xu et al., 2008; Jin et al., 2017; Chen et al., 2019; Fu et al., 2022)。可见，采用数值方法进行等效力学特性的评估同样缺乏理论基础，而且结果还受断面选取的影响(如不同断面液相流速存在差异)。此外，对于某些材料特性，如 Biot 系数，以目前的数值分析方式依然难以准确评估。

为了解决非均质工程材料等效力学和水力学特性评估中存在的上述问题，本章在第 9 章和第 10 章的基础上，以岩土和水利工程中常见土石混合体材料为例，展示水力耦合多尺度分析数值流形法(NMM)在评估非均质工程材料等效水力特性中的应用。

11.1　水力耦合多尺度分析宏观和细观尺度问题

根据第9章和第10章关于水力耦合多尺度分析宏观和细观尺度初边值问题的建立和离散，在第 $n+1$ 个时间步第 i 次宏观尺度迭代，宏观尺度残差方程可表示为

$$
\begin{aligned}
{}^{n+1,i}\boldsymbol{\varphi}_{\mathrm{M}}^{u} &= \int_{\Omega_{\mathrm{M}}} \mathbb{B}_{u}^{\mathrm{T}n+1,i} \boldsymbol{\sigma}_{\mathrm{M}} \mathrm{d}\Omega - \int_{\Omega_{\mathrm{M}}} \mathbb{N}_{u}^{\mathrm{T}n+1,i} \mathbb{f}_{\mathrm{M}} \mathrm{d}\Omega - \int_{\partial\Omega_{\mathrm{t}}} \mathbb{N}_{u}^{\mathrm{T}n+1,i} \overline{\boldsymbol{t}}_{\mathrm{M}} \mathrm{d}\Gamma \\
{}^{n+1,i}\boldsymbol{\varphi}_{\mathrm{M}}^{p} &= \int_{\Omega_{\mathrm{M}}} -\mathbb{B}_{p}^{\mathrm{T}n+1,i} \boldsymbol{J}_{\mathrm{M}} \mathrm{d}\Omega + \int_{\Omega_{\mathrm{M}}} \mathbb{N}_{p}^{\mathrm{T}n+1,j} s_{\mathrm{M}} \mathrm{d}\Omega + \int_{\partial\Omega_{\mathrm{q}}} \mathbb{N}_{p}^{\mathrm{T}n+1,j} \overline{q}_{\mathrm{M}} \mathrm{d}\Gamma
\end{aligned}
\tag{11.1}
$$

式中 $\mathbb{B}_u = \nabla\mathbb{N}_u$ 和 $\mathbb{B}_p = \nabla\mathbb{N}_p$ 分别为宏观尺度骨架和孔隙压力梯度矩阵；$\mathbb{N}_u$ 和 $\mathbb{N}_p$ 分别为宏观尺度骨架和孔隙压力形函数矩阵；$\boldsymbol{\sigma}_{\mathrm{M}}$、$\mathbb{f}_{\mathrm{M}}$、$\boldsymbol{J}_{\mathrm{M}}$ 和 s_{M} 分别宏观尺度总应力张量、体积力、液相流速和液相流量；$\overline{\boldsymbol{t}}_{\mathrm{M}}$ 和 $\overline{q}_{\mathrm{M}}$ 分别为作用于宏观问题域上的外部载荷和液相流量交换。宏观尺度问题迭代求解时的雅可比矩阵定义为

$$
\mathbb{J}_{\mathrm{M}} = \begin{bmatrix} \dfrac{\partial \boldsymbol{\varphi}_{\mathrm{M}}^{u}}{\partial \boldsymbol{U}_{\mathrm{M}}} & \dfrac{\partial \boldsymbol{\varphi}_{\mathrm{M}}^{u}}{\partial \boldsymbol{P}_{\mathrm{M}}} \\ \dfrac{\partial \boldsymbol{\varphi}_{\mathrm{M}}^{p}}{\partial \boldsymbol{U}_{\mathrm{M}}} & \dfrac{\partial \boldsymbol{\varphi}_{\mathrm{M}}^{p}}{\partial \boldsymbol{P}_{\mathrm{M}}} \end{bmatrix}
\tag{11.2}
$$

其中 $\boldsymbol{U}_{\mathrm{M}}$ 和 $\boldsymbol{P}_{\mathrm{M}}$ 分别为宏观尺度的骨架位移和孔隙压力自由度向量。

在第 $n+1$ 个时间步第 j 次细观尺度迭代时，细观尺度的残差方程为

$$
\begin{aligned}
{}^{n+1,j}\boldsymbol{\varphi}_{\mathrm{m}}^{u} &= {}^{n+1,j}\,\boldsymbol{M}_{uu}^{n+1,j}\ddot{\boldsymbol{U}}_{\mathrm{m}} + \int_{\Omega_{\mathrm{m}}} \boldsymbol{B}_{u}^{\mathrm{T}n+1,j}\boldsymbol{\sigma}_{\mathrm{m}}'\mathrm{d}\Omega - {}^{n+1,j}\,\boldsymbol{K}_{up}^{n+1,j}\boldsymbol{P}_{\mathrm{m}} - {}^{n+1,j}\,\boldsymbol{F}_{\mathrm{m}}^{\mathrm{E}} \\
{}^{n+1,j}\boldsymbol{\varphi}_{\mathrm{m}}^{p} &= {}^{n+1,j}\,\boldsymbol{K}_{up}^{\mathrm{T}n+1,j}\dot{\boldsymbol{U}}_{\mathrm{m}} + {}^{n+1,j}\,\boldsymbol{M}_{pp}^{n+1,j}\dot{\boldsymbol{P}}_{\mathrm{m}} + {}^{n+1,j}\,\boldsymbol{K}_{pp}{}^{n+1,j}\boldsymbol{P}_{\mathrm{m}} - {}^{n+1,j}\,\boldsymbol{Q}_{\mathrm{m}}^{\mathrm{E}}
\end{aligned}
\tag{11.3}
$$

式中 $\boldsymbol{U}_{\mathrm{m}}$ 和 $\boldsymbol{P}_{\mathrm{m}}$ 分别为细观尺度的骨架位移和孔隙压力自由度向量，其余变量参见 9.1 节。

11.2　等效水力特性评估

对于涉及土石混合体的岩土水利工程，一般需要评估土石混合体的等效应力应变矩阵、等效渗透系数以及等效 Biot 参数。本节以等效应力应变矩阵的评估为例，阐述非均质工程材料等效水力特性多尺度评估流程。应力应变关系的增量形式为

$$
\mathrm{d}\boldsymbol{\sigma} = \boldsymbol{E} : \mathrm{d}\boldsymbol{\epsilon} \tag{11.4}
$$

其中 $\mathrm{d}\boldsymbol{\sigma}$ 和 $\mathrm{d}\boldsymbol{\epsilon}$ 分别为应力和应变张量的增量； $\boldsymbol{E}$ 为四阶一致切向应力应变张量。应力应变关系的矩阵形式为

$$
\begin{gathered}
\mathrm{d}\hat{\boldsymbol{\sigma}} = \boldsymbol{D}\mathrm{d}\hat{\boldsymbol{\epsilon}} \\
\begin{bmatrix} \mathrm{d}\hat{\sigma}_{11} \\ \mathrm{d}\hat{\sigma}_{22} \\ \mathrm{d}\hat{\sigma}_{33} \\ \mathrm{d}\hat{\sigma}_{12} \\ \mathrm{d}\hat{\sigma}_{23} \\ \mathrm{d}\hat{\sigma}_{31} \end{bmatrix}
=
\begin{bmatrix}
E_{1111} & E_{1122} & E_{1133} & E_{1112} & E_{1123} & E_{1113} \\
E_{2211} & E_{2222} & E_{2233} & E_{2212} & E_{2223} & E_{2213} \\
E_{3311} & E_{3322} & E_{3333} & E_{3312} & E_{3323} & E_{3313} \\
E_{1211} & E_{1222} & E_{1233} & E_{1212} & E_{1223} & E_{1213} \\
E_{2311} & E_{2322} & E_{2333} & E_{2312} & E_{2323} & E_{2313} \\
E_{1311} & E_{1322} & E_{1333} & E_{1312} & E_{1323} & E_{1313}
\end{bmatrix}
\begin{bmatrix} \mathrm{d}\hat{\epsilon}_{11} \\ \mathrm{d}\hat{\epsilon}_{22} \\ \mathrm{d}\hat{\epsilon}_{33} \\ \mathrm{d}\hat{\epsilon}_{12} \\ \mathrm{d}\hat{\epsilon}_{23} \\ \mathrm{d}\hat{\epsilon}_{31} \end{bmatrix}
\end{gathered}
\tag{11.5}
$$

表 11.1 给出了基于齐次边界条件确定应力应变矩阵 $\boldsymbol{D}$ 的步骤(循环 3)。可见对于三维情形，在每个宏观尺度积分点 α 处，完成细观尺度初边值问题的求解后，需要额外进行 6 次齐次边界细观尺度问题的求解，才能确定宏观尺度积分点 α 处的一致切向应力应变算子 $\boldsymbol{D}_{\alpha}$ 。然后基于标准有限元刚度矩阵形成流程，得到宏观初边值问题的整体应力应变刚度矩阵 $\boldsymbol{D}$ 。

表 11.1　基于齐次边界条件确定应力应变矩阵 $\boldsymbol{D}$

循环 1：宏观尺度高斯点循环，高斯点指标 α
循环 2：迭代求解高斯点 α 对应的细观初边值问题 　　　　细观尺度平衡循环(输入 $\boldsymbol{u}_{\mathrm{M}\alpha}^{k}$ 、 $\epsilon_{\mathrm{M}\alpha}^{k}$ 、 $p_{\mathrm{M}\alpha}^{k}$ 和 $\boldsymbol{g}_{\mathrm{M}\alpha}^{k}$ 形成边界条件)，迭代步 i $\begin{bmatrix} \boldsymbol{U}_{\mathrm{m}\alpha} \\ \boldsymbol{P}_{\mathrm{m}\alpha} \end{bmatrix}^{i+1} = \begin{bmatrix} \boldsymbol{U}_{\mathrm{m}\alpha} \\ \boldsymbol{P}_{\mathrm{m}\alpha} \end{bmatrix}^{i} - \left(\mathbb{k}_{\mathrm{t}\alpha}^{-1}\right)^{i} \cdot \begin{bmatrix} \boldsymbol{r}_{\alpha}^{u} \\ \boldsymbol{r}_{\alpha}^{p} \end{bmatrix}^{i}$

检查是否满足细观平衡，即是否满足 $\left|\boldsymbol{r}_{\alpha}^{u}\right| < \text{TOL}$ 以及 $\left|\boldsymbol{r}_{\alpha}^{p}\right| < \text{TOL}$ (如满足平衡条件，则返回 $\boldsymbol{\sigma}_{\mathrm{M}\alpha}^{k}$、$\mathbb{f}_{\mathrm{M}\alpha}^{k}$、$\boldsymbol{w}_{\mathrm{M}\alpha}^{k}$ 和 $\xi_{\mathrm{M}\alpha}^{k}$)

循环 2 结束，否则 $i \leftarrow i+1$

循环 3：计算高斯点 α 处的宏观尺度切向算子，迭代步指标 k

取 $\epsilon_{\mathrm{M}\alpha}^{k} = d\hat{\epsilon}_{\alpha}^{k} = \left(\boldsymbol{I}\right)_{k}$ 形成高斯点 α 处细观尺度问题的边界条件，求解该细观尺度问题，返回 $\left(\boldsymbol{D}_{\alpha}\right)_{k} = d\hat{\boldsymbol{\sigma}}_{\alpha}^{k} = \boldsymbol{\sigma}_{\mathrm{M}\alpha}^{k}$

检查是否 $k=6$，如果是

循环 3 结束，否则 $k \leftarrow k+1$

形成宏观初边值问题的整体应力应变刚度矩阵

$$\boldsymbol{D} = \sum_{\alpha} \omega_{\alpha} \mathbb{B}_{u}^{\mathrm{T}} \boldsymbol{D}_{\alpha} \mathbb{B}_{u}$$

检查是否所有的宏观尺度高斯点已处理

循环 1 结束，否则 $\alpha \leftarrow \alpha+1$.

表中 $\boldsymbol{I}$ 表示维度为 6×6 的单位矩阵；$(*)_{k}$ 表示矩阵 $*$ 的第 k 列，比如 $\left(\boldsymbol{I}\right)_{3}$ 表示 $\begin{bmatrix}0 & 0 & 1 & 0 & 0 & 0\end{bmatrix}^{\mathrm{T}}$。

11.3　数 值 算 例

本节基于 11.2 节给出的非均质材料等效水力特性多尺度评估流程，探究含石量、块石尺寸、块石形状、块石倾角和细观尺度动力等因素对土石混合体等效水力特性，包括变形模量、渗透性和 Biot 系数的影响规律。其中，为了研究细观尺度动力的影响，分别进行了考虑和忽略细观动力项的多尺度分析，即动态分析和静态分析。对于本章算例，假设土石混合体试样处于平面应变条件，而且土体和块石均为线弹性材料。表 11.2 列出了土体与块石的水力材料参数。此外，假设土体与块石界面满足理想黏结条件(即土石界面两侧骨架位移和孔隙压力场均连续)。为了验证计算的精确性，将多尺度分析的预测结果与单一尺度数值流形法(NMM)以及理论模型的预测结果进行比对。

表 11.2　土体与块石的水力材料参数

	土体	块石
弹性模量/Pa	3×10^{7}	3×10^{10}
泊松比	0.3	0.2
固体颗粒密度/(kg/m^3)	2000	2500
水密度/(kg/m^3)	1000	1000

续表

	土体	块石
固相体积模量/Pa	1×10^{15}	1×10^{20}
流体体积模量/Pa	2×10^{9}	2×10^{9}
孔隙率	0.3	0.1
渗透系数/($m^3\cdot s/kg$)	1×10^{-8}	1×10^{-12}
Biot 系数	1.0	0.6

为了研究不同因素对土石混合体等效水力参数的影响程度，数值分析时单独控制的土石混合体试样参数如下：①块石形状，如图 11.2 所示块石形状包括圆形、正方形、正六边形和椭圆形；②块石尺寸，由符号 d 表示，不同形状块石的尺寸定义如图 11.2 所示，数值算例中 d 可以取 0.08m、0.1m 和 0.12m；③含石量，由符号 C_r 表示，数值算例中 C_r 可以取 8%、16%、24%和 32%；④块石主轴倾角，由符号 θ 表示，该参数仅适用于椭圆形块石，数值算例中 θ 可以取 0°、45°和 90°。

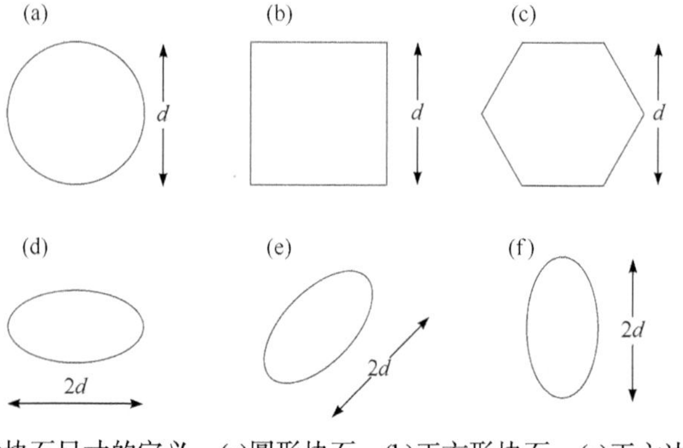

图 11.2　不同形状块石尺寸的定义：(a)圆形块石；(b)正方形块石；(c)正六边形块石；(d)倾角为 0°的椭圆块石；(e)倾角为 45°的椭圆块石；(f)倾角为 90°的椭圆块石

基于多尺度分析评估土石混合体等效水力特性时，土石混合体试样，即细观尺度问题域(RVE)，取为边长为 1m 的正方形。图 11.3 展示了块石形状为圆形直径为 0.08m 时，含石量分别为 8%、16%、24%和 32%的 RVE 数值流形离散模型。数值流形法(NMM)的使用，使得无论 RVE 具有多么复杂的几何结构，总可以使用均匀网格数学覆盖对 RVE 进行离散。图 11.3 均采用 80×80 的 4 结点四边形网格作为数学覆盖。此外，土石混合体 RVE 的生成基于 Chen 和 Zheng(2018)提出的算法进行，为提高块石的投放效率，采用 EAB 理论(Shi, 2015)进行块石的接触搜索。

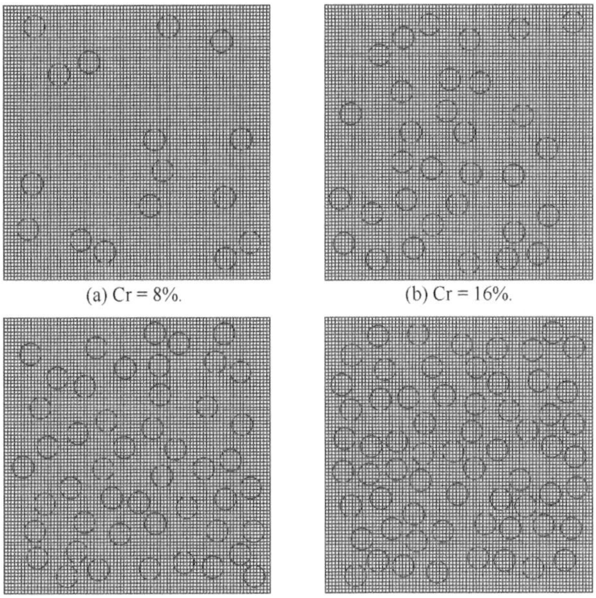

(a) Cr = 8%.　(b) Cr = 16%.

(c) Cr = 24%.　(d) Cr = 32%.

图 11.3　块石形状为圆形含石量分别为 8%、16%、24%和 32%的 RVE 数值流形离散模型(块石尺寸 d =0.08m)

11.3.1　等效渗透系数

由水力耦合多尺度分析模型(见 9.1 节)，非均质土石混合体的等效渗透系数矩阵定义为

$$\boldsymbol{k}_{\mathrm{M}} = -\partial \boldsymbol{J}_{\mathrm{M}} / \partial \nabla p_{\mathrm{M}} = -\delta \boldsymbol{J}_{\mathrm{M}} / \delta \nabla p_{\mathrm{M}} \tag{11.6}$$

$\boldsymbol{k}_{\mathrm{M}}$ 的维度为 2×2。由于土石混合体 RVE 具有随机非均匀特性，$k_{\mathrm{M},12}$ 一般并不为 0。为了讨论的方便，这里以 $k_{\mathrm{M},22}$ 为例研究土石混合体 RVE 的不同参数对等效渗透系数的影响规律。

1) 静态分析

图 11.4 给出了基于多尺度 NMM 和单一尺度 NMM 所得的等效渗透系数分量 $k_{\mathrm{M},22}$ 与含石量 C_{r} 间的关系。为了验证多尺度分析的精度，图中对比了 Chen 等(2019)基于单一尺度 NMM 对等效渗透系数的分析结果。Chen 等基于液相连续性方程对长方形土石混合体试样进行渗流分析，然后对土石混合体试样横截面进行线性积分得到截面流量，从而得到长方形土石混合体试样的等效渗透系数。可见，当选择不同的横截面时，该方法得到的等效渗透系数会有所差异，而多尺度 NMM 则完全克服了该缺点，能直接得到等效渗透系数矩阵 $\boldsymbol{k}_{\mathrm{M}}$，无需人为选定横截面。

图 11.4 显示，多尺度 NMM 与单一尺度 NMM 的计算结果高度吻合。由于多

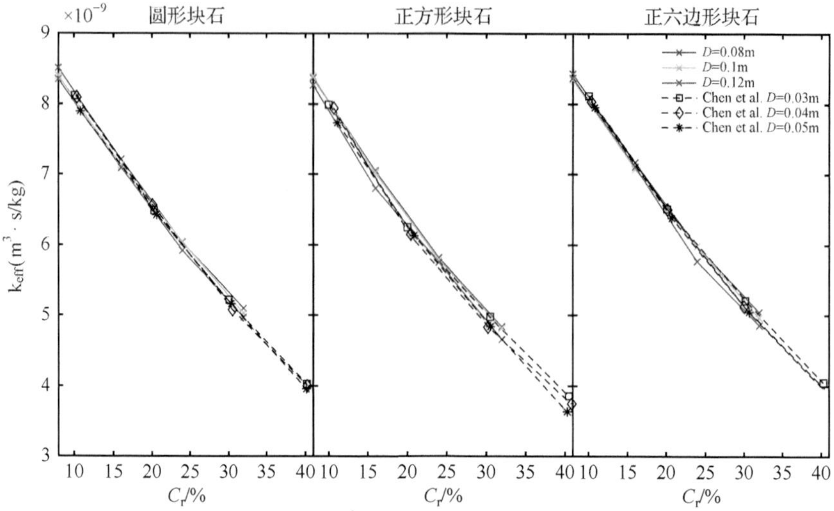

(a) 含圆形、正方形和正六边形块石的土石混合体试样

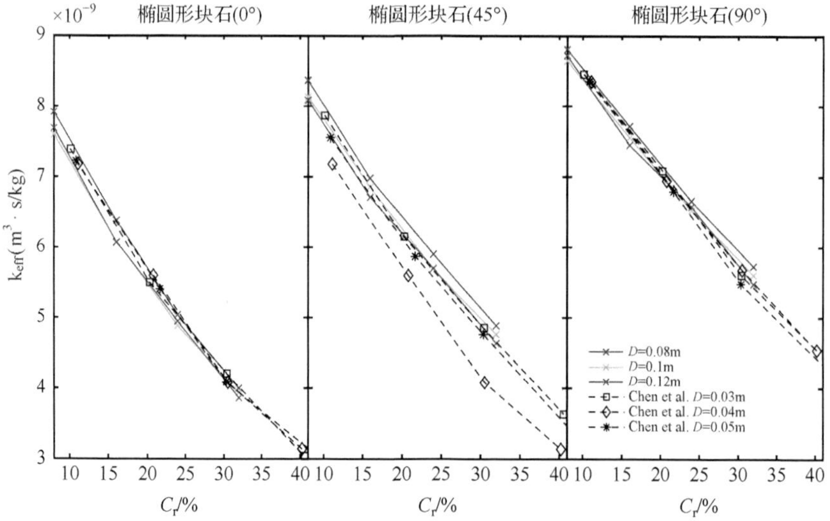

(b) 含不同倾角椭圆形块石的土石混合体试样

图 11.4　多尺度 NMM(周期边界条件)与单一尺度 NMM(Chen et al., 2019)静态分析所得等效渗透系数分量 $k_{M,22}$ (彩图请扫封底二维码)

尺度分析采用的土石混合体试样为边长 1m 的正方形，而单一尺度分析采用的土石混合体试样为长宽分别是 0.6m 和 0.3m 的长方形，可见土石混合体试样的尺寸对其等效水力特性没有影响。由于块石渗透性远小于土体的渗透性，随着含石量的增加，土石混合体的等效渗透性单调减小。此外，土石混合体的等效渗透系数总是位于土体和块石本身的渗透系数之间。

图 11.4 还表明，由不同形状块石形成的土石混合体试样表现出近似相同的渗透系数-含石量关系曲线，这说明与含石量相比，块石形状对等效渗透系数的影响可以忽略。对于确定的含石量，由圆形、正方形和正六边形形状的块石形成的试样表现出接近的等效渗透性，且明显高于由倾角 0° 的椭圆形块石形成试样的等效渗透性。对于由椭圆形块石形成的试样，随着倾角 θ 由 0° 增加至 90°，试样的等效渗透系数逐渐变大。出现上述现象的原因是，在统计意义下，倾角 0° 的椭圆形块石与试样水平截面的相交面积最大，在竖向方向上对流体迁移形成的阻滞作用最大。

图 11.5 为采用周期边界条件和线性边界条件多尺度 NMM 分析所得的 $k_{M,22}$ 结果对比。可见使用周期边界条件和线性边界条件进行多尺度分析得到的试样等效渗透系数十分接近。由于线性边界条件对 RVE 施加的限制数目高于周期边界条件，因此与周期边界条件相比，线性边界条件多尺度分析会高估非均质材料的等效水力学材料参数，即 $(\boldsymbol{k}_M)^{LBC}-(\boldsymbol{k}_M)^{PBC}$ 以及 $(\boldsymbol{D}_M)^{LBC}-(\boldsymbol{D}_M)^{PBC}$ 均为正定矩阵，其中上标 LBC 和 PBC 分别表示线性边界条件和周期边界条件。图 11.5 中的结果验证了该结论，即由线性边界条件多尺度分析所得的 $k_{M,22}$ 稍微大于由周期边界条件多尺度分析所得的 $k_{M,22}$。

图 11.6 使用一致性周期边界条件 $\nabla p_M=[0\quad 1]^T$ 多尺度分析所得土石混合体试样的竖向流速 $-J_{m,2}$ 分布云图。式(11.6)表明等效渗透系数 $k_{M,22}$ 即为细观尺度上 $-J_{m,2}$ 的体积平均。图 11.6 显示，块石的空间展布、形状和倾角对于 $-J_{m,2}$ 的分布均有显著的影响。但在统计意义上，由圆形、正方形和正六边形以及倾角 45°的椭圆形块石形成的试样具有十分接近的等效渗透系数 $k_{M,22}$。对比图 11.6(d)、(e)

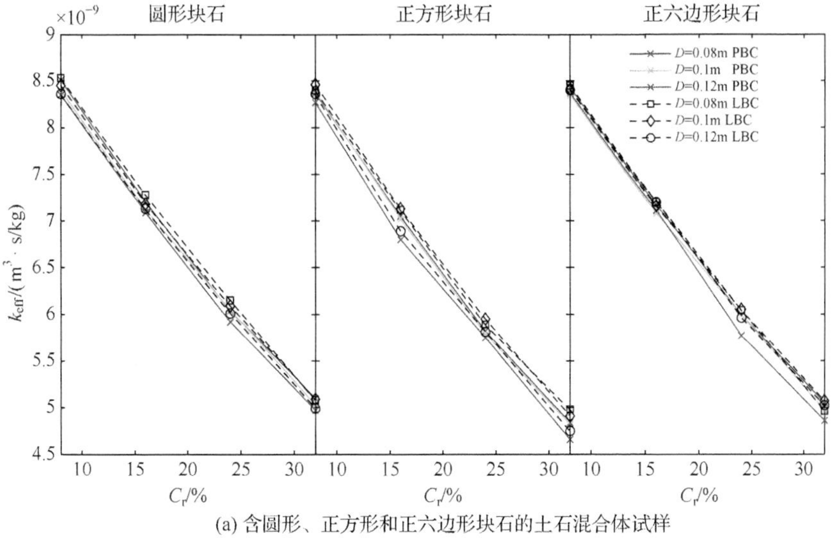

(a) 含圆形、正方形和正六边形块石的土石混合体试样

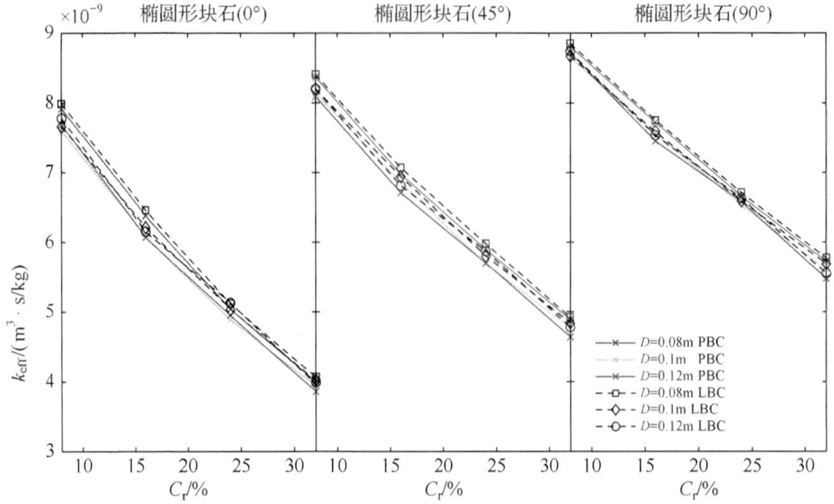

(b) 含不同倾角椭圆形块石的土石混合体试样

图 11.5　采用周期边界条件和线性边界条件的多尺度静态分析所得等效渗透系数分量 $k_{M,22}$
(彩图请扫封底二维码)

和(f)可见，随着椭圆形块石倾角 θ 的减小，土石混合体试样上 $-J_{m,2}$ 逐渐增大，等效渗透系数 $k_{M,22}$ 也单调增大。

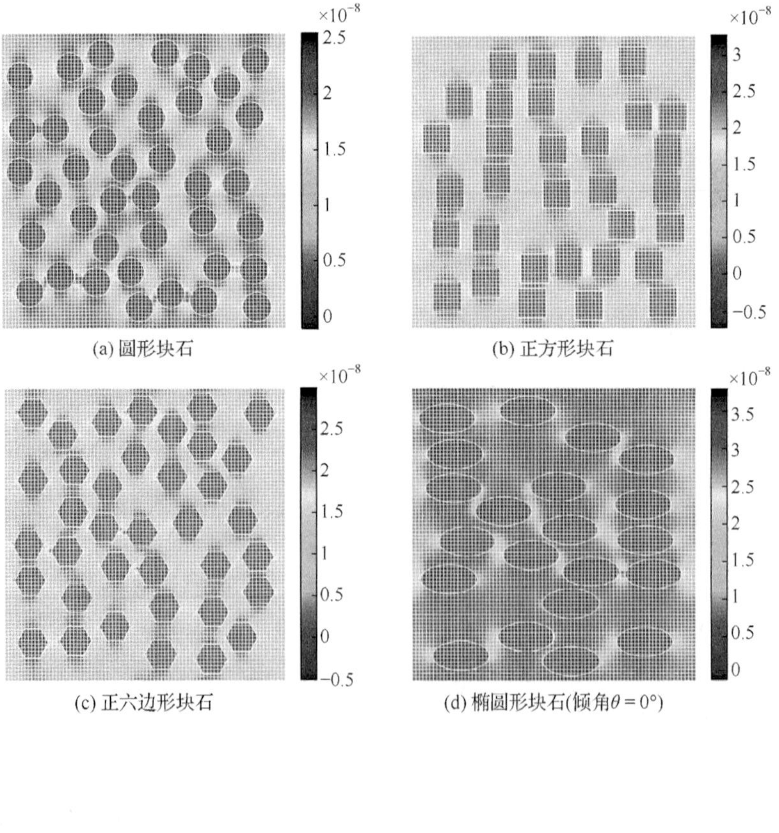

(a) 圆形块石　(b) 正方形块石

(c) 正六边形块石　(d) 椭圆形块石(倾角 $\theta = 0°$)

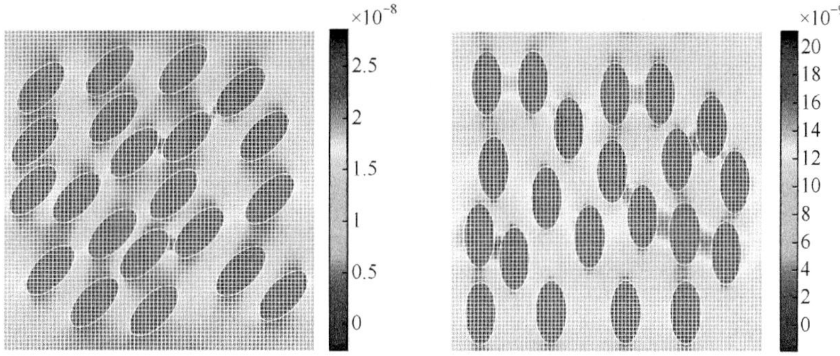

(e) 椭圆形块石($\theta=45°$)　　(f) 椭圆形块石($\theta=90°$)

图 11.6　一致周期边界条件 $\nabla p_{\mathrm{M}}=\begin{bmatrix}0 & 1\end{bmatrix}^{\mathrm{T}}$ 下土石混合体试样竖向流速 $-J_{\mathrm{M},2}$ 分布云图(含石量 $C_{\mathrm{r}}=32\%$，块石尺寸 $d=0.1\mathrm{m}$)(彩图请扫封底二维码)

2) 动态分析

图 11.7 和图 11.8 为静态和动态多尺度分析所得等效渗透系数 $k_{\mathrm{M},22}$ 结果对比。除多尺度分析结果外，图 10.7 和图 10.8 还给出了使用结构模型所得的土石混合体等效渗透系数结果。计算中考虑了 4 种结构模型，即平行(Parallel)模型、级数(Series)模型、有效介质模型(effective medium theory, EMT)和 ME(Maxwell-Eucken)模型(Chen et al., 2019)，即

$$
\begin{gathered}
k_{\mathrm{eff}}^{\mathrm{P}}=C_{\mathrm{r}}k_{\mathrm{r}}+C_{\mathrm{s}}k_{\mathrm{s}}\\
k_{\mathrm{eff}}^{\mathrm{s}}=\frac{1}{C_{\mathrm{r}}/k_{\mathrm{r}}+C_{\mathrm{s}}/k_{\mathrm{s}}}\\
k_{\mathrm{eff}}^{\mathrm{ME}}=\frac{C_{\mathrm{s}}k_{\mathrm{s}}+C_{\mathrm{r}}k_{\mathrm{r}}\dfrac{3}{2+k_{\mathrm{r}}/k_{\mathrm{s}}}}{C_{\mathrm{s}}+C_{\mathrm{r}}\dfrac{3}{2+k_{\mathrm{r}}/k_{\mathrm{s}}}}\\
C_{\mathrm{s}}\frac{1-k_{\mathrm{eff}}^{\mathrm{EMT}}/k_{\mathrm{s}}}{1+2k_{\mathrm{eff}}^{\mathrm{EMT}}/k_{\mathrm{s}}}+C_{\mathrm{r}}\frac{1-k_{\mathrm{eff}}^{\mathrm{EMT}}/k_{\mathrm{r}}}{1+2k_{\mathrm{eff}}^{\mathrm{EMT}}/k_{\mathrm{r}}}=0
\end{gathered}
\tag{11.7}
$$

式中 $k_{\mathrm{eff}}^{\mathrm{P}}$、$k_{\mathrm{eff}}^{\mathrm{s}}$、$k_{\mathrm{eff}}^{\mathrm{EMT}}$ 和 $k_{\mathrm{eff}}^{\mathrm{ME}}$ 分别为平行模型、级数模型、有效介质模型和 Maxwell-Eucken 模型所得等效渗透系数；$C_{\mathrm{s}}=1-C_{\mathrm{r}}$ 为土体体积率；k_{r} 和 k_{s} 分别为块石和土体的渗透系数。

图 11.7 和图 11.8 显示，多尺度 NMM 在静态条件下所得的有效渗透系数 $k_{\mathrm{M},22}$ 与平行模型、有效介质模型和 Maxwell-Eucken 模型预测的结果吻合良好，而级数模型的预测结果与多尺度分析和其他结果模型的预测结果相差较大。Chen 等(2019)也观测到了类似的现象。此外，图 11.7 和图 11.8 显示随着时间步长的减小，

由动态多尺度分析所得的等效渗透系数 $k_{\mathrm{M},22}$ 快速增大。这是因为对于水力耦合多尺度分析，宏观尺度液相流速可以进行如下分解(Wu et al., 2022c)

$$-\boldsymbol{J}_{\mathrm{M}} = -\boldsymbol{J}_{\mathrm{M}}^{\mathrm{sta}} - \boldsymbol{J}_{\mathrm{M}}^{\mathrm{dym}} = \left\langle -\boldsymbol{J}_{\mathrm{m}} \right\rangle + \left\langle \boldsymbol{x}_{\mathrm{m}} \left(\alpha \nabla \cdot \dot{\boldsymbol{u}}_{\mathrm{m}} + \dot{p}_{\mathrm{m}} / Q \right) \right\rangle \tag{11.8}$$

于是，随着时间步长Δt 的减小，正比于 $1/\Delta t$ 的动态项 $-\boldsymbol{J}_{\mathrm{M}}^{\mathrm{dym}}$ 快速增大，从而引起等效渗透系数 $k_{\mathrm{M},22}$ 变大。另一方面，随着时间步长Δt 的增大，$-\boldsymbol{J}_{\mathrm{M}}^{\mathrm{dym}}$ 快速减少至 0。对比图 11.7(a)和(b)可见，当时间步长Δt=5s 时，动态多尺度分析的结果已与静态多尺度分析的结果十分接近，而静态多尺度分析的结果对应于$\Delta t \to \infty$时动态多尺度分析的结果。

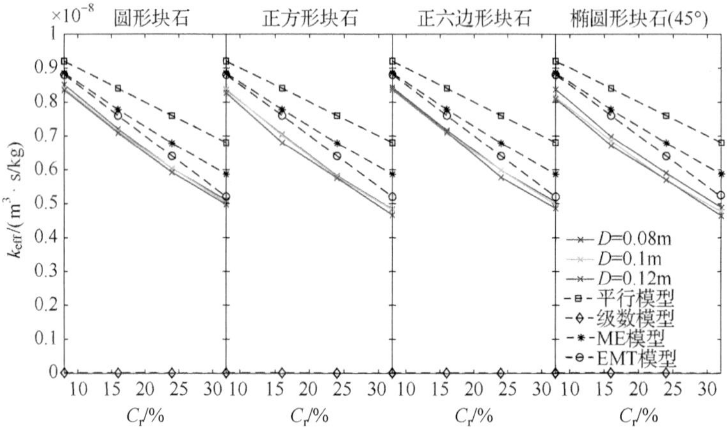

(a) 静态多尺度分析

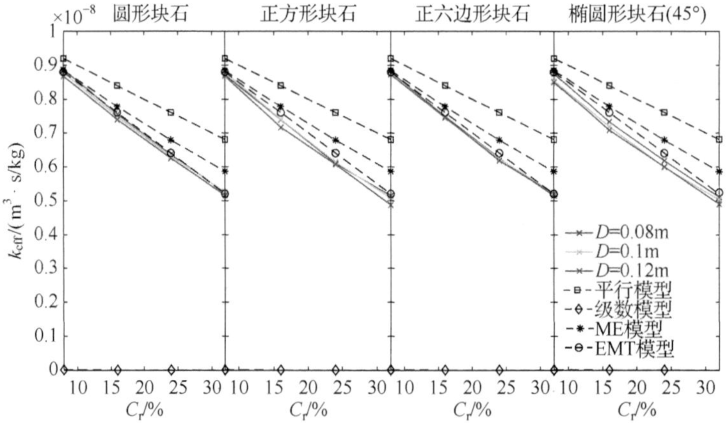

(b) 动态多尺度分析(时间步长$\Delta t = 5\mathrm{s}$)

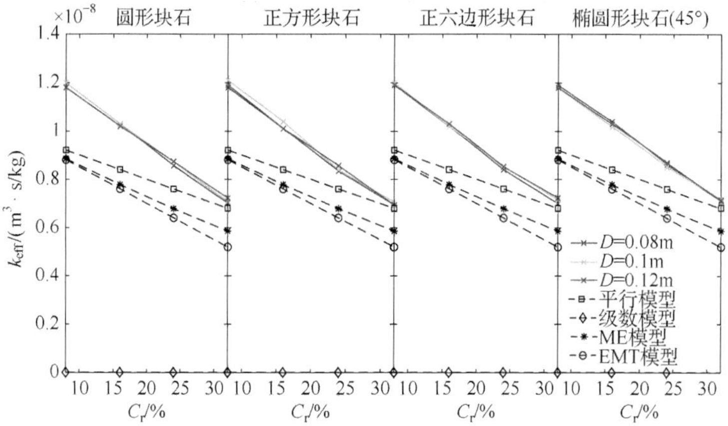

(c) 动态多尺度分析(时间步长$\Delta t = 0.5$s)

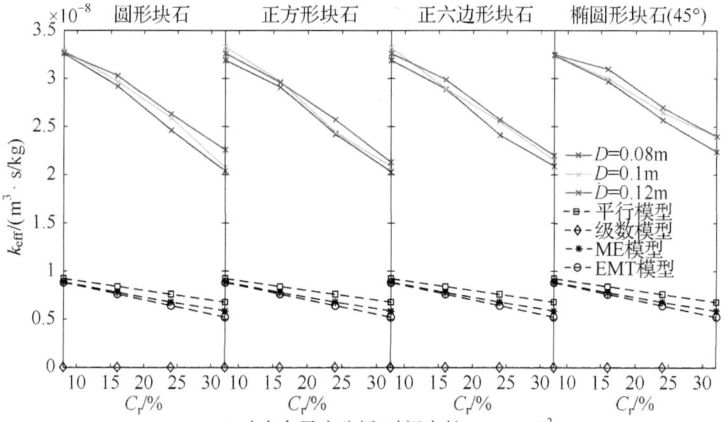

(d) 动态多尺度分析(时间步长$\Delta t = 5\times10^{-2}$s)

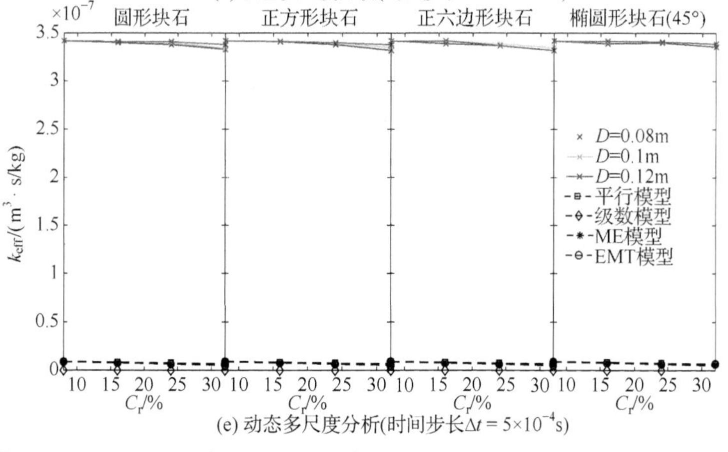

(e) 动态多尺度分析(时间步长$\Delta t = 5\times10^{-4}$s)

图 11.7 静态多尺度分析与动态多尺度分析等效渗透系数 $k_{\mathrm{M},22}$ 结果对比(圆形、正方形和正六边形以及倾角 45° 的椭圆形块石)(彩图请扫封底二维码)

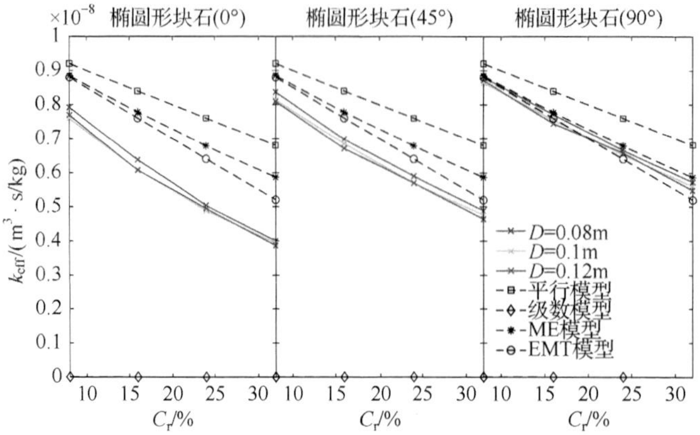

(a) 静态多尺度分析

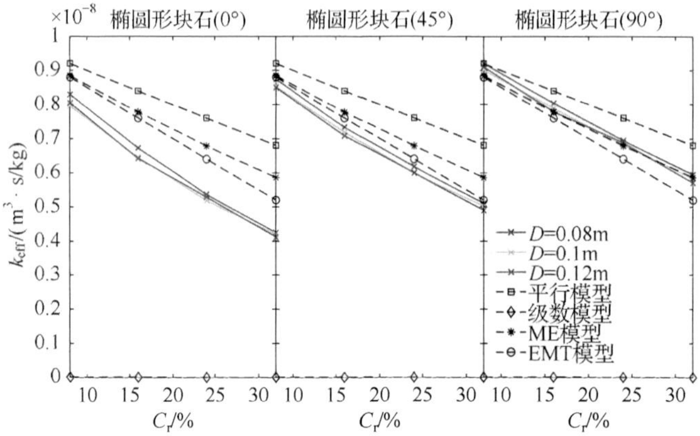

(b) 动态多尺度分析(时间步长Δt=5s)

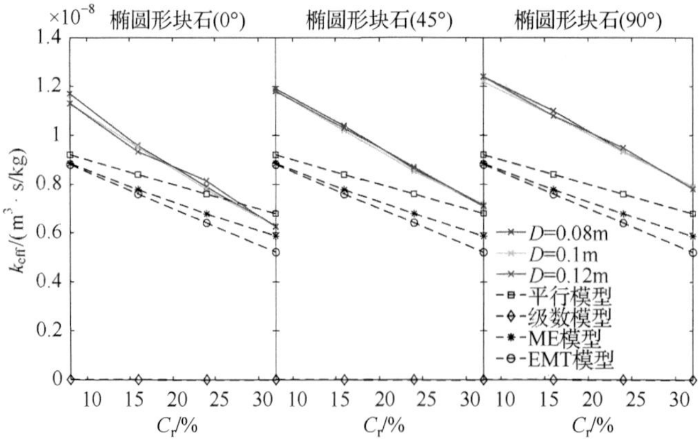

(c) 动态多尺度分析(时间步长Δt=0.5s)

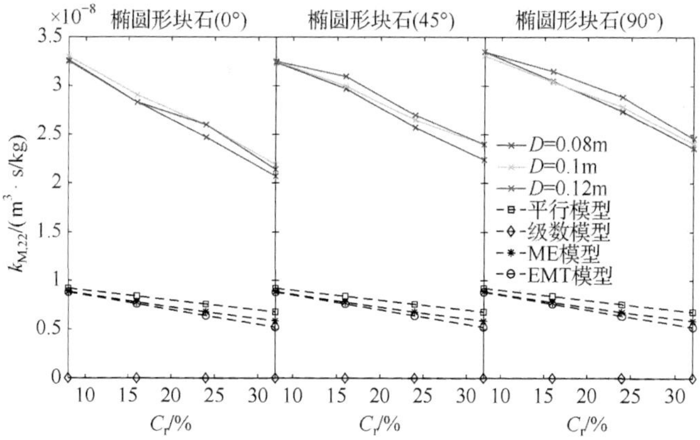

(d) 动态多尺度分析(时间步长$\Delta t=5\times10^{-2}$s)

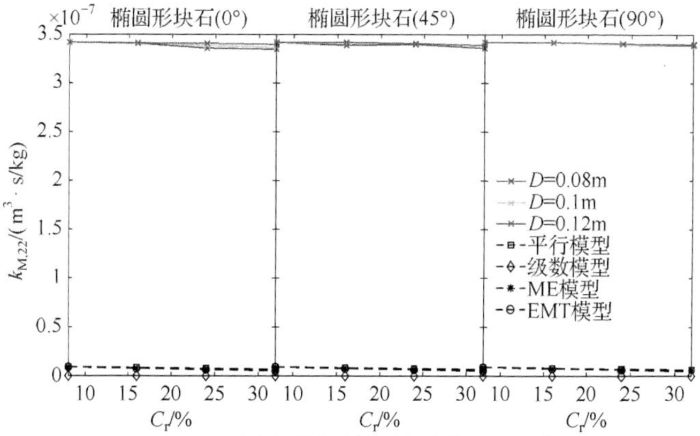

(e) 动态多尺度分析(时间步长$\Delta t=5\times10^{-4}$s)

图 11.8 静态多尺度分析与动态多尺度分析等效渗透系数 $k_{M,22}$ 结果对比(倾角 0°、45° 和 90° 的椭圆形块石)(彩图请扫封底二维码)

11.3.2 等效变形模量

水力耦合多尺度分析中，宏观尺度切向应力应变矩阵定义为

$$\boldsymbol{D}_{M}=\partial\boldsymbol{\sigma}_{M}/\partial\boldsymbol{\epsilon}_{M}=\delta\boldsymbol{\sigma}_{M}/\delta\boldsymbol{\epsilon}_{M} \tag{11.9}$$

为了讨论的方便，这里以法向分量 $D_{M,11}$ 以及切向分量 $D_{M,12}$ 为例研究土石混合体 RVE 的不同参数对等效变形模量的影响规律。

1) 静态分析

图 11.9 为多尺度 NMM 分析(包括线性边界条件和周期边界条件) 所得土石混合体试样等效变形模量 $D_{M,11}$ 和 $D_{M,12}$ 随含石量 C_r 的变化曲线。图 11.9 显示，与周期边界条件相比，使用线性边界条件得到的法向变形模量分量 $D_{M,11}$ 更高；而基于

周期边界条件和线性边界条件得到的切向变形模量分量 $D_{M,12}$ 十分接近。与块石尺寸、形状和倾角相比，含石量 C_r 对变形模量的影响最为明显，而且由于块石的变形模型远高于土体的变形模量，随着含石量的增大，土石混合体试样的等效变形模量单调增加。图 11.9 还显示，当含石量和块石形状确定时，随着块石尺寸的减小，土石混合体的等效变形模量会增大。这是由于块石尺寸越小，试样中含有的块石数量越大，而块石的随机分布导致试样的等效变形模量增大。

图 11.9(a)和(b)还表明，对于含椭圆形块石的土石混合体试样，随着块石倾角增加，试样的等效变形模量 $D_{M,11}$ 逐渐减小，这是由于等效变形模量 $D_{M,11}$ 的大小与块石和试样横截面相交面积的大小有关，当块石倾角为 0° 时，统计意义上块石和试样横截面相交面积最大。此外，倾角为 45° 时试样的等效变形模量 $D_{M,12}$ 明显高于倾角为 0° 和 90° 时试样的等效变形模量 $D_{M,12}$。

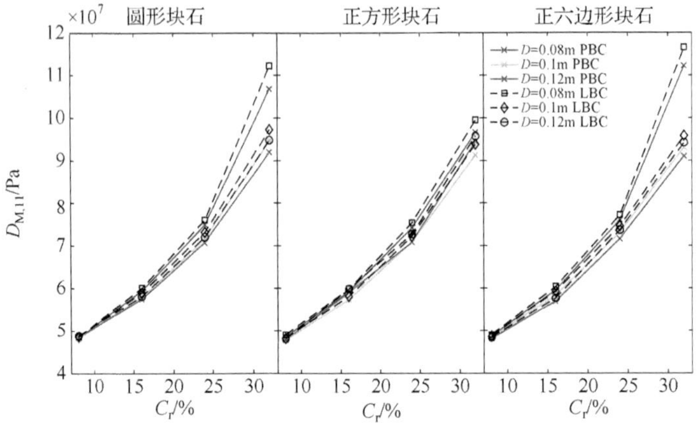

(a) 由圆形、正方形和正六边形块石形成土石混合体试样的等效变形模量 $D_{M,11}$

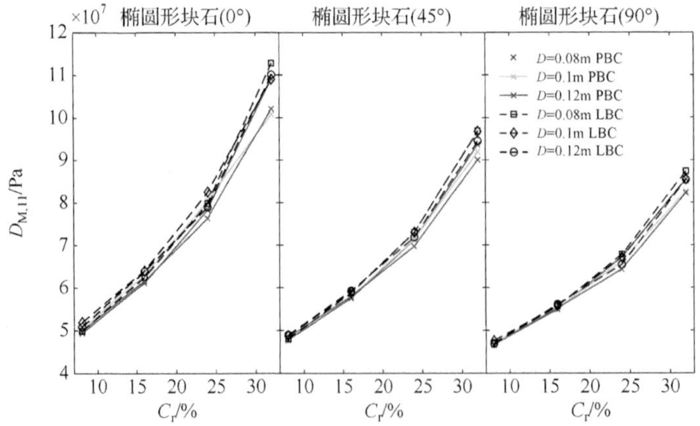

(b) 由不同倾角椭圆形块石形成土石混合体试样的等效变形模量 $D_{M,11}$

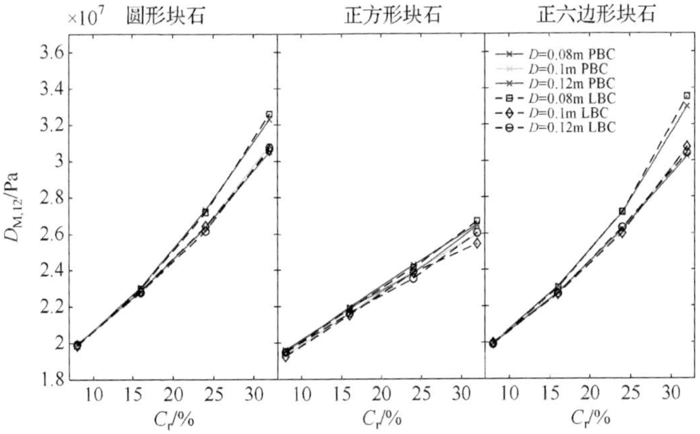

(c) 由圆形、正方形和正六边形块石形成土石混合体试样的等效变形模量$D_{M,12}$

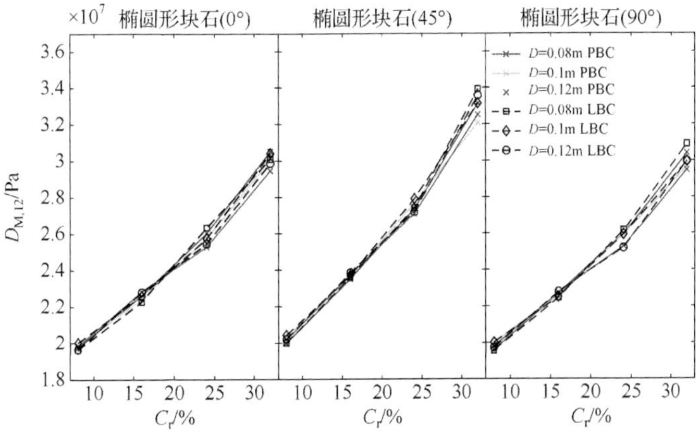

(d) 由不同倾角椭圆形块石形成土石混合体试样的等效变形模量$D_{M,12}$

图 11.9　多尺度分析所得土石混合体试样等效变形模量 $D_{M,11}$ 和 $D_{M,12}$ 随含石量 C_r 的变化曲线

(彩图请扫封底二维码)

2) 动态分析

图 11.10 和图 11.11 展示了由动态多尺度 NMM 分析所得等效变形模量 $D_{M,11}$ 和 $D_{M,12}$ 随含石量 C_r 的变化曲线。当考虑细观尺度动力因素时，宏观尺度总应力张量可进行如下分解

$$\boldsymbol{\sigma}_M = \boldsymbol{\sigma}_M^{sta} + \boldsymbol{\sigma}_M^{dyn} = \langle \boldsymbol{\sigma}_m \rangle + \langle \rho(\ddot{\boldsymbol{u}}_m - \boldsymbol{b}) \otimes \boldsymbol{x}_m \rangle \tag{11.10}$$

式(11.10)表明随着时间步长Δt的减小，正比于$1/\Delta t^2$的动力项$\boldsymbol{\sigma}_M^{dyn}$快速增大，使得宏观尺度有效应力和等效变形模量变大。此外，对比图 10.9～图 10.11 可见，时间步Δt=5s 时动态分析和静态分析得到的等效变形模量十分接近。对于不同的时间步长，由圆形、正方形和正六边形以及倾角 45° 的椭圆形块石形成的试样具有接近的法向等效变形模量$D_{M,11}$。当时间步长较大时，如Δt=5s 或 0.5s，由圆形、正六边形以

及椭圆形块石形成试样的等效变形模量 $D_{M,12}$ 高于由正方形块石形成试样的等效变形模量 $D_{M,12}$。随着时间步长减小，块石性质对等效变形模量 $D_{M,12}$ 的影响逐渐减小。

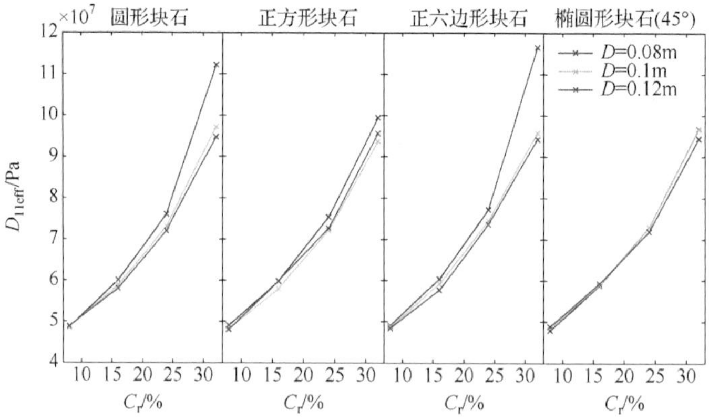

(a) 动态分析($\Delta t = 5s$)

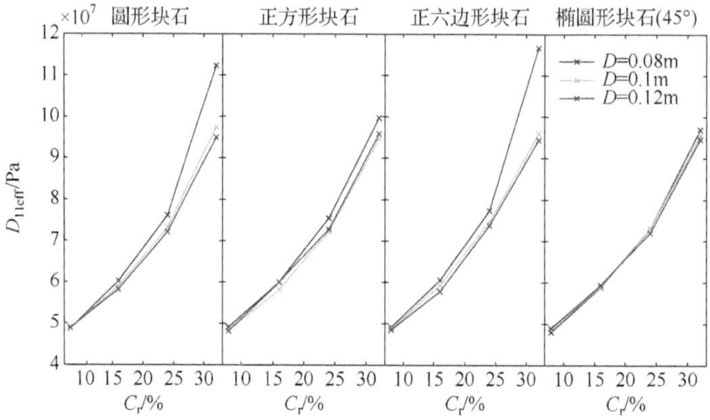

(b) 动态分析($\Delta t = 0.5s$)

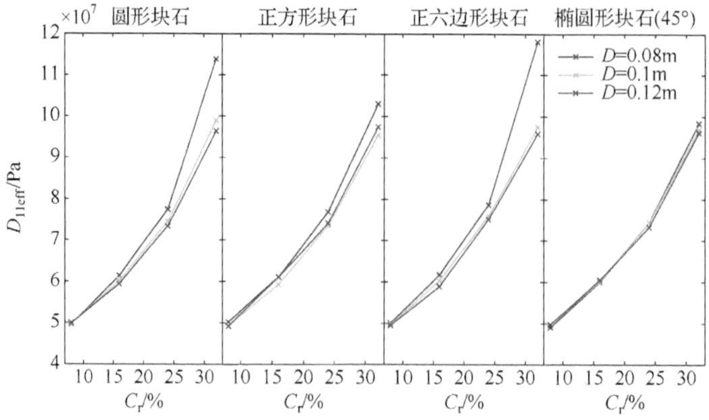

(c) 动态分析($\Delta t = 5\times10^{-2}s$)

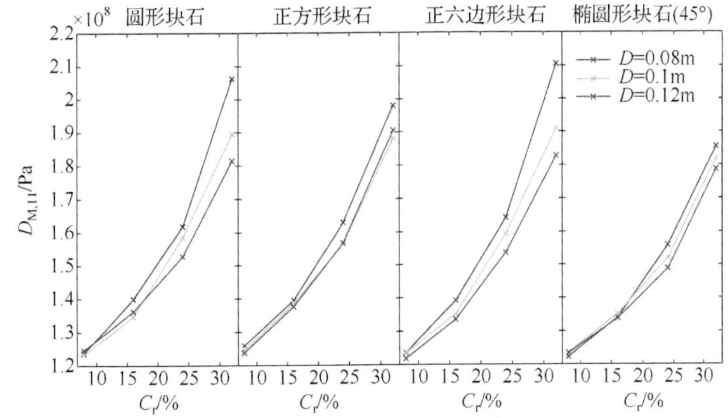

(d) 动态分析($\Delta t = 5\times10^{-4}$s)

图 11.10　动态多尺度分析所得等效变形模量 $D_{M,11}$ 随含石量 C_r 的变化曲线(彩图请扫封底二维码)

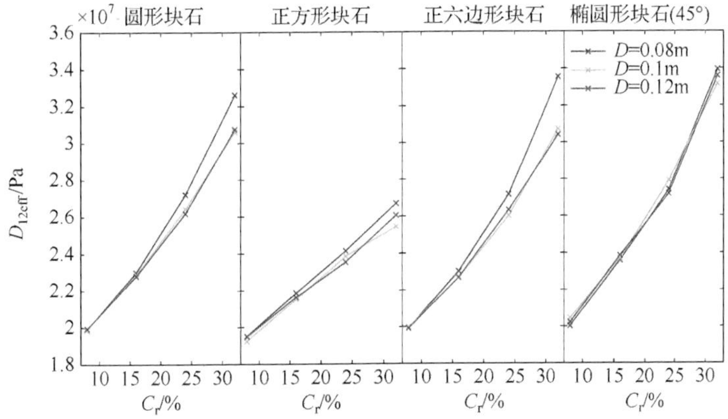

(a) 动态分析($\Delta t = 5$s)

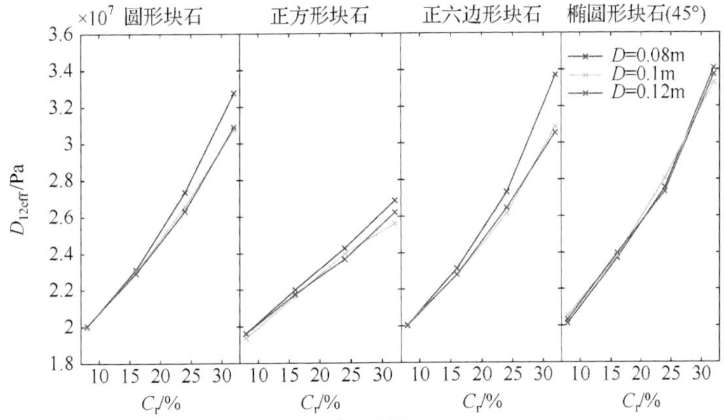

(b) 动态分析($\Delta t = 0.5$s)

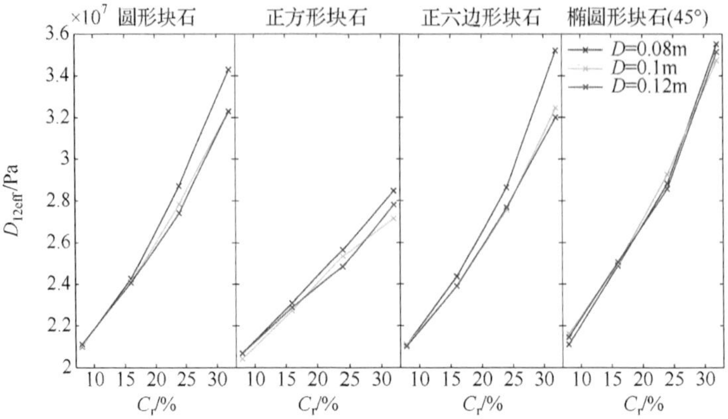

(c) 动态分析($\Delta t = 5\times10^{-2}$s)

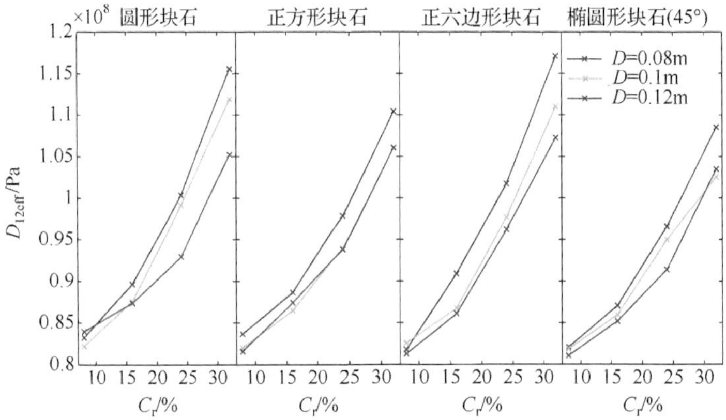

(d) 动态分析($\Delta t = 5\times10^{-4}$s)

图 11.11　动态多尺度分析所得等效变形模量 $D_{\mathrm{M},12}$ 随含石量 C_r 的变化曲线(彩图请扫封底二维码)

11.3.3　等效 Biot 系数

根据水力耦合多尺度分析宏观尺度切向算子的定义，等效 Biot 系数 α_M 定义为

$$\alpha_\mathrm{M}\mathbf{1} = -\partial\boldsymbol{\sigma}_\mathrm{M}/\partial p_\mathrm{M} = -\delta\boldsymbol{\sigma}_\mathrm{M}/\delta p_\mathrm{M} \tag{11.11}$$

根据孔隙介质理论(Chan et al., 2022)，Biot 系数的定义为

$$\alpha = 1 - K_\mathrm{T} / K_\mathrm{s} \tag{11.12}$$

式中 K_T 为孔隙介质的整体体积模量。对于大多数岩土材料，$K_\mathrm{T}/K_\mathrm{s} \ll 1$，即 $\alpha = 1$；而对于某些岩石，$K_\mathrm{T}/K_\mathrm{s}$ 的值可以接近 1/3。

1) 静态分析

图 11.12 为静态多尺度 NMM 分析所得含不同形状块石土石混合体试样等效 Biot 系数随含石量变化曲线。图 11.12 表明，对于不同块石形状、尺寸和倾角且

含石量 $C_r \leqslant 32\%$ 的土石混合体试样，静态多尺度分析所得的等效 Biot 系数均大于 0.9991 且小于 1。因此，静态条件下，认为土石混合体的等效 Biot 系数为 1 是合理的。

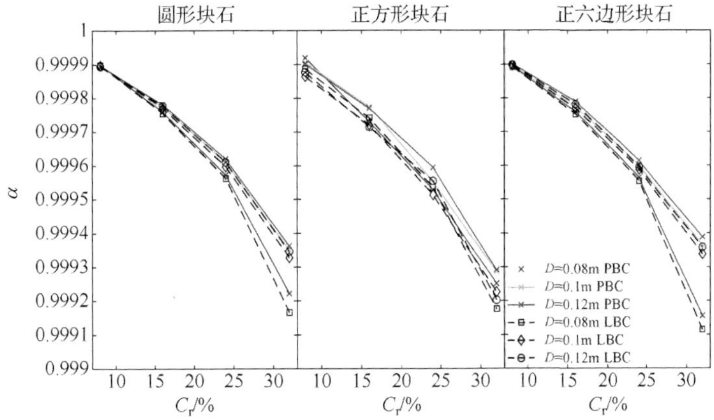

(a) 含圆形、正方形和正六边形块石的土石混合体试样

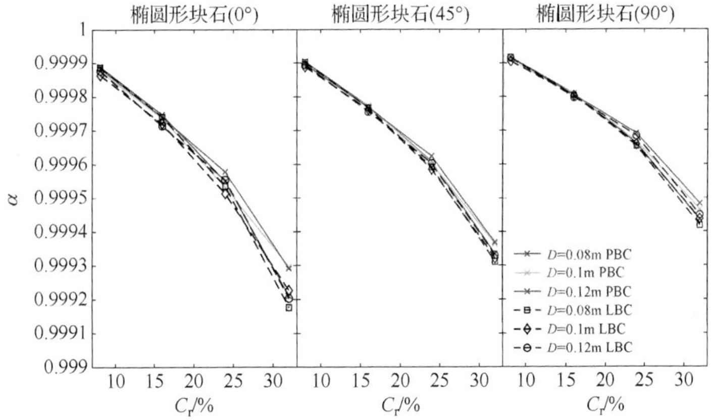

(b) 含不同倾角椭圆形块石的土石混合体试样

图 11.12　静态多尺度 NMM 分析所得含不同形状块石土石混合体试样等效 Biot 系数随含石量变化曲线(彩图请扫封底二维码)

与块石尺寸、形状和倾角相比，含石量 C_r 对等效 Biot 系数的影响最为显著。图 11.12 显示，随着含石量 C_r 的增大，土石混合体试样的等效 Biot 系数单调变小。这是由于含石量 C_r 增大使得比值 K_T/K_s 变大，导致等效 Biot 系数减小。此外，随着块石倾角的增大，等效 Biot 系数也会有所增大。多尺度分析时，采用线性边界条件得到的等效 Biot 系数略高于采用周期边界条件得到的等效 Biot 系数，可见对土石混合体试样整体刚度的高估会增大等效 Biot 系数。

2) 动态分析

图 11.13 为动态多尺度 NMM 分析所得等效 Biot 系数随含石量的变化曲线。动态多尺度分析时，宏观尺度 Biot 系数可进行如下分解

$$\alpha_{\mathrm{M}}\mathbf{1} = \alpha_{\mathrm{M}}^{\mathrm{sta}}\mathbf{1} + \alpha_{\mathrm{M}}^{\mathrm{dym}}\mathbf{1} = -\langle \delta\boldsymbol{\sigma}_{\mathrm{m}} \rangle / \delta p_{\mathrm{M}} - \langle \rho\delta\ddot{\boldsymbol{u}}_{\mathrm{m}} \otimes \boldsymbol{x}_{\mathrm{m}} \rangle / \delta p_{\mathrm{M}} \tag{11.13}$$

由式(11.13)所示，随着时间步长Δt 的减小，动态相关项 $\alpha_{\mathrm{M}}^{\mathrm{dym}}$ 增大，使得等效 Biot 系数 α_{M} 的值逐渐偏离 1。但实际上，动力分析时仍可将等效 Biot 系数的值视为 1。比如，当时间步长$\Delta t = 5\times10^{-4}$s 时，等效 Biot 系数 α_{M} 与 1 间的最大差值不大于 0.016。

水力耦合多尺度分析时，很多学者采用体积平均的方法计算等效 Biot 系数 (Özdemir et al., 2008; Khoei et al., 2018; Ekre et al., 2020, 2022)

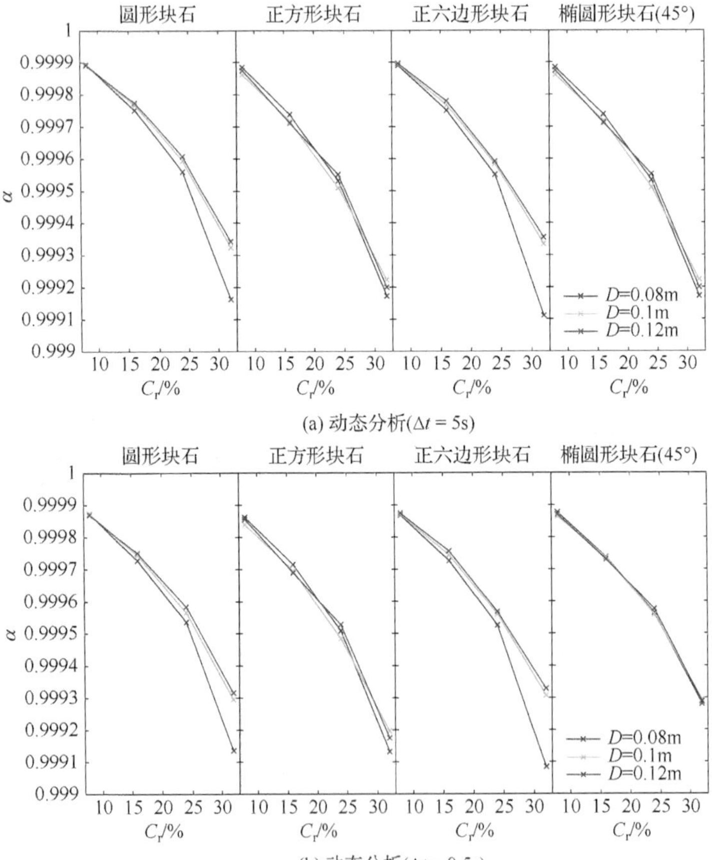

(a) 动态分析(Δt = 5s)

(b) 动态分析(Δt = 0.5s)

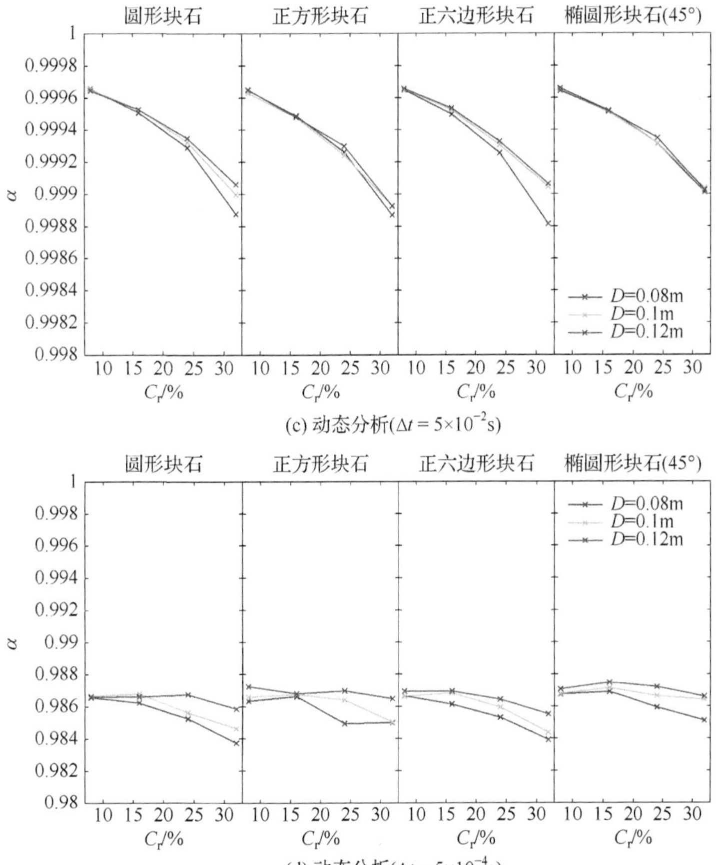

(c) 动态分析($\Delta t = 5\times10^{-2}$s)

(d) 动态分析($\Delta t = 5\times10^{-4}$s)

图 11.13　动态多尺度 NMM 分析所得含不同形状块石土石混合体试样等效 Biot 系数随含石量变化曲线(彩图请扫封底二维码)

$$\alpha_{\mathrm{M}} = \frac{1}{|\Omega_{\mathrm{m}}|}\int_{\Omega_{\mathrm{m}}} \alpha \mathrm{d}\Omega \tag{11.14}$$

式(11.14)表明等效 Biot 系数的大小仅取决于含石量的大小。依据式(11.14)，当含石量 C_r 为 8%、16%、24%和 32%时，等效 Biot 系数分别为 0.968、0.936、0.904 和 0.872。可见，式(11.14)的结果与多尺度分析的结果相差较大，尤其是动态分析的初始时刻。

11.4　本 章 小 结

本章以岩土和水利工程中常见的土石混合体材料为例，给出了非均质孔隙介质材料等效水力特性的多尺度数值流形(NMM)评估方法。通过与单一尺度 NMM 与经典结构模型(如平行、级数等模型)的结果对比，验证了多尺度 NMM 方法评估非均质材料等效水力特性的精确性和有效性。虽然本章以土石混合体的等效水力特性为研究对象，但本章给出的分析方法和步骤具有普遍适用性，如可用于计算非均质功能梯度材料的等效导热性能。

第 12 章　非连续饱和非均质岩土体水力耦合多尺度分析

针对连续非均质孔隙介质水力耦合问题，第 9～11 章建立了水力耦合多尺度分析数值流形法(NMM)。但是，实际工程中的孔隙介质材料多是非均质非连续的。因此，本章在第 9～11 章的基础上，基于数值流形法、u-p 格式 Biot 模型、多尺度理论和黏结滑移接触模型，建立非连续非均质孔隙介质水力耦合多尺度分析模型，研究含内部非连续面的非均匀孔隙介质的动态水力响应。此外，本章研究的非连续面尺寸具有一定工程尺度，即非连续面的尺度远大于非均质结构的尺度(细观尺度)。于是，水力耦合多尺度分析时，认为非连续面仅存在于宏观尺度，细观尺度上仍按连续孔隙介质进行分析。

12.1　细观尺度初边值问题

由于细观尺度上不考虑非连续面，细观尺度的初边值问题半离散格式为

$$\begin{aligned} \boldsymbol{r}^u &= \boldsymbol{M}_{uu}\ddot{\boldsymbol{U}}_\mathrm{m} + \int_{\Omega_\mathrm{m}} \boldsymbol{B}_u^\mathrm{T}\boldsymbol{\sigma}'_\mathrm{m}\mathrm{d}V - \boldsymbol{K}_{up}\boldsymbol{P}_\mathrm{m} - \mathbb{f}_u \\ \boldsymbol{r}^p &= \boldsymbol{M}_{pu}\ddot{\boldsymbol{U}}_\mathrm{m} + \boldsymbol{K}_{up}^\mathrm{T}\dot{\boldsymbol{U}}_\mathrm{m} + \boldsymbol{M}_{pp}\dot{\boldsymbol{P}}_\mathrm{m} + \boldsymbol{K}_{pp}\boldsymbol{P}_\mathrm{m} - \mathbb{f}_p \end{aligned} \tag{12.1}$$

其中 $\boldsymbol{N}_u$ 和 $\boldsymbol{N}_p$ 为细观尺度骨架位移和孔隙压力的形函数矩阵；$\boldsymbol{U}_\mathrm{m}(t)$ 和 $\boldsymbol{P}_\mathrm{m}(t)$ 为细观尺度骨架位移和孔隙压力自由度向量；$\boldsymbol{B}_u = \nabla\boldsymbol{N}_u$ 和 $\boldsymbol{B}_p = \nabla\boldsymbol{N}_p$；其余项的具体定义见 10.1 节。基于 Newmark 法(Bathe, 2014)，细观初边值问题的完全离散格式为

$$\begin{aligned} &\begin{bmatrix} \boldsymbol{r}^u \\ \boldsymbol{r}^p \end{bmatrix}^{n+1,k,i} + \boldsymbol{J}^{n+1,k,i}\begin{bmatrix} \Delta\boldsymbol{U}_\mathrm{m} \\ \Delta\boldsymbol{P}_\mathrm{m} \end{bmatrix}^{n+1,k,i+1} = \boldsymbol{0} \\ &\begin{bmatrix} \boldsymbol{U}_\mathrm{m} \\ \boldsymbol{P}_\mathrm{m} \end{bmatrix}^{n+1,k,i+1} = \begin{bmatrix} \boldsymbol{U}_\mathrm{m} \\ \boldsymbol{P}_\mathrm{m} \end{bmatrix}^{n+1,k,i} + \begin{bmatrix} \Delta\boldsymbol{U}_\mathrm{m} \\ \Delta\boldsymbol{P}_\mathrm{m} \end{bmatrix}^{n+1,k,i+1} \end{aligned} \tag{12.2}$$

其中细观尺度雅可比矩阵定义为

$$\boldsymbol{J}=\begin{bmatrix}\dfrac{1}{\beta\Delta t^2}\boldsymbol{M}_{uu}+\int_{\Omega_\mathrm{m}}\boldsymbol{B}_u^\mathrm{T}\boldsymbol{c}\boldsymbol{B}_u dV & -\boldsymbol{K}_{up}\\ \dfrac{1}{\beta\Delta t^2}\boldsymbol{M}_{pu}+\dfrac{\gamma}{\beta\Delta t}\boldsymbol{K}_{up}^\mathrm{T} & \dfrac{1}{\theta\Delta t}\boldsymbol{M}_{pp}+\boldsymbol{K}_{pp}\end{bmatrix} \tag{12.3}$$

式(12.2)中的上标 n 、k 和 i 分别表述时间步数、宏观尺度迭代步和细观尺度迭代步；Δt 为时间步长；β 、γ 和 θ 为 Newmark 积分参数，对于本章的数值算例，Newmark 积分参数均取为 0.7。此外，本章数值计算时，细观尺度上材料组分均视为线弹性材料，即式(12.3)中的 $\boldsymbol{c}$ 为弹性应力应变矩阵。

12.2 宏观尺度初边值问题

宏观尺度上，需要考虑均匀化孔隙介质的内部不连续面。一方面将宏观尺度总应力 $\boldsymbol{\sigma}_\mathrm{M}$ 、体积力 $\mathbb{f}_\mathrm{M}$ 、流速 $\boldsymbol{J}_\mathrm{M}$ 和流量 ξ_M 视为宏观尺度主未知量 $\boldsymbol{u}_\mathrm{M}$ 和 $\boldsymbol{p}_\mathrm{M}$ 及其梯度 $\boldsymbol{\varepsilon}_\mathrm{M}$ 和 $\boldsymbol{Y}_\mathrm{M}$ 的未知函数，另一方面向整体平衡方程中引入接触项，基于数值流形空间离散可得宏观尺度初边值问题控制方程的残差形式(Zohdi and Wriggers, 2005; Liu and Borja, 2010; Yvonnet et al., 2019; Khoei et al., 2018; Khoei and Saeedmonir, 2021)

$$\boldsymbol{\varPsi}_\mathrm{M}^u=\int_{\Omega_\mathrm{M}}\mathbb{B}_u^\mathrm{T}\boldsymbol{\sigma}_\mathrm{M}\mathrm{d}\Omega-\int_{\Omega_\mathrm{M}}\mathbb{N}_u^\mathrm{T}\mathbb{f}_\mathrm{M}\mathrm{d}\Omega+\mathbb{K}_c\boldsymbol{U}_\mathrm{M}-\int_{\Gamma_\mathrm{d}}[\![\mathbb{N}_u^\mathrm{T}]\!]\boldsymbol{t}_\mathrm{d}\mathrm{d}\Omega-\int_{\Gamma_\mathrm{M}}\mathbb{N}_u^\mathrm{T}\boldsymbol{t}_\mathrm{M}\mathrm{d}\Gamma \tag{12.4}$$

$$\boldsymbol{\varPsi}_\mathrm{M}^p=-\int_{\Omega_\mathrm{M}}\mathbb{B}_p^\mathrm{T}\boldsymbol{J}_\mathrm{M}\mathrm{d}\Omega+\int_{\Omega_\mathrm{M}}\mathbb{N}_p^\mathrm{T}\xi_\mathrm{M}\mathrm{d}\Omega+\int_{\Gamma_\mathrm{M}}\mathbb{N}_p^\mathrm{T}q_\mathrm{M}\mathrm{d}\Gamma \tag{12.5}$$

式中 $\boldsymbol{t}_\mathrm{d}$ 为宏观尺度不连续面 Γ_d 上接触力；$[\![\mathbb{N}_u]\!]$ 表示宏观尺度不连续面 Γ_d 两侧骨架位移阶跃形函数，即 $[\![\boldsymbol{u}_\mathrm{M}]\!]=[\![\mathbb{N}_u]\!]\boldsymbol{U}_\mathrm{M}$ ；其余的符号见 4.1 节和 9.1 节。需要注意的是，进行空间离散时认为宏观尺度内部不连续面不透水，因此式(12.5)不含流量交换的不连续项。

基于 Newmark 方法对式(12.4)和(12.5)进行时间离散，可得到宏观尺度初边值问题在时间步 $n+1$ 和迭代步 $k+1$ 的离散格式

$$\begin{bmatrix}\boldsymbol{\varPsi}_\mathrm{M}^u\\ \boldsymbol{\varPsi}_\mathrm{M}^p\end{bmatrix}^{k+1,n+1}=\begin{bmatrix}\boldsymbol{\varPsi}_\mathrm{M}^u\\ \boldsymbol{\varPsi}_\mathrm{M}^p\end{bmatrix}^{k,n+1}+\mathbb{J}_\mathrm{M}^{k,n+1}\begin{bmatrix}\Delta\boldsymbol{U}_\mathrm{M}\\ \Delta\boldsymbol{P}_\mathrm{M}\end{bmatrix}^{k+1,n+1} \tag{12.6}$$

其中“k”表示宏观尺度迭代步；$\mathbb{J}_\mathrm{M}$ 为宏观尺度雅可比矩阵，对于含有不连续面的情形其定义为

$$\mathbb{J}_{\mathrm{M}}=\begin{bmatrix}\dfrac{\partial \boldsymbol{\Psi}_{\mathrm{M}}^{u}}{\partial \boldsymbol{U}_{\mathrm{M}}}+\mathbb{K}_{c} & \dfrac{\partial \boldsymbol{\Psi}_{\mathrm{M}}^{u}}{\partial \boldsymbol{P}_{\mathrm{M}}}\\ \dfrac{\partial \boldsymbol{\Psi}_{\mathrm{M}}^{p}}{\partial \boldsymbol{U}_{\mathrm{M}}} & \dfrac{\partial \boldsymbol{\Psi}_{\mathrm{M}}^{p}}{\partial \boldsymbol{P}_{\mathrm{M}}}\end{bmatrix} \tag{12.7}$$

式中 $\mathbb{K}_c$ 为不连续面 Γ_{d} 上接触矩阵。求解方程(12.6)后，对宏观尺度主未知量进行如下更新

$$\begin{bmatrix}\boldsymbol{U}_{\mathrm{M}}\\ \boldsymbol{P}_{\mathrm{M}}\end{bmatrix}^{j+1,n+1}=\begin{bmatrix}\boldsymbol{U}_{\mathrm{M}}\\ \boldsymbol{P}_{\mathrm{M}}\end{bmatrix}^{j,n+1}+\begin{bmatrix}\Delta\boldsymbol{U}_{\mathrm{M}}\\ \Delta\boldsymbol{P}_{\mathrm{M}}\end{bmatrix}^{j+1,n+1} \tag{12.8}$$

宏观尺度雅可比矩阵 $\mathbb{J}_{\mathrm{M}}$ 中的分量 $\dfrac{\partial \boldsymbol{\Psi}_{\mathrm{M}}^{u}}{\partial \boldsymbol{U}_{\mathrm{M}}}$，$\dfrac{\partial \boldsymbol{\Psi}_{\mathrm{M}}^{u}}{\partial \boldsymbol{P}_{\mathrm{M}}}$，$\dfrac{\partial \boldsymbol{\Psi}_{\mathrm{M}}^{p}}{\partial \boldsymbol{U}_{\mathrm{M}}}$ 和 $\dfrac{\partial \boldsymbol{\Psi}_{\mathrm{M}}^{p}}{\partial \boldsymbol{P}_{\mathrm{M}}}$ 仅依赖细观尺度初边值问题的求解结果，与宏观尺度非连续面 Γ_{d} 上的接触状态无关。因此，可按照 9.2 节推导的雅可比矩阵 $\mathbb{J}_{\mathrm{M}}$ 分量精确解进行快速计算。接触矩阵 $\mathbb{K}_c$ 则取决于宏观尺度非连续面 Γ_{d} 上的接触状态，与接触力 $\boldsymbol{t}_{\mathrm{d}}$ 均通过施加接触模型进行求解。

12.3　宏观尺度接触模型

宏观尺度接触模型的施加直接决定了整个多尺度计算的精度和效率。目前存在多种有效的接触模拟数值方法(Wriggers and Zavarise, 2006; Liu and Borja, 2010; Hautefeuille et al., 2012; Hirmand et al., 2015)。本章采用滑移黏结接触模型模拟宏观尺度非连续变形，具体的数值实现采用 Uzawa 型增广拉氏乘子法完成(Zienkiewicz et al., 2005)。滑移黏结接触模型的数值实现步骤如下。

对于二维情形，非连续面 Γ_{d} 上的法向和切向接触力 t_{N} 和 t_{T} 可采用一阶近似，即

$$\begin{aligned}t_{\mathrm{N}}&=\boldsymbol{N}_1\boldsymbol{t}_{\mathrm{N}}=\boldsymbol{t}_{\mathrm{d}}\cdot\boldsymbol{n}\\ t_{\mathrm{T}}&=\boldsymbol{N}_1\boldsymbol{t}_{\mathrm{T}}=\boldsymbol{t}_{\mathrm{d}}\cdot\boldsymbol{m}\end{aligned} \tag{12.9}$$

其中 $\boldsymbol{N}_1$ 表示一维形函数矩阵；$\boldsymbol{t}_{\mathrm{N}}$ 和 $\boldsymbol{t}_{\mathrm{T}}$ 表示法向和切向拉格朗日乘子矩阵(即沿非连续面 Γ_{d} 接触力一维离散点处未知接触力)；$\boldsymbol{n}(\boldsymbol{x})$ 和 $\boldsymbol{m}(\boldsymbol{x})$ 分别表示点 $\boldsymbol{x}\in\Gamma_{\mathrm{d}}$ 处的法向和切向单位向量。需要注意的是，沿 Γ_{d} 的拉格朗日乘子一维离散应满足一维稳定性条件(Boffi et al., 2013; Liu and Borja, 2010)，以防止接触力出现无物理意义的数值震荡。

在时间步 $n+1$，已知宏观尺度骨架位移和孔隙压力自由度 $\boldsymbol{U}_{\mathrm{M}}^{n}$ 和 $\boldsymbol{P}_{\mathrm{M}}^{n}$，拉氏乘

子 $\boldsymbol{t}_{\mathrm{N}}^{n}$ 和 $\boldsymbol{t}_{\mathrm{T}}^{n}$，须进行数值迭代计算 $\boldsymbol{U}_{\mathrm{M}}^{n+1}$、$\boldsymbol{P}_{\mathrm{M}}^{n+1}$、$\boldsymbol{t}_{\mathrm{N}}^{n+1}$ 和 $\boldsymbol{t}_{\mathrm{T}}^{n+1}$。采用 Uzawa 型增广拉氏乘子迭代时，整个迭代过程始于增广迭代($j=0$)，拉氏乘子的初值为

$$
\begin{aligned}
\boldsymbol{t}_{\mathrm{N}}^{j=0,n+1} &= \boldsymbol{t}_{\mathrm{N}}^{n} \\
\boldsymbol{t}_{\mathrm{T}}^{j=0,n+1} &= \boldsymbol{t}_{\mathrm{T}}^{n}
\end{aligned} \tag{12.10}
$$

在第 $j+1$ 步增广迭代中，将已知的(即上一迭代步的结果)拉氏乘子 $\boldsymbol{t}_{\mathrm{N}}^{j,n+1}$ 和 $\boldsymbol{t}_{\mathrm{T}}^{j,n+1}$，接触矩阵 $\mathbb{K}_{c}^{j,n+1}$ 以及非连续面 Γ_{d} 的接触部分 $\Gamma_{\mathrm{d}}^{c,j,n+1}$ 视为不变量，使用上一时间步收敛的宏观尺度自由度 $\boldsymbol{U}_{\mathrm{M}}^{n}$ 和 $\boldsymbol{P}_{\mathrm{M}}^{n}$ 作为初始值进行增广迭代步 $j+1$ 内的局部迭代(迭代步指标记为 i)，即

$$
\begin{aligned}
\boldsymbol{U}_{\mathrm{M}}^{i=0,n+1} &= \boldsymbol{U}_{\mathrm{M}}^{n} \\
\boldsymbol{P}_{\mathrm{M}}^{i=0,n+1} &= \boldsymbol{P}_{\mathrm{M}}^{n}
\end{aligned} \tag{12.11}
$$

于是，在第 $j+1$ 个增广迭代步的第 $i+1$ 个局部迭代步，基于上述已知初始值迭代求解宏观尺度初边值问题(12.6)。在所有宏观尺度积分点上，将已知的宏观尺度主变量及其一阶梯度传入细观尺度，迭代求解细观尺度初边值问题(12.2)，返回宏观尺度内变量和切向算子 $\dfrac{\partial \boldsymbol{\Psi}_{\mathrm{M}}^{u}}{\partial \boldsymbol{U}_{\mathrm{M}}}$，$\dfrac{\partial \boldsymbol{\Psi}_{\mathrm{M}}^{u}}{\partial \boldsymbol{P}_{\mathrm{M}}}$，$\dfrac{\partial \boldsymbol{\Psi}_{\mathrm{M}}^{p}}{\partial \boldsymbol{U}_{\mathrm{M}}}$ 和 $\dfrac{\partial \boldsymbol{\Psi}_{\mathrm{M}}^{p}}{\partial \boldsymbol{P}_{\mathrm{M}}}$，求解方程(12.6)，得到 $\Delta \boldsymbol{U}_{\mathrm{M}}^{i+1,n+1}$、$\Delta \boldsymbol{P}_{\mathrm{M}}^{i+1,n+1}$、$\boldsymbol{U}_{\mathrm{M}}^{i+1,n+1}$ 和 $\boldsymbol{P}_{\mathrm{M}}^{i+1,n+1}$。此时，验证是否满足宏观尺度平衡条件，如果不满足平衡条件则继续进行迭代，直到满足宏观尺度平衡条件，完成增广迭代步 $j+1$，并将最终的平衡结果记为 $\boldsymbol{U}_{\mathrm{M}}^{j+1,n+1}$ 和 $\boldsymbol{P}_{\mathrm{M}}^{j+1,n+1}$。依据 $\boldsymbol{U}_{\mathrm{M}}^{j+1,n+1}$ 和 $\boldsymbol{P}_{\mathrm{M}}^{j+1,n+1}$ 计算拉氏乘子离散点处的法向嵌入 $\boldsymbol{g}_{\mathrm{N}}^{j+1,n+1}$ 和切向滑移 $\boldsymbol{g}_{\mathrm{T}}^{j+1,n+1}$，并按如下公式对拉氏乘子进行更新

$$
\boldsymbol{t}_{\mathrm{N}}^{j+1,n+1} = \boldsymbol{t}_{\mathrm{N}}^{j,n+1} + K_{\mathrm{N}} \boldsymbol{g}_{\mathrm{N}}^{j+1,n+1} \tag{12.12}
$$

$$
{}^{l}t_{\mathrm{T}}^{j+1,n+1} = \begin{cases} {}^{l}t_{\mathrm{T}}^{j,n+1} + K_{\mathrm{T}}^{j+1,n+1\,l} g_{\mathrm{T}}^{j+1,k+1} \\ \mu \left| {}^{l}t_{\mathrm{N}}^{j+1,n+1} \right| \end{cases} \text{其中} \begin{cases} K_{\mathrm{T}}^{j+1,n+1} \leftarrow K_{\mathrm{T}} \gg 1 \quad \forall^{\mathrm{M}}\boldsymbol{x} \in {}^{\mathrm{M}}\Gamma_{\mathrm{d}}^{\mathrm{stick}} \\ K_{\mathrm{T}}^{j+1,n+1} \leftarrow 0 \quad \forall^{\mathrm{M}}\boldsymbol{x} \in {}^{\mathrm{M}}\Gamma_{\mathrm{d}}^{\mathrm{slip}} \end{cases} \tag{12.13}
$$

其中 ${}^{l}t_{\mathrm{T}}$ 表示第 l 个拉氏乘子一维离散结点处的摩擦力；K_{N} 和 K_{T} 为罚参数，其大小决定了接触问题迭代求解的收敛速度。同时，对非连续面的接触部分 $\Gamma_{\mathrm{d}}^{c,j,n+1}$ 和接触矩阵 $\mathbb{K}_{c}^{j,n+1}$ 进行更新

$$
\mathbb{K}_{c}^{j+1,n+1} = \int_{\Gamma_{\mathrm{d}}} \bar{\boldsymbol{N}}_{u}^{\mathrm{T}} \left(K_{\mathrm{N}} \boldsymbol{n}\boldsymbol{n}^{\mathrm{T}} + K_{\mathrm{T}}^{j+1,n+1} \boldsymbol{m}\boldsymbol{m}^{\mathrm{T}} \right) \bar{\boldsymbol{N}}_{u} \mathrm{d}\Gamma \tag{12.14}
$$

此时即已完成第 $j+1$ 步的增广迭代。基于法向嵌入 $\boldsymbol{g}_{\mathrm{N}}^{j+1,n+1}$ 和切向滑移 $\boldsymbol{g}_{\mathrm{T}}^{j+1,n+1}$ 判断是否满足接触迭代收敛条件，如不满足收敛条件，则继续进行迭代；如已满足接触收敛条件，则表明第 $n+1$ 时步的计算也已收敛。此时将细观尺度每个细观尺度问题收敛的骨架加速度 $\ddot{\boldsymbol{U}}_{\mathrm{m}}^{n+1}$、速度 $\dot{\boldsymbol{U}}_{\mathrm{m}}^{n+1}$ 及骨架位移 $\boldsymbol{U}_{\mathrm{m}}^{n+1}$ 和孔隙压力 $\boldsymbol{P}_{\mathrm{m}}^{n+1}$ 进行存储，作为下一时步计算的初始条件。表 12.1 给出了包含接触增广迭代循环的多尺度数值流形水力耦合分析步骤。

表 12.1　包含接触增广迭代的多尺度数值流形法实现步骤

循环 1：时间步循环，第 $n+1$ 个时间步，初始值为第 n 个时间步收敛的宏观尺度变量 ${}^{M}\boldsymbol{U}^{n}$、${}^{M}\boldsymbol{P}^{n}$、$\boldsymbol{t}_{\mathrm{N}}^{n}$ 和 $\boldsymbol{t}_{\mathrm{T}}^{n}$ 以及细观尺度变量 ${}^{\mathrm{m}}\boldsymbol{u}^{n}$、${}^{\mathrm{m}}\dot{\boldsymbol{u}}^{n}$、${}^{\mathrm{m}}\ddot{\boldsymbol{u}}^{n}$、${}^{\mathrm{m}}\boldsymbol{p}^{n}$ 和 ${}^{\mathrm{m}}\dot{\boldsymbol{p}}^{n}$
循环 2：接触循环，第 $j+1$ 次循环，初始值为第 n 个时间步收敛的宏观尺度非连续面处的接触力 $\boldsymbol{t}_{\mathrm{N}}^{j=0,n+1}=\boldsymbol{t}_{\mathrm{N}}^{n}$ 以及 $\boldsymbol{t}_{\mathrm{T}}^{j=0,n+1}=\boldsymbol{t}_{\mathrm{T}}^{n}$
循环 3：宏观尺度平衡迭代，第 $i+1$ 个迭代步，初始值为第 n 个时间步收敛的宏观尺度变量 ${}^{\mathrm{M}}\boldsymbol{U}^{i=0,n+1}={}^{\mathrm{M}}\boldsymbol{U}^{n}$ 和 ${}^{\mathrm{M}}\boldsymbol{P}^{i=0,n+1}={}^{\mathrm{M}}\boldsymbol{P}^{n}$ 以及宏观尺度平衡迭代中不变的接触力 $\boldsymbol{t}_{\mathrm{N}}^{j,n+1}$ 和 $\boldsymbol{t}_{\mathrm{T}}^{j,n+1}$ i. 求解方程组(12.6)，更新宏观尺度变量 ${}^{\mathrm{M}}\boldsymbol{U}^{i+1,n+1}$ 和 ${}^{\mathrm{M}}\boldsymbol{P}^{i+1,n+1}$，并计算宏观尺度积分点处须传入细观尺度的变量 ii. 求解所有细观尺度问题，即式(12.2)，并返回宏观尺度内变量和雅可比矩阵 iii. 验证宏观尺度平衡迭代是否收敛，即是否同时满足 $\left\|\boldsymbol{\Psi}_{M}^{u}\right\|<\mathrm{TOL}$ 和 $\left\|\boldsymbol{\Psi}_{M}^{p}\right\|<\mathrm{TOL}$，如果不满足则进入下一步迭代，即 $i\leftarrow i+1$，否则 循环 3 结束
依据 12.3 节的步骤，更新接触力 $\boldsymbol{t}_{\mathrm{N}}^{j+1,n+1}$ 和 $\boldsymbol{t}_{\mathrm{T}}^{j+1,n+1}$、接触刚度矩阵 $\mathbb{K}_{c}^{j+1,n+1}$ 以及 宏观尺度非连续面的闭合部分 ${}^{\mathrm{M}}\Gamma_{\mathrm{d}}^{\mathrm{stick}}$。验证是否满足接触收敛，如果不满足，则进入下一步接触循环，$j\leftarrow j+1$；否则 循环 2 结束
开始下一个时间步 $n\leftarrow n+1$ 循环 1 结束

需要指出的是，表 12.1 给出的多尺度数值流形分析模型属于半同时(semi-concurrent)的范畴，即该模型没有建立不同尺度裂纹间的联系。因此，该模型更适用于考虑单一尺度的不连续性。对于能同时考虑不同尺度裂纹的多尺度模型，可以参考(Budarapu et al., 2014a, 2014b; Talebi et al., 2014)。

12.4　数 值 算 例

本节通过对非连续非均质孔隙介质水力耦合经典算例开展多尺度数值流形分析，验证 12.1～12.3 节所建多尺度 NMM 模型的精度和效率(Wu et al., 2022c)。本节所有算例均为二维平面应变问题，而且仅考虑宏观尺度得内部不连续面。为减小计算消耗，将细观尺度问题域(RVE)得材料组分视为线弹性材料。此外，假定已选取合适尺寸的 RVE 并认为 RVE 上不同材料间得界面是理想黏合的。

12.4.1　验证算例

1) 竖向裂纹

考虑如图 12.1 所示的长方形非均质饱和孔隙介质。宏观问题域尺寸为 1m×0.1m，长度为 0.06m 的非连续面位于 $x = 0.51$m 处。宏观问题域左侧边界理想透水，并施加均布压力，均布压力在 0.1s 内从 0 线性增至 5kPa。宏观问题域的其余边界均不透水且受法向位移约束。图 12.1(b)为宏观问题域离散网格。图 12.2 为多尺度计算采用的细观尺度 RVE 及其离散网格。细观尺度 RVE 由两种组分构成，即块石颗粒和土体骨架，土石材料的水力参数见表 12.2 所示。

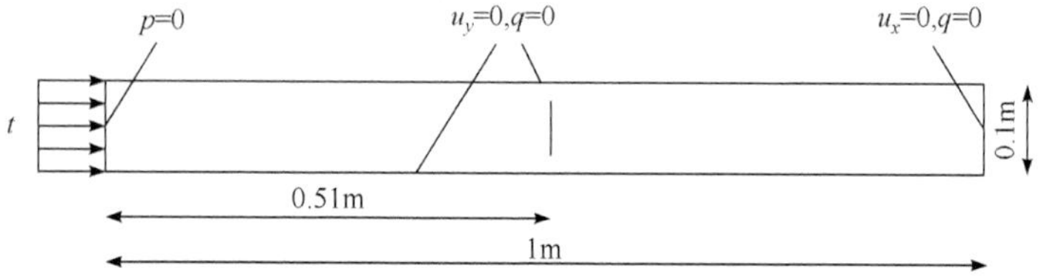

(a) 问题定义

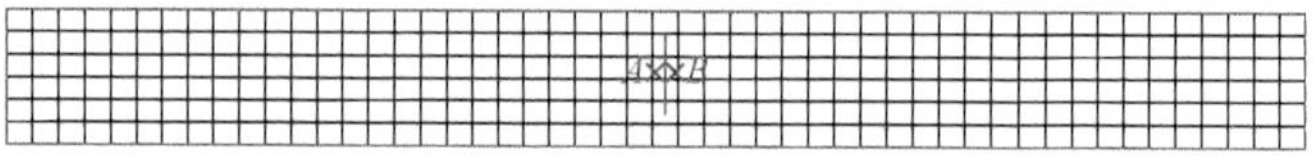

(b) 宏观尺度网格

图 12.1　具有竖向非连续面的长方形非均质饱和孔隙介质

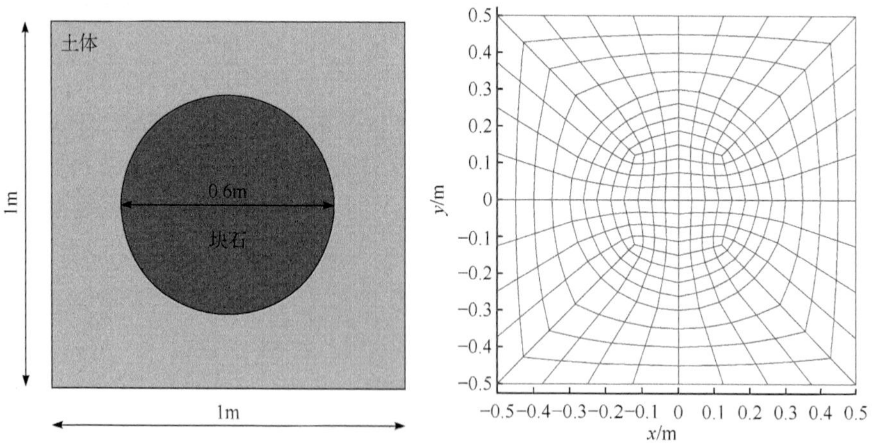

图 12.2　RVE 的定义及网格离散(320 个流形单元)

表 12.2　土石材料的水力参数

	土体骨架	块石
弹性模量/Pa	1.4516×10^{7}	1.4516×10^{12}
泊松比	0.2	0.2
土体颗粒密度/(kg/m^3)	2000	20000
流体密度/(kg/m^3)	1000	1000
土体颗粒体积模量/Pa	1×10^{15}	1×10^{20}
流体体积模量/Pa	2×10^{9}	2×10^{9}
孔隙率	0.3	0.1
渗透系数/(m^3 · s/kg)	1×10^{-6}	1×10^{-10}
Biot 系数	1.0	0.6

图 12.3 展示了 $t=0.12\text{s}$ 时刻不同情形下的宏观尺度骨架水平位移计算结果。图 12.3(a)和(c)显示，通过施加接触模型可以确保宏观尺度不连续面两侧满足非嵌入条件。图 12.3(b)和(d)显示如果忽略接触面上的接触条件，会导致宏观尺度接触面两侧出现法向嵌入。图 12.3(e)给出了沿宏观问题域中线 $y=0.05\text{m}$ 的骨架水平位移分布，可见忽略非连续面两侧的接触条件会得到在裂纹两侧具有阶跃的骨架水平位移场。此外，忽略裂纹两侧的接触条件，也会得到更大的骨架变形值。由于与线性边界条件相比，周期边界条件低估了非均匀介质的等效刚度，因此使用周期边界条件也会产生更大的宏观尺度骨架变形。

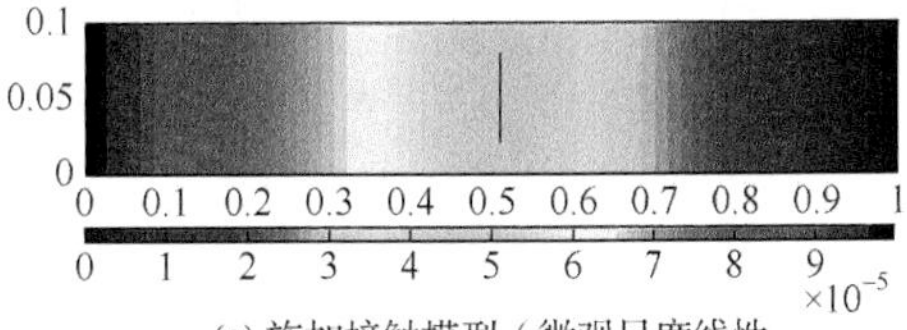

(a) 施加接触模型（微观尺度线性边界条件）

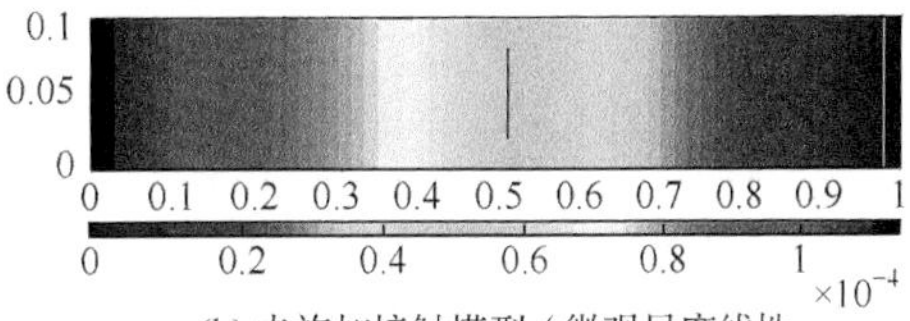

(b) 未施加接触模型（微观尺度线性边界条件）

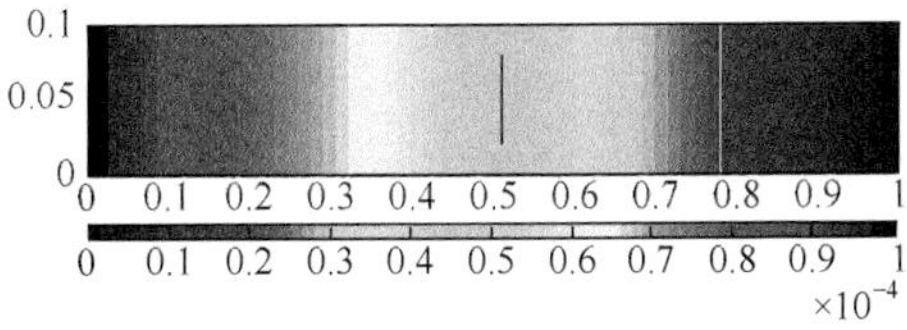

(c) 施加接触模型（微观尺度周期边界条件）

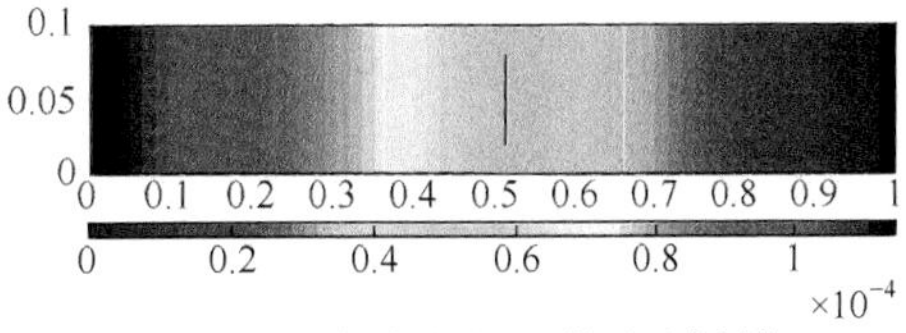

(d) 未施加接触模型（微观尺度周期边界条件）

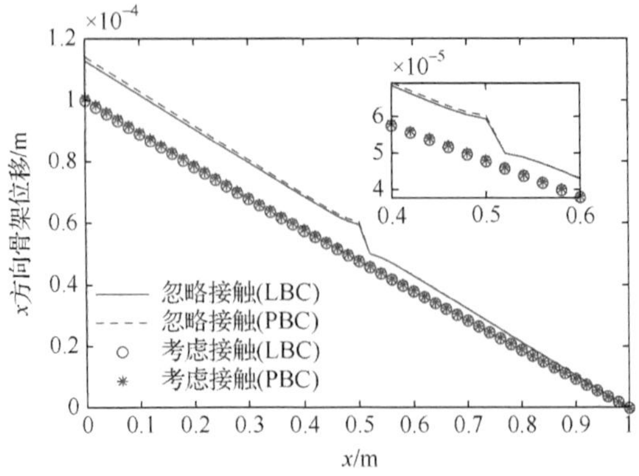

(e) 沿着宏观尺度问题域中线$y = 0.05$m的水平位移分布

图 12.3　宏观尺度水平位移分布($t = 0.12$s)

图 12.4 为 $t = 0.12$s 时刻不同情形下的宏观尺度孔隙压力计算结果。图 12.4(a)和(c)显示，对于连续的宏观问题域，宏观尺度孔隙压力的分布是连续的。图 12.4(b)和(d)显示，存在不透水裂纹时，裂纹两侧的孔隙压力场是不连续的。与连续问题域相比，含有裂纹的问题域表现出更大的孔隙压力峰值。这是由于裂纹的不透水性对液相的迁移具有阻滞效应。此外，与线性边界条件相比，使用周期边界条件也会产生更大的宏观尺度孔隙压力。

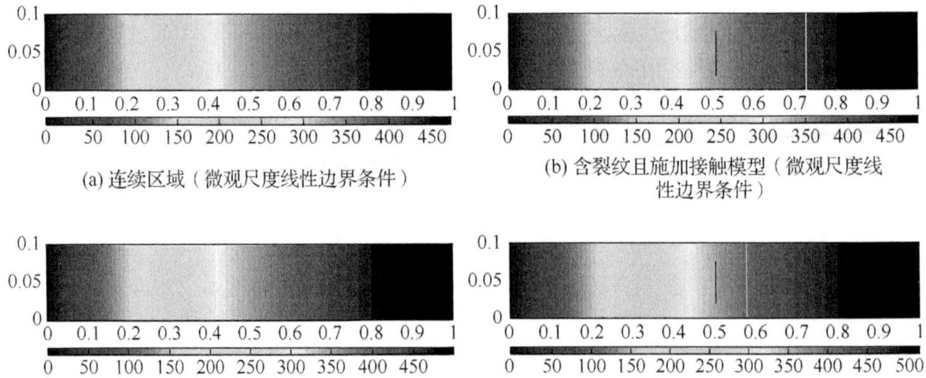

(a) 连续区域（微观尺度线性边界条件）

(b) 含裂纹且施加接触模型（微观尺度线性边界条件）

(c) 连续区域（微观尺度周期边界条件）

(d) 含裂纹且施加接触模型（微观尺度周期边界条件）

图 12.4　宏观尺度孔隙压力分布($t = 0.12$s)

图 12.5 为宏观测点(0.49, 0.05)和(0.53, 0.05)处的孔隙压力随时间的变化曲线。对于位于裂纹左侧的测点(0.49, 0.05)，基于线性边界或周期边界条件的连续问题域情形和基于周期边界条件含裂纹的问题域情形得到的宏观孔隙压力结果较为接近，而且该孔隙压力结果在外力达到峰值前大于基于线性边界条件

的含有裂纹的问题域情形所得的孔隙压力结果。对于位于裂纹右侧的测点(0.53, 0.05)，在外力达到峰值前，基于线性边界条件的含裂纹的问题域情形所得的孔隙压力结果明显大于基于线性边界或周期边界条件的连续问题域情形以及基于周期边界条件的含裂纹的问题域情形所得的孔隙压力结果。外力达到峰值后，各种情形所得的测点处的孔隙压力变化较为接近，均展示出单调减小至稳定值的变化趋势。

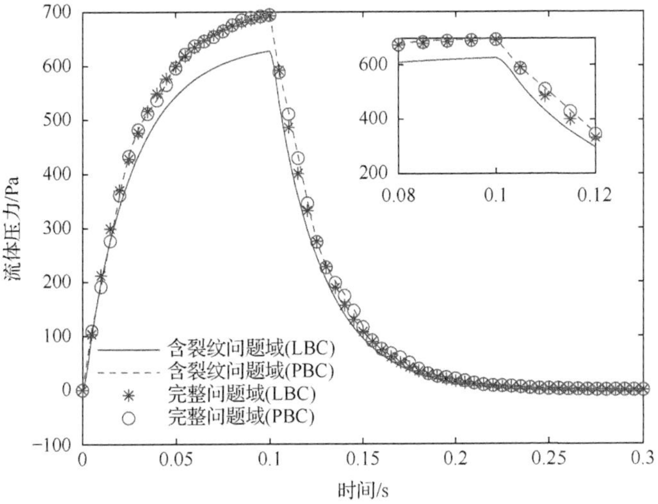

(a) 测点(0.49,0.05)

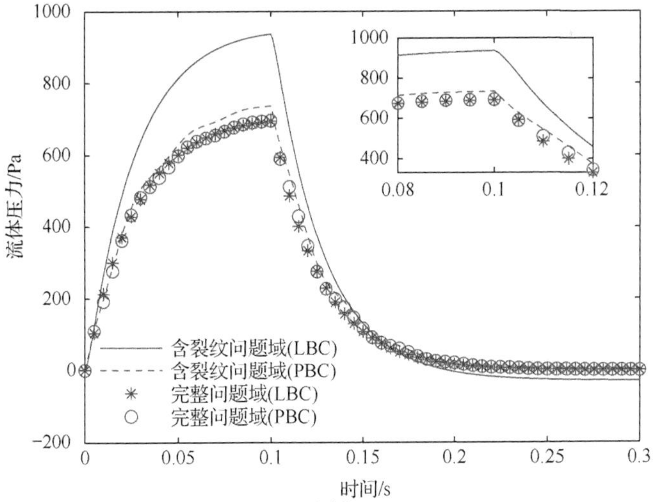

(b) 测点(0.53,0.05)

图 12.5　宏观尺度测点处的孔隙压力随时间的变化曲线

图 12.6～图 12.9 展示了宏观尺度积分点 A(0.5017, 0.0567)和 B(0.5183, 0.0567)(图 12.1(b))对应的 RVE 在 t = 0.12s 时刻的骨架水平位移和孔隙压力分布云图。由于宏观尺度上不透水裂纹的存在，宏观测点 B 处的孔隙压力高于 A 点的孔隙压力，因此与 B 点对应的 RVE 上的孔隙压力大小也高于与 A 点对应的 RVE 上的孔隙压力大小。由于宏观尺度接触模型的施加，裂纹两侧的骨架水平位移是连续的，因此宏观尺度 A、B 测点骨架位移以及细观尺度 A、B 测点对应 RVE 的骨架位移结果均十分接近。此外，对于连续宏观问题域，A、B 测点对应细观 RVE 上骨架位移和孔隙压力的最大和最小震荡值大小相同、符号相反，但对于非连续宏观问题域，这一结论不再成立。

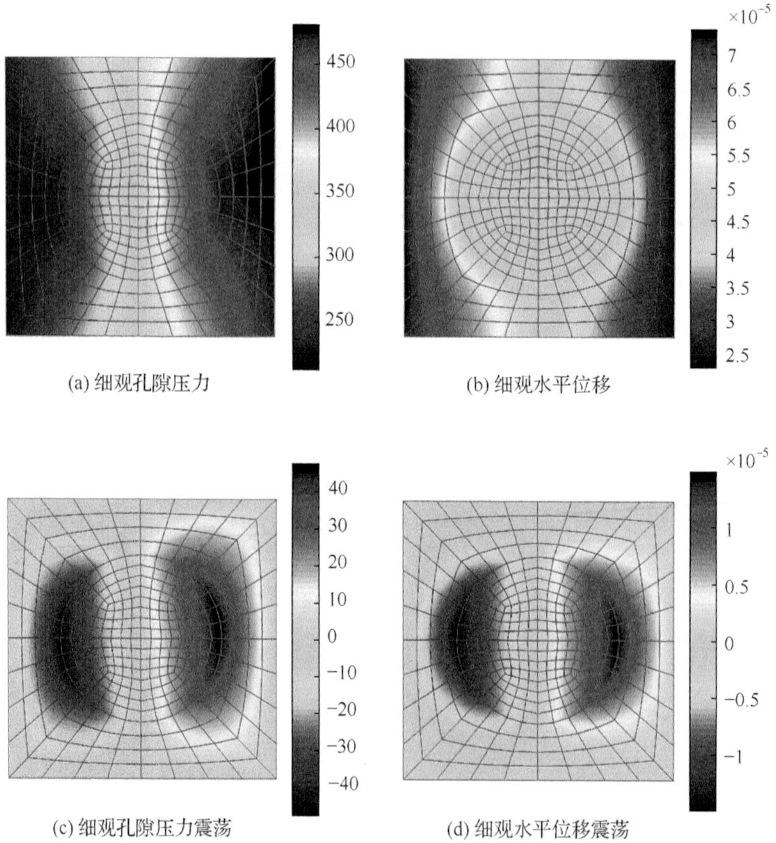

(a) 细观孔隙压力　(b) 细观水平位移

(c) 细观孔隙压力震荡　(d) 细观水平位移震荡

图 12.6　宏观尺度测点 A(0.5017, 0.0567)对应 RVE 的骨架水平位移和孔隙压力分布(t = 0.12s，微观尺度周期边界条件，含裂纹宏观问题域)(彩图请扫封底二维码)

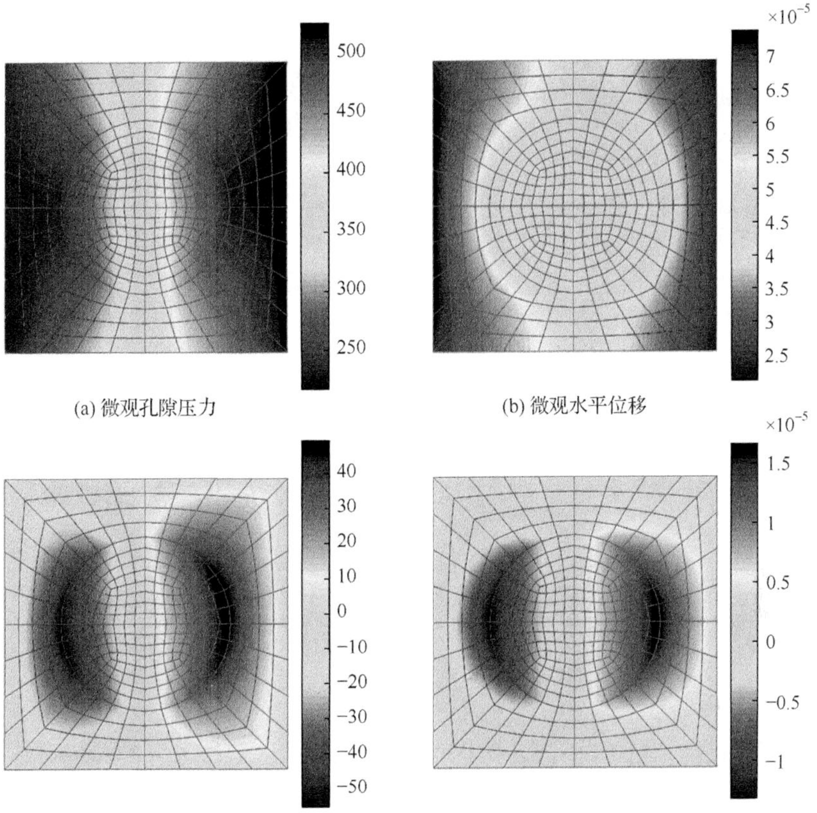

(a) 微观孔隙压力　(b) 微观水平位移

(c) 细观孔隙压力震荡　(d) 细观水平位移震荡

图 12.7　宏观尺度测点 $B(0.5183, 0.0567)$ 对应 RVE 的骨架水平位移和孔隙压力分布($t=0.12$s，微观尺度周期边界条件，含裂纹宏观问题域)(彩图请扫封底二维码)

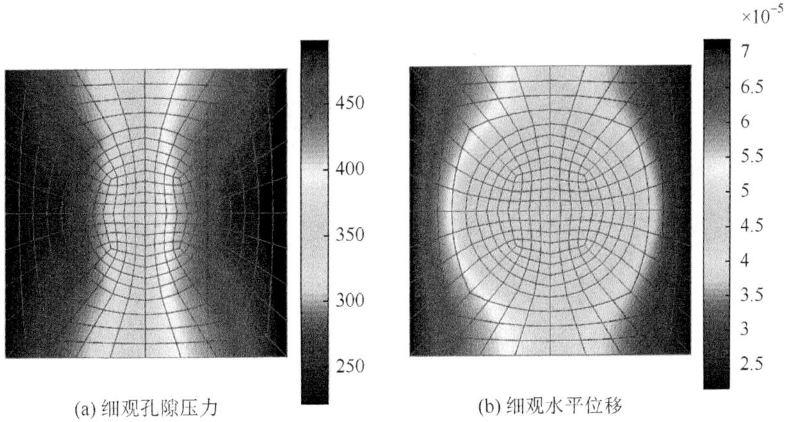

(a) 细观孔隙压力　(b) 细观水平位移

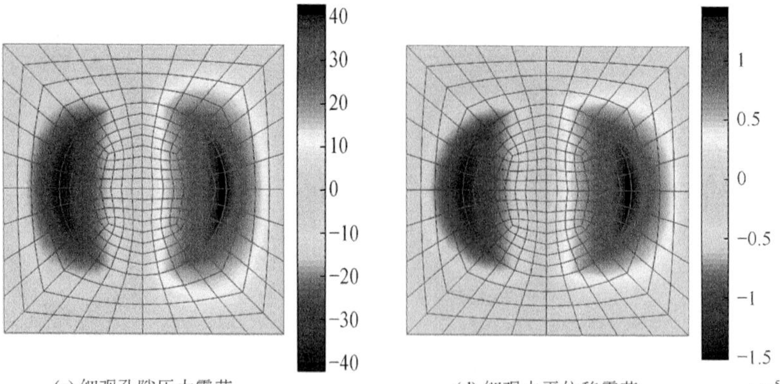

(c) 细观孔隙压力震荡　　(d) 细观水平位移震荡

图 12.8　宏观尺度测点 $A(0.5017, 0.0567)$ 对应 RVE 的骨架水平位移和孔隙压力分布(t = 0.12s，微观尺度周期边界条件，连续问题域)(彩图请扫封底二维码)

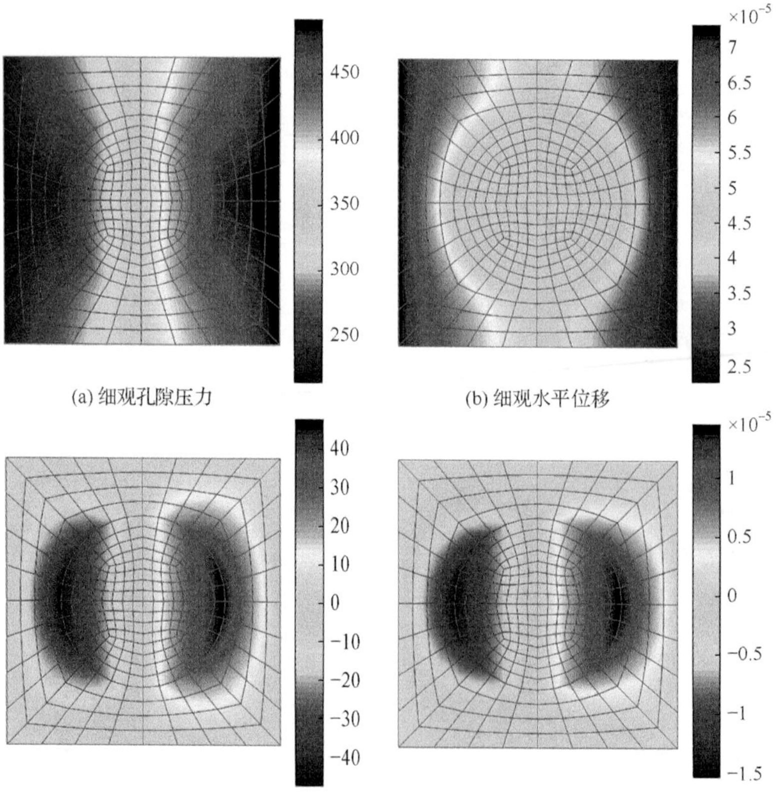

(a) 细观孔隙压力　　(b) 细观水平位移

(c) 细观孔隙压力震荡　　(d) 细观水平位移震荡

图 12.9　宏观尺度测点 $B(0.5183, 0.0567)$ 对应 RVE 的骨架水平位移和孔隙压力分布(t = 0.12s，微观尺度周期边界条件，连续问题域)(彩图请扫封底二维码)

2) 倾斜裂纹

为了展示所建立的多尺度非连续数值流形模型模拟宏观尺度裂纹两侧相对滑移的精度，考虑图 12.10 所示尺度为 1m×0.1m 含倾斜裂纹的长方形非均质孔隙介质。裂纹的端点为(0.2, 0.08)和(0.4, 0.02)。宏观问题域左侧为理想透水边界，且施加有 0.1s 内由 0 线性增至 3kPa 的均布外力，其余边界均为不透水边界且受法向位移约束。宏观问题域采用 50×5 的四边形网格进行离散。细观尺度 RVE 的定义及网格离散如图 12.2 所示。块石和土体材料的水力参数如表 12.3 所示。为展示不连续面的滑动和黏结状态，计算中选取了不同的宏观尺度非连续面摩擦系数 μ=0.0、μ=0.1、μ=0.2 和 μ= 0.4。

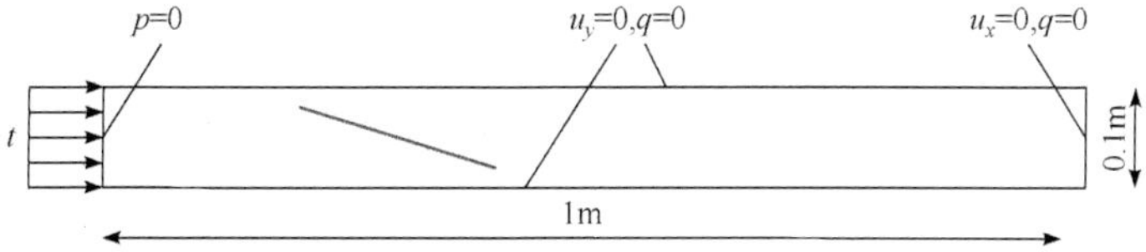

(a) 含倾斜裂纹的非均质孔隙介质

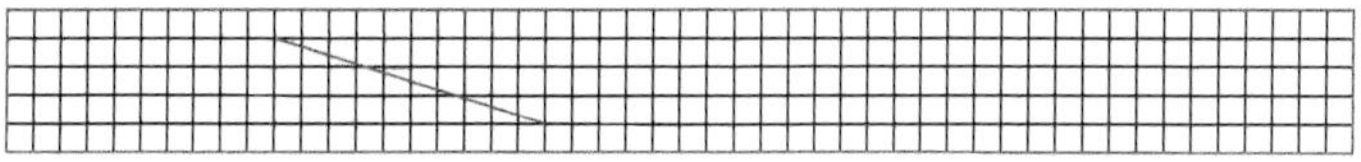

(b) 宏观尺度网格

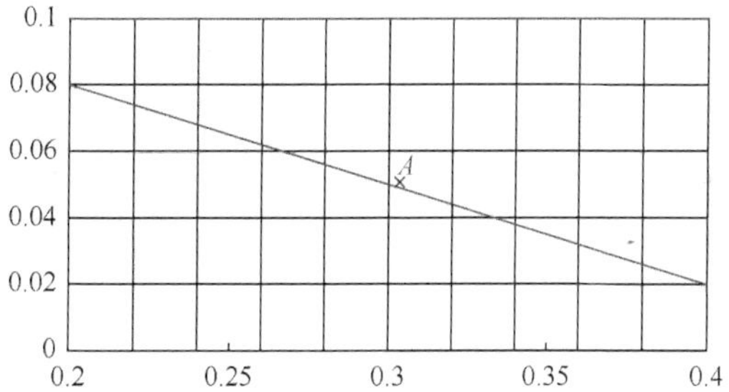

(c) 宏观尺度测点A(0.3033, 0.0507)

图 12.10 含倾斜裂纹的非均匀饱和孔隙介质

表 12.3　算例 12.4.1～12.4.4 土石材料的水力参数

	土骨架	块石
弹性模量/Pa	1.4516×10^{7}	1.4516×10^{10}
泊松比	0.2	0.2
土体颗粒密度/(kg/m^3)	2000	2500
流体密度/(kg/m^3)	1000	1000
土体颗粒体积模量/Pa	1×10^{15}	1×10^{20}

续表

	土骨架	块石
流体体积模量/Pa	2×10^9	2×10^9
孔隙率	0.3	0.1
渗透系数/($m^3\cdot s/kg$)	1×10^{-6}	1×10^{-8}
Biot 系数	1.0	0.6

图 12.11 和图 12.12 展示了 t=0.075s 时刻宏观尺度骨架水平位移分布云图。结果显示，随着摩擦系数由 0 增加至 0.4，不连续面处的接触状态由纯滑移转变为滑移黏结共存，再转变为黏结状态。这表明所采用的接触模型可以准确模拟非均匀孔隙介质内部非连续面上的接触状态。

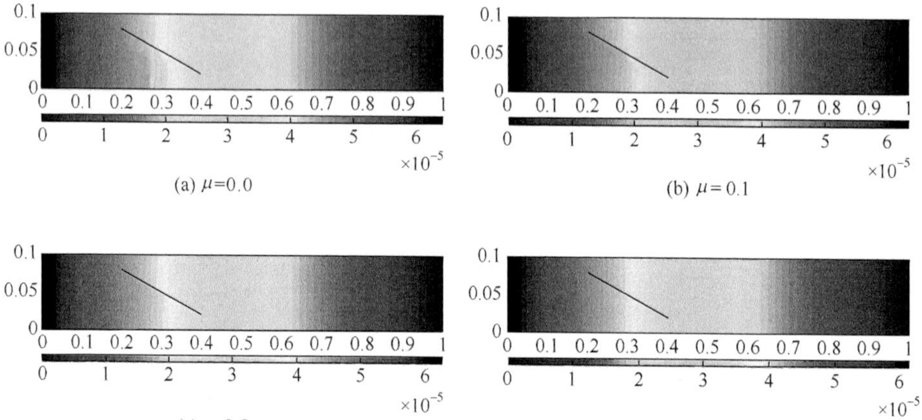

(a) μ=0.0　(b) μ = 0.1　(c) μ=0.2　(d) μ = 0.4

图 12.11　宏观尺度骨架水平位移分布云图(t=0.075s，周期边界条件)

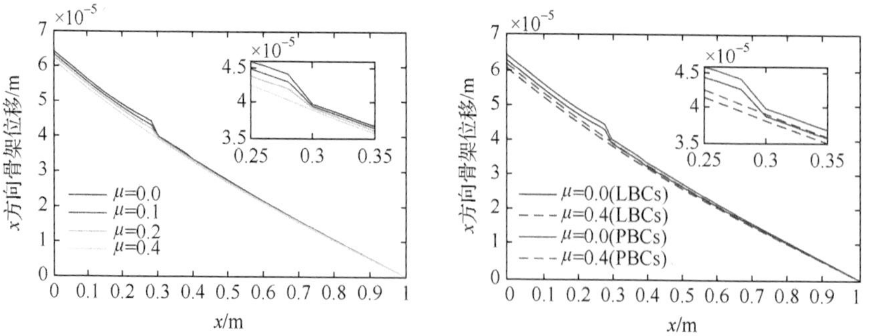

(a) 基于周期边界条件及不同摩擦系数所得沿y=0.05m的骨架水平位移

(b) 基于线性和周期边界条件所得沿y=0.05m的骨架水平位移分布

图 12.12　宏观尺度沿中线 y=0.05m 的骨架水平位移分布(t=0.075s)(彩图请扫封底二维码)

图 12.13 和图 12.14 展示了 μ=0.0 与 μ=0.4 时，宏观尺度测点 A 对应的 RVE 的孔隙压力及骨架水平位移分布云图。当 μ=0.0 时，宏观尺度上不连续面两侧产生了明显的相对滑动。此时，与 A 点对应的 RVE 的水平位移分布(图 12.13(b))并

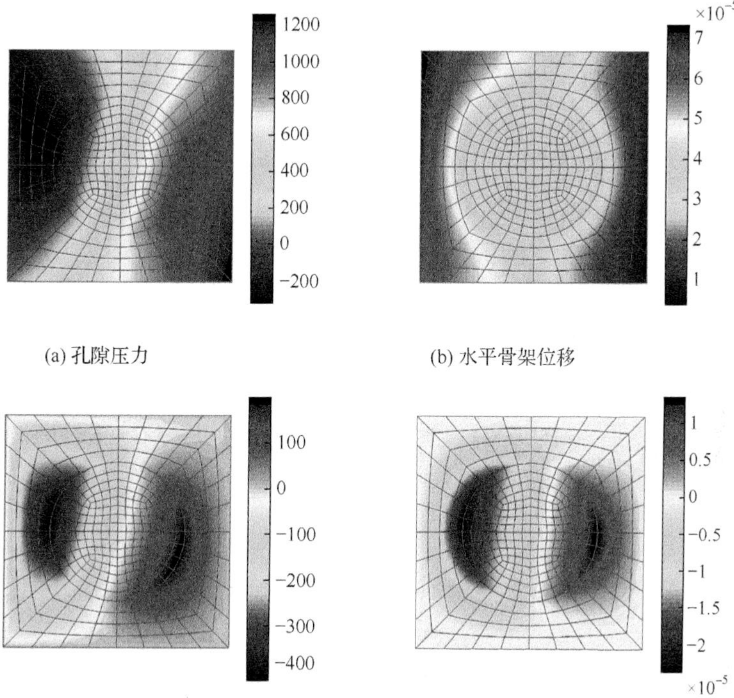

(a) 孔隙压力　(b) 水平骨架位移

(c) 孔隙压力震荡　(d) 水平位移震荡

图 12.13　宏观测点 A(0.3033, 0.0507)对应的 RVE 的骨架水平位移和孔隙压力分布(μ=0.0，线性边界条件，t=0.075s)(彩图请扫封底二维码)

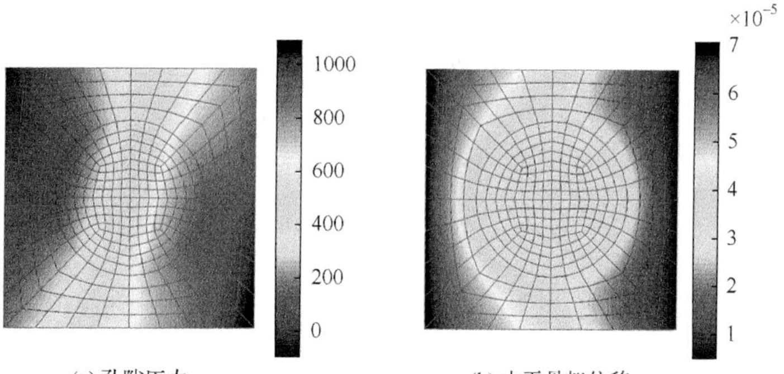

(a) 孔隙压力　(b) 水平骨架位移

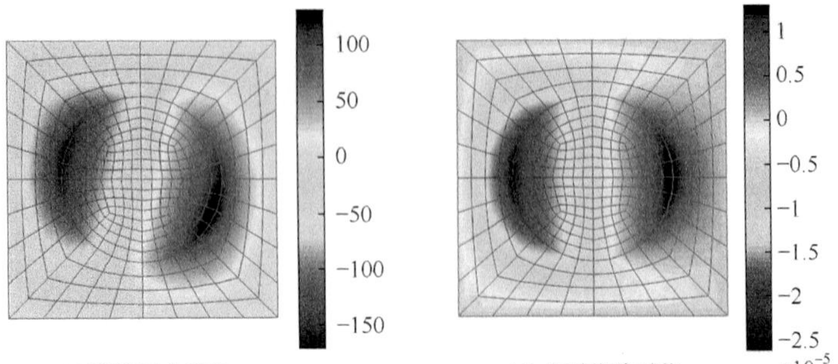

(c) 孔隙压力震荡　　(d) 水平位移震荡

图 12.14　宏观测点 $A(0.3033, 0.0507)$对应的 RVE 的水平位移和孔隙压力分布(μ=0.4，线性边界条件，t=0.075s)(彩图请扫封底二维码)

非左右对称，骨架水平位移的最大值和最小值分别出现在 RVE 的左上角和右下角。微观尺度的位移震荡场(图 12.13(d))同样左右非对称。但是，当 μ=0.4 时，宏观尺度不连续面处于完全黏结状态，两侧的水平位移是连续的。因此，与 A 点对应的 RVE 的水平位移场和位移震荡(图 12.14(b)和(d))均左右对称。由于宏观尺度裂纹的不透水性，与 A 点对应的 RVE 的孔隙压力分布和裂纹的朝向一致。

12.4.2　液相点载荷作用下的非连续非均质孔隙介质

如图 12.15 所示，考虑所有边界均理想透水且受法向位移约束的正方形非均质孔隙介质。长 0.6m 的不透水裂纹位于中心位置(x = 0.65m 处)。中心位置(0.5, 0.5)处施加两种类型的液相点荷载(m^3/s)

$$\overline{q}(t) = 0.01 \tag{12.15}$$

$$\overline{q}(t) = \begin{cases} 0.01\dfrac{t}{0.01\text{s}}, & \text{当} t \leqslant 0.01\text{s} \\ 0.01, & \text{其他情形} \end{cases} \tag{12.16}$$

分别对应于快速和慢速注水工况。宏观问题域采用 20×20 的四边形网格进行离散。细观尺度 RVE 及其离散网格如图 12.2 所示。土体和块石材料的水力特性参数见表 12.3。为了展示裂纹对孔隙介质水力响应的影响，计算中还考虑了不含裂纹连续宏观问题域的情形。

图 12.16 展示了两种载荷条件下宏观问题域中心点(0.5, 0.5)处的孔隙压力变化过程。结果显示，进行快速注水时，孔隙压力首先迅速达到一个峰值，然后减小至最小值，最后缓慢增加至稳定值，这是由于孔隙介质对瞬时注水的阻碍引起的。对于稳定注水情形，测点处的孔隙压力缓慢地增加至稳定值。此外，对于连

续问题域和含有理想透水裂纹的问题域，测点处的孔隙压力变化过程完全一致，而且均小于存在不透水裂纹情形时的孔隙压力。图 12.17 和图 12.18 给出了 t=0.1s 时刻基于线性边界条件所得的宏观尺度骨架水平位移和孔隙压力分布云图。由图中结果可见，含不透水裂纹的宏观问题域具有更大的孔隙压力峰值。

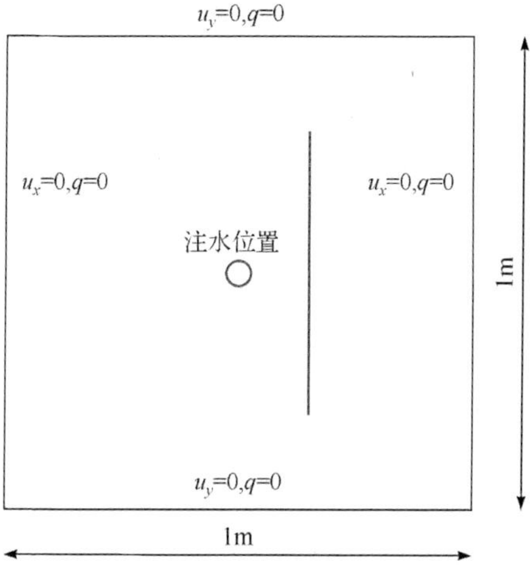

图 12.15 流相点荷载作用下的非均质孔隙介质

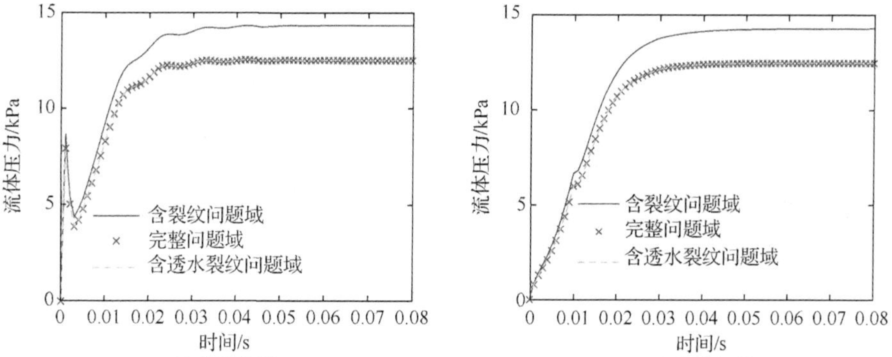

(a) 快速加载 (b) 缓慢加载

图 12.16 宏观问题域中心点(0.5, 0.5)处的孔隙压力变化历史

12.4.3 含多裂纹的非均质孔隙介质

考虑如图 12.19 所示的含三条不透水裂纹的方形非均质孔隙介质问题域，其所有边界均理想透水且受法向位移约束。问题域中心点(0.5, 0.5)处施加式(12.12)所示的液相载荷。裂纹的几何信息为：竖向裂纹端点为(0.3, 0.2)和(0.3, 0.8)，第一

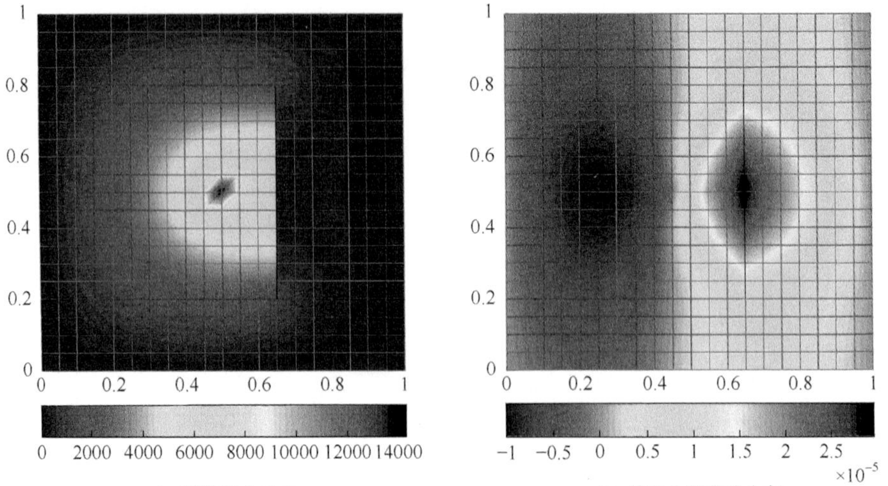

(a) 孔隙压力分布　　(b) 骨架水平位移分布

图 12.17　含有不透水竖直裂纹宏观问题域孔隙压力和水平位移分布(t=0.1s，线性边界条件)(彩图请扫封底二维码)

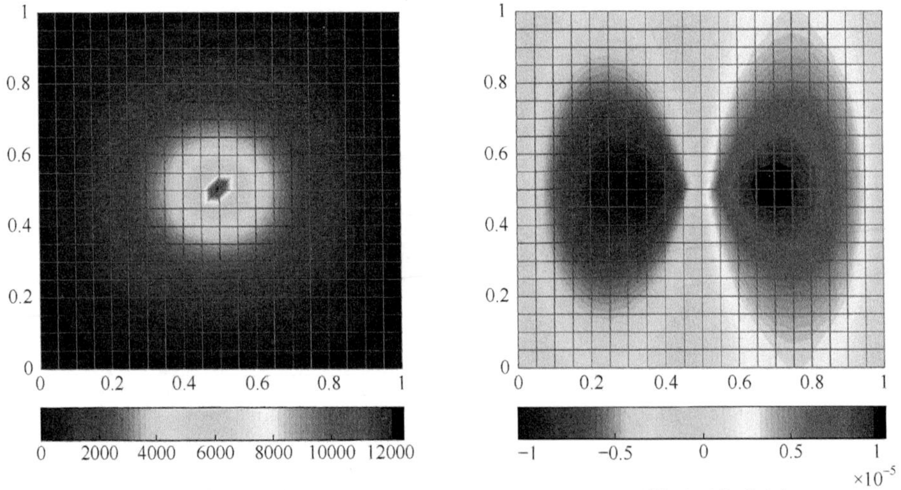

(a) 孔隙压力分布　　(b) 骨架水平位移分布

图 12.18　连续宏观问题域孔隙压力和水平位移分布(t=0.1s，线性边界条件)(彩图请扫封底二维码)

条倾斜裂纹端点为(0.5, 0.1)和(0.7, 0.4)，第二条倾斜裂纹端点为(0.5, 0.9)和(0.7, 0.6)。图 12.20 和图 12.21 给出了 t = 0.055s 时刻与宏观积分点 A(0.3106, 0.2606)和 B(0.3106, 0.7394)对应的 RVE 的孔隙压力和骨架位移分布云图。图 12.20 和图 12.21 显示，细观和宏观尺度的孔隙压力和骨架变形结果是完全对应的。

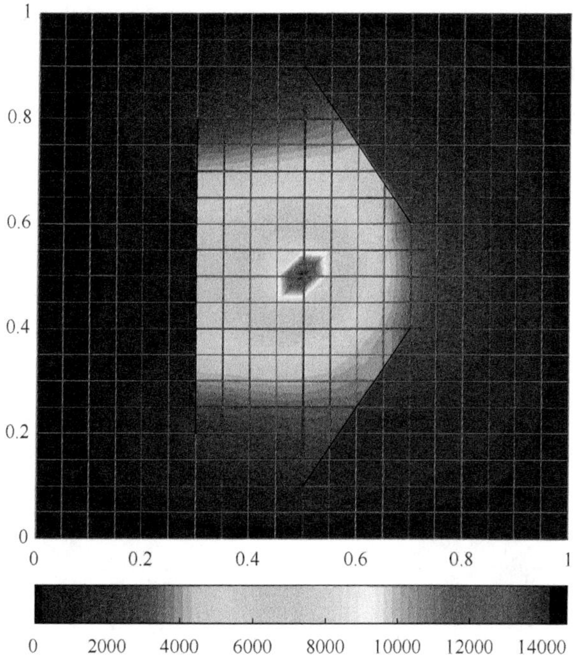

图 12.19　含多条裂纹的宏观问题域孔隙压力分布(t=0.055s，周期边界条件)(彩图请扫封底二维码)

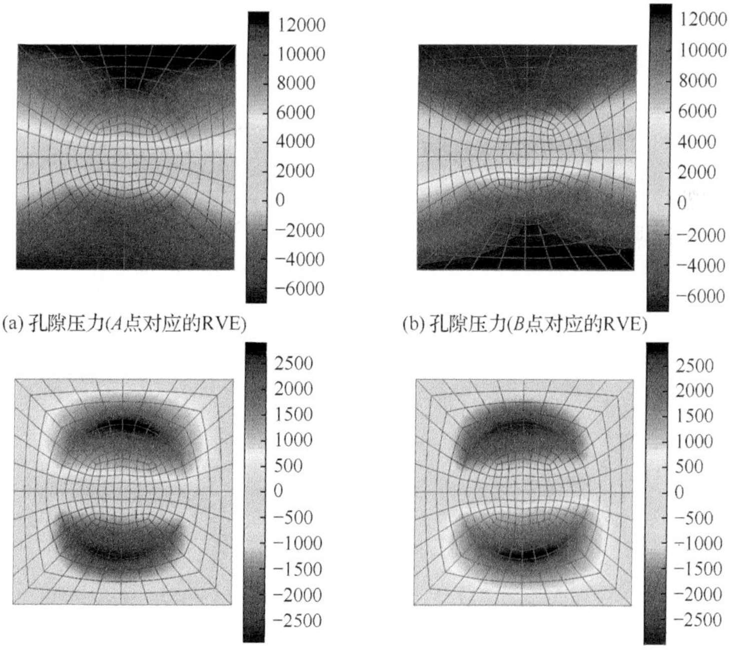

(a) 孔隙压力(A点对应的RVE)　(b) 孔隙压力(B点对应的RVE)

(c) 孔隙压力震荡(A点对应的RVE)　(d) 孔隙压力震荡(B点对应的RVE)

图 12.20　与宏观测点 A 和 B 对应的 RVE 的孔隙压力分布(彩图请扫封底二维码)

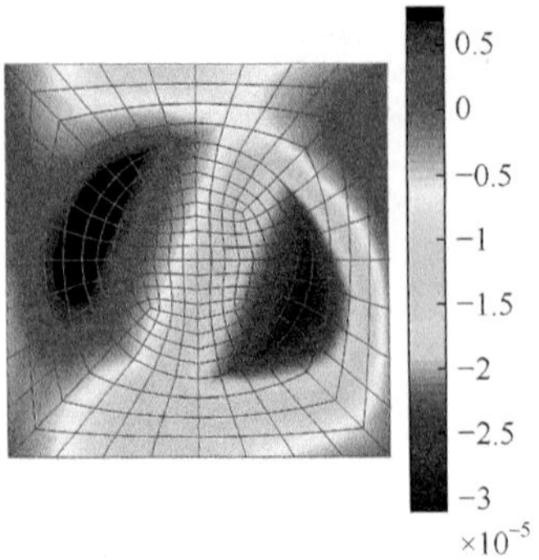

(a) 骨架水平位移震荡(*A*点对应的RVE)

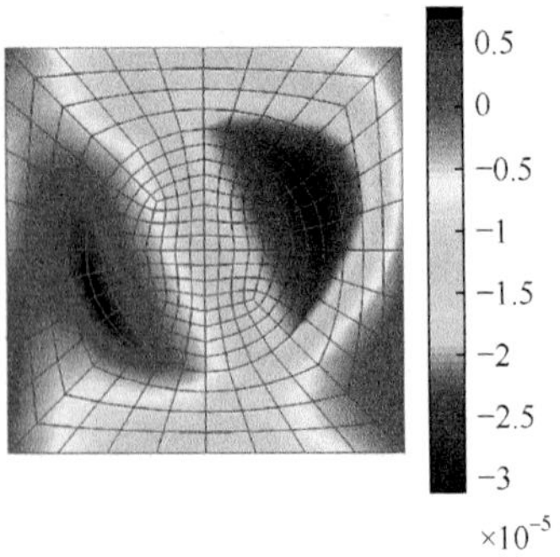

(b) 骨架水平位移震荡(*B*点对应的RVE)

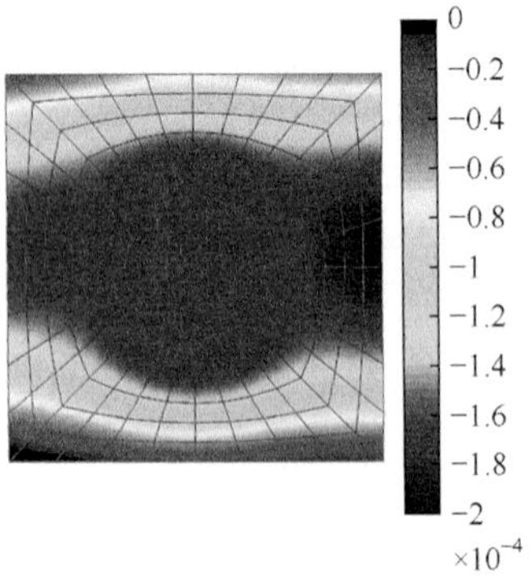

(c) 骨架竖向位移(*A*点对应的RVE)

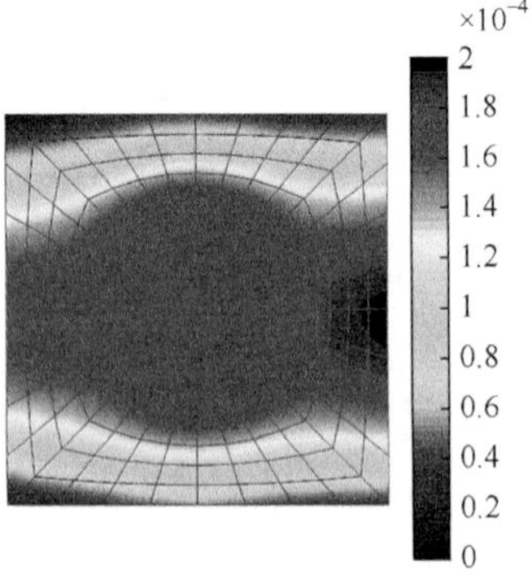

(d) 骨架竖向位移(*B*点对应的RVE)

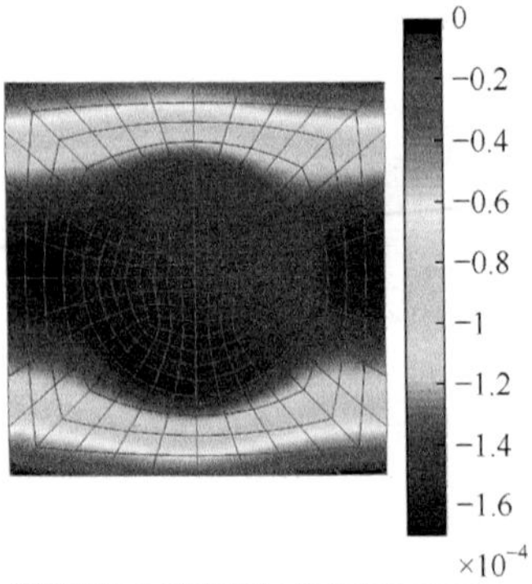

(e) 骨架竖向位移震荡(*A*点对应的RVE)

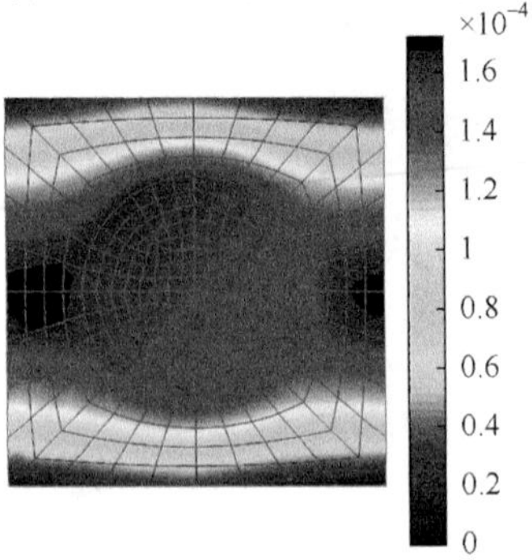

(f) 架位竖向骨移震荡(*B*点对应的RVE)

图 12.21　对应于宏观测点 *A* 和 *B* 的 RVE 上的骨架位移分布(彩图请扫封底二维码)

12.4.4　冲击载荷作用下的非连续非均质孔隙介质

考虑如图 12.22 所示尺寸为 6m×0.5m 的长方形非均匀孔隙介质，其所有边界均理想透水，左侧边界施加有形式为 $\dot{u}_x$ =1m/s 的冲击载荷，其余边界受法向位移约束。长方形问题域内含端点为(3.095, 0.4)和(3.105, 0.1)的倾斜不透水裂纹。

宏观尺度问题域采用 60×5 的四边形网格离散。细观尺度 RVE 及其离散网格如图 12.2 所示。非连续面上的接触采用 12.3 节所述接触模型进行模拟。

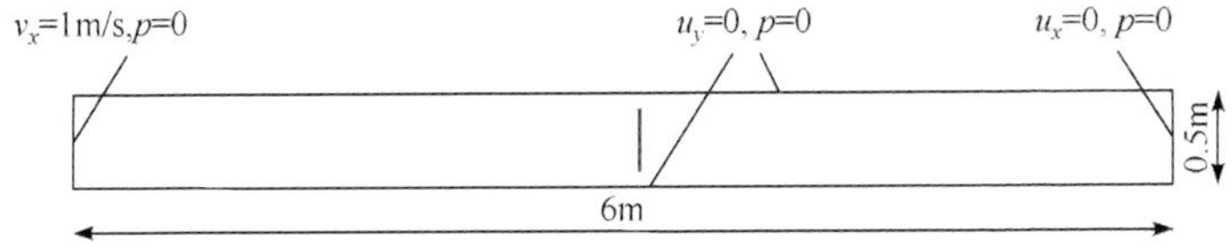

图 12.22　冲击载荷作用下的非均质孔隙介质

图 12.23 展示了不同时刻宏观尺度的孔隙压力分布，显示了冲击载荷引起的孔隙压力场中的波传递过程。图 12.23 还表明当波峰穿过裂纹时，宏观孔隙压力峰值会增大。图 12.24 为宏观测点 A 和 B 处的孔隙压力和骨架水平速度随时间的变化过程。测点 A 和 B 具有相同的几何坐标(3.1，0.25)，但位于裂纹两侧。由图 12.24 可见，测点 A 和 B 处的孔隙压力不相等，而且随着波峰的靠近，测点 A 和 B 处的孔隙压力差值增大；随着波峰的远离，测点 A 和 B 处的孔隙压力差值减小。由于裂纹两侧没有发生滑移，测点 A 和 B 处的骨架水平速度保持连续。此外，随着渗透系数的减小，A 和 B 测点处的孔隙压力峰值增大，但骨架水平速度峰值减小。

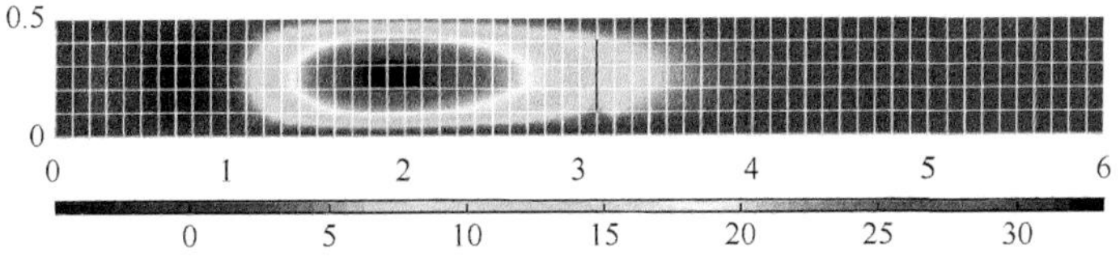

(a) t=0.020s

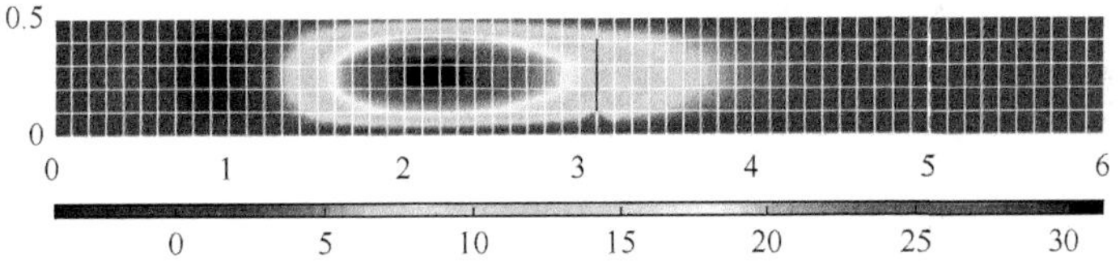

(b) t=0.022s

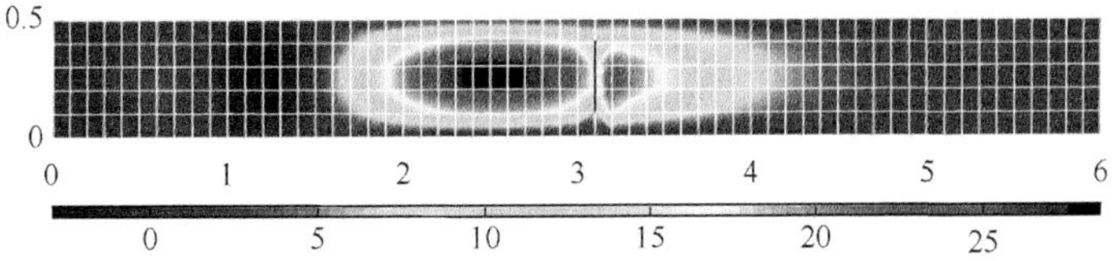

(c) t=0.025s

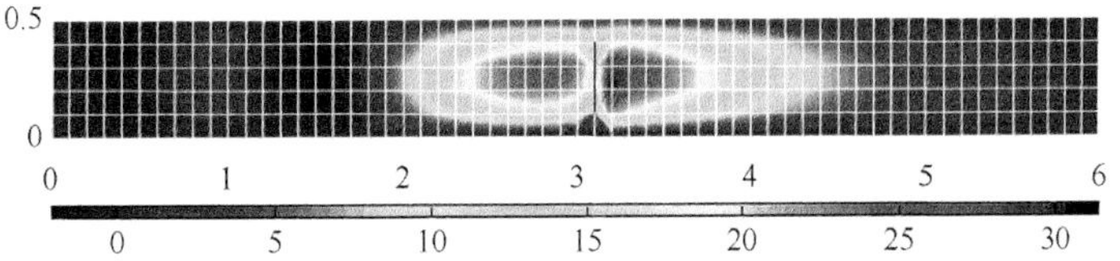

(d) t=0.028s

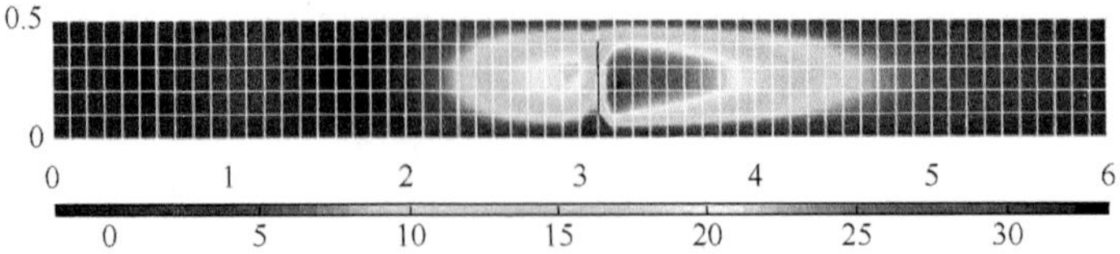

(e) t=0.030s

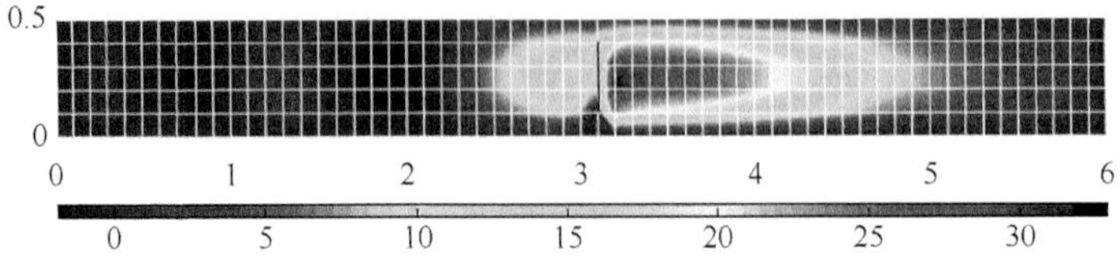

(f) t=0.032s

图 12.23　不同时刻宏观问题域中的孔隙压力分布

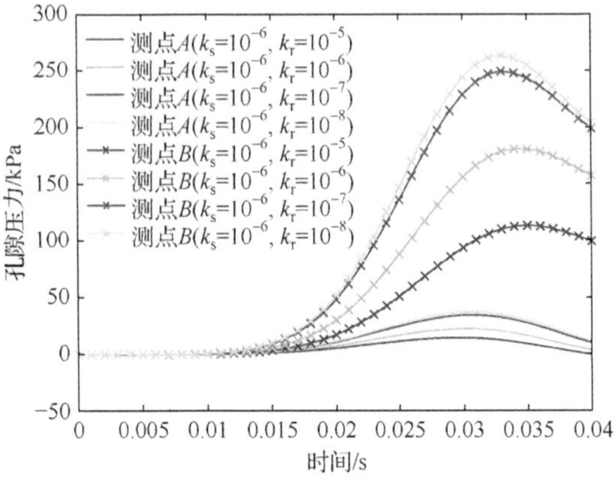

(a) 孔隙压力

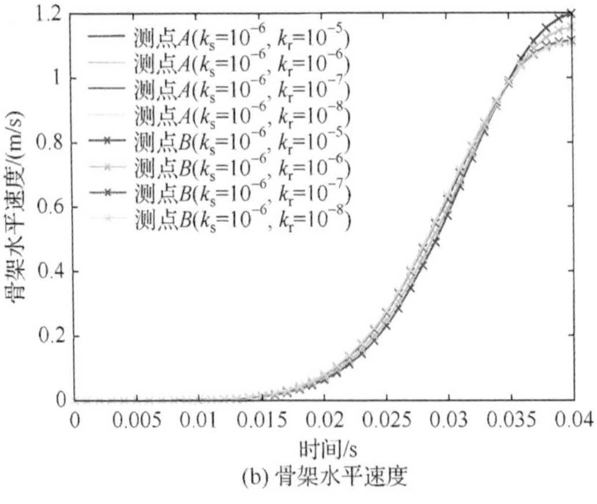

(b) 骨架水平速度

图 12.24　宏观测点 A 和 B 处的孔隙压力和骨架水平速度时间历史

12.5 本章小结

本章在第 9～11 章的基础上，通过在宏观尺度引入接触模型，建立了非连续非均匀饱和孔隙介质多尺度数值流形分析方法。分析时仅考虑宏观尺度非连续面，即认为非连续面尺寸远大于细观非均质结构尺度，同时精确考虑了细观尺度的动力因素。通过对非连续非均质孔隙介质水力耦合经典算例开展多尺度数值流形分析，验证了所建立模型的精确性、稳定性和有效性。

参 考 文 献

蔡永昌, 廖林灿, 张湘伟. 2001. 高精度四节点四边形流形单元[J]. 应用力学学报, 18(2): 75-80, 148-149.

陈景良, 陈向晖. 2003. 特殊矩阵[M]. 北京: 清华大学出版社.

郭朝旭, 郑宏. 2012. 高阶数值流形方法中的线性相关问题研究[J]. 工程力学, 29(12): 228-232.

何满潮, 钱七虎. 2010. 深部岩体力学基础[M]. 北京: 科学出版社.

胡冉. 2016. 非饱和土水力全耦合模型与数值模拟方法研究[M]. 武汉: 武汉大学出版社.

金亮星. 王守林, 陈明. 2014. 排水板堆载预压加固软基的固结沉降数值模拟[J]. 地下空间与工程学报, 10(S2): 1930-1934.

李伟, 郑宏, 陈远强. 2018. 基于 MLS 的增强型数值流形法在动态裂纹扩展中的应用[J]. 岩石力学与工程学报, 37(7): 1574-1585.

李广信. 2004. 高等土力学[M]. 北京: 清华大学出版社.

林绍忠. 2005. 单纯形积分的递推公式[J]. 长江科学院院报, (3): 39-41.

刘洋, 王喆, 闫鸿翔. 2013. 软土固结试验数值模拟[J]. 岩土力学, (z2): 407-412.

石根华. 1997. 数值流形方法与非连续变形分析[M]. 北京: 清华大学出版社.

王驹, 郑华玲, 徐国庆, 等. 2004. 中国高放射物地质处置研究十年进展[M]. 北京: 原子能出版社.

王水林, 葛修润. 1999. 四个物理覆盖构成一个单元的流形方法及应用[J]. 岩石力学与工程学报, 3: 312-316.

王勖成. 2003. 有限单元法[M]. 北京: 清华大学出版社.

魏高峰, 冯伟. 2006. 四节点四边形数值流形方法及其改进[J]. 力学季刊, 27(1): 112-117.

徐栋栋, 郑宏. 2014. 数值流形法在处理强奇异性问题时的网格无关性[J]. 岩土力学, 35(8): 2385-2393.

徐栋栋, 郑宏, 夏开文, 等. 2014b. 高阶扩展数值流形法在裂纹扩展中的应用[J]. 岩石力学与工程学报, 33(7): 1375-1387.

徐栋栋, 郑宏, 杨永涛. 2014a. 线性无关高阶数值流形法[J]. 岩土工程学报, 36(3): 482-488.

徐栋栋, 郑宏, 杨永涛, 等. 2015. 多裂纹扩展的数值流形法[J]. 力学学报.

许金兰. 2015. 等几何分析中的若干问题研究[D]. 合肥: 中国科学技术大学.

杨永涛. 2015. 多裂纹动态扩展的数值流形法[D]. 北京: 中国科学院大学.

姚振汉, 王海涛. 2010. 边界元法[M]. 北京: 高等教育出版社.

张慧华, 严家祥. 2011. 基于蜂窝数值流形元的静弹性力学问题求解[J]. 南昌航空大学学报(自然科学版), 25(4): 1-8.

张雄, 刘岩. 2004. 无网格法[M]. 北京: 清华大学出版社.

张雄, 刘岩, 马上. 2009. 无网格法的理论及应用[J]. 力学进展, 39(1): 1-36.

张雄, 王天舒, 刘岩. 2007. 计算动力学[M]. 北京: 清华大学出版社.

郑宏. 2022. 数值流形法[M]. 北京: 科学出版社.

朱伯芳. 1998. 有限单元法原理与应用[M]. 北京: 中国水利水电出版社.

Abati A, Callari C. 2014. Finite element formulation of unilateral boundary conditions for unsaturated flow in porous continua[J]. Water Resources Research, 50(6): 5114-5130.

Achanta S, Cushman J, Okos M. 1994. On multicomponent, multiphase thermomechanics with interfaces[J]. International Journal of Engineering Sciences, 32(11): 1717-1738.

Akiyoshi T, Fuchida K, Fang H L. 1994. Absorbing boundary conditions for dynamic analysis of fluid-saturated porous media[J]. Soil Dynamics and Earthquake Engineering, 13(6): 387-397.

Akiyoshi T, Sun X, Fuchida K, et al. 1998. General absorbing boundary conditions for dynamic analysis of fluid-saturated porous media[J]. Soil Dynamics and Earthquake Engineering, 17(6): 397-406.

Atluri S N, Zhu T. 1998. A new meshless local petrov-Galerkin (MLPG) approach in computational mechanics[J]. Computational Mechanics, 22(2): 117-127.

Avşar E. 2021. An experimental investigation of shear strength behavior of a welded bimrock by meso-scale direct shear tests[J]. Engineering Geology, 294: 106321.

Babuška I, Narasimhan R. 1997. The Babuška-Brezzi condition and the patch test: an example[J]. Computer Methods in Applied Mechanics and Engineering, 140(1): 183-199.

Barbosa H J C, Hughes T J R. 1991. The finite element method with Lagrange multipliers on the boundary: circumventing the Babuška-Brezzi condition[J]. Computer Methods in Applied Mechanics and Engineering, 85(1): 109-128.

Batchelor G K. 1967. An Introduction to Fluid Dynamics[M]. Cambridge: Cambridge University Press.

Bathe K J. 2001. The inf-sup condition and its evaluation for mixed finite element methods[J]. Computers & Structures, 79(2): 243-252.

Bathe K J. 2014. Finite Element Procedures[M]. Englewood Cliffs: Prentice Hall.

Baumann C E. 1997. An hp-adaptive discontinuous finite element method for computational fluid dynamics[D]. University of Texas at Austin.

Bause M, Radu F A, Köcher U. 2017a. Space-time finite element approximation of the Biot poroelasticity system with iterative coupling[J]. Computer Methods in Applied Mechanics and Engineering, 320: 745-768.

Bause M, Radu F A, Köcher U. 2017b. Error analysis for discretizations of parabolic problems using continuous finite elements in time and mixed finite elements in space[J]. Numerische Mathematik, 137(4): 773-818.

Belytschko T. 1994. Element - free Galerkin methods[J]. International Journal for Numerical Methods in Engineering, 37(2): 229-256.

Belytschko T. 1996. Meshless methods: an overview and recent developments[J]. Computer Methods in Applied Mechanics and Engineering, 139: 3-47.

Belytschko T, Black T. 1999. Elastic crack growth in finite elements with minimal remeshing[J]. International Journal for Numerical Methods in Engineering, 45(5): 601-620.

Beskos D E. 1987. Boundary element methods in dynamic analysis[J]. Applied Mechanics Reviews, 40(1): 1-23.

Beskos D E. 1997. Boundary element methods in dynamic analysis: Part II (1986-1996)[J]. Applied Mechanics Reviews, 50(3): 149-197.

Biot M A. 1941. General theory of three-dimensional consolidation[J]. Journal of Applied Physics, 12(2): 155-164.

Biot M A. 1956. General solutions of the equations of elasticity and consolidation for a porous material[J]. Journal of Applied Mechanics, 23(1): 91-96.

Boffi D, Brezzi F, Fortin M. 2013. Mixed Finite Element Methods and Applications[M]. Heidelberg: Springer.

Bolzon G, Schrefler B A. 2005. Thermal effects in partially saturated soils: a constitutive model[J]. International Journal for Numerical and Analytical Methods in Geomechanics, 29(9): 861-877.

Boone T J, Ingraffea A R. 1990. A numerical procedure for simulation of hydraulically - driven fracture propagation in poroelastic media[J]. International Journal for Numerical and Analytical Methods in Geomechanics, 14(1): 27-47.

Borden M J, Verhoosel C V, Scott M A, et al. 2012 A phase-field description of dynamic brittle fracture[J]. Computer Methods in Applied Mechanics and Engineering, 217: 77-95.

Borja R I, Lee S R. 1990. Cam-clay plasticity, part I: implicit integration of elasto-plastic constitutive relations[J]. Computer Methods in Applied Mechanics and Engineering, 78(1): 49-72.

Borja R I, Tamagnini C. 1998. Cam-Clay plasticity Part III: Extension of the infinitesimal model to include finite strains[J]. Computer Methods in Applied Mechanics and Engineering, 155(1-2): 73-95.

Borja R I, Lin C H, Montáns F J. 2001. Cam-Clay plasticity, Part IV: Implicit integration of anisotropic bounding surface model with nonlinear hyperelasticity and ellipsoidal loading function[J]. Computer methods in Applied Mechanics and Engineering, 190(26-27): 3293-3323.

Borregales M, Radu F A, Kumar K, et al. 2018. Robust iterative schemes for non-linear poromechanics[J]. Computational Geosciences, 22(4): 1021-1038.

Both J W, Borregales M, Nordbotten J M, et al. 2017. Robust fixed stress splitting for Biot's equations in heterogeneous media[J]. Applied Mathematics Letters, 68: 101-108.

Bowen R M. 1982. Compressible porous media models by use of the theory of mixtures[J]. International Journal of Engineering Science, 20(6): 697-735.

Brenner S C, Scott L R. 2008. The Mathematical Theory of Finite Element Methods[M]. New York: Springer-Verlag.

Brink U, Stein E. 1996. On some mixed finite element methods for incompressible and nearly incompressible finite elasticity[J]. Computational Mechanics, 19:105-119.

Brooks R H, Corey A T. 1966. Properties of porous media affecting fluid flow[J]. Journal of The Irrigation and Drainage Division, 92(2): 61-90.

Budarapu P R, Gracie R, Bordas S P, et al. 2014a. An adaptive multiscale method for quasi-static crack growth[J]. Computational Mechanics, 53(6): 1129-1148.

Budarapu P R, Gracie R, Yang S W, et al. 2014b. Efficient coarse graining in multiscale modeling of fracture[J]. Theoretical and Applied Fracture Mechanics, 69: 126-143.

Cai Y, Zhuang X, Augarde C. 2010. A new partition of unity finite element free from the linear dependence problem and possessing the delta property[J]. Computer Methods in Applied Mechanics and Engineering, 199(17-20): 1036-1043.

Callari C, Abati A. 2009. Finite element methods for unsaturated porous solids and their application to dam engineering problems[J]. Computers & Structures, 87(7-8): 485-501.

Callari C, Armero F, Abati A. 2010. Strong discontinuities in partially saturated poroplastic solids[J]. Computer Methods in Applied Mechanics and Engineering, 199(23-24): 1513-1535.

Calvo B, Martinez M A, Doblare M. 2005. On solving large strain hyperelastic problems with the natural element method[J]. International Journal for Numerical Methods in Engineering, 62(2): 159-185.

Canga M E, Becker E B. 1999. An iterative technique for the finite element analysis of near-incompressible materials[J]. Computer Methods in Applied Mechanics and Engineering, 170(1-2): 79-101.

Cao T D, Hussain F, Schrefler B A. 2018. Porous media fracturing dynamics: stepwise crack advancement and fluid pressure oscillations[J]. Journal of the Mechanics and Physics of Solids, 111: 113-133.

Chan A H, Pastor M, Schrefler B A, et al. 2022. Computational Geomechanics: Theory and Applications[M]. New York: John Wiley & Sons.

Chang C S, Duncan J M. 1983. Consolidation analysis for partly saturated clay by using an elastic-plastic effective stress-strain model[J]. International Journal for Numerical and Analytical Methods in Geomechanics, 7(1): 39-55.

Chapelle D, Bathe K J. 1993. The inf-sup test[J]. Computers & Structures, 47(4-5): 537-545.

Chen L, Verhoosel C V, de Borst R. 2018. Discrete fracture analysis using locally refined T-splines[J]. International Journal for Numerical Methods in Engineering, 116(2): 117-140.

Chen S, Yue Z Q, Tham L G. 2004. Digital image-based numerical modeling method for prediction of inhomogeneous rock failure[J]. International Journal of Rock Mechanics and Mining Sciences, 41(6): 939-957.

Chen Z, Steeb H, Diebels S. 2008. A space-time discontinuous Galerkin method applied to single-phase flow in porous media[J]. Computational Geosciences, 12(4): 525-539.

Chen L, Yang Y, Zheng H. 2018. Numerical study of soil-rock mixture: generation of random aggregate structure[J]. Science China, 61(3): 359-369.

Chen T, Yang Y, Zheng H, et al. 2019. Numerical determination of the effective permeability coefficient of soil-rock mixtures using the numerical manifold method[J]. International Journal for Numerical and Analytical Methods in Geomechanics, 43(1): 381-414.

Chen Z. 2005. Finite Element Methods and Their Applications[M]. Heidelberg: Springer.

Chen W F. 1975. Limit Analysis and Soil Plasticity[M]. Amsterdam: Elsevier.

Coli N, Berry P, Boldini D, et al. 2012. The contribution of geostatistics to the characterisation of some bimrock properties[J]. Engineering Geology, 137: 53-63.

Cottrell J A, Hughes T J R, Bazilevs, Y. 2009, Isogeometric analysis: toward integration of CAD and FEA[M]. New York: John Wiley & Sons.

Courant R. 1994. Variational methods for the solution of problems of equilibrium and vibrations[J]. Lecture Notes in Pure and Applied Mathematics, 1-23.

Cowin S C. 1999. Bone poroelasticity[J]. Journal of Biomechanics, 32(3): 217-238.

de Boer R, Ehlers W, Liu Z, 1993. One-dimensional transient wave propagation in fluid-saturated incompressible porous media[J]. Archive of Applied Mechanics, 63(1): 59-72.

de Boer R. 1998. Theory of porous media: past and present[J]. ZAMM-Journal of Applied Mathematics and Mechanics, 78(7):441-466.

de Borst R. Réthoré J, Abellan M A. 2006. A numerical approach for arbitrary cracks in a fluid-saturated medium[J]. Archive of Applied Mechanics, 75(10-12): 595-606.

de Borst R. 2017. Computational Methods for Fracture in Porous Media: Isogeometric and Extended Finite Element Methods[M]. Amsterdam: Elsevier.

De Boer R. 2005. Trends in Continuum Mechanics in Porous Media[M]. Berlin: Springer-Verlag.

de Souza Neto E, Blanco P, Sánchez P, et al. 2015. An RVE-based multiscale theory of solids with micro-scale inertia and body force effects[J]. Mechanics of Materials, 80: 136-144.

Dolbow J, Belytschko T. 1999. A finite element method for crack growth without remeshing[J]. International Journal for Numerical Methods in Engineering, 46(1): 131-150.

Ehlers W, Kubik J. 1994. On finite dynamic equations for fluid-saturated porous media[J]. Acta Mechanica, 105(1-4): 101-117.

Ehlers W, Luo C. 2017. A phase-field approach embedded in the theory of porous media for the description of dynamic hydraulic fracturing[J]. Computer Methods in Applied Mechanics and Engineering, 315: 348-368.

Ehlers W, Luo C. 2018. A phase-field approach embedded in the theory of porous media for the description of dynamic hydraulic fracturing, Part II: the crack-opening indicator[J]. Computer Methods in Applied Mechanics and Engineering, 341: 429-442.

Ekre F, Larsson F, Runesson K, et al. 2020. A posteriori error estimation for numerical model reduction in computational homogenization of porous media[J]. International Journal for Numerical Methods in Engineering, 121(23): 5350-5380.

Ekre F, Larsson F, Runesson K, et al. 2022. Numerical Model Reduction with error estimation for computational homogenization of non-linear consolidation[J]. Computer Methods in Applied Mechanics and Engineering, 389: 114334.

Emmerich H, Löwen H, Wittkowski R. 2012. Phase-field-crystal models for condensed matter dynamics on atomic length and diffusive time scales: an overview[J]. Advances in Physics, 61(6): 665-743.

Ern A, Guermond J L. 2004. Theory and Practice of Finite Elements[M]. New York: Springer.

Ern A, Guermond J L. 2021a. Finite Elements I: Approximation and Interpolation[M]. Switzerland: Springer.

Ern A, Guermond J L. 2021b. Finite Elements II: Galerkin Approximation, Elliptic and Mixed PDEs[M]. Switzerland: Springer.

Feng Y, Gray K E. 2017. Parameters controlling pressure and fracture behaviors in field injectivity tests: a numerical investigation using coupled flow and geomechanics model[J]. Computers and Geotechnics, 87: 49-61.

Fredlund D G, Morgenstern N R. 1977. Stress state variables for unsaturated soils[J]. Journal of The Geotechnical Engineering Division, 103(5): 447-466.

Fries T P, Belytschko T. 2010. The extended/generalized finite element method: an overview of the method and its applications[J]. International Journal for Numerical Methods in Engineering, 84(3): 253-304.

Fu X, Ding H, Sheng Q, et al. 2022. Fractal analysis of particle distribution and scale effect in a soil-rock mixture[J]. Fractal and Fractional, 6(2): 120.

Gajo A, Saetta A, Vitaliani R. 1994. Evaluation of three and two field finite element methods for the dynamic response of saturated soil[J]. International Journal for Numerical Methods in Engineering, 37(7): 1231-1247.

Gawin D, Schrefler B A, Galindo M, et al. 1996. Thermo-hydro-mechanical analysis of partially saturated porous materials[J]. Engineering Computations, 13(7): 113-143.

Gdoutos E E. 2020. Fracture Mechanics: an Introduction[M]. Switzerland: Springer Nature.

Geers M, Kouznetsova V, Brekelmans W. 2003. Multi-scale first-order and second-order computational homogenization of microstructures towards continua[J]. International Journal for Multiscale Computational Engineering, 1: 371-386.

Geers M, Kouznetsova V, Brekelmans W. 2004. Multi-scale second-order computational homogenization of multi-phase materials: a nested finite element solution strategy[J]. Computer Methods in Applied Mechanics and Engineering, 193(48-51): 5525-5550.

Gingold R A, Monaghan J J. 1977. Smoothed particle hydrodynamics: theory and application to non-spherical stars[J]. Monthly Notices of the Royal Astronomical Society, 181: 375-398.

Green A E, Naghdi P M. 1969. On basic equations for mixtures[J]. The Quarterly Journal of Mechanics and Applied Mathematics, 22(4): 427-438.

Ham S, Bathe K J. 2012. A finite element method enriched for wave propagation[J]. Computer Structure, 94: 1-12.

Hammer P C, Stroud A H. 1956. Numerical integration over simplexes[J]. Mathematical Tables and Other Aids to Computation, 10(55): 137-139.

Hassanizadeh S M, Gray W G. 1990. Mechanics and thermodynamics of multiphase flow in porous media including interphase boundaries[J]. Advanced in Water Resources, 13(4): 169-186.

Hautefeuille M, Annavarapu C, Dolbow J. 2012. Robust imposition of Dirichlet boundary conditions on embedded surfaces[J]. International Journal for Numerical Methods in Engineering, 90 (1): 40-64.

He L, Ma G W. 2010. Development of 3D numerical manifold method[J]. International Journal of Computational Methods, 7 (1):107-129.

Hillerborg A, Modéer M, Petersson P E. 1976. Analysis of crack formation and crack growth in concrete by means of fracture mechanics and finite elements[J]. Cement and Concrete Research, 6(6): 773-781.

Hirmand M, Vahab M, Khoei A. 2015. An augmented Lagrangian contact formulation for frictional discontinuities with the extended finite element method[J]. Finite Elements in Analysis and Design, 107: 28-43.

Hu M, Wang Y, Rutqvist J. 2017. Fully coupled hydro-mechanical numerical manifold modeling of porous rock with dominant fractures[J]. Acta Geotechnica, 12(2): 231-252.

Hu R, Chen Y F, Liu H H. 2016. A coupled two-phase fluid flow and elastoplastic deformation model for unsaturated soils: theory, implementation, and application[J]. International Journal for Numerical and Analytical Methods in Geomechanics, 40(7): 1023-1058.

Hughes T J R, Franca L P, Balestra M. 1986. A new finite element formulation for computational fluid dynamics: V. Circumventing the Babuška-Brezzi condition: a stable Petrov-Galerkin formulation of the Stokes problem accommodating equal-order interpolations[J]. Computer Methods in Applied Mechanics and Engineering, 59(1): 85-99.

Hughes T J R. 1987. The Finite Element Method: Linear Static and Dynamic Finite Element Analysis[M]. Englewood Cliffs: Prentice Hall.

Hughes T J R, Hulbert G M. 1988. Space-time finite element methods for elastodynamics: formulations and error estimates[J]. Computer Methods in Applied Mechanics and Engineering, 66(3): 339-363.

Hughes T J R, Franca L P, Hulbert G M. 1989. A new finite element formulation for computational fluid dynamics: VIII. The Galerkin/least-squares method for advective-diffusive equations[J]. Computer Methods in Applied Mechanics and Engineering, 73(2): 173-189.

Hughes T J R. 2005. Isogeometric analysis: CAD, finite elements, NURBS, exact geometry and mesh refinement[J]. Computer Methods in Applied Mechanics and Engineering, 194(3941): 4135-4195.

Hughes T J R, Masud A, Wan J. 2006. A stabilized mixed discontinuous Galerkin method for Darcy flow[J]. Computer Methods in Applied Mechanics and Engineering, 195(25-28): 3347-3381.

Irzal F, Remmers J J C, Huyghe J M, et al. 2013. A large deformation formulation for fluid flow in a progressively fracturing porous material[J]. Computer Methods in Applied Mechanics and Engineering, 256: 29-37.

Jeremić B, Cheng Z, Taiebat M, et al. 2008. Numerical simulation of fully saturated porous materials[J]. International Journal for Numerical and Analytical Methods in Geomechanics, 32(13): 1635-1660.

Jha B, Juanes R. 2007. A locally conservative finite element framework for the simulation of coupled flow and reservoir geomechanics[J]. Acta Geotechnica, 2(3): 139-153.

Jiang Q H, Zhou C B, Li D Q. 2009. A three-dimensional numerical manifold method based on tetrahedral meshes[J]. Computers & Structures, 87 (13-14):880-889.

Jin L, Zeng Y, Xia L, et al. 2017. Experimental and numerical investigation of mechanical behaviors of cemented soil-rock mixture[J]. Geotechnical and Geological Engineering, 35(1): 337-354.

Khoei A R, Mohammadnejad T. 2011. Numerical modeling of multiphase fluid flow in deforming porous media: a comparison between two-and three-phase models for seismic analysis of earth and rockfill dams[J]. Computers and Geotechnics, 38(2): 142-166.

Khoei A R, Moallemi S, Haghighat E. 2012. Thermo-hydro-mechanical modeling of impermeable discontinuity in saturated porous media with X-FEM technique[J]. Engineering Fracture Mechanics, 96: 701-723.

Khoei A R, Vahab M. 2014. A numerical contact algorithm in saturated porous media with the extended finite element method[J]. Computational Mechanics, 54(5): 1089-1110.

Khoei A R. 2015. Extended Finite Element Method: Theory and Applications[M]. New York: John Wiley.

Khoei A R, Hirmand M, Vahab M, et al. 2015. An enriched FEM technique for modeling hydraulically driven cohesive fracture propagation in impermeable media with frictional natural faults: numerical and experimental investigations[J]. International Journal for Numerical Methods in Engineering, 104(6): 439-468.

Khoei A R, Vahab M. 2018a, Hirmand M. An enriched-FEM technique for numerical simulation of interacting discontinuities in naturally fractured porous media[J]. Computer Methods in Applied Mechanics and Engineering, 331: 197-231.

Khoei A R, Hajiabadi M. 2018b. Fully coupled hydromechanical multiscale model with microdynamic effects[J]. International Journal for Numerical Methods in Engineering, 115: 293-327.

Khoei A R, Saeedmonir S. 2021. Computational homogenization of fully coupled multiphase flow in deformable porous media[J]. Computer Methods in Applied Mechanics and Engineering, 376: 113660.

Khorasani E, Amini M, Hossaini M F, et al. 2019. Statistical analysis of bimslope stability using physical and numerical models[J]. Engineering Geology, 254: 13-24.

Kim J, Tchelepi H A, Juanes R. 2009. Stability, accuracy and efficiency of sequential methods for coupled flow and geomechanics[C]//SPE reservoir simulation symposium. Society of Petroleum Engineers.

Kim J, Tchelepi H A, Juanes R. 2011. Stability, accuracy, and efficiency of sequential methods for coupled flow and geomechanics[J]. SPE Journal, 16(2): 249-262.

Kim J, Moridis G J. 2015. Numerical analysis of fracture propagation during hydraulic fracturing operations in shale gas systems[J]. International Journal of Rock Mechanics and Mining Sciences, 76: 127-137.

Komijani M, Gracie R. 2019. Enriched mixed finite element models for dynamic analysis of continuous and fractured porous media[J]. Computer Methods in Applied Mechanics and Engineering, 343: 74-99.

Kouznetsova V G. 2002. Computational homogenization for the multi-scale analysis of multi-phase materials[D]. Eindhoven: Eindhoven University of Technology.

Laloui L, Klubertanz G, Vulliet L. 2003. Solid-liquid-air coupling in multiphase porous media[J]. International Journal for Numerical and Analytical Methods in Geomechanics, 27(3): 183-206.

Lange N, Hütter G, Kiefer B. 2021. An efficient monolithic solution scheme for FE2 problems[J]. Comput. Methods Appl. Mech. Eng., 382: 113886.

Larson M. Begzon F. 2013. The Finite Element Method: Theory, Implementation, and Applications[M]. Heidelberg: Springer.

Lewis R W, Schrefler B A. 1998. The Finite Element Method in the Static and Dynamic Deformation and Consolidation of Porous Media[M]. New York: John Wiley.

Lebourg T, Riss J, Pirard E. 2004. Influence of morphological characteristics of heterogeneous moraine formations on their mechanical behaviour using image and statistical analysis[J]. Engineering Geology, 73(1-2): 37-50.

Li C, Borja R I, Regueiro R A. 2004. Dynamics of porous media at finite strain[J]. Computer Methods in Applied Mechanics and Engineering, 193(36-38): 3837-3870.

Li C S, Zhang D, Du S S, et al. 2016. Computed tomography based numerical simulation for triaxial test of soil-rock mixture[J]. Computers and Geotechnics, 73: 179-188.

Li S, Chen Y. 2004. Meshless manifold method based on partition of unity[J]. Acta Mechanica Sinica, 4:496-500.

Li X, Zienkiewicz O C. 1992. Multiphase flow in deforming porous media and finite element solutions[J]. Computers & Structures, 45(2): 211-227.

Liakopoulos A C. 1964. Transient flow through unsaturated porous media[D]. California: University of California.

Lee S, Mikelić A, Wheeler M F, et al. 2016. Phase-field modeling of proppant-filled fractures in a poroelastic medium[J]. Computer Methods in Applied Mechanics and Engineering, 312: 509-541.

Liu G R. 2002. Mesh Free Methods: Moving Beyond the Finite Element Method[M]. Boca Raton: CRC Press.

Liu C, Reina C. 2015. Computational homogenization of heterogeneous media under dynamic loading[D/OL]. arXiv preprint arXiv:1510.02310.

Liu F, Borja R. 2010. Stabilized low-order finite elements for frictional contact with the extended finite element method[J]. Computer Methods in Applied Mechanics and Engineering, 199 (37): 2456-2471.

Liu G, Gu Y T. 2001. A local radial point interpolation method (LRPIM) for free vibration analyses of 2-d solids[J]. Journal of Sound and Vibration, 246(1): 29-46.

Liu G R. 2002. Mesh Free Methods: Moving Beyond the Finite Element Method[M]. Boca Raton: CRC Press.

Liu R. 2004. Discontinuous Galerkin Finite Element Solution for Poromechanics[D]. Austin: The University of Texas at Austin.

Liu G R, Zhang G, Gu Y T, et al. 2005. A meshfree radial point interpolation method (rpim) for three-dimensional solids[J]. Computational Mechanics, 36(6): 421-430.

Liu G R, Dai K Y, Nguyen T T. 2007. A smoothed finite element method for mechanics problems[J]. Computational Mechanics, 39: 859-877.

Liu W K, Jun S, Zhang Y F. 1995. Reproducing kernel particle methods[J]. International Journal for Numerical Methods in Engineering, 20(8-9): 1081-1106.

Liu W K. 1997. Moving Least-square reproducing Kernel methods (I) methodology and convergence[J]. Computer Methods in Applied Mechanics and Engineering, 143: 113-154.

Lotfian Z, Sivaselvan M. 2018. Mixed finite element formulation for dynamics of porous media[J]. International Journal for Numerical Methods in Engineering, 115 (2): 141-171.

Luo S M, Zhang X W, Lu W G, et al. 2005. Theoretical study of three-dimensional numerical manifold method[J]. Applied Mathematics and Mechanics, 26 (9):1126-1131.

Ma G, An X, He L. 2010. The numerical manifold method: a review[J]. Int J Comput Methods, 7(1): 1-32.

Melenk J, Babuška I. 1996. The partition of unity finite element method: basic theory and applications[J]. Computer Methods in Applied Mechanics and Engineering, 139(1): 289-314.

Menéndez C, Nieto P J G, Ortega F A, et al. 2010. Non-linear analysis of the consolidation of an elastic saturated soil with incompressible fluid and variable permeability by FEM[J]. Applied Mathematics and Computation, 216(2): 458-476.

Miehe C, Hofacker M, Welschinger F. 2010a. A phase field model for rate-independent crack propagation: Robust algorithmic implementation based on operator splits[J]. Computer Methods in Applied Mechanics and Engineering, 199(45-48): 2765-2778.

Miehe C, Welschinger F, Hofacker M. 2010b. Thermodynamically consistent phase - field models of fracture: variational principles and multi - field FE implementations[J]. International Journal for Numerical Methods in Engineering, 83(10): 1273-1311.

Miehe C, Mauthe S. 2016. Phase field modeling of fracture in multi-physics problems. Part III. Crack driving forces in hydro-poro-elasticity and hydraulic fracturing of fluid-saturated porous media[J]. Computer Methods in Applied Mechanics and Engineering, 304: 619-655.

Mikelić A, Wheeler M F. 2013. Convergence of iterative coupling for coupled flow and geomechanics[J]. Computational Geosciences, 17(3): 455-461.

Mikelić A, Wheeler M F, Wick T. 2015a. Phase-field modeling of a fluid-driven fracture in a poroelastic medium[J]. Computational Geosciences, 19(6): 1171-1195.

Mikelić A, Wheeler M F, Wick T. 2015b. A quasi-static phase-field approach to pressurized fractures[J]. Nonlinearity, 28(5): 1371.

Mobasher M E, Berger-Vergiat L, Waisman H. 2017. Non-local formulation for transport and damage in porous media[J]. Computer Methods in Applied Mechanics and Engineering, 324: 654-688.

Moeendarbary E. 2013. The cytoplasm of living cells behaves as a poroelastic material[J]. Nature Materials, 12(3): 253.

Mohammadi S. 2008. Extended Finite Element Method: for Fracture Analysis of Structures[M]. New York: John Wiley & Sons.

Mohammadnejad T, Khoei A R. 2012. Hydro-mechanical modeling of cohesive crack propagation in multiphase porous media using the extended finite element method[J]. International Journal for Numerical and Analytical Methods in Geomechanics, 37(10): 1247-1279.

Mohammadnejad T, Khoei A R. 2013. An extended finite element method for hydraulic fracture propagation in deformable porous media with the cohesive crack model[J]. Finite Elements in Analysis and Design, 73: 77-95.

Mohammadnejad T, Khoei A R. 2013. An extended finite element method for fluid flow in partially saturated porous media with weak discontinuities; the convergence analysis of local enrichment strategies[J]. Computational Mechanics, 51(3): 327-345.

Morland L W. 1972. A simple constitutive theory for a fluid-saturated porous solid[J]. Journal of Geophysical Research, 77(5): 890-900.

Murad M A, Loula A F D. 1994. On stability and convergence of finite element approximations of Biot's consolidation problem[J]. International Journal for Numerical Methods in Engineering, 37(4): 645-667.

Nakshatrala K B, Masud A, Hjelmstad K D. 2008. On finite element formulation for nearly incompressible linear elasticity[J]. Computational Mechanics, 41:547-561.

Nayroles, B. 1992. Generalizing the finite element method: diffuse approximation and diffuse elements[J]. Computational Mechanics, 10(5): 307-318.

Nguyen V P, Stroeven M, Sluys L J. 2012. Multiscale continuous and discontinuous modeling of heterogeneous materials: a review on recent developments[J]. Journal of Multiscale Modelling, 3(4): 229-270.

Nédélec J C. 1980. Mixed finite elements in ℝ3[J]. Numerische Mathematik, 35(3): 315-341.

Oettl G, Stark R F, Hofstetter G. 2004. Numerical simulation of geotechnical problems based on a multi-phase finite element approach[J]. Computers and Geotechnics, 31(8): 643-664.

Oka F, Yashima A, Shibata T, et al. 1994. FEM-FDM coupled liquefaction analysis of a porous soil using an elasto-plastic model[J]. Applied Scientific Research, 52(3): 209-245.

Özdemir I, Brekelmans W A M, Geers M G. 2008. FE2 computational homogenization for the thermo-mechanical analysis of heterogeneous solids[J]. Computer Methods in Applied Mechanics and Engineering, 198(3-4): 602-613.

Peruzzo C, Cao D T, Milanese E, et al. 2019. Dynamics of fracturing saturated porous media and self-organization of rupture[J]. European Journal of Mechanics-A/Solids, 74: 471-484.

Phillips P J, Wheeler M F. 2007a. A coupling of mixed and continuous Galerkin finite element methods for poroelasticity I: the continuous in time case[J]. Computational Geosciences, 11(2): 131.

Phillips P J, Wheeler M F. 2007b. A coupling of mixed and continuous Galerkin finite element methods for poroelasticity II: the discrete-in-time case[J]. Computational Geosciences, 11(2): 145-158.

Phillips P J, Wheeler M F. 2009. Overcoming the problem of locking in linear elasticity and poroelasticity: an heuristic approach[J]. Computational Geosciences, 13(1): 5-12.

Provatidis C G. 2019. Precursors of Isogeometric Analysis[M]. Berlin: Springer International Publishing.

Provatas N, Elder K. 2011. Phase-Field Methods in Materials Science and Engineering[M]. New York: John Wiley & Sons.

Prevost J H. 1982. Nonlinear transient phenomena in saturated porous media[J]. Computer Methods in Applied Mechanics and Engineering, 30(1): 3-18.

Prevost J H, Sukumar N. 2016. Faults simulations for three-dimensional reservoir-geomechanical models with the extended finite element method[J]. Journal of the Mechanics and Physics of Solids, 86: 1-18.

Remij E W, Remmers J J C, Huyghe J M, et al. 2015. The enhanced local pressure model for the accurate analysis of fluid pressure driven fracture in porous materials[J]. Computer Methods in Applied Mechanics and Engineering, 286: 293-312.

Ren B, Li S. 2010. Meshfree simulation of plugging failure in high-speed impacts[J]. Computers and Structures, 88: 909-923.

Réthoré J, de Borst R, Abellan M A. 2007. A discrete model for the dynamic propagation of shear bands in a fluid-saturated medium[J]. International Journal for Numerical and Analytical Methods in Geomechanics, 31(2): 347-370.

Réthoré J, De Borst R, Abellan M A. 2008. A two-scale model for fluid flow in an unsaturated porous medium with cohesive cracks[J]. Computational Mechanics, 42(2): 227-238.

Riviè B, Wheeler M F, Banaś K. 2000. Part II. Discontinuous Galerkin method applied to a single phase flow in porous media[J]. Computational Geosciences, 4(4): 337-349.

Saeb S, Steinmann P, Javili A. 2016. Aspects of computational homogenization at finite deformations: a unifying review from Reuss' to Voigt's bound[J]. Applied Mechanics Reviews: An Assessment of the World Literature in Engineering Sciences, 68(1/6): 050801-1-050801-33.

Saetta A V, Vitaliani R V. 1992. Unconditionally convergent partitioned solution procedure for dynamic coupled mechanical systems[J]. International Journal for Numerical Methods in Engineering, 33(9): 1975-1996.

Sauter S A, Schwab C, Sauter S A. 2011. Boundary Element Methods[M]. Berlin: Springer.

Schrefler B A, Zhan X. 1993. A fully coupled model for water flow and airflow in deformable porous media[J]. Water Resources Research, 29(1): 155-167.

Schrefler B A, Scotta R. 2001. A fully coupled dynamic model for two-phase fluid flow in deformable porous media[J]. Computer Methods in Applied Mechanics and Engineering, 190(24-25): 3223-3246.

Schrefler B A, Secchi S, Simoni L. 2006. On adaptive refinement techniques in multi-field problems including cohesive fracture[J]. Computer Methods in Applied Mechanics and Engineering, 195(4-6): 444-461.

Schanz M, Pryl D. 2004. Dynamic fundamental solutions for compressible and incompressible modeled poroelastic continua[J]. International Journal of Solids and Structures, 41(15): 4047-4073.

Scovazzi G, Huang H, Collis S S, et al. 2013. A fully-coupled upwind discontinuous Galerkin method for incompressible porous media flows: High-order computations of viscous fingering instabilities in complex geometry[J]. Journal of Computational Physics, 252: 86-108.

Secchi S, Simoni L, Schrefler B A. 2004. Cohesive fracture growth in a thermoelastic bimaterial medium[J]. Computers & Structures, 82(23-26): 1875-1887.

Secchi S, Schrefler B A. 2012. A method for 3-D hydraulic fracturing simulation[J]. International Journal of Fracture, 178(1-2): 245-258.

Sheng D, Sloan S W, Gens A, et al. 2003. Finite element formulation and algorithms for unsaturated soils. Part I: theory[J]. International Journal for Numerical and Analytical Methods in Geomechanics, 27(9): 745-765.

Shi G H. 1991. Manifold method of material analysis[C]//Transactions of the 9th army conference on applied mathematics and computing. Minneapolis, Minn, USA: US Army Research Office, 92(1).

Shi G H. 2015. Contact theory[J]. Science China Technological Sciences, 58(9): 1450-1496.

Shyu K, Salami M R. 1995. Manifold with four-node isoparametric finite element method[C]//Working Forum on the Manifold Method of Material Analysis, 165-182.

Simon B R, Wu J S, Carlton M W, et al. 1985. Poroelastic dynamic structural models of rhesus spinal motion segments[J]. Spine, 10(6): 494-507.

Simon B R, Wu J S, Zienkiewicz O C. 1986a. Evaluation of higher order, mixed and Hermitean finite element procedures for dynamic analysis of saturated porous media using one-dimensional models[J]. International Journal for Numerical and Analytical Methods in Geomechanics, 10(5): 483-499.

Simon B R, Wu J S, Zienkiewicz O C, et al. 1986b. Evaluation of u-w and u-π finite element methods for the dynamic response of saturated porous media using one-dimensional models[J]. International

Journal for Numerical and Analytical Methods in Geomechanics, 10: 461-482.
Simoni L, Secchi S. 2003. Cohesive fracture mechanics for a multi - phase porous medium[J]. Engineering Computations, 20(5/6): 675-698.
Song J H, Wang H W, Belytschko T. 2008. A comparative study on finite element methods for dynamic fracture[J]. Computational Mechanics, 42(2): 239-250.
Strouboulis T, Babuska I, Copps K. 2000a. The design and analysis of the generalized finite element method[J]. Computer Methods in Applied Mechanics and Engineering, 181(1): 43-69.
Strouboulis T, Copps K, Babuska I. 2000b. The generalized finite element method: an example of its implementation and illustration of its performance[J]. International Journal for Numerical Methods in Engineering, 47(8): 1401-1417.
Suh J K, Spilker R L, Holmes M H. 1991. A penalty finite element analysis for nonlinear mechanics of biphasic hydrated soft tissue under large deformation[J]. International Journal for Numerical Methods in Engineering, 32(7): 1411-1439.
Talebi H, Silani M., Bordas S P, et al. 2014. A computational library for multiscale modeling of material failure[J]. Computational Mechanics, 53(5): 1047-1071.
Tan V B C, Raju K, Lee H P. 2020. Direct FE2 for concurrent multilevel modelling of heterogeneous structures[J]. Comput Methods Appl Mech Eng., 360: 112694.
Tang X, Zheng C, Wu S. 2009. A novel four-node quadrilateral element with continuous nodal stress[J]. Applied Mathematics and Mechanics, 30: 1519-1532.
Tang Y, Jiang Q, Zhou C. 2018. A Lagrangian-based SPH-DEM model for fluid–solid interaction with free surface flow in two dimensions[J]. Applied Mathematical Modelling, 62: 436-460.
Terzaghi K. 1943. Theoretical Soil Mechanics[M]. New York: Wiley.
Tian R, Yagawa G, Terasaka H. 2006. Linear dependence problems of partition of unity-based generalized FEMs[J]. Computer Methods in Applied Mechanics and Engineering, 195(37-40): 4768-4782.
Timoshenko S P, Goodier J N. 1970. Theory of Elasticity[M]. New York: McGraw.
Vahab M, Akhondzadeh S, Khoei A R, et al. 2018. An X-FEM investigation of hydro-fracture evolution in naturally-layered domains[J]. Engineering Fracture Mechanics, 191: 187-204.
Vahab M, Khalili N. 2020. Empirical and conceptual challenges in hydraulic fracturing with special reference to the inflow[J]. International Journal of Geomechanics, 20(3): 04019182.
van Genuchten M T. 1980. A closed-form equation for predicting the hydraulic conductivity of unsaturated soils[J]. Soil Sci. Am. J., 44(5): 892-898.
Vignollet J, May S, Borst R. 2016. Isogeometric analysis of fluid - saturated porous media including flow in the cracks[J]. International Journal for Numerical Methods in Engineering, 108(9): 990-1006.
Wan J. 2003. Stabilized finite element methods for coupled geomechanics and multiphase flow[D]. California: Stanford University.
Wellford Jr L C, Oden J T. 1975. Discontinuous finite-element approximations for the analysis of shock waves in nonlinearly elastic materials[J]. Journal of Computational Physics, 19(2): 179-210.
Wheeler M F, Wick T, Wollner W. 2014. An augmented-Lagrangian method for the phase-field

approach for pressurized fractures[J]. Computer Methods in Applied Mechanics and Engineering, 271: 69-85.

White J A, Borja R I. 2008. Stabilized low-order finite elements for coupled solid-deformation/fluid-diffusion and their application to fault zone transients[J]. Computer Methods in Applied Mechanics and Engineering, 197(49-50): 4353-4366.

Witherspoon P A, Wang J S Y, Iwai K, et al. 1980. Validity of cubic law for fluid flow in a deformable rock fracture[J]. Water Resources Research, 16(6): 1016-1024.

Wriggers P, Zavarise G. 2006. Computational Contact Mechanics[M]. Berlin Heidelberg: Springer-Verlag.

Wu C T, Hu W, Chen J S. 2012. A meshfree-enriched finite element method for compressible and near-incompressible elasticity[J]. International Journal for Numerical Methods in Engineering, 90: 882-914.

Wu W, Zheng H, Yang Y. 2019a. Numerical manifold method for dynamic consolidation of saturated porous media with three-field formulation[J]. International Journal for Numerical Methods in Engineering, 120(6): 768-802.

Wu W, Zheng H, Yang Y. 2019b. Enriched three-field numerical manifold formulation for dynamics of fractured saturated porous media[J]. Computer Methods in Applied Mechanics and Engineering, 353: 217-252.

Wu W, Zheng H. 2019c. Mixed multiscale three-node triangular elements for incompressible elasticity[J]. Engineering Computations, 36(8): 2859-2886.

Wu W, Yang Y, Zheng H. 2020a. Enriched mixed numerical manifold formulation with continuous nodal gradients for dynamics of fractured poroelasticity[J]. Applied Mathematical Modelling, 86: 225-258.

Wu W, Zheng H, Yang Y. 2020b. A mixed three-node triangular element with continuous nodal stress for fully dynamic consolidation of porous media[J]. Engineering Analysis with Boundary Elements, 113: 232-258.

Wu W, Wan T, Yang Y, et al. 2022a. Three-dimensional numerical manifold formulation with continuous nodal gradients for dynamics of elasto-plastic porous media[J]. Computer Methods in Applied Mechanics and Engineering, 388, 114203.

Wu W, Yang Y, Shen Y, et al. 2022b. Hydro-mechanical multiscale numerical manifold model of the three-dimensional heterogeneous poro-elasticity[J]. Applied Mathematical Modelling, 110: 779-818.

Wu W, Yang Y, Zheng H, et al. 2022c. Numerical manifold computational homogenization for hydro-dynamic analysis of discontinuous heterogeneous porous media[J]. Computer Methods in Applied Mechanics and Engineering, 388: 114254.

Wu Y S, Forsyth P A. 2001. On the selection of primary variables in numerical formulation for modeling multiphase flow in porous media[J]. Journal of Contaminant Hydrology, 48: 277-304.

Wu Z, Wong L N Y. 2014. Extension of numerical manifold method for coupled fluid flow and fracturing problems[J]. International Journal for Numerical and Analytical Methods in Geomechanics, 38(18): 1990-2008.

Xu J, Rajendran S. 2011. A partition-of-unity based 'FE-Meshfree'QUAD4 element with radial-polynomial basis functions for static analyses[J]. Computer Methods in Applied Mechanics and Engineering, 200(47-48): 3309-3323.

Xu J, Rajendran S. 2013. A 'FE-Meshfree'TRIA3 element based on partition of unity for linear and geometry nonlinear analyses[J]. Computational Mechanics, 51(6): 843-864.

Xu W J, Yue Z Q, Hu R L. 2008. Study on the mesostructure and mesomechanical characteristics of the soil-rock mixture using digital image processing based finite element method[J]. International Journal of Rock Mechanics and Mining Sciences, 45(5): 749-762.

Xu W J, Xu Q, Hu R L. 2011. Study on the shear strength of soil-rock mixture by large scale direct shear test[J]. International Journal of Rock Mechanics and Mining Sciences, 48(8): 1235-1247.

Xu W J, Zhang H Y. 2022. Meso and macroscale mechanical behaviors of soil-rock mixtures[J]. Acta Geotechnica, 17(9): 3765-3782.

Yang Y, Tang X, Zheng H. 2014. A three-node triangular element with continuous nodal stress[J]. Computers & Structures, 141: 46-58.

Yang Y, Zheng H. 2016. A three-node triangular element fitted to numerical manifold method with continuous nodal stress for crack analysis[J]. Engineering Fracture Mechanics, 162: 51-75.

Yang Y, Zheng H, Sivaselvan M V. 2017. A rigorous and unified mass lumping scheme for higher-order elements[J]. Computer Methods in Applied Mechanics and Engineering, 319: 491-514.

Yang Y T, Sun G H, Cai K J, et al. 2018a. A high order numerical manifold method and its application to linear elastic continuous and fracture problems[J]. Science China Technological Sciences, 61: 346-358.

Yang Y, Tang X, Zheng H, et al. 2018b. Hydraulic fracturing modeling using the enriched numerical manifold method[J]. Applied Mathematical Modelling, 53: 462-486.

Yang Y, Sun G, Zheng H, et al. 2019a. Investigation of the sequential excavation of a soil-rock-mixture slope using the numerical manifold method[J]. Engineering Geology, 256: 93-109.

Yang Y, Sun Y, Sun G, et al. 2019b. Sequential excavation analysis of soil-rock-mixture slopes using an improved numerical manifold method with multiple layers of mathematical cover systems[J]. Engineering Geology, 261: 105278.

Yang Y, Wu W, Zheng H, et al. 2024. An efficient monolithic multiscale numerical manifold model for fully coupled nonlinear saturated porous media[J]. Computer Methods in Applied Mechanics and Engineering, 418: 116479.

Yoshioka K, Bourdin B. 2016. A variational hydraulic fracturing model coupled to a reservoir simulator[J]. International Journal of Rock Mechanics and Mining Sciences, 88: 137-150.

Yu J, Jia C, Xu W, et al. 2021. Granular discrete element simulation of the evolution characteristics of the shear band in soil-rock mixture based on particle rotation analysis[J]. Environmental Earth Sciences, 80(6): 1-14.

Yvonnet J. 2019. Computational Homogenization of Heterogeneous Materials with Finite Elements[M]. Berlin: Springer-Verlag.

Zhang H W, Zhou L. 2006. Numerical manifold method for dynamic nonlinear analysis of saturated porous media[J]. International Journal for Numerical and Analytical Methods in Geomechanics,

30(9): 927-951.

Zhang Y, Wang S, Chan D. 2014. A new five-node locking-free quadrilateral element based on smoothed FEM for near-ncompressible linear elasticity[J]. International Journal for Numerical Methods in Engineering, 100(9): 633-668.

Zheng C, Wu S C, Tang X H, et al. 2008. A meshfree poly-cell Galerkin (MPG) approach for problems of elasticity and fracture[J]. Computer Modeling In Engineering & Sciences, 38(2): 149-178.

Zheng H, Liu D F, Lee C F, Tham L G. 2005, A new formulation of Signorini's type for seepage problems with free surfaces[J]. International Journal for Numerical Methods in Engineering, 64(1): 1-16.

Zheng H, Liu F, Li C. 2014a. The MLS-based numerical manifold method with applications to crack analysis[J]. International Journal of Fracture, 190(1): 147-166.

Zheng H, Xu D D. 2014b. New strategies for some issues of numerical manifold method in simulation of crack propagation[J]. International Journal for Numerical Methods in Engineering, 97(13): 986-1010.

Zheng H, Liu F, Li C. 2015. Primal mixed solution to unconfined seepage flow in porous media with numerical manifold method[J]. Applied Mathematical Modelling, 39(2): 794-808.

Zheng H, Yang Y T. 2015. A direct solution to linear dependency issue arising from GFEM[A]// Computer methods and recent advances in geomechanics. Proceedings of the 14th int. conference of international association for computer methods and recent advances in geomechanics[C], IACMAG 2014: 1925-1929.

Zheng H, Yang Y. 2017. On generation of lumped mass matrices in partition of unity based methods[J]. International Journal for Numerical Methods in Engineering, 112(8): 1040-1069.

Zhi J, Raju K, Tay T E, et al. 2021. Transient multi-scale analysis with micro-inertia effects using direct FE2 method[J]. Comput Mech., 67(6): 1645-1660.

Zhou F, Molinari J F. 2004. Dynamic crack propagation with cohesive elements: a methodology to address mesh dependency[J]. International Journal for Numerical Methods in Engineering, 59(1): 1-24.

Zhou S, Zhuang X, Rabczuk T. 2018. A phase-field modeling approach of fracture propagation in poroelastic media[J]. Engineering Geology, 240: 189-203.

Zhou S, Zhuang X, Rabczuk T. 2019. Phase-field modeling of fluid-driven dynamic cracking in porous media[J]. Computer Methods in Applied Mechanics and Engineering, 350: 169-198.

Zienkiewicz O C, Chang C T, Hinton E, et al. 1978. Non-linear seismic response and liquefaction[J]. International Journal for Numerical and Analytical Methods in Geomechanics, 2(4): 381-404.

Zienkiewicz O C, Chang C T, Bettess P. 1980. Drained, undrained, consolidating and dynamic behavior assumptions in Soils[J]. Geotechnique, 30(4): 385-395.

Zienkiewicz O C, Shiomi T. 1984. Dynamic behaviour of saturated porous media; the generalized Biot formulation and its numerical solution[J]. Int J Numer Anal Methods Geomech, 8(1):71-96.

Zienkiewicz O C, Paul D K, Chan A H C. 1988. Unconditionally stable staggered solution procedure for soil-pore fluid interaction problems[J]. International Journal for Numerical Methods in Engineering, 26(5): 1039-1055.

Zienkiewicz O C, Wu J. 1991. Incompressibility without tears—how to avoid restrictions of mixed formulation[J]. International Journal for numerical methods in engineering, 32(6): 1189-1203.

Zienkiewicz O C, Taylor R L, Zhu J Z. 2005. The Finite Element Method: Its Basis and Fundamentals[M]. Amsterdam: Elsevier.

Zienkiewicz O C, Chan A H C, Pastor M, et al. 1990a. Static and dynamic behaviour of soils: a rational approach to quantitative solutions. I. Fully saturated problems[J]. Proceedings of the Royal Society of London. A. Mathematical and Physical Sciences, 429(1877): 285-309.

Zienkiewicz O C, Xie Y M, Schrefler B A, et al. 1990b. Static and dynamic behaviour of soils: a rational approach to quantitative solutions. II. Semi-saturated problems[J]. Proceedings of the Royal Society of London. A. Mathematical and Physical Sciences, 429(1877): 311-321.

Zohdi T I, Wriggers P. 2005. Introduction to Computational Micromechanics, volume 20 of Lecture Notes in Applied and Computational Mechanics[M]. Berlin: Springer.

附 录 A

式(9.18)中的各矩阵定义为

$$\begin{gathered}\mathbb{H}^{\mathrm{L}}=\begin{bmatrix}\mathbb{H}_1^{\mathrm{L}} & \mathbb{H}_2^{\mathrm{L}} & \cdots & \mathbb{H}_i^{\mathrm{L}} & \cdots & \mathbb{H}_{\mathcal{N}_{\mathcal{B}}}^{\mathrm{L}}\end{bmatrix}\\ \mathbb{H}_i^{\mathrm{L}}=\begin{bmatrix}\boldsymbol{\mathcal{H}}_i & \mathbf{0}_{6\times1}\end{bmatrix}\end{gathered} \tag{A.1}$$

$$\begin{gathered}\mathbb{I}^{\mathrm{L}}=\begin{bmatrix}\mathbb{I}_1^{\mathrm{L}} & \mathbb{I}_2^{\mathrm{L}} & \cdots & \mathbb{I}_i^{\mathrm{L}} & \cdots & \mathbb{I}_{\mathcal{N}_{\mathcal{B}}}^{\mathrm{L}}\end{bmatrix}\\ \mathbb{I}_i^{\mathrm{L}}=\begin{bmatrix}\mathbf{1}_{3\times3} & \mathbf{0}_{3\times1}\end{bmatrix}\end{gathered} \tag{A.2}$$

$$\begin{gathered}\mathbb{x}^{\mathrm{L}}=\begin{bmatrix}\mathbb{x}_1^{\mathrm{L}} & \mathbb{x}_2^{\mathrm{L}} & \cdots & \mathbb{x}_i^{\mathrm{L}} & \cdots & \mathbb{x}_{\mathcal{N}_{\mathcal{B}}}^{\mathrm{L}}\end{bmatrix}\\ \mathbb{x}_i^{\mathrm{L}}=\begin{bmatrix}\mathbf{0}_{3\times3} & \boldsymbol{x}_m^i\end{bmatrix}\end{gathered} \tag{A.3}$$

$$\begin{gathered}\mathbb{e}^{\mathrm{L}}=\begin{bmatrix}\mathbb{e}_1^{\mathrm{L}} & \mathbb{e}_2^{\mathrm{L}} & \cdots & \mathbb{e}_i^{\mathrm{L}} & \cdots & \mathbb{e}_{\mathcal{N}_{\mathcal{B}}}^{\mathrm{L}}\end{bmatrix}\\ \mathbb{e}_i^{\mathrm{L}}=\begin{bmatrix}\mathbf{0}_{1\times3} & 1\end{bmatrix}\end{gathered} \tag{A.4}$$

其中**1**和**0**分别表示单位矩阵和 0 矩阵。线性边界条件下，其余宏观尺度切向算子可表示为

$$\begin{gathered}\frac{\partial\bar{\boldsymbol{\sigma}}_{\mathrm{M}}}{\partial\boldsymbol{Y}_{\mathrm{M}}}=\frac{1}{|\Omega_{\mathrm{m}}|}\mathbb{H}^{\mathrm{L}}\frac{\partial\delta\mathbb{R}^{\mathrm{L}}}{\partial\delta\boldsymbol{Y}_{\mathrm{M}}}=\frac{1}{|\Omega_{\mathrm{m}}|}\mathbb{H}^{\mathrm{L}}\mathbb{J}_{\mathrm{m}}^{\mathrm{L}}\left(\mathbb{x}^{\mathrm{L}}\right)^{\mathrm{T}}\\
\frac{\partial\bar{\boldsymbol{\sigma}}_{\mathrm{M}}}{\partial\boldsymbol{u}_{\mathrm{M}}}=\frac{1}{|\Omega_{\mathrm{m}}|}\mathbb{H}^{\mathrm{L}}\frac{\partial\delta\mathbb{R}^{\mathrm{L}}}{\partial\delta\boldsymbol{u}_{\mathrm{M}}}=\frac{1}{|\Omega_{\mathrm{m}}|}\mathbb{H}^{\mathrm{L}}\mathbb{J}_{\mathrm{m}}^{\mathrm{L}}\left(\mathbb{I}^{\mathrm{L}}\right)^{\mathrm{T}}\\
\frac{\partial\bar{\boldsymbol{\sigma}}_{\mathrm{M}}}{\partial p_{\mathrm{M}}}=\frac{1}{|\Omega_{\mathrm{m}}|}\mathbb{H}^{\mathrm{L}}\frac{\partial\delta\mathbb{R}^{\mathrm{L}}}{\partial\delta p_{\mathrm{M}}}=\frac{1}{|\Omega_{\mathrm{m}}|}\mathbb{H}^{\mathrm{L}}\mathbb{J}_{\mathrm{m}}^{\mathrm{L}}\left(\mathbb{e}^{\mathrm{L}}\right)^{\mathrm{T}}\\
\frac{\partial\mathbb{f}_{\mathrm{M}}}{\partial\bar{\boldsymbol{\varepsilon}}_{\mathrm{M}}}=-\frac{1}{|\Omega_{\mathrm{m}}|}\mathbb{I}^{\mathrm{L}}\frac{\partial\delta\mathbb{R}^{\mathrm{L}}}{\partial\delta\bar{\boldsymbol{\varepsilon}}_{\mathrm{M}}}=-\frac{1}{|\Omega_{\mathrm{m}}|}\mathbb{I}^{\mathrm{L}}\mathbb{J}_{\mathrm{m}}^{\mathrm{L}}\left(\mathbb{H}^{\mathrm{L}}\right)^{\mathrm{T}}\\
\frac{\partial\mathbb{f}_{\mathrm{M}}}{\partial\boldsymbol{Y}_{\mathrm{M}}}=-\frac{1}{|\Omega_{\mathrm{m}}|}\mathbb{I}^{\mathrm{L}}\frac{\partial\delta\mathbb{R}^{\mathrm{L}}}{\partial\delta\boldsymbol{Y}_{\mathrm{M}}}=-\frac{1}{|\Omega_{\mathrm{m}}|}\mathbb{I}^{\mathrm{L}}\mathbb{J}_{\mathrm{m}}^{\mathrm{L}}\left(\mathbb{x}^{\mathrm{L}}\right)^{\mathrm{T}}\\
\frac{\partial\mathbb{f}_{\mathrm{M}}}{\partial\boldsymbol{u}_{\mathrm{M}}}=-\frac{1}{|\Omega_{\mathrm{m}}|}\mathbb{I}^{\mathrm{L}}\frac{\partial\delta\mathbb{R}^{\mathrm{L}}}{\partial\delta\boldsymbol{u}_{\mathrm{M}}}=-\frac{1}{|\Omega_{\mathrm{m}}|}\mathbb{I}^{\mathrm{L}}\mathbb{J}_{\mathrm{m}}^{\mathrm{L}}\left(\mathbb{I}^{\mathrm{L}}\right)^{\mathrm{T}}\end{gathered} \tag{A.5}$$

$$\frac{\partial \mathbb{f}_{\mathrm{M}}}{\partial p_{\mathrm{M}}}=-\frac{1}{\left|\Omega_{\mathrm{m}}\right|}\mathbb{I}^{\mathrm{L}}\frac{\partial \delta \mathbb{R}^{\mathrm{L}}}{\partial \delta p_{\mathrm{M}}}=-\frac{1}{\left|\Omega_{\mathrm{m}}\right|}\mathbb{I}^{\mathrm{L}}\mathbb{J}_{\mathrm{m}}^{\mathrm{L}}\left(\mathbb{e}^{\mathrm{L}}\right)^{\mathrm{T}} \tag{A.6}$$

$$\begin{aligned}
\frac{\partial \boldsymbol{J}_{\mathrm{M}}}{\partial \overline{\boldsymbol{\varepsilon}}_{\mathrm{M}}}&=\frac{1}{\left|\Omega_{\mathrm{m}}\right|}\mathbb{x}^{\mathrm{L}}\frac{\partial \delta \mathbb{R}^{\mathrm{L}}}{\partial \delta \overline{\boldsymbol{\varepsilon}}_{\mathrm{M}}}=\frac{1}{\left|\Omega_{\mathrm{m}}\right|}\mathbb{x}^{\mathrm{L}}\mathbb{J}_{\mathrm{m}}^{\mathrm{L}}\left(\mathbb{H}^{\mathrm{L}}\right)^{\mathrm{T}}\\
\frac{\partial \boldsymbol{J}_{\mathrm{M}}}{\partial \boldsymbol{Y}_{\mathrm{M}}}&=\frac{1}{\left|\Omega_{\mathrm{m}}\right|}\mathbb{x}^{\mathrm{L}}\frac{\partial \delta \mathbb{R}^{\mathrm{L}}}{\partial \delta \boldsymbol{Y}_{\mathrm{M}}}=\frac{1}{\left|\Omega_{\mathrm{m}}\right|}\mathbb{x}^{\mathrm{L}}\mathbb{J}_{\mathrm{m}}^{\mathrm{L}}\left(\mathbb{x}^{\mathrm{L}}\right)^{\mathrm{T}}\\
\frac{\partial \boldsymbol{J}_{\mathrm{M}}}{\partial \boldsymbol{u}_{\mathrm{M}}}&=\frac{1}{\left|\Omega_{\mathrm{m}}\right|}\mathbb{x}^{\mathrm{L}}\frac{\partial \delta \mathbb{R}^{\mathrm{L}}}{\partial \delta \boldsymbol{u}_{\mathrm{M}}}=\frac{1}{\left|\Omega_{\mathrm{m}}\right|}\mathbb{x}^{\mathrm{L}}\mathbb{J}_{\mathrm{m}}^{\mathrm{L}}\left(\mathbb{I}^{\mathrm{L}}\right)^{\mathrm{T}}\\
\frac{\partial \boldsymbol{J}_{\mathrm{M}}}{\partial p_{\mathrm{M}}}&=\frac{1}{\left|\Omega_{\mathrm{m}}\right|}\mathbb{x}^{\mathrm{L}}\frac{\partial \delta \mathbb{R}^{\mathrm{L}}}{\partial \delta p_{\mathrm{M}}}=\frac{1}{\left|\Omega_{\mathrm{m}}\right|}\mathbb{x}^{\mathrm{L}}\mathbb{J}_{\mathrm{m}}^{\mathrm{L}}\left(\mathbb{e}^{\mathrm{L}}\right)^{\mathrm{T}}
\end{aligned} \tag{A.7}$$

$$\begin{aligned}
\frac{\partial \xi_{\mathrm{M}}}{\partial \overline{\boldsymbol{\varepsilon}}_{\mathrm{M}}}&=-\frac{1}{\left|\Omega_{\mathrm{m}}\right|}\mathbb{e}^{\mathrm{L}}\frac{\partial \delta \mathbb{R}^{\mathrm{L}}}{\partial \delta \overline{\boldsymbol{\varepsilon}}_{\mathrm{M}}}=-\frac{1}{\left|\Omega_{\mathrm{m}}\right|}\mathbb{e}^{\mathrm{L}}\mathbb{J}_{\mathrm{m}}^{\mathrm{L}}\left(\mathbb{H}^{\mathrm{L}}\right)^{\mathrm{T}}\\
\frac{\partial \xi_{\mathrm{M}}}{\partial \boldsymbol{Y}_{\mathrm{M}}}&=-\frac{1}{\left|\Omega_{\mathrm{m}}\right|}\mathbb{e}^{\mathrm{L}}\frac{\partial \delta \mathbb{R}^{\mathrm{L}}}{\partial \delta \boldsymbol{Y}_{\mathrm{M}}}=-\frac{1}{\left|\Omega_{\mathrm{m}}\right|}\mathbb{e}^{\mathrm{L}}\mathbb{J}_{\mathrm{m}}^{\mathrm{L}}\left(\mathbb{x}^{\mathrm{L}}\right)^{\mathrm{T}}\\
\frac{\partial \xi_{\mathrm{M}}}{\partial \boldsymbol{u}_{\mathrm{M}}}&=-\frac{1}{\left|\Omega_{\mathrm{m}}\right|}\mathbb{e}^{\mathrm{L}}\frac{\partial \delta \mathbb{R}^{\mathrm{L}}}{\partial \delta \boldsymbol{u}_{\mathrm{M}}}=-\frac{1}{\left|\Omega_{\mathrm{m}}\right|}\mathbb{e}^{\mathrm{L}}\mathbb{J}_{\mathrm{m}}^{\mathrm{L}}\left(\mathbb{I}^{\mathrm{L}}\right)^{\mathrm{T}}\\
\frac{\partial \xi_{\mathrm{M}}}{\partial p_{\mathrm{M}}}&=-\frac{1}{\left|\Omega_{\mathrm{m}}\right|}\mathbb{e}^{\mathrm{L}}\frac{\partial \delta \mathbb{R}^{\mathrm{L}}}{\partial \delta p_{\mathrm{M}}}=-\frac{1}{\left|\Omega_{\mathrm{m}}\right|}\mathbb{e}^{\mathrm{L}}\mathbb{J}_{\mathrm{m}}^{\mathrm{L}}\left(\mathbb{e}^{\mathrm{L}}\right)^{\mathrm{T}}
\end{aligned} \tag{A.8}$$

其中 $\mathbb{J}_{\mathrm{m}}^{\mathrm{L}}=\mathbb{J}_{\mathrm{m},\mathcal{BB}}-\mathbb{J}_{\mathrm{m},\mathcal{BI}}\mathbb{J}_{\mathrm{m},\mathcal{II}}^{-1}\mathbb{J}_{\mathrm{m},\mathcal{IB}}$。

附　录　B

式(9.25)中的矩阵可显式表示为

$$\mathbb{H}^{\mathrm{P}}=\left[\hat{\mathbb{H}}_1^{\mathrm{P}} \quad \cdots \quad \hat{\mathbb{H}}_i^{\mathrm{P}} \quad \cdots \quad \hat{\mathbb{H}}_{\mathcal{N}_{\mathcal{M}}}^{\mathrm{P}} \quad \mathbb{H}_1^{\mathrm{P}} \quad \cdots \quad \mathbb{H}_j^{\mathrm{P}} \quad \cdots \quad \mathbb{H}_{\mathcal{N}_{\mathcal{C}}}^{\mathrm{P}}\right]$$

$$\hat{\mathbb{H}}_i^{\mathrm{P}}=\left[\hat{\boldsymbol{\mathcal{H}}}_i \quad 0_{6\times1}\right],\quad \mathbb{H}_j^{\mathrm{P}}=\left[\boldsymbol{\mathcal{H}}_j \quad 0_{6\times1}\right]$$

$$\hat{\boldsymbol{\mathcal{H}}}_i=\begin{bmatrix} \hat{x}_{\mathrm{m}}^i & 0 & 0 & \frac{1}{2}\hat{y}_{\mathrm{m}}^i & 0 & \frac{1}{2}\hat{z}_{\mathrm{m}}^i \\ 0 & \hat{y}_{\mathrm{m}}^i & 0 & \frac{1}{2}\hat{x}_{\mathrm{m}}^i & \frac{1}{2}\hat{z}_{\mathrm{m}}^i & 0 \\ 0 & 0 & \hat{z}_{\mathrm{m}}^i & 0 & \frac{1}{2}\hat{y}_{\mathrm{m}}^i & \frac{1}{2}\hat{x}_{\mathrm{m}}^i \end{bmatrix}^{\mathrm{T}} \tag{B.1}$$

$$\hat{\boldsymbol{x}}_{\mathrm{m}}^i=\boldsymbol{x}_{\mathrm{m}}^{i,-}-\boldsymbol{x}_{\mathrm{m}}^{i,+}=\left[\hat{x}_{\mathrm{m}}^i \quad \hat{y}_{\mathrm{m}}^i \quad \hat{z}_{\mathrm{m}}^i\right]^{\mathrm{T}}$$

$$\mathbb{I}^{\mathrm{P}}=\left[\mathbb{I}_1^{\mathrm{P}} \quad \cdots \quad \mathbb{I}_j^{\mathrm{P}} \quad \cdots \quad \mathbb{I}_{\mathcal{N}_{\mathcal{C}}}^{\mathrm{P}}\right] \tag{B.2}$$

$$\mathbb{I}_j^{\mathrm{P}}=\left[\mathbf{1}_{3\times3} \quad \mathbf{0}_{3\times1}\right]$$

$$\mathbb{X}^{\mathrm{P}}=\left[\hat{\mathbb{X}}_1^{\mathrm{P}} \quad \cdots \quad \hat{\mathbb{X}}_i^{\mathrm{P}} \quad \cdots \quad \hat{\mathbb{X}}_{\mathcal{N}_{\mathcal{M}}}^{\mathrm{P}} \quad \mathbb{X}_1^{\mathrm{P}} \quad \cdots \quad \mathbb{X}_j^{\mathrm{P}} \quad \cdots \quad \mathbb{X}_{\mathcal{N}_{\mathcal{C}}}^{\mathrm{P}}\right]$$

$$\hat{\mathbb{X}}_i^{\mathrm{P}}=\left[\mathbf{0}_{3\times3} \quad \hat{\boldsymbol{x}}_m^i\right],\quad \mathbb{X}_j^{\mathrm{P}}=\left[\mathbf{0}_{3\times3} \quad \boldsymbol{x}_{\mathrm{m}}^j\right] \tag{B.3}$$

$$\mathbb{e}^{\mathrm{P}}=\left[\mathbb{e}_1^{\mathrm{L}} \quad \cdots \quad \mathbb{e}_i^{\mathrm{L}} \quad \cdots \quad \mathbb{e}_{\mathcal{N}_{\mathcal{C}}}^{\mathrm{L}}\right]$$

$$\mathbb{e}_i^{\mathrm{P}}=\left[\mathbf{0}_{1\times3} \quad 1\right] \tag{B.4}$$

为了推导周期边界条件下的宏观尺度切向算子，引入如下仅与微观尺度问题域几何信息相关的矩阵

$$\boldsymbol{\mathcal{Q}}^{\mathcal{E}1}=-\left[\hat{\mathbb{H}}_1^{\mathrm{P}} \quad \cdots \quad \hat{\mathbb{H}}_i^{\mathrm{P}} \quad \cdots \quad \hat{\mathbb{H}}_{\mathcal{N}_{\mathcal{M}}}^{\mathrm{P}}\right]^{\mathrm{T}}$$

$$\boldsymbol{\mathcal{Q}}^{\mathcal{E}2}=-\left[\hat{\mathbb{X}}_1^{\mathrm{P}} \quad \cdots \quad \hat{\mathbb{X}}_i^{\mathrm{P}} \quad \cdots \quad \hat{\mathbb{X}}_{\mathcal{N}_{\mathcal{M}}}^{\mathrm{P}}\right]^{\mathrm{T}}$$

$$\boldsymbol{\mathcal{Q}}^{\mathcal{C}1}=\left[\mathbb{H}_1^{\mathrm{P}} \quad \cdots \quad \mathbb{H}_j^{\mathrm{P}} \quad \cdots \quad \mathbb{H}_{\mathcal{N}_{\mathcal{C}}}^{\mathrm{P}}\right]^{\mathrm{T}} \tag{B.5}$$

$$\boldsymbol{\mathcal{Q}}^{\mathcal{C}2}=\left[\mathbb{X}_1^{\mathrm{P}} \quad \cdots \quad \mathbb{X}_j^{\mathrm{P}} \quad \cdots \quad \mathbb{X}_{\mathcal{N}_{\mathcal{C}}}^{\mathrm{P}}\right]^{\mathrm{T}}$$

于是，施加周期边界条件时的宏观尺度切向算子为

$$\begin{aligned}
&\frac{\partial \bar{\boldsymbol{\sigma}}_{\mathrm{M}}}{\partial \boldsymbol{Y}_{\mathrm{M}}}=\frac{1}{|\Omega_{\mathrm{m}}|}\mathbb{H}^{\mathrm{P}}\frac{\partial \delta \mathbb{R}^{\mathrm{P}}}{\partial \delta \boldsymbol{Y}_{\mathrm{M}}}=\frac{1}{|\Omega_{\mathrm{m}}|}\mathbb{H}^{\mathrm{P}}\left(\mathbb{J}_{\mathrm{m}}^{\mathrm{P}\mathcal{E}}\boldsymbol{\mathcal{Q}}^{\mathcal{E}2}+\mathbb{J}_{\mathrm{m}}^{\mathrm{P}\mathcal{C}}\boldsymbol{\mathcal{Q}}^{\mathcal{C}2}\right)\\
&\frac{\partial \bar{\boldsymbol{\sigma}}_{\mathrm{M}}}{\partial \boldsymbol{u}_{\mathrm{M}}}=\frac{1}{|\Omega_{\mathrm{m}}|}\mathbb{H}^{\mathrm{P}}\frac{\partial \delta \mathbb{R}^{\mathrm{P}}}{\partial \delta \boldsymbol{u}_{\mathrm{M}}}=\frac{1}{|\Omega_{\mathrm{m}}|}\mathbb{H}^{\mathrm{P}}\mathbb{J}_{\mathrm{m}}^{\mathrm{P}\mathcal{C}}\mathbb{I}^{\mathrm{P}^{\mathrm{T}}}\\
&\frac{\partial \bar{\boldsymbol{\sigma}}_{\mathrm{M}}}{\partial p_{\mathrm{M}}}=\frac{1}{|\Omega_{\mathrm{m}}|}\mathbb{H}^{\mathrm{P}}\frac{\partial \delta \mathbb{R}^{\mathrm{P}}}{\partial \delta p_{\mathrm{M}}}=\frac{1}{|\Omega_{\mathrm{m}}|}\mathbb{H}^{\mathrm{P}}\mathbb{J}_{\mathrm{m}}^{\mathrm{P}\mathcal{C}}\mathbb{e}^{\mathrm{P}^{\mathrm{T}}}
\end{aligned}\tag{B.6}$$

$$\begin{aligned}
&\frac{\partial \mathbb{f}_{\mathrm{M}}}{\partial \bar{\boldsymbol{\varepsilon}}_{\mathrm{M}}}=-\frac{1}{|\Omega_{\mathrm{m}}|}\mathbb{I}^{\mathrm{P}}\frac{\partial \delta \mathbb{R}^{\mathrm{P}}}{\partial \delta \bar{\boldsymbol{\varepsilon}}_{\mathrm{M}}}=-\frac{1}{|\Omega_{\mathrm{m}}|}\mathbb{I}^{\mathrm{P}}\left(\mathbb{J}_{\mathrm{m}}^{\mathrm{P}\mathcal{E}}\boldsymbol{\mathcal{Q}}^{\mathcal{E}1}+\mathbb{J}_{\mathrm{m}}^{\mathrm{P}\mathcal{C}}\boldsymbol{\mathcal{Q}}^{\mathcal{C}1}\right)\\
&\frac{\partial \mathbb{f}_{\mathrm{M}}}{\partial \boldsymbol{Y}_{\mathrm{M}}}=-\frac{1}{|\Omega_{\mathrm{m}}|}\mathbb{I}^{\mathrm{P}}\frac{\partial \delta \mathbb{R}^{\mathrm{P}}}{\partial \delta \boldsymbol{Y}_{\mathrm{M}}}=-\frac{1}{|\Omega_{\mathrm{m}}|}\mathbb{I}^{\mathrm{P}}\left(\mathbb{J}_{\mathrm{m}}^{\mathrm{P}\mathcal{E}}\boldsymbol{\mathcal{Q}}^{\mathcal{E}2}+\mathbb{J}_{\mathrm{m}}^{\mathrm{P}\mathcal{C}}\boldsymbol{\mathcal{Q}}^{\mathcal{C}2}\right)\\
&\frac{\partial \mathbb{f}_{\mathrm{M}}}{\partial \boldsymbol{u}_{\mathrm{M}}}=-\frac{1}{|\Omega_{\mathrm{m}}|}\mathbb{I}^{\mathrm{P}}\frac{\partial \delta \mathbb{R}^{\mathrm{P}}}{\partial \delta \boldsymbol{u}_{\mathrm{M}}}=-\frac{1}{|\Omega_{\mathrm{m}}|}\mathbb{I}^{\mathrm{P}}\mathbb{J}_{\mathrm{m}}^{\mathrm{P}\mathcal{C}}\mathbb{I}^{\mathrm{P}^{\mathrm{T}}}\\
&\frac{\partial \mathbb{f}_{\mathrm{M}}}{\partial p_{\mathrm{M}}}=-\frac{1}{|\Omega_{\mathrm{m}}|}\mathbb{I}^{\mathrm{P}}\frac{\partial \delta \mathbb{R}^{\mathrm{P}}}{\partial \delta p_{\mathrm{M}}}=-\frac{1}{|\Omega_{\mathrm{m}}|}\mathbb{I}^{\mathrm{P}}\mathbb{J}_{\mathrm{m}}^{\mathrm{P}\mathcal{C}}\mathbb{e}^{\mathrm{P}^{\mathrm{T}}}
\end{aligned}\tag{B.7}$$

$$\begin{aligned}
&\frac{\partial \boldsymbol{J}_{\mathrm{M}}}{\partial \bar{\boldsymbol{\varepsilon}}_{\mathrm{M}}}=\frac{1}{|\Omega_{\mathrm{m}}|}\mathbb{x}^{\mathrm{P}}\frac{\partial \delta \mathbb{R}^{\mathrm{P}}}{\partial \delta \bar{\boldsymbol{\varepsilon}}_{\mathrm{M}}}=\frac{1}{|\Omega_{\mathrm{m}}|}\mathbb{x}^{\mathrm{P}}\left(\mathbb{J}_{\mathrm{m}}^{\mathrm{P}\mathcal{E}}\boldsymbol{\mathcal{Q}}^{\mathcal{E}1}+\mathbb{J}_{\mathrm{m}}^{\mathrm{P}\mathcal{C}}\boldsymbol{\mathcal{Q}}^{\mathcal{C}1}\right)\\
&\frac{\partial \boldsymbol{J}_{\mathrm{M}}}{\partial \boldsymbol{Y}_{\mathrm{M}}}=\frac{1}{|\Omega_{\mathrm{m}}|}\mathbb{x}^{\mathrm{P}}\frac{\partial \delta \mathbb{R}^{\mathrm{P}}}{\partial \delta \boldsymbol{Y}_{\mathrm{M}}}=\frac{1}{|\Omega_{\mathrm{m}}|}\mathbb{x}^{\mathrm{P}}\left(\mathbb{J}_{\mathrm{m}}^{\mathrm{P}\mathcal{E}}\boldsymbol{\mathcal{Q}}^{\mathcal{E}2}+\mathbb{J}_{\mathrm{m}}^{\mathrm{P}\mathcal{C}}\boldsymbol{\mathcal{Q}}^{\mathcal{C}2}\right)\\
&\frac{\partial \boldsymbol{J}_{\mathrm{M}}}{\partial \boldsymbol{u}_{\mathrm{M}}}=\frac{1}{|\Omega_{\mathrm{m}}|}\mathbb{x}^{\mathrm{P}}\frac{\partial \delta \mathbb{R}^{\mathrm{P}}}{\partial \delta \boldsymbol{u}_{\mathrm{M}}}=\frac{1}{|\Omega_{\mathrm{m}}|}\mathbb{x}^{\mathrm{P}}\mathbb{J}_{\mathrm{m}}^{\mathrm{P}\mathcal{C}}\mathbb{I}^{\mathrm{P}^{\mathrm{T}}}\\
&\frac{\partial \boldsymbol{J}_{\mathrm{M}}}{\partial p_{\mathrm{M}}}=\frac{1}{|\Omega_{\mathrm{m}}|}\mathbb{x}^{\mathrm{P}}\frac{\partial \delta \mathbb{R}^{\mathrm{P}}}{\partial \delta p_{\mathrm{M}}}=\frac{1}{|\Omega_{\mathrm{m}}|}\mathbb{x}^{\mathrm{P}}\mathbb{J}_{\mathrm{m}}^{\mathrm{P}\mathcal{C}}\mathbb{e}^{\mathrm{P}^{\mathrm{T}}}
\end{aligned}\tag{B.8}$$

$$\begin{aligned}
&\frac{\partial \xi_{\mathrm{M}}}{\partial \bar{\boldsymbol{\varepsilon}}_{\mathrm{M}}}=-\frac{1}{|\Omega_{\mathrm{m}}|}\mathbb{e}^{\mathrm{P}}\frac{\partial \delta \mathbb{R}^{\mathrm{P}}}{\partial \delta \bar{\boldsymbol{\varepsilon}}_{\mathrm{M}}}=-\frac{1}{|\Omega_{\mathrm{m}}|}\mathbb{e}^{\mathrm{P}}\left(\mathbb{J}_{\mathrm{m}}^{\mathrm{P}\mathcal{E}}\boldsymbol{\mathcal{Q}}^{\mathcal{E}1}+\mathbb{J}_{\mathrm{m}}^{\mathrm{P}\mathcal{C}}\boldsymbol{\mathcal{Q}}^{\mathcal{C}1}\right)\\
&\frac{\partial \xi_{\mathrm{M}}}{\partial \boldsymbol{Y}_{\mathrm{M}}}=-\frac{1}{|\Omega_{\mathrm{m}}|}\mathbb{e}^{\mathrm{P}}\frac{\partial \delta \mathbb{R}^{\mathrm{P}}}{\partial \delta \boldsymbol{Y}_{\mathrm{M}}}=-\frac{1}{|\Omega_{\mathrm{m}}|}\mathbb{e}^{\mathrm{P}}\left(\mathbb{J}_{\mathrm{m}}^{\mathrm{P}\mathcal{E}}\boldsymbol{\mathcal{Q}}^{\mathcal{E}2}+\mathbb{J}_{\mathrm{m}}^{\mathrm{P}\mathcal{C}}\boldsymbol{\mathcal{Q}}^{\mathcal{C}2}\right)\\
&\frac{\partial \xi_{\mathrm{M}}}{\partial \boldsymbol{u}_{\mathrm{M}}}=-\frac{1}{|\Omega_{\mathrm{m}}|}\mathbb{e}^{\mathrm{P}}\frac{\partial \delta \mathbb{R}^{\mathrm{P}}}{\partial \delta \boldsymbol{u}_{\mathrm{M}}}=-\frac{1}{|\Omega_{\mathrm{m}}|}\mathbb{e}^{\mathrm{P}}\mathbb{J}_{\mathrm{m}}^{\mathrm{P}\mathcal{C}}\mathbb{I}^{\mathrm{P}^{\mathrm{T}}}\\
&\frac{\partial \xi_{\mathrm{M}}}{\partial p_{\mathrm{M}}}=-\frac{1}{|\Omega_{\mathrm{m}}|}\mathbb{e}^{\mathrm{P}}\frac{\partial \delta \mathbb{R}^{\mathrm{P}}}{\partial \delta p_{\mathrm{M}}}=-\frac{1}{|\Omega_{\mathrm{m}}|}\mathbb{e}^{\mathrm{P}}\mathbb{J}_{\mathrm{m}}^{\mathrm{P}\mathcal{C}}\mathbb{e}^{\mathrm{P}^{\mathrm{T}}}
\end{aligned}\tag{B.9}$$